Komplikationen der Leberzirrhose

Tony Bruns • Dominik Bettinger •
Jonel Trebicka
Hrsg.

Komplikationen der Leberzirrhose

Prävention, Diagnostik und Therapie

Springer

Hrsg.
Tony Bruns
Medizinische Klinik III
Uniklinik RWTH Aachen
Aachen, Deutschland

Dominik Bettinger
Klinik für Innere Medizin II
Universitätsklinikum Freiburg
Freiburg, Deutschland

Jonel Trebicka
Medizinische Klinik B
Universitätsklinikum Münster
Münster, Deutschland

ISBN 978-3-662-70166-9 ISBN 978-3-662-70167-6 (eBook)
https://doi.org/10.1007/978-3-662-70167-6

Die Deutsche Nationalbibliothek verzeichnet diese Publikation in der Deutschen Nationalbibliografie; detaillierte bibliografische Daten sind im Internet über https://portal.dnb.de abrufbar.

Springer ist ein Imprint der eingetragenen Gesellschaft Springer-Verlag GmbH, DE und ist ein Teil von Springer Nature.
Die Anschrift der Gesellschaft ist: Heidelberger Platz 3, 14197 Berlin, Germany

Inhaltsverzeichnis

Teil V Ausgewählte Therapieverfahren

Teil I

Pathophysiologische Konzepte

Pathomechanismen der hepatischen Fibrogenese

1

Paul Horn und Frank Tacke

1.1 Einleitung

Die Leberfibrose ist die Konsequenz und gemeinsame Endstrecke chronischer Lebererkrankungen und kann als fehlregulierte Entzündungs- und Wundheilungsreaktion mit übermäßiger Ablagerung von extrazellulärer Matrix (*extracellular matrix*, ECM) im Leberparenchym verstanden werden. Es handelt sich um einen komplexen und dynamischen Prozess, an dem sämtliche hepatische Zellpopulationen, aber auch extrahepatische Signale, etwa aus dem Darm oder Fettgewebe, beteiligt sind. Die anhaltende Leberschädigung führt über eine persistierende chronische Entzündungsreaktion sowie über die Freisetzung von Zellschädigungsmediatoren zur Aktivierung und Einwanderung inflammatorischer Leukozyten sowie zur Aktivierung matrixbildender Zellen, allen voran der hepatischen Sternzellen (*hepatic stellate cells,* HSC). Hierbei spielen verschiedenste Signale eine Rolle, wie etwa Zellschädigungsmediatoren (Damage-associated Molecular Patterns, DAMPs), Endotoxine (Pathogen-associated Molecular Patterns, PAMPs), Zytokine, Wachstumsfaktoren, Hypoxie und Veränderungen der Gewebebiomechanik. Diese

P. Horn
Medizinische Klinik m. S. Hepatologie und Gastroenterologie, Campus Virchow-Klinikum und Campus Charité Mitte, Charité – Universitätsmedizin Berlin, Berlin, Deutschland

Berlin Institute of Health an der Charité – Universitätsmedizin Berlin, BIH Biomedical Innovation Academy, BIH Charité Digital Clinician Scientist Program, Berlin, Germany
E-Mail: Paul.horn@charite.de

F. Tacke (✉)
Medizinische Klinik m. S. Hepatologie und Gastroenterologie, Campus Virchow-Klinikum und Campus Charité Mitte, Charité – Universitätsmedizin Berlin, Berlin, Deutschland
E-Mail: Frank.tacke@charite.de

T. Bruns et al. (Hrsg.), *Komplikationen der Leberzirrhose*,
https://doi.org/10.1007/978-3-662-70167-6_1

Bindegewebeeinlagerung und Entzündung führen schließlich zu einer sinusoidalen Architekturstörung, die über einen Zeitraum von Jahren bis Jahrzehnten zur Zirrhose fortschreiten kann.

Demzufolge ist die Leberfibrose ein wesentlicher prognosebestimmender Faktor bei Patienten mit chronischen Lebererkrankungen. Ziel dieses Kapitels ist es, die grundlegenden Mechanismen der hepatischen Fibrogenese darzustellen und daraus abgeleitete mögliche therapeutische Ansatzpunkte aufzuzeigen. Hierzu werden wesentliche, an der Fibrogenese beteiligte Zellpopulationen und Signalwege vorgestellt und schließlich kurz die Mechanismen der Fibroseregression sowie vielversprechende therapeutische Ansätze beleuchtet.

1.2 Von der Leberschädigung zur Inflammation

1.2.1 Die Mikroarchitektur der Leber

Die Leberläppchen bilden die funktionelle Einheit der Leber. Das Blut fließt aus den im Portalfeld gelegenen Ästen der Leberarterie und der Pfortader über die Lebersinusoide in die Zentralvenen. Die Lebersinusoide werden von spezialisierten fenestrierten und damit außerordentlich durchlässigen Endothelzellen ausgekleidet. In den Sinusoiden befinden sich die gewebeständigen Makrophagen der Leber, die sog. Kupffer-Zellen. Der subendotheliale Raum, auch Disse-Raum genannt, ist mit lockerem Bindegewebe und einer basalmembranartigen Matrix ausgekleidet und beherbergt die HSC. Diese produzieren das feinfaserige Bindegewebe des Disse-Raums und sind an der Aufrechterhaltung der Mikroarchitektur und Funktion der Sinusoide maßgeblich beteiligt. In den Lebersinusoiden und im Disse-Raum befinden sich somit die wesentlichen Akteure der hepatischen Entzündungsantwort und Fibrose in unmittelbarer Nachbarschaft, was eine enge interzelluläre Kommunikation ermöglicht (Abb. 1.1).

► **Die regelrechte Architektur der Lebersinusoide und des Disse-Raums erhält die normale Funktion der Leberzellen aufrecht.**

Abhängig vom Schädigungsmechanismus können bei Lebererkrankungen unterschiedliche Abschnitte des Leberläppchens vorrangig betroffen sein. Im Falle ischämischer Veränderungen kommt es z. B. aufgrund des intrahepatischen Sauerstoffgradienten vorwiegend zu einer zentrilobulären Schädigung, wohingegen bei cholestatischen Erkrankungen zunächst eine portale Entzündungsantwort auftritt.

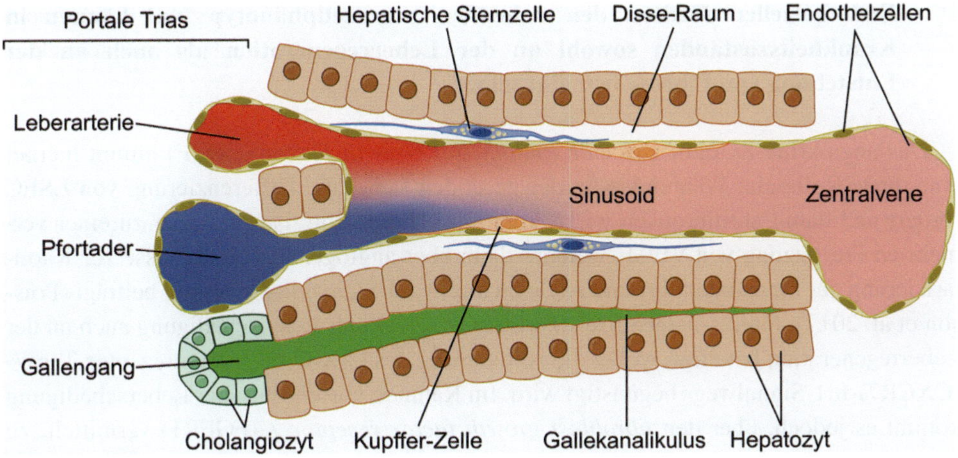

Abb. 1.1 Struktur der Lebersinusoide und Anordnung der wesentlichen hepatischen Zellpopulationen

1.2.2 Hepatozyten

Die Schädigung der Leber mit dem Untergang von Leberepithelzellen stellt einen wesentlichen Schritt in der Initiierung hepatischer Entzündungs- und Fibrosierungsprozesse dar. Geschädigte Hepatozyten weisen ein verändertes Genexpressionsprofil auf und sezernieren fibrogene Faktoren, wie etwa Notch, Osteopontin oder *Transforming Growth Factor-β* (TGF-β). Weiterhin sezernieren diese Hepatozyten extrazelluläre Vesikel, sog. Exosomen, die ebenfalls direkt an der Sternzellaktivierung beteiligt sind (Chen et al. 2019). Apoptotische und nekrotische Zellen setzen zudem eine Reihe von DAMPs frei, die inflammatorische und fibrotische Prozesse in Immunzellen und HSC anstoßen können (Hammerich und Tacke 2023). Zu nennen seien hier insbesondere Nukleotide, wie etwa Uridindiphosphat oder Adenosindiphosphat, mitochondriale DNA und das Zellkernprotein HMGB1.

1.2.3 Endothelzellen

In der gesunden Leber halten differenzierte sinusoidale Endothelzellen (*Liver Sinusoidal Endothelial Cells*, LSEC) den ruhenden Sternzellphänotyp über die Freisetzung von Stickstoffmonoxid (NO) aufrecht. Früh in der Leberschädigung kommt es zu einer Dedifferenzierung mit Kapillarisierung und Verlust der Fenestrierung sowie zu verminderter NO-Synthese mit folgender Aktivierung angiogenetischer Signalwege, die eng mit der Progression der Leberfibrose verknüpft sind (Marrone et al. 2016).

▶ **Endothelzellen fördern den ruhenden Sternzellphänotyp und können in Krankheitszuständen sowohl an der Leberregeneration als auch an der Entstehung von Fibrose beteiligt sein.**

Das angiokrine Zytokin *Vascular Endothelial Growth Factor* (VEGF) nimmt hierbei eine duale Rolle ein: Während es in der gesunden Leber die Differenzierung von LSEC fördert und damit antifibrotisch wirkt, kommt es in der fibrotischen Leber zu einer vermehrten Freisetzung von VEGF, welches dann über angiogenetische Prozesse zur Kapillarisierung der Sinusoide führt und zugleich direkt zur Sternzellaktivierung beiträgt (Poisson et al. 2017). Interessanterweise sind LSEC nach akuter Leberschädigung auch an der Leberregeneration beteiligt, wobei die Aktivierung des C-X-C-Chemokinrezeptor-Typ-7-(CXCR7)-Id1-Signalwegs begünstigt wird. Im Rahmen von chronischer Leberschädigung kommt es jedoch, über den *fibroblast growth factor receptor 1* (FGFR1) vermittelt, zu einer Verschiebung hin zu einer Aktivierung von CXCR4, was die Leberfibrose begünstigt (Ding et al. 2014).

1.2.4 Monozyten und Makrophagen

Lebermakrophagen erlangen aufgrund ihrer Heterogenität und vielfältigen Funktionen hinsichtlich Leberhomöostase, Inflammation und Fibrogenese immer mehr Aufmerksamkeit. Die wesentlichen übergeordneten Makrophagenpopulationen sind die gewebeständigen Kupffer-Zellen sowie die von Monozyten abgeleiteten Makrophagen (MoMF) unterschiedlicher funktioneller Polarisierung.

▶ **Lebermakrophagen setzen sich aus den gewebeständigen Kupffer-Zellen und aus von Monozyten abgeleiteten Makrophagen (MoMF) zusammen.**

Die Kupffer-Zellen sind die wesentliche gewebeständige Makrophagenpopulation der Leber, die sich unabhängig von Vorläuferzellen aus dem Knochenmark stetig erneuern können. Sie spielen eine wesentliche Rolle in der Aufrechterhaltung der normalen Gewebehomöostase und Immuntoleranz, wirken als sinusoidale Wächterzellen und können durch Phagozytose Zelldetritus und zirkulierende Bakterien abbauen. Im Rahmen von Zellschädigungsprozessen reagieren Kupffer-Zellen frühzeitig auf hepatozelluläre und extrahepatische Gefahrensignale, insbesondere auf PAMPs und DAMPs, und sind so maßgeblich an der frühen endothelialen Aktivierung und proinflammatorischen Immunantwort beteiligt.

Während die ortsständigen Kupffer-Zellen eine wichtige Rolle in der Initiierung der Entzündungskaskade spielen, kommt es frühzeitig nach Leberschädigung zu einer Einwanderung von Monozyten aus der Blutbahn. Die Rekrutierung dieser Monozyten in den subsinusoidalen Raum wird vor allem über Chemokine, wie etwa *C-C motif ligand 2* (CCL2), CCL3, CCL5, CCL9 und CCL10, und ihre Rezeptoren *C-C chemokine receptor type 2* (CCR2) und CCR5 vermittelt (Krenkel und Tacke 2017). Die eingewanderten Monozyten differenzieren schließlich zu Makrophagen und durchlaufen ausgeprägte dynamische Veränderungen ihres Phänotyps und ihrer Funktion.

Aktuelle Einzelzellsequenzierungsdaten aus der gesunden und fibrotischen, erkrankten Leber ermöglichen einen faszinierend detaillierten Blick auf die Heterogenität hepatischer Makrophagenpopulationen. Insbesondere die klassische dichotome Einteilung in klassisch aktivierte, proinflammatorische und fibrogene sowie in alternativ aktivierte, antiinflammatorische, regenerative Makrophagen lässt sich so aktuell nicht mehr aufrechterhalten. Eine wesentliche Erkenntnis ist die Identifizierung spezialisierter narben- oder lipidassoziierter Makrophagen, die maßgeblich das fibrogene Mikromilieu in der chronischen Lebererkrankung formen (Ramachandran et al. 2019). Diese aktivierten Makrophagen sezernieren auch eine Reihe fibrogener Mediatoren, die wesentlich an der Sternzellaktivierung beteiligt sind. Insbesondere zu nennen seien hierbei TGF-β, *Tumor Necrosis Factor-α* (TNF-α), *Platelet-derived Growth Factor* (PDGF), IL-1β und CCL2, welche durch direkte Bindung ihrer Rezeptoren zur Sternzellaktivierung beitragen. Auch über indirekte Mechanismen tragen Makrophagen zur Fibrogenese bei. So kann etwa das von MoMF produzierte IL-1β zur Leberzellverfettung und Leberzellschädigung beitragen und Kupffer-Zellen können über die Sekretion von reaktiven Sauerstoffspezies, TNF-α und PDGF angiogenetische Prozesse in LSEC anstoßen.

▶ **Narben-/lipidassoziierte Makrophagen schaffen über die Freisetzung von Wachstumsfaktoren und Zytokinen ein fibrogenes Mikromilieu.**

1.2.5 Weitere Immunzellen in der hepatischen Fibrogenese

Neben Monozyten und Makrophagen existiert in der Leber eine Vielzahl anderer Immunzellen des angeborenen und adaptiven Immunsystems, deren komplexes Zusammenspiel maßgeblichen Einfluss auf die hepatische Fibrogenese nimmt. Die wesentlichen Funktionen dieser Zellen können hier nur kursorisch zusammengefasst werden, sind aber in aktuellen Übersichtsarbeiten ausführlich beschrieben (Hammerich und Tacke 2023; Ibidapo-Obe und Bruns 2023).

Dendritische Zellen können in konventionelle und plasmazytoide dendritische Zellen unterschieden werden. Die konventionellen dendritischen Zellen nehmen als spezialisierte antigenpräsentierende Zellen eine wichtige Vermittlerrolle zwischen dem angeborenen und erworbenen Immunsystem ein. In der fibrotischen Leber expandieren dendritische Zellen und weisen sowohl pro- als auch antifibrotische Eigenschaften auf.

Neutrophile Granulozyten tragen über inflammatorische Zytokine zu einer Aktivierung und Rekrutierung von Immunzellen bei. Des Weiteren können neutrophile Granulozyten in Makrophagen einen regenerativen Phänotyp und somit Regressionsprozesse induzieren.

Mastzellen stellen nur einen kleinen Teil hepatischer Immunzellen, expandieren jedoch in der chronisch geschädigten Leber. Wahrscheinlich über die Freisetzung von Histamin treiben sie Entzündungs- und Fibroseprozesse an.

B- und T-Lymphozyten spielen als klassische Effektorzellen der adaptiven Immunantwort insbesondere eine Rolle bei antigenvermittelten Erkrankungen wie etwa Virushepatitiden oder autoimmunen Lebererkrankungen. Auch bei anderen Lebererkrankungen kann es jedoch zu einer unspezifischen Aktivierung des adaptiven Immunsystems kommen, das sich dann gegen vorgeschädigte Hepatozyten richtet.

Bei der Leberfibrose kommt es auch zu einer Verschiebung der adaptiven Immunantwort in Richtung einer T_H2- und T_H17-Helferzellantwort. Dies führt zu einer vermehrten Freisetzung von entsprechenden Zytokinen, insbesondere IL-4, IL-13, IL-17 und IL-22, die an der Aktivierung von HSC beteiligt sind und die Sekretion von ECM-Komponenten fördern.

Unkonventionelle T-Zellen machen einen wesentlichen Anteil der hepatischen T-Lymphozytenpopulation aus. Am besten beschrieben ist die Rolle von natürlichen Killer-T-(NKT-)Zellen. Es handelt sich um eine sehr heterogene Zellpopulation, die abhängig von der spezifischen Immunumgebung und Zellpolarisierung (T_H1- vs. T_H2-Antwort) fibrotische Prozesse unterstützen, aber auch hemmen kann. Auch den mukosaassoziierten invarianten T-Zellen (MAIT-Zellen), die in der humanen Leber eine erhebliche Population darstellen, kommt über die Modulation von Makrophagen am ehesten eine duale Rolle in der Fibrose zu.

Lymphoide Zellen des angeborenen Immunsystems (*Innate Lymphoid Cells*, ILCs) sind eine heterogene Gruppe von Zellen, die sich aus natürlichen Killerzellen (NK-Zellen) und verschiedenen Subpopulationen von gewebeständigen ILCs zusammensetzen. Ihre genaue Rolle in der Leberfibrose ist noch weitgehend ungeklärt. Meist wird ihnen jedoch, vermittelt über Apoptoseinduktion von HSC und Freisetzung von IFN-γ, eine antifibrotische Rolle zugeschrieben.

1.3 Mechanismen der Sternzellaktivierung und Fibrogenese

1.3.1 Myofibroblasten der Leber und ihre Herkunft

HSC sind die wesentlichen matrixproduzierenden Zellen der Leber. Im ruhenden Zustand spielen sie als Vitamin A speichernde Perizyten der Lebersinusoide eine wichtige Rolle für die Aufrechterhaltung der Gewebehomöostase. Ihre Aktivierung führt zur Hochregulation von Typ-I-Kollagenen, Alpha-Aktin-2 (*alpha Smooth Muscle Actin*, αSMA) und Inhibitoren von Matrixmetalloproteinasen (*Tissue Inhibitors of Metalloproteinases*, TIMPs). Zusätzlich exprimieren aktivierte HSC eine Reihe inflammatorischer Mediatoren, die an der Rekrutierung und Aktivierung von Immunzellen beteiligt sind. Schließlich transdifferenzieren diese aktivierten HSC zu proliferativen, migratorischen und kontraktilen

Myofibroblasten, die in das Narbengewebe einwandern und dort zur Gewebekontraktion beitragen.

Kürzlich haben Einzelzellsequenzierungsexperimente die Heterogenität aktivierter Sternzellpopulationen aufgezeigt, welche sich bezüglich ihrer der Expression von ECM-Proteinen und inflammatorischer Mediatoren teils deutlich unterscheiden (Krenkel et al. 2019). Zudem existiert auch in der fibrotischen und zirrhotischen Leber eine Population ruhender HSC, die über die Bildung von Wachstumsfaktoren und Zytokinen eher eine antiinflammatorische und antifibrotische Rolle einnehmen (Filliol et al. 2022). Insgesamt sind HSC-Populationen hochdynamisch und können auch aus dem aktivierten in einen ruhenden Zustand zurückkehren.

Während die HSC die wesentliche Quelle aktivierter Myofibroblasten in der Leber darstellen, werden auch andere fibrogene Zellpopulationen diskutiert. Insbesondere in der frühen Phase der biliären Fibrogenese sind portale Fibroblasten eine wesentliche Quelle von Myofibroblasten, spielen aber bei hepatotoxischen Erkrankungen eher eine untergeordnete Rolle (Iwaisako et al. 2014). Eine weitere periportale mesenchymale Zellpopulation mit Stammzelleigenschaften und hohem proliferativem Potenzial scheint ebenfalls bei verschiedenen Schädigungsmustern an der Bildung fibrotischer Septen beteiligt zu sein (Lei et al. 2022). Kontrovers diskutiert werden in der Literatur immer wieder die epithelial- und die endothelial-mesenchymale Transition sowie Fibrozyten als Quelle hepatischer Myofibroblasten.

► **Die hepatischen Sternzellen sind die wesentlichen matrixproduzierenden Zellen der Leber. Insbesondere bei cholestatischen Erkrankungen spielen auch portale Fibroblasten eine wichtige Rolle.**

1.3.2 Mechanismen der Sternzellaktivierung

In den hepatischen Sternzellen laufen die verschiedenen Signale der Zellschädigung und Inflammation zusammen und führen so zu ihrer Aktivierung mit Produktion von extrazellulärer Matrix (Abb. 1.2). TGF-β ist das potenteste fibrogene Zytokin und wird in latenter Form von verschiedenen hepatischen Zellpopulationen, insbesondere von einwandernden Immunzellen und von geschädigten Hepatozyten, sezerniert. Nach Bindung von TGF-β an seine Zellrezeptoren kommt es über den kanonischen Smad2/3-Signalweg zur transkriptionellen Aktivierung von Typ-I- und -III-Kollagenen und Transdifferenzierung. Weiterhin wirkt TGF-β über *Mitogen-activated protein Kinasen* (MAPK), *extracellular-signal regulated kinases* (ERK) und *c-Jun N-terminale Kinasen* (JNK) an der Sternzellaktivierung mit. Aktivierte HSC produzieren auch selbst TGF-β und halten damit die eigene Aktivierung in einer positiven Feedbackschleife aufrecht. PDGF, welcher vorwiegend von LSEC, Makrophagen und aktivierten HSC sezerniert wird, bewirkt eine

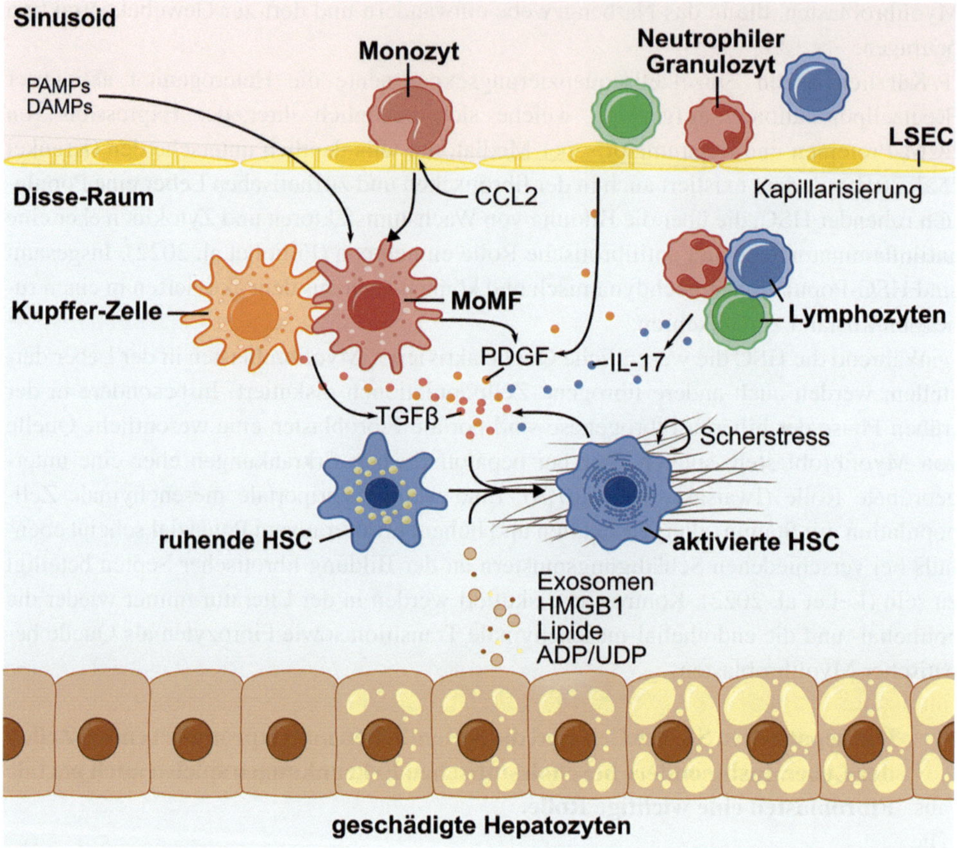

Abb. 1.2 Übersicht über allgemeine Mechanismen der Leberinflammation und Sternzellaktivierung. Die Aktivierung hepatischer Sternzellen (HSC) integriert Signale geschädigter Hepatozyten, inflammatorisch aktivierter Makrophagen sowie weiterer infiltrierender Leukozytenpopulationen. ADP/UDP = Adenosin-/Uridindiphosphat, CCL2 = *C-C motif ligand 2*, DAMPs = *Damage-associated Molecular Patterns*, HMGB1 = *High Mobility Group Box 1*, HSC = hepatische Sternzelle, IL-17 = Interleukin 17, LSEC – *Liver Sinusoidal Endothelial Cell*, MoMF = monozytenabgeleitete Makrophagen, PAMPs = *Pathogen-associated Molecular Patterns*, PDGF = *Platelet-derived Growth Factor*, TGF-β = *Transforming Growth Factor β*

proliferative und migratorische Antwort und ist somit an der Ausbildung des Myofibroblastenphänotyps beteiligt. Weitere klassische Sternzellaktivatoren sind die Zytokine VEGF und *connective tissue growth factor* (CTGF), die ebenfalls zu einer Aktivierung, Proliferation und ECM-Produktion beitragen (Tsuchida und Friedman 2017).

► **Die Sternzellaktivierung integriert eine Vielzahl unterschiedlicher Signale und Interaktionen mit verschiedenen Zellpopulationen der Leber.**

Eine Vielzahl weiterer Signalwege ist an der Sternzellaktivierung beteiligt, die hier aber nicht alle im Detail besprochen werden sollen. Insbesondere seien jedoch DAMP- und PAMP-vermittelte Signalwege erwähnt, die durch die Aktivierung von Pattern-Recognition-Rezeptoren (PRRs), wie zum Beispiel Toll-like-Rezeptoren, wirken, sowie extrazelluläre Vesikel, die von geschädigten Hepatozyten freigesetzt werden. Insbesondere bei metabolischen Lebererkrankungen spielt auch Cholesterin eine wichtige Rolle. Freies Cholesterin führt zur Aktivierung des Inflammasoms mit IL-1β-Freisetzung aus Lebermakrophagen und trägt so direkt zur Sternzellaktivierung bei. Auch nukleäre Rezeptoren, etwa *Farnesoid X receptor* (FXR), *liver X receptor* (LXR), Peroxisom-Proliferator-aktivierte Rezeptoren (PPAR-)-γ und PPAR-δ, werden von HSC exprimiert und wirken als negative Regulatoren der Sternzellaktivierung. Zudem interagieren HSC insbesondere über Integrine eng mit der Extrazellularmatrix und der mit zunehmender Endothelzellkapillarisierung und Fibrose vermehrte Scherstress führt so zur weiteren fibrotischen Aktivierung.

1.3.3 Strukturveränderungen der extrazellulären Matrix bei Leberfibrose

In der gesunden Leber setzt sich der Disse-Raum im Wesentlichen aus einem lockeren interstitiellen Bindegewebe und einer basalmembranähnlichen Matrix zusammen. Das lockere interstitielle Bindegewebe besteht vor allem aus Typ-I-, -III- und -V-Kollagenen sowie Elastin und Fibronectin, während die basalmembranähnliche Matrix vorwiegend aus Lamininen, Typ-IV-Kollagenen und diversen Proteoglykanen zusammengesetzt ist. Die normale Zusammensetzung und Struktur dieser spezialisierten ECM ist für die Funktion der hierin eingebetteten Leberzellen von essenzieller Bedeutung. Im Rahmen der Leberfibrose kommt es zur Ablagerung fibrillärer Kollagene, insbesondere von Typ-I-Kollagen, mit einer deutlichen quantitativen Zunahme der Extrazellularmatrix auf das bis zu 10-fache. Zusammen mit der Quervernetzung dieser Kollagenfibrillen durch Lysyloxidasen (LOX, LOXLs), nimmt die Dichte und Steifigkeit der Extrazellularmatrix zu, was schließlich zu einem teilweisen Funktionsverlust von Hepatozyten und LSEC sowie zur Aufrechterhaltung der Sternzellaktivierung beiträgt (Schuppan et al. 2001). Mit Fortschreiten dieses Prozesses kommt es schließlich zu einem vollständigen Verlust der Lebermikroarchitektur mit abnormalem Blutfluss – ein Zustand, der als Zirrhose bezeichnet wird und letztendlich zur portalen Hypertension und ihren Komplikationen führt (Abb. 1.3).

► **Die zunehmende Architekturstörung durch Zunahme und Quervernetzung der fibrillären Extrazellulärmatrix führt schließlich zum Funktionsverlust der Leberzellen und zur Zirrhose mit ihren Komplikationen.**

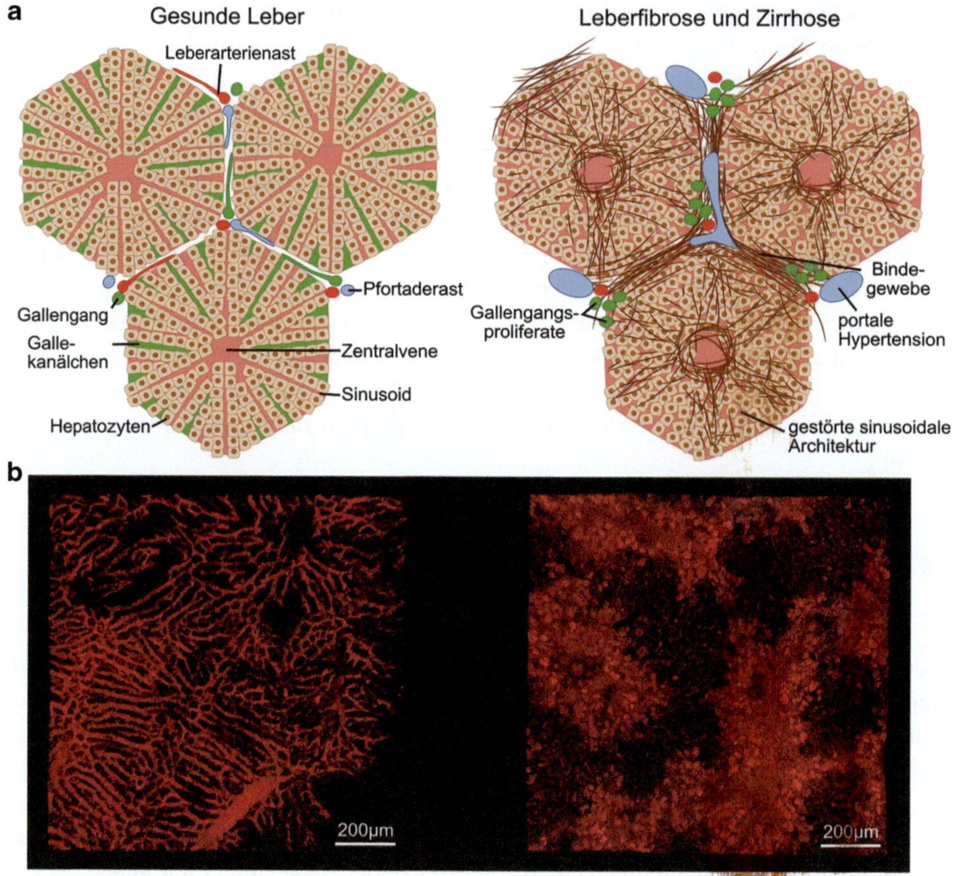

Abb. 1.3 A. Schematische Darstellung der gesunden und der gestörten Architektur bei Leberfibrose und Zirrhose. B. Intravitalmikroskopie einer Mausleber mit Darstellung der Lebergefäße mittels fluoreszenzmarkiertem Dextran (*rot*) in der gesunden (*links*) und der fibrotischen Leber (*rechts*). (Freundlicherweise von Dr. F. Heymann, Charité Berlin, zur Verfügung gestellt)

1.4 Allgemeine Prinzipien der Regression und Resolution der Leberfibrose

Schon seit der Antike ist das hohe Regenerationspotenzial der Leber bekannt. Besonders beeindruckend ist die Fähigkeit der Leber, dass sich eine Leberfibrose selbst in fortgeschrittenen Stadien wieder zurückbilden kann, wie es sich z. B. bei Patienten nach erfolgreicher Therapie einer Hepatitis-C-Virusinfektion oder nach starker Gewichtsreduktion bei Patienten mit Metabolic Dysfunction-associated Steatohepatitis (MASH, früher Non-alcoholic Steatohepatitis [NASH]), beobachten lässt. Als Folge der ausbleibenden Leberschädigung verschiebt sich das Gleichgewicht zwischen Matrixsynthese und Matrixabbau zugunsten einer vermehrten Fibrolyse (Abb. 1.4).

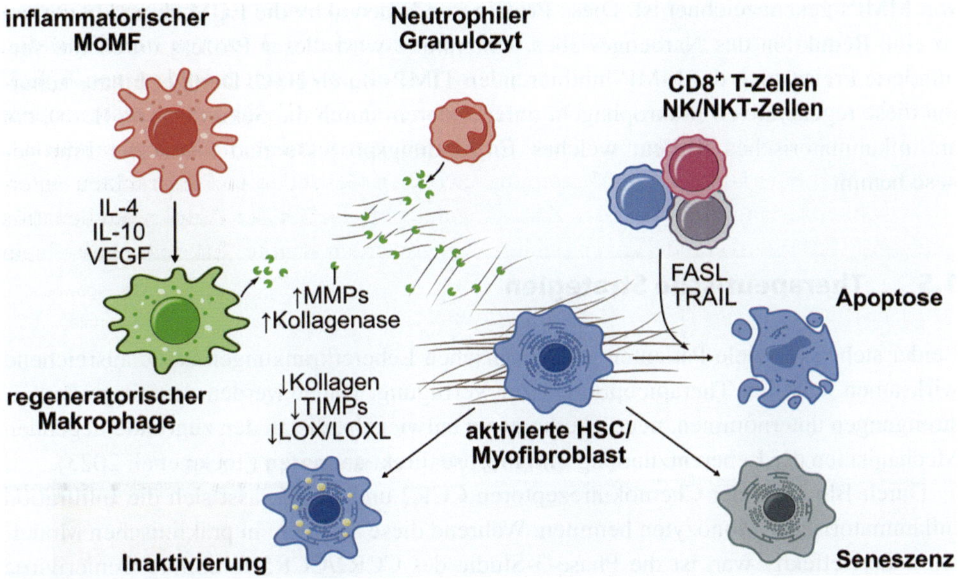

Abb. 1.4 Überblick über die allgemeinen Mechanismen der Fibroseregression. Apoptose, Seneszenz und Inaktivierung aktivierter Sternzellen und Myofibroblasten führen zu einem Rückgang aktiver Matrixproduktion. Regeneratorisch polarisierte Makrophagen sowie neutrophile Granulozyten bilden matrixabbauende Enzyme. FasL = Fas-Ligand, HSC = hepatische Sternzelle, IL = Interleukin, LOX/LOXL – Lysyloxidase(-like), NK/NKT-Zellen = natürliche Killerzellen/Killer-T-Zellen, MMPs = Matrixmetalloproteinasen, MoMF = monozytenabgeleitete Makrophagen, TIMPs – Tissue Inhibitors of Metalloproteinases, TRAIL = *TNF-related Apoptosis-inducing Ligand*, VEGF = *Vascular Endothelial Growth Factor*

► **Nach Wegfall der Leberschädigung kommt es über die Apoptose und Inaktivierung von hepatischen Sternzellen sowie die Zunahme der fibrolytischen Aktivierung von Lebermakrophagen zum Rückbau der extrazellulären Matrix.**

Verschiedene Prozesse können zu einer verminderten Synthese von ECM durch hepatische Myofibroblasten führen (Kisseleva und Brenner 2021). CD8⁺ T-Zellen, NK- und NKT-Zellen induzieren die Apoptose von aktivierten HSC und ein weiterer Teil der HSC wird in einen ruhenden Zustand überführt. Weiterhin ist die sich regenerierende Leber durch eine vermehrte Seneszenz von HSC gekennzeichnet. Dies beschreibt den Zustand des Zellzyklusarrests bei erhaltener metabolischer Aktivität. Seneszente HSC sezernieren vermehrt inflammatorische Zytokine, weisen aber zugleich eine verminderte fibrogene Aktivierung auf.

Neben der verminderten Synthese und Sekretion von ECM sind aktive fibrolytische Prozesse entscheidend für den Rückgang der Fibrose. Diese Prozesse werden größtenteils von Makrophagen getragen. In der sich regenerierenden Leber nehmen Makrophagen einen eher regenerativen Phänotyp an, der unter anderem durch die vermehrte Sekretion von MMPs gekennzeichnet ist. Diese Proteinasen bauen aktiv die ECM ab und bewirken so eine Reduktion des Narbengewebes. Unterstützt wird dieser Prozess durch die verminderte Freisetzung der MMP-inhibierenden TIMPs durch HSC. Darüber hinaus schaffen diese regenerativen Makrophagen, unter anderem durch die Sekretion von IL-10, ein antiinflammatorisches Milieu, welches Entzündungsprozesse und somit die Fibrogenese hemmt.

1.5 Therapeutische Strategien

Leider stehen für viele Patienten mit chronischen Lebererkrankungen keine ausreichend wirksamen kausalen Therapieoptionen zur Verfügung. Daher werden derzeit große Anstrengungen unternommen, neue Therapien zu entwickeln, die an den zugrunde liegenden Mechanismen der Leberentzündung und Fibrose direkt angreifen (Tacke et al. 2023).

Durch Blockade der Chemokinrezeptoren CCR2 und CCR5 lässt sich die Infiltration inflammatorischer Monozyten hemmen. Während diese Strategie in präklinischen Modellen äußert effektiv war, ist die Phase-3-Studie des CCR2/CCR5-Inhibitors Cenicriviroc bei Patienten mit MASH/NASH leider negativ ausgefallen (Anstee et al. 2024). Die Modulation nukleärer Rezeptoren, etwa FXR oder PPAR, ist ebenfalls ein interessanter Ansatz, da sich hierdurch die Polarisation von Makrophagen hin zu einem Proresolutionsphänotyp verschieben lässt (Lefere et al. 2020). Vielversprechende Substanzen, die sich zurzeit in der klinischen Erprobung befinden, sind etwa FXR-Agonisten (Obeticholsäure, Cilofexor, Tropifexor u. a.) oder der Pan-PPAR-Agonist Lanifibranor. Die genannten therapeutischen Ansätze sind hauptsächlich für das Krankheitsbild der MASH entwickelt worden.

Im Jahr 2024 konnte der selektive Schilddrüsenhormonrezeptor-β-Agonist Resmetirom zur Behandlung der MASH bei Patienten mit moderater bis fortgeschrittener Leberfibrose in den USA zugelassen werden. In der Phase-3-Studie wurde eine Verbesserung der Fibrose um mindestens 1 Grad ohne Verschlechterung der MASLD-Aktivität bei etwa einem Viertel der Patienten erreicht (Harrison et al. 2024).

Auch wenn sich die Grundzüge der Leberinflammation und Fibrose zwischen den verschiedenen Krankheitsbildern ähneln, so sind doch unterschiedliche Mechanismen und Zellpopulationen involviert. Daher werden für andere Krankheitsbilder, die nicht so maßgeblich durch Makrophagen getrieben werden, eher andere Strategien verfolgt, wie zum Beispiel die Hemmung von Neutrophilen bei der alkoholassoziierten Lebererkrankung oder gegen T-Zellen gerichtete Therapien bei Virushepatitiden und Autoimmunhepatitis.

Eine direkte Hemmung der Sternzellaktivierung ist eine nahe liegende therapeutische Strategie, um eine Fibroseprogression zu verhindern. Da die systemische pharmakologische Hemmung des TGF-β-Signals als Hauptaktivator von HSC eine sehr hohe Nebenwirkungsrate aufweist, wird zurzeit versucht, über die Blockade von Integrinen spezifisch die lokale TGF-β-Aktivität zu modulieren (Rahman et al. 2022). Weiterhin verspricht man sich auch von Aktivatoren nukleärer Rezeptoren in HSC, etwa durch FXR- und PPAR-

Agonisten, eine direkte antifibrotische Wirksamkeit (Tsuchida und Friedman 2017). Zudem werden Zelltherapien mit regeneratorisch differenzierten Makrophagen und mesenchymalen Stromazellen in präklinischen und frühen klinischen Studien getestet, und diese zeigen entzündungshemmende und antifibrotische Signale (Dwyer et al. 2021).

1.6 Fazit

In den letzten Jahren hat sich, nicht zuletzt dank neuer Technologien wie etwa der Einzelzellsequenzierung, unser Verständnis der Mechanismen der hepatischen Fibrogenese grundlegend erweitert. Der erwartbare zukünftige Erkenntnisgewinn wird in den nächsten Jahren hoffentlich die Entwicklung und Zulassung neuer therapeutischer Strategien mit sich bringen, die direkt an diesen Mechanismen ansetzen. Zusätzlich zur Therapie der Grunderkrankung ließe sich so eine Regression der Fibrose unterstützen, um Komplikationen der Leberzirrhose zu vermeiden.

► Ein zunehmendes Verständnis der Feinregulation von Leberfibrose und Regressionsprozessen ist unabdingbar für die Entwicklung antifibrotischer therapeutischer Strategien.

Literatur

Anstee QM, Neuschwander-Tetri BA, Wong VW-S, Abdelmalek MF, Rodriguez-Araujo G, Landgren H, Park GS, Bedossa P, Alkhouri N, Tacke F, Sanyal AJ (2024) Cenicriviroc lacked efficacy to treat liver fibrosis in nonalcoholic steatohepatitis: AURORA Phase III randomized study. Clin Gastroenterol Hepatol 22(1):124–134.e1. https://doi.org/10.1016/j.cgh.2023.04.003

Chen L, Brenner DA, Kisseleva T (2019) Combatting fibrosis: exosome-based therapies in the regression of liver fibrosis. Hepatol Comm 3(2):180. https://doi.org/10.1002/hep4.1290

Ding B-S, Cao Z, Lis R, Nolan DJ, Guo P, Simons M, Penfold ME, Shido K, Rabbany SY, Rafii S (2014) Divergent angiocrine signals from vascular niche balance liver regeneration and fibrosis. Nature 505(7481):Article 7481. https://doi.org/10.1038/nature12681

Dwyer BJ, Macmillan MT, Brennan PN, Forbes SJ (2021) Cell therapy for advanced liver diseases: repair or rebuild. J Hepatol 74(1):185–199. https://doi.org/10.1016/j.jhep.2020.09.014

Filliol A, Saito Y, Nair A, Dapito DH, Yu L-X, Ravichandra A, Bhattacharjee S, Affo S, Fujiwara N, Su H, Sun Q, Savage TM, Wilson-Kanamori JR, Caviglia JM, Chin L, Chen D, Wang X, Caruso S, Kang JK et al (2022) Opposing roles of hepatic stellate cell subpopulations in hepatocarcinogenesis. Nature 610(7931):Article 7931. https://doi.org/10.1038/s41586-022-05289-6

Hammerich L, Tacke F (2023) Hepatic inflammatory responses in liver fibrosis. Nat Rev Gastroenterol Hepatol 20(10):633-646. https://doi.org/10.1038/s41575-023-00807-x

Harrison SA, Bedossa P, Guy CD, Schattenberg JM, Loomba R, Taub R, Labriola D, Moussa SE, Neff GW, Rinella ME, Anstee QM, Abdelmalek MF, Younossi Z, Baum SJ, Francque S, Charlton MR, Newsome PN, Lanthier N, Schiefke I, Mangia A, Pericàs JM, Patil R, Sanyal AJ, Noureddin M, Bansal MB, Alkhouri N, Castera L, Rudraraju M, Ratziu V, MAESTRO-NASH Investigators (2024) A Phase 3, randomized, controlled trial of resmetirom in NASH with liver fibrosis. N Engl J Med 390(6):497–509. https://doi.org/10.1056/NEJMoa2309000

Ibidapo-Obe O, Bruns T (2023) Tissue-resident and innate-like T cells in patients with advanced chronic liver disease. JHEP Rep 5(10):100812. https://doi.org/10.1016/j.jhepr.2023.100812

Iwaisako K, Jiang C, Zhang M, Cong M, Moore-Morris TJ, Park TJ, Liu X, Xu J, Wang P, Paik YH, Meng F, Asagiri M, Murray LA, Hofmann AF, Iida T, Glass CK, Brenner DA, Kisseleva T (2014) Origin of myofibroblasts in the fibrotic liver in mice. Proc Natl Acad Sci USA 111(32):E3297–E3305. https://doi.org/10.1073/pnas.1400062111

Kisseleva T, Brenner D (2021) Molecular and cellular mechanisms of liver fibrosis and its regression. Nat Rev Gastroenterol Hepatol 18(3):Article 3. https://doi.org/10.1038/s41575-020-00372-7

Krenkel O, Tacke F (2017) Liver macrophages in tissue homeostasis and disease. Nat Rev Immunol 17(5):306–321. https://doi.org/10.1038/nri.2017.11

Krenkel O, Hundertmark J, Ritz TP, Weiskirchen R, Tacke F (2019) Single cell RNA sequencing identifies subsets of hepatic stellate cells and myofibroblasts in liver fibrosis. Cells 8(5):E503. https://doi.org/10.3390/cells8050503

Lefere S, Puengel T, Hundertmark J, Penners C, Frank AK, Guillot A, de Muynck K, Heymann F, Adarbes V, Defrêne E, Estivalet C, Geerts A, Devisscher L, Wettstein G, Tacke F (2020) Differential effects of selective- and pan-PPAR agonists on experimental steatohepatitis and hepatic macrophages☆. J Hepatol 73(4):757–770. https://doi.org/10.1016/j.jhep.2020.04.025

Lei L, Bruneau A, El Mourabit H, Guégan J, Folseraas T, Lemoinne S, Karlsen TH, Hoareau B, Morichon R, Gonzalez-Sanchez E, Goumard C, Ratziu V, Charbord P, Gautheron J, Tacke F, Jaffredo T, Cadoret A, Housset C (2022) Portal fibroblasts with mesenchymal stem cell features form a reservoir of proliferative myofibroblasts in liver fibrosis. Hepatology 76(5):1360. https://doi.org/10.1002/hep.32456

Marrone G, Shah VH, Gracia-Sancho J (2016) Sinusoidal communication in liver fibrosis and regeneration. J Hepatol 65(3):608–617. https://doi.org/10.1016/j.jhep.2016.04.018

Poisson J, Lemoinne S, Boulanger C, Durand F, Moreau R, Valla D, Rautou PE (2017) Liver sinusoidal endothelial cells: physiology and role in liver diseases. J Hepatol 66(1):212–227. https://doi.org/10.1016/j.jhep.2016.07.009

Rahman SR, Roper JA, Grove JI, Aithal GP, Pun KT, Bennett AJ (2022) Integrins as a drug target in liver fibrosis. Liver Int 42(3):507–521. https://doi.org/10.1111/liv.15157

Ramachandran P, Dobie R, Wilson-Kanamori JR, Dora EF, Henderson BEP, Luu NT, Portman JR, Matchett KP, Brice M, Marwick JA, Taylor RS, Efremova M, Vento-Tormo R, Carragher NO, Kendall TJ, Fallowfield JA, Harrison EM, Mole DJ, Wigmore SJ et al (2019) Resolving the fibrotic niche of human liver cirrhosis at single-cell level. Nature 575(7783):512–518. https://doi.org/10.1038/s41586-019-1631-3

Schuppan D, Ruehl M, Somasundaram R, Hahn EG (2001) Matrix as a modulator of hepatic fibrogenesis. Semin Liver Dis 21(03):351–372. https://doi.org/10.1055/s-2001-17556

Tacke F, Puengel T, Loomba R, Friedman SL (2023) An integrated view of anti-inflammatory and antifibrotic targets for the treatment of NASH. J Hepatol 79(2):552–566. https://doi.org/10.1016/j.jhep.2023.03.038

Tsuchida T, Friedman SL (2017) Mechanisms of hepatic stellate cell activation. Nat Rev Gastroenterol Hepatol 14(7):397–411. https://doi.org/10.1038/nrgastro.2017.38

Pathomechanismen der portalen Hypertension

2

Tilman Sauerbruch

2.1 Einleitung

Die portale Hypertension ist ein Syndrom mit unterschiedlichen klinischen Folgen (intestinale Blutung, Verschlechterung der Leberfunktion, Aszites), die sich über die Jahre entwickeln (D'Amico et al. 2018; Kim et al. 2012). Die häufigste Ursache ist eine anatomische Veränderung der Leber, welche den Ausflusswiderstand für den Blutfluss der Pfortader zum rechten Herzen erhöht. Die meisten Formen der portalen Hypertension sind durch eine Widerstandserhöhung für den portalvenösen Blutfluss durch die Leber bedingt. Der Blutdruck in der Portalvene und im Kollateralsystem wird zusätzlich durch einen vermehrten Blutfluss in die Splanchnikusvenen erhöht (Tab. 2.1).

Seltener liegt die zugrunde liegende Veränderung außerhalb der Leber, z. B. bedingt durch eine Stenose oder einen Verschluss von splanchnischen venösen Gefäßen (Pfortader, Milz- oder Mesenterialvenen) oder hervorgerufen durch eine Widerstandserhöhung des Blutflusses zwischen der Leber und dem rechten Herz (Veränderung der Lebervenen, Kompression der V. cava, Insuffizienz des rechten Herzens). Ein deutlich erhöhter Blutfluss in die Pfortaderstrombahn (massive Splenomegalie oder arteriovenöse Fisteln) kann ebenfalls, aber sehr selten, zum portalen Hypertonus führen. Die portale Hypertension begleiten funktionelle vaskuläre Veränderungen und Gefäßneubildungen im Bauchraum. Diese dynamische Komponente perpetuiert die portale Hypertension (Fernandez 2015). Die Folgen sind Kollateralen (z. B. Ösophagusvarizen), eine intestinale Barrierestörung, die hepatische Enzephalopathie und – vor allem aufgrund hämodynamischer Veränderungen – die Ausbildung von Aszites.

T. Sauerbruch (✉)
Professor emeritus, Medizinische Klinik I der Universität Bonn, Bonn, Deutschland
E-Mail: Tilman.sauerbruch@ukbonn.de

T. Bruns et al. (Hrsg.), *Komplikationen der Leberzirrhose*,
https://doi.org/10.1007/978-3-662-70167-6_2

Tab. 2.1 Ursachen der portalen Hypertension, eingeteilt nach prä-, intra- und posthepatisch. MetALD = Metabolic dysfunction and alcohol-related liver disease; ALD = Alcoholic liver disease, MASLD = Metabolic Dysfunction-associated Steatotic Liver Disease; PBC = Primär biliäre Cholangitis, PSC = Primär sklerosierende Cholangitis, AIH = autoimmune Hepatitis

Prähepatische portale Hypertension	Intrahepatische portale Hypertension	Posthepatische portale Hypertension
- Thrombose im Pfortaderstromgebiet - Entzündungen - Tumoren - Operationen - Trauma - Vermehrter Einstrom in das portalvenöse Stromgebiet (arteriovenöse Fisteln, Splenomegalie)	- Chronischer Alkoholkonsum (MetALD, ALD) - Steatotische Lebererkrankung (MASLD) - Hepatitisviren - Autoimmune Erkrankungen (PBC, PSC, AIH) - Monogenetische Erkrankungen	- Budd-Chiari-Syndrom - Chronische Herzerkrankungen

► **Die portale Hypertension ist durch strukturelle und funktionelle Veränderungen bei einer Leberzirrhose bedingt.**

2.2 Anatomie

Die Pfortader, die im Wesentlichen aus Confluens der V. mesenterica superior und der V. lienalis entsteht, sammelt das Blut aus Milz, Magen, Darm und Bauchspeicheldrüse (Boyer und Henderson 1996). In der Leber verzweigt sich das Portalblut in viele kleine Venolen hin zu den Portalfeldern. Von dort fließt es in einem gewaltigen Delta entlang des Lebersinus, begrenzt von den endothelialen Zellen, über die Zentralvenole zu den großen Leberausflussvenen, welche in die V. cava inferior münden. Die sinusoidalen endothelialen Zellen haben keine Basalmembran und durch ihre Fenestrierung eine siebähnliche Funktion für einen passiven Stofftransport. Gleichzeitig bilden sie vasoaktive Substanzen und regulieren damit den Tonus des Blutbettes in der Leber.

Zwischen der gefensterten Wand der sinusoidalen endothelialen Zellen und den angrenzenden Hepatozyten liegt ein kleiner Spalt (Disse-Raum). Über das Plasma in diesem Spalt findet der Austausch von Molekülen mit den Hepatozyten statt. An der Innenseite des Lebersinus liegen ortständige Immunzellen (Kupffer-Zellen) und an ihrer Außenseite die Vitamin A speichernden hepatischen Sternzellen. Die Leber wird arteriell von der A. hepatica gespeist. Dieses Gefäß verzweigt sich in kleinen Arteriolen, deren Blut vom Portalfeld aus in das sinusoidale Gefäßnetz mündet. Somit ist die Flüssigkeit, welche der Zentralvenole zufließt, ein Gemisch von arteriellem (ca. 20 %) und portalvenösem (ca. 80 %) Blut. Die anatomische Einteilung, bei der Periportalfelder (enthalten eine portale Venole, eine Arteriole und einen winzigen interlobulären Gallengang) eine Zentralvenole umgrenzen, wird als Leberläppchen bezeichnet. Den Raum zwischen dem Gefäßgeflecht füllen vor allem die parenchymatösen Leberzellen (Hepatozyten) aus (McCuskey 1994).

2.3 Definition der portalen Hypertension

Ein intravaskulärer Blutdruck in der Pfortader oder einem der großen zuführenden Gefäße von 5 mmHg über dem Druck in der V. cava inferior gilt als portale Hypertension. Liegt der Druckgradient > 10 mmHg, spricht man von einer signifikanten portalen Hypertension, die zu klinisch wirksamen Kollateralen wie Ösophagus- oder Magenvarizen führt (Guixé-Muntet et al. 2024). Ein Druckgradient von > 20 mmHg wird als schwere portale Hypertension definiert, die vor allem mit gravierenden intestinalen Blutungen einhergehen kann. Da eine direkte Messung des Druckgradienten nur invasiv möglich ist, wurde nach Alternativen gesucht, um das Ausmaß des portalen Hypertonus zu bestimmen. Die Einführung eines Katheters in eine der Lebervenen erlaubt die Bestimmung des Gradienten zwischen freiem und geblockten Lebervenendruck (*hepatic venous pressure gradient* = HVPG). Der HVPG korreliert bei der Leberzirrhose, insbesondere der alkoholischen, sehr gut mit dem direkt gemessenen Druckgradienten (Boyer et al. 1977). Die Bestimmung der Lebersteifigkeit korreliert mit dem Grad der Leberfibrose und bei der intrahepatischen portalen Hypertension auch grob mit dem Portaldruck (Kim et al. 2011). Ein HVPG von 3–5 mm Hg gilt als normal. Eine deutlich erhöhte Steifigkeit der Leber (Elastizitätsmessung > 25 kPa) ist nahezu immer mit einem HVPG > 10 mm Hg assoziiert, während Werte <14 kPa eine klinisch signifikante portale Hypertension häufig ausschließen (Sauerbruch et al. 2018) (Vergleiche Kapitel 8). Bei der extrahepatischen und präsinusoidalen intrahepatischen portalen Hypertension ist der HVPG jedoch kaum erhöht, korreliert nicht mit dem Bluthochdruck in den Kollateralgefäßen und kann alternativ durch eine Punktion der gestauten Venen festgestellt werden.

Bei Leberzirrhose korreliert der Portaldruck häufig orientierend mit dem Ausmaß der Leberdysfunktion. Patienten mit den Zeichen einer dekompensierten Zirrhose mit Aszites haben meist auch einen hohen HVPG (> 20 mmHg) (Sauerbruch et al. 2015). Bei Patienten mit kompensierter Zirrhose und Ösophagusvarizen liegt der HVPG im Mittel bei 20 mmHg. Das Fehlen von Ösophagusvarizen bei gesicherter Leberzirrhose spricht für einen Portaldruckgradienten < 10 mmHg. Bei extrahepatischer, klinisch signifikanter portaler Hypertension ist man auf indirekte Zeichen eines portalen Hypertonus angewiesen, wie Venenthrombosen/Stenosen mit Kollateralen in der Schnittbildgebung, ggf. mit gleichzeitigem endoskopischem Nachweis von intestinalen Varizen. Morphologische endoskopische Zeichen der Ösophagusvarizen wie *red colour signs* korrelieren mit einem hohen intravaskulären Druck (Kleber et al. 1989).

Zur detaillierten Diskussion der verfügbaren invasiven und nichtinvasiven diagnostischen Verfahren zum Nachweis und Ausschluss klinisch signifikanter portaler Hypertension wird auf die **Kap. 7 und 8** in diesem Buch verwiesen.

▶ **Eine klinisch signifikante portale Hypertension liegt bei einem HVPG von > 10 mmHg vor.**

2.4 Portale Hypertension infolge intrahepatischer Widerstandserhöhung

2.4.1 Prädisponierende Faktoren

Bei der Entstehung einer portalen Hypertension spielen angeborene und soziokulturelle Faktoren kausal oder modulierend eine Rolle.

Seltene monogenetische Erkrankungen prädisponieren neben der Schädigung anderer Organe auch zu einem chronischen Leberumbau und damit zur intrahepatischen portalen Hypertension. Sie werden meist autosomal-rezessiv vererbt (hereditäre Hämochromatose, zystische Fibrose, hereditärer alpha-1-Antitrypsin-Mangel, M. Wilson oder M. Gaucher). Heterozygote Merkmalsträger können ebenfalls ein erhöhtes Risiko für eine chronische Lebererkrankung aufweisen (z. B. Alpha-1-Antitrypsinmangel). Es besteht keine strenge Korrelation zwischen Geno- und Phänotyp bei diesen Erkrankungen. So liegt das Risiko, eine Zirrhose mit portaler Hypertension zu entwickeln, bei homozygoten Merkmalträgern (p.C282Y+/+) für eine hereditäre Hämochromatose bei 20 %, d. h. 4 von 5 Männern bekommen keine Hämochromatose (Lucas et al. 2024). Lebensweise und/oder zusätzliche angeborene Risikofaktoren spielen hier eine Rolle. Diese Interaktion ist nur unzureichend verstanden.

Genomweite Assoziationsstudien konnten zeigen, dass bestimmte Allele (Genvarianten) vor allem mit einem ausgeprägteren Verlauf der Fettlebererkrankung hin zur Fibrose und portalen Hypertension assoziiert sind (z. B. *PNPLA3* p.I148M-Variante) (Valenti et al. 2018; Mandorfer et al. 2018). Angeborene Mutationen in Genen, die für Proteine kodieren, welche die Homöostase der Gerinnung verantworten (z. B. Faktor-V-Leiden-Mutation oder hereditärer Protein-C-Mangel) können über Thrombosen im Pfortaderstromgebiet einer portalen Hypertension Vorschub leisten. Ebenso gibt es Genvarianten, die bei sehr seltenen Formen von familiären portosinusoidalen vaskulären Erkrankungen vorkommen (Koot et al. 2016; Shalaby et al. 2023, Elkrief et al. 2024).

Eine Reihe von soziokulturellen Faktoren, welche die Adipositas, den Typ-2-Diabetes, das metabolischen Syndrom (Stichwort *sedentary lifestyle*) oder einen vermehrten Alkoholkonsum (Alkoholgebrauchsstörung) begünstigen, sind auch treibende Faktoren für eine chronische Fettlebererkrankung, die – vor allem bei der gleichzeitigen Entwicklung einer Fibrose – zur portalen Hypertension führen kann. Im weiteren Sinne gehört auch der chronische, durch hepatotrope infektiöse Mikroorganismen (z. B. Viren, Parasiten) induzierte Leberumbau zur erworbenen Prädisposition für eine portale Hypertension.

Angeborene und erworbene Prädispositionen greifen in der Pathogenese der portalen Hypertension mit unterschiedlicher Gewichtung ineinander und beeinflussen so den zeitlichen Verlauf des Leberumbaus, der zum portalen Hypertonus führt. Die Prädisposition zum Suchtverhalten hat dabei einen angeborenen Anteil von 20–40 %. Allerdings entwickelt nur ein kleiner Teil der Menschen mit Alkoholabhängigkeit (5–10 %) eine Zirrhose, wobei hierbei wiederum angeborene Veränderungen der metabolischen Reaktion eine Rolle spielen (Stickel et al. 2017; Mandorfer et al. 2018).

2.4.2 Pathophysiologie

Die Einteilung der intrahepatischen portalen Hypertension in präsinusoidal, sinusoidal und postsinusoidal ordnet die Ursachen des Leberumbaus der mikroskopischen Gefäßarchitektur der Leber zu. Dies ermöglicht zwar eine anatomisch orientierte Klassifikation, ist jedoch oft zu schematisch, da meist Überschneidungen bestehen. Gemeinsam ist all diesen Veränderungen, dass sie den intrahepatischen Widerstand für den Blutfluss durch die Leber erhöhen.

Die ätiologisch zugrunde liegenden Faktoren und Mechanismen der Leberschädigung (Alkohol, Hepatitisviren, Parasiten, Fehlernährung, Medikamente, autoimmune Reaktionen in den Portalfeldern oder um die Gallengänge, chronische, primär extrahepatische Entzündungen, angeborene Defekte, Signale aus dem Darm) führen zu Zelluntergang oder abnormer Speicherung (Lipide, Proteine) in den Hepatozyten, zu oxidativem Stress, einer Aktivierung des angeborenen und adaptiven Immunsystems mit Veränderungen ortsständiger nichtparenchymatöser Zellen und zur zytokinbedingten Rekrutierung von Immunzellen, vor allem Monozyten/Makrophagen, aber auch neutrophilen Granulozyten in die Leber (Ginès et al. 2021; Edwards und Wanless 2013; Hoofnagle und Bjornsson 2019; Madir et al. 2024). Die sinusoidalen Endothelzellen verlieren ihre Fenestrierung (Kapillarisierung), werden kontraktil – ähnlich den hepatischen Sternzellen – und tragen zur Bildung von Entzündungsstimuli bei (Iwakiri und Groszmann 2007 und 2014).

Die hepatischen Sternzellen (auch als Perizyten oder Ito-Zellen bezeichnet) spielen hierbei eine zentrale Rolle. Sie transdifferenzieren – unter anderem induziert durch inflammatorische Zytokine wie IL-6 oder TGF-β – zu aktivierten hepatischen Myofibroblasten (Liedtke et al. 2022), die einerseits gemeinsam mit aktivierten Fibroblasten extrazelluläre Matrix (einschließlich verschiedener Kollagentypen) produzieren und andererseits kontraktil werden. Diese Transformationen führen zur aberranten Expression von Rezeptoren auf der Zelloberfläche sowie zur Aktivierung neuer intrazellulärer Signalwege, die die Bildung immunmodulatorischer, vasoaktiver und profibrogener Moleküle induzieren.

Durch die Ablagerung von Matrixfibrillen (Rockey et al. 2015) im Disse-Raum (struktureller Anteil) und die Kontraktion der Myofibroblasten (funktionell-dynamischer Anteil) steigt der Widerstand für den Blutfluss durch das sinusoidale Netzwerk. Dieser Effekt wird zusätzlich durch mikrovaskuläre Thrombosen und die Obliteration kleiner Lebervenen verstärkt (Wanless 2020; Ramkissoon et al. 2024). Parallel zu diesen Veränderungen der nichtparenchymatösen Zellen der Leber treten hepatozelluläre Alterationen auf. Hepatozelluläres Ballooning und Steatose führen zur Einengung der Lebersinusoide. Neben dem Untergang von Hepatozyten kommt es an anderen Stellen zu Hyperregeneration, wobei solche Areale häufig von Fibrosestraßen „eingeschnürt" werden. Das Ergebnis ist ein umfassender Umbau der Leber, der durch Zelluntergang, Zelltransdifferenzierung, Fibrose und eine veränderte Gefäßarchitektur gekennzeichnet ist. Der Prozess des „Remodelings" kann von allen Zelltypen der Leber initiiert werden und perpetuiert sich durch wechselseitige Stimulation. Vor allem das Ausmaß der Fibrose korreliert dabei eng mit der portalen Hypertension (Garcia-Tsao et al. 2010; Kim et al. 2011). Die gastrointestinale Blutung aus Kollateralen ist die direkte Folge der portalen Hypertension, kommt jedoch bei der intrahepatischen Ursache seltener vor als der Aszites oder Ikterus (Sangiovanni et al. 2006), deren Entstehung ebenfalls von einer portalen Hypertension begünstigt wird.

2.4.3 Darm-Leber-Achse

Der Darm stellt ein eigenständiges internes Ökosystem dar, das eine immense Anzahl von Mikroorganismen umfasst, darunter Bakterien, Viren, Pilze und Archaeen. Hinzu kommen Nahrungsabbauprodukte, Bestandteile der enterohepatischen Zirkulation (wie Gallensäuren) sowie von Bakterien metabolisierte Moleküle. Eine Vielzahl dieser Moleküle und möglicherweise auch Mikroorganismen gelangt über die Pfortader zur Leber, ohne dort primär eine aberrante Immunstimulation auszulösen. Dies ist auf eine ausgeprägte Immuntoleranz der Leber zurückzuführen.

Dieses Gleichgewicht kann durch die Zufuhr einer qualitativ und/oder quantitativ ungünstigen Ernährung (wie kalorienreiches Fast Food, Softdrinks, Fertignahrung, wenig Gemüse – sog. Western Diet), durch Alkohol oder chronisch-entzündliche Darmerkrankungen gestört werden (Madir et al. 2024; Baffy und Portincasa 2024). Dies führt zu einer Dysbiose der intestinalen Mikroorganismen, die durch eine reduzierte Vielfalt, eine Verschiebung der mikrobiellen Zusammensetzung in Richtung ungünstiger Taxa sowie eine vermehrte Besiedelung des oberen Intestinums gekennzeichnet ist. Häufig geht dies mit einer Störung der intestinalen Barrierefunktion einher (Efremova et al. 2023; Trebicka et al. 2021; Duan et al. 2024). Die daraus resultierenden Pathomechanismen fördern die Einschwemmung immunstimulatorischer Moleküle wie bakterieller Bestandteile (z. B. Endotoxine), Zytokine (z. B. TNF) oder kurzkettiger Fettsäuren (Trebicka et al. 2011 und 2013). Diese Moleküle aktivieren vor allem das angeborene Immunsystem, entweder über Toll-like-Rezeptoren auf Zelloberflächen oder über das Inflammasom im Zytosol von Immunzellen. Dies führt zur Bildung proinflammatorischer Zytokine wie IL-1β, IL-18 und TNF in der Leber (Henao-Mejia et al. 2012; Madir et al. 2024; Meyer et al. 2024).

Die Folge ist die Initiierung oder Perpetuierung intrahepatischer Entzündungskaskaden, die insbesondere Fibrogenese und Vasokonstriktion fördern und somit den intrahepatischen Gefäßwiderstand weiter erhöhen (Abb. 2.1).

2.4.4 Viszerales Fettgewebe

Der Mensch speichert Energie in Form von Triglyzeriden – ein evolutionärer Vorteil, der in der heutigen Zeit jedoch zum Nachteil werden kann. Dieser Prozess wird nicht nur durch Essgewohnheiten, sondern auch durch das Immunsystem gesteuert. Nicht gespeicherte Triglyzeride können im braunen Fettgewebe „verbrannt" werden (Thermogenese) oder zur Speicherung in Hepatozyten führen. Bei ungezügelter Aufnahme einer

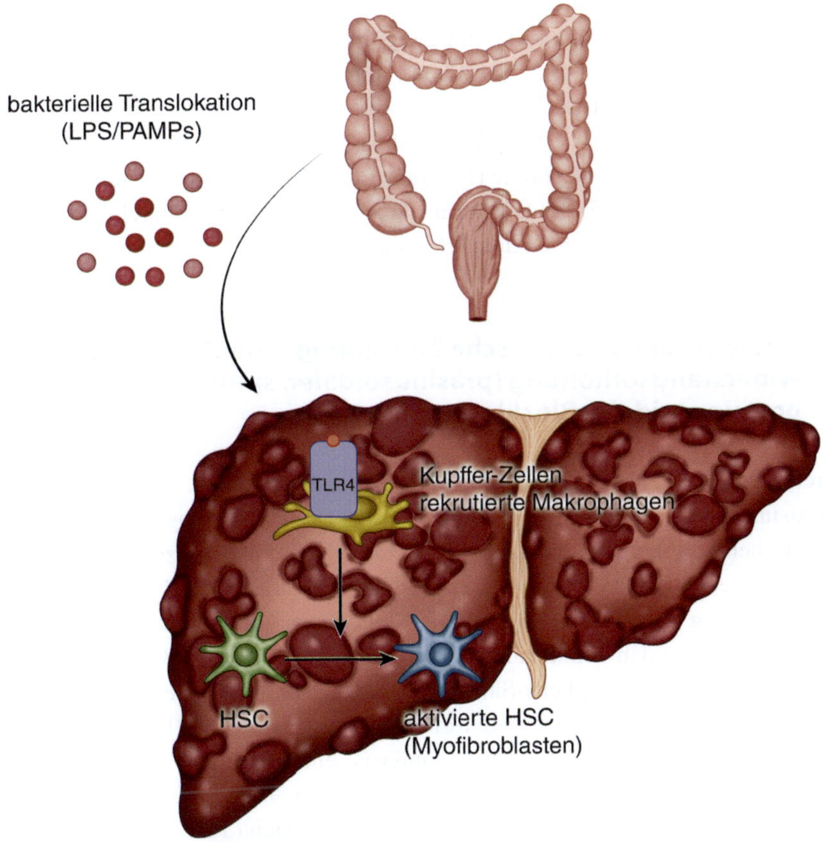

Abb. 2.1 Insbesondere bei alkoholinduzierter portaler Hypertension kommt es zu einer Störung der intestinalen Barrierefunktion, die eine Translokation von Bakterien und bakteriellen Molekülstrukturen (Pathogen-associated molecular patterns [PAMPs] wie Lipopolysacchariden [LPS]) ermöglicht. Dies führt über die Aktivierung von Toll-like-Rezeptoren (TLR) zur Aktivierung des angeborenen Immunsystems in der Leber. Dabei wird eine profibrogene Entzündungsreaktion ausgelöst, die mit einer intrahepatischen Vasokonstriktion einhergeht

sog. westlichen Diät mit einem Überangebot an Kohlenhydraten (Fastfood, Softdrinks, Fertignahrung, Fruktose, Alkohol) – insbesondere bei gleichzeitig reduziertem Kalorienverbrauch durch Bewegungsmangel – wird dieses Gleichgewicht gestört (Baffy und Portincasa 2024; Adolph und Tilg 2024).

Das viszerale Fettgewebe nimmt zu und produziert proinflammatorische Zytokine (Cox et al. 2021; O'Brien und Domingos 2021). Im weißen Fettgewebe und in der Leber werden vermehrt freie Fettsäuren gebildet. Die resultierende Triglyzerideinlagerung in Hepatozyten, Aktivierung von Makrophagen und Induktion von oxidativem Stress verändern das Sinusoidalbett durch Kompression, Kapillarisierung und Fibrogenese (Madir et al. 2024; Duan et al. 2024). Im fortgeschrittenen Stadium kann dies zu einer intrahepatischen Widerstandserhöhung führen, die eine signifikante portale Hypertension verursacht.

Darüber hinaus stören Fehlregulationen von Adipokinen und ihre rezeptorvermittelten Wirkung im ZNS die physiologische Sättigung und perpetuieren die gestörte Nahrungsaufnahme. Dies führt auch zur Entstehung einer Insulinresistenz, wodurch Typ-2-Diabetiker besonders betroffen sind. Eine klinisch relevante portale Hypertension tritt bei Fettlebererkrankungen jedoch nur bei gleichzeitiger Fibrose auf. Insgesamt liegt das Risiko für eine lebensbedrohliche portale Hypertension bei Patienten mit Fettlebererkrankung bei < 5 % (Adams et al. 2005). Im Gegensatz dazu ist die Mortalität durch kardiovaskuläre Erkrankungen bei diesen Patienten deutlich höher.

2.4.5 Ätiologie und anatomische Zuordnung der intrahepatischen Widerstandserhöhung (präsinusoidaler, sinusoidaler und postsinusoidaler Block)

Wie bereits ausgeführt, ist eine Einteilung in einen präsinusoidalen, einen sinusoidalen und einen postsinusoidalen Block wenig hilfreich für das pathophysiologische Verständnis der intrahepatischen portalen Hypertension. Sie bietet jedoch einen Nutzen bei der Interpretation des gemessenen HVPG. Insbesondere bei alkoholinduzierter Leberzirrhose kommt es zu einer Einengung und Wandverdickung der Lebersinusoide mit einem Verlust kleinster Kollateralen zwischen den Blutkanälen. Dadurch baut sich bei der Blockierung eines Lebervenenastes die Blut-Flüssigkeits-Säule ohne lateralen Abfluss direkt bis zu einem Pfortaderast auf und spiegelt so den Pfortaderdruck relativ genau wider (Boyer et al. 1977).

Anders verhält es sich bei der Schistosomiasis, einer häufigen Ursache der portalen Hypertension in der Subsahararegion, in Südamerika (vor allem Brasilien) und seltener auf der arabischen Halbinsel, in der Karibik und Südostasien (Tamarozzi et al. 2021). Die Parasiteneier können das Intestinum verlassen, in das portovenöse System gelangen und sich in den periportalen Venolen festsetzen. Dies führt zu einer Entzündungsreaktion mit hepatischen Granulomen und Fibrose. Es handelt sich hierbei um eine intrahepatische präsinusoidale Fibrose mit nur geringfügig erhöhtem HVPG (Tamarozzi et al. 2021).

Die portosinusoidale vaskuläre Erkrankung (*portosinusoidal vascular disease*, PSVD) – früher als nichtzirrhotische portale Hypertension bezeichnet – zeigt vor allem Gefäßwandveränderungen der kleinen intrahepatischen Portalvenenäste (Rarefizierung, Fibrosierung, Okklusion mit perisinusoidaler Fibrose). Auch hier ist der HVPG nur gering erhöht und die Elastizitätsmessung der Leber beträgt selbst bei ausgeprägter portaler Hypertension < 20 kPa (De Gottardi et al. 2022). Die Ursachen sind vielfältig: Autoimmune Erkrankungen wie systemischer Lupus erythematodes (SLE), rheumatoide Arthritis, allgemeine variable Immundefizienz (CVID), chronische lymphatische Leukämie (CLL) oder chronische myeloische Leukämie (CML) sowie Medikamente wie Azathioprin oder Oxaliplatin. Angeborene Störungen sind selten (Premkumar und Anand 2024; Magaz et al. 2024).

Postsinusoidale intrahepatische Gefäßveränderungen (Phlebosklerosen) können alkoholassoziiert auftreten, einer granulomatösen Phlebitis (z. B. durch Mykobakterien oder Sarkoidose) zugrunde liegen oder durch Strahlenschäden verursacht sein. All diese seltenen Ursachen des portalen Hypertonus bieten durch die HVPG-Messung keine zusätzlichen diagnostischen Erkenntnisse (Premkumar und Anand 2024; Madir et al. 2024).

Bei den häufigen Ursachen der intrahepatischen Widerstandserhöhung, wie Virushepatitiden oder Alkoholgebrauchsstörungen, wird im Stadium der Leberzirrhose das Organ so stark umgebaut, dass die sinusoidale Einteilung hinfällig ist. Chronische Hepatitiden beginnen oft mit einer portalen Entzündung und Interfacehepatitis, die auf das Läppchen übergreift. Dies führt zum Untergang von Hepatozyten, zu regenerativen Veränderungen, periportaler Fibrose und portoportalen Septenbildungen (Scheuer und Lefkowitch 2000). Autoimmune cholestatische Erkrankungen wie die primär biliäre Cholangitis oder primär sklerosierende Cholangitis beginnen dagegen häufig präsinusoidal (Shalaby et al. 2023).

▶ **Die Einteilung in präsinusoidale, sinusoidale und postsinusoidale portale Hypertension ist für die Interpretation des HVPG relevant.**

2.5 Prähepatische portale Hypertension

Je nach anatomischer Lokalisation kann es sich um eine segmentale portale Hypertension (z. B. Milzvenenthrombose mit Magenfundusvarizen) oder eine vollständige portale Hypertension (z. B. Pfortaderthrombose) handeln. Beide Formen führen zur Kollateralbildung entlang des Intestinaltraktes, aber auch außerhalb, wie z. B. entlang der Bauchwand (Umbilikalvenen). Die Ursachen liegen oft in Thrombosen oder Stenosen der Splanchnikusvenen, bedingt durch einen angrenzenden malignen oder entzündlichen Prozess (häufig Pankreaskarzinom oder Pankreatitis), durch operative Eingriffe oder ein abdominelles Trauma. Da die Leberfunktion in diesen Fällen häufig erhalten ist, stehen klinisch intestinale Blutungskomplikationen im Vordergrund, während andere Zeichen der Dekompensation, wie Aszites oder Ikterus, weniger häufig auftreten.

Auch für diese Krankheitsentität gilt die Virchow-Trias: Veränderungen der Gefäßwand, der Blutzusammensetzung und der Flussgeschwindigkeit sind die zugrunde liegenden pathogenetischen Faktoren. Es wird Thrombosen mit und ohne Leberzirrhose unterschieden (Intagliata et al. 2019).

2.5.1 Zirrhotische Pfortader- und Splanchnikusthrombose

Die Prävalenz einer Pfortaderthrombose bei Patienten mit Leberzirrhose beträgt etwa 10 %, wobei das jährliche Risiko, eine solche Thrombose zu entwickeln, bei 5–10 % liegt. Das Risiko steigt mit dem Grad der Leberdekompensation. Zu den diskutierten Pathomechanismen gehören eine zunehmende Verringerung der Blutflussgeschwindigkeit in den portalvenösen Gefäßen, erhöhte Konzentrationen proinflammatorischer Zytokine und prokoagulatorischer Faktoren im Gefäßlumen sowie strukturelle Veränderungen des Endothels (Praktiknjo et al. 2020; Elkrief et al. 2024). Eine angeborene Thrombophilie spielt in diesem Kontext eine untergeordnete Rolle (Scheiner et al. 2022; Wu et al. 2024).

Bei Vorliegen einer zirrhoseassoziierten Portalvenenthrombose sollte stets eine gezielte Diagnostik durchgeführt werden, um ein hepatozelluläres Karzinom (HCC) auszuschließen. Die Ausdehnung der Thrombose kann variieren und wird häufig anhand der Yerdel-Klassifikation beschrieben (Elkrief et al. 2024). Sie wird indirekt durch endoskopische Untersuchungen, etwa den Nachweis von Varizen, sowie durch Schnittbildverfahren wie CT oder MRT bestimmt. Eine kavernöse Transformation der Pfortader im Bereich des Lig. hepatoduodenale tritt in diesen Fällen selten auf, da Kollateralen über portosystemische Shunts bestehen.

2.5.2 Nichtzirrhotische Pfortader- und Splanchnikusthrombose

Bei Patienten mit Pfortaderthrombose ohne zugrunde liegende Leberzirrhose ist die reduzierte Blutflussgeschwindigkeit im Pfortaderstromgebiet weniger bedeutsam. Stattdessen stehen lokale Faktoren wie traumatische Verletzungen, operative Eingriffe oder Entzündungen im Vordergrund. Zusätzlich können genetische Prädispositionen, wie eine Faktor-V-Leiden-Mutation oder ein Mangel an Protein C oder Protein S sowie erworbene Gerinnungsstörungen, wie sie bei myeloproliferativen Erkrankungen (Morsia et al. 2024), dem Antiphospholipidsyndrom, einer paroxysmalen nächtlichen Hämoglobinurie (Balta et al. 2005), während der Schwangerschaft oder durch die Einnahme oraler Kontrazeptiva auftreten, ursächlich sein. Häufig wirken diese Faktoren kombiniert, sodass eine systematische Testung auf *JAK2*-Mutation V617F auch bei Nachweis eines anderen erklärenden Faktors erfolgen sollte (Elkrief et al. 2023). Dennoch bleibt bei etwa einem Drittel der Patienten die Ursache ungeklärt.

Im Falle einer nichtzirrhotischen Thrombose im Pfortaderstromgebiet sind der HVPG und die Leberelastizitätsmessung meist unauffällig oder nur geringfügig erhöht. Die Ausdehnung der Thrombose wird vor allem durch Schnittbildverfahren wie CT oder MRT beurteilt. Zurückliegende Pfortaderthrombosen sind oft mit einer kavernösen Transformation im Lig. hepatoduodenale assoziiert. Diese portoportalen Kollateralen umfassen den pericholedochalen Plexus von Petrén, den epicholedochalen Plexus von Saint sowie pericholezystische venöse Plexus, die sich erweitern.

2.6 Posthepatische portale Hypertension

Die wesentlichen Ursachen für diese Form der venösen Abflussstörung sind Thrombosen der Lebervenen (Budd-Chiari-Syndrom, BCS), Herzerkrankungen wie chronische Perikarditis oder chronische Rechtsherzinsuffizienz sowie selten Tumoren, jeweils mit oder ohne hereditäre oder erworbene Gerinnungsstörungen. Diese Ursachen treten in ähnlicher Konstellation wie bei der nichtzirrhotischen Splanchnikusthrombose auf (Garcia-Pagán und Valla 2023).

Beim BCS spielen lokale Faktoren wie Bauchoperationen, abdominelle Traumata oder Inflammation eine untergeordnete Rolle, während Gerinnungsstörungen infolge myeloproliferativer Erkrankungen oder angeborener und erworbener Thrombophilien eine zentrale pathogenetische Rolle einnehmen (Garcia-Pagan et al. 2023). Ähnlich wie bei der nichtzirrhotischen Thrombose der Splanchnikusvenen sollte daher, idealerweise in Zusammenarbeit mit einem spezialisierten Zentrum, auf hereditäre Gerinnungsstörungen (z. B. Faktor-V-Leiden-Mutation, Faktor-II-Mutation, Protein-C- oder Protein-S-Mangel, Antithrombinmangel) sowie auf erworbene prokoagulatorische Faktoren (z. B. myeloproliferative Erkrankungen mit *JAK2*- oder *CALR*-Mutationen, Antiphospholipidsyndrom, paroxysmale nächtliche Hämoglobinurie, Einnahme von Kontrazeptiva und Schwangerschaft) getestet werden (Blata et al. 2005; Solela und Daba 2023). Zu den seltenen Ursachen zählen systemische Autoimmunerkrankungen, multiples Myelom und HIV-Infektionen. Bei etwa 75 % der Patienten kann die Ursache des BCS aufgeklärt werden, während das primäre idiopathische BCS sehr selten ist.

Je nach Ausmaß der Thrombosierung und Abflussstörung kommt es zu einer partiellen Atrophie, Zelluntergang oder Nekrose sowie einer Fibrosierung der Leber. Gleichzeitig können kompensatorische Hyperproliferationsprozesse wie die Hypertrophie des Lobus caudatus auftreten. Die venöse Abflussobstruktion erstreckt sich bis in die Lebersinusoide. Die Leber zeigt sich unregelmäßig vergrößert, häufig begleitet von Splenomegalie und eiweißreichem Aszites. Im akuten und unbehandelten vollständigen Budd-Chiari-Syndrom treten Symptome einer Kombination aus Leberversagen (z. B. Ikterus) und portaler Hypertension (z. B. Aszites, gelegentlich auch Varizen) auf. Eine HVPG-Messung ist diagnostisch nicht hilfreich und aufgrund der Thrombosierung der Lebervenen technisch oft nicht möglich. Die Diagnose wird hauptsächlich durch bildgebende Verfahren wie MRT, CT oder Sonografie gestellt.

► **Die häufigsten Ursachen für eine postsinusoidale portale Hypertension sind das Budd-Chiari-Syndrom oder Herzerkrankungen.**

2.7 Portale Hypertension und Hämodynamik

Die unterschiedlichen strukturellen Lokalisationen der Gefäßveränderungen sowie die Folgen der chronischen Entzündung innerhalb und außerhalb der Leber bestimmen das klinische Bild der portalen Hypertension, wie z. B. die Lokalisation von Blutungen aus Kollateralen oder die Bildung von Aszites. Im fortgeschrittenen Stadium eines persistierenden Leberumbaus mit deutlich erhöhtem Portaldruck handelt es sich um eine systemische Erkrankung, die unter anderem durch pathologische Hormon- und Zytokinbildung zusätzliche Organsysteme betrifft, insbesondere die Niere (Aszitesbildung), das kardiovaskuläre System (hyperdyname Zirkulationsstörung, Kardiomyopathie), das pulmonale System (hepatopulmonales Syndrom, portopulmonale Hypertension) und das zentralnervöse System (hepatische Enzephalopathie). Bereits im frühen Stadium der Erkrankung finden sich unabhängig von der Ätiologie eine Vasokonstriktion innerhalb der Leber und eine Vasodilatation außerhalb der Leber (Sauerbruch et al. 2023). Dennoch bleibt auch bei Leberzirrhose die Dynamik im Portalbett erhalten, wie ein postprandialer Anstieg von Druck und Fluss in der Pfortader oder ein zirkadianer Rhythmus zeigt.

2.7.1 Intrahepatische Vasokonstriktion

Neben den strukturellen Veränderungen besteht in der Leber eine dynamische, vasokonstriktive Komponente, die etwa 20–30 % der intrahepatischen Widerstandserhöhung ausmacht (Abb. 2.2). Dieses Paradoxon – intrahepatische Vasokonstriktion bei gleichzeitiger extrahepatischer Vasodilatation – wurde bereits vor mehr als 2 Jahrzehnten beschrieben (Iwakiri et al. 2014; Wiest und Groszmann 2002).

Eine wesentliche Ursache ist, analog zur kardiovaskulären Pathophysiologie, eine „endotheliale Dysfunktion" in der Leber (Iwakiri und Groszmann 2007; Biecker et al. 2008). Das Sinusendothel der Leber zeigt morphologische Veränderungen, verbunden mit einer unzureichenden Bildung vasodilatierender Moleküle, insbesondere von Stickstoffmonoxid (NO), das normalerweise die angrenzenden kontraktilen Zellen entspannt. Gleichzeitig fördern oxidativer Stress sowie die Aktivierung von Immunzellen die Produktion von Vasokonstriktoren wie Endothelin. Darüber hinaus sind G-Protein-gekoppelte intrazelluläre Signalkaskaden, die eine zelluläre Relaxation hemmen, bei der Leberzirrhose überexprimiert (Zhou et al. 2006).

2.7.2 Extrahepatische Vasodilatation

Mit der Erhöhung des intrahepatischen Widerstandes tritt bereits in einem frühen Stadium eine Vasodilatation im Bauchraum auf, die nicht ausschließlich mechanisch zu erklären ist (Abb. 2.2). Diese Vasodilatation ist zudem auf das portalvenöse Gefäßsystem beschränkt (Møller und Bendtsen 2018; Hennenberg et al. 2008).

Bereits zu Beginn des erhöhten Ausflusswiderstandes auch bei einem prähepatischen Block produziert das Endothel der Gefäßwand – wahrscheinlich ausgelöst durch Schubbeanspruchung (*shear stress*) vermehrt Stickstoffmonoxid (NO) (Wiest et al. 1999). Dies führt zu einer cGMP-vermittelten Gefäßdilatation im Bauchraum. Die NO-Produktion nimmt mit der Dekompensation der Leberzirrhose weiter zu (Heller et al. 1999). Neben NO sind auch andere Vasodilatatoren wie Kohlenmonoxid (CO) und Glukagon bei Zirrhose erhöht (Di Pascoli et al. 2017). Eine vermehrte Angiogenese, insbesondere im Zusammenhang mit der Bildung von Kollateralen, verstärkt diesen Prozess zusätzlich.

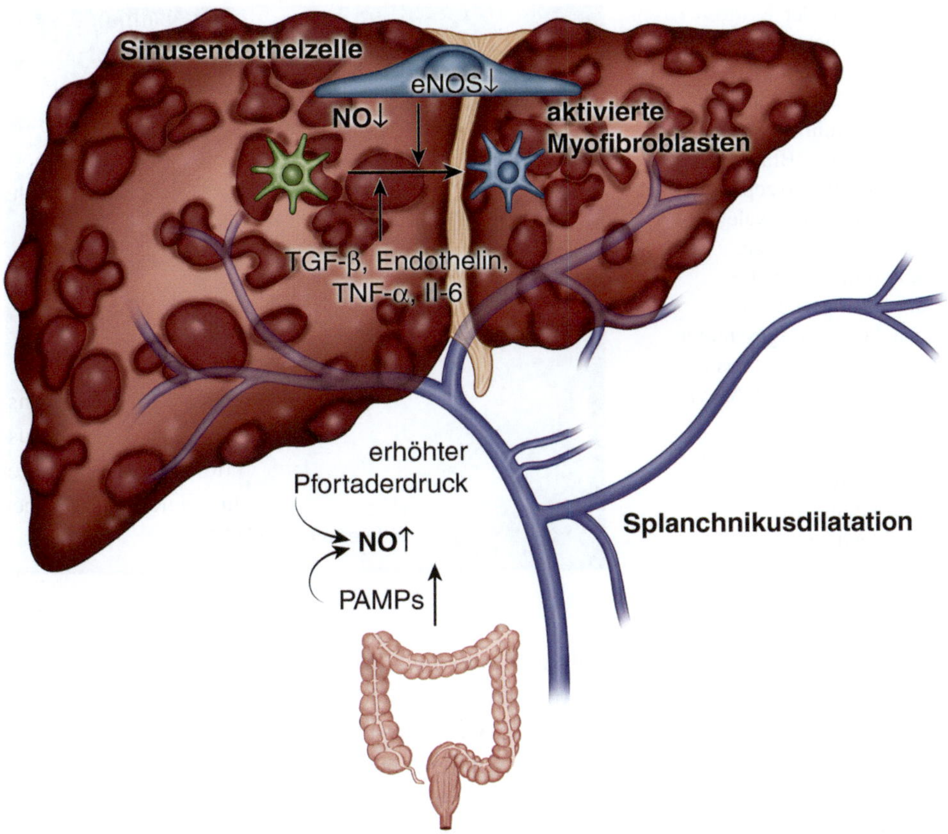

Abb. 2.2 Schema zur intrahepatischen Vasokonstriktion: Zytokine aktivieren kontraktile Zellen, während die NO-Bildung im veränderten Sinusendothel (endotheliale Dysfunktion) gestört ist. NO induziert über cGMP Vasodilatation, jedoch überwiegen vasokonstriktive Signale. eNOS = endotheliale Stickstoffmonoxidsynthase, cGMP = zyklisches Guanosinmonophosphat), NO = Nitric Oxide, Stickstoffmonoxid, PAMPs = Pathogen-associated molecular patterns. Nach Iwakiri und Groszmann 2007

Es gibt zudem Hinweise darauf, dass die Antwort der glatten Gefäßmuskelzellen auf vasokonstriktive Moleküle wie alpha-1-adrenerge Agonisten oder Angiotensin II gestört ist. Diese Dysfunktion beruht auf veränderten intrazellulären Signalkaskaden und möglicherweise auch auf erhöhten Gallensäurekonzentrationen im Serum (Hennenberg et al. 2008; Sauerbruch et al. 2021). Die Folge ist eine Umverteilung des Blutes vom thorakalen Kompartiment in den Bauchraum. Diese Umverteilung aktiviert über Barorezeptoren eine systemische adrenerge Stimulation sowie das Renin-Angiotensin-System, doch die Antwort des Gefäßsystems bleibt unzureichend (Murray et al. 1958; Hennenberg et al. 2008). Dadurch persistiert die Vasodilatation und führt zu einem erhöhten Blutfluss in das Pfortadersystem. In Anlehnung an das Ohmsche Gesetz wird so der Portaldruck weiter gesteigert (Abb. 2.3).

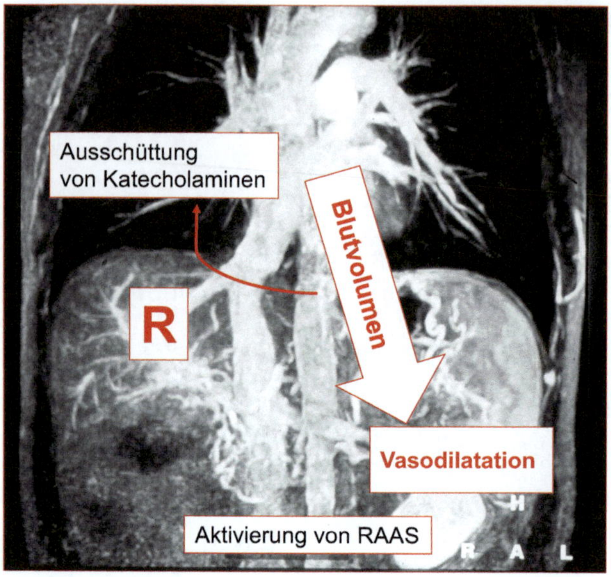

Abb. 2.3 Die der intrahepatischen Widerstandserhöhung (*R*) folgende Vasodilatation im Bauchraum führt zu einer Verlagerung von Blutvolumen aus dem für Barorezeptoren wichtigen intrathorakalen Raum in das Abdomen. Reaktiv (intrathorakaler Volumenmangel) werden Katecholamine ausgeschüttet und das Renin-Angiotensin-Aldosteron-System (RAAS) aktiviert, ein Pathomechanismus, der für die Natriumretention und Aszitesbildung entscheidend ist

Somit besteht sowohl innerhalb als auch außerhalb der Leber eine dynamische Komponente des portalen Hypertonus. Im fortgeschrittenen Stadium der Zirrhose ist nicht nur das abdominelle, sondern auch das periphere vaskuläre System betroffen. Diese hyperdyname Zirkulationsstörung zeichnet sich ebenfalls durch eine ungenügende Reaktion auf aktivierte Vasokonstriktoren aus – ein Zustand, der Ähnlichkeiten mit einer schweren chronischen Herzinsuffizienz aufweist und von chronischen Inflammationsprozessen in Leber, Darm und Fettgewebe unterhalten wird (Engelmann et al. 2021; Madir et al. 2024).

2.8 Fazit

Die portale Hypertension entsteht durch eine Störung des Zu- oder Abflusses im portalvenösen Gefäßbett. Die häufigste Ursache ist eine chronische Entzündung in der Leber, während Gefäßobstruktionen kaudal oder kranial der Leber seltener sind. Die mit einer Leberzirrhose assoziierte portale Hypertension führt zu kardiovaskulären Veränderungen, einer Schrankenstörung des Darms, hepatischer Enzephalopathie und Aszites. Die Kenntnis der stadien- und ursachenabhängigen Pathomechanismen bildet die Grundlage für die Auswahl geeigneter Therapieoptionen.

Literatur

Adams LA, Lymp J, St Sauver SO, Sanderson KD, Lindor A, Feldstein P et al (2005) The Natural History of Nonalcoholic Fatty Liver Disease: A Population-Based Cohort Study Gastroenterology 129(1):113–121

Adolph TE, Tilg H (2024) Western diets and chronic diseases. Nat Med 30(8):2133–2147

Baffy G, Portincasa P (2024) Gut Microbiota and Sinusoidal Vasoregulation in MASLD: a portal perspective. Metabolites 14(6):324

Balta Z, Nattermann J, Flacke S, Sauerbruch T (2005) Budd-Chiari syndrome in a patient with paroxysmal nocturnal haemoglobinuria. Dtsch Med Wochenschr 130(40):2257–60

Biecker E, Trebicka J, Kang A, Hennenberg M, Sauerbruch T, Heller J (2008) Treatment of bile duct-ligated rats with the nitric oxide synthase transcription enhancer AVE 9488 ameliorates portal hypertension. Liver Int 28(3):331–338

Boyer TD, Henderson JM (1996) Portal Hypertension and bleeding esophageal varices. In Hepatology. A Textbook of Liver Disease. Volume I Third Edition. Edited by D Zakim and TD Boyer. W.B. Saunders Philadelphia.

Boyer TD, Triger DR, Horisawa M, Redeker AG, Reynolds TB (1977) Direct transhepatic measurement of portal vein pressure using a thin needle. Comparison with wedged hepatic vein pressure. Gastroenterology 72(4 Pt 1):584–9

Bureau C, Murad SD, De Gottardi A, Durand F, Garcia-Pagan JC, Lisman T, Mandorfer M, McLin V, Moga L, Nery F, Northup P, Nuzzo A, Paradis V, Patch D, Payancé A, Plaforet V, Plessier A, Poisson J, Roberts L, Salem R, Sarin S, Shukla A, Toso C, Tripathi D, Valla D, Ronot M, Rautou PE; ERN RARE-LIVER and VALDIG, an EASL consortium (2024) Portal vein thrombosis: diagnosis, management, and endpoints for future clinical studies. Lancet Gastroenterol Hepatol 9(9):859–883. https://doi.org/10.1016/S2468-1253(24)00155-9

Colombo C, Lanfranchi G, Tosetti F, Corti M, Primignani (2024) Management of liver disease and portal hypertension in cystic fibrosis: a review Expert Review of Respiratory Medicine 18(5):269–281

Cox NL, Crozet IR, Holtman PL, Loyher T, Lazarov JB, White E et al (2021) Diet-regulated production of PDGFcc by macrophages controls energy storage Macrophages: key mediators of fat storage Science 373(6550):eabe9383

D'Amico G, Morabito A, D'Amico M, Pasta L, Malizia G, Rebora P et al (2018) Clinical states of cirrhosis and competing risks. J Hepatol 68(3):563–576

De Gottardi A, Sempoux C, Berzigotti A (2022) Porto-sinusoidal vascular disorder. J Hepatol 77(4):1124–1135

Di Pascoli M, Sacerdoti D, Pontisso P, Angeli P, Bolognesi M (2017) Molecular mechanisms leading to Splanchnic Vasodilation in liver cirrhosis. J Vasc Res 54(2):92–99

Duan Y, Yang Y, Zhao S, Bai Y, Yao W, Gao X, Yin J (2024) Crosstalk in extrahepatic and hepatic system in NAFLD/NASH. Abstract Liver International 44(8):1856–1871

Edwards L, Wanless IR (2013) Mechanisms of liver involvement in systemic disease. Best Pract Res Clin Gastroenterol. 27(4):471–483

Efremova I, Maslennikov R, Poluektova E, Zharkova M, Kudryavtseva A, Krasnov G et al (2023) Gut Dysbiosis and Hemodynamic Changes as Links of the Pathogenesis of Complications of Cirrhosis. Microorganisms 11(9):2202

Elkrief L, Payancé A, Plessier A, d'Alteroche L, Ronot M, Paradis V et al (2023) Management of splanchnic vein thrombosis. JHEP Rep 5(4):100667

Engelmann C, Clària J, Szabo G, Bosch J, Bernardi M (2021) Pathophysiology of decompensated cirrhosis: portal hypertension, circulatory dysfunction, inflammation, metabolism and mitochondrial dysfunction. J Hepatol 75(Suppl 1):S49–S66

Fernandez M (2015) Molecular pathophysiology of portal hypertension Hepatology 61(4): 1406–1415
Garcia-Pagán JC, Valla DC (2023) Primary Budd-Chiari syndrome. N Engl J Med 388(14):1307–1316
Garcia-Tsao G, Friedman S, Iredale J, Pinzani M (2010) Now there are many (stages) where before there was one Hepatology 51(4):1445–1449
Ginès P, Krag A, Abraldes JG, Solà E, Fabrellas N, Kamath PS (2021) Liver cirrhosis The Lancet 398(10308):1359–1376
Guixé-Muntet S, Quesada-Vázquez S, Gracia-Sancho J (2024) Pathophysiology and therapeutic options for cirrhotic portal hypertension. Lancet Gastroenterol Hepatol 9(7):646–663
Heller J, Kristeleit H, Brensing KA, Woitas RP, Spengler U, Sauerbruch T (1999) Nitrite and nitrate levels in patients with cirrhosis of the liver: influence of kidney function and fasting state. Scand J Gastroenterol 34(3):297–302
Henao-Mejia J, Elinav E, Jin C, Hao L, Mehal WZ, Strowig T et al (2012) Inflammasome-mediated dysbiosis regulates progression of NAFLD and obesity Nature 482(7384):179–185
Hennenberg M, Trebicka J, Sauerbruch T, Heller J (2008) Mechanisms of extrahepatic vasodilation in portal hypertension Gut 57(9):1300–1314
Hoofnagle JH, Björnsson ES (2019) Drug-Induced Liver Injury — Types and Phenotypes New England Journal of Medicine 381(3):264–273
Intagliata NM, Caldwell SH, Tripodi A (2019) Diagnosis, development, and treatment of portal vein thrombosis in patients with and without cirrhosis. Gastroenterology 156(6):1582–1599.e1
Iwakiri Y, Groszmann RJ (2007) Vascular endothelial dysfunction in cirrhosis. J Hepatol 46(5):927–934
Iwakiri Y, Shah V, Rockey DC (2014) Vascular pathobiology in chronic liver disease and cirrhosis – current status and future directions. J Hepatol 61(4):912–924
Kim MY, Cho MY, Baik SK, Park HJ, Jeon HK, Im CK et al (2011) Histological subclassification of cirrhosis using the Laennec fibrosis scoring system correlates with clinical stage and grade of portal hypertension Journal of Hepatology 55(5):1004–1009
Kim SU, Oh HJ, Wanless IR, Lee S, Han KH, Park YN (2012) The Laennec staging system for histological sub-classification of cirrhosis is useful for stratification of prognosis in patients with liver cirrhosis Journal of Hepatology 57(3):556–563
Kleber G, Sauerbruch T, Fischer G, Paumgartner G (1989) Pressure of intraoesophageal varices assessed by fine needle puncture: its relation to endoscopic signs and severity of liver disease in patients with cirrhosis. Gut 30(2):228–232
Koot BGP, Alders M, Verheij J, Beuers U, Cobben JM (2016) A de novo mutation in KCNN3 associated with autosomal dominant idiopathic non-cirrhotic portal hypertension Journal of Hepatology 64(4):974–977
Liedtke C, Nevzorova YA, Luedde T, Zimmermann H, Kroy D, Strnad P et al (2022) Liver fibrosis – from mechanisms of injury to modulation of disease. Front Med (Lausanne) 11(8):814496
Lucas MR, Atkins JL, Pilling LC, Shearman JD, Melzer D (2024) iHFE/i genotypes, haemochromatosis diagnosis and clinical outcomes at age 80 years: a prospective cohort study in the UK Biobank. BMJ Open. 14(3):e081926
Madir A, Grgurevic I, Tsochatzis EA, Pinzani M (2024) Portal hypertension in patients with nonalcoholic fatty liver disease: Current knowledge and challenges World Journal of Gastroenterology 30(4):290–307
Magaz M, Giudicelli-Lett H, Abraldes G, Nicoară-Farcău JO, Turon F, Rajoriya N et al (2024) Porto-sinusoidal vascular liver disorder with portal hypertension: natural history and long-term outcome. J Hepatol S0168-8278(24):02481-4

Mandorfer M, Scheiner B, Stättermayer AF, Schwabl P, Paternostro R, Bauer D et al (2018) Impact of patatin-like phospholipase domain containing 3 rs738409 G/G genotype on hepatic decompensation and mortality in patients with portal hypertension. Aliment Pharmacol Ther 48(4):451–459

McCuskey RS (1994) The hepatic microvascular system. In The Liver Biology and Pathobiology. Third Edition, edited by IM Arias, JL Boyer, N Fausto, WB Jakoby, DA Schachter and DA Shafritz. Raven Pres Ltd. Ney York

Meyer M, Schwärzler J, Jukic A, Tilg H (2024) Innate immunity and MASLD. Biomolecules 14(4):476

Møller S, Bendtsen F (2018) The pathophysiology of arterial vasodilatation and hyperdynamic circulation in cirrhosis. Liver Int 38(4):570–580

Morsia E, Torre E, Martini F, Morè S, Poloni A, Olivieri A et al (2024) Exploring the molecular aspects of myeloproliferative neoplasms associated with unusual site vein thrombosis: review of the literature and latest insights. Int J Mol Sci 25(3):1524

Murray JF, Dawson AM, Sherlock S (1958) Circulatory changes in chronic liver disease. Am J Med 24(3):358–367

O'Brien CJO, Domingos AI (2021) An anti-obesity immunotherapy? Science 373(6550):24–25

Praktiknjo M, Trebicka J, Carnevale R, Pastori D, Queck A, Ettorre E et al (2020) Von Willebrand and factor VIII portosystemic circulation gradient in cirrhosis: implications for portal vein thrombosis. Clin Transl Gastroenterol 11(2):e00123

Premkumar M, Anand AC (2024) Porto-sinusoidal vascular disease: classification and clinical relevance. J Clin Exp Hepatol 14(5):101396

Ramkissoon R, Cao S, Shah VH (2024) The pathophysiology of portal hypertension. Clin Liver Dis 28(3):369–381

Rockey DC, Bell PD, Hill JA (2015) Fibrosis — A Common Pathway to Organ Injury and Failure New England Journal of Medicine 372(12):1138–1149

Sangiovanni A, Prati GM, Fasani P, Ronchi G, Romeo R, Manini M et al (2006) The natural history of compensated cirrhosis due to hepatitis C virus Hepatology 43(6):1303–1310

Sauerbruch T, Mengel M, Dollinger M, Zipprich A, Rössle M, Panther E et al (2015) Prevention of Rebleeding From Esophageal Varices in Patients With Cirrhosis Receiving Small-Diameter Stents Versus Hemodynamically Controlled Medical Therapy Gastroenterology 149(3):660–668.e1

Sauerbruch T, Schierwagen R, Trebicka J (2018) Managing portal hypertension in patients with liver cirrhosis F1000 Research 7533. http://doi.org/10.12688/f1000research.13943.1

Sauerbruch T, Hennenberg M, Trebicka J, Beuers U (2021) Bile acids, liver cirrhosis, and extrahepatic vascular dysfunction. Front Physiol 29(12):718783

Sauerbruch T, Hennenberg M, Trebicka J, Schierwagen R (2023) Beta-blockers in patients with liver cirrhosis: pragmatism or perfection? Front Med (Lausanne) 9(9):1100966

Schiedermaier P, Koch L, Mojón A, Hermida R, Layer G, Sauerbruch T (2006) Circadian rhythm of fasting and postprandial portal blood flow in cirrhosis Scandinavian Journal of Gastroenterology 41(7):826–832

Schiedermaier P, Koch L, Stoffel-Wagner B, Layer G, Sauerbruch T (2003) Effect of propranolol and depot lanreotide SR on postprandial and circadian portal haemodynamics in cirrhosis. Aliment Pharmacol Ther 18(8):777–784

Scheiner B, Balcar L, Nussbaumer RJ, Weinzierl J, Paternostro R, Simbrunner B et al (2022) Factor VIII/protein C ratio independently predicts liver-related events but does not indicate a hypercoagulable state in ACLD. J Hepatol 76(5):1090–1099

Scheuer PJ, Lefkowitch JH (2000) Liver biopsy interpretation, 6. Aufl. W B Saunders, London
Shalaby S, Ronzoni L, Hernandez-Gea V, Valenti L (2023) The genetics of portal hypertension: Recent developments and the road ahead Abstract Liver International 43(12):2592–2603
Solela G, Daba M (2023) Budd-Chiari syndrome as an initial presentation of systemic lupus erythematosus associated with antiphospholipid syndrome: a case report with review of the literature. Open Access Rheumatol 16(15):139–143
Stickel F, Moreno C, Hampe J, Morgan MY (2017) The genetics of alcohol dependence and alcohol-related liver disease Journal of Hepatology 66(1):195–211
Tamarozzi F, Fittipaldo VA, Orth HM, Richter J, Buonfrate D, Riccardi N et al (2021) Diagnosis and clinical management of hepatosplenic schistosomiasis: A scoping review of the literature PLOS Neglected Tropical Diseases 15(3):e0009191
Trebicka J, Krag A, Gansweid S, Schiedermaier P, Strunk HM, Fimmers R et al (2013) Soluble TNF-alpha-receptors I are prognostic markers in TIPS-treated patients with cirrhosis and portal hypertension. PLoS One 8(12):e83341
Trebicka J, Macnaughtan J, Schnabl B, Shawcross DL, Bajaj JS (2021) The microbiota in cirrhosis and its role in hepatic decompensation Journal of Hepatology 75S67-S81
Valenti LVC, Baselli GA (2019) Genetics of Nonalcoholic Fatty Liver Disease: A 2018 Update Current Pharmaceutical Design 24(38):4566–4573
Vidins EI, Britton RS, Medline A, Blendis LM, Israel Y, Orrego H (1985) Sinusoidal Caliber in Alcoholic and Nonalcoholic Liver Disease: Diagnostic and Pathogenic Implications Hepatology 5(3):408–414
Wanless IR (2020) The Role of Vascular Injury and Congestion in the Pathogenesis of Cirrhosis: the Congestive Escalator and the Parenchymal Extinction Sequence Abstract Current Hepatology Reports 19(1):40–53
Wiest R, Groszmann RJ (2002) The paradox of nitric oxide in cirrhosis and portal hypertension: too much, not enough. Hepatology 35(2):478–491
Wiest R, Shah V, Sessa WC, Groszmann RJ (1999) NO overproduction by eNOS precedes hyperdynamic splanchnic circulation in portal hypertensive rats American Journal of Physiology-Gastrointestinal and Liver Physiology 276(4):G1043–G1051
Wu Z, Xiao Y, Qi Z, Guo T, Tong H, Wang Y (2024) Effect of factor VIII and FVIII/PC ratio on portal vein thrombosis in liver cirrhosis: a systematic review and meta-analysis. BMC Gastroenterol 24(1):320
Zhou Q, Hennenberg M, Trebicka J, Jochem K, Leifeld L, Biecker E et al (2006) Intrahepatic upregulation of RhoA and Rho-kinase signalling contributes to increased hepatic vascular resistance in rats with secondary biliary cirrhosis. Gut 55(9):1296–305

3 Die Leberzirrhose als inflammatorische Multisystemerkrankung

Jonel Trebicka

3.1 Einleitung

Die Leberzirrhose zählt zu den komplexesten chronischen Krankheiten beim Menschen und ist geprägt von drei Hauptkomplikationen: Aszites, hepatische Enzephalopathie und gastrointestinale Blutungen. Darüber hinaus beeinträchtigt sie ernsthaft die Funktion zahlreicher anderer Organe und Systeme, darunter Nieren, Gehirn, Herz, Lunge, Kreislaufsystem, Darm, Immunsystem, Nebennieren, Schilddrüse, Fortpflanzungsorgane und Skelettmuskulatur.

Der Verlauf der Leberzirrhose wird klassisch in zwei Phasen eingeteilt: kompensierte (asymptomatische) und dekompensierte Leberzirrhose. Die Dekompensation hat eine schleichende Form, die sog. nichtakute Dekompensation (NAD) mit schleichender klinischer Verschlechterung und zunehmender Dysfunktion der Organe, sowie die akute Dekompensation (AD). AD bezeichnet den plötzlichen Beginn einer oder mehrerer Hauptkomplikationen und markiert in vielen Fällen den Übergang von der kompensierten zur dekompensierten Leberzirrhose. Die dekompensierte Leberzirrhose ist häufig durch wiederkehrende Episoden von AD gekennzeichnet, während diese Patienten besonders anfällig für bakterielle Infektionen sind, die nun als eine bedeutende vierte Komplikation anerkannt sind.

► **Die Leberzirrhose lässt sich in ein kompensiertes und ein dekompensiertes Stadium unterteilen. Eine Dekompensation kann akut oder langsam auftreten.**

J. Trebicka (✉)
Medizinische Klinik B, Universitätsklinikum Münster, Westfälische Wilhelms-Universität Münster, Münster, Deutschland
E-Mail: Jonel.Trebicka@ukmuenster.de

T. Bruns et al. (Hrsg.), *Komplikationen der Leberzirrhose*,
https://doi.org/10.1007/978-3-662-70167-6_3

In jüngerer Zeit wurde das Syndrom des akut-auf-chronischen Leberversagens (ACLF) identifiziert, das sich durch das Versagen eines oder mehrerer Organsysteme mit einer erhöhten kurzfristigen Sterblichkeitsrate auszeichnet und immer im Zusammenhang mit Episoden von AD auftritt. Die aktuelle Modellvorstellung der dekompensierten Leberzirrhose klassifiziert AD jedoch nicht als eine spezifische klinische Entität, sondern als Komplikationen, die durch eine akute klinische Verschlechterung oder ein Auftreten von Organversagen über verschiedene pathophysiologische Mechanismen entstehen. In den letzten Jahren wurden viele Studien publiziert, die die Rolle der systemischen Inflammation (SI) als Treiber der akuten Dekompensation verdeutlichen. Die SI gemeinsam mit der portalen Hypertension stellen die grundlegenden Mechanismen der Dekompensation und treibende Faktoren der Letalität bei Leberzirrhose dar.

► **Das akut- auf chronische Leberversagen (ACLF) ist durch das Vorliegen einer dekompensierten Leberzirrhose mit dem zusätzlichen Versagen eines oder mehrerer Organsysteme charakterisiert.**

3.2 Pathomechanismen der systemischen Inflammation bei Zirrhose

Die SI ist schleichend und setzt früh im klinischen Verlauf der Leberzirrhose ein. Derzeit wird sie vor allem als Folge einer kontinuierlichen mikrobiellen/bakteriellen Translokation erklärt, die infolge der zunehmenden Störung der Darmbarriere bei Leberzirrhose entsteht.

Bakterielle Translokation bezeichnet den Durchtritt lebensfähiger Bakterien oder bakterieller Produkte (pathogenassoziierte molekulare Muster, PAMPs) wie Lipopolysaccharide (LPS) durch die Darmmukosa in den systemischen Kreislauf (Abb. 3.1, Trebicka et al. 2021a) und die darauffolgende systemische Inflammation, die seit vielen Jahren als Merkmale der dekompensierten Leberzirrhose bekannt sind. In den 1950er-Jahren wurde die Plasmakonzentration von Gammaglobulin unter den routinemäßig verwendeten Laboruntersuchungen zur Beurteilung von Patienten mit Zirrhose zu einem wichtigen Parameter. Die Hypergammaglobulinämie, die bei dekompensierter Leberzirrhose häufig vorkommt, wurde als Signal für das Eindringen von Antigenen aus dem Darmlumen in den systemischen Kreislauf angesehen und korrelierte darüber hinaus mit der Prognose. In den 1960er-Jahren wurde die spontan-bakterielle Peritonitis als spezifische Infektion der dekompensierten Leberzirrhose erkannt, die auf die Translokation von lebensfähigen Bakterien in den systemischen Kreislauf und den Aszites zurückzuführen ist (Conn und Fessel 1971). Wilkinson et al. und Clemente et al. berichteten in den 1970er-Jahren erstmals, dass die zirkulierenden LPS-Spiegel bei Patienten mit akutem Leberversagen oder Zirrhose und akuter Dekompensation im Zusammenhang mit Nierenversagen und schlechter Prognose erhöht sind (Wilkinson et al. 1974; Clemente et al. 1977).

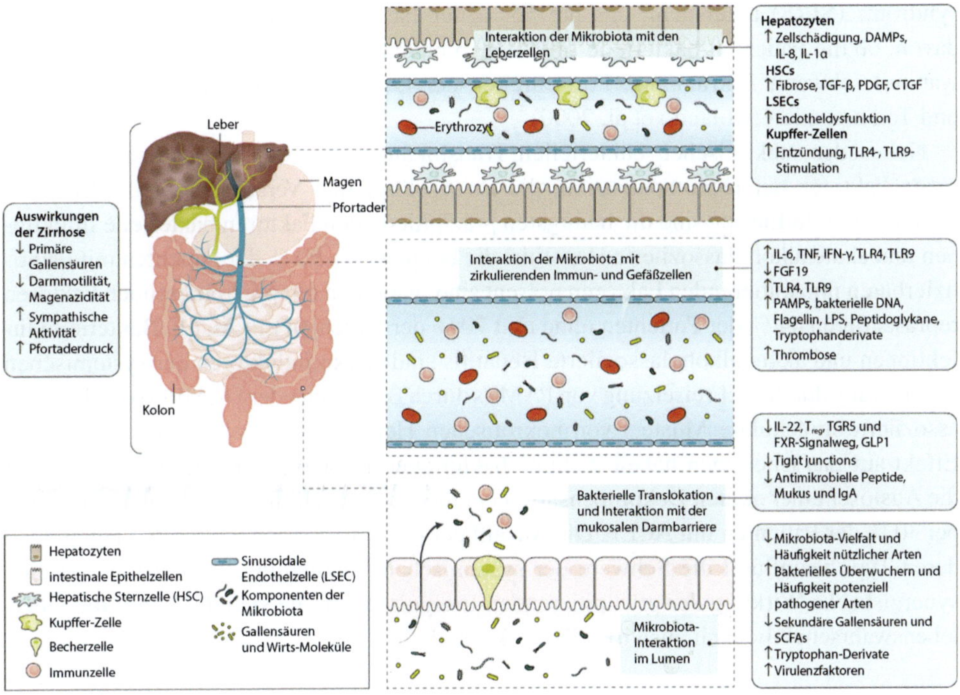

Abb. 3.1 Wechselwirkungen zwischen Mikrobiota, Darm und Leber bei Leberzirrhose. Veränderungen der Darmmikrobiota während des Fortschreitens einer Leberzirrhose werden größtenteils nicht nur der Zusammensetzung der Darmmikrobiota, sondern auch ihren Produkten zugeschrieben, die eine pathogene Rolle spielen könnten. Kurzkettige Fettsäuren (SCFAs), sekundäre Gallensäuren und Tryptophanderivate nehmen zu, während Veränderungen der Schleimproteine, gestörte Tight Junctions und verminderte antibakterielle Peptide die Translokation von Mikrobiotakomponenten und/oder ihren Metaboliten (pathogenassoziierte molekulare Muster, PAMPs) über die Darmbarriere erleichtern. (Trebicka et al. 2021a)

In den Jahren 1998 und 2003 präsentierten Navasa et al. bzw. Albillos et al. erste Daten, die darauf hinweisen, dass bakterielle Translokation und systemische Inflammation chronisch bei nicht infizierten Patienten mit dekompensierter Zirrhose vorhanden sind (Navasa et al. 1998; Albillos et al. 2003). Fernández et al. zeigten schließlich, dass die chronische systemische Inflammation bei Zirrhose, geschätzt durch die sequenzielle Messung von Plasma-Interleukin-(IL-)6, kein kontinuierlicher Prozess ist. Tatsächlich zeigten die IL-6-Spiegel bei einigen Patienten ein Auf-und-Ab-Profil mit extrem hohen Peaks, deren Dauer von Tagen bis Wochen reichte. Diese Peaks dürften mit transienten Episoden ausgeprägter Translokation von PAMPs zusammenhängen (Fernandez et al. 2019).

Das Interesse an der systemischen Inflammation bei dekompensierter Zirrhose wuchs nach der wegweisenden Beobachtungsstudie von Rolando et al. mit 887 Patienten, die aufgrund eines akuten Leberversagens ins Krankenhaus eingeliefert wurden. Die Patienten wurden durch die sequenzielle Beurteilung des systemischen inflammatorischen Responsesyndroms (SIRS) untersucht, das bei 56 % der Patienten vorhanden war, unabhängig davon, ob die Patienten bakterielle Infektionen hatten oder nicht. Die Schwere des SIRS war mit schwerer Erkrankung, Fortschreiten der Enzephalopathie, Multiorganversagen und Tod assoziiert (Rolando et al. 2000).

Neben der subklinischen bakteriellen Translokation, gibt es auch andere präzipitierende Faktoren der Dekompensation, die als Auslöser und Verstärker für die SI anzunehmen sind. In Europa sind die häufigsten präzipitierenden Faktoren bakterielle Infektionen und akute alkoholassoziierte Hepatitis, die bei mehr als 90 % der Patienten mit identifizierbaren präzipitierenden Faktoren präsent sind. Patienten mit präzipitierenden Faktoren repräsentieren 44 % der Patienten ohne und 70 % der Patienten mit ACLF. Bakterielle Infektionen und akute alkoholassoziierte Hepatitis sind starke Induktoren der systemischen Entzündung durch die Freisetzung von PAMPs durch Bakterien oder DAMPs (schädigungsassoziierte molekulare Muster) von nekrotischen Hepatozyten, welche einen ähnlichen Effekt auf das Überleben haben. Schübe bakterieller Translokation sind wahrscheinlich die Auslöser einer akuten Dekompensation bei mehr als der Hälfte der Patienten ohne und bei 30 % der Patienten mit ACLF. Die Anzahl der präzipitierenden Faktoren, nicht jedoch deren Typ, beeinflusst die Schwere der systemischen Entzündung. Dies deutet auf eine synergistische Wirkung der präzipitierenden Ereignisse hin, die sich direkt auf die Überlebenswahrscheinlichkeit auswirkt (Trebicka et al. 2021b).

▶ **Eine zunehmende bakterielle Translokation im Darm ist ein wesentlicher Grund für die bestehende Inflammation bei Patienten mit einer dekompensierten Leberzirrhose.**

Infektionen sind bekannte und gut belegte Auslöser einer hepatischen Enzephalopathie. In der CANONIC- und in der PREDICT-Studie hatte jeder dritte hospitalisierte Patient mit Enzephalopathie bei Aufnahme auch bakterielle Infektionen, während die Prävalenz von Infektionen bei Patienten mit gastrointestinalen Blutungen < 2 % betrug (Moreau et al. 2013; Trebicka et al. 2020). Darüber hinaus hatten Patienten mit dekompensierter Zirrhose und Infektionen, die mit einer Dosis oraler Aminosäuren, welche die Zusammensetzung von Hämoglobin nachahmte, induziert wurden, signifikante Beeinträchtigungen der neuropsychologischen Scores, die sowohl mit Hyperammonämie als auch mit SIRS in Zusammenhang stehen, was darauf hinweist, dass die Inflammation die zerebrale Wirkung von Ammoniak moduliert (Shawcross et al. 2004). Diese Synergie dürfte auf die Wirkung von Zytokinen und reaktiven Molekülen auf die Permeabilität der Blut-Hirn-Schranke, das Eindringen von Ammoniak und Inflammationsmediatoren in das Gehirn, die sekundäre Aktivierung von Mikroglia und Neuroinflammation zurückzuführen sein (Shawcross et al. 2004; Butterworth 2013).

Schließlich führt systemische Inflammation wie bei Sepsis zu Leberversagen, erhöht die portale Hypertonie, beeinträchtigt signifikant die linksventrikuläre Kontraktilität und reduziert den Gefäßwiderstand in der splanchnischen und systemischen Zirkulation (Bernardi et al. 2015; Trebicka et al. 2018).

Die gegenseitige Modulation von systemischer Inflammation und gastrointestinalen Blutungen ist bereits gut belegt (Trebicka et al. 2018). Serumspiegel bakterieller DNA, ein Induktor der Inflammation, sowie die Schwere der systemischen Inflammation korrelieren mit der Schwere der portalen Hypertension bei Patienten mit Zirrhose (Ruiz-del-Arbol et al. 2003; Trebicka et al. 2018). Darüber hinaus hatten Patienten mit spontan-bakterieller Peritonitis, die höhere Plasmaspiegel von TNF-α aufwiesen, einen höheren portalen Druck (Ruiz-del-Arbol et al. 2003).

Systemische Inflammation aktiviert die hepatischen Sternzellen, macht sie empfindlich für zirkulierende oder lokale endogene Vasokonstriktoren (Endothelin, Noradrenalin, Angiotensin II, Leukotriene und Thromboxan A2). Darüber hinaus werden Kupffer-Zellen, die residenten Makrophagen in der Leber, in einem Zustand systemischer Inflammation aktiviert, was die Produktion von proinflammatorischen Zytokinen und reaktiven Sauerstoffspezies erhöht. Oxidativer Stress verringert außerdem die lokale Verfügbarkeit und Aktivität von Stickstoffmonoxid (NO) durch mehrere Mechanismen, einschließlich der direkten Wechselwirkung von ROS mit NO, was zur Bildung von Peroxinitrit (ONOO) und anderen ROS, zur direkten Dysfunktion der endothelialen NO-Synthase (eNOS) und zur erhöhten Bildung von eNOS-Inhibitoren führt. Daher kann die systemische Inflammation ein Ungleichgewicht zwischen Vasokonstriktion und Vasodilatation in der Leber verursachen, was zu einem erhöhten vaskulären Widerstand führt und die portale Hypertension aggraviert.

3.3 Systemische Inflammation als treibende Kraft für Dekompensation und Organversagen

Die aktuellen Konzepte, dass SI nicht nur die Folge fortgeschrittener Lebererkrankungen darstellt, sondern auch den natürlichen Verlauf der Zirrhose beeinflusst, wurden aus den Kohortenstudien CANONIC und PREDICT abgeleitet. Beide waren prospektive Beobachtungsstudien in großen Kohorten von nicht selektierten Patienten, die mit AD hospitalisiert wurden (Moreau et al. 2013; Trebicka et al. 2020). Ziel war es, das ACLF-Syndrom bei der Krankenhausaufnahme zu charakterisieren (CANONIC-Studie) und die kritischen Perioden vor und innerhalb von 3 Monaten nach der Aufnahme (früher Follow-up-Zeitraum) bei Patienten mit AD ohne ACLF (PREDICT-Studie) zu untersuchen.

Angesichts der Komplexität von AD war die Patientenstratifizierung der Ausgangspunkt beider Studien, um eine prognostische Klassifikation zu etablieren. Bei Patienten mit ACLF (CANONIC-Studie) ist es relativ einfach, da die Stratifikation nach der Anzahl der Organversagen bei der Aufnahme zu 3 klar unterscheidbaren Subgruppen (Graden) führte: ACLF-1, 1-Organ-Versagen und Organdysfunktion; ACLF-2, Versagen von 2 Organsystemen, und ACLF-3, Versagen von 3–6 Organsystemen mit unterschiedlichen klinischen Verläufen und Prognosen (Moreau et al. 2013).

Bei Patienten ohne ACLF (PREDICT-Studie) wurden die folgenden prognostischen Subgruppen identifiziert (Abb. 3.2a, Trebicka et al. 2020): stabile dekompensierte Zirrhose

(SDC, kein Tod während des Krankenhausaufenthalts und keine Wiederaufnahme während des frühen Follow-ups), instabile dekompensierte Zirrhose (UDC, Tod durch beliebige Ursache außer ACLF während des 1. Krankenhausaufenthalts oder mindestens 1 Wiederaufnahme während des frühen Follow-ups) und Prä-ACLF (Entwicklung von ACLF während des 3-monatigen Follow-up-Zeitraums). Die 3-Monats- und 1-Jahres-Sterblichkeitsraten nach der Aufnahme stiegen progressiv und parallel mit der Schwere der AD in allen 6 Subgruppen außer der Prä-ACLF-Subgruppe an, welche eine deutlich höhere Sterblichkeit als die Subgruppen mit ACLF-1- und ACLF-2-Patienten aufwies (Abb. 3.2b) (Arroyo et al. 2021).

► **Die Inflammation nimmt mit zunehmender Schwere der Dekompensation bis hin zum ACLF stetig zu.**

Die Plasmaspiegel von Interleukin-6 (IL-6), einem sensitiven Marker für SI, sowie von anderen Zytokinen und Chemokinen wurden gemessen, um diese Frage zu klären (PREDICT-Studie). Der IL-6-Plasmaspiegel war bei der Aufnahme nur bei 40 (3,3 %) der 1211 in die Analyse eingeschlossenen Patienten mit AD normal. Von diesen Patienten zeigten jedoch 37 hohe Plasmaspiegel anderer Marker für systemische Entzündung, einschließlich TNF-α, IL-8, IL-10, IL-1RA und/oder C-reaktives Protein (Arroyo et al. 2021). Daher zeigten nur 3 Patienten (0,24 %) mit SDC keinen biologischen Nachweis einer systemischen Entzündung bei der Präsentation. Im Gegensatz dazu zeigten bei den 97 Patienten mit kompensierter Zirrhose (CC; d. h. Patienten ohne Vorgeschichte von AD), die in die Analyse einbezogen wurden, 48 (49,4 %) normale Plasmaspiegel von IL-6 und 24 (24,7 %) normale Plasmaspiegel aller anderen Marker für systemische Entzündung. Während die Plasmaspiegel dieser Entzündungsmarker bei Patienten mit kompensierter Zirrhose nur leicht erhöht waren, waren sie bei den meisten Patienten mit AD stark erhöht (Abb. 3.3a; Arroyo et al. 2021). Schließlich blieben die Plasmaspiegel dieser Entzündungsmarker bei den meisten Patienten mit AD während des frühen Follow-ups erhöht. Diese Daten deuten darauf hin, dass der Übergang von kompensierter zu dekompensierter Zirrhose im Rahmen einer schweren systemischen Inflammation erfolgt, die auch nach der Resolution der AD-Episode fortbesteht (Claria et al. 2016; Trebicka et al. 2019).

Abb. 3.2 (**a**) Ereignisse (Infektionen, ACLF und Tod) bei Patienten mit den verschiedenen Subtypen akuter Dekompensation (AD) ohne ACLF. Patienten der PREDICT-Studie wurden anhand ihres klinischen Verlaufs während des 3-monatigen Nachbeobachtungszeitraums nach der Aufnahme in 3 Untergruppen eingeteilt: stabile dekompensierte Zirrhose (SDC), instabile dekompensierte Zirrhose (UDC) und Prä-ACLF (Trebicka et al. 2020). (**b**) Prognose von Patienten mit den verschiedenen Subtypen von AD. Patienten ohne ACLF, die in die PREDICT-Studie aufgenommen wurden, wurden ihrem klinischen Verlauf gemäß während des 3-monatigen Nachbeobachtungszeitraums in die Untergruppen SDC, UDC und Prä-ACLF eingeteilt. Patienten mit ACLF bei Krankenhausaufnahme, aus einer integrierten Kohorte der CANONIC- und PREDICT-Studien, wurden gemäß der Anzahl der Organversagen in 3 Grade klassifiziert: ACLF-1, ACLF-2 und ACLF-3. (Arroyo et al. 2021)

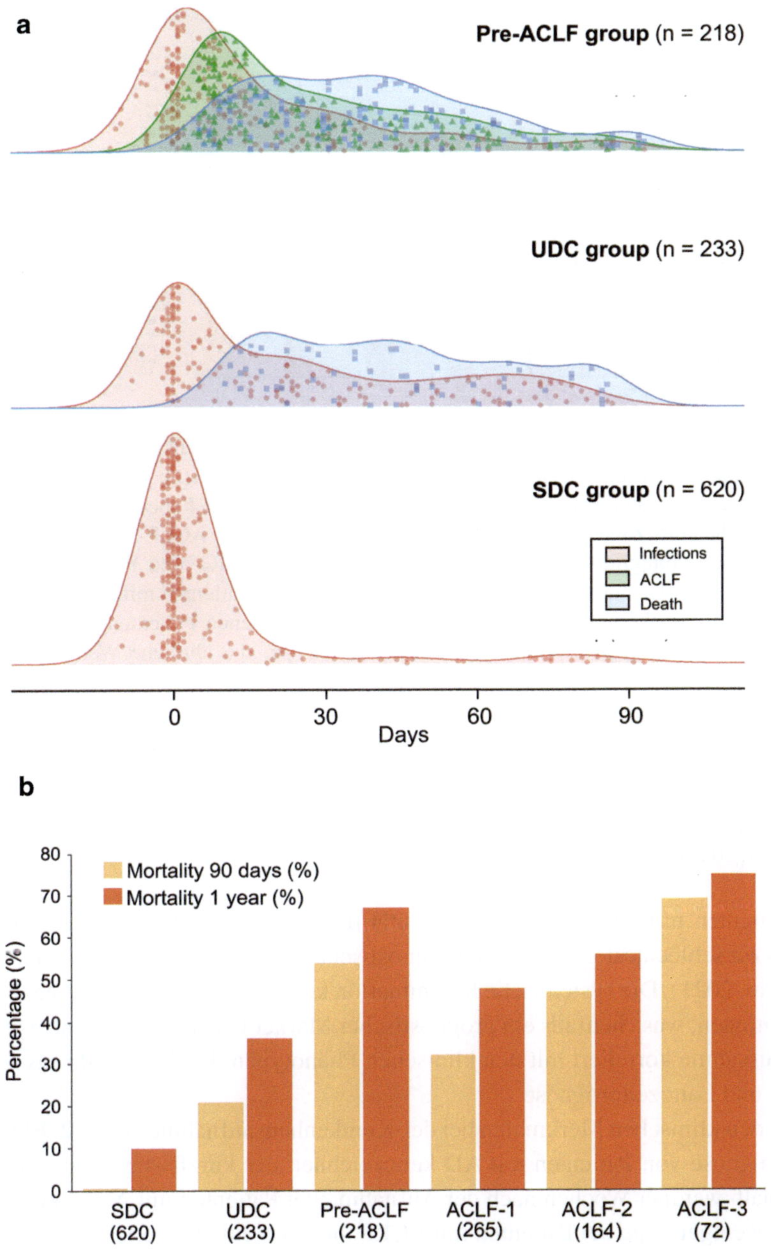
a
Pre-ACLF group (n = 218)
UDC group (n = 233)
SDC group (n = 620)
Infections
ACLF
Death
0
30
60
90
Days
b
80
70
60
50
40
30
20
10
0
Percentage (%)
Mortality 90 days (%)
Mortality 1 year (%)
SDC (620)
UDC (233)
Pre-ACLF (218)
ACLF-1 (265)
ACLF-2 (164)
ACLF-3 (72)

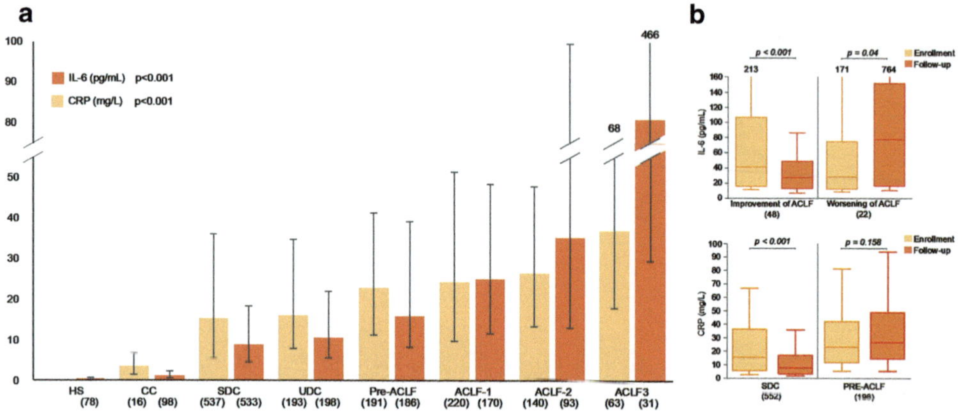

Abb. 3.3 (**a**) Systemische Inflammation in den verschiedenen Patientenkollektiven. Die Abbildung zeigt die Plasmakonzentration von IL-6 bei gesunden Probanden (HS), bei Patienten mit kompensierter Zirrhose (CC), bei Patienten mit SDC, UDC und Prä-ACLF bei Aufnahme, die in die PREDICT-Studie einbezogen waren, und bei Patienten mit ACLF-1, ACLF-2 und ACLF-3 bei Aufnahme, die in eine integrierte Patientenkohorte aus den CANONIC- und PREDICT-Studien einbezogen waren. Die Plasmakonzentrationen von IL-6 waren bei Patienten mit SDC im Vergleich zu Patienten mit CC deutlich erhöht und stiegen in den verschiedenen Patientengruppen bis hin zur ACLF-3-Gruppe stetig an, mit Ausnahme der UDC-Gruppe, die ähnliche Werte wie die SDC-Gruppe aufwies (Arroyo et al. 2021). (**b**) Zusammenhang zwischen systemischer Entzündung und klinischem Verlauf bei Patienten mit Akutdekompensation ohne ACLF. Die Plasmaspiegel des C-reaktiven Proteins (CRP) stiegen während der Nachbeobachtung bei Patienten der PREDICT-Studie mit Prä-ACLF an und sanken bei Patienten mit SDC. Die Plasmaspiegel von IL-6 sanken bei Patienten der CANONIC-Studie, die eine Verbesserung des ACLF-Grades zeigten, und stiegen bei Patienten an, die während des Krankenhausaufenthaltes eine Verschlechterung des ACLF-Grades zeigten. (Arroyo et al. 2021)

Bei Patienten mit AD nimmt die Intensität der SI bei der Aufnahme von der besten (SDC) bis zur schlechtesten (ACLF-3) prognostischen Subgruppe progressiv zu (Abb. 3.3**a**, Arroyo et al. 2021). Die systemische Inflammation korrelierte auch mit der Anzahl der Dekompensationen, was ebenfalls ein prognostischer Marker bei AD ist. Die Intensität der SI bei der Aufnahme korreliert mit den klinischen Phänotypen des AD-Syndroms sowie mit der Kurz- und Langzeitprognose.

Neben den klinischen Merkmalen bei der Krankenhausaufnahme ist die 2. Eigenschaft, die die Prognose von Patienten mit AD kennzeichnet, der kurzfristige klinische Verlauf, der innerhalb weniger Wochen nach der Aufnahme bei Patienten mit AD ohne ACLF und innerhalb weniger Tage bei Patienten mit ACLF unterschiedliche Verläufe nehmen kann.

Wie ausgeführt, können Patienten mit AD ohne ACLF einen klinischen Verlauf aufweisen, der komplikationslos (SDC), mäßig schwer (UDC) oder extrem schwer (Prä-ACLF) sein kann. Bei Patienten mit SDC ist der günstige Verlauf mit einer deutlichen Deaktivierung der systemischen Entzündung verbunden, während die Progression bei Patienten von Prä-ACLF zu ACLF in Verbindung mit einer Verstärkung der systemischen Entzündung erfolgt (Abb. 3.3b: Arroyo et al. 2021). Der klinische Verlauf von Patienten mit UDC, bei denen eine höhere Prävalenz von Surrogatmarkern schwerer portaler Hypertension festgestellt wird, steht vermutlich eher mit der Zunahme der portalen Hypertension in Zusammenhang als mit der SI.

Bei Patienten mit AD und ACLF kann sich das Syndrom innerhalb weniger Tage nach der Aufnahme entweder verbessern oder verschlechtern, abhängig von einer relevanten Resolution oder Aggravierung der systemischen Entzündung (Abb. 3.3b, Arroyo et al. 2021).

► **Der klinische Verlauf bei Patienten mit einer akuten Dekompensation mit und ohne ACLF korreliert daher eng mit der systemischen Inflammation.**

3.4 Metabolische Konsequenzen systemischer Inflammation

Ergebnisse metabolomischer Untersuchungen aus dem Blut, die in großen Studien an Patienten mit akut dekompensierter Zirrhose mit und ohne ACLF erhoben wurden (Moreau et al. 2020; Lopez-Vicario et al. 2020; Weiss et al. 2023), haben zu einem Modell geführt, bei dem zirkulierende Nährstoffe wie Glukose, Aminosäuren und Fettsäuren bevorzugt dem aktivierten angeborenen Immunsystem zugeführt werden – also Zellen mit einem hohen metabolischen Bedarf. Diese Zellen betreiben einen energieintensiven anabolen Stoffwechsel, der für die Produktion löslicher Entzündungsmediatoren (Proteine und Lipide), die Akute-Phase-Reaktion, den respiratorischen Burst und die Zellproliferation (z. B. Leukozytose) erforderlich ist (Langley et al. 2013; Wang et al. 2019).

Die Bereitstellung der Nährstoffe für aktivierte Immunzellen erfolgt hierbei primär durch die Mobilisierung interner Nährstoffdepots, die durch die Aktivierung der Hypothalamus-Hypophysen-Nebennieren-Achse und des sympathischen Nervensystems ausgelöst wird. Diese Prozesse führen zu Lipolyse (im Fettgewebe), Proteolyse (im Muskel) und Glykogenolyse (in der Leber), wodurch Fettsäuren, Aminosäuren und Glukose freigesetzt werden. Fettsäuren und Aminosäuren, die aus dem Blut von aktivierten Immunzellen aufgenommen werden, dienen der Synthese bioaktiver Lipide und als Bausteine für die Proteinsynthese. Glukose wird bevorzugt für anabole Zwecke wie den Aufbau von Biomasse und die Synthese bioaktiver Moleküle genutzt, anstelle der maximalen Energieproduktion – ein Phänomen, das als Warburg-Effekt bekannt ist.

Bei der akuten Dekompensation führt die systemische Entzündung zu einer metabolischen Umstellung, die die Priorisierung von Nährstoffen für das aktivierte angeborene Immunsystem auf Kosten peripherer, nichtimmunologischer Organe ermöglicht. In diesen Organen reduziert die systemische Entzündung die Bereitstellung von CoA (Coenzym A) für den Krebszyklus, was eine Verringerung der oxidativen Phosphorylierung und der ATP-Synthese (Adenosintriphosphat) zur Folge hat (Moreau et al. 2020; Lopez-Vicario et al. 2020; Weiss et al. 2023).

Beispielsweise hemmt eine akute systemische Entzündung die mitochondriale Betaoxidation von Fettsäuren und verhindert dadurch die Bildung großer Mengen von Acetyl-CoA (Langley et al. 2013). Zudem wird die hepatische Produktion von Ketonkörpern signifikant reduziert, wodurch periphere Organe einer wichtigen Acetyl-CoA-Quelle beraubt werden. Eine intensive systemische Entzündung führt darüber hinaus zur Überproduktion von Stickstoffmonoxid (NO), Kohlenmonoxid und reaktiven Sauerstoffspezies (ROS) in peripheren Organen. Dies kann mitochondriale Schäden verursachen und die Energieproduktion weiter beeinträchtigen.

▶ **Diese Mechanismen deuten darauf hin, dass die Abnahme der mitochondrialen Energieproduktion in peripheren Organen während einer akuten Dekompensation zur Entwicklung von Organdysfunktionen und in schweren Fällen zu einem Multiorganversagen beitragen kann.**

3.5 Immunoparese als Konsequenz der systemischen Inflammation

Die Immunoparese als Mechanismus für primäre Infektionen oder die Entwicklung von Sekundärinfektionen wurde erstmals bei Patienten mit Sepsis beschrieben. Unter den 407 Patienten mit ACLF, die in die CANONIC-Studie aufgenommen wurden, betrug die Inzidenz von Infektionen bei der Aufnahme und im Verlauf 65 % Moreau et al. 2013. Die entsprechende Inzidenz von Infektionen bei den 1071 Patienten der PREDICT-Studie mit Akutdekompensation ohne ACLF betrug 53 % (Trebicka et al. 2021b; Trebicka et al. 2020). Solch extrem hohe Infektionsraten legen die Existenz einer Immunoparese in dieser Konstellation sehr nahe.

Tatsächlich sind unter den löslichen Molekülen, die zur Immunoparese beitragen, die entzündungshemmenden Mediatoren IL-10, IL-1RA und Chinolinsäure bei Patienten mit AD und insbesondere bei ACLF deutlich erhöht (Claria et al. 2016; Trebicka et al. 2019; Claria et al. 2019). Darüber hinaus zeigen bestimmte Subsets von Immunzellen von Patienten mit AD Merkmale einer Immuninkompetenz. Diese Zellen sind bei akut dekompensierten Patienten ohne ACLF vorhanden und erreichen ihr Maximum bei Patienten mit ACLF (O'Brien et al. 2014; Bernsmeier et al. 2015; Bernsmeier et al. 2018).

Patienten mit schwerer alkoholassoziierter Hepatitis weisen reduzierte Häufigkeiten von myeloiden mononukleären Zellen, einschließlich konventioneller und plasmazytoider dendritischer Zellen auf. Darüber hinaus zeigen zirkulierende CD14-positive Monozyten bei diesen Patienten transkriptionelle Veränderungen, die durch die Herunterregulation wichtiger angeborener Immun- und Stoffwechselwege und die Hochregulation wichtiger Gene gekennzeichnet sind und zur Entwicklung der Immunoparese beitragen (Weichselbaum et al. 2020). Diese Veränderungen in der Genexpression sind eng mit entsprechenden

Veränderungen in der Chromatinzugänglichkeit auf Promotorebene verbunden, was darauf hindeutet, dass die epigenetische Regulation eine entscheidende Rolle in der Entwicklung der Monozytenimmunoparese im Kontext der schweren alkoholischen Hepatitis spielt.

Bei Patienten mit dekompensierter Zirrhose weisen zirkulierende Neutrophile Defekte bei Migration, bakterieller Erkennung und bakteriziden Aktivitäten auf, einschließlich Aufnahme, Phagozytose, Degranulation, schneller Produktion großer Mengen an ROS (respiratorischer Burst) und Bildung von NET (neutrophiles extracellular traps). Ein Defekt im respiratorischen Burst ist ein charakteristisches Merkmal von Neutrophilen bei schwerer alkoholassoziierter Hepatitis (Bernsmeier et al. 2020). Die Erhöhungen der Plasmaspiegel löslicher proinflammatorischer Signale zusammen mit den Plasmaspiegeln immunsuppressiver Moleküle und der Häufigkeit von immunkompetenten myeloiden Zellen legen stark nahe, dass eine frühe Entwicklung der Immunoparese in AD als kompensatorischer Mechanismus zur Begrenzung der kräftigen proinflammatorischen Antwort bei diesen Patienten erfolgt. Basierend auf diesen Daten geht die sog. Systemische-Inflammations-Hypothese davon aus, dass bakterielle Infektionen sowie Zweitinfektionen Komplikationen der inflammationsgetriebenen Immunoparese darstellen.

3.6 Fazit

Die systemische Inflammation spielt eine entscheidende Rolle im Krankheitsverlauf der Leberzirrhose und wird als wesentlicher Treiber der akuten Dekompensation verstanden. Die enge Beziehung zwischen der Intensität und dem Verlauf der systemischen Entzündung einerseits und der Schwere der Komplikationen sowie der Überlebenswahrscheinlichkeit der Patienten andererseits, zusammen mit der Identifikation einer intensiven Stoffwechseldysregulation und eines Hypometabolismus in peripheren Organen – wie bei schwerer Sepsis und anderen Zuständen mit systemischer Entzündung – liefert eine plausible Erklärung für das Multiorganversagen bzw. die Multiorgandysfunktion, die bei fortgeschrittener Zirrhose beobachtet wird. Während bakterielle Infektionen und schwere alkoholische Hepatitis als wesentliche Auslöser inflammatorischer Prozesse identifiziert wurden, ist die Rolle der asymptomatischen bakteriellen Translokation als Ursache akuter Dekompensation Gegenstand aktueller Forschung. Die *systemic inflammation hypothesis* eröffnet hierbei neue Perspektiven, die hoffentlich zur Entwicklung neuer pathophysiologischer Konzepte und verbesserten, zielgerichteten Behandlungsmöglichkeiten führen werden.

► **Die Leberzirrhose kann als inflammatorisch getriggerte Multisystemerkrankung angesehen werden.**

Literatur

Albillos A, de la Hera A, Gonzalez M et al (2003) Increased lipopolysaccharide binding protein in cirrhotic patients with marked immune and hemodynamic derangement. Hepatology 37:208–217. https://doi.org/10.1053/jhep.2003.50038

Arroyo V, Angeli P, Moreau R et al (2021) The systemic inflammation hypothesis: towards a new paradigm of acute decompensation and multiorgan failure in cirrhosis. J Hepatol 74:670–685. https://doi.org/10.1016/j.jhep.2020.11.048

Bernardi M, Moreau R, Angeli P et al (2015) Mechanisms of decompensation and organ failure in cirrhosis: From peripheral arterial vasodilation to systemic inflammation hypothesis. J Hepatol 63:1272–1284. https://doi.org/10.1016/j.jhep.2015.07.004

Bernsmeier C, Pop OT, Singanayagam A et al (2015) Patients with acute-on-chronic liver failure have increased numbers of regulatory immune cells expressing the receptor tyrosine kinase MERTK. Gastroenterology 148:603–615 e614. https://doi.org/10.1053/j.gastro.2014.11.045

Bernsmeier C, Triantafyllou E, Brenig R et al (2018) CD14(+) CD15(-) HLA-DR(-) myeloid-derived suppressor cells impair antimicrobial responses in patients with acute-on-chronic liver failure. Gut 67:1155–1167. https://doi.org/10.1136/gutjnl-2017-314184

Bernsmeier C, van der Merwe S, Perianin A (2020) Innate immune cells in cirrhosis. J Hepatol 73:186–201. https://doi.org/10.1016/j.jhep.2020.03.027

Butterworth RF (2013) The liver-brain axis in liver failure: neuroinflammation and encephalopathy. Nat Rev Gastroenterol Hepatol 10:522–528. https://doi.org/10.1038/nrgastro.2013.99

Claria J, Stauber RE, Coenraad MJ et al (2016) Systemic inflammation in decompensated cirrhosis: characterization and role in acute-on-chronic liver failure. Hepatology 64:1249–1264. https://doi.org/10.1002/hep.28740

Claria J, Moreau R, Fenaille F et al (2019) Orchestration of Tryptophan-Kynurenine pathway, acute decompensation, and acute-on-chronic liver failure in cirrhosis. Hepatology 69:1686–1701. https://doi.org/10.1002/hep.30363

Clemente C, Bosch J, Rodes J et al (1977) Functional renal failure and haemorrhagic gastritis associated with endotoxaemia in cirrhosis. Gut 18:556–560. https://doi.org/10.1136/gut.18.7.556

Conn HO, Fessel JM (1971) Spontaneous bacterial peritonitis in cirrhosis: variations on a theme. Medicine (Baltimore) 50:161–197. https://doi.org/10.1097/00005792-197105000-00002

Fernandez J, Claria J, Amoros A et al (2019) Effects of albumin treatment on systemic and portal hemodynamics and systemic inflammation in patients with decompensated cirrhosis. Gastroenterology 157:149–162. https://doi.org/10.1053/j.gastro.2019.03.021

Langley RJ, Tsalik EL, van Velkinburgh JC et al (2013) An integrated clinico-metabolomic model improves prediction of death in sepsis. Sci Transl Med 5:195ra195. https://doi.org/10.1126/scitranslmed.3005893

Lopez-Vicario C, Checa A, Urdangarin A et al (2020) Targeted lipidomics reveals extensive changes in circulating lipid mediators in patients with acutely decompensated cirrhosis. J Hepatol 73:817–828. https://doi.org/10.1016/j.jhep.2020.03.046

Moreau R, Jalan R, Gines P, et al (2013) Acute-on-chronic liver failure is a distinct syndrome that develops in patients with acute decompensation of cirrhosis. Gastroenterology 144:1426–1437, 1437 e1421–1429. https://doi.org/10.1053/j.gastro.2013.02.042

Moreau R, Claria J, Aguilar F et al (2020) Blood metabolomics uncovers inflammation-associated mitochondrial dysfunction as a potential mechanism underlying ACLF. J Hepatol 72:688–701

Navasa M, Follo A, Filella X et al (1998) Tumor necrosis factor and interleukin-6 in spontaneous bacterial peritonitis in cirrhosis: relationship with the development of renal impairment and mortality. Hepatology 27:1227–1232

O'Brien AJ, Fullerton JN, Massey KA et al (2014) Immunosuppression in acutely decompensated cirrhosis is mediated by prostaglandin E2. Nat Med 20:518–523. https://doi.org/10.1038/nm.3516

Rolando N, Wade J, Davalos M et al (2000) The systemic inflammatory response syndrome in acute liver failure. Hepatology 32:734–739. https://doi.org/10.1053/jhep.2000.17687

Ruiz-del-Arbol L, Urman J, Fernandez J et al (2003) Systemic, renal, and hepatic hemodynamic derangement in cirrhotic patients with spontaneous bacterial peritonitis. Hepatology 38:1210–1218

Shawcross DL, Davies NA, Williams R, Jalan R (2004) Systemic inflammatory response exacerbates the neuropsychological effects of induced hyperammonemia in cirrhosis. J Hepatol 40:247–254

Trebicka J, Krag A, Gansweid S et al (2011) Endotoxin and tumor necrosis factor-receptor levels in portal and hepatic vein of patients with alcoholic liver cirrhosis receiving elective transjugular intrahepatic portosystemic shunt. Eur J Gastroenterol Hepatol 23:1218–1225. https://doi.org/10.1097/meg.0b013e32834a75dc

Trebicka J, Reiberger T, Laleman W (2018) Gut-liver axis links portal hypertension to acute-on-chronic liver failure. Visc Med 34:270–275. https://doi.org/10.1159/000490262

Trebicka J, Amoros A, Pitarch C et al (2019) Addressing profiles of systemic inflammation across the different clinical phenotypes of acutely decompensated cirrhosis. Front Immunol 10:476. https://doi.org/10.3389/fimmu.2019.00476

Trebicka J, Fernandez J, Papp M et al (2020) The PREDICT study uncovers three clinical courses of acutely decompensated cirrhosis that have distinct pathophysiology. J Hepatol 73:842–854. https://doi.org/10.1016/j.jhep.2020.06.013

Trebicka J, Bork P, Krag A, Arumugam M (2021a) Utilizing the gut microbiome in decompensated cirrhosis and acute-on-chronic liver failure. Nat Rev Gastroenterol Hepatol 18:167–180. https://doi.org/10.1038/s41575-020-00376-3

Trebicka J, Fernandez J, Papp M et al (2021b) PREDICT identifies precipitating events associated with the clinical course of acutely decompensated cirrhosis. J Hepatol 74:1097–1108. https://doi.org/10.1016/j.jhep.2020.11.019

Wang A, Luan HH, Medzhitov R (2019) An evolutionary perspective on immunometabolism. Science 363. https://doi.org/10.1126/science.aar3932

Weichselbaum L, Azouz A, Smolen KK et al (2020) Epigenetic basis for monocyte dysfunction in patients with severe alcoholic hepatitis. J Hepatol 73:303–314. https://doi.org/10.1016/j jhep.2020.02.017

Weiss E, de la Pena-Ramirez C, Aguilar F et al (2023) Sympathetic nervous activation, mitochondrial dysfunction and outcome in acutely decompensated cirrhosis: the metabolomic prognostic models (CLIF-C MET). Gut 72:1581–1591. https://doi.org/10.1136/gutjnl-2022-328708

Wilkinson SP, Arroyo V, Gazzard BG et al (1974) Relation of renal impairment and haemorrhagic diathesis to endotoxaemia in fulminant hepatic failure. Lancet 1:521–524. https://doi.org/10.1016/s0140-6736(74)92711-1

4 Mikrobiom und Leberzirrhose

Lukas Gulden und Vanessa Stadlbauer

4.1 Einleitung

Durch technische Fortschritte in den Bereichen Sequenzierung, Omicstechnologien und Bioinformatik wird die Rolle der Zusammensetzung der Mikroorganismen in und auf dem menschlichen Körper immer besser verstanden und kann als reichhaltiger Pool für neue diagnostische und/oder prognostische Biomarker sowie für neue Therapieansätze genutzt werden. Der Begriff Mikrobiota bezeichnet hierbei die Gesamtheit aller Mikroorganismen, die ein bestimmtes Habitat des menschlichen Körpers besiedeln, während der Begriff des Mikrobioms deren gesamtes genetisches Material einschließlich aller mobilen genetischen und strukturellen Elementen sowie Metaboliten/Signalmoleküle und die umgebenden Umweltbedingungen umfasst (Berg et al. 2020).

Das Mikrobiom des menschlichen Körpers umfasst Bakterien, Viren (Bakteriophagen), Pilze und Archaeen. Der größte Teil der biologischen Masse befindet sich im Dickdarm, aber auch der gesamte restliche Verdauungstrakt, der Urogenitaltrakt, die Haut und die Atemwege sind von einem Mikrobiom besiedelt, das jeweils eine spezifische Zusammensetzung und Funktion aufweist (Pasolli et al. 2019). Das Mikrobiom, das ein dynamisches und interaktives Mikroökosystem bildet, welches anfällig für zeitliche und räumliche Veränderungen ist, ist in Makroökosysteme integriert, einschließlich eukaryotischer Wirte, und hier entscheidend für deren Funktion und Gesundheit. Insbesondere das Darmmikrobiom steht hierbei in enger struktureller und funktioneller Wechselwirkung mit dem Wirt. Kommensale, also Mikroorganismen, die den mensch-

L. Gulden · V. Stadlbauer (✉)
Medizinische Universität Graz, Abteilung für Gastroenterologie und Hepatologie, Graz, Österreich
E-Mail: lukas.gulden@medunigraz.at; vanessa.stadlbauer@medunigraz.at

T. Bruns et al. (Hrsg.), *Komplikationen der Leberzirrhose*,
https://doi.org/10.1007/978-3-662-70167-6_4

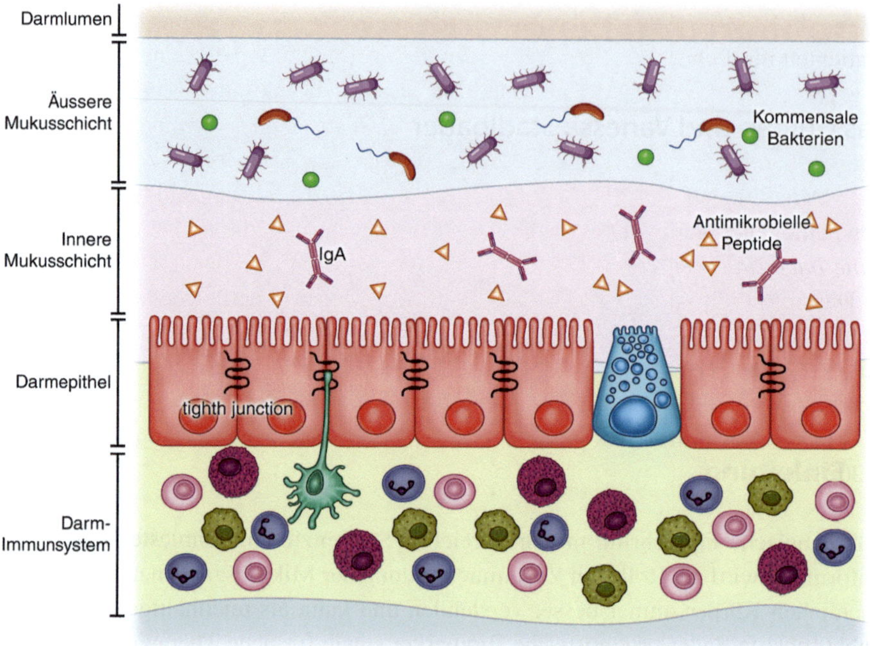

Abb. 4.1 Schematische Darstellung der Darmbarriere. Erstellt mit Biorender.com

lichen Körper besiedeln, ohne ihm zu schaden, leben von ihrem Wirt, indem sie sich von der Mukusschicht ernähren, und können den Wirt positiv beeinflussen. Pathobionten hingegen sind potenziell schädliche Mikroorganismen, die unter normalen Bedingungen in Symbiose leben, wie z. B. *Enterococcus* oder *Clostridioides difficile* (Berg et al. 2020; Marchesi und Ravel 2015).

Obwohl das Mikrobiom durch Darmbarrieren wie Mukusschichten, Darmepithelschicht und Darmimmunsystem vom Wirt getrennt ist, besteht über die Lymphgefäße und das portalvenöse System eine enge anatomische und funktionelle Beziehung zwischen dem Darmmikrobiom und der Leber – in der Literatur oft als „Darm-Leber-Achse" bezeichnet (Tripathi et al. 2018; Pabst et al. 2023) (Abb. 4.1).

4.2 Veränderungen des Darmmikrobioms bei Leberzirrhose

Bei Patienten mit Leberzirrhose ist das Darmmikrobiom deutlich in seiner Zusammensetzung gestört. Diese Veränderungen betreffen sowohl die Gesamtzusammensetzung als auch spezifische Verschiebungen im Sinne eines vermehrten oder verminderten Auftretens bestimmter bakterieller Taxa. Betrachtet man das gesamte Mikrobiom, zeigt sich eine reduzierte Diversität bei gleichzeitigem Anstieg der Gesamtbakterienzahl und einem Überwiegen pathogener Keime. Diese bakterielle Überwucherung, die im Dünndarm als *small intestine bacterial overgrowth* (SIBO) bezeichnet wird, wird teilweise durch eine reduzierte Darmmotilität vermittelt. Diese verminderte Motilität beruht vermutlich auf einer erhöhten Aktivität des Sympathikus, der durch die dilatierten Splanchnikusgefäße im Rahmen des portalen Hypertonus stimuliert wird. Die verringerte Motilität gibt Mikroorganismen mehr Zeit für die Fermentation von Nahrungsbestandteilen und den Kontakt zur Mukosa, was sowohl luminale als auch mukosale Veränderungen zur Folge hat (Trebicka et al. 2021a).

▶ **Patienten mit einer Leberzirrhose weisen ein gestörtes Mikrobiom auf, in dem die Gesamtzusammensetzung verändert und die Diversität verringert ist.**

Die hohe Diversität des Darmmikrobioms sorgt im Normalzustand für eine hohe Resilienz gegenüber äußeren Einflüssen und verhindert, dass pathogene Erreger das Mikrobiom kolonisieren können. Eine Abnahme der Diversität führt zu einer Störung dieser Kolonisationsresistenz. Bei Leberzirrhose ist häufig eine Reduktion von Taxa wie *Lachnospiraceae*, *Ruminococcaceae* und *Faecalibacterium* zu beobachten, die als Produzenten kurzkettiger Fettsäuren positive Effekte auf den menschlichen Organismus ausüben. Gleichzeitig kommt es zu einer Zunahme potenziell pathogener Spezies wie *Enterobacteriaceae* sowie typischer Mundkeime wie *Veillonella* und *Streptococcus*. Diese Dysbiose bei Zirrhose ist mit einer Störung der Darmbarriere und einer verstärkten intestinalen Entzündung assoziiert, was zu einer vermehrten Translokation von bakteriellen Produkten wie Endotoxinen führt (Abb. 4.2).

▶ **Klinisch ist die Dysbiose mit einem erhöhten Infektionsrisiko, einem vermehrten Auftreten von Komplikationen und mit einer erhöhten Mortalität assoziiert.**

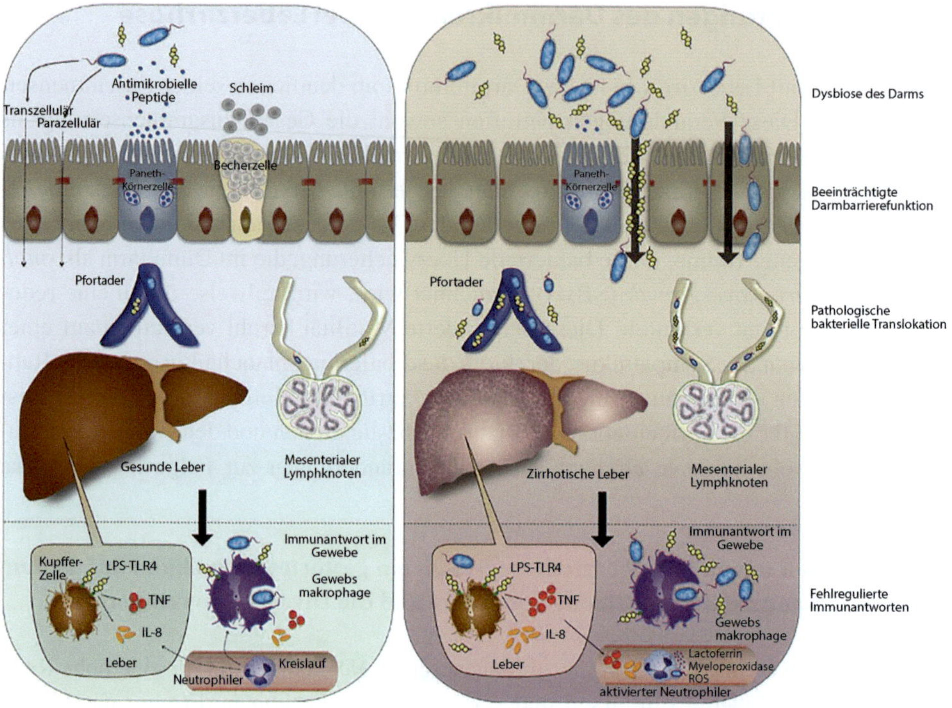

Abb. 4.2 Bei Zirrhose beeinträchtigen Dysbiose und bakterielle Fehlbesiedelung die Schutzmechanismen der Darmbarriere, was zu einer erhöhten bakteriellen Translokation über trans- und parazelluläre Wege sowie zu einer Endotoxinaufnahme führt. Diese Produkte gelangen zur Leber und zu den mesenterialen Lymphknoten, wo sie Immunzellen aktivieren und eine proinflammatorische Zytokinfreisetzung auslösen. Als Reaktion auf die Zytokine degranulieren zirkulierende Neutrophile und setzen Moleküle wie Lactoferrin, Myeloperoxidase und ROS (reaktive Sauerstoffspezies) in den Kreislauf frei, die zur systemischen Entzündungsreaktion beitragen. Adaptiert nach Woodhouse et al. 2018

4.3 Einfluss der Ätiologie auf das Mikrobiom

Einflussfaktoren auf die Zusammensetzung des Darmmikrobioms sind der Schweregrad der Lebererkrankung sowie die Einnahme von Medikamenten, die Ätiologie der Lebererkrankung, der Ernährungszustand und die mukosale und systemische Inflammation (Stadlbauer et al. 2020).

4.3.1 Alkoholassoziierte Lebererkrankungen

Dass Alkohol zu Veränderungen des Darmmikrobioms führt, ist seit über 40 Jahren bekannt – lange bevor Sequenzierungstechniken die Untersuchung des Mikrobioms deutlich einfacher und effizienter machten. Chronischer Alkoholabusus verursacht eine intestinale

Dysmotilität, beeinträchtigt den Gallenfluss und schwächt das Immunsystem. Genetische Polymorphismen könnten ebenfalls eine Rolle spielen, die genauen Mechanismen sind jedoch noch unklar. Eine Dysbiose mit quantitativen und qualitativen Veränderungen auf allen taxonomischen Ebenen des Mikrobioms wurde bei alkoholischen Lebererkrankungen vielfach nachgewiesen. Typischerweise zeigt sich eine Reduktion kommensaler Bakterienspezies, die als vorteilhaft für den Wirt gelten, sowie ein Anstieg potenziell pathogener Spezies, was mit einer Verschlechterung der Leberfunktion und einem schlechteren Outcome assoziiert ist (Duan et al. 2019).

► **Am stärksten ausgeprägt zeigt sich die Dysbiose bei Patient*innen mit schwerer Alkoholhepatitis.**

4.3.2 Mit metabolischer Dysfunktion assoziierte steatotische Lebererkrankung

Auch bei der mit metabolischer Dysfunktion assoziierten steatotischen Lebererkrankung (MASLD) und der mit metabolischer Dysfunktion assoziierten Steatohepatitis (MASH) gibt es Hinweise auf einen spezifischen Zusammenhang zwischen dem Darmmikrobiom und der Erkrankung. Tierexperimentelle Studien haben gezeigt, dass eine fett- und zuckerreiche Diät das Mikrobiom verändert und dass der Transfer eines solcherart veränderten Mikrobioms eine Steatose auslösen kann. Beim Menschen sind die Daten bislang variabel und abhängig von der untersuchten Kohorte sowie den verwendeten Methoden.

Als Ursachen der Mikrobiomveränderungen werden einerseits die Diät (z. B. hoher Fett- und Zuckerkonsum, Zuckerersatzstoffe, Konservierungsmittel) und andererseits genetische, immunologische und medikamentöse Faktoren vermutet. Frühe Studien zu Adipositas, Diabetes und Fettlebererkrankungen deuteten darauf hin, dass Störungen auf Phylumebene, wie eine veränderte Firmicutes/Bacteroides-Ratio, als Biomarker für die Dysbiose bei metabolischen Erkrankungen genutzt werden könnten. Nachfolgende Studien konnten dieses Phänomen jedoch nicht bestätigen.

Dennoch weisen Mikrobiomstudien bei metabolischen Erkrankungen konsistent auf strukturelle Veränderungen des Mikrobioms sowie mögliche funktionelle Auswirkungen hin. Die Dysbiose kann eine gestörte Darmbarrierefunktion fördern und die Translokation bakterieller Produkte in die Leber begünstigen. Dies löst eine Entzündungsreaktion aus, die zu einer Steatohepatitis und in weiterer Folge zur Fibroseprogression in der Leber führen kann. Zudem kann das veränderte Mikrobiom den Fettsäurestoffwechsel beeinflussen und die Kalorienaufnahme aus der Nahrung erhöhen. Es kann auch die Bioverfügbarkeit von Cholin reduzieren, was mit der Entwicklung einer Fettleber assoziiert ist. Darüber hinaus wird vermutet, dass ein dysbiotisches Mikrobiom endogen Alkohol und Acetaldehyd produziert, was eine toxische Schädigung der Leber zur Folge haben könnte (Kolodziejczyk et al. 2019).

4.3.3 Virushepatitis B und C

Durch die Veränderung der Leber-Darm-Achse beeinflussen Virushepatitiden das Darmmikrobiom und werden ihrerseits durch das Mikrobiom über Metaboliten sowie mikrobielle und körpereigene Moleküle, wie *microbe-associated molecular patterns* (MAMPs) und *damage-associated molecular patterns* (DAMPs), moduliert. Bei chronischer Hepatitis B und C kommt es zu einer wechselseitigen Schädigung von Leber und Darmmikrobiom. Dies erfolgt unter anderem durch einen veränderten Gallensäuremetabolismus und eine Schädigung der Darmbarriere, die zur Entstehung eines Leaky Gut führt. Dadurch wird die Leber verstärkt toxischen und proinflammatorischen Substanzen ausgesetzt, was über die Aktivierung von Kupffer-Zellen eine Entzündungsreaktion auslöst oder aufrechterhält und so das Fortschreiten der Lebererkrankung begünstigt.

Die Veränderungen im Gallensäuremetabolismus bei chronischer Hepatitis B zeigen sich unter anderem in einem erhöhten Anteil primärer Gallensäuren im Stuhl. Dies ist ein Ausdruck der Dysbiose und auf den Verlust von Bakterien zurückzuführen, die für die Metabolisierung primärer Gallensäuren verantwortlich sind. Der bakteriell vermittelte Gallensäuremetabolismus steht außerdem in Zusammenhang mit der antitumorösen Immunüberwachung der Leber durch natürliche Killerzellen, sodass die Dysbiose bei Hepatitis B auch die Entstehung eines hepatozellulären Karzinoms beeinflussen könnte.

In Tierversuchen führt eine akute Hepatitis-B-Infektion zu einer Verschiebung der Firmicutes/Bacteroides-Ratio, die initial ansteigt und im Verlauf der akuten Infektion deutlich abnimmt. Bei chronischer Hepatitis B zeigt sich mit zunehmender Schwere der Erkrankung und steigender Viruslast eine Abnahme der Alphadiversität. Gleichzeitig kommt es zu einem vermehrten Vorkommen von *Streptococcus*, *Veillonella* und *Haemophilus*, die mit Serummetaboliten wie aromatischen Aminosäuren korrelieren, die eine Rolle in der Pathogenese der chronischen Hepatitis B spielen. Zudem nimmt der Anteil von Firmicutes und Bifidobakterien ab, während *Enterobacteriaceae* und *Proteobacteria* zunehmen. In diesem Zusammenhang könnte die *Bifidobacteria/Enterobacteriaceae*-Ratio als Verlaufsparameter für die Progression der Lebererkrankung dienen.

Ein weiterer prognostische Marker für die Entwicklung eines HBV-assoziierten akut-auf-chronischen Leberversagens (ACLF) ist die Anreicherung von Enterokokken, während ein hohes Vorkommen von *Faecalibacterium* mit einem günstigeren Verlauf assoziiert ist. Es gibt zudem Hinweise aus Tierstudien, dass ein intaktes intestinales Mikrobiom für eine adäquate Immunantwort und die Clearance von HBV erforderlich ist. Junge Mäuse mit einem unreifen Mikrobiom oder adulte Mäuse mit einem durch Antibiotikagabe dysbiotischen Mikrobiom zeigen eine höhere Rate an persistierender Hepatitis-B-Infektion und eine geringere HBV-Clearance. Diese Beobachtungen könnten auch die höhere Chronifizierungsrate der Hepatitis B bei Neugeborenen erklären.

Typische Veränderungen bei chronischer Hepatitis C umfassen eine Abnahme von Clostridiales (z. B. *Ruminococcaceae* und *Lachnospiraceae*) und Firmicutes sowie einen gleichzeitigen Anstieg von *Bacteroidetes*, *Veillonellaceae* und *Enterobacteriaceae*. Parallel dazu sind die im Serum messbaren Lipopolysaccharidspiegel erhöht, was auf eine gesteigerte intestinale Permeabilitätsstörung und bakterielle Translokation hinweist (El-Mowafy et al. 2021).

Zudem wurde bei chronischer Hepatitis C eine Infektion intestinaler B-Lymphozyten mit verminderter IgA-Sekretion nachgewiesen, die in Kombination mit der veränderten Gallensekretion und der Ausbildung eines Leaky Gut zur Entwicklung eines proinflammatorischen Mikrobioms mit reduzierter funktioneller Kapazität führt. Beispielsweise nimmt der Anteil von *Ruminococcaceae* und *Lachnospiraceae* ab, die kurzkettige Fettsäuren produzieren, welche für die Aufrechterhaltung der intestinalen Barrierefunktion und die metabolische Homöostase von Bedeutung sind (Marascio et al. 2022).

▶ **Diese Mechanismen führen zu einer kontinuierlichen Schädigung von Leber, Darm und Mikrobiom, wobei die Kausalität oft schwer zu bestimmen ist.**

Eine erfolgreiche Therapie der chronischen Hepatitis C mit Erreichen einer Serokonversion kann jedoch, solange keine Leberzirrhose vorliegt, zu einer Erholung des intestinalen Mikrobioms bis hin zu einem gesunden Zustand führen (Wellhoner et al. 2021).

4.3.4 Autoimmune und cholestatische Lebererkrankungen

Autoimmune Lebererkrankungen zeichnen sich durch eine chronische Entzündung der Leber aus. Hierzu zählen die Autoimmunhepatitis (AIH), die primär biliäre Cholangitis (PBC) und die primär sklerosierende Cholangitis (PSC). Die Ursachen autoimmuner Lebererkrankungen sind nicht bekannt, es wird jedoch vermutet, dass bestimmte Bakterien über Oberflächenantigene oder Metaboliten zur Bildung kreuzreaktiver Antikörper im Sinne eines molekularen Mimikrys führen könnten.

Die PSC ist häufig mit chronisch entzündlichen Darmerkrankungen assoziiert, was einen Zusammenhang mit dem Mikrobiom nahelegt. Wie bei anderen Lebererkrankungen zeigt sich eine reduzierte Diversität des Mikrobioms sowie eine Überrepräsentation potenziell pathogener Spezies. Obwohl die auslösende Ursache der Erkrankung bisher nicht eindeutig geklärt ist, konnte nachgewiesen werden, dass die bei einigen Patienten nachweisbaren p-ANCA-Antikörper gegen Betatubulin gerichtet sind. Dieses weist eine starke Ähnlichkeit zu FtsZ, einem Antigen intestinaler Bakterien, auf und könnte durch molekulare Mimikry ein Trigger für die Entstehung der PSC sein (Czaja 2016).

Ein spezifischer pathogenetischer Zusammenhang konnte zudem mit einem *Klebsiella-pneumoniae*-Stamm hergestellt werden, der im Stuhl von Patienten mit PSC nachgewiesen wurde. Dieser Stamm verursacht eine direkte Epithelschädigung, fördert die bakterielle Translokation und führt zu einer Th17-vermittelten hepatobiliären Schädigung (Nakamoto et al. 2019).

Auch bei der sekundär sklerosierenden Cholangitis nach kritischer Erkrankung (SC-CIP), einer cholestatischen Lebererkrankung mit bislang nicht vollständig geklärter Ätiologie, konnten noch Jahre nach dem auslösenden Ereignis schwerwiegende Mikrobiomveränderungen nachgewiesen werden. Diese scheinen teils mit der Lebererkrankung selbst und teils mit der initialen Intensivbehandlung in Zusammenhang zu stehen (Blesl und Stadlbauer 2021).

Die PBC ist mit einer reduzierten Diversität des Mikrobioms assoziiert und zeigt ein erhöhtes Vorkommen von *Pseudomonas*, *Alphaproteobacteria* und *Sphingomonadaceae* an der ilealen Mukosa. Eine kleine Studie zeigte zudem eine Assoziation von ilealen *Sphingomonadaceae* mit destruktiver Cholangitis. Im fäkalen Mikrobiom dieser Patienten finden sich vor allem vermehrt *Haemophilus*, *Veillonella*, *Clostridium*, *Lactobacillus*, *Streptococcus*, *Pseudomonas*, *Klebsiella* und *Enterobacteriaceae*. Innerhalb der Ordnung *Clostridiales* ist zudem eine deutliche Reduktion der Diversität zu beobachten, insbesondere bei butyratbildenden symbiotischen Bakterien. Dies führt zu einer verminderten Produktion von Butyrat und anderen kurzkettigen Fettsäuren (SCFA). Kurzkettige Fettsäuren spielen eine wichtige Rolle bei der Modulation des Immunsystems, indem sie proinflammatorische Aktivitäten unterdrücken und die Bildung regulatorischer T-Zellen fördern (Zheng et al. 2021).

Die genaue Pathogenese der PBC ist bislang unklar. Es wird jedoch vermutet, dass molekulare Mimikry eine Rolle bei der Entstehung der Erkrankung spielt. Die charakteristisch auftretenden antimitochondrialen Antikörper (AMA) richten sich gegen den mitochondrialen Pyruvat-Dehydrogenase-Komplex E2, der eine starke Homologie zu bakteriellen Enzymen von *Pseudomonas aeruginosa*, *Escherichia coli* und *Novosphingobium aromaticivorans* aus der Familie der *Sphingomonadaceae* aufweist. Diese Ähnlichkeit führt, zumindest in Tierversuchen, bei einer Infektion mit *Novosphingobium aromaticivorans* zur Bildung von Antikörpern gegen den mitochondrialen Pyruvat-Dehydrogenase-Komplex E2.

Eine weitere Besonderheit liegt in der Zellwandstruktur von *Sphingomonadaceae* und *Alphaproteobacteria*, die aus Glykosphingolipiden anstelle von Lipopolysacchariden besteht. Diese Glykosphingolipide aktivieren das angeborene Immunsystem und können im Mausmodell unter anderem über natürliche Killerzellen zu PBC-ähnlichen histologischen Veränderungen führen (Kitahata et al. 2021). Tierversuche zeigen zudem, dass die Translokation von *Enterococcus gallinarum* in die Leber eine autoimmune Reaktion auslösen kann. Ebenso kann eine Infektion mit *Novosphingobium aromaticivorans* durch die Homologie eines Oberflächenantigens zur Bildung von antimitochondrialen Antikörpern führen. Eine intakte Darmbarriere spielt hierbei eine entscheidende Rolle, da sie die Translokation oder den übermäßigen Transport von Antigenen zur Leber und damit die Induktion immunologischer Reaktionen verhindert.

Typische Veränderungen des Mikrobioms bei AIH umfassen eine reduzierte Diversität sowie eine Überrepräsentation von *Veillonella* und weiterer Bakterien wie *Klebsiella*, *Streptococcus* und *Lactobacillus*. Gleichzeitig kommt es zu einem Verlust von *Bifidobacterium* und einer reduzierten Diversität innerhalb der *Clostridiales*, insbesondere von butyratbildenden Bakterien. Diese Veränderungen wurden in Studien bereits als potenzielle Biomarker zur Unterscheidung zwischen Gesunden und Erkrankten untersucht, wobei bislang kein kausaler Zusammenhang zwischen der Autoimmunhepatitis und den Mikrobiomveränderungen nachgewiesen werden konnte. Erkrankte mit einem

Tab. 4.1 Zusammenfassung beschriebener Mikrobiomveränderungen bei Lebererkrankungen

Erkrankung	Mikrobiomveränderungen
Zirrhose	Reduzierte Diversität mit einer Abnahme von *Lachnospiraceae*, *Ruminococcus* und *Clostridiales XIV* sowie einem Anstieg pathogener Spezies wie *Enterobacteriaceae*, *Staphylococcaceae* und *Enterococcaceae*
Mit metabolischer Dysfunktion assoziierte steatotische Lebererkrankung (MASLD)	Zunahme von *Bacteroidetes* und *Proteobacteria* bei gleichzeitiger Abnahme von *Firmicutes* sowie vermehrtes Vorkommen von *Enterobacteriaceae* und *Escherichia*
Alkoholassoziierte Lebererkrankung	Abnahme von *Bacteroidetes* und Zunahme von *Firmicutes* sowie *Actinobacteria*, mit einem vermehrten Vorkommen von cytolysinproduzierendem *Enterococcus faecalis* bei schwerer Alkoholhepatitis
Cholestatische Lebererkrankungen	Reduzierte Diversität mit einer Zunahme von *Enterococcus*, *Fusobacteria*, *Lactobacillus*, *Veillonella* und *Klebsiella pneumoniae*
Virushepatitis	**HBV:** Reduzierte Diversität mit einer Zunahme von *Streptococcus*, *Veillonella*, *Enterobacteriaceae*, *Proteobacteria* und *Haemophilus* sowie einer Abnahme von *Firmicutes* und *Bifidobacterium* **HCV:** Reduzierte Diversität mit einer Zunahme von *Bacteroidetes*, *Veillonella* und *Enterobacteriaceae* sowie einer Abnahme von *Clostridiales* (*Ruminococcaceae*, *Lachnospiraceae*) und *Firmicutes*.
Autoimmunhepatitis	Reduzierte Diversität mit einer Zunahme von *Firmicutes* und *Proteobacteria* sowie einem vermehrten Vorkommen von *Veillonella*, *Klebsiella*, *Streptococcus* und *Lactobacillus*, begleitet von einer Abnahme von *Bifidobacterium*

geringeren Anteil an *Bifidobacterium* scheinen jedoch seltener eine Remission zu erreichen. In Mausmodellen zeigte die Supplementierung von *Bifidobacterium* sowie die Zugabe von Butyrat zur Nahrung lindernde Effekte auf die Erkrankung (Zheng et al. 2021) (Tab. 4.1).

► **Unterschiedliche Lebererkrankungen können zu spezifischen Veränderungen des Mikrobioms führen**

4.4 Rolle des Mikrobioms bei dekompensierter Leberzirrhose

Wie zuvor beschrieben, führt die Leberzirrhose zu Veränderungen des Mikrobioms, die je nach zugrunde liegender Ätiologie und Krankheitsstadium variieren. Diese Veränderungen können die Erkrankung weiter verschärfen und zur Entwicklung eines ACLF mit hoher Mortalität beitragen. Im Rahmen einer Dekompensation wird die ohnehin reduzierte mikrobielle Diversität zusätzlich vermindert. Dabei nimmt der Anteil kommensaler Bakterien ab, während pathogene Stämme wie *Enterococcus*, *Staphylococcus* und *Enterobacter* zunehmen. Diese Dysbiose verstärkt die intestinale Inflammation, schädigt die Darmbarriere weiter und ermöglicht eine pathologische bakterielle Translokation.

Die genauen Ursachen, die diese Dysbiose verschärfen, sind noch nicht vollständig geklärt. Es wird jedoch angenommen, dass sowohl SIBO durch gestörte Darmmotilität als auch eine verminderte FXR-Aktivierung (FXR: Farnesoid-X-Rezeptor) eine Rolle spielen, da sie zu einer dysfunktionalen Darmbarriere mit erhöhter bakterieller Translokation führen. Diese Translokation kann schließlich Infektionen wie spontane bakterielle Peritonitis und eine systemische Entzündung auslösen, was ein akut-auf-chronisches Leberversagen induzieren kann (Trebicka et al. 2021b). Faktoren wie Ernährung, Alkoholkonsum, reduzierter Gallefluss, portale Hypertonie und die Aktivierung des Sympathikus beeinträchtigen die Darmmotilität und erhöhen die Permeabilität. Dies führt zu einer verminderten Diversität, einer bakteriellen Überwucherung und einer erhöhten bakteriellen Last, und begünstigt letztlich eine verstärkte bakterielle Translokation.

4.5 Mikrobiomveränderungen außerhalb des Darms

Bei Zirrhose wurde eine Dysbiose des Speichelmikrobioms beobachtet, die mit lokaler und systemischer Inflammation, der Translokation bakterieller Produkte, einer Dysbiose im Darm und verschiedenen Komplikationen assoziiert war. Eine professionelle Mundhygiene konnte sowohl die Zusammensetzung des Mikrobioms als auch die Leberfunktion verbessern (Acharya und Bajaj 2019). Veränderungen des Hautmikrobioms wurden ebenfalls bei dekompensierter Zirrhose beschrieben, wobei ihre klinische Relevanz bislang unklar ist. Bei primär sklerosierender Cholangitis zeigte sich eine Dysbiose des Gallemikrobioms, gekennzeichnet durch eine reduzierte Diversität und einen Anstieg pathogener Enterokokkenstämme (Bajaj et al. 2019).

4.6 Mikrobiomveränderungen zur Prognoseabschätzung

Die Dysbiose bei Lebererkrankungen ist ein dynamischer Prozess, der sich im Verlauf der Dekompensation (z. B. hepatische Enzephalopathie, Infektionen) und bei der Entwicklung eines akut-auf-chronischen Leberversagens zunehmend verstärkt. Dies macht das Mikrobiom zu einer potenziell wertvollen Quelle für diagnostische und prognostische Biomarker (Trebicka et al. 2021b). Es wurden Ansätze entwickelt, Scores basierend auf spezifischen Veränderungen im Darmmikrobiom zu erstellen, um Komplikationen der Zirrhose vorherzusagen oder die Mortalität abzuschätzen (Tab. 4.2). Jedoch erschweren methodische Variabilität, Unterschiede im Probenmaterial sowie interindividuelle Unterschiede durch Ernährung und medikamentöse Einflüsse die Etablierung eines universellen Scores.

Tab. 4.2 Potenzieller Einsatz mikrobiombasierter Biomarker bei Patienten mit Leberzirrhose

Art des Biomarkers	Potenzielle Anwendung
Diagnostische Biomarker	Metagenomische Signaturen als nichtinvasiver Test für das hepatozelluläre Karzinom
Prognostische Biomarker	Mikrobiombasierte Biomarker zur frühzeitigen Erkennung von Patienten mit erhöhtem Risiko für ein ACLF oder Komplikationen der Leberzirrhose
Prädiktive Biomarker	Identifizierung von Patienten, welche von einer speziellen Intervention oder Therapie profitieren könnten
Biomarker zum Monitoring	Monitoring von Veränderungen im Mikrobiom als Reaktion auf eine Therapie oder Intervention (z. B. nach FMT [fäkalem Mikrobiomtransfer])

4.7 Möglichkeiten der Mikrobiommodulation

Aufgrund der weitreichenden und beständigen Veränderungen des Mikrobioms bei chronischen Lebererkrankungen ist das Konzept der Modulation des Darmmikrobioms und/oder der Darmpermeabilität attraktiv.

4.7.1 Antibiotika

Antibiotika beeinflussen zwangsläufig das Darmmikrobiom, indem sie Teile der luminalen Mikrobiota eliminieren und die Diversität reduzieren. In Tierexperimenten werden Antibiotika häufig eingesetzt, um die Pathophysiologie mikrobiomassoziierter Erkrankungen zu untersuchen. In der Hepatologie wird ihre Wirkung auf das Darmmikrobiom und die Darm-Leber-Achse vor allem zur Behandlung von Komplikationen der Zirrhose genutzt. Die prophylaktische Anwendung von Antibiotika wie Norfloxacin oder Rifaximin, das indikationsgerecht zur Rezidivprophylaxe der hepatischen Enzephalopathie oder off-label zur Prophylaxe einer spontan-bakteriellen Peritonitis eingesetzt wird, ist derzeit weitverbreitet. Interessanterweise führt Rifaximin im Gegensatz zu Fluorchinolonen oder Cotrimoxazol nur zu geringen strukturellen Veränderungen in der Mikrobiomzusammensetzung und wirkt offenbar eher über eine funktionelle Modulation des Mikrobioms (Caraceni et al. 2021). Zur detaillierten Diskussion des Antibiotikaeinsatzes bei der Prophylaxe und Therapie von Infektionen im Kontext der Leberzirrhose wird auf die **Kap. 13 und 26** verwiesen.

4.7.2 Präbiotika

Präbiotika sind nicht verdaubare Lebensmittelbestandteile, die gezielt das Wachstum von Bakterienstämmen mit positiven Wirkungen für den Wirt fördern. Dazu gehören z. B. Fructo- und Galactooligosaccharide (FOS und GOS) sowie resistente Stärke. Resistente Stärke unterstützt das Wachstum von *Bifidobacterium*, das die Immunabwehr durch

Aktivierung der T-Helferzellen stärkt. Zudem schützen *Bifidobacterium* durch Milchsäurebildung vor pathogenen Keimen und fördern die Darmtätigkeit. FOS und GOS fördern das Wachstum von *Faecalibacterium prausnitzii*, einem Bakterium, das kurzkettige Fettsäuren, vor allem Butyrat, produziert. *Faecalibacterium prausnitzii* hat entzündungshemmende Effekte auf den Darm und wirkt sich positiv auf entzündliche Darmerkrankungen, allergische Erkrankungen sowie Stoffwechselerkrankungen aus. Es könnte auch vor Tumoren im Verdauungstrakt schützen.

Die derzeit leitlinienempfohlene Prophylaxe und spezifische Therapie der episodischen hepatischen Enzephalopathie ist die Verwendung des Präbiotikums Lactulose (ein nichtresorbierbares Disaccharid) in einer Dosierung von 45–90 g/Tag. Gründe für den Einsatz von Lactulose sind die Ansäuerung des Stuhls, wodurch Ammonium entsteht, das nicht über die Darmbarriere diffundiert; die Beschleunigung der Darmpassage; die Förderung der fäkalen Stickstoffelimination und möglicherweise die Stimulation des Wachstums von Laktobazillen sowie des Ammoniakstoffwechsels durch Bakterien. Obwohl Lactulose im Allgemeinen gut verträglich ist, können Nebenwirkungen wie Bauchkrämpfe, Blähungen und Durchfall die Adhärenz bei einer Langzeittherapie einschränken.

4.7.3 Probiotika

Probiotika sind lebende Mikroorganismen, die in ausreichender Menge konsumiert einen positiven Effekt auf die Gesundheit haben. Dabei handelt es sich meist um Bakterien (z. B. *Lactobacillus*, *Bifidobacterium* oder *Escherichia-coli*-Stämme) oder Hefepilze (z. B. *Saccharomyces boulardii*). Bei Leberzirrhose wurden Probiotika häufig zur Therapie oder Prophylaxe von Komplikationen, insbesondere der hepatischen Enzephalopathie, untersucht. Mehrere größere, randomisierte, kontrollierte Studien deuten darauf hin, dass Probiotika oder die Kombination aus Prä- und Probiotika positive Effekte auf den Schweregrad der hepatischen Enzephalopathie, auf psychometrische Tests und Laborwerte haben. Zudem konnte das Risiko für eine erneute Episode der hepatischen Enzephalopathie reduziert werden. Dennoch bleibt die therapeutische Relevanz dieser Ansätze unklar, da die Studien unterschiedliche Designs (Vergleiche mit Placebo oder Lactulose), verschiedene Produkte (einige nicht oder nicht mehr kommerziell erhältlich) und uneinheitliche Ergebnisse zeigten. Aufgrund dieser Unsicherheiten und der fraglichen Überlegenheit gegenüber der Standardtherapie gibt es bislang keine generelle Empfehlung zur Verwendung von Probiotika zur Prophylaxe oder Therapie der hepatischen Enzephalopathie.

4.7.4 Fäkaler Mikrobiomtransfer

Der fäkale Mikrobiomtransfer (FMT), die sog. Stuhltransplantation, als Möglichkeit zur Modulation des Darmmikrobioms wird gerade im Rahmen von mehreren klinischen Studien untersucht. Diese Therapieform scheint bei ausgewählten Patienten und entsprechend sichergestelltem Donorscreening sicher zu sein. In verschiedenen Studien konnten in den

Indikationen MASLD/NAFLD, alkoholassoziierte Zirrhose, schwere Alkoholhepatitis und rezidivierende hepatische Enzephalopathie durch FMT positive Effekte auf die Lebersteatose, kognitive Funktionen, Verlauf der Suchterkrankung und Komplikationen nachgewiesen werden.

Eine umfassende Übersicht über die Ergebnisse aktueller klinische Studien zur fäkalen Mikrobiotatransplantation (FMT) bei Lebererkrankungen wurde kürzlich von Hsu und Schnabl veröffentlicht (Hsu und Schnabl 2023).

4.7.5 Bakteriophagen

Bakteriophagen sind Viren, die sich auf Bakterien als Wirtszellen spezialisiert haben. Aufgrund ihrer hohen Wirtsspezifität und des fehlenden Potenzials zur Resistenzentwicklung stellen Bakteriophagen eine vielversprechende Alternative zur Behandlung von Infektionskrankheiten und zur gezielten Modulation des Mikrobioms dar. Die erste klinische Studie zur gezielten Elimination von cytolysinproduzierendem *Enterococcus faecalis* bei schwerer alkoholassoziierter Hepatitis ist in Planung (Hsu et al. 2021).

4.8 Fazit

Die Bedeutung der Darm-Leber-Achse und des Darmmikrobioms in der Pathogenese von Lebererkrankungen und deren Komplikationen ist unbestritten. Durch technische Fortschritte in der Mikrobiomanalyse können funktionelle Zusammenhänge zunehmend besser entschlüsselt werden. Veränderungen des Mikrobioms im Darm und an anderen Körperstellen sind bei verschiedenen Lebererkrankungen gut dokumentiert und zeigen eine klare Assoziation mit dem Schweregrad sowie den Komplikationen der Erkrankung.

Obwohl das Mikrobiom eine reichhaltige Quelle potenzieller Biomarker darstellt, ist die klinische Anwendbarkeit aufgrund der inhomogenen Datenlage, die durch methodische und physiologische Variabilität bedingt ist, noch limitiert. Die Modulation des Mikrobioms stellt jedoch eine vielversprechende und sichere Strategie zur Beeinflussung der Darm-Leber-Achse dar. Besonders gute Daten existieren zur Therapie von Komplikationen der Leberzirrhose, wie der hepatischen Enzephalopathie oder Infektionen.

Das Antibiotikum Rifaximin und das Präbiotikum Lactulose haben einen festen Stellenwert in Therapie und Prophylaxe der episodischen hepatischen Enzephalopathie. Für Probiotika gibt es zwar vielversprechende Daten und einzelne Metaanalysen, sie haben jedoch bislang aufgrund methodischer Mängel keinen Eingang in aktuelle Leitlinien gefunden. Auch die therapeutische Wertigkeit und Sicherheit der Stuhltransplantation bedarf weiterer Untersuchungen. Neue Ansätze, wie die Entwicklung spezifischer Bakteriophagen, sind vielversprechend, benötigen jedoch noch Zeit, um bis zur klinischen Anwendungsreife zu gelangen. Es besteht daher ein erheblicher Bedarf an großen, qualitativ hochwertigen Studien, um das therapeutische Potenzial und mögliche Nebenwirkungen der Mikrobiommodulation bei Lebererkrankungen besser zu verstehen und zu bewerten.

Literatur

Acharya C, Bajaj JS (2019) Altered microbiome in patients with cirrhosis and complications. Clin Gastroenterol Hepatol. 17(2):307–321

Bajaj JS, Fagan A, Sikaroodi M, Kakiyama G, Takei H, Degefu Y et al (2019) Alterations in skin microbiomes of patients with cirrhosis. Clin Gastroenterol Hepatol. 17(12):2581–91 e15

Berg G, Rybakova D, Fischer D, Cernava T, Verges MC, Charles T et al (2020) Microbiome definition re-visited: old concepts and new challenges. Microbiome. 8(1):103

Blesl A, Stadlbauer V (2021) The gut-liver axis in cholestatic liver diseases. Nutrients. 13(3):1018

Caraceni P, Vargas V, Sola E, Alessandria C, de Wit K, Trebicka J et al (2021) The use of Rifaximin in patients with cirrhosis. Hepatology. 74(3):1660–1673

Czaja AJ (2016) Factoring the intestinal microbiome into the pathogenesis of autoimmune hepatitis. World J Gastroenterol. 22(42):9257–9278

Duan Y, Llorente C, Lang S, Brandl K, Chu H, Jiang L et al (2019) Bacteriophage targeting of gut bacterium attenuates alcoholic liver disease. Nature. 575(7783):505–511

El-Mowafy M, Elgaml A, El-Mesery M, Sultan S, Ahmed TAE, Gomaa AI et al (2021) Changes of gut-microbiota-liver axis in Hepatitis C Virus infection. Biology (Basel). 10(1):55

Hsu CL, Schnabl B (2023) The gut-liver axis and gut microbiota in health and liver disease. Nat Rev Microbiol. 21(11):719–733

Hsu CL, Duan Y, Fouts DE, Schnabl B (2021) Intestinal virome and therapeutic potential of bacteriophages in liver disease. J Hepatol. 75(6):1465–1475

Kitahata S, Yamamoto Y, Yoshida O, Tokumoto Y, Kawamura T, Furukawa S et al (2021) Ileal mucosa-associated microbiota overgrowth associated with pathogenesis of primary biliary cholangitis. Sci Rep. 11(1):19705

Kolodziejczyk AA, Zheng D, Shibolet O, Elinav E (2019) The role of the microbiome in NAFLD and NASH. EMBO Mol Med. 11(2):e9302

Marascio N, De Caro C, Quirino A, Mazzitelli M, Russo E, Torti C et al (2022) The role of the microbiota gut-liver axis during HCV chronic infection: a schematic overview. J Clin Med. 11(19):5936

Marchesi JR, Ravel J (2015) The vocabulary of microbiome research: a proposal. Microbiome. 3:31

Nakamoto N, Sasaki N, Aoki R, Miyamoto K, Suda W, Teratani T et al (2019) Gut pathobionts underlie intestinal barrier dysfunction and liver T helper 17 cell immune response in primary sclerosing cholangitis. Nat Microbiol. 4(3):492–503

Pabst O, Hornef MW, Schaap FG, Cerovic V, Clavel T, Bruns T (2023) Gut-liver axis: barriers and functional circuits. Nat Rev Gastroenterol Hepatol. 20(7):447–461

Pasolli E, Asnicar F, Manara S, Zolfo M, Karcher N, Armanini F et al (2019) Extensive unexplored human microbiome diversity revealed by over 150,000 genomes from metagenomes spanning age, geography, and lifestyle. Cell. 176(3):649–62 e20

Stadlbauer V, Komarova I, Klymiuk I, Durdevic M, Reisinger A, Blesl A et al (2020) Disease severity and proton pump inhibitor use impact strongest on faecal microbiome composition in liver cirrhosis. Liver Int. 40(4):866–877

Trebicka J, Bork P, Krag A, Arumugam M (2021a) Utilizing the gut microbiome in decompensated cirrhosis and acute-on-chronic liver failure. Nat Rev Gastroenterol Hepatol. 18(3):167–180

Trebicka J, Macnaughtan J, Schnabl B, Shawcross DL, Bajaj JS (2021b) The microbiota in cirrhosis and its role in hepatic decompensation. J Hepatol. 75(Suppl 1(Suppl 1)):S67–S81

Tripathi A, Debelius J, Brenner DA, Karin M, Loomba R, Schnabl B et al (2018) The gut-liver axis and the intersection with the microbiome. Nat Rev Gastroenterol Hepatol. 15(7):397–411

Wellhoner F, Doscher N, Woelfl F, Vital M, Plumeier I, Kahl S et al (2021) Eradication of chronic HCV infection: improvement of dysbiosis only in patients without liver cirrhosis. Hepatology. 74(1):72–82

Woodhouse CA, Patel VC, Singanayagam A, Shawcross DL (2018) Review article: the gut microbiome as a therapeutic target in the pathogenesis and treatment of chronic liver disease. Aliment Pharmacol Therap 47(2):192–202

Zheng Y, Ran Y, Zhang H, Wang B, Zhou L (2021) The microbiome in autoimmune liver diseases: metagenomic and metabolomic changes. Front Physiol. 12:715852

Teil II

Diagnostische Prinzipien

Histologische Diagnostik von Fibrose und Zirrhose

5

Thomas Longerich

5.1 Einleitung

Die Leberbiopsie spielt eine wichtige Rolle in der Diagnose und Verlaufsbeurteilung nicht neoplastischer Lebererkrankungen, wobei ihre Relevanz im diagnostischen Gesamtkontext einem Wandel unterliegt. Dies ist einerseits durch die Verfügbarkeit effektiver Therapien (z. B. Hepatitis C) begründet und trägt andererseits auch den Entwicklungen im Bereich der nichtinvasiven Leberdiagnostik Rechnung. Als invasives Verfahren steht die Leberbiopsie kontinuierlich auf dem Prüfstand, wenngleich die Komplikationsraten insgesamt gering sind. Sowohl die Indikationsstellung zur Leberbiopsie als auch die weitere Prozessierung benötigen eine entsprechend große Sorgfalt. Unmittelbar nach Entnahme sollte die Leberbiopsie in neutralgepuffertes Formalin (10 %ig) überführt und ausreichend lange (optimal über Nacht) fixiert werden. Hierdurch wird verhindert, dass Zersetzungsprozesse (z. B. Autolyse) stattfinden. Alle im Kontext der feingeweblichen Diagnostik notwendigen Untersuchungen (inkl. DNA-/RNA-basierter Nachweise) können am formalinfixierten, paraffineingebetteten Biopsiegewebe durchgeführt werden (Schirmacher et al. 2004; Einaga et al. 2017).

T. Longerich (✉)
Pathologisches Institut, Universitätsklinikum Heidelberg, Heidelberg, Deutschland
E-Mail: thomas.longerich@med.uni-heidelberg.de

T. Bruns et al. (Hrsg.), *Komplikationen der Leberzirrhose*,
https://doi.org/10.1007/978-3-662-70167-6_5

Der histopathologische Befund sollte eine Aussage zur Beurteilbarkeit der Biopsie beinhalten. Hierzu wird die Biopsiegröße, die Anzahl der erfassten Portalfelder und der Fragmentierungsgrad des Materials beurteilt. Stark fragmentierte Biopsien können auf eine Leberzirrhose hindeuten, erschweren aber gerade die Beurteilbarkeit der Fibrose.

Für den befundenden Pathologen ergibt sich nicht nur der Anspruch, möglichst alle Informationen aus einer Biopsie zu gewinnen, sondern den feingeweblichen Befund auch im Gesamtkontext der verfügbaren klinisch-anamnestischen und diagnostischen Befunde (Serologie, Bildgebung) zu interpretieren. Dies umfasst bei chronischen Lebererkrankungen nicht nur die Diagnose, sondern auch standardisierte Aussagen zur Aktivität und zum Stadium der Erkrankung (sog. Scoring). Die nachfolgende Darstellung erläutert die histopathologische Diagnostik der Leberfibrose. Es werden die entitätsspezifischen Unterschiede zwischen den Fibrosestadien dargestellt und histologische Aspekte der Fibroseregression betrachtet.

► **Fibrosestadien sind bei unterschiedlichen chronischen Lebererkrankungen unterschiedlich definiert, was bei der klinischen Bewertung berücksichtigt werden muss (Abb. 5.1 und 5.2).**

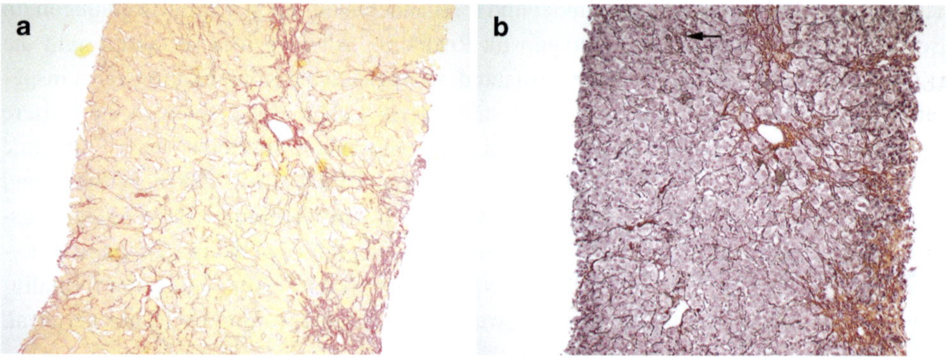

Abb. 5.1 Histochemischer Fibrosenachweis. (**a**) In der Siriusrotfärbung kommen auch diskrete perisinusoidale Kollagenfaserablagerungen gut zur Darstellung. (**b**) Die modifizierte Gomori-Färbung stellt neben dem Kollagen (*orange*) auch die Retikulinfasern (*schwarz*) dar, sodass auch kleine, stattgehabte Hepatozytennekrosen am Retikulinfaserkollaps (*Pfeil*) erkannt werden können. Ursprüngliche Vergrößerung: 100fach

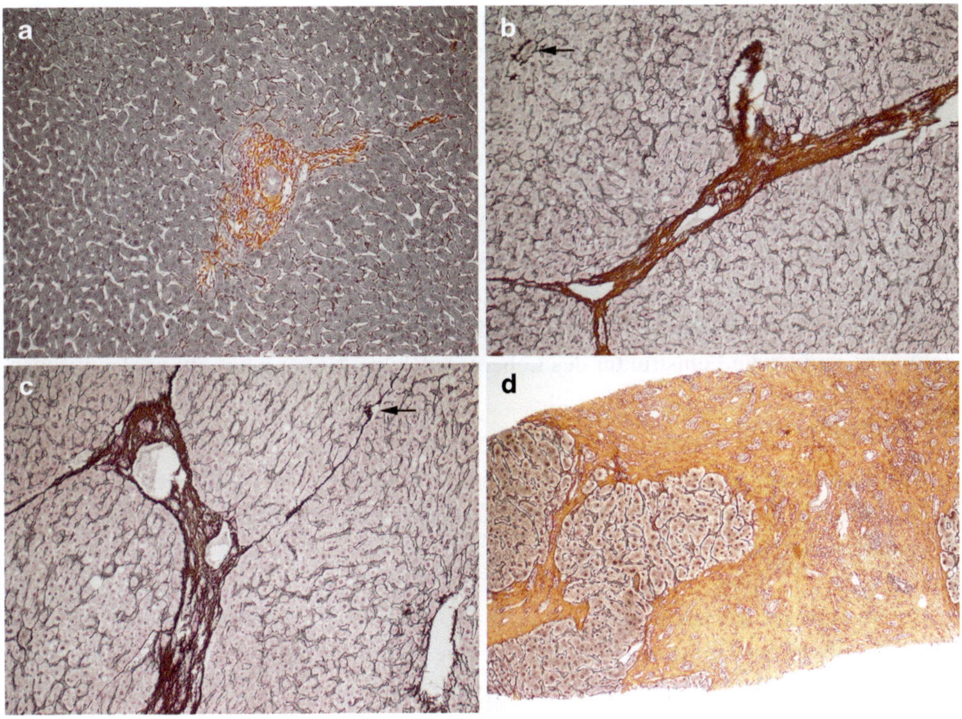

Abb. 5.2 Staging der chronischen Hepatitis. (**a**) Portale Faservermehrung mit teils zipfliger Portalfeldausziehung bei einem Patienten mit einer chronischen Hepatitis B, einem Stadium 1 nach Desmet entsprechend. (**b**) Portale und septenbildende Fibrose bei einem Patienten mit einer Autoimmunhepatitis unter Therapie, einem Stadium 2 nach Desmet entsprechend. Der *Pfeil* markiert die orthotop lokalisierte Zentralvene. (**c**) Portale und septenbildende Fibrose mit Nachweis eines zarten portozentralen Septums bei einem Patienten mit einer therapierten Hepatitis C, entsprechend einem Stadium 3 nach Desmet. Der *Pfeil* markiert ein Zentralvenenresiduum. (**d**) Zirrhotischer Parenchymumbau mit breiten Narbenarealen im Kontext einer chronischen Hepatitis C. Ursprüngliche Vergrößerung: 100fach

5.2 Allgemeine Grundsätze

Das Ausmaß des fibrotischen Parenchymumbaus beschreibt einerseits den Erkrankungsprogress, gibt aber auch wichtige Informationen über die potenzielle Reversibilität einer chronischen Lebererkrankung. Die Fibrosebeurteilung erlaubt daher neben einer Prognoseabschätzung und Bewertung der Therapiedringlichkeit auch die Eingrenzung der möglichen Therapieoptionen. Obwohl zahlreiche serologische Tests zur Abschätzung des Fibroseausmaßes proklamiert wurden (Castera et al. 2005), beruht der Goldstandard der Fibrosediagnostik (s. u.) weiterhin auf dem Leberbiopsiematerial (Dienstag 2002; Sarvestany et al. 2022).

Da subkapsuläres Leberparenchym von Fibroseprozessen häufig stärker betroffen ist als die übrige Leber, sollten die äußeren 0,5 cm des Leberparenchyms nicht zur Bestimmung des Fibrosestadiums genutzt werden. Eine valide Einschätzung des Fibrosestadiums ist nur an ausreichend langen Biopsiezylindern (≥1,5 cm) möglich (Bedossa et al. 2003). Hierdurch soll sichergestellt werden, dass auch frühe Fibrosestadien erkannt werden.

Es gibt eine Reihe von histochemischen Bindegewebefärbungen, die sich (u. a. bedingt durch Farbkontraste) unterschiedlich gut für die Fibrosedetektion eignen. Dies betrifft im besonderen Maß diskrete perisinusoidale Faserablagerungen, die sich in der Siriusrotfärbung (Abb. 5.1a) besonders leicht erkennen lassen. Die Verwendung der modifizierten Gomori-Färbung (Abb. 5.1b) hat den Vorteil, dass zusätzlich das Retikulinfasergerüst dargestellt wird, sodass die Feinstruktur des Leberparenchyms besser beurteilt werden kann.

Praxistipp

Zur Festlegung des Fibrosestadiums sollte eine geeignete Bindegewebefärbung (z. B. modifizierte Gomori-, Siriusrotfärbung) genutzt und leberkapselfernes Parenchym beurteilt werden. ◀

Da eine direkte Beziehung zwischen der Biopsiegröße und der Zahl erfasster Portalfelder besteht (Crawford et al. 1998), sollte eine Zylinderlänge von 15 mm nicht unterschritten werden. Die Empfehlung zur Entnahme eines mindestens 20 mm langen Biopsiezylinders unter Verwendung einer <16G-Nadel ist internationaler Konsens, sichert das Vorhandensein von mehr als 10 beurteilbaren Portalfeldern und reduziert einen möglichen Stichprobenfehler (*sampling error*) (Rockey et al. 2009; Kleiner und Bedossa 2015; Neuberger et al. 2020). Dünnere Nadeldurchmesser verringern hingegen die Aussagekraft der Leberbiopsie.

5.3 Stagingsysteme

Generell wurden Scoringsysteme entitätsspezifisch entwickelt und validiert. Während die entzündliche Aktivität einer chronischen Lebererkrankung über das Grading abgebildet wird, beschreibt das Staging das Fibrosestadium. Die meisten histopathologischen Stagingsysteme sind deskriptiver Natur und bestehen aus 5 Kategorien (keine, milde, mäßige, schwere Fibrose, Zirrhose). Es erfolgt keine quantitative Bewertung der Faserablagerungen. Das kann insbesondere bei fortgeschrittenen Lebererkrankungen Einschränkungen bedingen, da das gesamte Spektrum der Leberzirrhose einem Stadium IV entspricht. Die Differenzierung eines zirrhotischen Parenchymumbaus mit zarten Septen von einer Zirrhose mit breiten Narbenfeldern ist daher nicht möglich, macht aber möglicherweise einen relevanten klinischen Unterschied (kompensierte vs. dekompensierte Leberzirrhose). Zudem lässt sich eine etwaige therapieassoziierte Fibroseregression mittels dieser Stagingsysteme nicht ausreichend detailliert dokumentieren. Daher empfiehlt sich im Kontext klinischer Studien mit einer entsprechenden Fragestellung die Verwendung quantitativer Methoden (z. B. Morphometrie). Auch der semiquantitative Fibrosescore nach Chevallier kann bei dieser Fragestellung eine Alternative darstellen (Chevallier et al. 1994). Im Folgenden werden verschiedene, häufig genutzte Stagingsysteme darstellt.

5.3.1 Chronische Hepatitis

Für die chronische Hepatitis wurden verschiedene Stagingsysteme entwickelt (Desmet et al. 1994; Ishak et al. 1995; Bedossa und Poynard 1996). Im deutschsprachigen Raum besteht ein Konsens für die Verwendung des Desmet-Scores (Tab. 5.1). Dieser Score beschreibt 5 Stadien (Abb. 5.2): keine Fibrose (Stadium 0), portale Fibrose (Stadium 1), septenbildende Fibrose ohne Architekturstörung (Stadium 2), septale Fibrose mit Architekturstörung (Stadium 3) und Zirrhose (Stadium 4).

Der im angloamerikanischen Raum häufiger genutzte Ishak-Score (modifizierter histologischer Aktivitätsindex, mHAI) definiert hingegen 7 Stadien (Tab. 5.2). Einerseits wird bei der portalen Fibrose zusätzlich zwischen einer Beteiligung einiger und der meisten Portalfelder differenziert. Zudem wird ein Stadium der inkompletten Zirrhose abgegrenzt.

Tab. 5.1 Stagingsysteme der chronischen Hepatitis nach Desmet. (Desmet et al. 1994)

Score	Verbal	Histologische Merkmale
0	Keine Fibrose	Keine Faservermehrung
1	Milde Fibrose	Portale Faservermehrung, keine Septen
2	Mäßige Fibrose	Inkomplette oder komplette portoportale Fasersepten, erhaltene Architektur
3	Schwere Fibrose	Septenbildende Faservermehrung mit Architekturstörung, kein Anhalt für kompletten zirrhotischen Umbau
4	Zirrhose	Wahrscheinlicher oder definitiver zirrhotischer Umbau

Tab. 5.2 Staging der chronischen Hepatitis nach Ishak. (Ishak et al. 1995)

Stadium	Histologische Merkmale
0	Keine Fibrose
1	Fibröse Verbreiterung einzelner Portalfelder ± kurze Septen
2	Fibröse Verbreiterung >50 % der Portalfelder ± kurze Septen
3	Fibröse Verbreiterung >50 % der Portalfelder, einzelne fibröse portoportale Brücken
4	Fibröse Verbreiterung der Portalfelder mit ausgedehnter brückenbildender Fibrose (auch portozentral!)
5	Inkomplette Zirrhose mit einzelnen Pseudolobuli
6	Komplette Zirrhose

Mangels einer absoluten diagnostischen Trennschärfe ergibt sich allerdings kein diagnostisch relevanter Informationsgewinn, sodass der Desmet-Score den Anforderungen der klinischen Praxis genügt. Der Desmet-Score ist klar definiert, einfach anwendbar und gut reproduzierbar (Goldin et al. 1996).

5.3.2 Mit metabolischer Dysfunktion assoziierte steatotische Lebererkrankung (MASLD)

Der entscheidende Prognosefaktor für Patienten mit einer MASLD (früher als nichtalkoholische Fettlebererkrankung [NAFLD] bezeichnet, daher verwenden viele Scores noch diese Bezeichnung) ist das Fibrosestadium. Eine Metaanalyse zeigte, dass das Vorhandensein einer Fibrose sowohl das Risiko für die Gesamt- als auch für die leberspezifische Mortalität erhöht, wobei dieses Risiko kontinuierlich mit dem Fortschreiten des Fibrosestadiums zunimmt (Dulai et al. 2017).

Gemäß der S2k-Leitlinie „Nichtalkoholische Fettlebererkrankung" der Deutschen Gesellschaft für Gastroenterologie, Verdauungs- und Stoffwechselkrankheiten (Roeb et al. 2022) soll die histologische Diagnose einer MASLD (MASH) gestellt werden, wenn neben einer Steatose ballonierte Hepatozyten und eine lobuläre Inflammation nachweisbar sind. Das Erkrankungsstadium wird mittels des NASH-CRN-Scores angegeben. Dieser entspricht dem Staging nach Kleiner (Kleiner et al. 2005) und wird im SAF-Fibrose-Score nach Bedossa inhaltsgleich definiert (SAF: Steatosis, Activity, Fibrosis; Bedossa et al. 2012).

Im Gegensatz zu den früheren Stagingsystemen, in denen eine perisinusoidale oder eine perivenuläre Fibrose als Stadium 1 angesehen wurden, untergliedert der NASH-CRN-Fibrose-Score eine milde (1A) und mäßige (1B) perisinusoidale Fibrose sowie das Fehlen einer perisinusoidalen Fibrose bei Vorhandensein einer portalen Fibrose (1C) (Kleiner et al. 2005). Das Stadium 2 wird durch eine parallel nachweisbare perisinusoidale und portale Fibrose definiert. Im Stadium 3 lässt sich zudem eine septenbildende Fibrose mit Ausbildung portozentraler oder portoportaler Brücken nachweisen, während der komplette zirrhotische Parenchymumbau dem Stadium 4 entspricht (Tab. 5.3, Abb. 5.3).

Tab. 5.3 Staging der nichtalkoholischen Steatohepatitis nach NASH-CRN. (Kleiner et al. 2005)

Stadium	Fibrose
0	Keine
1A	Mild, Zone 3, perisinusoidal
1B	Mäßig, Zone 3, perisinusoidal
1C	Portal/periportal ohne perisinusoidale Komponente
2	Perisinusoidale und portale/periportale Fibrose
3	Septen-/brückenbildende Fibrose
4	Zirrhose

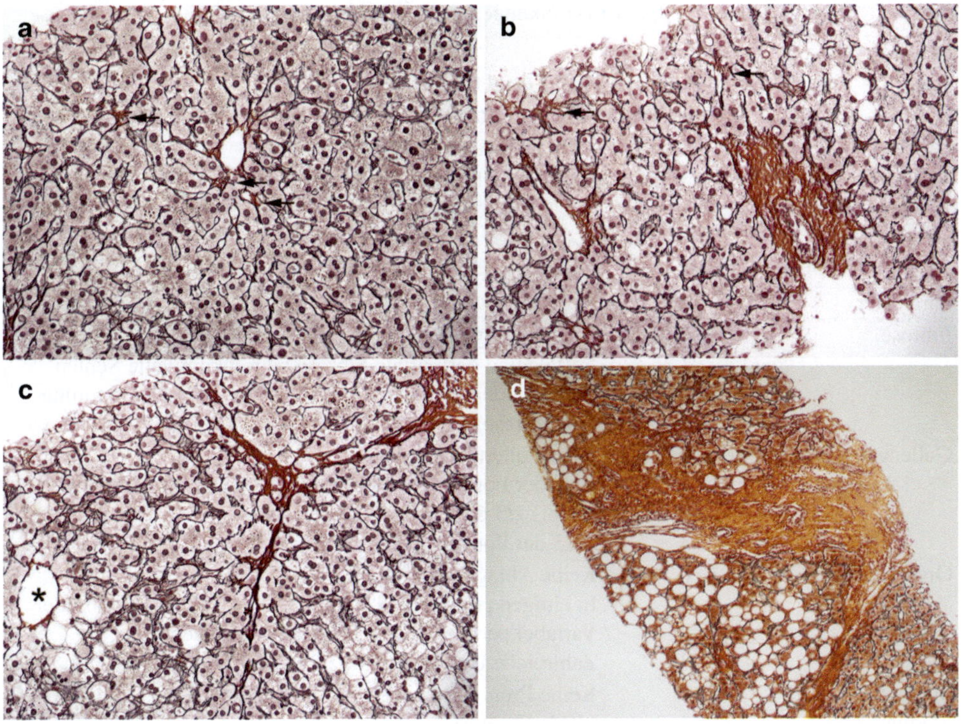

Abb. 5.3 Staging der nichtalkoholischen Fettlebererkrankung. (**a**) Milde Fettlebererkrankung mit diskreten perivenulären Faserablagerungen (*Pfeile*), einem Stadium 1A nach NASH-CRN entsprechend. (**b**) Perisinusoidale (*Pfeile*) und periportale Faservermehrung, einem Stadium 2 nach NASH-CRN entsprechend. (**c**) Fettlebererkrankung mit zart septenbildender Fibrose, einem Stadium 3 nach NASH-CRN entsprechend. Der Stern markiert eine orthotop lokalisierte Zentralvene. (**d**) Zirrhotischer Parenchymumbau mit breiten Septen und abgeschnürten Pseudolobuli (Stadium 4 nach NASH-CRN). Ursprüngliche Vergrößerung: **a**–**c**: 200fach, **d**: 100fach

5.3.3 Gallenwegserkrankungen

Unter den Gallenwegserkrankungen haben sich klinisch bedeutsame histopathologische Stadieneinteilungen vor allem für die chronische nichteitrige, destruierende Cholangitis/primär biliäre Cholangitis (PBC) und die primär sklerosierende Cholangitis (PSC) durchgesetzt.

Aus der Kenntnis des natürlichen Krankheitsverlaufes wurden verschiedene Systeme zum Staging der PBC erarbeitet (Scheuer 1967; Ludwig et al. 1978), die sich in ihrer Terminologie unterscheiden, jedoch grundsätzlich vergleichbare Veränderungen kategorisieren. Klinisch hat sich im Wesentlichen der Scheuer-Score etabliert, der vier Stadien unterscheidet (Tab. 5.4). Dieses einfache System ist reproduzierbar und hat prognostische Relevanz (Locke et al. 1996).

Tab. 5.4 Staging chronisch biliärer Erkrankungen nach Scheuer. (Scheuer 1967)

Stadium	Kriterien
1	Portal; (floride) Gangläsion
2	Periportal; duktuläre Reaktion
3	Septenbildende Fibrose (portoportal!)
4	Zirrhose (einschließlich portozentraler Septenbildung!)

Tab. 5.5 Nakanuma-Staging

Parameter	Score	Kriterien
Fibrose	0	Keine oder geringe portale Fibrose
	1	Portale und periportale Fibrose oder inkomplette Septen
	2	Septenbildende Fibrose mit oder ohne Architekturstörung
	3	Leberzirrhose
Gallengangverlust	0	Kein Gallengangverlust
	1	<1/3 der Portalfelder betroffen
	2	1/3 bis 2/3 der Portalfelder betroffen
	3	>2/3 der Portalfelder betroffen
Orceinpositive Granula	0	Keine Ablagerung von Granula
	1	In einigen periportalen Hepatozyten, <1/3 der Portalfelder
	2	Variabel periportal, 1/3–2/3 der Portalfelder
	3	Zahlreiche Hepatozyten, >2/3 der Portalfelder
Stadium 1	0	Keine Progression
Stadium 2	1–3	Milde Progression
Stadium 3	4–6	Mäßige Progression
Stadium 4	7–9	Fortgeschrittene Progression

Nakanuma et al. haben ein erweitertes Scoringsystem (Tab. 5.5) zum Staging der PBC vorgeschlagen (Nakanuma et al. 2010), welches neben dem fibrotischen Parenchymumbau auch das Ausmaß des Gallengangverlustes sowie die periportale Ablagerung von kupferbindendem Protein als Maß für die chronische Cholestase integriert. Dieses Scoringsystem soll die heterogene Ausprägung der segmental manifestierten Gallengangerkrankungen besser abbilden als ein reines fibrosebasiertes Staging und korreliert mit dem Outcome bei PBC (Harada et al. 2013).

Das Nakanuma-Scoring kann aufgrund nachgewiesener prognostischer Relevanz auch bei der PSC genutzt werden (de Vries et al. 2017). Kürzlich wurde ein abgeleitetes Scoringsystem vorgeschlagen, bei dem die chronische Cholestase unter Verwendung der Keratin-7-Immunhistologie dargestellt wird (Sjoblom et al. 2022). Im Vergleich mit dem Nakanuma-Scoring soll es bei der PSC eine stärkere Assoziation mit klinisch relevanten Endpunkten aufweisen.

Im Gegensatz zur PBC besitzt die Leberbiopsie bei der PSC allerdings eine deutlich geringere klinische Relevanz, da charakteristische Veränderungen nur in etwa der Hälfte der Fälle überhaupt erfasst werden (Angulo et al. 1999). Aufgrund der heterogenen Verteilung ist die Beurteilung des Erkrankungsstadiums zudem fehleranfällig. Die Relevanz des Stagings liegt vor allem im Ausschluss/Nachweis der fortgeschrittenen Stadien 3 und 4 und in der Unterstützung einer optimierten Planung der Transplantation.

▶ Die septenbildende Fibrose entspricht dem Stadium 2 der chronischen Hepatitis, aber dem Stadium 3 der NASH bzw. MASH oder der chronischen Gallenwegserkrankungen, d. h. histopathologische Fibrosestadien sind nur innerhalb einer Entität vergleichbar!

5.4 Semiquantitative Beurteilung des fibrotischen Parenchymumbaus

Die kategoriale Festlegung der genannten qualitativ-deskriptiven histopathologischen Stagingsysteme kann nicht mit den metrischen, kontinuierlichen Werten von quantitativen Detektionsverfahren gleichgesetzt oder direkt verglichen werden. Mit dem semiquantitativen Scoringsystem (SSS) nach Chevallier gibt es eine Möglichkeit zur relativen Fibrosequantifizierung, wobei drei histologisch definierte Kompartimente beurteilt werden: Zentralvene, Portalfeld und perisinusoidaler Raum (Chevallier et al. 1994). Zusätzlich werden die Anzahl und die Breite der fibrösen Septen ermittelt (Tab. 5.6). Es wird somit sowohl die Lokalisation wie auch das Ausmaß des fibrotischen Parenchymumbaus bewertet. Aufgrund der Berücksichtigung aller anatomischen Kompartimente der Leber ist eine entitätsunabhängige Anwendung möglich. Der Chevallier-Score besitzt eine gute

Tab. 5.6 Semiquantitativer Severity Score nach Chevallier et al. (Chevallier et al. 1994)

Kriterium	Score	Verbal
Zentralvene	0	Normal oder fehlend (Zirrhose)
	1	Mäßig verbreitert (sternartige Venenwand)
	2	Deutlich verbreitert (ringförmige Venenwand mit zahlreichen fibrösen Ausläufern zwischen den Hepatozyten)
Perisinusoidale Fibrose	0	Normal
	1	Lokalisierte Fibrose
	2	Diffuse Fibrose
Portalfeld	0	Normal
	1	Verbreitert ohne Septen
	2	Verbreitert mit Septen
	3	Zirrhose
Zahl der Septen	0	Keine
	1	≤6 Septen/10 mm
	2	>6 Septen/10 mm
	3	Nodulärer Umbau
Breite der Septen	0	Dünn oder inkomplett
	1	Breit und lockere bindegewebige Matrix
	2	Sehr breit und dichte bindegewebige Matrix
	3	>2/3 der Biopsiefläche

Inter- und Intraobservervariabilität und somit eine gute Reproduzierbarkeit (Chevallier et al. 1994). Durch die Balancierung der Anzahl und der Breite der fibrösen Septen in einer mathematischen Formel (SSS=perivenuläre Fibrose+perisinusoidale Fibrose+portale Fibrose+2×(Anzahl+Breite der fibrösen Septen)) wurde zudem eine gute Korrelation mit der Morphometrie, dem Goldstandard der Fibrosequantifizierung am Leberbiopsiematerial, erzielt (Rubio und Porwit 1988; Masseroli et al. 2000). Allerdings verhindert die Komplexität des Scores die breite Anwendung in der Routinediagnostik, sodass der SSS meist der Beurteilung in Therapiestudien vorbehalten bleibt.

5.5 Fibroseregression

► **Die Leberarchitektur erfährt im Verlauf chronischer Lebererkrankungen einen kontinuierlichen Umbau. Dies schließt die Endstadien ein und drückt sich histologisch entweder als Fibroseprogression oder als -regression aus, wobei ein Nebeneinander von Schädigung und Regeneration besteht.**

Unbehandelt führen chronische Lebererkrankungen durch eine progrediente Schädigung zur Leberzirrhose. Dieses Endstadium stellt, wie bereits oben erläutert, keinen einheitlichen Endpunkt dar. Es unterliegt einer Dynamik und kann auch histologisch weiter untergliedert werden (Hytiroglou und Theise 2018). Das Laennec-Stagingsystem unterscheidet, basierend auf der Breite der fibrösen Septen, drei Substadien der Leberzirrhose (Tab. 5.7). Diese sind mit dem klinischen Schweregrad der Erkrankung, der portalen Hypertension und der Prognose der Patienten assoziiert (Kim et al. 2011, 2012). Die bei der Kategorisierung genutzten histologischen Merkmale „breites Septum" und „sehr brei-

Tab. 5.7 Laennec-Scoringsystem zum Fibrosestaging

Stadium	Beschreibung	Kriterien
0	Keine definitive Fibrose	–
1	Minimale Fibrose	Keine Septen oder einzelne dünne Septen; portale Expansion oder perisinusoidale Fasern möglich
2	Milde Fibrose	Gelegentliche dünne Septen; portale Expansion oder perisinusoidale Fasern möglich
3	Moderate Fibrose	Einige dünne Septen bis zur inkompletten Zirrhose
4A	Milde Zirrhose, sicher oder wahrscheinlich	Eindeutige Septierung mit Konturabrundung oder sichtbare Knoten, meist dünne Septen (singuläres breites Septum möglich)
4B	Moderate Zirrhose	Mindestens 2 breite Septen, aber keine ganz breiten Septen und weniger als die Hälfte des Biopsiezylinders mikronodulär umgebaut
4C	Schwere Zirrhose	Mindestens 1 sehr breites Septum oder mehr als die Hälfte des Biopsiezylinders mikronodulär umgebaut (mikronoduläre Zirrhose)

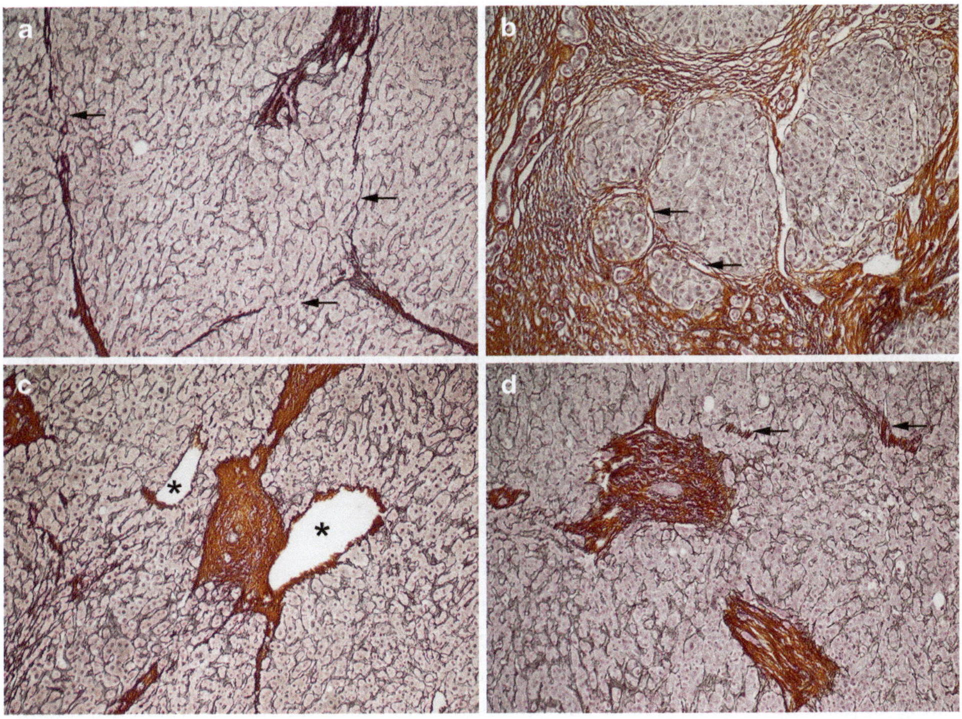

Abb. 5.4 Zeichen der Fibroseregression. (**a**) Mehrere inkomplette (sog. perforierte [*Pfeile*]) zarte Septen, die im ursprünglichen Verlauf zu erahnen sind, als Ausdruck einer sich rückbildenden septenbildenden Fibrose. (**b**) Kleinste regenerative Knoten (sog. Buds [*Pfeile*]) bestehend aus kleinen Hepatozytengruppen (<10 Zellen/Durchmesser) und assoziierten Duktuli. (**c**) Aberrant lokalisierte Zentralvenen (Sternchen) in unmittelbarer Nachbarschaft zu einem Portalfeld mit septenbildender Fibrose. (**d**) Isolierte, dicke Kollagenfasern (*Pfeile*) ohne direkten Bezug zu einem Portalfeld, einer Zentralvene oder einem Septum. Ursprüngliche Vergrößerung: 100fach

tes Septum“ werden durch den relativen Vergleich zwischen der Dicke der fibrösen Septen und der Knotengröße (Durchmesser der Hepatozytenfläche) definiert: Beim „breiten Septum“ ist die Septumdicke kleiner und beim „sehr breiten Septum“ größer als der eigentliche von Hepatozyten gebildete Knoten.

Kommt es aufgrund des Sistierens einer chronischen Leberschädigung zu einer Fibroseregression (Abb. 5.4), so lässt sich diese anhand unterschiedlicher histologischer Parameter ableiten, die zusammen den sog. hepatischen Reparaturkomplex bilden. Hierzu zählen inkomplette (perforierte), zarte Septen, deren ursprünglicher (kurvenförmiger) Verlauf histologisch gut zu erahnen ist und formal dem Bild einer inkompletten septalen Zirrhose entspricht (Abb. 5.4a). Zudem können zarte, periportale fibrotische Ausziehungen, kleine Hepatozytengruppen innerhalb von Portalfeldstrukturen oder aufgespleißten Septen, mikroregenerative Knoten (sog. Buds, bestehend aus <10 Hepatozytenzelllagen und beigemischten Duktuli, Abb. 5.4b), aberrant periportal lokalisierte Zentralvenen (Abstand bis

5 Hepatozytendurchmesser, Abb. 5.4c), isolierte dicke Kollagenfaserbündel (ohne Bezug zu Portalfeld, Zentralvene oder einem Septum; Abb. 5.4d), Portalfeldresiduen mit typischerweise fehlender Portalvene sowie ein reduzierter portaler Kollagengehalt mit räumlicher Annäherung von Portalfeldstrukturen und Hepatozyten im Kontext einer Fibroseregression beobachtet werden (Wanless et al. 2000).

Periportal lokalisierte Zentralvenen sind Folge einer Parenchymextinktion und können immunhistologisch mittels der perivenulären Expression der Glutaminsynthetase dargestellt werden. Über eine sog. Budsequenz kann es bei Ausbleiben der weiteren Schädigung zur mikronodulären Parenchymregeneration kommen (Stueck und Wanless 2015). Daneben kann eine mikronodulären Fibrose durch Resorption von fibrösen Septen in eine makronoduläre und ggf. eine inkomplette septale Zirrhose remodelliert werden. Eine komplette Rückbildung gefäßführender Septen und damit die Möglichkeit einer kompletten Zirrhoseregression ist im Menschen bislang nicht belegt.

5.6 Fazit

Die Beurteilung von Leberbiopsien erfordert Erfahrung, die Einhaltung diagnostischer Standards und eine enge klinisch-pathologische Zusammenarbeit. Für die Fibrosebestimmung (Staging) ist ein ausreichend langer Biopsiezylinder (≥1,5 cm) essenziell. Routinemäßig eingesetzte Stagingsysteme sind qualitativ und daher nur eingeschränkt mit quantitativen Bewertungen vergleichbar. Besonders bei mittleren Fibrosestadien müssen entitätsspezifische Unterschiede (z. B. chronische Hepatitis vs MASH. NASH PBC oder PSC) berücksichtigt werden. Grundsätzlich sind Fibrose und Zirrhose rückbildungsfähig, sofern die zugrunde liegende Schädigung ausbleibt.

Literatur

Angulo P, Larson DR, Therneau TM, LaRusso NF, Batts KP, Lindor KD (1999) Time course of histological progression in primary sclerosing cholangitis. Am J Gastroenterol 94:3310–3313

Bedossa P, Poynard T (1996) An algorithm for the grading of activity in chronic hepatitis C. The METAVIR Cooperative Study Group. Hepatology 24:289–293

Bedossa P, Dargere D, Paradis V (2003) Sampling variability of liver fibrosis in chronic hepatitis C. Hepatology 38:1449–1457

Bedossa P, Poitou C, Veyrie N, Bouillot JL, Basdevant A, Paradis V, Tordjman J, Clement K (2012) Histopathological algorithm and scoring system for evaluation of liver lesions in morbidly obese patients. Hepatology 56:1751–1759

Castera L, Vergniol J, Foucher J, Le Bail B, Chanteloup E, Haaser M, Darriet M, Couzigou P, De Ledinghen V (2005) Prospective comparison of transient elastography, Fibrotest, APRI, and liver biopsy for the assessment of fibrosis in chronic hepatitis C. Gastroenterology 128:343–350

Chevallier M, Guerret S, Chossegros P, Gerard F, Grimaud JA (1994) A histological semiquantitative scoring system for evaluation of hepatic fibrosis in needle liver biopsy specimens: comparison with morphometric studies. Hepatology 20:349–355

Crawford AR, Lin XZ, Crawford JM (1998) The normal adult human liver biopsy: a quantitative reference standard. Hepatology 28:323–331

Desmet VJ, Gerber M, Hoofnagle JH, Manns M, Scheuer PJ (1994) Classification of chronic hepatitis: diagnosis, grading and staging. Hepatology 19:1513–1520

Dienstag JL (2002) The role of liver biopsy in chronic hepatitis C. Hepatology 36:S152–S160

Dulai PS, Singh S, Patel J, Soni M, Prokop LJ, Younossi Z, Sebastiani G, Ekstedt M, Hagstrom H, Nasr P, Stal P, Wong VW, Kechagias S, Hultcrantz R, Loomba R (2017) Increased risk of mortality by fibrosis stage in nonalcoholic fatty liver disease: systematic review and meta-analysis. Hepatology 65:1557–1565

Einaga N, Yoshida A, Noda H, Suemitsu M, Nakayama Y, Sakurada A, Kawaji Y, Yamaguchi H, Sasaki Y, Tokino T, Esumi M (2017) Assessment of the quality of DNA from various formalin-fixed paraffin-embedded (FFPE) tissues and the use of this DNA for next-generation sequencing (NGS) with no artifactual mutation. PLoS One 12:e0176280

Goldin RD, Goldin JG, Burt AD, Dhillon PA, Hubscher S, Wyatt J, Patel N (1996) Intra-observer and inter-observer variation in the histopathological assessment of chronic viral hepatitis. J Hepatol 25:649–654

Harada K, Hsu M, Ikeda H, Zeniya M, Nakanuma Y (2013) Application and validation of a new histologic staging and grading system for primary biliary cirrhosis. J Clin Gastroenterol 47:174–181

Hytiroglou P, Theise ND (2018) Regression of human cirrhosis: an update, 18 years after the pioneering article by Wanless et al. Virchows Arch 473:15–22

Ishak K, Baptista A, Bianchi L, Callea F, De Groote J, Gudat F, Denk H, Desmet V, Korb G, MacSween RN et al (1995) Histological grading and staging of chronic hepatitis. J Hepatol 22:696–699

Kim MY, Cho MY, Baik SK, Park HJ, Jeon HK, Im CK, Won CS, Kim JW, Kim HS, Kwon SO, Eom MS, Cha SH, Kim YJ, Chang SJ, Lee SS (2011) Histological subclassification of cirrhosis using the Laennec fibrosis scoring system correlates with clinical stage and grade of portal hypertension. J Hepatol 55:1004–1009

Kim SU, Oh HJ, Wanless IR, Lee S, Han KH, Park YN (2012) The Laennec staging system for histological sub-classification of cirrhosis is useful for stratification of prognosis in patients with liver cirrhosis. J Hepatol 57:556–563

Kleiner DE, Bedossa P (2015) Liver histology and clinical trials for nonalcoholic steatohepatitis-perspectives from 2 pathologists. Gastroenterology 149:1305–1308

Kleiner DE, Brunt EM, Van Natta M, Behling C, Contos MJ, Cummings OW, Ferrell LD, Liu YC, Torbenson MS, Unalp-Arida A, Yeh M, McCullough AJ, Sanyal AJ (2005) Design and validation of a histological scoring system for nonalcoholic fatty liver disease. Hepatology 41:1313–1321

Locke GR 3rd, Therneau TM, Ludwig J, Dickson ER, Lindor KD (1996) Time course of histological progression in primary biliary cirrhosis. Hepatology 23:52–56

Ludwig J, Dickson ER, McDonald GS (1978) Staging of chronic nonsuppurative destructive cholangitis (syndrome of primary biliary cirrhosis). Virchows Arch A Pathol Anat Histol 379:103–112

Masseroli M, Caballero T, O'Valle F, Del Moral RM, Perez-Milena A, Del Moral RG (2000) Automatic quantification of liver fibrosis: design and validation of a new image analysis method: comparison with semi-quantitative indexes of fibrosis. J Hepatol 32:453–464

Nakanuma Y, Zen Y, Harada K, Sasaki M, Nonomura A, Uehara T, Sano K, Kondo F, Fukusato T, Tsuneyama K, Ito M, Wakasa K, Nomoto M, Minato H, Haga H, Kage M, Yano H, Haratake J, Aishima S, Masuda T, Aoyama H, Miyakawa-Hayashino A, Matsumoto T, Sanefuji H, Ojima H, Chen TC, Yu E, Kim JH, Park YN, Tsui W (2010) Application of a new histological staging and grading system for primary biliary cirrhosis to liver biopsy specimens: Interobserver agreement. Pathol Int 60:167–174

Neuberger J, Patel J, Caldwell H, Davies S, Hebditch V, Hollywood C, Hubscher S, Karkhanis S, Lester W, Roslund N, West R, Wyatt JI, Heydtmann M (2020) Guidelines on the use of liver biopsy in clinical practice from the British Society of Gastroenterology, the Royal College of Radiologists and the Royal College of Pathology. Gut 69:1382–1403

Rockey DC, Caldwell SH, Goodman ZD, Nelson RC, Smith AD, American Association for the Study of Liver D (2009) Liver biopsy. Hepatology 49:1017–1044

Roeb E, Canbay A, Bantel H, Bojunga J, de Laffolie J, Demir M, Denzer UW, Geier A, Hofmann WP, Hudert C, Karlas T, Krawczyk M, Longerich T, Luedde T, Roden M, Schattenberg J, Sterneck M, Tannapfel A, Lorenz P, Tacke F, Collaborators (2022) Aktualisierte S2k-Leitlinie nicht-alkoholische Fettlebererkrankung der Deutschen Gesellschaft für Gastroenterologie, Verdauungs- und Stoffwechselkrankheiten (DGVS) – April 2022 – AWMF-Registernummer: 021–025. Z Gastroenterol 60:1346–1421

Rubio CA, Porwit A (1988) Quantitation of fibrosis in liver biopsies. Anal Quant Cytol Histol/Inter Acad Cytol/Am Soc Cytol 10:107–109

Sarvestany SS, Kwong JC, Azhie A, Dong V, Cerocchi O, Ali AF, Karnam RS, Kuriry H, Shengir M, Candido E, Duchen R, Sebastiani G, Patel K, Goldenberg A, Bhat M (2022) Development and validation of an ensemble machine learning framework for detection of all-cause advanced hepatic fibrosis: a retrospective cohort study. Lancet Digit Health 4:e188–e199

Scheuer P (1967) Primary biliary cirrhosis. Proc R Soc Med 60:1257–1260

Schirmacher P, Fleig WE, Tannapfel A, Langner C, Dries V, Terracciano L, Denk H, Dienes HP (2004) Bioptic diagnosis of chronic hepatitis. Results of an evidence-based consensus conference of the German Society of Pathology, of the German Society for Digestive and Metabolic Diseases and of Compensated Hepatitis (HepNet). Pathologe 25:337–348

Sjoblom N, Boyd S, Kautiainen H, Arola J, Farkkila M (2022) Novel histological scoring for predicting disease outcome in primary sclerosing cholangitis. Histopathology 81:192–204

Stueck AE, Wanless IR (2015) Hepatocyte buds derived from progenitor cells repopulate regions of parenchymal extinction in human cirrhosis. Hepatology 61:1696–1707

de Vries EM, de Krijger M, Farkkila M, Arola J, Schirmacher P, Gotthardt D, Goeppert B, Trivedi PJ, Hirschfield GM, Ytting H, Vainer B, Buuren HR, Biermann K, Harms MH, Chazouilleres O, Wendum D, Kemgang AD, Chapman RW, Wang LM, Williamson KD, Gouw AS, Paradis V, Sempoux C, Beuers U, Hubscher SG, Verheij J, Ponsioen CY (2017) Validation of the prognostic value of histologic scoring systems in primary sclerosing cholangitis: an international cohort study. Hepatology 65:907–919

Wanless IR, Nakashima E, Sherman M (2000) Regression of human cirrhosis. Morphologic features and the genesis of incomplete septal cirrhosis. Arch Pathol Lab Med 124:1599–1607

Nichtinvasive Marker zur Bestimmung der Fibrose und Zirrhose

6

Samira Abu Jhaisha und Christian Trautwein

6.1 Einleitung

Die Progression chronischer Lebererkrankungen insbesondere bei höhergradiger Leberfibrose geht für den Patienten mit einer deutlich erhöhten Mortalität und Morbidität einher und dieser Zusammenhang gilt weitgehend unabhängig von der Ätiologie der jeweiligen Lebererkrankung. Eine frühzeitige Diagnostik der Leberfibrose ist essenziell, um Patienten zu identifizieren, die von einer Therapie profitieren, um den Progress ihrer Grunderkrankung bis hin zur Leberzirrhose und deren Komplikationen zu vermeiden.

Die Leberbiopsie stellt weiterhin den Goldstandard zur Beurteilung des Stadiums der Leberfibrose dar. Allerdings ist sie mit einigen Nachteilen behaftet. Allen voran steht die Invasivität des Eingriffs, der zu Komplikationen führen kann. Die Rate an Majorkomplikationen (Majorblutung, Hospitalisierung, schwere Schmerzen) wurde in einer 2021 publizierten Metaanalyse mit ca. 2,44 % angegeben. Die Rate der Minorkomplikationen (vor allem milde Schmerzen) lag bei 9,53 % bei einer relativ hohen Rate des technischen Versagens der Biopsie von 0,91 % (Thomaides-Brears et al. 2022). Zudem ist die Interpretation der gewonnenen Leberstanzen abhängig von der Expertise des befundenden Pathologen. In einer Studie mit 65 Leberproben unterschiedlicher Lebergrunderkrankungen

S. A. Jhaisha
Medizinische Klinik III, Universitätsklinikum Aachen, RWTH Aachen, Aachen, Deutschland
E-Mail: sabujhaisha@ukaachen.de

C. Trautwein (✉)
Leberzentrum Stuttgart, Klinik für Gastroenterologie, Gastrointestinale Onkologie, Hepatologie und Infektiologie, Klinikum Stuttgart, Stuttgart, Deutschland
E-Mail: c.trautwein@klinikum-stuttgart.de

T. Bruns et al. (Hrsg.), *Komplikationen der Leberzirrhose*,
https://doi.org/10.1007/978-3-662-70167-6_6

zeigte sich eine niedrige Interobserverkonkordanzrate in Bezug auf semiquantitative Fibrosescores zwischen drei befundenden Leberpathologen von < 67 % (Pavlides et al. 2017).

Durch die verhältnismäßig kleine Probe, die im Rahmen einer Leberbiopsie gewonnen wird, ist das Risiko eines Sampling Errors hoch, vor allem bei Krankheitsentitäten, deren Voranschreiten bekanntermaßen inhomogen in der Leber stattfinden, wie z. B. der mit metabolischer Dysfunktion assoziierten steatotischen Lebererkrankung (MASLD). Weitere Nachteile der Leberbiopsie sind die mit der Prozedur verbundenen hohen Kosten und genutzten Ressourcen. Im Gegensatz zu nichtinvasiven Testverfahren ist die wiederholte Biopsie aufgrund der genannten Nachteile schwierig und dadurch die zeitlich sequenzielle Beurteilung, um das Fortschreiten der Lebererkrankung abschätzen zu können, nur in seltenen Fällen möglich. Daher ist der Bedarf an alternativen Diagnosewerkzeugen zur Bestimmung von Leberfibrose und Zirrhose hoch. In den letzten beiden Dekaden haben nichtinvasive Tests (NIT) an Bedeutung gewonnen. Im Folgenden sollen der aktuelle Wissensstand und die Bedeutung der Tests bei verschiedenen Ätiologien erörtert werden.

NIT können in zwei Gruppen eingeteilt werden. In die erste Gruppe fallen die blutbasierten Tests/Biomarker, die entweder „direkte" Fibrosemarker darstellen und zum Teil patentiert sind (z. B. Enhanced Liver Fibrosis Test = ELF™) oder „indirekte" Fibrosemarker darstellen und in der Regel nicht patentiert sind (z. B. Fibrosis-4, FIB-4) (Tab. 6.1).

In die zweite Gruppe fallen Methoden, durch die die physikalischen Eigenschaften der Leber wie Steifigkeit, Viskosität und Abschwächung erfasst werden können. Zu diesen Methoden zählen auch ultraschallbasierte Verfahren wie die am weitesten verbreitete transiente

Tab. 6.1 Häufig verwendete Fibrosescores und deren Berechnung. AST = Aspartataminotransferase, BMI = Body-Mass-Index, HA = Hyaluronsäure, IFG = impaired fasting glucose (gestörte Nüchternglukose), IU = International Units, ln = natürlicher Logarithmus, PIIINP = Typ-III-Kollagenpeptid, T2DM = Diabetes mellitus Typ 2, TIMP1 = Tissue inhibitor of metalloproteinase 1, ULN = Upper Limit of Normal

Test	Beschreibung
Indirekte Marker	
APRI (AST to Platelet Ratio Index)	(AST (IU/l)/(ULN))/Thrombozytenzahl ($\times 10^9$/l)$\times$100
FIB-4 (Fibrosis-4 Index)	Alter$\times$AST (IU/l)/Thrombozytenzahl ($\times 10^9$/l)$\times\sqrt{}$ALT (IU/l)
NFS (NAFLD-Fibrosescore)	− 1,675+0,037$\times$Alter (Jahre)+0,094$\times$BMI (kg/m^2)+1,13$\times$IFG oder T2DM (ja=1, nein=0)+0,99$\times$AST/ALT-Ratio−0,013$\times$Thrombozytenzahl ($\times 10^9$/l)−0,66$\times$Albumin (g/dl)
Direkte Marker	
ELF™ (Enhanced Liver Fibrosis Test)	ELF=− 7,412+(ln(HA)*0,681)+(ln(PIIINP)*0,775)+(ln(TIMP1)*0,494)

Elastografie (Vibration-controlled Transient Elastography, VCTE), die zweidimensionale Scherwellenelastografie (2D-SWE) und die point-Shear-Wave-Elastografie (pSWE). Hiervon methodisch abzugrenzen ist die MRT-basierte Elastografie (Tab. 6.2).

In eine dritte Gruppe fallen bildgebende Methoden, die die Anatomie der Leber und anderer Bauchorgane analysieren. Sie werden in Kap. 9 dieses Buches näher erläutert.

Hierüber hinaus tragen genomweite Assoziationsstudien, Analysen aus den Bereichen des Transkriptoms, des Proteoms und des Metaboloms sowie Mikrobiomanalysen zu einem konstanten Zuwachs an Wissen bezüglich möglicher Risikofaktoren zur Krank-

Tab. 6.2 Vor- und Nachteile verschiedener NIT. AUROC = Area under the receiver operator characteristic curve, FIB-4 = Fibrosis-4, NFS = NAFLD-Fibrosescore, TE = transiente Elastografie. Mod. nach EASL 2021

Serummarker	Vorteile	Nachteile
Nicht patentiert	- Gute Reproduzierbarkeit - Hohe Anwendbarkeit - Keine zusätzlichen Kosten und hohe Verfügbarkeit - Können ambulant angewendet werden (auch primärärztlich) - Prognostischer Wert in populationsbasierten Studien teils validiert (einige Ätiologien)	- Nicht leberspezifisch - Diagnostische Genauigkeit nicht so gut wie TE und patentierte Marker - Falsch positive Werte bei FIB-4 und NFS bei Pat. > 65 Jahre
Patentiert	- Gute Reproduzierbarkeit - Hohe Anwendbarkeit - Gut validiert - Können ambulant angewendet werden - Prognostischer Wert bei einigen Ätiologien validiert	- Kosten - Nicht leberspezifisch - Diagnostische Genauigkeit nicht so gut wie TE für Zirrhose - Falsch positive Ergebnisse bei extrahepatischer Entzündung, Hämolyse etc.
TE	- Am meisten genutzte und am besten validierte Technik - Bettseitige Diagnostik, schnell erlernbar - Gut definierte Qualitätskriterien - Gute Reproduzierbarkeit - Gute Performance für Zirrhose (AUROC > 0,90) - Prognostische Wertigkeit in kompensierter Zirrhose gut validiert	- Benötigt ein designiertes Endgerät - Region of Interest kann nicht ausgewählt werden - Anwendbarkeit geringer als bei Biomarkern (Aszites, Adipositas) - Falsch positive Werte bei Hepatitis, Cholestase, Rechtsherzversagen, rezenter Nahrungsaufnahme
MRE	- Kann in einem normalen MRT implementiert werden - Untersuchung der gesamten Leber - Höhere Anwendbarkeit als TE - Hohe diagnostische Genauigkeit für frühe Fibrosestadien und Zirrhose	- Nicht anwendbar in Fällen der Eisenüberladung - Zeitintensiv - MRT benötigt - Teuer - Wenig Daten zu prognostischer Relevanz

heitsentstehung und Progression von chronischen Lebererkrankungen bei. Auch Machine Learning zur Analyse von Big Data und die Anwendung künstlicher Intelligenz werden in Zukunft ihren Beitrag bei der Diagnose der Leberfibrose und -zirrhose leisten. Im aktuellen Kapitel werden wir uns jedoch auf die beiden ersten genannten Gruppen beschränken.

6.2 Güte nichtinvasiver Tests

Bei der Anwendung nichtinvasiver Tests sollte beachtet werden, dass die Aussagekraft des diagnostischen Tests von der Vortestwahrscheinlichkeit, also von der Prävalenz der untersuchten Erkrankung, abhängig ist. So sind in einem Kontext mit niedriger Prävalenz die Sensitivität und der positive prädiktive Wert (PPV) niedriger. Beispielsweise sollte bei einem hepatologisch basierten Screeningansatz, um in der Allgemeinbevölkerung eine höhergradige Leberfibrose mit entsprechend niedrigerer Prävalenz auszuschließen, ein entsprechender Test mit hoher Sensitivität und hohem negativem prädiktivem Wert eingesetzt werden. In gastroenterologischen Schwerpunktpraxen oder universitären hepatologischen Ambulanzen hingegen ist das Ziel, unter den Patienten mit chronischen Lebererkrankungen diejenigen mit vorliegender Leberfibrose oder gar -zirrhose zu identifizieren. Bei einer erwarteten höheren Prävalenz in diesem Kontext werden bevorzugt Tests mit hoher Spezifität und einem hohen positiven prädiktiven Wert eingesetzt.

Sowohl zum Ausschluss als auch zum Nachweis einer Leberfibrose kann derselbe nichtinvasive Test angewendet werden, jedoch mit unterschiedlichen Grenzwerten. Ein Problem stellt dabei der diagnostische „Graubereich" dar, der zwischen dem unteren Grenzwert (zum Ausschluss der Fibrose) und dem oberen Grenzwert (zum Nachweis der Fibrose) liegt.

Die Aussagekraft eines diagnostischen Tests wird bewertet, indem seine Sensitivität, Spezifität und Fläche unter der ROC-Kurve (aus dem Englischen „Area under the receiver operating characteristic curve"; AUROC) mit denen des Goldstandards (hier der Leberbiopsie) verglichen wird. Bei einer AUROC von < 0,8 wird allgemein davon ausgegangen, dass dieser Test für eine klinische Anwendung zu ungenau ist (EASL 2021).

6.3 Nichtinvasive Tests bei MASLD

Die MASLD stellt ein globales Gesundheitsproblem dar. Laut einer kürzlich publizierten Metaanalyse lag die weltweite MASLD-Prävalenz in den Jahren 2016–2019 bei 38 % und somit über 50 % höher als noch in den Jahren 1990–2006, in denen sie mit ca. 25 % angegeben wurde (Younossi et al. 2023). In Deutschland wurde die MASLD-Prävalenz im Jahr 2016 auf 23 % geschätzt. Laut einem mathematischen Modell soll sie im Jahr 2030 bereits bei 26 % liegen (Estes et al. 2018).

Bis August 2025 standen in Deutschland zur Behandlung der MASLD und der mit metabolischer Dysfunktion assoziierten Steatohepatitis (MASH) keine spezifischen zugelassenen Medikamente zur Verfügung. Die Anzahl laufender klinischer Phase-II-und-III-Studien ist hoch. Nichtinvasive Tests können zum einen zum Screening der Allgemeinbevölkerung auf Vorliegen einer höhergradigen Leberfibrose bei MASLD genutzt werden. Zum anderen könnte ein Fibrosestaging mittels NIT in Zukunft die Leberbiopsie zum Einschluss in klinische Studien ablösen.

Auch wenn die Prävalenz der MASLD in Deutschland sehr hoch ist, wird die Prävalenz der Fettleberhepatitis (MASH) auf lediglich etwa 4 % geschätzt, sodass ein Screening der Allgemeinbevölkerung nach aktuellen Leitlinien nicht empfohlen wird (Roeb et al. 2022). Bei Patienten hingegen, die Risikofaktoren für die Entwicklung einer MASH aufweisen, wie z. B. das Vorliegen eines Typ-2-Diabetes, des metabolischen Syndroms, einer Adipositas oder eines arteriellen Hypertonus, sollte eine nichtinvasive Abklärung erfolgen. Das Screening dieser breiten Risikopopulation liegt aufgrund der Versorgungsstrukturen in Deutschland vor allem in den Händen der Allgemeinmediziner, ggf. unterstützt durch Diabetologen und Kardiologen. Geeignete Screeningwerkzeuge sollten daher kostengünstig, nichtinvasiv und breit verfügbar sein. So kommen im ersten Schritt häufig Scores zum Einsatz, die sich aus Routinelaborwerten und klinischen Parametern zusammensetzen. Die Stärke der NIT im populationsbasierten Screening besteht in ihrem guten negativen Vorhersagewert und somit dem Ausschluss einer Leberfibrose. Hierzu zählen der FIB-4-Index, der NAFLD Fibrosis Score (NFS), der APRI- und der BMI-AST/ALT-Ratio-Diabetes (BARD)-Score.

6.3.1 APRI und BARD bei MASLD

Der APRI-Score ist das Verhältnis der AST zu den Thrombozyten (aspartate aminotransferase to platelet ratio index; APRI). Der BARD-Score kombiniert die AST/ALT-Ratio mit dem Vorhandensein eines erhöhten BMI und eines Typ-2-Diabetes mellitus. Er ist der erste Score, der bei Patienten mit biopsiegesicherter NAFLD entwickelt wurde (Harrison et al. 2008). Sowohl der APRI-Score als auch der BARD-Score weisen einen hohen negativen Prädiktionswert auf, sie eignen sich daher zum Ausschluss einer fortgeschrittenen Fibrose.

6.3.2 FIB-4 und NFS bei MASLD

Bei der Progression der hepatischen Fibrose ist eine Abnahme der ALT-Werte zu beobachten, während die AST-Werte relativ stabil bleiben. Diese Tatsache machen sich einige indirekte Fibrosescores zunutze. Jedoch fallen ALT-Werte auch mit zunehmendem Alter, sodass die Spezifität z. B. des FIB-4 und des NFS bei Patienten im Alter von ≥65 Jahren deutlich abnimmt. Es wurden daher für Patienten ab dem 65. Lebensjahr altersadaptierte Grenzwerte für den FIB-4 bei 2,0 und für den NFS bei 0,12 zum Ausschluss einer höhergradigen Fibrose (F3/F4) ermittelt (McPherson et al. 2017). Bei adipösen Patienten und Patienten mit Diabetes mellitus scheint der FIB-4 dem NFS überlegen zu sein und sollte daher präferiert werden.

In einer Metaanalyse, die 64 Studien mit insgesamt 13.046 Patienten mit NAFLD einschloss, übertrafen der FIB-4 und der NFS mit einer vergleichbar guten diagnostischen Genauigkeit mit einem AUROC-Wert von 0,84 den APRI- und BARD-Score deutlich, die einen AUROC-Wert von 0,77 bzw. 0,76 aufwiesen (Xiao et al. 2017).

Der FIB-4 lässt sich aus den Werten für ALT, AST, Thrombozyten und Patientenalter mithilfe von internetbasierten Rechnern einfach kalkulieren. Er wurde ursprünglich für Patienten mit HIV/HCV-Koinfektion entwickelt. Mit einem AUROC-Wert von 0,86 stellt er einen der zuverlässigsten indirekten kombinierten Biomarker dar. Werte von < 1,3 schließen mit einem hohen negativ prädiktiven Wert von 90 % eine fortgeschrittene Fibrose aus. Werte von > 2,67 identifizieren Patienten mit einem hohen Risiko für das Vorliegen einer fortgeschrittenen Fibrose. Werte zwischen 1,3 und 2,67 stellen einen diagnostischen Graubereich mit „intermediärem" Risiko bezüglich des Vorliegens einer fortgeschrittenen Fibrose dar (Shah et al. 2009).

Der FIB-4 ist der am meisten validierte indirekte Fibrosescore und hat daher Einzug in die amerikanischen und deutschen Leitlinien gehalten. Diese empfehlen, Patienten mit Risikofaktoren für das Vorliegen einer MASLD mindestens alle 1–2 Jahre mit dem FIB-4 zu screenen, um eine fortgeschrittene Fibrose auszuschließen. Patienten mit einem niedrigen Fibroserisiko nach FIB-4 (< 1,3) können folglich weiterhin durch die primär versorgenden Hausärzte und Endokrinologen behandelt werden. Patienten, die hingegen ein intermediäres Risiko aufweisen sollten einen sequenziellen Test, z. B. mittels transienter Elastografie oder bei Nichtverfügbarkeit mittels Enhanced Liver Fibrosis Test (ELF™) erhalten. Wenn der zweite Test ebenfalls ein intermediäres oder gar ein hohes Risiko für das Vorliegen einer fortgeschrittenen Fibrose andeutet, sollten die Patienten an einen Gastroenterologen/Hepatologen überwiesen werden (Abb. 6.1).

6.3.3 ELF™-Test bei MASLD

In einer prospektiv durchgeführten longitudinalen Kohortenstudie, die 3012 Patienten in Großbritannien einschloss, konnten im hausärztlichen Setting 5-mal mehr Patienten mit fortgeschrittener Fibrose identifiziert und 81 % unnötige Überweisungen zum Spezialisten verhindert werden, indem ein sequenzielles Testen aus FIB-4, gefolgt vom ELF™-Test, nach dem oben genannten Schema implementiert wurde (Srivastava et al. 2019).

Der ELF™ ist ein patentierter Test und kombiniert 3 Marker, die als Surrogatparameter für Matrixumsatz und somit für Leberfibrosierung stehen: Typ-III-Kollagenpeptid (PIIINP), Hyaluronsäure (HA) und Tissue inhibitor of metalloproteinase 1 (TIMP-1). Er wurde ursprünglich bei Patienten mit Hepatitis C-Infektion entwickelt, findet aktuell jedoch breitere Anwendung. In einer Metaanalyse aus 11 Studien, die 4665 Patienten mit NAFLD (MASLD) einschloss, wurde der ELF™-Test unabhängig validiert und die Performance des Tests bei verschiedenen Grenzwerten evaluiert. Der AUROC-Wert zur De-

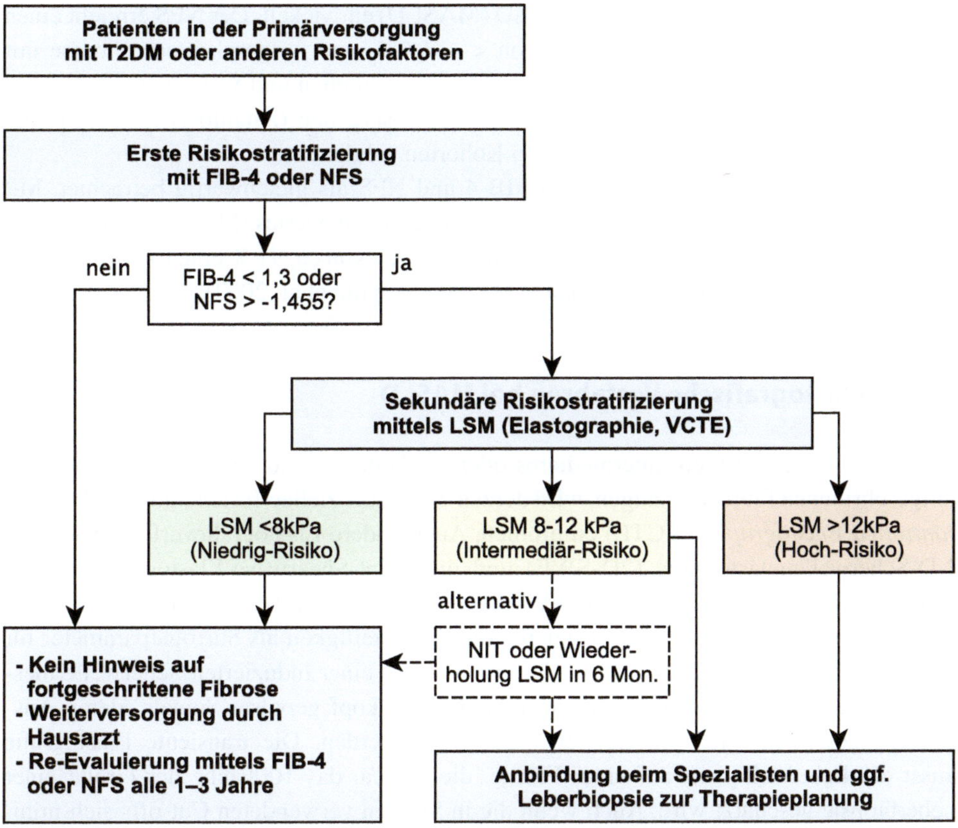

Abb. 6.1 Leitlinienbasierter Algorithmus zum Screening von Patienten mit Risikofaktoren für MASLD mit fortgeschrittener Fibrose. FIB-4 = Fibrosis-4 Index, kPa = Kilopascal, LSM = Lebersteifigkeitsmessung, NFS = NAFLD-Fibrosescore, NIT = nichtinvasiver Test, VCTE = vibrationskontrollierte transiente Elastografie. T2DM = Typ-2-Diabetes, RF = Risikofaktoren. Mod. nach aktuellen Leitlinien

tektion einer fortgeschrittenen Fibrose lag bei 0,83 mit einer hohen Sensitivität von 0,93, aber einer niedrigen Spezifität von 0,34, wenn ein Grenzwert von 7,7 verwendet wurde. Lag der ELF™ > 9,8, so ergaben sich eine Spezifität von 0,86 und eine Sensitivität von 0,65. Bei einem Grenzwert von > 10,51, der von den britischen Leitlinien empfohlen wird, ergab sich eine Spezifität von 0,93 bei einer Sensitivität von 0,51 (Vali et al. 2020).

6.3.4 NFS bei MASLD

Der NAFLD Fibrosis Score (NFS) lässt sich aus den Werten für Albumin, AST/ALT-Ratio, Thrombozytenzahl, Alter sowie BMI und Hyperglykämie/Diabetes mellitus mithilfe von internetbasierten Rechnern kalkulieren. Er wurde in einer internationalen Kohorte von Patienten mit histologisch gesicherter NAFLD (MASLD) entwickelt. Der NFS erreicht einen AUROC-Wert von 0,81, wobei Werte von < – 1,455 eine fortgeschrittene Fibrose mit einem negativ prädiktiven Wert von bis zu 93 % ausschließen und Werte von > 0,675 für ein erhöhtes Risiko einer fortgeschrittenen Fibrose sprechen (Angulo et al. 2007). Der Score wurde in zahlreichen unabhängigen Kohorten validiert.

In den deutschen Leitlinien werden FIB-4 und NFS als gleichwertig betrachtet. Mit beiden Scores kann bei Werten unterhalb des unteren Grenzwertes (FIB-4 < 1,3 bzw. NFS < – 1,455) mit einem hohen negativen prädiktiven Wert von ca. 91 % eine fortgeschrittene Zirrhose ausgeschlossen werden (Shah et al. 2009; Angulo et al. 2007).

6.3.5 Elastografische Verfahren bei MASLD

Wenn FIB-4 oder NFS ein intermediäres oder gar hohes Risiko auf das Vorliegen einer fortgeschrittenen Fibrose anzeigen, wird derzeit ein sequenzielles Testen mittels *Vibration-controlled Elastography* (VCTE) empfohlen. Auch andere Elastografieverfahren wie die 2-D-Scherwellenelastografie (2D-SWE) und die Point-Shearwave-Elastografie können zum Einsatz kommen, jedoch ist die VCTE am besten validiert (Abb. 6.1).

Elastografische Verfahren quantifizieren die Lebersteifigkeit als Surrogatparameter für die Leberfibrosierung, indem sie die Geschwindigkeit einer induzierten Scherwelle messen. Bei der VCTE erzeugt ein Niederfrequenzschallkopf gepulste Signale, deren Ausbreitungsgeschwindigkeit in der Leber gemessen werden. Die transiente Elastografie misst die Lebersteifigkeit auf einer Fläche, die auf ca. das 100Fache der Größe einer Leberbiopsie geschätzt wird. Auch wenn die in Studien verwendeten Cut-offs sich minimal unterscheiden, kann bei Werten < 8 kPa eine höhergradige Fibrosierung mit großer Wahrscheinlichkeit ausgeschlossen werden (EASL 2021). Eine Lebersteifigkeitsmessung (LSM) von > 12 kPa zeigt mit einer Spezifität von > 90 % das Vorliegen einer fortgeschrittenen Leberfibrose an (Papatheodoridi et al. 2021).

Patienten, deren FIB-4 oder NFS ein intermediäres oder hohes Risiko einer Leberfibrose anzeigt, können bei einer LSM < 8 kPa weiterhin primärärztlich betreut werden. Es sollten regelmäßige Verlaufskontrollen durch den Hausarzt erfolgen. Liegt die Lebersteifigkeit im diagnostischen Graubereich bei 8–12 kPa, sollte eine weitere Abklärung beim Spezialisten und ggf. eine Leberbiopsie erfolgen. Bei einer LSM > 12 kPa sollte, in Abwesenheit von klinischen, laborchemischen oder bildgebenden Hinweisen auf das Vorliegen einer Leberzirrhose, ebenfalls eine Leberbiopsie erfolgen (Abb. 6.1).

In einer Studie, die in England durchgeführt wurde, wurde der oben erwähnte zweischrittige Algorithmus an 440 Patienten mit Typ-2-Diabetes mellitus angewendet. Bei einem FIB-4 > 1,3 und einer LSM > 8 kPa wurden die Patienten zum Spezialisten überwiesen. Bei 20 Patienten konnte nach fachärztlicher Zweitbeurteilung die Diagnose einer fortgeschrittenen Lebererkrankung gestellt werden; im Vergleich dazu waren nur 3 Patienten ohne den Algorithmus identifiziert worden (Mansour et al. 2021). Für die

Gesundheitssysteme der USA und Großbritannien deuten Studien auf eine Kosteneffektivität dieser Screeningmaßnahmen mittels zweischrittigem Algorithmus hin (Srivastava et al. 2019).

6.4 Elastografie zur Fibrosegradbestimmung

In der hepatologischen Praxis werden NIT zur Risikostratifikation der Leberfibrose im Rahmen der MASLD angewendet. Neben blutbasierten Tests mit indirekten und direkten Fibrosemarkern sind vor allem elastografische Verfahren von Bedeutung. Auch wenn zahlreiche Studien zur transienten Elastografie, vor allem der vibrationskontrollierten transienten Elastografie (VCTE), existieren, gibt es bisher keinen Konsens über Grenzwerte zur Detektion einer klinisch signifikanten Leberfibrose (Desmet F2 oder höher), einer fortgeschrittenen Fibrose (Desmet F3 oder F4) oder einer Zirrhose (Desmet F4).

Eine große europäische Studie, in die 5648 Patienten mit chronischen Lebererkrankungen eingeschlossen wurden (davon 19 % mit NAFLD), ergab für Grenzwerte von < 7 und > 12 kPa eine Sensitivität von 91 % und eine Spezifität von 92 % für den Ausschluss bzw. die Diagnose einer fortgeschrittenen Fibrose bzw. einer kompensierten fortgeschrittenen Lebererkrankung (cACLD) (Papatheodoridi et al. 2021). In einer prospektiv in Großbritannien durchgeführten Studie, in der Daten von 373 Patienten mit NAFLD (MASLD) ausgewertet wurden, wurden optimale VCTE-Cut-offs für den Nachweis einer Fibrose ermittelt. Diese lagen bei 8,2 kPa für F ≥2 (Sens. 71 %, Spez. 70 %), 9,7 kPa für F ≥3 (Sens. 71 %, Spez. 75 %) und 13,6 kPa für F4 (Sens. 85 %, Spez. 79 %). Die diagnostische Performance der VCTE verbesserte sich mit steigendem Fibrosegrad mit AUROC-Werten von 0,77 für ≥F2, 0,80 für ≥F3 und 0,89 für F4, unabhängig vom verwendeten Sondentyp M oder XL (Eddowes et al. 2019).

► Wichtige Störfaktoren im Rahmen der VCTE, die entweder zu falsch hohen Messwerten führen oder die Messung unmöglich machen, stellen Herzinsuffizienz, Cholestase, Hepatitis, kürzlich stattgehabte Nahrungsaufnahme, Alkoholkonsum, Adipositas und Raumforderungen der Leber dar.

► Durch die Verwendung der XL-Sonde anstelle der M-Sonde kann bei adipösen Patienten (BMI > 30 kg/m²) die Erfolgsrate gesteigert und die Rate an falsch positiven Werten gesenkt werden. Es wird empfohlen, vor einer VCTE-Messung eine Nüchternheitsphase von mindestens 3 Stunden einzuhalten.

Mehrere Studien und Metaanalysen deuten auf eine ähnliche Performance anderer ultraschallbasierter elastografischer Verfahren, der 2D-Scherwellenelastografie (2D-SWE) und der point-Shearwave-Elastografie (p-SWE) im Vergleich zur VTCE hin, jedoch sind sie zum einen deutlich weniger verbreitet und zum anderen existieren weniger Studien für ihre Anwendung im Rahmen der NAFLD bzw. MASLD.

Die MR-Elastografie schätzt den durchschnittlichen Grad der Fibrose in der gesamten Leber und wird als die genaueste nichtinvasive Methode zur Diagnostik der fortgeschrittenen Fibrose angesehen. In einer im Jahr 2019 publizierten Metaanalyse, die 3 Studien (n=230) mit Patienten mit NAFLD (MASLD) einschloss, konnte die Überlegenheit der MRE gegenüber der VCTE zur Diagnose jeglichen Grades der Fibrose (F1–F4) gezeigt werden (Hsu et al. 2019).

In einer kürzlich publizierten Metaanalyse konnte die gute diagnostische Genauigkeit der MRE bestätigt werden. In 6 Studien (n=209) betrug der AUC-Wert zur Diagnostik einer signifikanten Fibrose (≥F2) 0,91 (Sens. 78 %, Spez. 89 %). Der AUC-Wert zur Diagnose einer fortgeschrittenen Fibrose (≥F3) lag bei 0,92 (Sens. 83 %, Spez. 89 %) in 10 Studien (n=214). Der aus 5 Studien (n=41) ermittelte AUC-Wert zur Diagnose einer Leberzirrhose lag bei 0,90 (Sens. 81 %, Spez. 90 %) (Selvaraj et al. 2021). Nachteile der MRE sind die mit ihr verbundenen Kosten und die limitierte Verfügbarkeit, sodass ihre Nutzung sich aktuell vor allem auf klinische Studien beschränkt.

6.5 Nichtinvasive Tests bei Hepatitis C

Die direkt antiviral wirksamen Substanzen (DAA) haben die Therapie der Hepatitis C revolutioniert. Heilungschancen bestehen bei > 90 % der Patienten. Jede akute oder chronische HCV-Infektion mit nachweisbarer Viruslast stellt unabhängig vom Vorhandensein von Inflammation oder Fibrose eine Therapieindikation dar.

Die Abklärung einer Leberfibrose oder Zirrhose sollte vor Beginn einer antiviralen Therapie erfolgen, da Therapieregime und Überwachungsintervalle nach Therapie bei Vorliegen einer Leberzirrhose abweichen können. Zu diesem Zweck werden in den europäischen Leitlinien nichtinvasive Verfahren mittels blutbasierter Tests und Elastografie empfohlen. Nur bei unklaren Befunden oder bei Patienten mit gleichzeitig bestehender anderer Lebererkrankung, z. B. einer MASH, sollte eine Leberbiopsie erfolgen (EASL 2020).

In zahlreichen Studien konnte die gute Performance von blutbasierten Biomarkertests wie APRI und FIB-4 und der VCTE als elastografisches Verfahren zur Detektion einer höhergradigen Fibrose gezeigt werden. Auch wenn es keinen internationalen Konsens über konkrete Grenzwerte gibt und in Studien teilweise verschiedene Cut-offs verwendet wurden, wird in den EASL-Guidelines ein Cut-off von 10 kPa zur Detektion einer F3-Fibrose und ein Cut-off von 13 kPa zur Detektion einer F4-Fibrose/Zirrhose genannt. Die Kombination zweier Bluttests bzw. von Elastografie und einem Bluttest kann die diagnostische Genauigkeit im Vergleich zur alleinigen Anwendung einer einzelnen Methode steigern.

In einem systematischen Review, das 172 Studien einschloss, wurde die diagnostische Genauigkeit von Bluttests im Vergleich zur Leberbiopsie zur Diagnose einer signifikanten Leberfibrose (≥F2) und Leberzirrhose (F4) bei chronischer Hepatitis C evaluiert. Der APRI zeigte mit einem AUROC-Wert von 0,84 das Vorliegen einer Leberzirrhose an. Ein Cut-off von ≥1 zeigte dabei eine Sensitivität von 77 % bei einer Spezifität von 75 %.

Wurde ein höherer Cut-off von ≥2 verwendet, reduzierte sich die Sensitivität auf 48 % und die Spezifität verbesserte sich auf 94 %. Der FIB-4 hatte einen medianen AUROC-Wert von 0,87 zur Detektion einer Leberzirrhose. Ein niedriger Cut-off von > 1,45 zeigte dabei eine Sensitivität von 90 % bei einer Spezifität von 58 %. Bei einem höher gewählten Cut-off von > 3,25 ergab sich eine Sensitivität von 55 % bei einer Spezifität von 92 % (Chou und Wasson 2013).

6.6 Nichtinvasive Tests in der Primärversorgung

Da nichtinvasive Tests (NIT) wie FIB-4 oder APRI ursprünglich zur Beurteilung der Fibrose bei Patienten mit Hepatitis-C-Infektion und hoher Fibroseprävalenz entwickelt wurden, ist ihre prädiktive Genauigkeit in der Allgemeinbevölkerung bei geringer Vortestwahrscheinlichkeit begrenzt. Im Jahr 2023 stellte das LiverScreen-Konsortium einen LiverRisk-Score vor, der auf 8 Variablen basiert: Alter, Geschlecht, Nüchternglukose, Cholesterin, AST, ALT, GGT und Thrombozyten. Der Score kann unkompliziert mit einem Onlinerechner (https://www.liverriskscore.com/) berechnet werden und ist so kalibriert, dass er die erwartete Lebersteifigkeit in kPa angibt. In großen Kohorten konnte der LiverRisk-Score genauer als FIB-4 und APRI zukünftige leberbezogene Ereignisse in der Allgemeinbevölkerung vorhersagen (Serra-Burriel et al. 2023).

6.7 Elastografie zur Verlaufsbeurteilung

Eine weitere klinische Fragestellung stellt die Identifikation der Fibroseprogression oder ihre Regression, vor allem unter Therapie einer chronischen Lebererkrankung, dar. In einer retrospektiven Studie wurde die diagnostische Genauigkeit von Veränderungen im APRI, FIB-4 und NFS zur Feststellung einer Fibroseprogression in 292 Patienten mit NAFLD (MASLD) und gepaarten Leberbiopsien untersucht. FIB-4 und NFS hatten einen hohen negativen Vorhersagewert (NPV > 90 %) zur Detektion einer Progression zur fortgeschrittenen Fibrose bei jedoch suboptimalen positiven Vorhersagewerten (49 % bzw. 47 %) (Siddiqui et al. 2019).

Für die Zulassung von Medikamenten für die MASH/NASH werden von der Europäischen Arzneimittelagentur (European Medicines Agency, EMA) bei präzirrhotischen Patienten derzeit 2 Endpunkte akzeptiert: a) Resolution der NASH/MASH ohne Verschlechterung der Fibrose, b) mindestens 1 Stufe Verbesserung der Fibrose ohne Verschlechterung der Entzündung (Rinella et al. 2019). Bisher wurden nur Leberbiopsien zur Bewertung dieser Endpunkte akzeptiert. Viele klinische Studien bewerten auch im Rahmen sekundärer Endpunkte die Veränderungen nichtinvasiver Tests (sowohl elastografischer Verfahren als auch blutbasierter Marker), sodass in Zukunft Hoffnung besteht, dass NIT die Leberbiopsie in diesem Setting ablösen könnten.

So konnte im REGENERATE-Trial, der den Nutzen von Obeticholsäure in NASH (MASH) untersuchte, gezeigt werden, dass u. a. Verbesserungen im FIB-4, ELF™ und der VCTE mit einer histologischen Verbesserung korrelierten (Rinella et al. 2022). Pro-C3 ist ein Biomarker, der die Produktion von Kollagen widerspiegelt und als direkter Fibrosemarker ebenfalls im Rahmen klinischer Therapiestudien evaluiert wurde. Eine Reduktion in Pro-C3 über den Behandlungszeitraum von 12 Wochen korrelierte mit einer histologischen Verbesserung der Fibrose in gepaarten Leberbiopsien, ebenso wie eine Reduktion im ELF™ (Harrison et al. 2020). Auch wenn erste Ergebnisse bezüglich des Einsatzes von NIT zur Bewertung von Behandlungserfolgen vielversprechend erscheinen, sind weitere Studien nötig, um nutzbare Grenzwerte für die verschiedenen Verfahren zu etablieren.

6.8 Fazit

Nichtinvasive Testsysteme haben in den letzten zwei Dekaden kontinuierlich an Bedeutung gewonnen. Ihr Einsatz wird zukünftig das Screening von Risikopopulationen für fortgeschrittene Lebererkrankungen erleichtern und dabei helfen, die Schnittstelle zwischen primärärztlicher Versorgung und Hepatologie zu verbessern. Klinische Studien sind weiterhin notwendig, um die Effekte von Therapien bspw. bei MASH oder HCV durch Veränderungen nichtinvasiver Tests abbilden zu können. Es ist davon auszugehen, dass durch neue Entwicklungen (Big Data, künstliche Intelligenz) neue Biomarker identifiziert und bestehende Biomarker oder Scores verbessert werden, die die Diagnose der Leberfibrose oder -zirrhose mittels nichtinvasiver Tests noch präziser ermöglichen.

Literatur

Angulo P, Hui JM, Marchesini G, Bugianesi E, George J, Farrell GC et al (2007) The NAFLD fibrosis score: a noninvasive system that identifies liver fibrosis in patients with NAFLD. Hepatology 45:846–854. https://doi.org/10.1002/hep.21496

Chou R, Wasson N (2013) Blood tests to diagnose fibrosis or cirrhosis in patients with chronic hepatitis C virus infection: a systematic review. Ann Intern Med 158:807–820. https://doi.org/10.7326/0003-4819-158-11-201306040-00005

EASL (2021) EASL Clinical Practice Guidelines on non-invasive tests for evaluation of liver disease severity and prognosis (2021) update. J Hepatol 2021(75):659–689. https://doi.org/10.1016/j.jhep.2021.05.025

EASL (2020) EASL recommendations on treatment of hepatitis C: Final update of the series. J Hepatol 73, 1170–1218. https://doi.org/10.1016/j.jhep.2020.08.018.

Eddowes PJ, Sasso M, Allison M, Tsochatzis E, Anstee QM, Sheridan D et al (2019) Accuracy of FibroScan controlled attenuation parameter and liver stiffness measurement in assessing steatosis and fibrosis in patients with nonalcoholic fatty liver disease. Gastroenterology 156:1717–1730. https://doi.org/10.1053/j.gastro.2019.01.042

Estes C, Anstee QM, Arias-Loste MT, Bantel H, Bellentani S, Caballeria J et al (2018) Modeling NAFLD disease burden in China, France, Germany, Italy, Japan, Spain, United Kingdom, and

United States for the period 2016–2030. J Hepatol 69:896–904. https://doi.org/10.1016/j.jhep.2018.05.036

Harrison SA, Oliver D, Arnold HL, Gogia S, Neuschwander-Tetri BA (2008) Development and validation of a simple NAFLD clinical scoring system for identifying patients without advanced disease. Gut 57:1441–1447. https://doi.org/10.1136/gut.2007.146019

Harrison SA, Rossi SJ, Paredes AH, Trotter JF, Bashir MR, Guy CD et al (2020) NGM282 improves liver fibrosis and histology in 12 weeks in patients with nonalcoholic steatohepatitis. Hepatology 71:1198–1212. https://doi.org/10.1002/hep.30590

Hsu C, Caussy C, Imajo K, Chen J, Singh S, Kaulback K et al (2019) Magnetic resonance vs transient elastography analysis of patients with nonalcoholic fatty liver disease: a systematic review and pooled analysis of individual participants. Clin Gastroenterol Hepatol 17:630–637.e638. https://doi.org/10.1016/j.cgh.2018.05.059

Mansour D, Grapes A, Herscovitz M, Cassidy P, Vernazza J, Broad A et al (2021) Embedding assessment of liver fibrosis into routine diabetic review in primary care. JHEP Rep 3:100293. https://doi.org/10.1016/j.jhepr.2021.100293

McPherson S, Hardy T, Dufour JF, Petta S, Romero-Gomez M, Allison M et al (2017) Age as a confounding factor for the accurate non-invasive diagnosis of advanced NAFLD fibrosis. Am J Gastroenterol 112:740–751. https://doi.org/10.1038/ajg.2016.453

Papatheodoridi M, Hiriart JB, Lupsor-Platon M, Bronte F, Boursier J, Elshaarawy O et al (2021) Refining the Baveno VI elastography criteria for the definition of compensated advanced chronic liver disease. J Hepatol 74:1109–1116. https://doi.org/10.1016/j.jhep.2020.11.050

Pavlides M, Birks J, Fryer E, Delaney D, Sarania N, Banerjee R et al (2017) Interobserver variability in histologic evaluation of liver fibrosis using categorical and quantitative scores. Am J Clin Pathol 147:364–369. https://doi.org/10.1093/ajcp/aqx011

Rinella ME, Tacke F, Sanyal AJ, Anstee QM (2019) Report on the AASLD/EASL joint workshop on clinical trial endpoints in NAFLD. J Hepatol 71:823–833. https://doi.org/10.1016/j.jhep.2019.04.019

Rinella ME, Dufour JF, Anstee QM, Goodman Z, Younossi Z, Harrison SA et al (2022) Non-invasive evaluation of response to obeticholic acid in patients with NASH: results from the REGENERATE study. J Hepatol 76:536–548. https://doi.org/10.1016/j.jhep.2021.10.029

Roeb E, Canbay A, Bantel H, Bojunga J, de Laffolie J, Demir M et al (2022) Aktualisierte S2k-Leitlinie nicht-alkoholische Fettlebererkrankung der Deutschen Gesellschaft für Gastroenterologie, Verdauungs- und Stoffwechselkrankheiten (DGVS). Z Gastroenterol 60:1346–1421. https://doi.org/10.1055/a-1880-2283

Selvaraj EA, Mózes FE, Jayaswal ANA, Zafarmand MH, Vali Y, Lee JA et al (2021) Diagnostic accuracy of elastography and magnetic resonance imaging in patients with NAFLD: a systematic review and meta-analysis. J Hepatol 75:770–785. https://doi.org/10.1016/j.jhep.2021.04.044

Serra-Burriel M, Juanola A, Serra-Burriel F, Thiele M, Graupera I, Pose E et al (2023) Development, validation, and prognostic evaluation of a risk score for long-term liver-related outcomes in the general population: a multicohort study. Lancet 402(10406):988–996. https://doi.org/10.1016/S0140-6736(23)01903-7

Shah AG, Lydecker A, Murray K, Tetri BN, Contos MJ, Sanyal AJ (2009) Comparison of noninvasive markers of fibrosis in patients with nonalcoholic fatty liver disease. Clin Gastroenterol Hepatol 7:1104–1112. https://doi.org/10.1016/j.cgh.2009.05.033

Siddiqui MS, Yamada G, Vuppalanchi R, Van Natta M, Loomba R, Guy C et al (2019) Diagnostic accuracy of noninvasive fibrosis models to detect change in fibrosis stage. Clin Gastroenterol Hepatol 17:1877–1885.e1875. https://doi.org/10.1016/j.cgh.2018.12.031

Srivastava A, Gailer R, Tanwar S, Trembling P, Parkes J, Rodger A et al (2019) Prospective evaluation of a primary care referral pathway for patients with non-alcoholic fatty liver disease. J Hepatol 71:371–378. https://doi.org/10.1016/j.jhep.2019.03.033

Thomaides-Brears HB, Alkhouri N, Allende D, Harisinghani M, Noureddin M, Reau NS et al (2022) Incidence of complications from percutaneous biopsy in chronic liver disease: a systematic review and meta-analysis. Dig Dis Sci 67:3366–3394. https://doi.org/10.1007/s10620-021-07089-w

Vali Y, Lee J, Boursier J, Spijker R, Löffler J, Verheij J et al (2020) Enhanced liver fibrosis test for the non-invasive diagnosis of fibrosis in patients with NAFLD: a systematic review and meta-analysis. J Hepatol 73:252–262. https://doi.org/10.1016/j.jhep.2020.03.036

Xiao G, Zhu S, Xiao X, Yan L, Yang J, Wu G (2017) Comparison of laboratory tests, ultrasound, or magnetic resonance elastography to detect fibrosis in patients with nonalcoholic fatty liver disease: a meta analysis. Hepatology 66:1486–1501. https://doi.org/10.1002/hep.29302

Younossi ZM, Golabi P, Paik JM, Henry A, Van Dongen C, Henry L (2023) The global epidemiology of nonalcoholic fatty liver disease (NAFLD) and nonalcoholic steatohepatitis (NASH): a systematic review. Hepatology 77:1335–1347. https://doi.org/10.1097/hep.0000000000000004

Invasive Bestimmung des Pfortaderdrucks

7

Matthias M. Dollinger

7.1 Grundlagen und Indikation

Trotz großer Fortschritte und zunehmender Verfügbarkeit nichtinvasiver Methoden gilt die indirekte Messung des Pfortaderdrucks mittels Lebervenenverschlussdruck – international „hepatic venous pressure gradient“ (HVPG) – als Goldstandard zur Bestimmung der portalen Hypertension (de Franchis et al. 2022). Grund hierfür – und dabei gleichzeitig Alleinstellungsmerkmal der HVPG-Messung – bleibt die lückenlose Quantifizierung des Pfortaderdrucks ohne die bei nichtinvasiven Methoden existierenden Grauzonen mit intermediären Werten und fehlender Zuordnung zu einem Normal- oder Hochdruck.

Während ein HVPG von 5–6 mmHg als Normwert zählt, definiert ein HVPG ≥10 mmHg das Vorliegen einer klinisch signifikanten portalen Hypertension (CSPH). Diese ist assoziiert mit der Entwicklung von gastroösophagealen Varizen, Aszites und hepatischer Enzephalopathie (HE), zumindest bei Patienten mit alkohol- und virusassoziierter Zirrhose (Ripoll et al. 2007). Bei einer primär biliären Cholangitis (PBC) kann zusätzlich eine präsinusoidale Komponente der portalen Hypertension vorliegen, sodass das Ausmaß der portalen Hypertension durch die Messung unterschätzt wird (Pomier-Layrargues et al. 1985). Diese präsinusoidale Komponente wird auch bei einer einer mit metabolischer Dysfunktion assoziierten steatotischen Lebererkrankung (MASLD) – diskutiert, da klinische Zeichen der portalen Hypertension bei Patienten mit niedrigerem HVPG gefunden werden (Bassegoda et al. 2022). Zusammenfassend müssen bei der Interpretation einer HVPG-Messung immer der klinische Kontext und die zugrunde liegende Ätiologie in der Risikostratifizierung berücksichtigt werden.

M. M. Dollinger (✉)
Medizinische Klinik I, Klinikum Landshut, Landshut, Deutschland
E-Mail: Matthias.Dollinger@klinikum-landshut.de

T. Bruns et al. (Hrsg.), *Komplikationen der Leberzirrhose*,
https://doi.org/10.1007/978-3-662-70167-6_7

▶ Bei Patienten mit einer MASLD und einer primär biliären Cholangitis (PBC) liegt eine zusätzliche präsinusoidale Komponente der portalen Hypertension vor, sodass die HVPG-Messung das Ausmaß der portalen Hypertension unterschätzt.

7.1.1 Indikation bei medikamentöser Therapie

In der Primär- und Sekundärprävention der Varizenblutungen sind nichtselektive Betablocker (NSBB) seit 40 Jahren die wesentliche pharmakologische Wirkstoffklasse. Bevorzugt fand hierbei Propranolol Anwendung, aktuell wird jedoch zunehmend Carvedilol eingesetzt, da es alpha-1-antagonistische Eigenschaften besitzt und dadurch eine stärkere Wirkung auf den sinusoidalen Widerstand hervorruft.

Grundsätzlich stellt sich die Indikation zur primären medikamentösen Blutungsprophylaxe schon allein aufgrund des endoskopischen Nachweises von Varizen und eines höhergradigen klinischen Stadiums der Leberzirrhose, unabhängig von der Verfügbarkeit einer HVPG-Messung (Götz et al. 2017). Auch der Einsatz klassischer NSBB oder von Carvedilol in Kombination mit endoskopischen Verfahren in der Rezidivprophylaxe einer Varizenblutung kann leitliniengerecht ohne Messung erfolgen. Diese traditionellen Ansätze konzentrieren sich vorrangig auf die Prävention einer Varizenblutung, dagegen beziehen aktuelle Strategien explizit die Vermeidung von Aszites, eines hepatischen Hydrothorax oder einer hepatischen Enzephalopathie (HE) mit ein (de Franchis et al. 2022).

▶ Als primäres Therapieziel für Patienten mit kompensierter Lebererkrankung (cACLD) gilt heute die Prävention der 1. Dekompensation.

Patienten mit kompensierter Lebererkrankung und einem Pfortaderdruck, der nicht den Schwellenwert zur CSPH (HVPG > 10 mmHg) überschreitet, weisen ein geringes Progressionsrisiko auf. Eine medikamentöse Therapie führt hier nicht zu einer Reduktion klinisch relevanter Endpunkte, bleibt aber nebenwirkungsbehaftet (Groszmann et al. 2005). Dagegen entwickeln Patienten, bei denen durch HVPG-Messung eine CSPH nachgewiesen wurde, unter langfristiger Gabe von Propranolol oder Carvedilol signifikant weniger Dekompensationsereignisse, insbesondere neu aufgetretenen Aszites. Eine aktuelle Metaanalyse individueller Daten aus vier randomisiert-kontrollierten Studien konnte sogar zeigen, dass Carvedilol im Vergleich zur ausschließlich endoskopischen Varizenbehandlung mit einer deutlich reduzierten Letalität assoziiert war (Villanueva et al. 2022).

Die Beurteilung des hämodynamischen Ansprechens auf NSBB zielt daher auf eine individualisierte Risikostratifikation bei Leberzirrhose ab. Kriterien dieses Ansprechens, Zeitpunkt und Häufigkeit der Durchführung einer Messung sowie die daraus resultierenden therapeutischen Konsequenzen sind aber nicht einheitlich definiert. Laut derzeitigem Konsens wird das Therapieziel als eine HVPG-Reduktion um > 10–20 % oder als absolute Reduktion auf < 12 mmHg definiert (Turco et al. 2020). Hervorzuheben ist dabei die Assoziation zwischen hämodynamischem Ansprechen und den erweiterten klinischen

Endpunkten, unabhängig von der initialen Indikation im Rahmen einer primären oder sekundären Blutungsprophylaxe oder eines präexistierenden Aszites. Selbst eine moderatere Reduktion des HVPG um 10 % konnte die Häufigkeit eines refraktären Aszites oder eines hepatorenalen Syndroms signifikant senken.

Der Zeitpunkt der hämodynamischen Therapiekontrolle kann sowohl im Rahmen der initialen Intervention als auch im Verlauf erfolgen. Gelebte Praxis ist eine zweite Bestimmung 4–12 Wochen nach Beginn der oralen Therapie, systematische Studien evaluierten aber auch erfolgreich ein Intervall von einem Jahr (Turco et al. 2020). Falls gewünscht, kann die i. v. Gabe von Propranolol mit konsekutiver Kontrolle bereits in der Erstuntersuchung repetitive invasive Messungen ersetzen. Ein fehlendes akutes Ansprechen gilt als Prädiktor für Varizenblutungen und neu auftretenden Aszites (Villanueva et al. 2019). Auch Carvedilol wurde mittlerweile bei fehlender i. v. Applikationsform ca. 60–90 Minuten nach oraler Gabe mit akzeptabler Vorhersagekraft für das langfristige hämodynamische Therapieansprechen getestet, eine Prävention klinischer Endpunkte wurde aber noch nicht bestätigt (Kirnake et al. 2016).

Werden wiederholte HVPG-Messungen zur Therapiesteuerung von NSBB oder Carvedilol bei Patienten mit einer Leberzirrhose eingesetzt, gelten daher die folgenden Empfehlungen:

- Primäre Blutungsprophylaxe: HVPG-Reduktion auf < 12 mmHg oder um > 10 %
- Sekundäre Blutungsprophylaxe: HVPG-Reduktion auf < 12 mmHg oder um > 20 %
- Dekompensationsprophylaxe einer Leberzirrhose: HVPG-Reduktion um > 10 %

Die Frage, ob durch eine Intensivierung der Therapie bei Nonrespondern durch Kombinationstherapien oder durch die Anlage eines transjugulären intrahepatischen portosystemischen Shunts (TIPS) klinische Endpunkte verbessert werden, ist bislang nicht ausreichend untersucht worden.

7.1.2 Indikation bei Anlage eines Shunts

Die Indikation für einen transjugulären intrahepatischen portosystemischen Shunt (TIPS) ergibt sich aus der klinischen Präsentation der Patienten mit Varizenblutung, refraktärem oder rekurrentem Aszites und individualisiert bei hepatorenalem Syndrom (Bettinger et al. 2022). Differenzialdiagnostisch findet sich ein peritoneales Transsudat aber auch kardial bei ausgeprägter Rechtsherzinsuffizienz oder renal bei Niereninsuffizienz und/oder nephrotischem Syndrom. Lässt sich die Genese des Aszites klinisch nicht eindeutig zuordnen, ist eine HVPG-Messung vor TIPS-Anlage sinnvoll. Zeigt sich dabei trotz klinischer Zeichen einer portalen Hypertension ein niedriger HVPG, kann bei klinischem Verdacht eine Leberbiopsie eine präsinusoidale Komponente im Rahmen einer PBC, MASLD oder portosinusoidalen Gefäßerkrankung – portosinusoidal vascular disorder (PSVD) – ausschließen (De Gottardi et al. 2022).

Auch in den frühen Studien zur präemptiven TIPS-Anlage bei akuter Varizenblutung wurde der HVPG zur Entscheidung für oder gegen einen Shunt herangezogen. Werte >20 mmHg innerhalb der ersten 24 Stunden nach dem Blutungsereignis waren mit einer erhöhten Mortalität verbunden und bildeten die Indikation der präemptiven TIPS-Anlage (Moitinho et al. 1999). Mit der Zeit wurden jedoch zunehmend klinische Risikokonstellationen auf Basis der Leberfunktion (Child-Pugh-Status) und Präsentation in der Indexgastroskopie (Blutungsstatus) etabliert (García-Pagán et al. 2010), sodass die Bedeutung der HVPG-Messung im Rahmen der akuten Varizenblutung sinkt.

7.1.3 Indikation vor viszeralchirurgischen Eingriffen

Chirurgische Eingriffe bei Patienten mit bestehender Leberzirrhose und portaler Hypertension sind mit einer erheblichen peri- und postoperativen Komplikationsrate und einer erhöhten Letalität assoziiert. Typischerweise treten vermehrt Infektionen oder ein akutes Nierenversagen mit und ohne hydropische Dekompensation auf. In der präoperativen Vorbereitung kann ein erhöhter Pfortaderdruck indirekt durch Anzeichen wie eine niedrige Thrombozytenzahl, Splenomegalie, Varizen oder Aszites abgeschätzt werden. Bei klaren klinischen Zeichen einer aktuellen Dekompensation ist von einem erhöhten HVPG und damit auch von einem erhöhten peri- und postoperativen Risiko auszugehen. Eine invasive Diagnostik bietet in diesem Fall keinen Zusatznutzen für das perioperative Management.

Bei mehr als der Hälfte der kompensierten Patienten mit CSPH finden sich jedoch normale Thrombozyten und keine Varizen, die portale Hypertension wird unterschätzt. Nichtinvasive Methoden dienen zwar als Orientierungshilfe, können aber die invasive Druckmessung als unabhängigen Prädiktor der Mortalität nicht ersetzen (Reverter et al. 2019). Entsprechend lässt sich mithilfe der HVPG-Messung eine Hochrisikogruppe innerhalb der kompensierten Patienten identifizieren und perioperativ begleiten. Als Hochrisikopatienten gelten Patienten mit einem HVPG von > 16 mmHg vor der Operation. Als Sonderfall gilt die chirurgische Resektion des hepatozellulären Karzinoms (HCC), bei der der Pfortaderdruck zur Patientenselektion genutzt wird. Die partielle Hepatektomie führt regelhaft zu einem Anstieg der portalen Hypertension, ein erhöhter HVPG-Ausgangswert kann daher die postoperative Dekompensation vorhersagen (Bruix et al. 1996).

► Patienten mit einer Leberzirrhose, die sich einer Operation unterziehen müssen, haben bei einem HVPG von > 16 mmHg ein erhöhtes Dekompensations- und Mortalitätsrisiko nach der Operation.

7.1.4 Indikation bei Patienten ohne Leberzirrhose

Der Begriff nichtzirrhotische portale Hypertension beschreibt eine heterogene Gruppe an Lebererkrankungen, die durch einen erhöhten Pfortaderdruck ohne Vorliegen einer

Zirrhose gekennzeichnet ist. Die Ätiologie kann vaskulärer Genese sein und somit prähepatisch wie bei der Pfortaderthrombose oder posthepatisch beim Budd-Chiari-Syndrom den Pfortaderhochdruck bedingen. Bei intrahepatischen Erkrankungen muss zwischen präsinusoidaler, sinusoidaler und postsinusoidaler portaler Hypertension unterschieden werden. Je nach Ausmaß der begleitenden Leberfibrose ist jedoch aufgrund der indirekten Druckabnahme technisch bedingt meist ein normaler oder nur leicht erhöhter HVPG nachzuweisen. Daher unterschätzt die Messung den reellen Pfortaderdruck und eine Bestimmung ist aktuell nur bei spezifischen Fragestellungen zu empfehlen. So legen Ergebnisse bei der MASLD nahe, dass der HVPG zur Bestimmung der subklinischen portalen Hypertonie bei Leberfibrose in Betracht gezogen werden sollte (Baffy und Bosch 2022).

7.1.5 Kontraindikationen

Absolute Kontraindikationen für eine HVPG-Messung existieren keine, relative Kontraindikationen und entsprechende Lösungsansätze sind in Tab. 7.1 zusammengefasst.

7.1.6 Indikation für eine zusätzliche Rechtsherzkatheteruntersuchung

Die transthorakale Echokardiografie ist die Screeningmethode der Wahl bei Patienten mit Verdacht auf eine portopulmonale Hypertonie (PoPH) und wird systematisch im Rahmen der Evaluation vor TIPS-Anlage oder Lebertransplantation durchgeführt. Indiziert ist sie außerdem bei Patienten mit Dyspnoe und/oder klinischen Zeichen einer kardialen Insuffizienz. Leitliniengerecht muss ein nichtinvasiv gemessener pulmonalarterieller systolischer Blutdruck (sPAP) von >40 mmHg invasiv mittels Rechtsherzkatheter abgeklärt werden (Humbert et al. 2023).

Tab. 7.1 Zusammenfassung relativer Kontraindikationen und ihrer Lösungsmöglichkeiten

Kontraindikation	Lösungsweg
Kontrastmittelallergie	Prämedikation mit Kortikosteroiden und Antihistaminika
Thrombose oder Entzündung der Zugangsvene	Alternativer Gefäßzugang (V. jugularis interna links, V. femoralis)
Koagulopathie (Quick <20 % und/oder Thrombozyten <20.000/µl)	- Sonografische Punktion des venösen Zugangs - Optional Substitution der Gerinnung - Optional Substitution der Thrombozyten oder elektive Gabe eines Wachstumsfaktors
Kardiale Arrhythmien	Positionierung eines langen Führungsdrahts in der V. cava inferior zur Überbrückung des rechten Herzens

7.2 Technische Durchführung

Für eine HVPG-Messung sind keine obligatorischen Voruntersuchungen notwendig. Es sollte jedoch eine Blutungsanamnese erhoben und auf eine klinische Blutungsneigung geachtet werden. Routinetests der Blutgerinnung erlauben keine adäquate Beurteilung des Blutungsrisikos bei Lebererkrankungen (EASL 2022), weshalb das Vorliegen von entsprechenden Befunden nicht obligat ist.

Eine kürzlich stattgefundene Nahrungsaufnahme kann zu einem Anstieg des HVPG führen. Um eine valide Messung zu erhalten, sollte die HVPG-Messung im nüchternen Zustand erfolgen, in der Regel 6 Stunden vor der Intervention. Ausgeprägter Aszites führt außerdem dazu, dass die Lebervenensondierung aufgrund eines ungünstigen Winkels zwischen der V. cava inferior und den Lebervenen erschwert sein kann.

► Um die Sondierung der Lebervene zu erleichtern und um die Durchleuchtungszeit kurz zu halten, ist eine prä- oder periinterventionelle Aszitesdrainage sinnvoll.

7.2.1 Technische Voraussetzungen

Zentrale technische Voraussetzungen sind ein Ultraschallgerät mit Linearschallkopf für den Gefäßzugang, eine Durchleuchtungseinheit mit Strahlenschutzequipment sowie ein Monitor mit der Möglichkeit zur Aufzeichnung von Druckkurven. Aufgrund der höheren Genauigkeit sollten HVPG-Messungen mittels Ballonkatheter und nicht mittels End-Hole-Technik durchgeführt werden (Zipprich et al. 2010). Die Verwendung eines speziell zugelassenen vorgebogenen Ballonkatheters kann den Materialverbrauch reduzieren (Ferlitsch et al. 2015).

► Die HVPG-Messung wird im Generellen gut toleriert, eine Sedierung ist in der Regel nicht notwendig. Falls doch, sollte Propofol vermieden werden, da es den gemessenen portosystemischen Gradienten beeinflussen kann. Eine leichte Sedierung mit Midazolam hat nach aktuellem Kenntnisstand keinen relevanten Einfluss und wird in den aktuellen Empfehlungen als unbedenklich angesehen (de Franchis et al. 2022).

7.2.2 Angiografisch-interventionelle Technik

Die Bestimmung des HVPG erfolgt mittels eines invasiv über die V. cava in eine der Lebervenen eingebrachten Katheters (Abb. 7.1). Der häufigste Zugangsweg ist die Punktion der rechten V. jugularis interna. Auch eine linksseitige Punktion ist möglich, erschwert

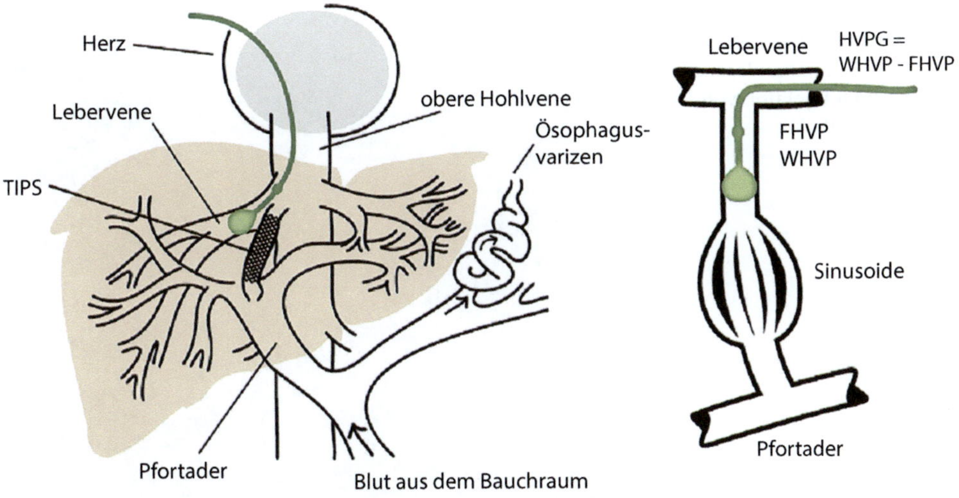

Abb. 7.1 Schematische Darstellung einer Lebervenendruckmessung mit Positionierung des Katheters in einer rechten Lebervene. Mittels eines Ballonkatheters können der freie Lebervenendruck (free hepatic vein pressure: FHVP) und der Lebervenenverschlussdrucks (wedged hepatic vein pressure: WHVP) bestimmt werden, die Differenz ergibt den hepatic venous pressure gradient (HVPG). Ein transjugulärer portosystemischer Shunt (TIPS) schafft eine Kurzschlussverbindung zwischen Pfortader und Lebervene (erstellt mit Unterstützung der Deutschen Leberstiftung)

jedoch die Durchführung einer etwaigen transjugulären Biopsie. Darüber hinaus können HVPG-Messungen über die V. subclavia, V. femoralis oder peripher über die Cubitalvenen durchgeführt werden. Für die beiden letztgenannten Zugangswege ist jedoch ein spezifisches Equipment notwendig.

Nach anzunehmender Sondierung der Lebervene sollte diese mittels Injektion eines Kontrastmittelbolus visualisiert und ein ausreichender Abfluss des Kontrastmittels verifiziert werden (Abb. 7.2). Außerdem muss ein Budd-Chiari-Syndrom mit Thrombosen oder Webs ausgeschlossen werden. Nach adäquater Positionierung wird der Ballon aufgeblasen, wobei ein übermäßiger Druck zu Schmerzen führen kann (Ferral et al. 2023). Um eine adäquate Wedgeposition zu bestätigen, werden vor der Druckmessung bei aufgeblasenem Ballon einige Milliliter Kontrastmittel injiziert (Abb. 7.2). Fallen dabei venovenöse Kollateralen auf, muss eine distalere Position evaluiert werden, um den HVPG nicht zu unterschätzen (Lv et al. 2022). Venovenöse Kollateralen können als unspezifischer Hinweis auf eine PSVD oder andere vaskuläre Lebererkrankungen gewertet werden, treten aber auch bei Zirrhose auf (Abb. 7.3).

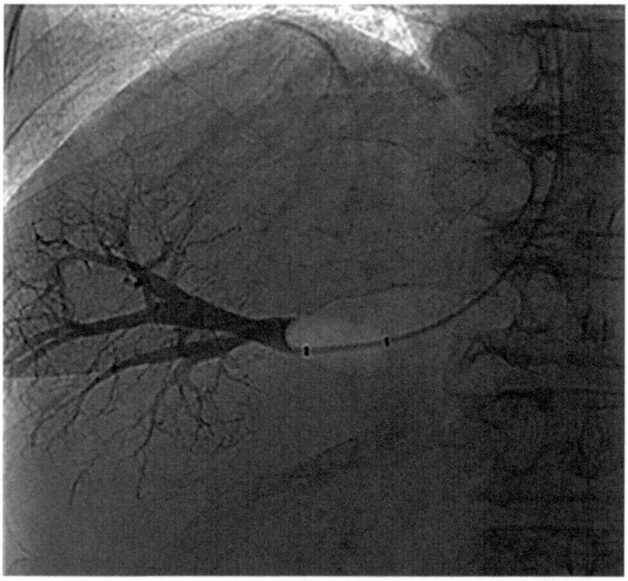

Abb. 7.2 Bestätigung der Wedgeposition in der rechten Lebervene bei aufgeblasenem Ballon durch Injektion von Kontrastmittel

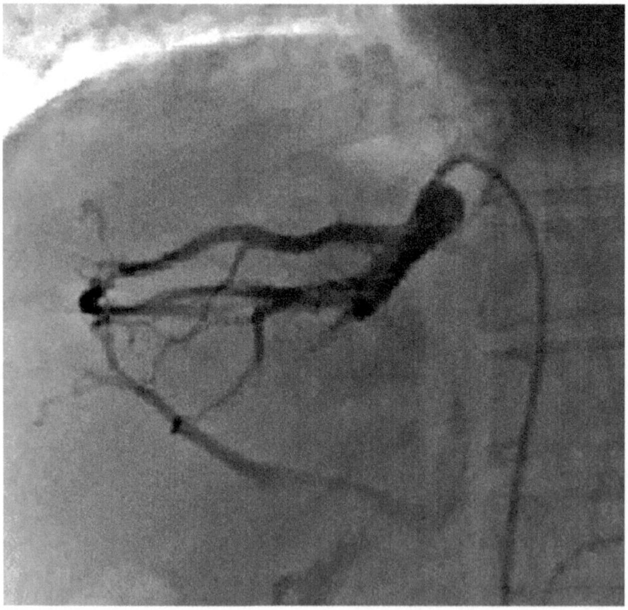

Abb. 7.3 Ausgeprägte, von der rechten Lebervene ausgehende venovenöse Kollateralen

7.2.3 Hämodynamische Messparameter

Nach Positionierung des Signalwandlers auf Höhe der mittleren Axillarlinie und einem Nullabgleich erfolgen die in Abb. 7.4 dargestellten hämodynamischen Messungen. Bei der Bestimmung des Lebervenenverschlussdrucks ist eine Mindestdauer von 60 Sekunden (oder bis zur Stabilisierung der Druckwerte), bei den anderen Messpunkten von 30 Sekunden einzuhalten (de Franchis et al. 2022). Wird eine sehr periphere Wedgeposition gewählt, sollte idealerweise der zurückgezogene freie Lebervenendruck (max. 2–3 cm von der Einmündung in die V. cava inferior) erfasst werden, um eine hämodynamisch relevante Stenosierung des Gefäßes durch den Katheter und einen konsekutiv erhöhten prästenotischen Druck zu vermeiden.

In der Regel werden die Messungen der einzelnen Werte mindestens dreimal wiederholt, bei Inkonsistenzen >1 mmHg zwischen den Einzelmessungen müssen technische Fehlerquellen ausgeschlossen werden. Häufig liegt die Katheterspitze der Venenwand an und muss zurückgezogen werden oder venovenöse Kollateralen verfälschen den gemessenen Druck. Selbst tiefes Atmen kann zu maßgeblichen Artefakten führen.

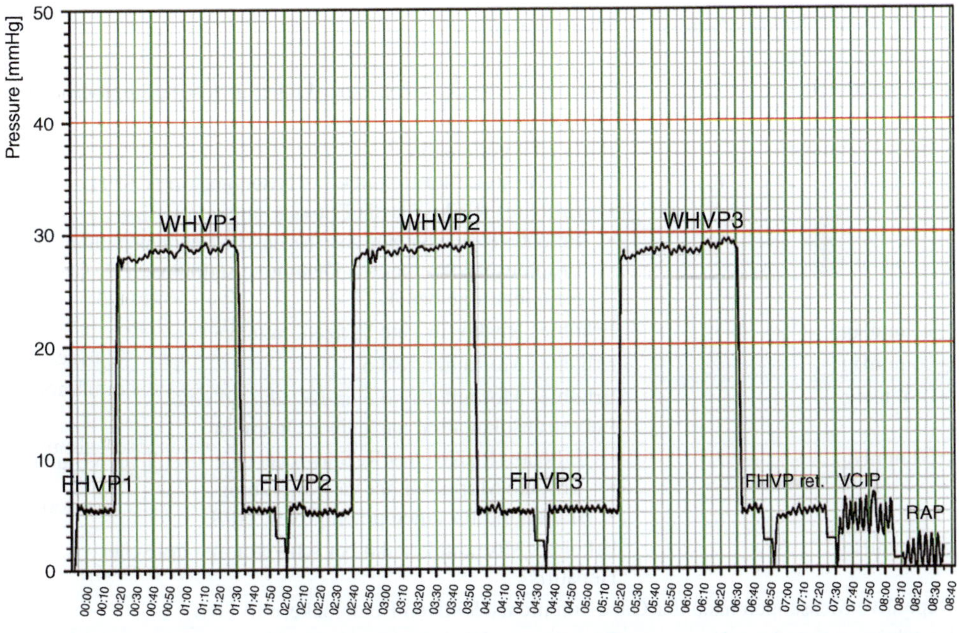

Abb. 7.4 Druckaufzeichnung des freien Lebervenendrucks (free hepatic vein pressure: FHVP1–3), Lebervenenverschlussdrucks (wedged hepatic vein pressure: WHVP1–3), des optionalen zurückgezogenen FHVP (retracted FHVP: FHVP ret.), des Drucks in der V. cava inferior (V. cava inferior pressure: VCIP) und des rechtsatrialen Drucks (right atrial pressure: RAP)

7.2.4 Komplikationen

Die Überwiegende Mehrheit der Komplikationen ist durch den Gefäßzugang bedingt. Ein Hämatom an der Einstichstelle, Gefäßverletzungen (insbesondere bei arterieller Fehlpunktion) sowie ein Pneumothorax können auftreten. Zur Reduktion des Risikos wird eine ultraschallgestützte Punktion empfohlen. Darüber hinaus kann es zu allergischen Reaktionen auf das Kontrastmittel und Arrhythmien kommen (Tab. 7.1). Alle weiteren möglichen Komplikationen sind selten (< 1 %).

7.3 Interpretation der Messdaten

Die HVPG-Messung dient der Diagnose und Klassifikation der portalen Hypertension, zusätzlich können der Schweregrad und die Prognose einer Leberzirrhose abgeschätzt werden (Tab. 7.2).

Tab. 7.2 Interpretation der Druckwerte einer HVPG-Messung bei Leberzirrhose

Lebervenenverschlussdruck	Interpretation
Einmalige Messung	
1 bis <6 mmHg	Normwert: die Diagnose einer Leberzirrhose sollte überprüft werden
6 bis <10 mmHg	Portale Hypertension
≥10 mmHg	**Klinische signifikante portale Hypertension (CSPH)** • Erhöhtes Risiko für die Entwicklung von Varizen • Erhöhtes Risiko für eine erste hepatische Dekompensation • Erhöhtes Risiko für eine Dekompensation nach Hepatektomie bei HCC
≥12 mmHg	Erhöhtes Risiko für eine Varizenblutung
≥16 mmHg	Erhöhtes Mortalitätsrisiko
>16 mmHg	Erhöhtes Mortalitätsrisiko und Risiko für eine Lebertransplantation nach einer Operation
≥20 mmHg	• Erhöhtes Risiko einer Rezidiv- oder einer unstillbaren Blutung • Erhöhte Mortalität bei Varizenblutung • Indikation für einen präemptiven TIPS
≥22 mmHg	Erhöhtes Mortalitätsrisiko bei schwerer alkoholischer Hepatitis
Repetitive Messungen nach der Gabe von nichtselektiven Betablockern (NSBB)	
Reduktion auf < 12 mmHg	Senkung des Risikos einer Varizenblutung und Rezidivblutung
Reduktion um > 10 % in der Primärprophylaxe	
Reduktion um > 20 % in der Sekundärprophylaxe	
Reduktion um > 10 % nach i. v. Propranololbolus	Senkung des Risikos einer Varizenblutung und einer Dekompensation

7.3.1 Interpretation bei Leberzirrhose

Die Interpretation einer HVPG-Messung bei einem Patienten mit Leberzirrhose sollte stets die Klinik einbeziehen, da Faktoren wie eine akute Dekompensation oder die Gabe von vasoaktiven Medikamenten die Messwerte beeinflussen (Garcia-Tsao 2021). Ebenfalls von Bedeutung ist die Lokalisation des erhöhten Flusswiderstandes und damit die prä-, intra- oder posthepatische Genese der portalen Hypertension (Bosch et al. 2009). Der HVPG ist der Gradient aus dem Lebervenenverschlussdruck (wedged hepatic vein pressure: WHVP) und dem freien Lebervenendruck (free hepatic vein pressure: FHVP). Der WHVP dient als Surrogat für den intrasinusoidalen Druck. Bei einer Leberzirrhose entspricht dieser aufgrund der Steifigkeit des fibrotischen Leberparenchyms annähernd dem Pfortaderdruck (Tab. 7.3). Es gibt aber auch Erkrankungen wie die PBC oder MASLD, die mit einer präsinusoidalen Komponente einhergehen. Dies führt trotz signifikanter portaler Hypertension über Umgehungskreisläufe zu niedrigen Messwerten für WHVP und HVPG. Ursächlich wird eine präsinusoidale Fibrosierung angenommen (Ferrusquía-Acosta et al. 2021).

7.3.2 Interpretation bei nichtzirrhotischer portaler Hypertension

Bei Patienten mit einer PSVD kann der HVPG zur Stratifikation der Prognose benutzt werden, ist aber zur Beurteilung der portalen Hypertension nicht zuverlässig. Die Interpretation der Druckwerte verlangt eine sorgfältige Analyse der Veno- und Parenchymografie während der Messung, außerdem kann eine Leberbiopsie hilfreich sein. Histologisch zeigen sich typische sinusoidale oder präsinusoidale Veränderungen, die eine korrekte Mes-

Tab. 7.3 Druckprofile bei unterschiedlichen Formen der portalen Hypertension. PBC = primär biliäre Cholangitis, PSVD = portosinusoidale Gefäßerkrankung, SOS = sinusoidales Obstruktionssyndrom, BCS = Budd-Chiari-Syndrom, VCI = V. cava inferior, FHVP = free hepatic vein pressure, WHVP = wegded hepatic vein pressure, HVPG = hepatic venous pressure gradient

Form der portalen Hypertension		Intrahepatisch			Posthepatisch
	Prähepatisch	Prä-sinusoidal	Intrasinusoidal	Post-sinusoidal	
Erkrankungen	Pfortader-thrombose	PBC, PSVD	Leberzirrhose	SOS	BCS, Rechtsherz-insuffizienz
Druck im rechten Vorhof	↔	↔	↔	↔	↔ oder ↑
Druck VCI	↔	↔	↔	↔	↔ oder ↑
FHVP	↔	↔	↔	↔	↑
WHVP	↔	↔ oder ↑	↑	↑	↑
HVPG	↔	↔ oder ↑	↑	↑	↔
Pfortaderdruck	↔ oder ↑	↑	↑	↑	↑

sung unterbinden (Seijo et al. 2012). Auch finden sich bei 30–50 % der Patienten venovenöse Kollateralen, die zu falsch niedrigen Messwerten führen. Dennoch lässt sich eine Korrelation zwischen dem HVPG und dem transplantationsfreien Überleben nachweisen.

7.3.3 Weitere Fehlerquellen

Falsch niedrige Messwerte werden in der Regel durch eine hämodynamisch relevante Sedierung, die angesprochenen venovenösen Kollateralen und möglicherweise auch durch eine Pfortaderthrombose verursacht. Falsch hohe Werte können dagegen bei vermehrter intrahepatischer Durchblutung postprandial (Albillos et al. 2007) oder als Folge einer akuten Entzündung im Rahmen einer alkoholischen Hepatitis, eines akut-auf-chronischen oder auch eines akuten Leberversagens auftreten (Abraldes et al. 2014). In diesem Fall reflektiert die Messung nicht den stabilen Zustand des Patienten und ist für die langfristige Prognose nur eingeschränkt verwertbar.

7.4 Fazit

Als wichtiges invasives diagnostisches Verfahren für die Bestimmung der portalen Hypertension spielt die Messung des Lebervenenverschlussdrucks (HVPG) eine entscheidende Rolle in der klinischen Hepatologie und gilt nach den aktuellen Baveno-Empfehlungen als Goldstandard. Die Entwicklung einer portalen Hypertension mit ihren multiplen Komplikationen wie Varizen, Aszites und hepatische Enzephalopathie ist ein wesentlicher Wendepunkt im Verlauf einer Lebererkrankung. Die Prophylaxe einer prognostisch ungünstigen Dekompensation durch eine dieser Komplikationen mittels medikamentöser oder interventioneller Therapie rückt daher zunehmend in den Vordergrund. Das Ziel dieser therapeutischen Maßnahmen ist die Reduktion des Pfortaderdrucks. Dessen Bestimmung mit ausreichender Genauigkeit ist obligat.

Literatur

Abraldes JG, Sarlieve P, Tandon P (2014) Measurement of portal pressure. Clin Liver Dis 18:779–792

Albillos A, Bañares R, González M, Catalina M-V, Pastor O, Gonzalez R et al (2007) The extent of the collateral circulation influences the postprandial increase in portal pressure in patients with cirrhosis. Gut 56:259–264

Baffy G, Bosch J (2022) Overlooked subclinical portal hypertension in non-cirrhotic NAFLD: Is it real and how to measure it? J Hepatol 76:458–463

Bassegoda O, Olivas P, Turco L, Mandorfer M, Serra-Burriel M, Tellez L et al (2022) Decompensation in advanced nonalcoholic fatty liver disease may occur at lower hepatic venous pressure gradient levels than in patients with viral disease. Clin Gastroenterol Hepatol 20:2276–2286.e6

Bettinger D, Thimme R, Schultheiß M (2022) Implantation of transjugular intrahepatic portosystemic shunt (TIPS): indication and patient selection. Curr Opin Gastroenterol 38:221–229

Bosch J, Abraldes JG, Berzigotti A, García-Pagán JC (2009) The clinical use of HVPG measurements in chronic liver disease. Nat Rev Gastroenterol Hepatol 6:573–582

Bruix J, Castells A, Bosch J, Feu F, Fuster J, Garcia-Pagan JC et al (1996) Surgical resection of hepatocellular carcinoma in cirrhotic patients: prognostic value of preoperative portal pressure. Gastroenterology 111:1018–1022

De Gottardi A, Sempoux C, Berzigotti A (2022) Porto-sinusoidal vascular disorder. J Hepatol 77:1124–1135

EASL (2022) EASL Clinical Practice Guidelines on prevention and management of bleeding and thrombosis in patients with cirrhosis. J Hepatol 76:1151–1184

Ferlitsch A, Bota S, Paternostro R, Reiberger T, Mandorfer M, Heinisch B et al (2015) Evaluation of a new balloon occlusion catheter specifically designed for measurement of hepatic venous pressure gradient. Liver Int 35:2115–2120

Ferral H, Schepis F, Gaba RC, Garcia-Tsao G, Zanetto A, Perez-Campuzano V et al (2023) Endovascular assessment of liver hemodynamics in patients with cirrhosis complicated by portal hypertension. J Vasc Interv Radiol 34:327–336

Ferrusquía-Acosta J, Bassegoda O, Turco L, Reverter E, Pellone M, Bianchini M et al (2021) Agreement between wedged hepatic venous pressure and portal pressure in non-alcoholic steatohepatitis-related cirrhosis. J Hepatol 74:811–818

de Franchis R, Bosch J, Garcia-Tsao G, Reiberger T, Ripoll C, Faculty BVII (2022) Baveno VII—Renewing consensus in portal hypertension. J Hepatol 76:959–974

Garcia-Pagán JC, Caca K, Bureau C, Laleman W, Appenrodt B, Luca A et al (2010) Early use of TIPS in patients with cirrhosis and variceal bleeding. N Engl J Med 362:2370–2379

Garcia-Tsao G (2021) Can we rely on changes in HVPG in patients with cirrhosis? Hepatology 74:2945–2947

Götz M, Anders M, Biecker E, Bojarski C, Braun G, Brechmann T et al (2017) S2k Guideline Gastrointestinal Bleeding – Guideline of the German Society of Gastroenterology DGVS. Z Gastroenterol 55:883–936

Groszmann RJ, Garcia-Tsao G, Bosch J, Grace ND, Burroughs AK, Planas R et al (2005) Beta-blockers to prevent gastroesophageal varices in patients with cirrhosis. N Engl J Med 353:2254–2261

Humbert M, Kovacs G, Hoeper MM, Badagliacca R, Berger RMF, Brida M et al (2023) 2022 ESC/ERS guidelines for the diagnosis and treatment of pulmonary hypertension. Eur Respir J 61:2200879

Kirnake V, Arora A, Gupta V, Sharma P, Singla V, Bansal N et al (2016) Hemodynamic response to carvedilol is maintained for long periods and leads to better clinical outcome in cirrhosis: a prospective study. J Clin Exp Hepatol 6:175–185

Lv Y, Song Q, Yue Z, Zhao H, Wang L, Fan Z et al (2022) Correlation between hepatic venous pressure gradient and portal venous pressure gradient in hepatitis B cirrhosis with different hepatic veins anatomy. Eur J Radiol 155:110463

Moitinho E, Escorsell A, Bandi JC, Salmerón JM, García-Pagán JC, Rodés J et al (1999) Prognostic value of early measurements of portal pressure in acute variceal bleeding. Gastroenterology 117:626–631

Pomier-Layrargues G, Kusielewicz D, Willems B, Villeneuve JP, Marleau D, Côté J et al (1985) Presinusoidal portal hypertension in non-alcoholic cirrhosis. Hepatology 5:415–418

Reverter E, Cirera I, Albillos A, Debernardi-Venon W, Abraldes JG, Llop E et al (2019) The prognostic role of hepatic venous pressure gradient in cirrhotic patients undergoing elective extrahepatic surgery. J Hepatol 71:942–950

Ripoll C, Groszmann R, Garcia-Tsao G, Grace N, Burroughs A, Planas R et al (2007) Hepatic venous pressure gradient predicts clinical decompensation in patients with compensated cirrhosis. Gastroenterology 133:481–488

Seijo S, Reverter E, Miquel R, Berzigotti A, Abraldes JG, Bosch J et al (2012) Role of hepatic vein catheterisation and transient elastography in the diagnosis of idiopathic portal hypertension. Dig Liver Dis 44:855–860

Turco L, Villanueva C, La Mura V, García-Pagán JC, Reiberger T, Genescà J et al (2020) Lowering portal pressure improves outcomes of patients with cirrhosis, with or without ascites: a meta-analysis. Clin Gastroenterol Hepatol 18:313–327

Villanueva C, Albillos A, Genescà J, Garcia-Pagan JC, Calleja JL, Aracil C et al (2019) β blockers to prevent decompensation of cirrhosis in patients with clinically significant portal hypertension (PREDESCI): a randomised, double-blind, placebo-controlled, multicentre trial. Lancet 393:1597–1608

Villanueva C, Torres F, Sarin SK, Shah HA, Tripathi D, Brujats A et al (2022) Carvedilol reduces the risk of decompensation and mortality in patients with compensated cirrhosis in a competing-risk meta-analysis. J Hepatol 77:1014–1025

Zipprich A, Winkler M, Seufferlein T, Dollinger MM (2010) Comparison of balloon vs. straight catheter for the measurement of portal hypertension. Aliment Pharmacol Ther 32:1351–1356

Nichtinvasive Diagnostik der portalen Hypertension

8

Daniel Segna und Annalisa Berzigotti

8.1 Einführung

Die Einführung nichtinvasiver Tests (NITs) hat einen bedeutenden Fortschritt für die Stadieneinteilung der Leberfibrose erzielt (siehe auch Kap. 6). Darüber hinaus weisen NITs auch einen unmittelbaren prognostischen Nutzen auf, der über das Fibrosestadium hinausgeht. Der Pfortaderhochdruck, auch portale Hypertension genannt (PH), spielt eine entscheidende Rolle im Übergang von der kompensierten zur dekompensierten Phase der chronischen Lebererkrankung (CLD) und besitzt daher einen hohen prognostischen Wert, um klinische Dekompensationen einer Leberzirrhose vorherzusagen. Es ist wichtig zu betonen, dass PH per Definition bei allen Patienten mit offensichtlicher klinischer Dekompensation vorhanden ist, während etwa 60 % der Patienten mit kompensierter Krankheit bereits eine PH haben (de Franchis et al. 2022). Daher sollten diagnostische Mittel bei Patienten mit kompensierter Krankheit zunehmend getestet und eingesetzt werden, um Risikopatienten zu erkennen, bevor es zur ersten Dekompensation kommt.

Der Goldstandard zur Beurteilung und Stadieneinteilung der PH bei der kompensierten fortgeschrittenen chronischen Lebererkrankung (cACLD) ist die invasive Messung des hepatovenösen Druckgradienten (hepatovenous pressure gradient, HVPG). Ein normaler HVPG-Wert liegt bei 1–5 mmHg, während eine leichtgradige oder präklinische sinusoidale PH bei 6–9 mmHg und ein klinisch signifikanter Pfortaderhochdruck (*clinically significant portal hypertension*, CSPH) 10 mmHg übersteigt (siehe auch Kap. 7). Der Nachweis von CSPH ist mit dem Auftreten von Ösophagusvarizen, klinischer Dekompensation

D. Segna · A. Berzigotti (✉)
Universitätsklinik für Viszerale Chirurgie und Medizin, Inselspital, Universitätsspital Bern, Bern, Schweiz
E-Mail: daniel.segna@insel.ch; annalisa.berzigotti@insel.ch

T. Bruns et al. (Hrsg.), *Komplikationen der Leberzirrhose*,
https://doi.org/10.1007/978-3-662-70167-6_8

(Aszites, gastrointestinalen Blutungen bei Ösophagus- und Fundusvarizen, hepatischer Enzephalopathie), postoperativer Dekompensation und zusätzlich mit einem höheren Risiko für hepatozelluläre Karzinome (HCC) assoziiert (Bosch et al. 2009). Daher ist die frühzeitige Erkennung der CSPH sowohl aus prognostischer als auch aus therapeutischer Sicht von hoher Relevanz.

Gemäß dem Baveno-VII-Konsensus (de Franchis et al., 2022) verschiebt sich das Behandlungskonzept für die CSPH basierend auf den Daten der randomisierten, kontrollierten PREDESCI-Studie (Villanueva et al., 2019) von einem primär auf Varizenblutungen ausgerichteten Ansatz (Prävention von Blutungen und Rezidivblutungen) hin zu einem umfassenderen Konzept der Prävention von Dekompensationen. Dieser Konsens empfiehlt, die CSPH bereits bei ihrem Nachweis und vor dem Auftreten der ersten Dekompensation (z. B. Aszites) zu behandeln. Dies unterstreicht die Attraktivität von nichtinvasiven Tests als Surrogatparameter für den HVPG zur Beurteilung des Vorliegens von CSPH bei Patienten mit cACLD und wurde in Studien der letzten 10 Jahre zunehmend mit Daten unterfüttert.

► Eine klinisch signifikante portale Hypertension sollte, sobald sie festgestellt wurde, behandelt werden, auch wenn noch keine Dekompensationsereignisse aufgetreten sind.

8.2 Laboruntersuchungen

Die nichtinvasive Labordiagnostik der PH umfasst ein breites Spektrum, von einfach zu bestimmenden Laborparametern bis hin zu Scores mit oder ohne zusätzliche klinische oder bildgebende Verfahren, die das Risiko einer cACLD und damit eines zunehmenden Risikos für eine CSPH abschätzen können.

Die Thrombozytenzahl ist ein isolierter Laborparameter, der am häufigsten mit PH assoziiert wird. Sie reflektiert den Rückstau (*Pooling*) von Thrombozyten infolge einer portal-hypertensiv bedingten Splenomegalie mit Hypersplenismus. Die europäischen Leitlinien für nichtinvasive Tests (NITs) empfehlen daher ihren Einsatz zur weiteren Risikostratifizierung einer CSPH (EASL Guideline 2021). Häufig wird die Thrombozytenzahl mit anderen Laborparametern zu einem Score kombiniert, um die Risikostratifizierung einer cACLD weiter zu verfeinern. Der am häufigsten verwendete Score ist der FIB-4 (Sterling et al. 2006), der auf Basis von ASAT, ALAT, Alter und Thrombozytenzahl berechnet wird. Dieser Score ermöglicht eine verlässliche Einschätzung des Ausmaßes und Progressionsrisikos einer mit metabolischer Dysfunktion assoziierten steatotischen Lebererkrankung (MASLD) hin zu einer cACLD und indirekt zu einer CSPH und wird zunehmend in der klinischen Praxis angewandt (Vali et al. 2023).

Weitere indirekt relevante Parameter für die PH sind Laborwerte zur Bestimmung der Leberfunktion, insbesondere das Child-Pugh-Stadium und der MELD-Score (Model for End-Stage Liver Disease). Das fortgeschrittene Stadium C weist in Kombination mit kleinen Varizen auf eine Hochrisikosituation für Varizenblutungen hin, bei der eine unmittelbare Blutungsprophylaxe erforderlich ist (De Franchis und Baveno 2015).

Neuere Ansätze kombinieren Thrombozyten auch mit dem von-Willebrand-Faktor, um das Risiko einer CSPH vorherzusagen. Der daraus resultierende VITRO-Score hat eine sehr gute Vorhersagekraft bezüglich CSPH unabhängig vom Schweregrad der Lebererkrankung im Vergleich zu HVPG-Messungen (Semmler et al. 2024; Jachs et al. 2024) und findet zunehmend Einsatz in der Klinik.

▶ Der von-Willebrand-Faktor kann als Marker für eine portale Hypertension herangezogen werden.

8.3 Bildgebende Verfahren

Alle bildgebenden Verfahren können anatomische Merkmale und Folgen einer portalen Hypertension (PH) identifizieren, wie die Dilatation der Pfortader, Milzvene und V. mesenterica superior, Splenomegalie, portosystemische Kollateralen und subklinischen Aszites (Berzigotti et al. 2013) (Abb. 8.1). Das Vorhandensein einiger dieser Anzeichen, insbesondere portosystemischer Kollateralen, entweder isoliert oder in

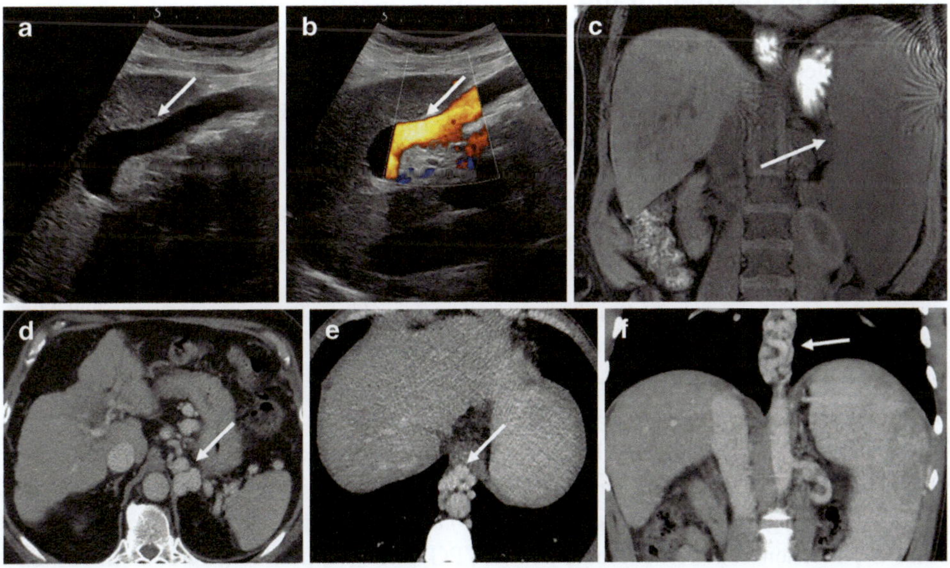

Abb. 8.1 Anzeichen der portalen Hypertonie in der Bildgebung. Die *Pfeile* weisen auf den interessierenden Befund hin. (**a**) Durchgängige paraumbilikale Vene im Graustufenultraschall; (**b**) Durchgängige paraumbilikale Vene im Farbdoppler, beachten Sie den hepatofugalen Fluss (Sonografie im Epigastrium am linken Leberlappen). (**c**) Splenomegalie in der MRT. (**d**) Splenorenale Kollateralen im CT. (**e**) Ösophagusvarizen im CT. (**f**) Ösophagusvarizen in der Rekonstruktion im CT

Kombination mit anderen Parametern, ermöglicht eine sichere Diagnose einer CSPH (De Franchis und Baveno 2015). Das Fehlen solcher Merkmale schließt eine CSPH jedoch nicht mit Sicherheit aus.

8.3.1 Farbkodierte Duplexsonografie

Der Doppler-Ultraschall wird neben der Erkennung anatomischer Anomalien zur Beurteilung von Blutflussveränderungen eingesetzt, die mit portaler Hypertension (PH) assoziiert sind. Techniken wie der Dämpfungsindex, der Veränderungen in der Doppler-Wellenform der Lebervene misst, korrelieren moderat mit dem hepatischen Venendruckgradienten (HVPG) (Berzigotti et al. 2012) und dessen Ansprechen auf eine pfortaderdrucksenkende Therapie.

Zusätzlich weist der Pulsatilitätsindex (*pulsatility index*) der A. lienalis, kombiniert mit der Messung des portalvenösen Blutflusses, eine höhere diagnostische Genauigkeit auf als die Messung der Lebersteifigkeit mittels Scherwellenelastografie. Dennoch werden Doppler-Messungen aufgrund der begrenzten Datenlage derzeit nicht als zuverlässige Surrogatparameter für den HVPG angesehen.

8.3.2 Computertomografie

Die Computertomografie (CT)-Bildgebung ist eine leistungsstarke Methode zur Erkennung anatomischer Folgeerscheinungen der PH, wie z. B. gastroösophagealer Varizen bei Patienten mit fortgeschrittener Leberzirrhose oder portosystemische Kollateralen (Renzulli et al. 2022). Die Unregelmäßigkeit der Leberoberfläche kann quantifiziert werden und korreliert mit dem Vorhandensein einer PH (da sie eine fortgeschrittene Zirrhose identifiziert) (Sartoris et al. 2018). Diese einfache Information kann auch in der klinischen Praxis verwendet werden.

Eine Metaanalyse von 28 Studien ermittelte eine CT-grafische Sensitivität von 91 % und eine Spezifität von 81 % für die Erkennung von gastroösophagealen Varizen (Li et al. 2024). Bei unmittelbar therapiebedürftigen Hochrisikovarizen lagen Sensitivität und Spezifität jeweils bei 89 % und 90 %. Neben der Erkennung der PH wurden mit der CT-Bildgebung auch Vorhersagemodelle für Ösophagusvarizen entwickelt (Yan et al. 2024). Quantitative Bildanalysen in großen CT-Datenbanken (radiomische Untersuchungen) zeigten eine ausgezeichnete Sensitivität (94 %) und Spezifität (100 %) für die Erkennung eines hepatischen Venendruckgradienten (HVPG) von $\geq$12 mmHg (Liu et al. 2018). Detaillierte Daten zur diagnostischen Leistung liegen jedoch noch nicht vor.

8.3.3 Magnetresonanztomografie

Die Magnetresonanztomografie (MRT) ist ein weiteres wertvolles bildgebendes Verfahren zur Beurteilung gastroösophagealer Varizen. In einer retrospektiven Studie bei 178 Patienten mit chronischer Lebererkrankung wurden MRT-Parameter wie die relative Leberanreicherung mit Kontrastmittel und die Hyperintensität der Pfortader in verzögerten T1-gewichteten gadoxetinsäureverstärkten MRT-Aufnahmen als unabhängige Prädiktoren für HVPG-Werte von ≥12 mmHg identifiziert (Asenbaum et al. 2017). Darüber hinaus wurden in einer Studie zur Beurteilung des Schweregrads gastroösophagealer Varizen bei Patienten mit einer Hepatitis-B-Virus-(HBV-)Infektion MRT-basierte Beurteilungen des Lebervolumens untersucht. Es wurde festgestellt, dass das gesamte Lebervolumen sowie die Volumina des linken medialen und rechten Leberlappens negativ mit dem endoskopischen Grad der Varizen korrelierten. Im Gegensatz dazu zeigte sich mit steigendem Volumen des Lobus caudatus ein signifikanter Anstieg von Grad-0- bis Grad-3-Varizen, was auf seine potenzielle Rolle bei der Beurteilung der Varizenschwere hinweist (Tan et al. 2023).

8.4 Elastografie von Leber und Milz

8.4.1 Rationale

Traditionell wird die HVPG-Messung als Goldstandard zum Ausschluss oder zur Graduierung von PH und CSPH herangezogen (Bosch et al. 2009). Da diese Methode ebenso wie Gastroskopien zum Ausschluss von Hochrisikovarizen invasiv, kostspielig, nicht überall verfügbar und mit einem gewissen Komplikationsrisiko behaftet ist, kommen NITs wie die Leber- und Milzsteifigkeitsmessung mittels vibrationskontrollierter transienter Elastografie (VCTE, FibroScan®, Echosens, Frankreich) oder punkt- und zweidimensionaler Scherwellenelastografie zunehmend zum Einsatz (Ferraioli et al. 2024).

Die Lebersteifigkeitsmessung (*Liver stiffness measurement*, LSM) durch transiente Elastografie beruht auf dem Prinzip der Scherwellengeschwindigkeit, wobei diese als Reflexion eines mechanisch erzeugten Impulses durch den Interkostalraum oberhalb des rechten Leberlappens in einer Tiefe von 25–65 mm abgeleitet wird (Ferraioli et al. 2018). Die LSM ist eine nützliche Methode, um das Vorhandensein und den Schweregrad einer Leberfibrose abzuschätzen. Im Anfangsstadium ist die portale Hypertension auf einen Anstieg des intrahepatischen Widerstands zurückzuführen (Ohmsches Gesetz: $P=R\times Q$). Da die hepatische Fibrose die Hauptursache für den erhöhten intrahepatischen Widerstand ist, kann die LSM neben der Unterscheidungsfähigkeit zwischen verschiedenen Fibrosestadien auch Daten über die Risikostratifizierung der CSPH liefern (de Franchis et al. 2022), wenn diese auch nur indirekt abgeleitet sind.

Diese einfach zu erlernende, nichtinvasive und leicht wiederholbare Methode mit einer hohen Erfolgsrate und umfangreichen Validierung hat jedoch ihre Limitationen bei Patienten mit Aszites, Adipositas, Inflammation, Cholestase, Kongestion oder vorangegangener Nahrungsaufnahme, da die Untersuchungsqualität und Messgenauigkeit darunter leiden und/oder falsch hohe Werte gemessen werden (Abb. 8.2) (Ferraioli et al. 2018).

Die Milzsteifigkeitsmessung (*Spleen stiffness measurement*, SSM) ist ein zunehmend gefragter Surrogatparameter zur Beurteilung der PH, da diese sowohl den Blutstau und den daraus resultierenden Druckanstieg in der Milz als auch die Erweiterung und Hyperaktivierung der intrasplenischen Lymphgefäße, die erhöhte Angio- und Fibrogenese durch die PH und den erhöhten Portalvenenfluss durch die splanchnische Hyperzirkulation unmittelbar abbilden kann (Berzigotti et al. 2017; Reiberger 2022). Sie ist somit ein unmittelbareres Maß für die PH als die LSM und korreliert genauer mit allen Schweregraden der PH als die LSM (Abb. 8.2)

Ein weiterer Vorteil ist die Erfassung der präsinusoidalen Komponente der PH (Berzigotti et al. 2017) wie bei cholestatischen Lebererkrankungen, Thrombosen im Portalvenensystem, cholestatischen Lebererkrankungen und bei Patienten mit einer mit metabolischer Dysfunktion assoziierten steatotischen Lebererkrankungen (Baffy und Bosch 2022), die durch die HVPG-Messung nicht korrekt abgebildet werden kann. Ferner kann eine PH durch eine portosinusoidale vaskuläre Lebererkrankung (PSVD) besser abgebildet werden, sodass die SSM die PH jeglicher Ätiologie quantifizieren kann (Moga et al. 2024). Die einfache Erlernbarkeit dieser nichtinvasiven Methode führt zu einem zunehmenden Einsatz in der Tertiärversorgung hepatologischer Patienten.

Neben den VCTE-basierten LSM- und SSM-Messungen können diese auch durch die Punkt- und die zweidimensionale Scherwellenelastografie ermittelt werden (Berzigotti et al. 2017), wobei insbesondere letztere als integrierte Software auf modernen Ultra-

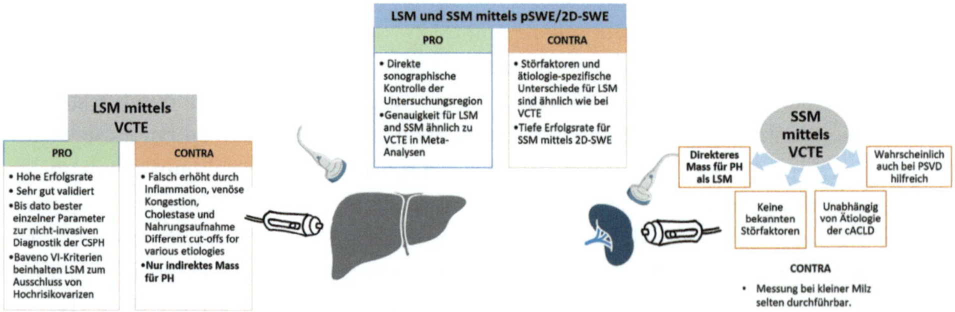

Abb. 8.2 Vor- und Nachteile der Leber- und Milzsteifigkeitsmessungen für die Beurteilung der portalen Hypertension. 2D-SWE = zweidimensionale Scherwellenelastografie, ACLD = fortgeschrittene chronische Lebererkrankung, CSPH = klinisch signifikante portale Hypertension, LSM = Lebersteifigkeitsmessung, PH = portale Hypertension, PSVD = portosinusoidale vaskuläre Erkrankungen der Leber, p-SWE = Punktscherwellenelastografie, SSM = Milzsteifigkeitsmessung, VCTE = vibrationskontrollierte transiente Elastografie)

schallgeräten verfügbar ist. Ein wesentlicher Nachteil ist jedoch die fehlende Vergleichbarkeit verschiedener Systeme und die noch nicht ausreichende Validierung zum Ausschluss von CSPH trotz vielversprechender Einzelergebnisse.

8.4.2 Einsatz der Elastografie zur Risikostratifikation

Die LSM hat sich als herausragenden Fortschritt bei der Risikostratifizierung der CSPH erwiesen und diagnostiziert diese mit einer deutlich höheren Genauigkeit als andere NITs. Die Zuverlässigkeit der LSM zur Identifizierung einer CSPH wurde bei Patienten mit cACLD verschiedener Ätiologien untersucht, wobei Korrelationskoeffizienten von 0,55–0,82 mit dem HVPG festgestellt wurden. Die aktuellen Baveno-VII-Kriterien (de Franchis et al. 2022) empfehlen daher eine LSM ≤15 kPa in Kombination mit einer Thrombozytenzahl von ≥150×10⁹/l zum weitgehenden Ausschluss einer CSPH für die meisten Ätiologien der Lebererkrankung.

Gleichzeitig ist eine LSM ≥25 kPa der optimale Grenzwert zur Bestätigung einer CSPH mit einer Spezifität und einem positiven Vorhersagewert von über 90 % bei Erkrankungen wie alkoholischer Lebererkrankung, chronischer Hepatitis B, chronischer Hepatitis C und nicht adipösen Patienten mit einer mit metabolischer Dysfunktions-assoziierten steatotischen Lebererkrankung (MASLD, früher als nichtalkoholische Fettlebererkrankung [NAFLD] bezeichnet) (Pons et al. 2021).

▶ Eine LSM ≥25 kPa bestätigt bei vielen Lebererkrankungen eine klinisch signifikante portale Hypertension.

Bei adipösen Patienten mit Steatohepatitis (MASH/NASH) sinkt der positive Vorhersagewert jedoch auf 62,8 %, sodass zu diesem Zweck das ANTICIPATE-NASH-Modell entwickelt wurde, das die Lebersteifigkeit (LSM) mittels VCTE, die Thrombozytenzahl und den Body-Mass-Index (BMI) einbezieht und in dieser Patientengruppe zur Abschätzung des Risikos für klinisch signifikante portale Hypertension (CSPH) verwendet werden kann (Pons et al. 2021). Für Patienten mit LSM-Werten im mittleren Bereich von 15–25 kPa (dem sog. Graubereich) hat die ANTICIPATE-Studie ein Vorhersagemodell entwickelt, das auf LSM und Thrombozytenzahl basiert, um die Risikostratifizierung für CSPH, wie vom Baveno-VII-Konsens empfohlen, zu verbessern.

Bezüglich portal-hypertensiver Varizen kann eine einfache Kombination aus einer Thrombozytenzahl von ≥150×10⁹/l und einer LSM von ≤20 kPa genutzt werden, um Patienten mit kompensierter fortgeschrittener chronischer Lebererkrankung (cACLD) mit einem sehr geringen Risiko (<5 %) für das Vorliegen von behandlungsbedürftigen Hochrisikovarizen (HRV) zu identifizieren und somit endoskopische Untersuchungen einzusparen (de Franchis und Baveno 2015). Seit der Veröffentlichung dieser Baveno-VI-Kriterien wurden diese in zahlreichen Studien für verschiedene Ätiologien der cACLD und in einer aktuellen Metaanalyse von 28 Studien validiert (Bai und Abraldes 2022). Eine Verfeinerung dieser Modelle im Sinne einer individualisierten Risikoabschätzung ist

Gegenstand aktueller Forschung. Zudem werden die zugrunde liegenden Grenzwerte regelmäßig überprüft – etwa durch die Anhebung des LSM-Grenzwerts oder die Absenkung des Thrombozytenschwellenwerts zum Ausschluss einer CSPH – mit dem Ziel, die Zahl vermeidbarer Endoskopien im Rahmen des Varizenscreenings zu erhöhen.

Andere Ultraschall-Elastografie-Methoden wie die Punktscherwellenelastografie und die 2D-Scherwellenelastografie wurden ebenfalls verwendet und zeigten ähnliche Ergebnisse, wobei die Datenlage hierfür weniger umfangreich als für VCTE ist (Ferraioli et al. 2024).

Die Messung der Milzsteifigkeit (SSM) mittels VCTE bietet wertvolle Einblicke in die Beurteilung der CSPH und das Risiko von HRV bei Patienten mit cACLD. Bei einer SSM von <21 kPa kann eine CSPH verlässlich ausgeschlossen werden, während eine SSM von ≤40 kPa ein geringes Risiko für die Entwicklung von HRV anzeigt und schlussendlich eine SSM von > 50 kPa eine CSPH weitgehend bestätigt (Berzigotti 2017).

Der Baveno-VII-Konsens schlägt pragmatischerweise die „Rule of Five" vor, die auf der Leberelastografie und der Thrombozytenzahl basiert, um das Risiko der PH bei Patienten mit kompensierter Lebererkrankung zu stratifizieren (Berzigotti 2017).

Die Messung der SSM ist besonders nützlich bei Patienten mit cACLD mit einer LSM durch VCTE von 15–25 kPa (Graubereich, also mit intermediärer Wahrscheinlichkeit für eine CSPH). Das Vorhandensein einer SSM von <40 kPa und einer Thrombozytenzahl von ≥150/nl ermöglicht den Ausschluss einer PH mit einem negativem Vorhersagewert (NPV) von 85 %; eine SSM von >40 kPa und eine Thrombozytenzahl von <150/nl bestätigen eine CSPH mit einem positivem Vorhersagewert (PPV) von 92 % (Dajti et al. 2023) (Abb. 8.3). Durch die Anwendung dieser Parameter bleiben nur noch 9 % der Patienten im Graubereich. Es ist mittlerweile auch ein spezifisches Modul für die Milz verfügbar, das eine

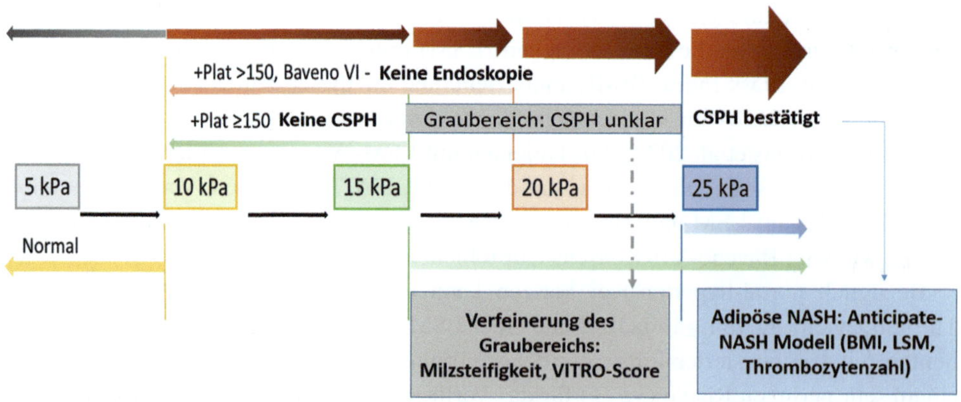

Abb. 8.3 Rule of five (Regel der Fünf) gemäß Baveno VII. Für die Patienten im Graubereich mit unklarem Risiko für CSPH sollte der Grenzwert von 40 kPa herangezogen werden, um diese auszuschließen oder zu bestätigen. Der Vitro-Score kann ebenfalls verwendet werden. BMI = Body-Mass-Index, CSPH = klinisch signifikante portale Hypertension, LSM = Lebersteifigkeitsmessung, Plat = Thrombozyten

Frequenz von 100 Hz verwendet und die Anwendbarkeit der Methode verbessert (Rigamonti et al. 2022; Stefanescu et al. 2020).

8.5 Fazit

Der ärztlichen Fachwelt steht ein breites Spektrum kombinierbarer nichtinvasiver Methoden zur Verfügung, um bei Patienten mit cACLD das Vorliegen einer klinisch signifikanten portalen Hypertension (CSPH) mit hoher Genauigkeit bestätigen oder ausschließen zu können (Abb. 8.4). Durch den sequenziellen Einsatz von blutbasierten Tests und der Milzelastografie kann der diagnostische Graubereich der Leberelastografie weiter eingegrenzt werden. Für eine sichere Diagnose und die präzise Quantifizierung des Schweregrades der portalen Hypertension bleibt jedoch die invasive Messung des HVPG unverzichtbar.

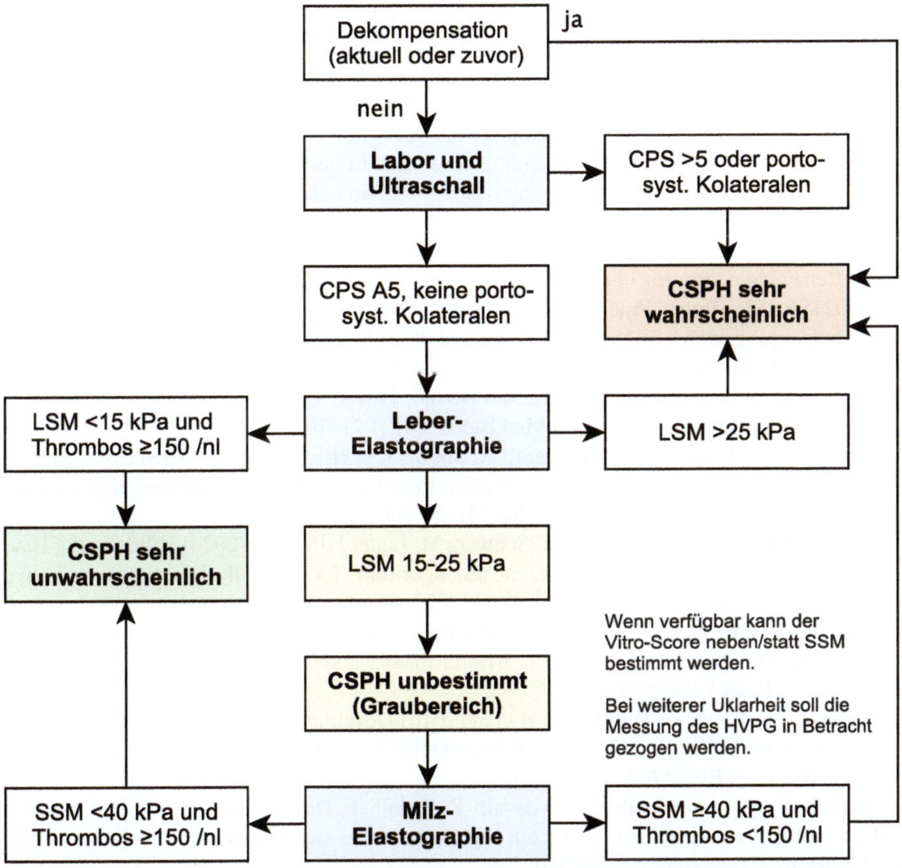

Abb. 8.4 Vorgeschlagener Ansatz zur nichtinvasiven Diagnose der portalen Hypertonie bei Patienten mit cACLD. CPS = Child Pugh-Score, CSPH = klinisch signifikante portale Hypertension, LSM = Lebersteifigkeitsmessung, SSM = spleen stiffness measurement (Milzsteifigkeitsmessung), kPA = kiloPascal, Thrombos = Thrombozyten

Literatur

Asenbaum U, Ba-Ssalamah A, Mandorfer M, Nolz R, Furtner J, Reiberger T et al (2017) Effects of portal hypertension on gadoxetic acid-enhanced liver magnetic resonance: diagnostic and prognostic implications. Invest Radiol 52(8):462–469

Baffy G, Bosch J (2022) Overlooked subclinical portal hypertension in non-cirrhotic NAFLD: is it real and how to measure it? J Hepatol 76(2):458–463

Bai W, Abraldes JG (2022) Noninvasive assessment oesophageal varices: impact of the Baveno VI criteria. Curr Opin Gastroenterol 38(3):206–215

Berzigotti A, Piscaglia F, Education E, Professional Standards C (2012) Ultrasound in portal hypertension – part 2 – and EFSUMB recommendations for the performance and reporting of ultrasound examinations in portal hypertension. Ultraschall Med 33(1):8–32. quiz 0-1

Berzigotti A, Seijo S, Reverter E, Bosch J (2013) Assessing portal hypertension in liver diseases. Expert Rev Gastroenterol Hepatol 7(2):141–155

Berzigotti A (2017) Non-invasive evaluation of portal hypertension using ultrasound elastography. J Hepatol 67(2):399–411

Bosch J, Abraldes JG, Berzigotti A, Garcia-Pagan JC (2009) The clinical use of HVPG measurements in chronic liver disease. Nat Rev Gastroenterol Hepatol 6(10):573–582

Dajti E, Ravaioli F, Zykus R, Rautou PE, Elkrief L, Grgurevic I et al (2023) Accuracy of spleen stiffness measurement for the diagnosis of clinically significant portal hypertension in patients with compensated advanced chronic liver disease: a systematic review and individual patient data meta-analysis. Lancet Gastroenterol Hepatol 8(9):816–828

de Franchis R, Baveno VIF (2015) Expanding consensus in portal hypertension: report of the Baveno VI consensus workshop: stratifying risk and individualizing care for portal hypertension. J Hepatol 63(3):743–752

de Franchis R, Bosch J, Garcia-Tsao G, Reiberger T, Ripoll C, Baveno VII (2022) Faculty. Baveno VII – Renewing consensus in portal hypertension. J Hepatol 76(4):959–974

EASL (2021) EASL Clinical Practice Guidelines on non-invasive tests for evaluation of liver disease severity and prognosis – 2021 update. J Hepatol 75(3):659–689

Ferraioli G, Barr RG, Berzigotti A, Sporea I, Wong VW, Reiberger T et al (2024) WFUMB guideline/guidance on liver multiparametric ultrasound: Part 1. Update to 2018 guidelines on liver ultrasound elastography. Ultrasound Med Biol 50(8):1071–1087

Ferraioli G, Wong VW, Castera L, Berzigotti A, Sporea I, Dietrich CF et al (2018) Liver ultrasound elastography: an update to the world federation for ultrasound in medicine and biology guidelines and recommendations. Ultrasound Med Biol 44(12):2419–2440

Jachs M, Sandmann L, Hartl L, Tergast T, Schwarz M, Bauer DJM et al (2024) Validation of Baveno VII criteria and other non-invasive diagnostic algorithms for clinically significant portal hypertension in hepatitis delta. J Hepatol 81(2):248–257

Li J, Zhu Y, Ni J, Wang L, Lei J (2024) Computed tomography for the diagnosis of gastroesophageal varices and risk assessment in patients with cirrhosis: a systematic review and meta-analysis. Diagn Interv Radiol 30(6):335–350

Liu F, Ning Z, Liu Y, Liu D, Tian J, Luo H et al (2018) Development and validation of a radiomics signature for clinically significant portal hypertension in cirrhosis (CHESS1701): a prospective multicenter study. EBioMedicine 36:151–158

Moga L, Paradis V, Ferreira-Silva J, Gudavalli K, Indulti F, Dajti E et al (2024) Performance of spleen stiffness measurement to rule out high-risk varices in patients with porto-sinusoidal vascular disorder. Hepatology 81(2):546–559

Pons M, Augustin S, Scheiner B, Guillaume M, Rosselli M, Rodrigues SG et al (2021) Noninvasive diagnosis of portal hypertension in patients with compensated advanced chronic liver disease. Am J Gastroenterol 116(4):723–732

Reiberger T (2022) The value of liver and spleen stiffness for evaluation of portal hypertension in compensated cirrhosis. Hepatol Commun 6(5):950–964

Renzulli M, Dajti E, Ierardi AM, Brandi N, Berzigotti A, Milandri M et al (2022) Validation of a standardized CT protocol for the evaluation of varices and porto-systemic shunts in cirrhotic patients. Eur J Radiol 147:110010

Rigamonti C, Cittone MG, Manfredi G, Sorge A, Moia RM, Patriarca A et al (2022) High reproducibility of spleen stiffness measurement by vibration-controlled transient elastography with a spleen-dedicated module. Hepatol Commun 6(11):3006–3014

Sartoris R, Rautou PE, Elkrief L, Pollorsi G, Durand F, Valla D et al (2018) Quantification of liver surface nodularity at CT: utility for detection of portal hypertension. Radiology 289(3):698–707

Semmler G, Hartl L, Mendoza YP, Simbrunner B, Jachs M, Balcar L et al (2024) Simple blood tests to diagnose compensated advanced chronic liver disease and stratify the risk of clinically significant portal hypertension. Hepatology 80(4):887–900

Stefanescu H, Marasco G, Calès P, Fraquelli M, Rosselli M, Ganne-Carriè N et al (2020) A novel spleen-dedicated stiffness measurement by FibroScan® improves the screening of high-risk oesophageal varices. Liver Int 40(1):175–185

Sterling RK, Lissen E, Clumeck N, Sola R, Correa MC, Montaner J et al (2006) Development of a simple noninvasive index to predict significant fibrosis in patients with HIV/HCV coinfection. Hepatology 43(6):1317–1325

Tan BG, Tang Z, Ou J, Zhou HY, Li R, Chen TW et al (2023) A novel model based on liver/spleen volumes and portal vein diameter on MRI to predict variceal bleeding in HBV cirrhosis. Eur Radiol 33(2):1378–1387

Vali Y, Lee J, Boursier J, Petta S, Wonders K, Tiniakos D et al (2023) Biomarkers for staging fibrosis and non-alcoholic steatohepatitis in non-alcoholic fatty liver disease (the LITMUS project): a comparative diagnostic accuracy study. Lancet Gastroenterol Hepatol 8(8):714–725

Villanueva C, Albillos A, Genesca J, Garcia-Pagan JC, Calleja JL, Aracil C et al (2019) beta blockers to prevent decompensation of cirrhosis in patients with clinically significant portal hypertension (PREDESCI): a randomised, double-blind, placebo-controlled, multicentre trial. Lancet 393(10181):1597–1608

Yan C, Li M, Liu C, Zhang Z, Zhang J, Gao M et al (2024) Development of a non-invasive diagnostic model for high-risk esophageal varices based on radiomics of spleen CT. Abdom Radiol (NY) 49(12):4373–4382

Bildgebende diagnostische Verfahren 9

Malin Fromme und Pavel Strnad

9.1 Einleitung

Die Evaluation von Patienten mit Leberzirrhose erfordert den Einsatz multipler bildgebender Verfahren zur Erfassung von portaler Hypertension (PH), der Früherkennung von Komplikationen wie dem hepatozellulären Karzinom (HCC), Pfortaderthrombose oder Aszites, der Vorbereitung vor operativen Eingriffen, aber auch der Beurteilung extrahepatischer Organe (Herzfunktion, Sarkopenie, Differenzialdiagnose der Vigilanzminderung etc.). Um diesen komplexen Aufgaben Rechnung zu tragen, werden hier die einzelnen Modalitäten und ihre Einsatzbereiche nacheinander vorgestellt und diskutiert.

9.2 Sonografie des Abdomens

Die Sonografie des Abdomens gilt als Grundbaustein in der Evaluation der Leber, da sie breit verfügbar, nichtinvasiv und kostengünstig ist, zudem wird bei der Sonografie keine Strahlung eingesetzt (Soresi et al. 2014). Zu den typischen sonografischen Zeichen der Leberzirrhose gehören die Atrophie des rechten Leberlappens und die Hypertrophie des linken Leberlappens, insbesondere des Lobus caudatus. Das Verhältnis zwischen dem transversalen Durchmesser von Lobus caudatus und rechtem Leberlappen kann dabei als Zeichen der Leberzirrhose verwendet werden. Ein Wert von >0,65 gilt als relativ spezifisch, aber wenig sensitiv (Giorgio et al. 1986).

M. Fromme · P. Strnad (✉)
Medizinische Klinik III, Uniklinik RWTH Aachen, Aachen, Deutschland
E-Mail: mfromme@ukaachen.de; pstrnad@ukaachen.de

T. Bruns et al. (Hrsg.), *Komplikationen der Leberzirrhose*,
https://doi.org/10.1007/978-3-662-70167-6_9

Des Weiteren weist die zirrhotische Leber eine veränderte Textur auf. Das Echomuster ist inhomogen und grobkörnig, aber auch diese Kriterien gelten als wenig sensitiv (Saverymuttu et al. 1986). Der Umbau der Leber resultiert in einer irregulären Oberfläche, die als das beste Zeichen einer Leberzirrhose gilt, allerdings kann die Irregularität bei einer mikronodulären Leberzirrhose nur diskret ausgeprägt sein (Soresi et al. 2014).

Während die oben beschriebenen Merkmale auf die Veränderung der Leberarchitektur abzielen, weisen zahlreiche andere Kriterien auf das Vorliegen einer PH hin, die eine Konsequenz des Leberumbaus darstellt. So gilt ein Pfortaderdurchmesser > 1,2 cm als spezifisches, aber wenig sensitives Zeichen der PH (Bolondi et al. 1982), während eine Splenomegalie zwar charakteristisch, aber nicht allzu spezifisch ist, da sie bei multiplen anderen Erkrankungen ebenfalls beobachtet wird (Soresi et al. 2014). Das laborchemische Vorliegen einer Thrombozytopenie weist ebenfalls auf eine PH hin und kann somit die sonografischen Befunde unterstützen (siehe auch Kap. 8).

Zusammenfassend gilt der Ultraschall zwar nicht als Methode der Wahl zur Früherkennung einer Leberzirrhose, ist aber dank seiner breiten Verfügbarkeit trotzdem von großer Bedeutung, da es häufig die Methode ist, die zur Diagnose der Leberzirrhose führt. Um die diagnostische Sicherheit zu erhöhen, sollte die Diagnose auf einer Kombination mehrerer direkter und indirekter Zeichen basieren, wie zum Beispiel einer veränderten Leberarchitektur, dem Vorliegen einer Splenomegalie und eines vergrößerten Pfortaderdurchmessers. Dank seiner breiten Verfügbarkeit stellt der Ultraschall zudem die Methode der Wahl für die Verlaufsbeobachtung und Erkennung von Komplikationen wie der Entwicklung eines HCC, einer Pfortaderthrombose oder der Erkennung und longitudinalen Erfassung von Aszites dar. Darüber hinaus erlaubt der Ultraschall die Erfassung von zahlreichen weiteren, potenziell relevanten Merkmalen wie Gallengangsveränderungen oder das Vorliegen einer Steatose.

► Im Rahmen einer Früherkennung soll bei Patienten mit erhöhtem Risiko einer HCC-Entwicklung alle 6 Monate eine Ultraschalluntersuchung der Leber durchgeführt werden.

Zu Patienten, bei denen regelmäßige Vorsorgeuntersuchungen für die Früherkennung eines HCC (Surveillance) durchgeführt werden sollten, zählen unter anderem Patienten mit Child-Pugh A- und B-Leberzirrhose, Patienten auf der Warteliste zur Lebertransplantation, Patienten mit Hepatitis-C-Virusinfektion und fortgeschrittener Fibrose sowie Patienten mit chronischer Hepatitis-B-Virusinfektion und PAGE-B-Score ≥10. Zur HCC-Früherkennung empfehlen die gängigen Leitlinien, die Sonografie des Abdomens im Intervall von 6 Monaten bei Patienten mit Leberzirrhose durchzuführen, da dies zum einen kostengünstig ist und zum anderen zu keiner Strahlenbelastung führt. Aus diesen Gründen werden Verfahren wie die Computertomografie (CT) oder Magnetresonanztomografie (MRT) primär bei einer eingeschränkten sonografischen Beurteilbarkeit oder bei der Notwendigkeit einer präzisen Evaluation und Verlaufsbeobachtung von bekannten Tumoren eingesetzt (Galle et al. 2018; Voesch et al. 2022). Der Vorteil beider Methoden liegt dabei in einer standardisierten Aufnahmetechnik und Bilddokumentation, während der Ultraschall als untersucherabhängig und schlechter reproduzierbar gilt.

Durch seine schnelle und unkomplizierte Verfügbarkeit wird der Ultraschall bei zahlreichen alltäglichen Fragestellungen angewendet, wie der Überprüfung der Durchgängigkeit eines transjugulären intrahepatischen portosystemischen Shunts (TIPS) oder zur Auswahl der richtigen Lokalisation bei einer Aszites- oder Leberpunktion. Zur detaillierten Beschreibung dieser Einsatzmöglichkeiten wird auf die entsprechenden Kapitel dieses Buches verwiesen.

Zu den weiteren Methoden, die bei der Beurteilung der Leberzirrhose routinemäßig eingesetzt werden, gehört auch der Doppler-Ultraschall bzw. die farbkodierte Duplexsonografie, mit dem vor allem der reduzierte Pfortaderfluss detektiert werden kann. Geschwindigkeiten von <14–16 cm/s gelten als abnormal und weisen mit relativ guter Sensitivität und Spezifizität auf die Präsenz einer PH hin (Claudon et al. 2013). Andere Verfahren, wie zum Beispiel die Duplexsonografie der A. hepatica, werden häufig zur Evaluation vaskulärer Komplikationen nach Lebertransplantation angewendet (Berg et al. 2023).

Der bei der Leberzirrhose stattfindende Umbau führt durch die Ausbildung von Noduli zu Inhomogenitäten, die häufig schwer von einem HCC abzugrenzen sind. Deren richtige Einteilung ist von großer Bedeutung, da die Leberzirrhose mit einem erhöhten HCC-Risiko einhergeht. Zur weiteren Abgrenzung kann neben einem CT oder MRT auch die Kontrastmittelsonografie (CEUS) eingesetzt werden. Ähnlich wie bei den anderen beiden Methoden wird bei der CEUS im Falle eines HCCs eine arterielle Hypervaskularisation mit einem schnellen Auswaschen des Kontrastmittels beobachtet. Nichtsdestoweniger wird ein Kontrastmittel-CT/MRT als Methode der Wahl zum Nachweis eines HCC verwendet, während die CEUS typischerweise als zusätzliche Methode bei nicht eindeutigen Ergebnissen zum Einsatz kommt.

9.3 Ultraschallbasierte Elastografie

Bei der Elastografie wird die Ausbreitungsgeschwindigkeit der Ultraschallwellen zur Messung der Lebersteifigkeit verwendet. Die Steifigkeit wird in Kilopascal angegeben und erlaubt Rückschlüsse auf das Ausmaß der Leberfibrose. Somit führt die ultraschallbasierte Elastografie zu klar quantifizierten Ergebnissen, die eine unkomplizierte Verlaufsbeurteilung ermöglichen. Während die vibrationskontrollierte transiente Elastografie als die am meisten verbreitete Methodik gilt, bieten heutzutage die meisten Hersteller der Ultraschallgeräte eine integrierte Elastografiefunktion an. Dabei sollte allerdings bedacht werden, dass die Messergebnisse nicht direkt vergleichbar sind, wodurch im Alltag erhebliche Probleme resultieren können. Neben der Lebersteifigkeit kann auch die Steifigkeit der Milz zur Beurteilung der portalen Hypertonie herangezogen werden. Eine Kombination mit Laborparametern, wie zum Beispiel der Thrombozytenzahl, verbessert weiterhin die diagnostische Aussagekraft. Für eine detaillierte Beschreibung dieser Methode wird der Leser auf Kap. 8 in diesem Buch verwiesen.

Einige Elastografiegeräte bieten zudem durch die Messung der Ultraschallabschwächung eine Möglichkeit zur Evaluation einer Lebersteatose, die wiederum zur diagnostischen Abgrenzung der Zirrhoseätiologie hilfreich sein kann.

9.4 Echokardiografie

Je nach Situation können bei Patienten mit Leberzirrhose zahlreiche andere ultraschallbasierte Verfahren zum Einsatz kommen. So wird die Echokardiografie als Grundbaustein der kardiopulmonalen Diagnostik bei der Evaluation einer Lebertransplantation oder vor geplanter TIPS-Implantation eingesetzt. Hierbei wird neben den Herzklappen und der linksventrikulären auch die rechtsventrikuläre Herzfunktion untersucht, da zum einen der TIPS zu einer Rechtsherzbelastung führt, zum anderen eine Leberzirrhose im Allgemeinen zur Entwicklung einer portopulmonalen Hypertension führen kann. Bei Patienten >50 Jahren oder mit kardialen Risikofaktoren wird zudem häufig eine Stressechokardiografie zur nichtinvasiven Ischämiediagnostik verwendet (Berg et al. 2023).

Zu den Komplikationen der Leberzirrhose gehört auch die Ausbildung eines hepatopulmonalen Syndroms (HPS). Dieses ist durch eine niedrige arterielle Sauerstoffsättigung gekennzeichnet, die durch eine Dilatation der kleinen Lungenarterien mit Ausbildung eines intrapulmonalen Shunts zustande kommt. Zur HPS-Diagnostik wird eine transthorakale Kontrastmittelechokardiografie mit einem nicht lungengängigen Kontrastmittel verwendet (üblicherweise aufgeschüttelte Kochsalzlösung), mit deren Hilfe der Übertritt des Blutes und somit das Vorliegen von Shunts visualisiert werden kann (Berg et al. 2023).

Zunehmende Beachtung findet das Krankheitsbild der zirrhotischen Kardiomyopathie, das durch systolische und diastolische echokardiografische Kriterien im Konsensus 2015 neu definiert wurde (Liu et al. 2023). Der Ausschluss einer zirrhotischen Kardiomyopathie sollte insbesondere vor TIPS-Anlage, beim hepatorenalen Syndrom (HRS-AKI) und vor Lebertransplantation erfolgen, da hierdurch Patienten mit einem erhöhten kardialen Dekompensationsrisiko identifiziert werden können.

9.5 Computertomografie

Die CT gilt als sensitives Verfahren zur Evaluation der zirrhoseassoziierten morphologischen Leberveränderungen, wie einer höckerigen Leberoberfläche, der Atrophie des rechten Leberlappens mit Hypertrophie des Lobus caudatus oder der Heterogenität des Leberparenchyms (Yeom et al. 2015). Ein weiterer Vorteil gegenüber dem Ultraschall ist die standardisierte Aufnahmetechnik und Bilddokumentation, nachteilig ist dagegen die assoziierte Strahlenbelastung (Abb. 9.1).

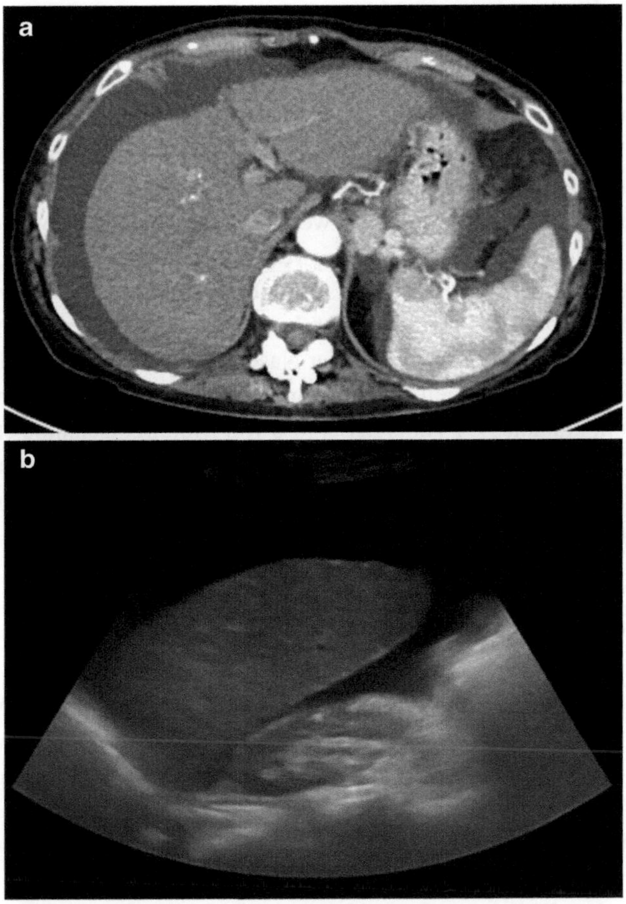

Abb. 9.1 Computertomografische (**a**) und sonografische Darstellung (**b**) einer Leberzirrhose mit höckeriger Oberfläche, abgerundetem Randwinkel sowie Aszites

Darüber hinaus erlaubt das CT eine detaillierte Erfassung der muskulären Masse und der assoziierten Veränderungen wie Sarkopenie oder Myosteatose (van Vugt et al. 2016; Czigany et al. 2020), die in der Regel durch eine Bestimmung auf Höhe des 3. Lendenwirbelkörpers erfolgt. Verminderte Muskelmasse und Muskelqualität sind etablierte Risikofaktoren, die mit einer erhöhten Sterblichkeit und perioperativer Mortalität assoziiert sind (van Vugt et al. 2016, Czigany et al. 2020).

Eine wichtige computertomografische Modalität ist die Erfassung der Leberdurchblutung. Hiermit werden typische, zirrhoseassoziierte Veränderungen der Mikrozirkulation sichtbar, die durch die Kapillarisierung der Sinusoide, eine Ablagerung der extrazellulären Matrix und durch die Kontraktion der aktivierten hepatischen Sternzellen zustande kommen (Gülberg et al. 2002). Mithilfe standardisierter Akquisitionsprotokolle wird die Verteilung der jodbasierten Kontrastmittel in der spätarteriellen, portalvenösen und Spätphase mit den nativen Bildern verglichen (Kim et al. 2014). Dadurch gelingt zum einen eine genaue Beurteilung der Tumoren einschließlich des HCC, zum anderen eine gute Darstellung der extrahepatischen Gefäße.

Letzteres ist bei der präoperativen Planung, aber auch zur Planung von zahlreichen Interventionen, wie der TIPS-Anlage oder der Behandlung von portosystemischen Shunts und den dadurch entstehenden Varizen, von entscheidender Bedeutung. Ein Kontrastmittel-CT in Kombination mit dem MRT wird auch als Standardmethode zur Detektion und Verlaufsbeobachtung von HCCs angewendet. Hier gelten die arterielle Hypervaskularisation sowie das rasche Auswaschen als typische Zeichen, die von den entsprechenden Leitlinien/Richtlinien gefordert werden (Galle et al. 2018; Voesch et al. 2022; Berg et al. 2023).

Neben der CT-Bildgebung von Abdomen/Becken, welche z. B. im Rahmen der Evaluation einer Lebertransplantation obligatorisch gefordert wird, wird beim Vorliegen eines HCC oder bei Verdacht auf Lungengerüstveränderungen ein CT-Thorax durchgeführt (Berg et al. 2023). Ein CT der Nasennebenhöhle wird zur Evaluation von potenziellen Infektfoki empfohlen, bei höhergradiger hepatischer Enzephalopathie kann darüber hinaus ein kraniales CT zum Ausschluss von Blutung, Ischämie etc. notwendig werden. Bei dem Vorliegen eines HCC und bei einer beabsichtigten Lebertransplantation wird ein CT (oder MRT) der Leber alle 3 Monate und ein CT-Thorax alle 6 Monate wiederholt (Berg et al. 2023).

9.6 Magnetresonanztomografie

Die Magnetresonanztomografie (MRT) bietet zahlreiche Modalitäten zur Evaluation der Leber. So kann es zwischen dem fett- und wasserbasierten Signal unterscheiden und eignet sich daher optimal zur Bestimmung der Leberverfettung. Dies geschieht durch die sog. PDFF-(proton density fat fraction)-Bildgebung (Reeder et al. 2011), die als das genaueste nichtinvasive Verfahren dieser Art gilt. Mit der Magnetresonanzelastografie wird ähnlich wie bei ultraschallbasierten Verfahren die Ausbreitung von niederfrequenten mechanischen Wellen zur Quantifizierung der Leberfibrose angewendet (Venkatesh et al. 2013). Während PDFF und MRE den entsprechenden ultraschallbasierten Verfahren möglicherweise überlegen sind (Park et al. 2017), sind sie zeit- und kostenintensiv, wenig verbreitert und bis dato nur wenig zwischen den unterschiedlichen Zentren standardisiert.

Ein weiteres potenziell nützliches Verfahren ist die Bestimmung des Eisengehalts der Leber, welche mit optimierten T2*-Sequenzen gelingt (Garbowski et al. 2014). Durch eine parallele Betrachtung des Eisensignals der Milz gelingt zudem die Unterscheidung zwischen verschiedenen Formen der Eisenüberladung, da die hereditäre Hämochromatose eine eisenarme, während die sekundäre Eisenüberladung in der Regel eine eisenüberladene Milz aufweisen (Sirlin und Reeder 2010). Ähnlich wie das CT, kann auch die MRT zur Erfassung der Muskelqualität und -quantität herangezogen werden. Im Vergleich zur CT-Bildgebung wurde die Validität dieses Verfahrens aber nur in relativ wenigen Studien untersucht (Lee et al. 2021).

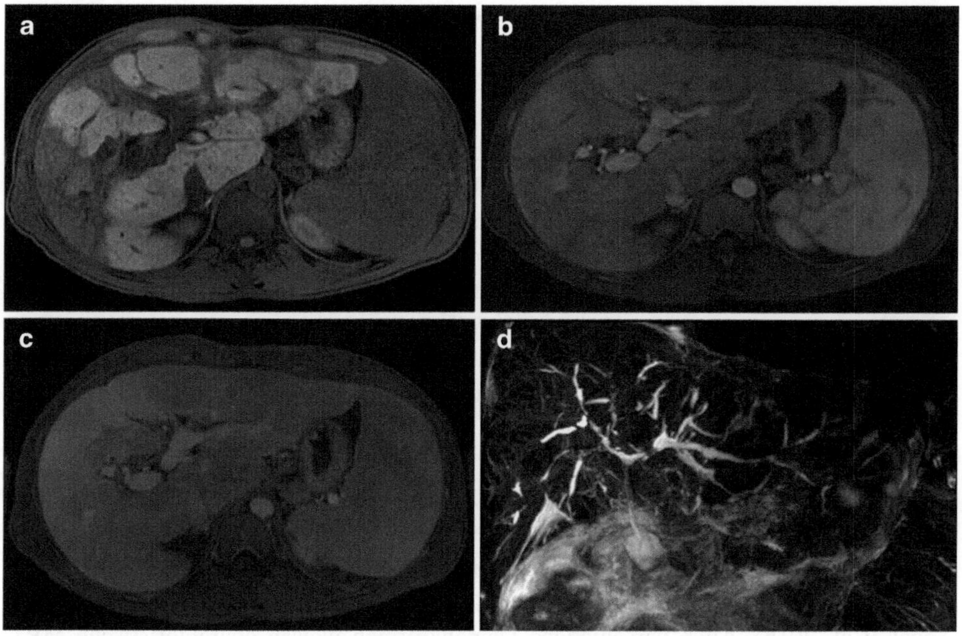

Abb. 9.2 MR-tomografische Darstellung einer stark zirrhotischen Leber mit Knotenbildung (**a–c**). Mittels MRT lassen sich auch die Gallenwege in hoher Auflösung darstellen (**d**)

Ein weiteres spezifisches Verfahren zur Evaluation der Leber ist die Magnetresonanz-Cholangiopankreatikografie (MRCP). Sie nutzt stark T2-gewichtete Sequenzen, bei denen Flüssigkeiten wie Galle und Pankreassekret aufgrund ihres hohen Wassergehalts ein hyperintenses Signal erzeugen, während das umgebende Gewebe hypointens erscheint. Zusätzlich werden durch die Einnahme von Ananassaft oder Blaubeersaft negative Kontrastmittel störende Signale im Magen unterdrückt. Dadurch können die Gallengänge und der Ductus pancreaticus ohne invasive Eingriffe oder die Verwendung von ionisierender Strahlung detailliert abgebildet werden (Abb. 9.2).

In einigen Fällen wird ein spezielles hepatobiliäres Kontrastmittel i. v. verabreicht. Dieses Kontrastmittel wird von den Hepatozyten aufgenommen und in die Gallenwege sezerniert, was die Signalintensität der Galle erhöht und die Darstellung der biliären Anatomie verbessert. Dies ermöglicht eine funktionelle Beurteilung der Gallensekretion und kann bei der Diagnose von angeborenen Transporterstörungen hilfreich sein. Bei rein diagnostischen Untersuchungen ist die endoskopische retrograde Cholangiopankreatikografie (ERCP) obsolet; es sollte ausschließlich die MRCP als nichtinvasives Verfahren vorgezogen werden.

Zusätzlich zu den oben beschriebenen Methoden kann die MRT zur Beurteilung der Lebermorphologie und vor allem zur Unterscheidung von dysplastischen Knoten und HCCs angewendet werden (Watanabe et al. 2015). Im letzteren Fall werden gadoliniumhaltige Kontrastmittel und mehrphasige Aufnahmeprotokolle verwendet, ähnlich wie sie bei der CT-Bildgebung beschrieben wurden. Die Detektion von HCCs sowie deren Diskrimination von anderen Foki scheint der mittels CT überlegen zu sein, und bei HCCs von >2 cm wird eine nahezu 100 %ige Sensitivität beschrieben (Watanabe et al. 2015). Ähnlich wie bei einem CT wird auch hier zur Diagnose eine arterielle Mehrperfusion sowie ein rasches Auswaschen gefordert (Watanabe et al. 2015). Bei HCCs wird in Lebertransplantationsprogrammen eine Verlaufskontrolle alle 3 Monate durchgeführt (Berg et al. 2023).

Zusätzlich zu den oben beschriebenen Untersuchungen kann die MRT-Bildgebung des Schädels zur Unterscheidung der verschiedenen Formen von Vigilanzminderung herangezogen werden. So kann zum Beispiel eine Mangantoxizität in der Schädel-MRT durch Abnormalitäten im Globus pallidus detektiert werden (Wijdicks 2016). Der symptomatische Thiaminmangel, der bei Alkoholgebrauchsstörung gehäuft vorkommt und zur Entwicklung einer Wernicke-Enzephalopathie beiträgt, kann mittels MRT anhand von Veränderungen in Thalamus, Corpora mamillaria und weiteren Regionen erfasst werden (Segal et al. 2016). Auch verschiedene Demenzformen weisen charakteristische MRT-Veränderungen auf, die zu deren Unterscheidung von hepatischer Enzephalopathie beitragen können (Jagust et al. 2007).

9.7 Fazit

Die hier genannten Verfahren bieten die Grundlage für die Diagnostik und Überwachung der Leberzirrhose und ihrer Komplikationen mit methodenbedingten Vor- und Nachteilen (Tab. 9.1). Der Ultraschall des Abdomens ist aufgrund seiner Verfügbarkeit und Kosteneffizienz die Methode der Wahl, insbesondere für die Verlaufsbeobachtung und Früherkennung von Komplikationen wie HCC, Pfortaderthrombose oder Aszites. Ergänzend liefern CT und MRT detailliertere Informationen, besonders bei unklaren Befunden oder zur präoperativen Planung, wobei die MRT zusätzliche Vorteile bei der Beurteilung von Litbersteatose, Fibrose und Eisenüberladung bietet. Die Ultraschallbasierte Elastografie und Magnetresonanzelastografie ermöglichen eine quantitative Bewertung der Lebersteifigkeit und somit des Fibrosegrades. Zukünftig könnten verbesserte bildgebende Verfahren und multimodale Ansätze die Diagnose und Therapieplanung bei Leberzirrhose weiter optimieren.

Tab. 9.1 Bildgebende Methoden zur Beurteilung von Patienten mit fortgeschrittener Leberfibrose

Modalität	Vorteil	Nachteil	Klinischer Einsatz
Abdomensonografie	- Breite Verfügbarkeit - Keine Strahlenbelastung - Kostengünstig - Nichtinvasiv	- Untersucherabhängig - Moderate diagnostische Sicherheit - Niedrige Genauigkeit für milde Steatose und Fibrose - Schlecht reproduzierbar	- Grundbaustein bei zahlreichen alltäglichen Fragestellungen - Methode der Wahl zur Verlaufsbeobachtung und Erkennung von Komplikationen der Zirrhose - HCC-Leitlinie: alle 6 Monate bei Pat. mit Leberzirrhose - zusätzliche Methode bei nicht eindeutigen Ergebnissen (CEUS)
Ultraschallbasierte Elastografie	- Bessere Genauigkeit zur Bestimmung von Steatose und Fibrose als Sonografie - Keine Strahlenbelastung - Quantifizierbare Ergebnisse	- Falsch-hohe Messungen leicht möglich	- Verlaufsbeurteilung von Fibrose/Steatose - Steifigkeitsmessung der Milz
Computertomografie (CT)	- Breit verfügbar - Sensitives Verfahren zur Evaluation der zirrhoseassoziierten morphologischen Leberveränderungen - Standardisierte Aufnahmetechnik und Bilddokumentation	- Strahlenbelastung - Niedrige Genauigkeit für milde Steatose - Hohe Kosten	- Methode der Wahl zum Leberzirrhose- und HCC-Nachweis - Erfassung der muskulären Masse - Leberdurchblutung - CT Abdomen/Becken plus ggf. Thorax bei LT-Evaluation - Bei HCC und beabsichtigter LT CT (oder MRT) alle 3 Monate

(Fortsetzung)

Tab. 9.1 (Fortsetzung)

Modalität	Vorteil	Nachteil	Klinischer Einsatz
Magnetresonanztomografie (MRT)	- Keine Strahlenbelastung - Nutzung in sensitiven Gruppen möglich - Standardisierte Aufnahmetechnik und Bilddokumentation	- Eingeschränkte Verfügbarkeit - Hohe Kosten - Lange Untersuchungsdauer	- Methode der Wahl zum HCC-Nachweis - Bestimmung des Eisengehaltes - Muskelqualität und -quantität - Optimal zur Steatose-Bestimmung (**PDFF**) - Bestimmung der Leberfibrose (**MR-Elastografie**) - Gallenwegs-beurteilung (**MRCP**)

Abkürzungen: CEUS, kontrastmittelunterstützte Sonografie; HCC, hepatozelluläres Karzinom; LT, Lebertransplantation; MRCP, Magnetresonanz-Cholangiopankreatikografie; PDFF, Proton density fat fraction-Bildgebung

Literatur

Berg T, Aehling NF, Bruns T, Welker M-W, Weismüller T, Trebicka J, Tacke F, Strnad P, Sterneck M, Settmacher U, Seehofer D, Schott E, Schnitzbauer AA, Schmidt HH, Schlitt HJ, Pratschke J, Pascher A, Neumann U, Manekeller S, Lammert F, Klein I, Kirchner G, Guba M, Glanemann M, Engelmann C, Canbay AE, Braun F, Berg C, Bechstein WO, Becker T, Trautwein C (2023) S2k-Leitlinie Lebertransplantation der Deutschen Gesellschaft für Gastroenterologie, Verdauungs- und Stoffwechselkrankheiten (DGVS) und der Deutschen Gesellschaft für Allgemein- und Viszeralchirurgie (DGAV). Z Gastroenterol 2024 Sep;62(9):1397–1573

Bolondi L, Gandolfi L, Arienti V, Caletti GC, Corcioni E, Gasbarrini G, Labò G (1982) Ultrasonography in the diagnosis of portal hypertension: diminished response of portal vessels to respiration. Radiology 1:167–172

Claudon M, Dietrich CF, Choi BI, Cosgrove DO, Kudo M, Nolsøe CP, Piscaglia F, Wilson SR, Barr RG, Chammas MC, Chaubal NG, Chen MH, Clevert DA, Correas JM, Ding H, Forsberg F, Fowlkes JB, Gibson RN, Goldberg BB, Lassau N, Leen EL, Mattrey RF, Moriyasu F, Solbiati L, Weskott HP, Xu HX (2013) Guidelines and good clinical practice recommendations for contrast enhanced ultrasound (CEUS) in the liver – update 2012: a WFUMB-EFSUMB initiative in cooperation with representatives of AFSUMB, AIUM, ASUM, FLAUS and ICUS. Ultraschall Med 1:11–29

Czigany Z, Kramp W, Bednarsch J, van der Kroft G, Boecker J, Strnad P, Zimmermann M, Koek G, Neumann UP, Lurje G (2020) Myosteatosis to predict inferior perioperative outcome in patients undergoing orthotopic liver transplantation. Am J Transplant 2:493–503

Galle PR, Forner A, Llovet JM, Mazzaferro V, Piscaglia F, Raoul J-L, Schirmacher P, Vilgrain V (2018) EASL Clinical Practice Guidelines: Management of hepatocellular carcinoma. J Hepatol 1:182–236

Garbowski MW, Carpenter JP, Smith G, Roughton M, Alam MH, He T, Pennell DJ, Porter JB (2014) Biopsy-based calibration of T2* magnetic resonance for estimation of liver iron concentration and comparison with R2 Ferriscan. J Cardiovasc Magn Reson 1:40

Giorgio A, Amoroso P, Lettieri G, Fico P, de Stefano G, Finelli L, Scala V, Tarantino L, Pierri P, Pesce G (1986) Cirrhosis: value of caudate to right lobe ratio in diagnosis with US. Radiology 2:443–445

Gülberg V, Haag K, Rössle M, Gerbes AL (2002) Hepatic arterial buffer response in patients with advanced cirrhosis. Hepatology 3:630–634

Jagust W, Reed B, Mungas D, Ellis W, Decarli C (2007) What does fluorodeoxyglucose PET imaging add to a clinical diagnosis of dementia? Neurology 9:871–877

Kim SH, Kamaya A, Willmann JK (2014) CT perfusion of the liver: principles and applications in oncology. Radiology 2:322–344

Lee CM, Kang BK, Kim M (2021) Radiologic Definition of Sarcopenia in Chronic Liver Disease. Life (Basel) 11(2):86

Liu H, Naser JA, Lin G, Lee SS (2023) Cardiomyopathy in cirrhosis: From pathophysiology to clinical care. JHEP Rep. 6(1):100911

Park CC, Nguyen P, Hernandez C, Bettencourt R, Ramirez K, Fortney L, Hooker J, Sy E, Savides MT, Alquiraish MH, Valasek MA, Rizo E, Richards L, Brenner D, Sirlin CB, Loomba R (2017) Magnetic Resonance Elastography vs Transient Elastography in Detection of Fibrosis and Noninvasive Measurement of Steatosis in Patients With Biopsy-Proven Nonalcoholic Fatty Liver Disease. Gastroenterology 3:598–607.e592

Reeder SB, Cruite I, Hamilton G, Sirlin CB (2011) Quantitative Assessment of Liver Fat with Magnetic Resonance Imaging and Spectroscopy. J Magn Reson Imaging 4:729–749

Saverymuttu SH, Joseph AE, Maxwell JD (1986) Ultrasound scanning in the detection of hepatic fibrosis and steatosis. Br Med J (Clin Res Ed) 6512:13–15

Segal JB, Bouffard MA, Schlaug G (2016) Characteristic Neuroimaging Abnormalities of Korsakoff Syndrome. JAMA Neurol 10:1248–1249

Sirlin CB, Reeder SB (2010) Magnetic resonance imaging quantification of liver iron. Magn Reson Imaging Clin N Am 3:359–381. ix

Soresi M, Giannitrapani L, Cervello M, Licata A, Montalto G (2014) Non invasive tools for the diagnosis of liver cirrhosis. World J Gastroenterol 48:18131–18150

Venkatesh SK, Yin M, Ehman RL (2013) Magnetic resonance elastography of liver: technique, analysis, and clinical applications. J Magn Reson Imaging 3:544–555

Voesch S, Bitzer M, Blödt S, Follmann M, Freudenberger P, Langer T, Lorenz P, Jansen PL, Steubesand N, Galle P, Malek N (2022) S3-Leitlinie: Diagnostik und Therapie des hepatozellulären Karzinoms und biliärer Karzinome – Version 2.0 – Juni 2021, AWMF-Registernummer: 032-053OL. Z Gastroenterol 1:e131–e185

van Vugt JL, Levolger S, de Bruin RW, van Rosmalen J, Metselaar HJ, IJzermans JNM (2016) Systematic review and meta-analysis of the impact of computed tomography-assessed skeletal muscle mass on outcome in patients awaiting or undergoing liver transplantation. Am J Transplant 8:2277–2292

Watanabe A, Ramalho M, AlObaidy M, Kim HJ, Velloni FG, Semelka RC (2015) Magnetic resonance imaging of the cirrhotic liver: An update. World J Hepatol 3:468–487

Wijdicks EF (2016) Hepatic Encephalopathy. N Engl J Med 17:1660–1670

Yeom SK, Lee CH, Cha SH, Park CM (2015) Prediction of liver cirrhosis, using diagnostic imaging tools. World J Hepatol 17:2069–2079

Klinische Stadien und prognostische Scores 10

Julian Allgeier und Christian Lange

10.1 Einleitung

Der Krankheitsverlauf nach Erstdiagnose einer Leberzirrhose ist heterogen und abhängig von Faktoren wie der Behandelbarkeit der Grunderkrankung, dem Auftreten von schädigenden Ereignissen wie Infektionen und dem Stadium der Leberzirrhose. Seit Langem wird die Leberzirrhose in das Stadium der kompensierten und das der dekompensierten Leberzirrhose eingeteilt. Die Beurteilung des Krankheitsprozesses muss allerdings dynamisch erfolgen und wurde in den letzten Jahren vor allem durch Ergebnisse der CANONIC- und PREDICT-Studien um das Konzept des akut-auf-chronischen Leberversagens (ACLF) und der akuten Dekompensation (AD) in fortgeschrittenen Stadien der Zirrhose und um die Bedeutung der klinisch signifikanten portalen Hypertension in frühen Stadien der Zirrhose erheblich erweitert (de Franchis et al. 2022). Weiterhin wurde die pathophysiologische Bedeutung von Entzündungsreaktionen neben der lange bekannten Bedeutung der portalen Hypertension für die Progression und Dekompensation der Zirrhose erkannt.

Um den klinischen Verlauf von Patienten mit Leberzirrhose besser beurteilen, sie evidenzbasiert über ihre Prognose informieren und ihnen die für ihren Krankheitszustand notwendigen Therapien zukommen lassen zu können, existieren zahlreiche Scoringsysteme.

J. Allgeier · C. Lange (✉)
Medizinische Klinik II, LMU Klinikum, Ludwig-Maximilians-Universität München, München, Deutschland
E-Mail: Julian.Allgeier@med.uni-muenchen.de; Christian.Lange@med.uni-muenchen.de

T. Bruns et al. (Hrsg.), *Komplikationen der Leberzirrhose*,
https://doi.org/10.1007/978-3-662-70167-6_10

Neben dem Child-Pugh-Score (CP) und dem Model for End-Stage Liver Disease (MELD) als Letalitätsprädiktoren haben sich im Kontext der dekompensierten Leberzirrhose weitere Scores wie der CLIF-C-AD-Score und der CLIF-C-ACLF-Score etabliert. Während die in Europa für die Vermittlung von Organen beauftragte Stiftung Eurotransplant den refitted MELD-Na als Parameter zur Organallokation heranzieht, benutzt das United Network for Organ Sharing (UNOS) in den USA mittlerweile den MELD 3.0, der neben der Nierenfunktion (Serumkreatinin), dem INR (International Normalized Ratio) und dem Bilirubinwert auch das Serumnatrium, Albumin und das Geschlecht als Parameter heranzieht. Der wachsenden Bedeutung einer systemischen Inflammation bei Patienten mit fortgeschrittener dekompensierter Leberzirrhose wird im CLIF-C-AD- und im CLIF-C-ACLF-Score z. B. durch Berücksichtigung der Leukozytenkonzentration Rechnung getragen (siehe auch Kap. 3)

10.2 Klinische Stadieneinteilung

10.2.1 Kompensierte vs. dekompensierte Leberzirrhose

Der Goldstandard zur Diagnose einer Leberzirrhose bleibt weiterhin die Leberbiopsie. Im klinischen Alltag wird die Diagnose einer Leberzirrhose allerdings häufig nicht mittels Biopsie, sondern anhand klinischer, laborchemischer und bildgebender Parameter gestellt. Neben den typischen bildgebenden Merkmalen eines fortgeschrittenen Parenchymumbaus (inhomogenes Leberparenchym, höckerige Leberoberfläche) hat sich in letzter Zeit die transiente Elastografie mit Messung der Lebersteifigkeit sowohl zur Diagnose der Zirrhose als auch zur Abschätzung des Vorhandenseins einer klinisch signifikanten portalen Hypertension etabliert (Details in vorausgegangenen Kapiteln des Buches).

► Das mediane Überleben von Patienten mit gesicherter kompensierter Leberzirrhose liegt bei etwa 12 Jahren (D'Amico et al. 2022).

Das Stadium der kompensierten Leberzirrhose unterscheidet sich von dem der Dekompensation durch das Fehlen klinischer Komplikationen wie Aszites, variköser gastrointestinaler Blutungen, einer hepatischen Enzephalopathie und einer klinisch manifesten Hyperbilirubinämie. Die portale Hypertension, potenziell mit Ausbildung von Ösophagusvarizen, kann bereits im Stadium der kompensierten Zirrhose vorliegen. Die Detektion einer klinisch signifikanten portalen Hypertension (CSPH) mit invasiven oder nichtinvasiven Maßnahmen (siehe Kap. 7 und 8) ist überaus wichtig, da einerseits die Prognose von Patienten mit CSPH etwas schlechter ist als von Patienten ohne CSPH, vor allem aber, weil mit medikamentösen Maßnahmen zur Senkung der portalen Hypertension bei Vorliegen einer CSPH das Risiko der Dekompensation und damit auch die Mortalität gesenkt werden kann.

Das Stadium der Dekompensation definiert sich durch das Auftreten typischer krankheitsassoziierter Komplikationen wie dem Auftreten von Aszites, variköser gastrointestinaler Blutungen, einer hepatischen Enzephalopathie oder eines Ikterus. Diese Ereignisse gehen mit einem deutlich verminderten medianen Überleben von etwa 2–4 Jahren einher (D'Amico et al. 2006; D'Amico et al. 2022). Während die traditionelle Unterscheidung zwischen kompensierter und dekompensierter Leberzirrhose weiterhin gilt, ist eine weiterführende Stratifizierung aufgrund der erheblichen Variabilität der individuellen Prognose der Patienten wichtig. Es ist lange bekannt, dass die Art des Dekompensationsereignisses und die Anzahl der verschiedenen Dekompensationsereignisse die Prognose beeinflussen. Beispielsweise ist die Prognose bei isolierter Varizenblutung langfristig günstiger als bei Auftreten von Aszites, wohingegen die Prognose von Patienten mit Aszites, die eine Varizenblutung erfahren, besonders schlecht ist (D'Amico et al. 2022).

Aus diesem Grund wurde die dekompensierte Zirrhose in Stadien eingeteilt (Blutung vs. isoliertes Nichtblutungsereignis vs. Kombination aus 2 verschiedenen Ereignissen), die mit 5-Jahres-Motalitätsraten von 20 %, 30 % und 88 % assoziiert waren (D'Amico et al. 2014). Wichtige neue Erkenntnisse haben die CANONIC- und PREDICT-Studien ergeben, die das Konzept der dekompensierten Zirrhose um das akut-auf-chronische Leberversagen (ACLF) und die akute Dekompensation (AD) erweitert haben. Wichtig für das Verständnis ist, dass es sich hierbei um Patienten mit Akutereignissen handelt, die in der Regel zur Hospitalisierung führen. Hiervon abzugrenzen ist die chronische Dekompensation (z. B. moderater chronischer Aszites, moderate hepatische Enzephalopathie (HE) führen sind. Die Abgrenzung zwischen chronischer und akuter Dekompensation ist wissenschaftlich derzeit noch im Fluss. Abb. 10.1 fasst diese neue Stadieneinteilung der Zirrhose zusammen.

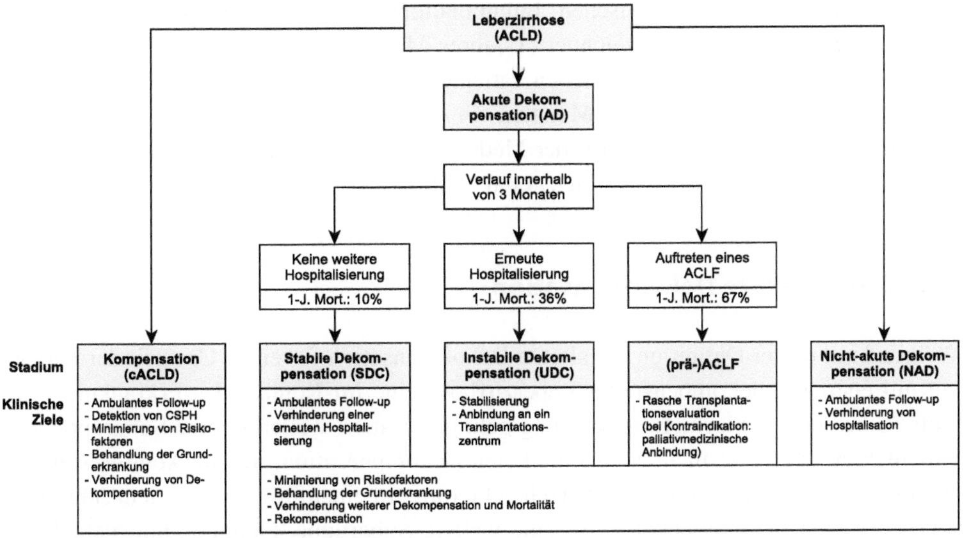

Abb. 10.1 Stadieneinteilung bei Leberzirrhose. CSPH = klinisch signifikante portale Hypertension; 1-J. Mort. = 1-Jahres-Mortalität

Zu den klinischen Ereignissen, die nicht als klassische Dekompensationsereignisse gelten (unter anderem, weil sie nicht spezifisch für die Leberzirrhose sind), die Prognose bei Patienten mit Leberzirrhose aber dennoch relevant beeinflussen, zählen unter anderem das Auftreten eines hepatozellulären Karzinoms (HCC), Mangelernährung, Sarkopenie und Frailty (Bunchorntavakul und Reddy 2020; Mendoza et al. 2021; Wang et al. 2022).

10.2.2 Akutdekompensation

Die akute Dekompensation ist definiert als Hospitalisation bei Erst- beziehungsweise Folgeereignis von rasch auftretendem hochgradigem Aszites (Grad II–III), einer höhergradigen hepatischen Enzephalopathie, einer varikösen gastrointestinalen Blutung oder dem Auftreten einer bakteriellen Infektion. In der PREDICT-Studie wurde die akute Dekompensation in 3 Stadien eingeteilt, die sich prognostisch erheblich unterscheiden. Patienten mit sog. stabiler akuter Dekompensation (*stable decompensated cirrhosis*, SDC) können in der Regel relativ rasch entlassen werden und müssen definitionsgemäß in den folgenden 3 Monaten nicht erneut aufgrund einer Dekompensation hospitalisiert werden. Organversagen treten selten auf und die 1-Jahres-Mortalität ist mit 10 % vergleichsweise gering (Trebicka et al. 2020).

Im Gegensatz hierzu treten in der Gruppe der Patienten mit sog. instabil dekompensierter Leberzirrhose (*unstable decompensated cirrhosis*, UDC) im kurzfristigen Verlauf (definitionsgemäß innerhalb von 3 Monaten) erneut Dekompensationsereignisse auf, die eine erneute Hospitalisierung notwendig machen, ohne dass es hierbei zu einem ACLF kommt. Diese Subgruppe ist im Vergleich zur stabilen Dekompensation durch eine signifikante Erhöhung der systemischen Inflammationsparameter und eine deutlich eingeschränkte Prognose gekennzeichnet (1-Jahres-Mortalität etwa 36 %) (Trebicka et al. 2020). Die schlechteste Prognose haben Patienten mit einem sog. Prä-ACLF, also Patienten, die nach AD innerhalb von 3 Monaten ein ACLF entwickeln. Diese Patienten haben teils hohe Spiegel proinflammatorischer Mediatoren im Blut und die mit Abstand höchste 1-Jahres-Mortalität von 67 % (Trebicka et al. 2020).

10.2.3 Nichtakute Dekompensation

Während mit dieser Definition der akuten Dekompensation für einen Großteil der Patienten mit erstmalig dekompensierter Leberzirrhose eine im Kontext des Erkrankungsverlaufs verbesserte klinische Eingliederung gelingt, existiert weiterhin eine Subgruppe von Patienten, bei denen es nicht zu einem akuten Dekompensationsereignis kommt, sondern zu einer schleichenden klinischen Verschlechterung. In einem Review aus dem Jahr 2022 wird deswegen die Nomenklatur für eine weitere Subgruppe, Patienten mit nichtakuter Dekompensation (NAD) diskutiert (D'Amico et al. 2022).

10.2.4 Akut-auf-chronisches Leberversagen (ACLF)

Das ACLF ist ein hepatologischer Notfall, bei dem in vielen Fällen unmittelbar eine intensivmedizinische Betreuung, unter Umständen mit Einsatz von Organersatzverfahren wie Dialyse, mechanischer Beatmung und Vasopressoren notwendig ist. Das ACLF ist definiert als akute Dekompensation der Leberzirrhose in Kombination mit spezifischen Organversagen, die mit einer hohen Kurzzeitmortalität (mind. 15 % innerhalb von 28 Tagen) verbunden sind (Moreau et al. 2013).

Organversagen, die ein ACLF definieren, sind ein isoliertes Nierenversagen (Kreatinin >2,0 mg/dl, ACLF Grad 1a), die Kombination eines nichtrenalen Organversagens mit renaler Dysfunktion (Kreatinin 1,5–1,9 mg/dl) oder geringgradiger HE (Grad I/II) oder das Vorliegen einer Kombination von mindestens 2 Organversagen nach Tab. 10.1. Das unmittelbare Mortalitätsrisiko mit dem Auftreten eines ACLF ist hoch; die 28-Tage-Mortalität beträgt beim ACLF-1a bereits 22 %, beim ACLF-3 bis zu 77 % (Gustot und Jalan 2019; Moreau et al. 2013; Sundaram et al. 2020). Das Konzept des ACLF ist insbesondere deshalb bahnbrechend, weil es die Bedeutung von Organversagen für die Prognose der Zirrhose detailliert erfasst und charakterisiert hat.

Tab. 10.1 Modifizier CLIF-OF-Score mit Subscores 0 bis 4. *Fett markierte Felder* definieren Organversagen für das jeweilige Organsystem

CLIF-C-OF Score							
Organ/ System	**Parameter**	**Einheit**	**0**	**1**	**2**	**3**	**4**
Leber	Bilirubin	mg/dl	<1,2	1,2–2,0	2,1–6,0	6,0–12,0	**>12,0**
Niere	Kreatinin	mg/dl	<1,2	1,2–2,0	**2,1–3,5**	**3,6–5,0**	**>5,0**
Gehirn	HE (Hepatische Enzephalopathie)		0	Grad I	Grad II	Grad III	Grad IV
Gerinnung	INR (International Normalized Ratio)		<1,1	>1,1–1,25	>1,25–1,5	>1,5–2,5	**>2,5 oder Thrombozyten ≤20 / nl**
Zirkulation	MAP (MAP: mean arterial blood pressure)	mmHg	>70	<70	**Dopamin <5, Dobutamin oder Terlipressin**	**Dopamin >5, A <0,1 oder NA <0,1**	**Dopamin >15, A >0,1 oder NA > 0,1**
Lunge	Horowitz	paO_2/ FiO_2	>400	300–400	200–300	100- 200	**<100**
		SpO_2/ FiO_2	>512	357–512	214–357	89–214	**<89**

10.3 Prognostische Scores

10.3.1 Child-Pugh-Score (CP)

Initial von den beiden Viszeralchirurgen Child und Turcotte als postoperativer Mortalitätsprediktor nach portalen Dekompressionsoperationen entwickelt (Child und Turcotte 1964), findet der Child-Pugh-Score in der im Jahr 1973 durch Pugh für Ösophagusresektionen modifizierten Variante weiterhin klinische Anwendung, und zwar als operationsunabhängiger Mortalitätsprädiktor für Patienten mit kompensierter und dekompensierter Leberzirrhose (Pugh et al. 1973). In ihn fließen klinische (Aszites, HE (Hepatische Enzephalopathie)) und laborchemische Parameter (Bilirubin, Albumin, INR (International Normalized Ratio)) ein, für die je nach Schweregrad jeweils 1–3 Punkte vergeben werden (Tab. 10.2). So ist eine Einteilung in eine Child A (5–6 Punkte), B (7–9 Punkte) und C (10–15 Punkte) möglich. Während die Child-A-Leberzirrhose als Zirrhose im kompensierten Stadium gilt, sind Patienten mit Child-B-/C-Leberzirrhose definitionsgemäß im dekompensierten Stadium.

Der Child-Pugh-Score ist auch heute noch ein klinisch wichtiger Prognosescore für Patienten mit Leberzirrhose, auch wenn er im Transplantationswesen durch den objektiveren MELD-Score ersetzt wurde. Bei Child A betrug in einer Studie die 1-Jahres-Mortalität: 0 %, bei Child B-Zirrhose 20,3 % und bei Child-C-Zirrhose 55,9 %) (Infante-Rivard et al. 1987), allerdings sind diese Zahlen knapp 40 Jahre alt. Zudem konnte in einer Studie aus dem Jahr 1997 das Child-Pugh-Stadium aus einem Pool aus mehr als 50 klinischen und laborchemischen Variablen als bester Mortalitätsprädiktor nach abdominellen Operationen bei Patienten mit Leberzirrhose identifiziert werden (Mansour et al. 1997).

10.3.2 Model for End-Stage Liver Disease (MELD)

Der MELD-Score stammt aus dem Jahr 2000 und wurde von Dr. Patrick Kamath an der Mayo Clinic entwickelt, initial um die postinterventionelle Letalität von Patienten nach TIPS-Implantation (TIPS: transjugulärer intrahepatischer portosystemischer Shunt) zu beurteilen (Malinchoc et al. 2000). Da bereits im unmittelbaren Verlauf apparent wurde, dass er auch unabhängig von einer geplanten TIPS-Implantation prädiktiv für das Überleben von Patienten mit Leberzirrhose ist (Kamath und Kim 2007; Kamath et al. 2001), haben sich in den letzten 20 Jahren verschiedene Weiterentwicklungen des Scores, der seit 2000 für die Organallokation bei Lebertransplantationen benutzt wird, etabliert.

Die Hauptvariablen des Scores sind der Kreatininwert, das Serumbilirubin und der INR (Tab. 10.2). Während die initiale Variante des Scores ebenso die Ätiologie der Leberzirrhose

Tab. 10.2 Wichtige prognostische Scores bei Leberzirrhose

Score	Parameter	Formel	Limitationen
Child-Pugh	Serumbilirubin, Albumin, INR, HE, Aszites	Jeweils 1–3 Punkte pro Wert (normal/nicht vorhanden – mäßig – hochgradig)	Subjektivität, Nierenfunktion nicht repräsentiert
MELD	Serumbilirubin, Serumkreatinin, INR	0,957×ln(Serumkreatinin)+0,378× ln(Serumbilirubin)+1120× ln(INR)+0,643)×10	Kreatinin überschätzt Nierenfunktion bei Frauen, insbesondere für die 3-Monats-Progrnose geeignet, bildet die Krankheitsschwere in vielen Fällen nicht ab
MELD-Na	Serumbilirubin, Serumkreatinin, INR, Natrium	MELD+1,32×(137–Na)–[0,033×MELD(i)×(137–Na)]	Kreatinin überschätzt Nierenfunktion bei Frauen
reMELDNa	Kreatinin, Bilirubin, INR, Natrium	ReMELD-Na = 7,85 + 9,03*ln(crea) + 2,97*ln(bili) + 9,52*ln(INR) + 0,392*(138,6-Na) – 0,351*(138,6-Na)*ln(crea)	keine externe Validierung
MELD-plus	Serumbilirubin, Serumkreatinin, INR, Natrium, Albumin, Cholesterin, Leukozyten, Alter, Zeitraum der Hospitalisierung	Komplexes logistisches Regressionsmodell mit bis zu neun Variablen	Ausschließlich für hospitalisierte Patienten validiert
MELD-lactate	Serumbilirubin, Serumkreatinin, INR, Natrium, Laktat	Nicht verfügbar	Ausschließlich für hospitalisierte Patienten validiert
MELD 3.0	Serumbilirubin, Serumkreatinin, INR, Natrium, Albumin, Geschlecht	1,33×(1, if female)+4,56×ln(Serumbilirubin)+0,82×(137–Natrium)–0,24×(137–Sodium)×ln(Serumbilirubin)+9,09×ln(INR)+11,14×ln(Serumkreatinin)+1,85×(3,5–Serumalbumin)–1,83×(3,5–Serumalbumin)×ln(Serumkreatinin)+6	Unzureichende Berücksichtigung nichtrenaler Organversagen
UKELD	Serumbilirubin, Serumkreatinin, INR, Natrium	5395×In(INR)+1485×In(Kreatinin, µmol/l)+3,13×In(Bilirubin, µmol/l)–81.565×In(Natrium, mmol/l)+435	Kreatinin überschätzt Nierenfunktion bei Frauen

berücksichtigte, werden in den zuletzt vorgeschlagenen bzw. validierten Varianten andere bei chronischen Lebererkrankungen prädiktive Variablen wie der Serumnatriumwert und Inflammationsparameter berücksichtigt. Auch bei Patienten mit alkoholischer Hepatitis hat sich der MELD-Score als dem Maddrey-Score äquivalentes klinisches Tool zur Evaluation des Nutzens einer Kortikosteroidtherapie etabliert (Dunn et al. 2005) und kann auch bei Patienten mit akutem Leberversagen gemeinsam mit King's-College- oder Clichy-Kriterien zur Beurteilung der Notwendigkeit einer Lebertransplantation verwendet werden (Berg et al., 2024). Der MELD-Score ermittelt einen Wert zwischen 6 und 40. Bei Nierenersatztherapie wird ein Serumkreatinin von 4 mg/dl angenommen. Die Organallokation erfolgt abhängig von diesem Wert; je höher der Wert, desto höher das Mortalitätsrisiko und die Dringlichkeit einer Transplantation. Bis vor Kurzem wurde in Europa durch Eurotransplant weiterhin der Original-MELD als Allokationsparameter zur Lebertransplantation, verwendet, während in den USA bereits Weiterentwicklungen verwendet werden. Seit 2025 wird im Eurotransplant-Raum auch eine Modifikation des MELD-Scores (der refitted MELD-Na-Score; siehe unten) zur Allokation von Organen angewandt. In Großbritannien wird eine weitere Variante des MELD-Scores, der UKELD (United Kingdom Model for End-Stage Liver Disease) zur Organallokation verwendet. Neben den standardmäßig verwendeten Parametern Serumkreatinin, Serumbilirubin und INR verwendet auch der UKELD-Score den Serumnatriumwert. Der über Laborwerte errechnete MELD-Score wird, im Gegensatz zum sog. matchMELD, auch als labMELD bezeichnet.

▶ Der MELD-Score ist nicht nur für die Organallokation bei der Lebertransplantation ein verlässliches klinisches Tool, sondern kann auch bei der alkoholischen Hepatitis und beim akuten Leberversagen als unterstützender klinischer Prädiktor zur Entscheidungsfindung herangezogen werden.

10.3.3 MELD-Na

Zusätzlich zu den Parametern Nierenfunktion (Kreatininwert) und Leberfunktion (Bilirubin, INR) integriert der MELD-Na den Serumnatriumwert als Modulator in den ursprünglichen MELD-Score. Bereits in den 1950er-Jahren als laborchemisches Korrelat der pathophysiologisch relevanten RAAS-Aktivierung (RAAS: Renin-Angiotensin-Aldosteron-System) bei renaler Hypoperfusion aufgefallen, trägt dieser Schritt der Beobachtung Rechnung, dass Patienten mit dekompensierter Zirrhose und Serumnatriumwerten <130 mmol/l ein medianes transplantationsfreies Überleben von weniger als 6 Monaten haben (Heuman et al. 2004). Er wurde von der UNOS (United Network for Organ Sharing) in den USA von 2008 bis 2023 als Parameter für die Organallokation genutzt. Dies basiert auf einer statischen Auswertung aus dem Jahr 2008, in der gezeigt werden konnte, dass der Original-MELD die Mortalität von Patienten mit dekompensierter Leberzirrhose und Hyponatriämie unterschätzt, die Integration des Natriumwertes zu einer besseren Repräsentation der zirrhoseassoziierten Mortalität führt und somit die Wartelistenmortalität reduziert (Kim et al. 2008). Dies ist insbesondere für Patienten mit klinisch führendem Aszites wichtig, deren Mortalität durch den klassischen MELD-Score oft unterschätzt wird.

10.3.4 MELD-Plus

In einer statischen Auswertung von insgesamt fast 5000 Hospitalisationen von Patienten mit dekompensierter Leberzirrhose in 2 tertiären Zentren in den USA konnte eine Verbesserung der Mortalitätsprädiktion durch Hinzunahme der zusätzlichen Parameter Leukozytenzahl, Albumin, Cholesterin und Alter gezeigt werden (Kartoun et al. 2017). Während diese Verbesserung unter Berücksichtigung zum Teil unabhängiger Mortalitätsprädiktoren wie Alter durchaus erwartbar ist, fehlt dieser Scorevariante (MELD-Plus) weiterhin eine externe Validierung; zudem trifft er nur eine Aussage über Patienten, bei denen es zu nicht elektiven stationären Aufnahmen kam, und ist dementsprechend nicht für ein ambulantes Patientenkollektiv validiert.

10.3.5 MELD 3.0

Auch der MELD 3.0 ist eine Weiterentwicklung des MELD-Na und zeigt in einer statistischen Auswertung aus dem Jahr 2021 ein im Vergleich zu den anderen MELD-Varianten deutlich verbessertes Diskriminations- und Allokationspotenzial (Kim et al. 2021). Zusätzlich zu den bereits im MELD-Na berücksichtigten Variablen inkorporiert er den Albuminwert und das Geschlecht und setzt den maximalen für die Berechnung des Scores relevanten Kreatininwert auf 3,0 mg/dl (Vergleich: MELD/MELD-Na: 4,0 mg/dl). Dies führt zu einer MELD-Heraufstufung bei 8,8 % der Patienten und grundsätzlich zu einer besseren Diskrimination in Hinblick auf Krankheitsschwere (C-Index 0,869 vs. 0,829) und adressiert vor allem die bereits bekannte Problematik, dass die Einschränkung der Nierenfunktion bei weiblichen Patienten, basierend auf dem im Vergleich zu den männlichen Patienten prozentual reduzierten Muskelanteil, häufig unterschätzt wird. Seit Juli 2023 ersetzt der MELD 3.0 den MELD-Na als primäres Allokationstool zur Lebertransplantation in den USA (Kim et al. 2021).

► Bei den MELD-Scores gilt als unterer Cut-off für Kreatinin, Bilirubin und INR ein Wert von 1,0; alle Werte darunter werden auf 1 aufgerundet. Für die älteren MELD-Scores gilt, dass der obere Kreatinin-Cut-off 4,0 mg/dl beträgt, beim MELD 3.0 wurde er auf 3,0 mg/dl und beim reMELD-Na auf 2,5 mg/dl herabgesenkt. Wurde ein Patient in den letzten 7 Tagen vor einer MELD-Berechnung zweimal dialysiert, wird für die MELD-Berechnung der obere Kreatinin-Cut-off-Wert verwendet.

10.3.6 Andere MELD-Varianten

Weitere MELD Varianten, die in den letzten Jahren in größeren Kohorten evaluiert worden wurden, sind MELD-lactate (Mahmud et al. 2021), MELD-Grail-Na (Asrani et al. 2020), MELD-Na-MDRD (Myers et al. 2011) und MELD-Cystatin C, die versucht haben, zum einen die Nierenfunktion besser und vor allem geschlechtsneutral abzubilden und zum anderen das Laktat bei Aufnahme als Prädiktor der Krankenhausmortalität bei Patienten mit Aufnahme MELD <15 zu berücksichtigen. Während sie im Kontext ihrer Evaluation zum Teil ein besseres Prädiktionsvermögen (MELD-lactate) als MELD oder MELD-Na bewiesen, konnte dieser Effekt z. B. beim MELD-Na-MDRD nicht gezeigt werden. Da die Bestimmung des Cystatin C nicht universell erfolgt kann, hat der MELD-Cystatin C bisher ebenso keinen breiten Nutzen erfahren. Seit 2025 wird im Eurotransplant-Raum der reMELD-Na (refitted MELD-Na-Score) zur Beurteilung der Dringlichkeit einer Lebertransplantation und Allokation verwendet. Der reMELD-Na besteht aus einer Modifikation des MELD-Na-Score (1 bis 36 Punkte) und zeigt geänderte obere und untere Grenzen für die einzelnen in den Score eingehenden Parameter.

10.3.7 Ausnahmefälle: matchMELD

Eine relevante Schwäche der MELD-Scoringsysteme besteht darin, dass sie nicht für alle Patienten mit kompensierter oder dekompensierter Leberzirrhose die Krankheitsschwere adäquat beurteilen. Für eine Organallokation über matchMELD qualifizieren sich Patienten unter anderem mit folgenden Erkrankungen: hepatozelluläres Karzinom, PSC (Primärskerosierende Cholangitis)/SSC (Sekundär-sklerosierende Cholangitis), Morbus Osler, Harnstoffzyklusdefekte, hepatische Hämangioendotheliome, hepatopulmonales Syndrom, hepatopulmonale Hypertension, primäre Hyperoxalurie Typ 1, Hepatoblastom, hepatisch metastasierte NETs, biliäre Atresien, familiäre Amyloidpolyneuropathie. Die Vergabe von Punkten erfolgt krankheitsabhängig und die Kriterien hierfür divergieren relevant. Beim hepatozellulären Karzinom innerhalb der Milan-Kriterien erfolgt z. B. eine initiale Listung mit match reMELD-Na von 18 mit Höherstufungen um in 3-Monats-Abständen.

10.3.8 CLIF-OF-AD-Score

Das Ziel des CLIF-AD-Score ist es, bei hospitalisierten Patienten mit dekompensierter Leberzirrhose ohne ACLF zwischen Subgruppen zu differenzieren, die entweder einer intensiven klinischen Betreuung bedürfen oder die frühzeitig entlassen werden können. Der Score zeigt im Vergleich zu den MELD- und MELD-Na-Scores eine signifikant bessere Mortalitätsprädiktion nach 3–6 und 12 Monaten (Jalan et al. 2015). Der Score identifiziert zwei Kohorten: eine Low-Risk-Gruppe (CLIF-C-AD <45) mit einer 3-Monats-Mortalität von 1,8 %; diese Patienten können oft frühzeitig aus dem Krankenhaus entlassen werden und haben somit ein niedrigeres Risiko für klassische Komplikationen längerer Krankenhausaufenthalte wie nosokomiale Infektionen. Die High-Risk-Gruppe (CLIF-C-AD >60) hat im Gegensatz zur Low-Risk-Gruppe ein 3-Monats-Mortalitätsrisiko von etwa 30 %, was unter anderem bei der Indikationsstellung zur Lebertransplantation berücksichtigt werden kann (Jalan et al. 2015).

10.3.9 CLIF-C-OF-/CLIF-C-ACLF-Score

Der CLIF-C-OF-Score definiert, in Anlehnung an den SOFA-Score, bei der dekompensierten Leberzirrhose Cut-offs für 6 verschiedene Organsysteme (Leber, Niere, Gerinnung, Gehirn, Hämodynamik, Lunge) (Tab. 10.1) (Jalan et al. 2014) und legt mit dieser Bewertung den ACLF-Grad fest. Auf dem CLIF-C-OF-Score aufbauend, benutzt der CLIF-C-ACLF-Score zusätzlich das Alter sowie die Leukozytenzahl als Inflammationskorrelat und erreicht so eine bessere prädiktive Genauigkeit bei Patienten mit ACLF als Child-Pugh-Score, MELD und MELD-Na (AUROC-CLIF-C-ACLF 0,76 vs. MELD 0,65 vs. MELD-NA 0,67 vs. CP 0,69) (Jalan et al. 2014). Ein weiterer Nutzen des Scores leitet sich aus der Tatsache ab, dass mit erneuter Kalkulation 48 h, 3–7 Tage beziehungsweise 8–15 Tage nach initialer Berechnung bei Aufnahme die Wirksamkeit oder deren Fehlen bereits eingeleiteter therapeutischer Maßnahmen bewertet werden kann.

10.4 Fazit

In den letzten Jahren wurden erhebliche neue Erkenntnisse zur Pathogenese und zur Stadieneinteilung der Leberzirrhose gewonnen, die die klinische Einschätzung und das Management der Patienten erheblich verbessert haben. Essenziell ist die Identifikation von Patienten mit klinisch signifikanter portaler Hypertension bei kompensierter Zirrhose und von vital bedrohten Patienten mit akuter Dekompensation oder einem akut-auf-chronischen Leberversagen. Der Wissensgewinn wird auch in der kontinuierlichen Weiterentwicklung bereits seit längerer Zeit klinisch etablierter Scores wie dem MELD reflektiert. Während weiterhin Limitationen bestehen, hat die Adaption von Varianten des originalen MELD-Scores aus dem Jahr 2000 im angloamerikanischen Raum bereits zu einer deutlichen Reduktion der Wartelistenmortalität geführt.

Literatur

Asrani SK, Jennings LW, Kim WR et al (2020) MELD-GRAIL-Na: glomerular filtration rate and mortality on liver-transplant waiting list. Hepatology 71(5):1766–1774. https://doi.org/10.1002/hep.30932

Berg T, Aehling NF, Bruns T et al (2024) S2k-Leitlinie Lebertransplantation der Deutschen Gesellschaft für Gastroenterologie, Verdauungs- und Stoffwechselkrankheiten (DGVS) und der Deutschen Gesellschaft für Allgemein- und Viszeralchirurgie (DGAV). Z Gastroenterol 62(9):1397–1573. https://doi.org/10.1055/a-2255-7246

Bunchorntavakul C, Reddy KR (2020) Review article: malnutrition/sarcopenia and frailty in patients with cirrhosis. Aliment Pharmacol Ther 51(1):64–77. https://doi.org/10.1111/apt.15571

Child CG, Turcotte JG (1964) Surgery and portal hypertension. Major Probl Clin Surg 1:1–85

D'Amico G, Garcia-Tsao G, Pagliaro L (2006) Natural history and prognostic indicators of survival in cirrhosis: a systematic review of 118 studies. J Hepatol 44(1):217–231. https://doi.org/10.1016/j.jhep.2005.10.013

D'Amico G, Pasta L, Morabito A et al (2014) Competing risks and prognostic stages of cirrhosis: a 25-year inception cohort study of 494 patients. Aliment Pharmacol Ther 39(10):1180–1193. https://doi.org/10.1111/apt.12721

D'Amico G, Bernardi M, Angeli P (2022) Towards a new definition of decompensated cirrhosis. J Hepatol 76(1):202–207. https://doi.org/10.1016/j.jhep.2021.06.018

Dunn W, Jamil LH, Brown LS et al (2005) MELD accurately predicts mortality in patients with alcoholic hepatitis. Hepatology 41(2):353–358. https://doi.org/10.1002/hep.20503

de Franchis R, Bosch J, Garcia-Tsao G, Reiberger T, Ripoll C (2022) Baveno VII – Renewing consensus in portal hypertension. J Hepatol 76(4):959–974. https://doi.org/10.1016/j.jhep.2021.12.022

Gustot T, Jalan R (2019) Acute-on-chronic liver failure in patients with alcohol-related liver disease. J Hepatol 70(2):319–327. https://doi.org/10.1016/j.jhep.2018.12.008

Heuman DM, Abou-Assi SG, Habib A et al (2004) Persistent ascites and low serum sodium identify patients with cirrhosis and low MELD scores who are at high risk for early death. Hepatology 40(4):802–810. https://doi.org/10.1002/hep.20405

Infante-Rivard C, Esnaola S, Villeneuve JP (1987) Clinical and statistical validity of conventional prognostic factors in predicting short-term survival among cirrhotics. Hepatology 7(4):660–664. https://doi.org/10.1002/hep.1840070408

Jalan R, Saliba F, Pavesi M et al (2014) Development and validation of a prognostic score to predict mortality in patients with acute-on-chronic liver failure. J Hepatol. 61(5):1038–1047. https://doi.org/10.1016/j.jhep.2014.06.012

Jalan R, Pavesi M, Saliba F et al (2015) The CLIF Consortium Acute Decompensation score (CLIF-C ADs) for prognosis of hospitalised cirrhotic patients without acute-on-chronic liver failure. J Hepatol 62(4):831–840. https://doi.org/10.1016/j.jhep.2014.11.012

Kamath PS, Kim WR (2007) Advanced liver disease study G. The model for end-stage liver disease (MELD). Hepatology 45(3):797–805. https://doi.org/10.1002/hep.21563

Kamath PS, Wiesner RH, Malinchoc M et al (2001) A model to predict survival in patients with end-stage liver disease. Hepatology 33(2):464–470. https://doi.org/10.1053/jhep.2001.22172

Kartoun U, Corey KE, Simon TG et al (2017) The MELD-Plus: a generalizable prediction risk score in cirrhosis. PLoS One. 12(10):e0186301. https://doi.org/10.1371/journal.pone.0186301

Kim WR, Biggins SW, Kremers WK et al (2008) Hyponatremia and mortality among patients on the liver-transplant waiting list. N Engl J Med 359(10):1018–1026. https://doi.org/10.1056/NEJMoa0801209

Kim WR, Mannalithara A, Heimbach JK et al (2021) MELD 3.0: the model for end-stage liver disease updated for the modern era. Gastroenterology 161(6):1887–1895 e4. https://doi.org/10.1053/j.gastro.2021.08.050

Mahmud N, Asrani SK, Kaplan DE et al (2021) The predictive role of model for end-stage liver disease-lactate and lactate clearance for in-hospital mortality among a national cirrhosis cohort. Liver Transpl. 27(2):177–189. https://doi.org/10.1002/lt.25913

Malinchoc M, Kamath PS, Gordon FD, Peine CJ, Rank J, ter Borg PC (2000) A model to predict poor survival in patients undergoing transjugular intrahepatic portosystemic shunts. Hepatology. 31(4):864–871. https://doi.org/10.1053/he.2000.5852

Mansour A, Watson W, Shayani V, Pickleman J (1997) Abdominal operations in patients with cirrhosis: still a major surgical challenge. Surgery 122(4):730–735.; discussion 735-6. https://doi.org/10.1016/s0039-6060(97)90080-5

Mendoza YP, Becchetti C, Wan T et al (2021) Malnutrition and alcohol in patients presenting with severe complications of cirrhosis after laparoscopic bariatric surgery. Obes Surg 31(6):2817–2822. https://doi.org/10.1007/s11695-021-05237-9

Moreau R, Jalan R, Gines P et al (2013) Acute-on-chronic liver failure is a distinct syndrome that develops in patients with acute decompensation of cirrhosis. Gastroenterology 144(7):1426-37–1437 e1-9. https://doi.org/10.1053/j.gastro.2013.02.042

Myers RP, Shaheen AA, Aspinall AI, Quinn RR, Burak KW (2011) Gender, renal function, and outcomes on the liver transplant waiting list: assessment of revised MELD including estimated glomerular filtration rate. J Hepatol 54(3):462–470. https://doi.org/10.1016/j.jhep.2010.07.015

Pugh RN, Murray-Lyon IM, Dawson JL, Pietroni MC, Williams R (1973) Transection of the oesophagus for bleeding oesophageal varices. Br J Surg 60(8):646–649. https://doi.org/10.1002/bjs.1800600817

Sundaram V, Kogachi S, Wong RJ et al (2020) Effect of the clinical course of acute-on-chronic liver failure prior to liver transplantation on post-transplant survival. J Hepatol 72(3):481–488. https://doi.org/10.1016/j.jhep.2019.10.013

Trebicka J, Fernandez J, Papp M et al (2020) The PREDICT study uncovers three clinical courses of acutely decompensated cirrhosis that have distinct pathophysiology. J Hepatol 73(4):842–854. https://doi.org/10.1016/j.jhep.2020.06.013

Wang S, Whitlock R, Xu C et al (2022) Frailty is associated with increased risk of cirrhosis disease progression and death. Hepatology 75(3):600–609. https://doi.org/10.1002/hep.32157

Teil III

Präventive Strategien

Diagnostik und Therapie der Grunderkrankung bei Leberzirrhose

11

Julia Lang-Meli und Christoph Neumann-Haefelin

11.1 Einleitung

Bei Erstdiagnose einer Leberzirrhose stellen die Diagnostik und die anschließende konsequente Behandlung der Grunderkrankung wichtige Grundpfeiler in der Patientenversorgung dar. Dieses Vorgehen trägt zur Prävention von Dekompensationen, einer Regression der Fibrose und insgesamt zu einem verbesserten Patientenoutcome bei. Weiterhin hilft die ätiologische Klärung bei der Abschätzung der Prognose. Eine konsequente Diagnosestellung und Therapie der Grunderkrankung verbessert bei der Mehrzahl der Lebererkrankungen die Prognose von Patienten mit Leberzirrhose substanziell, selbst nach einer bereits eingetretenen Dekompensation (Tonon et al. 2023). Das folgende Kapitel soll einen Überblick über eine rationale Diagnostik sowie wichtige Therapieprinzipien in diesem Zusammenhang geben.

11.2 Diagnostik der Grunderkrankung

Abb. 11.1 gibt einen Überblick über wichtige Differenzialdiagnosen, die bei Erstdiagnose einer Leberzirrhose abgeklärt werden sollten. Die ätiologischen Faktoren können einzeln, aber auch in Kombination auftreten.

J. Lang-Meli (✉) · C. Neumann-Haefelin
Klinik und Poliklinik für Gastroenterologie und Hepatologie, Uniklinik Köln, Medizinische Fakultät, Universität zu Köln, Köln, Deutschland
E-Mail: julia.lang-meli@uk-koeln.de; christoph.neumann-haefelin@uk-koeln.de

T. Bruns et al. (Hrsg.), *Komplikationen der Leberzirrhose*,
https://doi.org/10.1007/978-3-662-70167-6_11

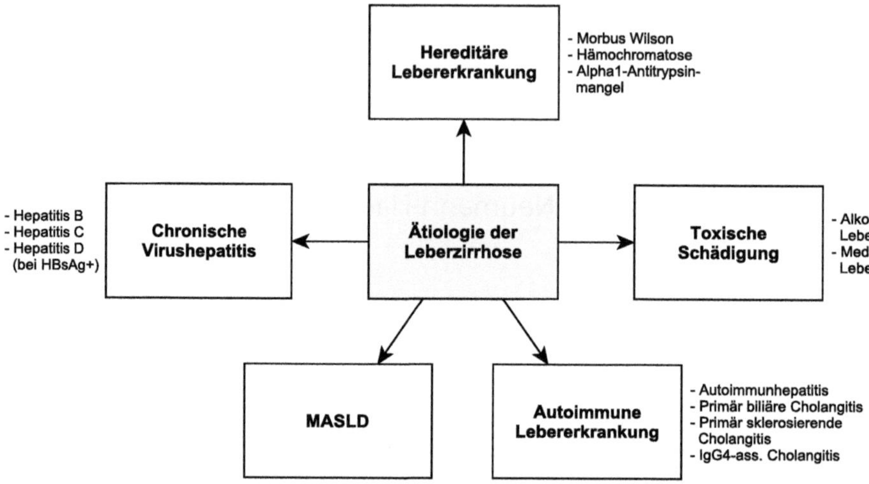

Abb. 11.1 Wichtige Differenzialdiagnosen zur Grunderkrankung bei Leberzirrhose. MASLD = mit metabolischer Dysfunktion assoziierte steatotische Lebererkrankung

► Bei mehreren der Leberzirrhose zugrunde liegenden Erkrankungen ist die Progression der Lebererkrankung beschleunigt.

Die Anamnese und körperliche Untersuchung ist für einige Ätiologien wegweisend und sollte insbesondere die folgenden Fragen/Befunde enthalten:

- Aktuelle Medikamenteneinnahme? Medikamentöse Behandlungen in den letzten Jahren, z. B. onkologische Therapien
- Alkoholkonsum (inklusive Quantifizierung)
- Familienanamnese (hereditäre Lebererkrankungen? Virushepatitis?)
- Risikofaktoren für Virushepatitis (z. B. Herkunft aus Ländern mit hoher Prävalenz, i. v.-Drogenkonsum, Sexualanamnese)
- Vorliegen eines metabolischen Syndroms? (z. B. Adipositas, Diabetes mellitus)

Auch die Laborkonstellation von Transaminasen, Cholestaseparametern und Lebersynthesemarkern kann Hinweise auf die Ätiologie geben. Zu beachten ist hierbei jedoch, dass insbesondere bei Patienten mit fortgeschrittener oder dekompensierter Leberzirrhose die „typischen Muster“ der Leberwerterhöhung oft fehlen können.

- Hepatitis: führende Erhöhung der Transaminasen, z. B. bei Virushepatitis, Autoimmunhepatitis, MASLD

- Cholestatische Hepatopathie: führende Erhöhung von alkalischer Phosphatase, Bilirubin, z. B. bei primär biliärer Cholangitis, primär sklerosierender Cholangitis

Die weiterführende Labordiagnostik ist in Tab. 11.1 dargestellt, ergänzend sollte eine Lebersonografie durchgeführt werden. Einige Diagnosen bedürfen bei positivem Screeningtest oder persistierendem klinischen Verdacht eines Bestätigungstests. Die histologische Untersuchung einer Leberbiopsie ist z. B. in der Regel zur Diagnosestellung einer Autoimmunhepatitis mittels Autoimmun-Hepatitis-Score erforderlich.

Tab. 11.1 Labordiagnostik zur Abklärung der Grunderkrankung bei Leberzirrhose

Differenzialdiagnose	Primäre Diagnostik (Screening)	Weiterführende Diagnostik	Therapie
Chronische Virushepatitis			
Hepatitis-B-Virus-(HBV-)Infektion	HBsAg	HBV-PCR	Nukleosid-/Nukleotidanaloga PEGyliertes Interferon-α
Hepatitis-C-Virus-(HCV-)Infektion	Anti-HCV-Antikörper	HCV-PCR	*direct acting antivirals* (DAA)
Hepatitis-D-Virus-(HDV-)Infektion	Immer bei Erstdiagnose einer HBV-Infektion ergänzen Anti-HDV-Antikörper	HDV-PCR	Bulevirtid PEGyliertes Interferon-α
Mit metabolische Dysfunktion assoziierte steatotische Lebererkrankung (MASLD)	Sonografisch Steatosis + Ausschlussdiagnostik	Ggf. Biopsie	Behandlung metabolisches Syndrom (insbes. Gewichtsabnahme, Diabeteseinstellung) Resmetirom
Autoimmune Lebererkrankungen			
Autoimmunhepatitis (AIH)	Gesamt-IgG, Autoantikörper: ANA, SMA, LKM,SLA/LP AIH-Score	Biopsie AIH-Score	Remissionsinduktion: Steroide + Azathioprin/ Mycophenolat Mofetil (MMF) Remissionserhaltung: Azathioprin, MMF, individuelle Konzepte
Primär biliäre Cholangitis (PBC)	AMA		Ursodesoxycholsäure 2-Linie: Obeticholsäure, Fibrate, Elafibranor, Seladelpar

(Fortsetzung)

Tab. 11.1 (Fortsetzung)

Differenzialdiagnose	Primäre Diagnostik (Screening)	Weiterführende Diagnostik	Therapie
Primär sklerosierende Cholangitis (PSC)	MRCP	Ggf. Biopsie (Small-Duct-PSC)	Ursodesoxycholsäure Interventionelle Behandlung von relevanten Stenosen
IgG4-assoziierte Cholangitis	IgG4		Remissionsinduktion: Steroide Remissionserhaltung: Azathioprin, MMF, individuelle Konzepte
Toxische Schädigungen			
Alkoholische Steatohepatitis	Sonografisch Steatosis + Anamnese (> 20 g/Tag bei Frauen oder > 30 g/Tag bei Männern)		Alkoholkarenz
Medikamentöse Leberschädigung	Anamnese	Biopsie	Vermeidung des auslösenden Agens
Hereditäre Lebererkrankungen			
Hämochromatose	Transferrinsättigung und Ferritin	HFE-Genotypisierung Ggf. Biopsie (Eisen im Lebertrockengewebe) oder MRT mit Eisenquantifizierung Diagnostik extrahepatische Manifestationen	Phlebotomie Zweitlinientherapie: Eisenchelatoren
Morbus Wilson	Coeruloplasmin	Kupfer im 24-h-Sammelurin Ggf. Biopsie (Kupfer im Lebertrockengewebe)	Kupferchelatoren, Zink
Alpha-1-Antritrypsinmangel	Alpha-1-Antitrypsin	Genetische Testung	Substitution

11.3 Therapie der Grunderkrankung

11.3.1 Hepatitis-C-Virusinfektion

Durch eine orale Therapie mit direkt antiviralen Agenzien (*direct acting antivirals*, DAA) kann in der Regel eine Ausheilung der chronischen Hepatitis-C-Virusinfektion erreicht werden. Es handelt sich dabei um Fixkombinationen aus NS3-Proteaseinhibitoren, NS5A-Inhibitoren und nukleosidischen/nukleotidischen Polymerase(NS5B)-Inhibitoren, die über 8, 12 oder 16 Wochen verabreicht werden.

▶ Eine Therapieindikation besteht für alle Patienten bei Nachweis einer replikativen Hepatitis-C-Virusinfektion. Für Patienten mit einer fortgeschrittenen Fibrose oder Zirrhose besteht eine dringliche Behandlungsindikation.

Bei Patienten mit **kompensierter Leberzirrhose** im Child-A-Stadium kann eine Therapie mit den pangenotypischen Therapieregimen Glecaprevir plus Pibrentasvir (bei therapienaiven Patienten über 8 Wochen; bei mit einer interferonhaltigen Therapie vorbehandelten Patienten ist eine Differenzierung nach HCV-Genotyp erforderlich: HCV-Genotyp 3 über 16 Wochen, alle anderen Genotypen über 12 Wochen) oder Velpatasvir plus Sofosbuvir (über 12 Wochen; bei vorbehandelten Patienten ist eine Differenzierung nach HCV-Genotyp sinnvoll, da bei vorbehandelten Patienten mit HCV-Genotyp 3 Ribavirin hinzugefügt werden sollte) erfolgen (Sarrazin et al. 2020). Vor allem bei Patienten mit HCV-Genotyp 1b kommt zudem Grazoprevir plus Elbasvir über 12 Wochen infrage.

Bei Patienten mit **dekompensierter Leberzirrhose** ist eine Bestimmung des HCV-Genotyps vor Therapiebeginn sinnvoll. Proteaseinhibitorbasierte Regime sollten bei diesen Patienten (ab Child-B-Stadium) aufgrund ihres hepatischen Abbaus und somit möglicher Akkumulierung bzw. toxischer Effekte nicht verwendet werden. Daher sollte in der Regel eine 12-wöchige Therapie mit Velpatasvir plus Sofosbuvir erfolgen. Eine zusätzliche Therapie mit Ribavirin ist bei HCV-Genotyp 3 dringend anzuraten, da das Therapieansprechen sonst nur bei ca. 50 % liegt; bei den anderen HCV-Genotypen hat eine zusätzliche Gabe von Ribavirin einen geringen Effekt und ist daher optional (Sarrazin et al. 2020).

Im Fall einer **schweren Niereninsuffizienz** (GFR<30 oder Dialysepflicht) wird die Verwendung von Sofosbuvir aufgrund der renalen Ausscheidung des Hauptmetaboliten mit Vorsicht empfohlen, während Glecaprevir plus Pibrentasvir sowie Grazoprevir plus Elbasvir hingegen kaum renal ausgeschieden werden. Basierend auf klinischen Studien, die die Sicherheit und Wirksamkeit von sofosbuvirbasierten Therapien bei dieser Patientengruppe gezeigt haben, haben sowohl die FDA als auch die EMA ihre Verschreibungsinformationen 2019 aktualisiert.

Nach Einführung der DAA-Therapien wurde diskutiert, ob bei dekompensierter Zirrhose eine HCV-Therapie ab einem bestimmten „Kipppunkt" oder bei hohem Risiko der Toxizität nicht mehr sinnvoll ist und ob stattdessen diese erst nach einer Lebertransplantation erfolgen sollte. Bei fortgeschrittener dekompensierter Leberzirrhose mit dem Risiko von Toxizität sollte die Einleitung einer DAA-Therapie mit einem Lebertransplantationszentrum abgestimmt werden.

11.3.2 Hepatitis-B-Virusinfektion

Für die chronische Hepatitis-B-Virusinfektion gibt es aktuell keine kurative Therapie. Bei Nachweis einer relevanten Replikation (Viruslast > 2000 IU/ml) und entzündlicher Aktivität in der Leber (erhöhte Serumtransaminasen oder histologischer Nachweis) besteht jedoch die Indikation zur dauerhaften Therapie mit Nukleosid/Nukleotidanaloga. Bei fortgeschrittener Leberfibrose oder Leberzirrhose besteht unabhängig von Viruslast und Transaminasen bei positiver HBV-PCR immer eine Therapieindikation (Cornberg et al. 2021; Rusignuolo et al. 2024). Ziel der Therapie ist eine Suppression der viralen Replikation, um eine Progression der Lebererkrankung zu verhindern. Zur Verfügung stehen die Präparate Tenofovir-Disoproxil (TDF, 245 mg), Tenofovir-Alafenamid (TAF, 25 mg) und Entecavir (ETV, 0,5 bzw. 1 mg), die gegenüber einer 1. Generation von antiviralen Präparaten eine sehr hohe Resistenzbarriere aufweisen. Die Präparate sind für Patienten mit Leberzirrhose zugelassen. Bei Patienten mit dekompensierter Leberzirrhose sollte jedoch ein regelmäßiges Monitoring von Leberwerten und Nierenretentionsparametern erfolgen.

Im Fall von ETV ist bei dekompensierter Leberzirrhose eine erhöhte Dosierung empfohlen (1 mg/Tag statt 0,5 mg).

Bei schwerer Niereninsuffizienz sind TAF oder ETV in Dosisanpassung gegenüber TDF zu bevorzugen. Die antivirale Therapie wird in der Regel dauerhaft fortgeführt. Im seltenen Fall eines bestätigten HBsAg-Verlustes unter der Therapie kann die Therapie beendet werden. Ein Therapieauslassversuch (STOP-NUC) nach langjähriger Virussuppression (> 3 Jahre, niedriges quantitatives HBsAg) kann bei nichtzirrhotischen Patienten als Einzelfallentscheidung unter engmaschiger klinischer Kontrolle, idealerweise im Rahmen klinischer Studien, überlegt werden. Es besteht hierbei jedoch ein Risiko für das Wiederaufflammen der Hepatitis mit potenzieller Progression bis zum akuten Leberversagen.

Als 2. Behandlungsoption, insbesondere für HBeAg-positive Patienten, steht eine Therapie mit PEGyliertem Interferon-α über 48 Wochen zur Verfügung. Hierbei besteht eine 20–30 %ige Chance einer HBeAg-Serokonversion und eine 3–7 %ige Chance eines HBsAg-Verlustes, bei jedoch oft schlechter Verträglichkeit und relevantem Nebenwirkungsprofil. Bei Patienten mit fortgeschrittener Zirrhose kann eine Interferon-α-Therapie zu einer weiteren Leberfunktionsverschlechterung und Dekompensation führen. Bei Patienten mit dekompensierter Leberzirrhose oder portaler Hypertension ist eine Interferontherapie daher kontraindiziert. Bei Patienten mit kompensierter Leberzirrhose sollte die Indikationsstellung sehr zurückhaltend erfolgen (Cornberg et al. 2021).

► Bei einer Leberzirrhose besteht bei jeglichem Nachweis einer HBV-DNA unabhängig von der Höhe der Transaminasen und der Viruslast eine Indikation für eine antivirale Therapie.

11.3.3 Koinfektion mit dem Hepatitis-Delta-Virusoid

Bei allen Patienten mit chronischer Hepatitis-B-Virusinfektion ist ein Screening auf das Vorliegen einer Koinfektion mit dem Hepatitis-D-Virusoid (HDV) empfohlen. Liegt eine HBV/HDV-Koinfektion vor, sollte auf individueller Basis die Indikation für eine antivirale Therapie geprüft werden. Bei aktiver Lebererkrankung (aktive virale Replikation und entzündliche Aktivität, z. B. erhöhte Transaminasen) oder fortgeschrittener Leberfibrose/-zirrhose ist die Therapieindikation vordringlich (Sandmann et al. 2023; Rusignuolo et al. 2024).

Ist eine Behandlungsindikation für die HDV-Infektion gegeben, kann bei Patienten ohne oder mit kompensierter Zirrhose eine Therapie mit PEGyliertem Interferon-α über 48 Wochen versucht werden. Diese Therapie hat eine ca. 30 %ige Erfolgsrate bei relevantem Nebenwirkungsprofil. Seit 2020 liegt mit der (zunächst bedingten, seit 2023 endgültigen) Zulassung von Bulevirtid eine 2. Behandlungsoption vor. Hierbei handelt es sich um eine in der Regel gut verträgliche, jedoch dauerhafte und subkutan zu verabreichende Therapie. Das Präparat ist für Patienten mit kompensierter Lebererkrankung bei positiver HDV-PCR zugelassen. Für den Einsatz bei dekompensierter Zirrhose liegen Daten aus Fallberichten vor, hier wurden keine schwerwiegenden Nebenwirkungen beobachtet (Dietz-Fricke et al. 2024). Eine Kombination von PEGyliertem Interferon-α und Bulevirtid zeigt bessere Ansprechraten bei möglicherweise zeitlich begrenzter Therapie; hierzu sind jedoch weitere Daten erforderlich und die Kontraindikation für Interferon bei fortgeschrittener Zirrhose muss beachtet werden. Patienten mit HBV/HDV-Koinfektion sollten an einem erfahrenen hepatologischen Zentrum behandelt werden. Aufgrund der begrenzten Therapieoptionen sowie des relevanten Progressionsrisikos sollten Patienten mit HBV/HDV-Koinfektion und dekompensierter Zirrhose für eine Lebertransplantation evaluiert werden.

11.3.4 Mit metabolischer Dysfunktion assoziierte Steatohepatitis (MASH)

Die MASH tritt häufig bei Patienten mit metabolischem Syndrom (Adipositas, gestörte Glukosetoleranz/Typ-II-Diabetes, Dyslipidämie und Hypertonie) auf. Adipositas sowie der Typ-II-Diabetes sind dabei am deutlichsten mit einer Progression der Lebererkrankung (Zirrhose, Dekompensationen, HCC) bei MASH assoziiert und sind daher primäres Therapieziel.

Ziel bei der Behandlung der Adipositas ist ein Gewichtsverlust von mindestens 10 % des Ausgangsgewichtes, um eine Verbesserung der Entzündungsaktivität in der Leber und der Fibrose zu erreichen. Neben Empfehlungen zur Lebensstilmodifikation (Ernährungsumstellung, körperliche Betätigung) können hierfür GLP-1-Analoga (z. B. Semaglutid, Tirzepatid) oder die bariatrische Chirurgie eingesetzt werden. Bei dekompensierter Leberzirrhose ist jedoch insbesondere das Risiko einer Sarkopenie zu beachten. Diese Patienten sollten eine proteinreiche Diät mit Vermeidung langer Nüchternperioden einhalten (z. B. Einnahme eines spätabendlichen Snacks). GLP-1-Analoga sind bei dekompensierter Leberzirrhose nicht zugelassen.

Bei Vorliegen eines Diabetes mellitus Typ II und MASH können, sofern im diabetologischen Konzept sinnvoll, die folgenden Antidiabetikaklassen bevorzugt werden: GLP-1-Analoga, SGLT2-Inhibitoren, Metformin. Diese Medikamente haben in Studien positive Effekte auf die MASLD gezeigt. Die Evidenz reicht jedoch nicht aus, um sie als gezielte MASH-Medikamente zu empfehlen. Metformin sollte bei dekompensierter Leberzirrhose aufgrund eines erhöhten Risikos für das Auftreten einer Laktatazidose nicht eingesetzt werden. SGLT-2-Inhibitoren können bei Leberzirrhose bis zum Stadium Child B eingesetzt werden. Die Leitlinie der EASL gibt einen guten Überblick über aktuelle Therapiekonzepte bei MASH auch bei Vorliegen einer Zirrhose (EASL 2024).

Unabhängig vom Vorliegen eines metabolischen Syndroms wurde die Substanz Resmetirom als erste gezielte MASH-Therapie zugelassen. Es handelt sich um einen oral verfügbaren Thyroidrezeptor-β-Agonisten, der in einer Phase-III-Studie bei Patienten mit MASH-Leberfibrose zu einer Verminderung der Entzündungsaktivität sowie einer Verbesserung der Fibrose nach 1 Jahr führte. Die Wirksamkeit und Sicherheit bei Patienten mit Leberzirrhose, ebenso wie die Langzeitwirkung, sind noch Gegenstand der Forschung.

Auch für andere Substanzen, wie z. B. das FGF21-Analogon Pegozafermin sowie die dualen GLP1-Analoga Tirzepatid und Survodutid zeigten Phase-2-Studien vielversprechende Ergebnisse bei der Therapie der MASH (Harrison et al. 2024; Loomba et al. 2024; Loomba et al. 2023; Sanyal et al. 2024). Diese Entwicklungen zeigen, dass sich die medikamentöse Therapie der MASH in den nächsten Jahren sicherlich weiter relevant verändern wird.

11.3.5 Hämochromatose

Bei Diagnosestellung einer Hämochromatose mit Nachweis einer hepatischen Eisenüberladung ist eine Eisendepletion indiziert. Als Erstlinientherapie wird hierfür die Phlebotomie empfohlen. Diese sollte in der Induktionsphase alle 1–2 Wochen mit einem Ziel-Ferritin von 50 µg/l erfolgen, solange ein Hb-Wert > 11 g/dl gewährleistet ist. Anschließend muss das Intervall der Phlebotomien individuell festgelegt werden (in der Regel 2–6-mal/Jahr), Ziel ist in der Erhaltung ein Ferritinwert von < 100 µg/l bei normalem Hb-Wert. Eine lebenslange Nachsorge mit 6-monatiger Bestimmung von Ferritin wird bei allen Patienten empfohlen, falls eine Leberzirrhose vorliegt, zusätzlich ein sonografisches HCC-Screening. Als Alternative zur Phlebotomie kann eine Erythrozytenapherese angeboten werden.

Bei Kontraindikationen für eine Phlebotomie (z. B. Venenstatus, Anämie) oder bei lebensbedrohlicher Eisenüberladung (juveniler Hämochromatose) können als Zweitlinientherapie Eisenchelatoren anstatt der oder zusätzlich zur Phlebotomie verwendet werden. Zu beachten ist hierbei jedoch die fortgeschrittene Leberzirrhose als Kontraindikation sowie ein relevantes Nebenwirkungsprofil (z. B. Nierenschädigung) (EASL 2022).

11.3.6 Morbus Wilson

Bei Diagnose eines Morbus Wilson muss immer eine Therapie eingeleitet werden. In der Regel wird initial eine Induktionstherapie (Entkupferung) durchgeführt, anschließend erfolgt die lebenslange Erhaltungstherapie. Die Therapie kann mit Kupferchelatoren (1. Linie D-Penicillamin, 2. Linie Trientine) oder Zink erfolgen. Direkt vergleichende Studiendaten für die beiden Substanzklassen liegen nicht vor. Die Chelatortherapie steigert die renale Elimination von Kupfer, während Zink die Kupferresorption senkt. Die Chelatortherapie ist deutlich schneller wirksam als Zink, weist jedoch ein höheres Nebenwirkungspotenzial auf. Daher wird häufig initial eine Chelatortherapie durchgeführt und in der Erhaltung auf Zink gewechselt. Lediglich bei Patienten mit neurologischer Symptomatik ist hierbei Vorsicht geboten, weil sich die neurologische Symptomatik gelegentlich initial nach Therapieeinleitung mit Kupferchelatoren verschlechtern kann.

Zielparameter der Therapie sind die klinischen Symptome sowie die Kupferausscheidung im 24-h-Sammelurin mit spezifischen Zielwerten in der Erhaltungstherapie. Die Kupferausscheidung sollte bei Therapie mit D-Penicillamin nach 2-tägiger Therapiepause gemessen werden. Begleitend zur medikamentösen Therapie sollten Patienten mit Morbus Wilson Lebensmittel mit hohem Kupfergehalt meiden (z. B. Kakao, Nüsse, Leber).

Bei dekompensierter Leberzirrhose oder fehlendem therapeutischen Ansprechen der medikamentösen Therapie sollte unverzüglich die Listung zur Lebertransplantation geprüft werden (EASL 2012; Berg et al. 2024).

11.3.7 Autoimmunhepatitis

Bei aktiver Lebererkrankung und/oder Nachweis einer fortgeschrittenen Leberfibrose oder -zirrhose besteht die Indikation zur immunsuppressiven Therapie. Zur Remissionsinduktion können Steroide (in der Regel Prednisolon) in Kombination mit Azathioprin oder Mycophenolat-Mofetil (Sebode et al. 2024; Snijders et al. 2024) eingesetzt werden.

Bei Patienten ohne Leberzirrhose gibt es die als Alternative zu Predniso(lo)n die Möglichkeit einer Steroidtherapie mit Budesonid, um systemische Nebenwirkungen zu sparen. Ziel der Induktionstherapie ist in erster Linie eine Normalisierung der Transaminasen sowie in zweiter Linie des Gesamt-IgG. Zur Remissionserhaltung sollte sich eine immunsuppressive Therapie mit Azathioprin oder Mycophenolat-Mofetil anschließen. Auslassversuche führen häufig zum Relaps, sodass insbesondere bei kompensierter Leberzirrhose in der Regel eine dauerhafte immunsuppressive Therapie durchgeführt werden muss. Bei therapierefraktären Verläufen können als individuelles Therapiekonzept andere Immunsuppressiva (z. B. Anti-TNF-Antikörper, Ciclosporin/Tacrolimus, Methotrexat) eingesetzt werden. Bei dekompensierter Zirrhose und fehlendem Therapieansprechen sollte eine Listung zur Lebertransplantation geprüft werden (Sebode et al. 2024, Berg et al. 2024).

11.3.8 Primär biliäre Cholangitis

Die Erstlinientherapie bei Nachweis einer primär biliären Cholangitis (PBC) ist eine dauerhafte Therapie mit Ursodesoxycholsäure (UDCA, Dosis 13–15 mg/kg Körpergewicht). Als Zweitlinientherapie konnten zusätzlich Obeticholsäure (Zulassung widerrufen) oder Fibrate (v. a. Bezafibrat) eingesetzt werden. Zudem wurden 2024 und 2025 Elafibranor sowie Seladelpar zur Zweitlinientherapie bei unzureichendem Ansprechen auf UDCA und/oder Risiko der Progression zugelassen. Diese PPAR)-Agonisten (PPAR: Peroxisom-Proliferator-aktivierte Rezeptoren) haben im Vergleich z. B. zu Obeticholsäure den großen Vorteil, dass sie den Juckreiz signifikant reduzieren können (Hirschfield et al. 2024; Kowdley et al. 2024). Generelles Therapieziele sind die Senkung der alkalischen Phosphatase auf das < 1,5-fache des Normalwertes sowie eine gute Symptomkontrolle (Sebode et al. 2024). Insbesondere junge Patienten mit fortgeschrittener Leberfibrose profitieren von einer intensiveren Therapie mit dem Ziel einer vollständigen Normalisierung der alkalischen Phosphatase (Corpechot et al. 2024). Daten zu PPAR-Agonisten liegen bei dekompensierter Zirrhose nicht vor, hier sollte eine Listung zur Lebertransplantation geprüft werden.

11.3.9 Primär sklerosierende Cholangitis (PSC)

Bislang gibt es keine medikamentöse Therapie, die eine Progression der Lebererkrankung bei der PSC nachweislich entgegenwirkt. Eine Therapie mit Ursodesoxycholsäure (Dosis 13–15 mg/kg Körpergewicht) verbessert die laborchemische Cholestase ohne Einfluss auf die Prognose und wird in Deutschland häufig durchgeführt. Bei relevanten Strikturen mit obstruktiver Cholestase in der Bildgebung oder bei klinischer Cholangitis sollte eine ERCP mit Ballondilatation der Stenose(n) erfolgen. Weiterhin ist eine Früherkennung von Cholangiokarzinom, Gallenblasenkarzinom und kolorektalem Karzinom durch strukturierte Früherkennungsprogramme elementar. Bei dekompensierter Zirrhose und fehlendem Therapieansprechen sollte eine Listung zur Lebertransplantation (unter Berücksichtigung der Exceptional-MELD-Kriterien bei PSC) geprüft werden (Sebode et al. 2024).

11.3.10 IgG4-assoziierte Cholangitis

Bei aktiver Erkrankung sollte eine Induktionstherapie mit Steroiden (in der Regel mit Prednisolon) erfolgen. Das rasche Therapieansprechen ist hierbei auch ein diagnostisches Kriterium. Anschließend sollte eine immunsuppressive Therapie über mindestens 3 Jahre erfolgen (z. B. mit Azathioprin oder Mycophenolat-Mofetil) (Sebode et al. 2024).

11.3.11 Alkoholassoziierte Zirrhose

Bei alkoholassoziierter oder medikamentöser Leberschädigung steht die Vermeidung des auslösenden Agens im Vordergrund. Im Fall der alkoholassoziierten Leberzirrhose sollte der Patient über niederschwellige suchtmedizinische Hilfsangebote informiert werden. Gelingt eine langfristige Abstinenz, ist die Prognose der Lebererkrankung oft günstig (EASL 2018). Auch bei fehlender Alkoholabstinenz und schwerwiegenden Komplikation wie akuter Alkoholhepatitis oder ACLF sollte niederschwellig Kontakt zu einem Transplantationszentrum aufgenommen werden, um die Möglichkeit einer Lebertransplantation zu prüfen (Berg et al. 2023).

11.4 Fazit

Die stadienabhängige spezifische Therapie der Grunderkrankung ist ein fundamentales, aber auch vielversprechendes Prinzip bei der Versorgung von Patienten mit Leberzirrhose. Durch eine konsequente Behandlung der zugrunde liegenden Erkrankung kann nicht nur die Progression der Lebererkrankung aufgehalten werden; es besteht auch die Möglichkeit einer Fibroseresolution und eines Rückgangs der portalen Hypertension. Selbst in fortgeschrittenen Stadien kann die ätiologische Therapie wie Alkoholkarenz, Heilung der Hepatitis-C-Virusinfektion und Suppression des Hepatitis-B-Virus Komplikationen verhindern und Letalität reduzieren (Kap. 12).

Literatur

Berg T, Aehling NF, Bruns T, Welker MW, Weismüller T, Trebicka J et al (2024) S2k-Leitlinie Lebertransplantation der Deutschen Gesellschaft für Gastroenterologie, Verdauungs- und Stoffwechselkrankheiten (DGVS) und der Deutschen Gesellschaft für Allgemein- und Viszeralchirurgie (DGAV). Z Gastroenterol 62(9):1397–1573

Cornberg M, Sandmann L, Protzer U, Niederau C, Tacke F, Berg T et al (2021) S3-Leitlinie der Deutschen Gesellschaft fur Gastroenterologie, Verdauungs- und Stoffwechselkrankheiten (DGVS) zur Prophylaxe, Diagnostik und Therapie der Hepatitis-B-Virusinfektion. Z Gastroenterol 59:691–776

Corpechot C, Lemoinne S, Soret PA, Hansen B, Hirschfield G, Gulamhusein A et al (2024) Adequate versus deep response to ursodeoxycholic acid in primary biliary cholangitis: to what extent and under what conditions is normal alkaline phosphatase level associated with complication-free survival gain? Hepatology 79:39–48

Dietz-Fricke C, Degasperi E, Jachs M, Maasoumy B, Reiter FP, Geier A et al (2024) Safety and efficacy of off-label bulevirtide monotherapy in patients with HDV with decompensated Child-B cirrhosis – a real-world case series. Hepatology 80:664–673

EASL (2012) EASL clinical practice guidelines: Wilson's disease. J Hepatol 56:671–685

EASL (2018) EASL clinical practice guidelines: management of alcohol-related liver disease. J Hepatol 69:154–181

EASL (2022) EASL clinical practice guidelines on haemochromatosis. J Hepatol 77:479–502

EASL (2024) EASL-EASD-EASO clinical practice guidelines on the management of metabolic dysfunction-associated steatotic liver disease (MASLD). J Hepatol 81:492–542

Harrison SA, Bedossa P, Guy CD, Schattenberg JM, Loomba R, Taub R et al (2024) A phase 3, randomized, controlled trial of resmetirom in nash with liver fibrosis. N Engl J Med 390:497–509

Hirschfield GM, Bowlus CL, Mayo MJ, Kremer AE, Vierling JM, Kowdley KV et al (2024) A phase 3 trial of seladelpar in primary biliary cholangitis. N Engl J Med 390:783–794

Kowdley KV, Bowlus CL, Levy C, Akarca US, Alvares-da-Silva MR, Andreone P et al (2024) Efficacy and safety of elafibranor in primary biliary cholangitis. N Engl J Med 390:795–805

Loomba R, Sanyal AJ, Kowdley KV, Bhatt DL, Alkhouri N, Frias JP et al (2023) Randomized, controlled trial of the FGF21 analogue pegozafermin in NASH. N Engl J Med 389:998–1008

Loomba R, Hartman ML, Lawitz EJ, Vuppalanchi R, Boursier J, Bugianesi E et al (2024) Tirzepatide for metabolic dysfunction-associated steatohepatitis with liver fibrosis. N Engl J Med 391:299–310

Rusignuolo G, Thimme R, Neumann-Haefelin C (2024) Chronische Hepatitis-B- und Hepatitis-D-Virusinfektion. Dtsch Med Wochenschr 149:948–954

Sandmann L, Berg T, Deterding K, Fischer N, Hinrichsen H, Petersen J et al (2023) Addendum „Antivirale Therapie der chronischen Hepatitis-D-Virusinfektion" zur S3-Leitlinie „Prophylaxe, Diagnostik und Therapie der Hepatitis-B-Virusinfektion" der Deutschen Gesellschaft fur Gastroenterologie, Verdauungs- und Stoffwechselkrankheiten (DGVS). Z Gastroenterol 61:1635–1653

Sanyal AJ, Bedossa P, Fraessdorf M, Neff GW, Lawitz E, Bugianesi E et al (2024) A phase 2 randomized trial of survodutide in MASH and fibrosis. N Engl J Med 391:311–319

Sarrazin C, Zimmermann T, Berg T, Hinrichsen H, Mauss S, Wedemeyer H et al (2020) Prophylaxe, Diagnostik und Therapie der Hepatitis-C-Virus-(HCV-)Infektion. Z Gastroenterol 58:1110–1131

Sebode M, Bantel H, Baumann U, Bufler P, Dold L, Hohenester S, et al (2024) S3-Leitlinie „Seltene Lebererkrankungen (LeiSe LebEr) – autoimmune Lebererkrankungen von der Pädiatrie bis zum Erwachsenenalter“ der Deutschen Gesellschaft für Gastroenterologie, Verdauungs- und Stoffwechselkrankheiten (DGVS). Konsultationsfassung Online

Snijders R, Stoelinga AEC, Gevers TJG, Pape S, Biewenga M, Tushuizen ME et al (2024) An open-label randomised-controlled trial of azathioprine vs. mycophenolate mofetil for the induction of remission in treatment-naive autoimmune hepatitis. J Hepatol 80:576–585

Tonon M, Balcar L, Semmler G, Calvino V, Scheiner B, Incicco S et al (2023) Etiological cure prevents further decompensation and mortality in patients with cirrhosis with ascites as the single first decompensating event. Hepatology 78:1149–1158

12 Prävention der Dekompensation

Thomas Reiberger

12.1 Einleitung und Definitionen

Eine kompensierte Leberzirrhose wird in der klinischen Praxis anstatt der Leberbiopsie seit dem weitverbreiteten Einsatz von Gewebeelastografieverfahren, wie der vibrationskontrollierten transienten Elastografie (VCTE; FibroScan®), zumeist nichtinvasiv anhand der Lebersteifigkeitsmessung (LSM) diagnostiziert (Reiberger et al. 2012) und daher auch zunehmend als kompensierte fortgeschrittene chronische Lebererkrankung (cACLD) bezeichnet (de Franchis et al. 2015) (Abb. 12.1). Bei Patienten mit cACLD ist die Prävention von schweren Komplikationen einer Leberzirrhose, also von hepatischer Dekompensation, von zentraler prognostischer Bedeutung, da die Dekompensation einen Wendepunkt im natürlichen Verlauf der Erkrankung darstellt und eine erhebliche Verschlechterung der Prognose anzeigt. Eine Dekompensation ist laut Baveno-VII-Konsensus (de Franchis et al. 2022) definiert als das Auftreten von klinisch nachweisbarem Aszites (Grad 2 oder 3; also Aszites, der nicht mit einer Bildgebung wie Ultraschall diagnostiziert werden muss), einer klinisch manifesten hepatischen Enzephalopathie (HE; West-Haven-Grad ≥ 1) oder einer akuten Varizenblutung (AVB). Das Vorhandensein von nur mildem, perihepatischem Aszites stellt laut Baveno-VII-Konsensus (de Franchis et al. 2022) keine Dekompensation dar; des Weiteren stellt auch das Auftreten einer Pfortaderthrombose (PVT) oder eines hepatozellulären Karzinoms (HCC) keine Dekompensation dar, wenngleich diese Diagnosen oft gemeinsam mit definierenden Dekompensationsereignissen gestellt werden. Ob (wiederholte) Infektionen per se eine hepatische Dekompensation definieren sollten, wird

T. Reiberger (✉)
Klinische Abteilung für Gastroenterologie und Hepatologie, Universitätsklinik für Innere Medizin III, Medizinische Universität Wien, Wien, Austria
E-Mail: thomas.reiberger@meduniwien.ac.at

T. Bruns et al. (Hrsg.), *Komplikationen der Leberzirrhose*,
https://doi.org/10.1007/978-3-662-70167-6_12

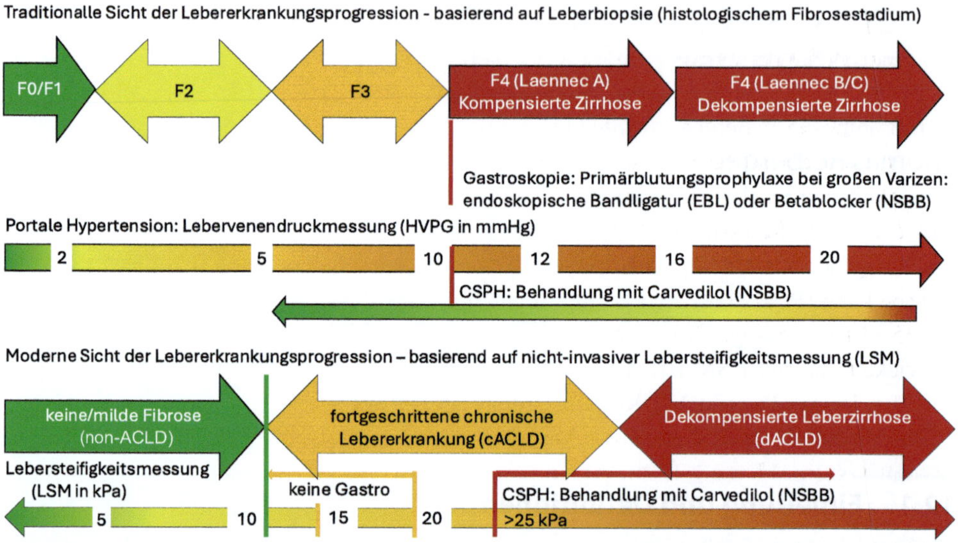

Abb. 12.1 Krankheitsprogression bei Lebererkrankungen. Aus der traditionell durch Leberbiopsie definierten kompensierten Leberzirrhose wird die durch Leberelastografie definierte kompensierte fortgeschrittene chronische Lebererkrankung (cACLD). Aus der traditionell durch Varizen in der Screeninggastroskopie identifizierten portalen Hypertension wird die klinisch signifikante portale Hypertension (CSPH), die entweder durch den hepatovenösen Druckgradienten (HVPG) oder nicht-invasiv durch die Leberelastografie (LSM) identifiziert wird

aktuell noch diskutiert, der aktuelle Baveno-VII-Konsensus (de Franchis et al. 2022) hält aber nur fest, dass Infektionen gehäuft bei hepatischen Dekompensationsereignissen auftreten oder diese auslösen können, aber per se keine Definition einer Dekompensation darstellen.

> ▶ Prinzipiell muss bei jedem Patienten, der sich aktuell mit einer cACLD präsentiert, per Anamnese festgehalten werden, ob nicht in der Vergangenheit Dekompensationsereignisse bestanden haben und somit nicht eigentlich eine rekompensierte Leberzirrhose vorliegt.

Das Auftreten von unterschiedlichen Dekompensationsereignissen bzw. das wiederholte Auftreten von Dekompensationsereignissen (wie z. B. rekurrenter/refraktärer Aszites oder HE) oder auch das Auftreten einer spontan-bakteriellen Peritonitis (SBP), eines hepatorenalen Syndroms (HRS) oder eines Ikterus wird laut Baveno-VII-Konsensus (de Franchis et al. 2022) einem fortgeschritteneren Stadium der Dekompensation zugeschrieben (sog. *further decompensation*: fortgeschrittene Dekompensation) (D'Amico et al. 2024).

12.2 Verhinderung von Komplikationen: Prävention der Dekompensation

Die Therapie der zugrunde liegenden Lebererkrankung wird als ätiologische Therapie bezeichnet. Ätiologische Therapien sind nach entsprechender Diagnosestellung immer indiziert und zielen darauf ab, die primäre Ursache der Lebererkrankung zu behandeln und damit die Progression zu verlangsamen, zu stoppen oder sogar umzukehren, also eine Regression des Krankheitsstadiums – zumeist ist damit das Fibrosestadium gemeint – zu bewirken (siehe Kap. 11). Klinische und experimentelle Studien haben gezeigt, dass durch eine effektive ätiologische Therapie die Gefahr der ersten Dekompensation erheblich reduziert werden kann (Tonon et al. 2023).

12.2.1 Hepatitis-B-Virusinfektion

Bei Patienten mit chronischer Hepatitis-B-Virus(HBV)infektion konnte gezeigt werden, dass eine Suppression der Virusreplikation (der HBV-DNA) durch antivirale Therapie, wie z. B. mit Nukleosid-/Nukleotidanaloga (NA) – heute werden hierzu v. a. Tenofovir (als TDF oder TAF) oder Entecavir (ETV) eingesetzt – das Risiko schwerer Komplikationen deutlich senken kann. Eine ältere randomisiert-kontrollierte Studie konnte zeigen, dass das früher eingesetzte NA Lamivudin (3TC) eine Progression der Leberzirrhose – angezeigt durch eine Verschlechterung des Child-Pugh-Scores – verzögern konnte (Liaw et al. 2004). In dieser Studie kam es durch die Behandlung mit Lamivudin zu einer geringeren Inzidenz von AVB, SBP, HRS und Sepsis sowie zu weniger leberassoziierten Todesfällen.

Mit den bereits erwähnten, heute eingesetzten NAs TDF, TAF und ETV, die eine hohe Resistenzbarriere aufweisen, könnten noch bessere Effekte erwartet werden, wobei es aus ethischen Gründen hierzu keine randomisiert-kontrollierten Studien mehr geben wird. Jedoch wurde sowohl für TDF als auch für ETV bereits durch wiederholte Leberbiopsien unter kontinuierlicher Therapie mit langfristiger HBV-DNA-Suppression gezeigt, dass histologisch die Regression einer Leberzirrhose bis hin zu nur gering ausgeprägten Fibrosestadien möglich ist (Marcellin et al. 2013). Neuere HBV-Therapien, die häufiger zu anhaltendem HBsAg-Verlust und Anti-HBs-Serokonversion (also einer funktionellen Heilung) führen, werden derzeit in klinischen Studien untersucht. Daten zu deren Effektivität, eine Dekompensation zu verhindern, liegen jedoch noch nicht vor.

12.2.2 Hepatitis-C-Virusinfektion

Bei Patienten mit Hepatitis-C-Virus-(HCV-)Infektion konnte früher durch interferonbasierte Therapie in etwa 50 % der Fälle und dann mittels direkt antiviral wirksamer Therapien (DAAs) fast in allen Fällen (98–100 %) eine anhaltende Heilung (SVR) erreicht werden. Gerade Patienten mit Leberzirrhose konnten in vielen Fällen erst durch DAAs geheilt werden. Damit existieren weltweit zahlreiche (ehemalige) HCV-Patienten, die sich nach DAA-induzierter SVR noch im Stadium der cACLD befinden und bei denen die Prävention der Dekompensation ein primäres Behandlungsziel darstellt. Die Erreichung einer SVR reduziert den Pfortaderdruck bei vielen um ≥ 10 %, und bei manchen cACLD-Patienten mit einer CSPH vor Therapiestart sinkt der HVPG auf Werte < 10 mmHg (Mandorfer et al. 2020). Studien zeigen, dass das Erreichen einer SVR die Dekompensationsrate bei HCV-(SVR-)Patienten mit kompensierter Zirrhose (cACLD) deutlich senkt. Für die klinische Praxis ist jedoch wichtig zu betonen, dass bei persistierender CSPH trotz SVR das Risiko für eine hepatische Dekompensation weiter besteht (Di Marco et al. 2016).

12.2.3 Alkoholassoziierte Lebererkrankung

Während Alkohol neben metabolischen Risikofaktoren einen Hauptgrund für die Progression von Lebererkrankungen, insbesondere bei der alkoholbedingten Lebererkrankung (ALD), darstellt, kann es bei Reduktion des Alkoholkonsums und insbesondere bei Abstinenz zu einem Sistieren der Leberentzündung und somit zu einer deutlichen Verbesserung der Leberfunktion und der Fibrose kommen. Besonders deutlich wurden diese prognostisch relevanten Verbesserungen nach Alkoholkarenz bei dekompensierten ALD-Patienten auf der Lebertransplantationswarteliste beschrieben. Unter fortgesetzter Alkoholkarenz verbesserte sich die Leberfunktion (Child-/MELD-Score) und Dekompensationszeichen (wie z. B. Aszites) bildeten sich zurück, sodass diese ALD-Patienten von der Transplantationswarteliste genommen werden konnten (Pose et al. 2021). Daher spielt die Alkoholabstinenz eine zentrale Rolle in der Prävention der Dekompensation. Studien belegen, dass anhaltender Alkoholkonsum der Schlüsselfaktor für eine schlechte Langzeitprognose bei Patienten mit alkoholbedingter kompensierter Zirrhose ist. In einer kohortenbasierten Analyse zeigte sich, dass der Verzicht auf Alkohol das Risiko für die Entwicklung schwerer Komplikationen um ca. 60 % reduziert, was die Bedeutung der Alkoholabstinenz in der Behandlung der ALD unterstreicht (Hofer et al. 2023).

12.2.4 Metabolisch bedingte Fettlebererkrankung

Bei der früher als nichtalkoholische Fettlebererkrankung (NAFLD) und heute als mit metabolischer Dysfunktion assoziierte steatotische Lebererkrankung (MASLD) bezeichneten Erkrankung spielen Übergewicht (Adipositas), Diabetes und andere Stoffwechselerkrankungen wie Hyper-/Dyslipidämien eine zentrale Rolle in der Pathogenese. Nachdem es für die MASLD erst seit Kurzem in den USA mit Resmetirom eine von der FDA zugelassene spezifische Therapie gibt, sind – im Vergleich zu ALD und viralen Hepatitiden – kaum Daten zur Wirksamkeit ätiologischer Therapien vorhanden. Bei MASLD-Patienten mit cACLD und CSPH gibt es Hinweise aus einer „Sport-Diät"-Studie, dass eine Gewichtsreduktion durch eine Lebensstilintervention bei adipösen Patienten mit CSPH zu signifikanten Reduktionen des HVPG führt (Berzigotti et al. 2017). Durch die dokumentierte CSPH-Verbesserung bei MASLD-Patienten mit cACLD nach Lebensstilverbesserung kann somit von einer positiven Wirkung von Gewichtsverlust, gesteigerter körperlicher Aktivität und qualitativ sowie quantitativ verbesserter Ernährung ausgegangen werden. Daher sind solche Maßnahmen als ätiologische Therapie bei MASLD auch zur Prävention einer Dekompensation eindeutig zu empfehlen. Eine spezielle Beachtung muss jedoch bei MASLD-Patienten mit cACLD auch der Möglichkeit des Bestehens einer Malnutrition oder einer Sarkopenie geschenkt werden, die sich bei unkontrollierten drastischen Lebensstiländerungen verschlechtern können, was wiederum die Verhinderung einer Dekompensation beeinträchtigen kann.

12.2.5 Primär biliäre Cholangitis

Die primär biliäre Cholangitis (PBC) ist eine vorwiegend bei Frauen auftretende Erkrankung der kleinen, intrahepatischen Gallenwege, die dem Formenkreis der autoimmunbedingten Lebererkrankungen zuzuordnen ist. Während eine Heilung der Erkrankung bisher nicht möglich ist, ist die Einnahme von Ursodeoxycholsäure (UDCA) eine sehr effektive und nebenwirkungsarme Therapie, die bei rechtzeitigem Therapiebeginn eine Lebervernarbung (Fibrose/Zirrhose) und Komplikationen der PBC vermeiden kann. Es existieren Studien, die auch darauf hindeuten, dass PBC-Patienten mit dekompensierter Zirrhose unter UDCA-Therapie eine Rekompensation erreichen können (Hofer et al. 2024). Ferner ist bekannt, dass eine UDCA-Therapie das Auftreten von leberbezogenen Komplikationen, darunter auch die Dekompensation definierende Ereignisse, effektiv verhindern kann und auch das Überleben verbessert (John et al. 2021).

12.3 Kontrolle von Kofaktoren von Lebererkrankungen

Die Kontrolle von Kofaktoren wie Alkohol, metabolischen Komorbiditäten und Adipositas ist auch bei Nicht-ALD- und Nicht-MASLD-Patienten entscheidend für die Prävention der Dekompensation. In einer Studie wurde festgestellt, dass Patienten, die nach der Heilung von Hepatitis C weiterhin Alkohol konsumierten, ein signifikant höheres Risiko für eine Dekompensation aufwiesen. Ebenso zeigt eine Studie, dass eine Gewichtsreduktion durch eine Lebensstilintervention zu einer signifikanten Reduktion des HVPG führen kann, was die Bedeutung der Modifikation von Lebensstilfaktoren – also die Vermeidung von zusätzlicher Leberschädigung – bei der Behandlung aller Lebererkrankungen unterstreicht.

12.4 Pathophysiologisch orientierte Behandlungen

Pathophysiologisch orientierte Behandlungen zielen darauf ab, die Mechanismen zu beeinflussen, die zur Dekompensation führen. Eine Schlüsselrolle spielt dabei die Behandlung der portalen Hypertension, insbesondere der klinisch signifikanten portalen Hypertension (CSPH), die über einen HVPG von ≥ 10 mmHg definiert ist. Das Vorhandensein einer CSPH stellt den Hauptrisikofaktor für eine hepatische Dekompensation dar. Umgekehrt weisen cACLD-Patienten ohne CSPH kein relevantes Dekompensationsrisiko auf (Ripoll et al. 2007), solange es nicht zu einem Progress zur CSPH kommt. Das Konzept der CSPH-getriebenen Dekompensation ist neben ALD und HCV auch für die MASLD als weltweit häufigste Lebererkrankung durch starke Evidenz belegt (Paternostro et al. 2024). Daher ist es naheliegend, dass Therapien, die zu einer Verbesserung der CSPH, also einer Reduktion des Pfortaderdrucks (HVPG), führen, auch das Dekompensationsrisiko reduzieren und somit klinisch zur Prävention einer Dekompensation eingesetzt werden können.

12.4.1 Nichtselektive Betablocker

Früher wurden vor allem traditionelle nichtselektive Betablocker (NSBB) wie Propranolol, Nadolol oder Timolol zur Pfortaderdrucksenkung, v. a. im Rahmen der Primär- und Sekundärprophylaxe einer Varizenblutung bei Patienten mit Leberzirrhose und Varizen, eingesetzt. Nachdem mittlerweile gut belegt ist, dass der NSBB Carvedilol durch die zusätzliche anti-alpha-1-adrenerge Blockade zu einer stärkeren HVPG-Senkung führt (Reiberger et al. 2013) und damit in der Primär- und Sekundärblutungsprophylaxe bessere Ergebnisse als z. B. Propranolol erzielt, empfiehlt auch der Baveno-VII-Konsensus vor allem den Einsatz von Carvedilol bei Patienten mit cACLD zur Pfortaderdrucksenkung und damit zur Primär- und Sekundärprophylaxe (de Franchis et al. 2022).

Nach der randomisiert-kontrollierten PREDESCI-Studie (Villanueva et al. 2019), die bei Patienten mit HVPG-gesicherter CSPH zeigen konnte, dass eine NSBB/Carvedilol-Therapie (im Vergleich zu Placebo) das Auftreten von Dekompensationsereignissen reduzieren kann, empfiehlt der Baveno-VII-Konsensus Carvedilol auch zur Prävention von Dekompensationen. Carvedilol (und Propranolol) reduzieren den portalen Druck (HVPG) und – wie in anderen Studien gezeigt – auch die systemische Entzündung, was in einer deutlichen Reduktion der Dekompensationsrate bei Patienten mit hohem HVPG resultiert. Während der Einsatz von Carvedilol bei cACLD-Patienten mit Varizen oder mit HVPG-gesicherter CSPH klinisch eindeutig empfohlen wird, ist noch nicht vollständig geklärt, ob auch die nichtinvasiv identifizierte CSPH, z. B. durch eine Lebersteifigkeitsmessung (LSM) >25 kPa, mit einer Indikation für Carvedilol als Dekompensationsprävention gleichzusetzen ist.

12.4.2 Statine

Statine, die ursprünglich aufgrund möglicher hepatotoxischer Wirkungen bei Lebererkrankungen gemieden wurden, zeigen ebenfalls vielversprechende Ergebnisse in der Prävention der Dekompensation. Studien haben gezeigt, dass Statine die endotheliale Dysfunktion – auch in den sinusoidalen Endothelien – verbessern und somit die Leberdurchblutung sowie die Leberfunktion positiv beeinflussen, indem sie die systemische und hepatische Entzündung reduzieren. Die pfortaderdrucksenkende Wirkung von Statinen, v. a. von Simvastatin, wurde in HVPG-Studien bereits mehrfach belegt (Abraldes et al. 2009). Studien über die Auswirkungen von Statinen auf die Dekompensationsrate laufen noch. Klinisch kann dennoch ein großzügiger Einsatz von Statinen bei cACLD mit oder ohne CSPH erfolgen, insbesondere wenn auch eine Indikation, z. B. im Rahmen einer Hyperlipidämie, besteht.

12.5 Kombinationstherapien und zukünftige Forschungsrichtungen

Trotz der Fortschritte bei den ätiologischen und pathophysiologischen Therapien weist ein erheblicher Teil der Patienten mit kompensierter Zirrhose (cACLD) weiterhin ein erhöhtes Risiko für eine Dekompensation auf. Die relevante Variabilität beim Ansprechen auf NSBB/Carvedilol und die zunehmenden metabolischen Kofaktoren unterstreichen die Notwendigkeit von Biomarkern, die das Risiko einer Dekompensation – auch nach oder unter ätiologischen Therapien – widerspiegeln und die Überwachung des Krankheitsverlaufs unter Präventionsstrategien ermöglichen. Zukünftige Forschung sollte sich zudem auf die Entwicklung und Validierung nichtinvasiver Methoden zur Risikostratifizierung konzentrieren sowie die personalisierte Therapie vorantreiben, die auf den spezifischen pathophysiologischen Mechanismen und Risikofaktoren der Patienten basiert.

12.6 Fazit

Die Prävention der ersten Dekompensation ist ein essenzielles Behandlungsziel bei Patienten mit kompensierter Leberzirrhose/cACLD, insbesondere wenn auch eine portale Hypertension besteht, um die Morbidität und Mortalität zu verringern. Während ätiologische Therapien in der Lage sind, das Risiko einer Dekompensation signifikant zu senken, sollten alle Patienten mit CSPH und/oder Varizen eine Carvediloltherapie erhalten (Abb. 12.2). Bei Vorhandensein von metabolischen Komorbiditäten oder regelmäßigem Alkoholkonsum, sollten bei allen Lebererkrankungen auch eine Verbesserung von Lebensstil (Gewichtsabnahme, Diät, Bewegung) und eine Alkoholkarenz empfohlen werden.

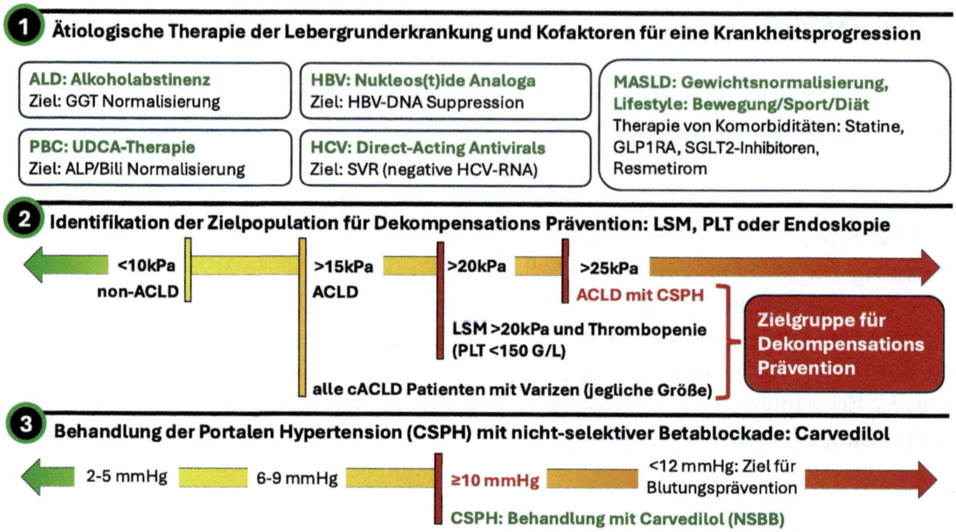

Abb. 12.2 Grundprinzipien der Dekompensationsprävention. Ätiologische Therapie der Lebergrunderkrankung (Abb. 12.2 oben). Bei alkoholbedingter Lebererkrankung (ALD) sollte eine Reduktion des Alkoholkonsums und im besten Fall eine komplette Abstinenz mit dem Ziel der GGT-Normalisierung angestrebt werden. Bei primärer biliärer Cholangitis (PBC) sollte eine Therapie mit Ursodesoxycholsäure (UDCA) mit einer Dosierung von 15 mg/kg Körpergewicht erfolgen, mit dem Ziel einer Normalisierung der alkalischen Phosphatase (ALP) und des Serumbilirubinwertes (Bili). Bei Hepatitis B (HBV) sollte eine Nukleosid-/Nukleotidanalogatherapie mit dem Ziel der HBV-DNA-Suppression erfolgen. Bei Hepatitis C (HCV) sollte eine antivirale Therapie mit direkt wirksamen antiviralen Substanzen (DAAs) mit dem Ziel einer HCV-Negativierung (12–24 Wochen nach Therapieende) zur Bestätigung einer anhaltenden virologischen Heilung (SVR) durchgeführt werden. Bei metabolisch bedingter Fettleber (MASLD) sollten eine Gewichtsnormalisierung und eine Anpassung des Lebensstils mit ausreichend Bewegung/Sport und diätetischen Maßnahmen erfolgen. Metabolische Komorbiditäten wie Hyperlipidämie sollten durch Statine, Diabetes durch Glukagon-like-Peptide-1-Rezeptor-Agonisten (GLP-1-RA) oder SGLT2-Inhibitoren, arterielle Hypertonie durch Antihypertensiva therapiert werden. Zusätzlich können ggf. Schilddrüsenhormonrezeptor-Beta-Agonisten (Resmetirom) zum Einsatz kommen. Die Zielpopulation für die Dekompensationsprävention (Abb. 12.2 Mitte) sind Patienten mit kompensierter fortgeschrittener chronischer Lebererkrankung (cACLD) mit klinisch signifikanter portaler Hypertonie (CSPH), die mittels Lebersteifigkeitsmessung (LSM) über >25 kPa, oder >20 kPa bei gleichzeitig bestehender Thrombopenie (Plättchenzahl PLT < 150 G/L), oder durch das Vorhandensein von Ösophagus- oder Fundusvarizen identifiziert werden können. ine Behandlungsindikation für Carvedilol (Abb. 12.2 unten) besteht bei cACLD-Patienten mit CSPH, also einem hepatovenösen Druckgradienten (HVPG) von ≥ 10 mmHg. Mit Carvedilol, einem nichtselektiven Betablocker mit zusätzlicher anti-alpha-1-adrenerger Wirkung, kann der HVPG stärker als mit konventionellen NSBB gesenkt werden. Eine HVPG-Senkung um > 10 % zeigt dabei ein signifikant reduziertes Dekompensationsrisiko an. Zur Blutungsprävention ist auch eine HVPG-Senkung < 12 mmHg ausreichend. Wichtig: Patienten sollten auf jeden Fall mit Carvedilol therapiert werden, auch wenn eine HVPG-(Response)-Messung in der klinischen Praxis nicht verfügbar ist (de Franchis et al. 2022)

Weitere Studien sollten sich auf die Erforschung von pathophysiologisch orientierten Therapiemöglichkeiten fokussieren, um die Progression von Lebererkrankungen und somit eine Dekompensation effektiv zu verhindern und im besten Fall auch eine Regression der Lebererkrankung (Fibrose) zu erreichen.

Literatur

Abraldes JG, Albillos A, Banares R et al (2009) Simvastatin lowers portal pressure in patients with cirrhosis and portal hypertension: a randomized controlled trial. Gastroenterology 136(5):1651–1658

Berzigotti A, Albillos A, Villanueva C et al (2017) Effects of an intensive lifestyle intervention program on portal hypertension in patients with cirrhosis and obesity: the Sportdiet study. Hepatology 65(4):1293–1305

D'Amico G, Zipprich A, Villanueva Cet al (2024) Further decompensation in cirrhosis: Results of a large multicenter cohort study supporting Baveno VII statements. Hepatology 79(4):869–881

Di Marco V, Calvaruso V, Ferraro D et al (2016) Effects of eradicating Hepatitis C virus infection in patients with cirrhosis differ with stage of portal hypertension. Gastroenterology 151(1):130–139

de Franchis R, Baveno VI Faculty (2015) Expanding consensus in portal hypertension: Report of the Baveno VI Consensus Workshop: Stratifying risk and individualizing care for portal hypertension. J Hepatol 63(3):743–752

de Franchis R, Bosch J, Garcia-Tsao G, Reiberger T, Ripoll C, Baveno VII Faculty (2022) Baveno VII – renewing consensus in portal hypertension. J Hepatol 76(4):959–974

Hofer BS, Simbrunner B, Hartl L et al (2023) Alcohol abstinence improves prognosis across all stages of potal hypertension in alcohol-related cirrhosis. Clin Gastroenterol Hepatol 21:2308–2317.e7

Hofer BS, Burghart L, Halilbasic E et al (2024) Evaluation of potential hepatic recompensation criteria in patients with PBC and decompensated cirrhosis. Aliment Pharmacol Ther 59(8):962–972

John BV, Khakoo NS, Schwartz KB et al (2021) Ursodeoxycholic acid response is associated with reduced mortality in primary biliary cholangitis with compensated cirrhosis. Am J Gastroenterol 116(9):1913–1923

Liaw YR, Sung JJ, Chow WC et al (2004) Lamivudine for patients with chronic hepatitis B and advanced liver disease. N Engl J Med 351(15):1521–1531

Mandorfer M, Kozbial K, Schwabl P et al (2020) Changes in hepatic venous pressure gradient predict hepatic decompensation in patients who achieved sustained virologic response to interferon-free therapy. Hepatology 71(3):1023–1036

Marcellin P, Gane E, Buti M et al (2013) Regression of cirrhosis during treatment with tenofovir dosoproxil fumarate for chronic hepatitis B: a 5-year open-label follow-up study. Lancet 381(9865):468–475

Paternostro R, Kwanten WJ, Hofer BS et al (2024) Hepatic venous pressure gradient predicts risk of hepatic decompensation and liver-related mortality in patients with MASLD. J Hepatol 81:827–826. S0168-8278(24)00368-4

Pose E, Torrents A, Reverter E et al (2021) A notable proportion of liver transplant candidates with alcohol-related cirrhosis can be delisted because of clinical improvement. J Heatpol 75(2):275–283

Reiberger T, Ferlitsch A, Payer BA et al (2012) Noninvasive screening for liver fibrosis and portal hypertension by transient elastography – a large single center experience. Wien Klin Wochenschr 124(11-12):395–402

Reiberger T, Ulbrich G, Ferlitsch A et al (2013) Carvedilol for primary prophylaxis of variceal bleeding in cirrhotic patients wtih haemodynamic non-response to propranolol. Gut 62(11):1634–1641
Ripoll C, Groszmann R, Garcia-Tsao G (2007) Hepatic venous pressure gradient predicts clinical decompensation in patients with compensated cirrhosis. Gastroenterology 133(2):481–488
Tonon M, Balcar L, Semmler G et al (2023) Etiological cure prevents further decompensation and mortality in patients with cirrhosis with ascites as the single first decompensating event. Hepatology 78(4):1149–1158
Villanueva C, Albillos A, Genesca J et al (2019) β blockers to prevent decompensation of cirrhosis in patients with clinically significant portal hypertension (PREDESCI): a randomized, double-blind, placebo-controlled, multicentre trial. Lancet 393(10181):1597–1608

13 Prävention von Infektionen

Marcus Maximilian Mücke

13.1 Einleitung

Patienten mit Leberzirrhose weisen ein deutlich erhöhtes Risiko für Infektionen auf. Dies gilt insbesondere für bakterielle Infektionen bei Patienten mit fortgeschrittenen Stadien der Lebererkrankung (dekompensierte Leberzirrhose und akut-auf-chronisches Leberversagen [ACLF]). Pathophysiologisch spielen unter anderem eine zunehmende Einschränkung der Leberfunktion, eine progrediente portale Hypertension mit Ausbildung portosystemischer Shunts sowie eine generelle intestinale Dysbiose eine wesentliche Rolle: Insbesondere die portale Hypertension begünstigt die Translokation von Bakterien und bakteriellen Bestandteilen der Darmflora. Dies führt zu einer chronischen Inflammation mit Beeinträchtigung des Immunsystems (Trebicka et al. 2018). Darüber hinaus können angeborene genetische Immundefekte das Infektionsrisiko zusätzlich erhöhen (Appenrodt et al. 2010).

Kulturell gesicherte bakterielle Infektionen stellen bei Patienten mit Leberzirrhose die häufigste Ursache für eine akute Dekompensation (AD) (ca. 22 %) und/oder die Entwicklung eines ACLF (ca. 44 %) dar (Trebicka et al. 2021). Patienten ohne Infektion im Rahmen einer AD/eines ACLF weisen ein hohes Risiko auf, innerhalb der nächsten vier Wochen eine bakterielle Infektion zu erleiden (Fernandez et al. 2018). Generell erhöhen Infektionen bei Patienten mit Leberzirrhose – unabhängig davon, ob sie eine AD/ein ACLF

M. M. Mücke (✉)
Medizinische Klinik 1: Gastroenterologie und Hepatologie, Pneumologie und Allergologie, Endokrinologie und Diabetologie sowie Ernährungsmedizin, Universitätsmedizin Frankfurt, Goethe-Universität Frankfurt, Frankfurt, Deutschland
E-Mail: MarcusMaximilian.Muecke@unimedizin-ffm.de

T. Bruns et al. (Hrsg.), *Komplikationen der Leberzirrhose*,
https://doi.org/10.1007/978-3-662-70167-6_13

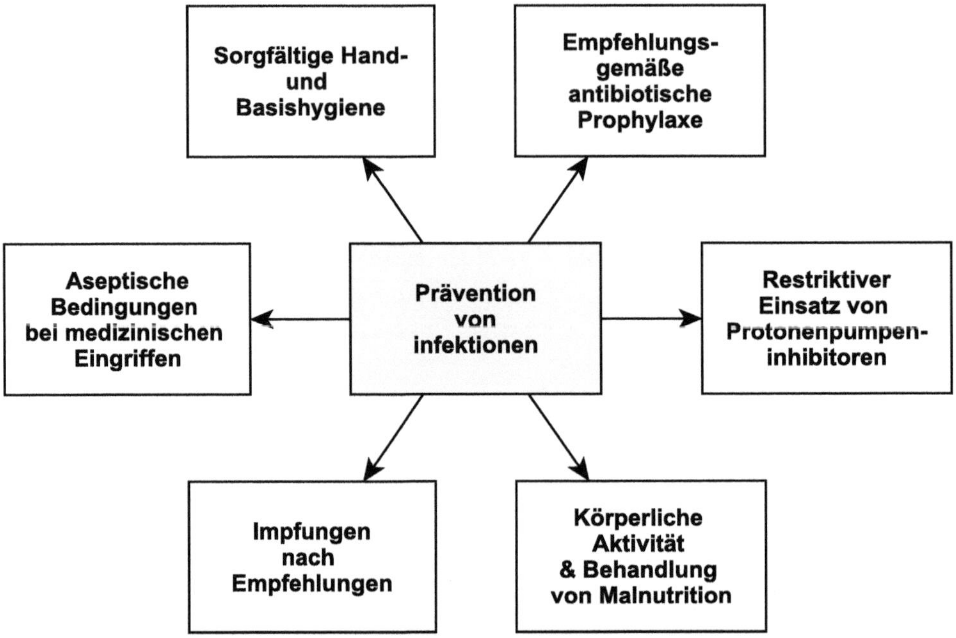

Abb. 13.1 Übersicht über allgemeine und spezielle Maßnahmen zur Prävention von Infektionen bei Patienten mit Leberzirrhose

auslösen oder lediglich einen begleitenden Faktor darstellen – erheblich die Mortalität (Mücke et al. 2017). Eine konsequente Prävention von Infektionen spielt deshalb eine Schlüsselrolle im Management von Patienten mit Leberzirrhose (Abb. 13.1).

▶ Infektionen stellen bei Patienten mit einer Leberzirrhose eine häufige Ursache für Dekompensationsereignisse dar.

13.2 Allgemeine Maßnahmen

Das Bewusstsein um das erhöhte Infektionsrisiko und dessen deletäre Auswirkungen bei Patienten mit Leberzirrhose sollte nicht ausschließlich spezialisierten Hepatogastroenterologen vorbehalten sein. Eine adäquate Infektionsprävention beginnt vielmehr mit der ausführlichen Aufklärung und Schulung der Patienten, ihrer mitbehandelnden Ärztinnen und Ärzte sowie des Pflegepersonals. Eine konsequente Hände- und Basishygiene sowie eine sorgfältige Hautpflege sind dabei ebenso von zentraler Bedeutung wie strikt aseptische Bedingungen, selbst bei kleineren Eingriffen (z. B. Aszitespunktion) oder bei der Pflege einliegender Katheter, sowohl im häuslichen Umfeld als auch im stationären Setting. Medizinisches Personal sollte zudem bei jeder akuten Dekompensation oder ungeplanten

Hospitalisierung gezielt nach Infektionen suchen und diese, insbesondere bei kritisch kranken Patienten, im Zweifelsfall rasch empirisch antibiotisch behandeln (siehe auch Kap. 26 und 28).

Malnutrition tritt bei Patienten mit Leberzirrhose häufig auf. Eine gestörte Metabolisierung der angebotenen Nährstoffe und ein insbesondere in fortgeschrittenen Stadien der Lebererkrankung zunehmender Katabolismus führen im Krankheitsverlauf zu einer zunehmenden Sarkopenie. Diese ist sowohl mit einer erhöhten Mortalität im Allgemeinen als auch besonders bei Infektionen und Sepsis assoziiert (siehe auch Kap. 22) (Lucidi et al. 2018; Tantai et al. 2022). Interventionen zur Behandlung von Malnutrition sowie eine balancierte körperliche Aktivität, die sich an aktuellen Empfehlungen orientieren, scheinen die Infektionsraten von Patienten mit Leberzirrhose positiv zu beeinflussen (Tandon et al. 2018).

Bei Patienten mit fortgeschrittener Lebererkrankung ist darauf zu achten, dass alle empfohlenen Impfungen gemäß aktuellen Empfehlungen der Ständigen Impfkommission (STIKO) am Robert Koch-Institut durchgeführt wurden. Insbesondere sollten Patienten, die weder gegen Hepatitis A noch gegen Hepatitis B immunisiert sind und keine Infektion durchgemacht haben, entsprechende Impfungen erhalten. Diese schützen effektiv vor Hepatitis A bzw. B und reduzieren nachweislich das Risiko einer hepatischen Dekompensation sowie die damit einhergehende erhöhte Mortalität. Zudem ist auf eine saisonale Influenza- und Pneumokokkenimpfung zu achten; neben einer Grundimmunisierung gegen COVID-19 wird derzeit ebenfalls eine jährliche Auffrischimpfung, vorzugsweise im Herbst, empfohlen. Da Impfantworten, insbesondere bei fortgeschrittener Leberzirrhose, beeinträchtigt sein können, ist, wo möglich, eine Kontrolle der Impftiter (z. B. anti-HBs) sinnvoll (siehe Kap. 14).

13.3 Antibiotische Prophylaxe bei Aszites

Seit der Erkenntnis des erhöhten Infektionsrisikos bei Patienten mit Leberzirrhose wird der Einsatz von Antibiotika zur Infektionsprophylaxe weltweit intensiv untersucht. Insbesondere im Hinblick auf die oben beschriebene Pathophysiologie mit intestinaler Dysbiose und gestörter Barrierefunktion des Darms etablierte sich bereits in den 1990er-Jahren das Konzept der „selektiven intestinalen Dekontamination" mittels langfristig oral applizierter Fluorchinolone. Dieses Vorgehen führte im Resultat zu einer deutlichen Reduktion spontan-bakterieller Peritonitiden (SBPs) und zu einem verbesserten Überleben in einer frühen Studie (Gines et al. 1990).

Das Fluorchinolon Norfloxacin (400 mg p. o. 1-0-0) überzeugt hierbei insbesondere durch eine günstige Pharmakokinetik und -dynamik mit geringer systemischer Bioverfügbarkeit bei oraler Anwendung (Caraceni et al. 2021). Es liegen auch Daten zu anderen Antibiotikaregimen wie mit Rifaximin, Ciprofloxacin und Cotrimoxazol vor, die aktuell jedoch nur bei Nichtverfügbarkeit von Norfloxacin empfohlen werden. Rifaximin erscheint dabei als vielversprechendste Alternative. Gemäß deutscher Leitlinie kann Rifaximin

(550 mg p. o. 1-0-1) als Alternative zu Norfloxacin in begründeten Fällen als Primärprophylaxe eingesetzt werden (Gerbes et al. 2019). Aktuell fehlen Studien, die den Einsatz einer SBP-Prophylaxe bei Patienten untersuchen, die bereits Rifaximin zur Prophylaxe einer hepatischen Enzephalopathie erhalten.

Für Norfloxacin existiert zur Prävention einer SBP die beste Datenlage, und es wird gemäß aktueller Leitlinienempfehlungen (Abb. 13.2) bei folgenden Patientengruppen als Substanz der 1. Wahl derzeit noch wie folgt empfohlen (Gerbes et al. 2019; EASL 2018):

- *Primärprophylaxe*: Bei Patienten mit Leberzirrhose und Aszites sowie einem erniedrigten Gesamteiweißgehalt im Aszites (< 1,5 g/dl) als „Kann"-Empfehlung; bei zusätzlich vorliegender Leberinsuffizienz (definiert als Child-Pugh-Score ≥ 9 Punkte und Serumbilirubin ≥ 3 mg/dl) oder Niereninsuffizienz (definiert als Kreatinin ≥ 1,2 mg/dl, Harnstoff ≥ 25 mg/dl oder Serumnatrium ≤ 130 mmol/l) als „Sollte"-Empfehlung.
- *Sekundärprophylaxe*: Bei Patienten mit bereits stattgehabter SBP zur Risikoreduktion eines Rezidivs als „Soll"-Empfehlung.

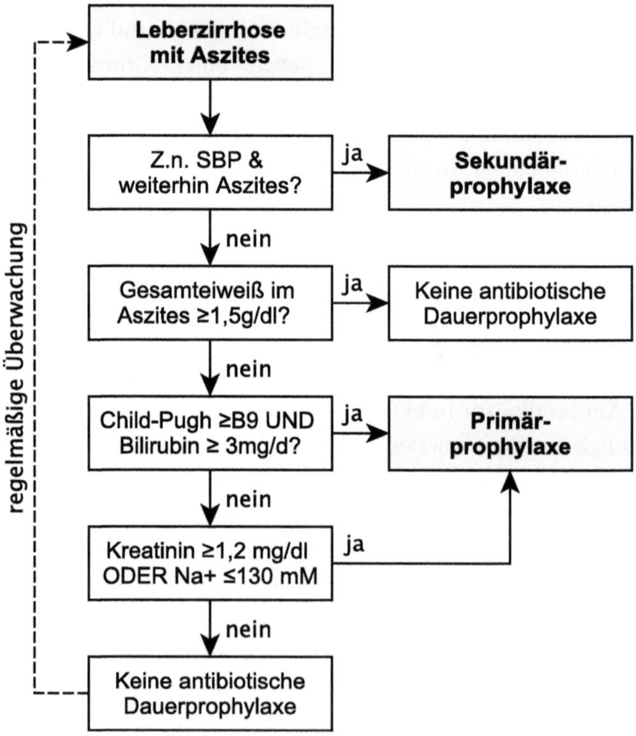

Abb. 13.2 Algorithmus zur antibiotischen SBP-Prophylaxe gemäß aktuellen Leitlinien: Norfloxacin 400 mg/Tag (Einsatz unter Berücksichtigung von Kontraindikationen und des Rote-Hand-Briefes zu Fluorchinolonen)

Die Prophylaxe sollte bei Indikation für eine antibiotische Therapie während deren Dauer unterbrochen und danach wiederaufgenommen werden. Bei anhaltender klinischer Verbesserung und im Verlauf fehlendem Nachweis von Aszites sollte sie beendet werden.

Zu beachten ist ein seit 2019 veröffentlichter Rote-Hand-Brief, der zu einem zurückhaltenden Einsatz aller Fluorchinolone und zu einer strengen Indikationsstellung aufruft. Er warnt vor schwerwiegenden und anhaltenden, die Lebensqualität beeinträchtigenden Nebenwirkungen, die vor allem den Bewegungsapparat und das Nervensystem betreffen. Bisherige randomisiert-kontrollierte Studien an Patienten mit Leberzirrhose in den genannten Indikationen belegen jedoch den Nutzen einer fluorchinolonbasierten Prophylaxe ohne relevantes Auftreten dieser seltenen schwerwiegenden Nebenwirkungen.

Bedenken hinsichtlich eines langfristigen Einsatzes von Fluorchinolonen betreffen ein erhöhtes Risiko für Infektionen mit grampositiven Erregern (da Chinolone insbesondere ein gramnegatives Wirkspektrum aufweisen) und *Clostridioides-difficile*-Infektionen sowie ein erhöhtes Risiko für die Entwicklung multiresistenter gramnegativer Erreger (MRGN). Tatsächlich ist ein Shift des Erregerspektrums hin zu grampositiven Infektionen beobachtbar, ein Anstieg von *Clostridioides-difficile*-Infektionen wurde bisher jedoch nicht berichtet (Mücke et al. 2020a, b; Moreau et al. 2018). In einer prospektiven, multizentrischen, interkontinentalen Studie, die die Prävalenz und das Risiko für MRGN-Infektionen bei über 1300 Patienten mit Leberzirrhose untersuchte, war der Einsatz von Norfloxacin zur SBP-Prophylaxe nicht mit einem erhöhten Risiko für MRGN-Infektionen assoziiert.

In einer weiteren monozentrischen Studie wurde allerdings nachgewiesen, dass Patienten, bei denen multiresistente Erreger identifiziert wurden (unabhängig davon, ob als Kolonisation oder zurückliegende Infektion), ein deutlich erhöhtes Risiko für ein Prophylaxeversagen, d. h. das Auftreten einer SBP trotz Prophylaxe, aufweisen (Mücke et al. 2020a, b). Zudem zeigte eine kürzlich durchgeführte Metaanalyse, dass die Effektivität der Antibiotikaprophylaxe zur Prävention einer SBP über die letzten Jahrzehnte abnahm, ohne jedoch das Mortalitätsrisiko zu beeinflussen (Mücke et al. 2020a, b).

Hervorzuheben ist zudem eine 2020 veröffentlichte Cochrane-Analyse, die über 29 randomisiert-kontrollierte Studien einschloss und keine eindeutige Aussage zum Nutzen einer antibiotischen SBP-Prophylaxe hinsichtlich Mortalitätsreduktion oder Verhinderung schwerwiegender Komplikationen treffen konnte. Die Autoren kritisierten allerdings, dass mehrere der untersuchten Studien unzureichend gepowert oder methodisch verzerrungsanfällig waren.

Nicht nur die SBP, sondern auch andere Infektionen mit gramnegativen Erregern führen häufig zu einer AD oder einem ACLF. Aus diesem Grund untersuchte eine multizentrische, randomisiert-kontrollierte Studie in Frankreich den generellen Einsatz von Norfloxacin als dauerhafte antibiotische Prophylaxe bei Patienten mit Child-Pugh-C-Leberzirrhose (Moreau et al. 2018). Während die Studie hinsichtlich des primären Endpunkts (Gesamtüberleben) negativ blieb, zeigten sich in einer Post-hoc-Analyse unter Berücksichtigung der Lebertransplantation als konkurrierendes Risiko ein reduziertes Infektionsrisiko sowie ein verbessertes 6-Monats-Überleben. Insbesondere Patienten mit Aszites und erniedrigtem Gesamtprotein im Aszites (< 1,5 /dl) profitierten. Ein erhöhtes Risiko für *Clostridioides*-difficile- oder MRGN-Infektionen ließ sich nicht nachweisen. Dennoch sind weitere Studien erforderlich, bevor eine endgültige Empfehlung ausgesprochen werden kann.

13.4 Antibiotische Prophylaxe bei oberer gastrointestinaler (Varizen-)Blutung

Eine weitere Indikation für eine Antibiotikaprophylaxe stellt die obere gastrointestinale (GI) (Varizen-)Blutung dar. Hierbei handelt es sich jedoch um eine Kurzzeitanwendung, die formal als prophylaktische Therapie anzusehen ist. Sie wird bereits bei Verdacht auf eine obere GI-Blutung präemptiv initiiert und bei Bestätigung über wenige Tage im Rahmen des Blutungsereignisses fortgeführt.

Bakterielle Infektionen treten bei Patienten mit Leberzirrhose, portaler Hypertension und oberer gastrointestinaler Blutung häufig auf und fungieren nicht selten als (okkulte) Auslöser für die Blutung. Studien und Metaanalysen weisen nach, dass eine prophylaktische antibiotische Therapie das Risiko für das Auftreten einer SBP, die generelle Infektionsrate, die Länge des stationären Aufenthalts sowie das Reblutungsrisiko signifikant reduziert und darüber hinaus das Gesamtüberleben verbessert.

Da in den letzten Jahrzehnten die Zahl chinolonresistenter Erreger deutlich zunahm, empfehlen aktuelle Leitlinien den Einsatz von Cephalosporinen der 3. Generation (z. B. Ceftriaxon 1–2 g/Tag) für 5–7 Tage bei den meisten stationär behandelten Patienten. Der Einsatz oraler Fluorchinolone bleibt dabei wenigen Ausnahmen vorbehalten. Das lokale Resistenzspektrum des jeweiligen Krankenhauses und patientenbezogene Faktoren sollten bei der Auswahl des Antibiotikums stets mitberücksichtigt werden. Ob ein vorbekannter MRGN prophylaktisch erfasst werden sollte, ist unter Aspekten des Antibiotic Stewardship umstritten. Die bisher einzige, jedoch kleine retrospektive und monozentrische Studie hierzu zeigte keinen Unterschied im Outcome zwischen Patienten, deren prophylaktische Therapie bereits bekannte multiresistente Erreger abdeckte, und jenen, bei denen dies nicht der Fall war (Mücke et al. 2022). Bei Verdacht auf eine Infektion sollte hingegen, je nach Risikoprofil und Zustand der Patienten (z. B. bei Sepsis), eine kalkulierte Therapie erfolgen, die ggf. auch multiresistente Erreger berücksichtigt. Bei nachgewiesener Infektion ist eine entsprechend antibiogrammgerechte Behandlung durchzuführen.

Die Wahrscheinlichkeit einer bakteriellen Infektion im Rahmen von Varizenblutungen sind bei Child-A-Zirrhose deutlich niedriger als bei Child-B- und C-Zirrhose (Martinez et al. 2021). Erste Daten deuten darauf hin, dass möglicherweise Patienten mit kompensierter Child-Pugh-A-Leberzirrhose von einer antibiotischen Prophylaxe mit Ceftriaxon bei Varizenblutung entsprechend weniger profitieren (Gupta et al. 2023). In einer kürzlich veröffentlichten Arbeit zeigte zudem eine verkürzte antibiotische Therapie mit Ceftriaxon für zwei Tage keine Nachteile hinsichtlich des Re-Blutungsrisikos und verkürzte die Dauer des Krankenhausaufenthalts (Lo et al. 2024). Weitere Studien sind notwendig, um diese vorläufigen Erkenntnisse zu bestätigen.

13.5 Weitere medikamentöse Ansätze

Neben allgemeinen Maßnahmen und dem gezielten Einsatz von Antibiotika zur Infektionsprävention existieren weitere Medikamente, die bei Patienten mit Leberzirrhose (teilweise noch im Rahmen von Studien) eingesetzt werden und möglicherweise das Infektionsrisiko beeinflussen.

13.5.1 Absetzen von Protonenpumpeninhibitoren

Der Einsatz von Protonenpumpeninhibitoren (PPIs) ist nicht nur bei Patienten mit Leberzirrhose weitverbreitet. PPIs reduzieren die gastrale Säureproduktion durch Blockade der H+/K+-ATPase in den Belegzellen der Magenschleimhaut. Langzeittherapien mit PPIs können zu einer intestinalen bakteriellen Dysbiose führen und sind bei Patienten mit Leberzirrhose mit einem erhöhten Risiko für das Auftreten einer SBP oder einer *Clostridioides-difficile*-Infektion sowie einem schlechteren Langzeitüberleben assoziiert (Bajaj et al. 2012). Der Einsatz von PPIs sollte bei Patienten mit Leberzirrhose daher streng nach Indikation erfolgen, und ein Langzeiteinsatz – sofern möglich – vermieden werden.

13.5.2 Nichtselektive Betablocker

Die Indikation und Wirkung nichtselektiver Betablocker (NSBB) wird unter anderem in Kap. 12 ausführlich thematisiert. Über die Senkung des portalen Drucks sowie eine damit verbundene Verbesserung der mukosalen Perfusion und Darmbarriereintegrität, verbunden mit einer erhöhten intestinalen Transitzeit, sind auch positive Effekte einer NSBB-Therapie zur Prävention von Infektionen beschrieben (Reiberger et al. 2013). Insbesondere beim Einsatz von NSBB zur Prävention einer spontan bakteriellen Peritonitis bei Patienten mit Leberzirrhose und Aszites existieren kleinere Studien, die auf einen protektiven Effekt hindeuten (Senzolo et al. 2009). Aufgrund der kleinen, heterogenen Studienpopulationen und teilweise widersprüchlicher Ergebnisse (Villanueva et al. 2019) lassen sich jedoch keine generellen Empfehlungen bezüglich eines Einsatzes zur Infektionsprophylaxe ableiten. Daher sollte sich der Einsatz von NSBB auf die entsprechenden aktuellen Empfehlungen beschränken.

13.5.3 Humanalbumin

Die potenziellen Vorteile einer prophylaktischen intravenösen Gabe von Albumin bei Patienten mit Leberzirrhose sind Gegenstand aktueller Untersuchungen. Fest etabliert und gemäß aktuellen Leitlinien empfohlen ist die Gabe von Humanalbumin bei großvolumigen Parazentesen zur Verhinderung einer Kreislaufdysfunktion, zur Prognoseverbesserung bei SBP sowie zur Risikoreduktion eines akuten Nierenversagens und im Rahmen der Therapie eines hepatorenalen Syndroms.

In der ANSWER-Studie, einer open-label, multizentrischen, randomisiert-kontrollierten Studie bei Patienten mit stabiler dekompensierter Leberzirrhose und Grad-2- und 3-Aszites, zeigte sich nach 18 Monaten ein signifikant verbessertes Gesamtüberleben durch eine prophylaktische Albumintherapie (40 g 2×/Woche für die ersten 2 Wochen, danach 40 g wöchentlich; Caraceni et al. 2018). Einhergehend damit fand sich auch eine deutlich und signifikant reduzierte Rate an Infektionen (sowohl SBP als auch an Nicht-SBP-Infektionen).

Im Gegensatz hierzu fand sich in der MACHT-Studie (multizentrisch, randomisiert-kontrolliert, doppelblind) weder eine Risikoreduktion von Komplikationen (primärer Endpunkt) noch eine Verbesserung des Überlebens (sekundärer Endpunkt) nach 12 Monaten. Hier war jedoch die Albumindosis nur halb so hoch wie in der ANSWER-Studie, es gab keine Loading Dose (entsprechend zeigte sich kein Anstieg der Serumalbuminkonzentration), und das Follow-up betrug im Mittel lediglich 2 Monate. Eine weitere Studie (ATTIRE, randomisiert, kontrolliert, multizentrisch) zur Gabe von Albumin zur Prävention von Infektionen bei hospitalisierten Patienten mit Leberzirrhose verlief ebenfalls negativ (China et al. 2018).

13.6 Fazit

Infektionen stellen bei Patienten mit Leberzirrhose einen wesentlichen prognostischen Faktor dar. Die Prävention umfasst dabei nichtmedikamentöse Maßnahmen, wie konsequente Hygiene, Ernährungstherapie und Impfungen, sowie medikamentöse Ansätze, etwa eine Antibiotikaprophylaxe in definierten Risikosituationen. Angesichts der zunehmenden Resistenzentwicklung ist es jedoch entscheidend, die Antibiotikaprophylaxe auf klar identifizierte Risikopatienten zu beschränken. Insgesamt ist ein integratives, individuell angepasstes Präventionskonzept unerlässlich, um die Prognose von Patienten mit Leberzirrhose nachhaltig zu verbessern.

Literatur

Appenrodt B, Grünhage F, Gentemann MG, Thyssen L, Sauerbruch T, Lammert F (2010) Nucleotide-binding oligomerization domain containing 2 (NOD2) variants are genetic risk factors for death and spontaneous bacterial peritonitis in liver cirrhosis. Hepatology 51(4):1327–1333

Bajaj JS, Ratliff SM, Heuman DM, Lapane KL (2012) Proton pump inhibitors are associated with a high rate of serious infections in veterans with decompensated cirrhosis. Aliment Pharmacol Ther 36(9):866–874

Caraceni P, Abraldes JG, Gines P, Newsome PN, Sarin SK (2021) The search for disease-modifying agents in decompensated cirrhosis: from drug repurposing to drug discovery. J Hepatol 75(Suppl 1):S118–S134

Caraceni P, Riggio O, Angeli P et al (2018) Long-term albumin administration in decompensated cirrhosis (ANSWER): an open-label randomised trial. Lancet 391(10138):2417–2429

China L, Skene SS, Bennett K et al (2018) ATTIRE: Albumin To prevenT Infection in chronic liveR failurE: study protocol for an interventional randomised controlled trial. BMJ Open 8(10):e023754

European Association for the Study of the Liver (2018) EASL clinical practice guidelines for the management of patients with decompensated cirrhosis. J Hepatol 69(2):406–460

Fernandez J, Acevedo J, Wiest R et al (2018) Bacterial and fungal infections in acute-on-chronic liver failure: prevalence, characteristics and impact on prognosis. Gut 67(10):1870–1880

Gerbes AL, Labenz J, Appenrodt B et al (2019) Updated S2k-guideline „complications of liver cirrhosis". German Society of Gastroenterology (DGVS). Z Gastroenterol 57(5):611–680

Gines P, Rimola A, Planas R et al (1990) Norfloxacin prevents spontaneous bacterial peritonitis recurrence in cirrhosis: results of a double-blind, placebo-controlled trial. Hepatology 12(4 Pt 1):716–724

Gupta A, Agarwal S, Sharma S et al (2023) Randomised controlled trial of ceftriaxone versus no antibiotic to prevent infection in patients with Child-Pugh A cirrhosis with acute variceal bleeding. J Hepatol 78:S1–S99

Lo GH, Yeh JH, Tseng CH et al (2024) A Noninferiority Trial Comparing 2 Days vs 5 Days of Terlipressin and Ceftriaxone in Terms of 5-Day Rebleeding for Patients With Acute Gastroesophageal Variceal Hemorrhage. Am J Gastroenterol 119(9):1821–1830

Lucidi C, Lattanzi B, Di Gregorio V et al (2018) A low muscle mass increases mortality in compensated cirrhotic patients with sepsis. Liver Int 38(5):851–857

Martinez J, Hernandez-Gea V, Rodriguez-de-Santiago E et al (2021) Bacterial infections in patients with acute variceal bleeding in the era of antibiotic prophylaxis. J Hepatol 75(2):342–350

Moreau R, Elkrief L, Bureau C et al (2018) Effects of long-term norfloxacin therapy in patients with advanced cirrhosis. Gastroenterology 155(6):1816–1827.e9

Mücke MM, Mayer A, Kessel J et al (2020a) Quinolone and multidrug resistance predicts failure of antibiotic prophylaxis of spontaneous bacterial peritonitis. Clin Infect Dis 70(9):1916–1924

Mücke MM, Mücke VT, Graf C et al (2020b) Efficacy of norfloxacin prophylaxis to prevent spontaneous bacterial peritonitis: a systematic review and meta-analysis. Clin Transl Gastroenterol 11(8):e00223

Mücke MM, Rumyantseva T, Mücke VT et al (2017) Bacterial infection-triggered acute-on-chronic liver failure is associated with increased mortality. Liver Int 38(4):645–653

Mücke VT, Peiffer KH, Kessel J et al (2022) Impact of colonization with multidrug-resistant organisms on antibiotic prophylaxis in patients with cirrhosis and variceal bleeding. PLoS One 17(5):e0268638

Reiberger T, Ferlitsch A, Payer BA et al (2013) Non-selective betablocker therapy decreases intestinal permeability and serum levels of LBP and IL-6 in patients with cirrhosis. J Hepatol 58(5):911–921

Senzolo M, Cholongitas E, Burra P et al (2009) beta-Blockers protect against spontaneous bacterial peritonitis in cirrhotic patients: a meta-analysis. Liver Int 29(8):1189–1193

Tandon P, Ismond KP, Riess K et al (2018) Exercise in cirrhosis: translating evidence and experience to practice. J Hepatol 69(5):1164–1177

Tantai X, Liu Y, Yeo YH et al (2022) Effect of sarcopenia on survival in patients with cirrhosis: a meta-analysis. J Hepatol 76(3):588–599
Trebicka J, Fernandez J, Papp M et al (2021) PREDICT identifies precipitating events associated with the clinical course of acutely decompensated cirrhosis. J Hepatol 74(5):1097–1108
Trebicka J, Reiberger T, Laleman W (2018) Gut-liver axis links portal hypertension to acute-on-chronic liver failure. Visc Med 34(4):270–275
Villanueva C, Albillos A, Genesca J et al (2019) Beta blockers to prevent decompensation of cirrhosis in patients with clinically significant portal hypertension (PREDESCI): a randomised, double-blind, placebo-controlled, multicentre trial. Lancet 393(10181):1597–1608

Impfen bei Patienten mit Leberzirrhose

14

Tobias Böttler

14.1 Einleitung

Impfungen sind ein zentrales Instrument der Infektionsprophylaxe, da sie eine pathogenspezifische Immunantwort induzieren und so entweder eine sterile Immunität oder mildere Infektionsverläufe vermitteln können. Je nach Impfstoffgruppe unterscheiden sich die immunologischen Mechanismen, die der Wirkung einer Impfung zugrunde liegen, was Auswirkungen auf die Impfstoffwirksamkeit hat. Bei Patienten mit eingeschränktem Immunsystem, so auch im Kontext einer fortgeschrittenen Lebererkrankung bzw. -zirrhose, besteht eine besondere Anfälligkeit für Infektionserkrankungen. Daher muss insbesondere bei diesen Patienten die Impfanamnese sowie Planung und Durchführung von Schutzimpfungen einen zentralen Baustein in der Versorgung darstellen (Alukal et al. 2022). Da oft eine eingeschränkte Wirksamkeit von Schutzimpfungen beobachtet wird, kann es in Einzelfällen sinnvoll sein, den Impferfolg serologisch zu überprüfen.

14.2 Zirrhoseassoziierte Immundysfunktion (CAID)

Das Spektrum der Immunkompetenz bzw. -inkompetenz bei Patienten mit Leberzirrhose ist vielfältig. Liegt eine fortgeschrittene kompensierte Lebererkrankung (cACLD) vor, können diese Patienten als weitestgehend immunkompetent angesehen werden, ohne ein signifikant erhöhtes Risiko für Infektionserkrankungen. Im Gegensatz dazu ist das Stadium

T. Böttler (✉)
Klinik für Innere Medizin II. Gastroenterologie, Hepatologie, Endokrinologie und Infektiologie, Universitätsklinikum Freiburg, Universität Freiburg, Freiburg, Deutschland
E-Mail: tobias.boettler@uniklinik-freiburg.de

T. Bruns et al. (Hrsg.), *Komplikationen der Leberzirrhose*,
https://doi.org/10.1007/978-3-662-70167-6_14

der Dekompensation mit einem zunehmenden Risiko für Infektionserkrankungen assoziiert. Dies beruht auf einer endogenen Immunschwäche, die unter dem Begriff zirrhose-assoziierte Immundysfunktion (CAID) zusammengefasst wird (Albillos et al. 2022). Neben einer erhöhten Infektanfälligkeit ist CAID auch durch ein reduziertes Ansprechen auf Schutzimpfungen gekennzeichnet. Patienten mit chronischer Lebererkrankung und/oder kompensierter Zirrhose, die ein relevantes Progressionsrisiko in Bezug auf ihre Lebererkrankung aufweisen, sollten daher spätestens vor der ersten Dekompensation die empfohlenen Schutzimpfungen erhalten.

CAID umfasst vielfältige Veränderungen des Immunsystems, die durch eine systemische Entzündung und eine Störung der Leberarchitektur zu einer Immunschwäche führen (Simbrunner et al. 2023). Fortgeschrittene Stadien der Zirrhose werden – unabhängig von der Grunderkrankung – durch CAID kompliziert, was ein entscheidender Faktor für die erhöhte Infektanfälligkeit ist. Mehrere Faktoren wirken hierbei zusammen. So reduziert die Schädigung des retikuloendothelialen Systems die Fähigkeit der Leber, Infektionen zu erkennen und abzuwehren. Die reduzierte Proteinsynthese führt auf mehreren Ebenen zu einer Schwächung der angeborenen Immunität, sowohl bei der Synthese antiviraler und antibakterieller Proteine als auch bei der Synthese von Mustererkennungsrezeptoren (*pattern recognition receptors*, PRRs). Die systemische Entzündung ist die Folge einer wiederkehrenden Aktivierung zirkulierender Immunzellen durch proinflammatorische Signale aus nekrotischen Leberzellen und, in späteren Stadien, durch aus dem Darm übertretende bakterielle Produkte. Mit Fortschreiten der Erkrankung geht der anfangs proinflammatorische Zustand allmählich in einen Zustand der Immunschwäche über.

14.3 Bedeutung impfpräventabler Infektionen

Wie in den **Kap. 13 und 26** diskutiert, sind Patienten mit Leberzirrhose einem erheblichen Risiko für Infektionserkrankungen ausgesetzt. Daher lohnt sich insbesondere ein Blick auf die Auswirkungen von durch Impfungen vermeidbaren Infektionen – wie Hepatitis A und B, Influenza und Pneumokokkenerkrankungen. Diese Infektionen können einerseits hepatische Komplikationen – wie akute Dekompensation und akut-auf-chronisches Leberversagen – verursachen und andererseits zu systemischen Komplikationen führen.

So verursachen akute Infektionen mit hepatotropen Viren, wie Hepatitis A und B, vor allem hepatische Komplikationen, was bei Personen mit vorbestehender Lebererkrankung im Rahmen einer akuten Virushepatitis zu einer deutlich höheren Letalität führt als bei Personen ohne Lebererkrankung (Vento et al. 1998). Darüber hinaus kann eine Superinfektion mit Hepatitis D bei Personen mit chronischer Hepatitis B zu einem rascheren Fortschreiten der Lebererkrankung führen, was wiederum das Risiko für Infektionserkrankungen erhöht.

Interessanterweise scheint auch eine Infektion mit dem Influenzavirus primär das Risiko hepatischer Komplikationen zu erhöhen. Eine systemische Inflammationsreaktion wird im Rahmen eines akut-auf-chronischen Leberversagens beobachtet, kann aber auch

Folge einer primär extrahepatischen Infektion, z. B. mit Pneumokokken, SARS-CoV-2 oder dem Influenzavirus sein. So ist bei Patienten mit chronischer Lebererkrankung, insbesondere im Zusammenhang mit einer Alkoholabhängigkeit, die Inzidenz schwerer Pneumokokkenerkrankungen, einschließlich Lungenentzündung, Meningitis und Septikämie, deutlich höher (Viasus et al. 2011).

Auch eine SARS-CoV-2-Infektion ist mit einem erheblichen Risiko assoziiert. So zeigt sich eine deutlich erhöhte Mortalität bei Patienten mit Zirrhose, wobei das Risiko aller schwerwiegenden Komplikationen, wie Intensivtherapie, invasive Beatmung, Nierenersatztherapie und Tod, mit zunehmender Schwere der Lebererkrankung zunimmt. Auch hier wird das erhöhte Risiko auf zirrhoseassoziierte Faktoren wie eine beeinträchtigte Immunantwort, Mangelernährung und Sarkopenie zurückgeführt (Marjot et al. 2021).

Somit sind Patienten mit Leberzirrhose einem hohen Risiko für schwere Komplikationen durch impfpräventable Erkrankungen ausgesetzt. Insbesondere Hepatitis A und B sowie Pneumokokkenerkrankungen stellen für diese Bevölkerungsgruppe ein gut dokumentiertes, teils erhebliches Risiko dar und können zu einer akuten Dekompensation, einem akut-auf-chronischen Leberversagen und erhöhter Mortalität führen. Es ist davon auszugehen, dass dies auch für andere impfpräventable Infektionen gilt, wenngleich hier zum Teil keine entsprechenden Untersuchungen vorliegen, um diesen Verdacht zu untermauern.

14.4 Impfstoffgrundlagen

Man unterscheidet Impfstoffe zur aktiven Immunisierung (Tab. 14.1), also solche, die eine Immunantwort beim Empfänger induzieren, von passiven Impfstoffen, die aus pathogenspezifischen Antikörperpräparationen bestehen. Letztere werden im Folgenden nicht diskutiert.

14.4.1 Lebendimpfstoffe

Lebendimpfstoffe bestehen aus vermehrungsfähigen Viren oder Bakterien, die in ihrer Pathogenität jedoch attenuiert (abgeschwächt) sind und somit in aller Regel keine symptomatische Infektion verursachen. Lebendimpfstoffe werden vor allem gegen Varizellen, Mumps, Masern, Röteln sowie Gelbfieber, Rotaviren und Influenza (intranasale Impfstoffe) eingesetzt. Aufgrund der potenziellen Gefahr einer symptomatischen Infektion sind Lebendimpfstoffe im Kontext einer Immunsuppression in der Regel kontraindiziert. Bei Patienten mit Leberzirrhose sind jedoch trotz CAID kaum komplikative Verläufe von Lebendimpfungen beschrieben, sodass auch Lebendimpfstoffe bei diesen Patienten grundsätzlich eingesetzt werden können. Dies ist besonders im Hinblick auf eine mögliche Lebertransplantation mit anschließender medikamentöser Immunsuppression von Bedeutung (siehe unten).

Tab. 14.1 Übersicht der Impfstoffarten

Impfstoffart	Bedeutung	Beispiele	Bemerkungen
Lebendimpfstoffe	Vermehrungsfähige Viren oder Bakterien, mit attenuierter (abgeschwächter) Pathogenität	Varizellen, Mumps, Masern, Röteln, Gelbfieber, Rotaviren	Bei Immunsuppression kontraindiziert (z. B. nach Lebertransplantation). Bei Leberzirrhose trotz CAID keine komplikativen Verläufe beschrieben
Ganzpartikelimpfstoffe	Durch Erhitzen, Bestrahlen oder chemische Behandlung inaktivierte Krankheitserreger	Hepatitis A, Poliovirus, Influenza, Tollwut, FSME, Cholera	
Spalt- und Untereinheitenimpfstoffe	Fragmentierung z. B. eines Hüllproteins (Spaltimpfstoffe) oder Aufreinigung bzw. rekombinante Herstellung von Proteinen (Untereinheiten- oder Proteinimpfstoffe)	Influenza, Hepatitis B	Zur Verbesserung der Immunogenität und Wirksamkeit werden in der Regel Adjuvanzien verwendet.
Polysaccharid- und Konjugatimpfstoffe	Bestehen entweder aus freien Polysacchariden oder aus Polysacchariden, die an Trägerproteine gebunden sind (Konjugatimpfstoffe)	Pneumokokken	Konjugatimpfstoffe verstärken die Immunreaktion durch Trägerproteine, die T-Zellen aktivieren
mRNA- und Vektorimpfstoffe	Das Impfantigen wird erst nach der Verabreichung in der geimpften Person synthetisiert	SARS-CoV-2	

14.4.2 Totimpfstoffe

Der Begriff „Totimpfstoff"·wird zumeist verwendet, um eine Unterscheidung von Lebendimpfstoffen zu betonen. Totimpfstoffe bestehen aus nicht vermehrungsfähigen Krankheitserregern oder deren Bestandteilen (meistens Oberflächenantigene) und sind somit nicht infektiös. Die unterschiedlichen Impfstoffe unterscheiden sich jedoch stark in ihren Wirkmechanismen. Dies ist insbesondere im Hinblick auf die neueren mRNA-Impfstoffe von Bedeutung. Die stark vereinfachte Einteilung in Lebend- und Totimpfstoffe kann im klinischen Alltag insofern hilfreich sein, als sich mögliche Kontraindikationen für bestimmte Impfstoffe vor allem aus der potenziellen Infektiosität der Impfstoffe bei immunsupprimierten Patienten ergeben.

Im Folgenden werden die Impfstoffe, die man im weitesten Sinne in die Gruppe der Totimpfstoffe einordnen kann, kurz dargestellt:

Ganzpartikelimpfstoffe. Krankheitserreger werden erhitzt, bestrahlt oder chemisch behandelt und dadurch inaktiviert. Sie verlieren so ihre Fähigkeit zur Vermehrung, bleiben aber morphologisch intakt. Ganzpartikelimpfstoffe sind verfügbar gegen Hepatitis A, Poliovirus, Influenza sowie gegen Tollwut, FSME (Frühsommermeningoenzephalitis) oder Cholera.

Spalt- und Untereinheitenimpfstoffe. Teile eines Krankheitserregers werden durch Fragmentierung (z. B. eines Hüllproteins, Spaltimpfstoffe) oder durch Aufreinigung bzw. rekombinante Herstellung von Proteinen (Untereinheiten- oder Proteinimpfstoffe) verabreicht. Bei diesen Impfstoffen sind Adjuvanzien notwendig, um die Immunantwort zu stärken und die Wirksamkeit der Impfung zu verbessern. Die saisonalen, zumeist tetravalenten Influenzaimpfstoffe gehören zur Gruppe der Spalt- oder Untereinheitenimpfstoffe. Impfungen gegen Hepatitis B bestehen zumeist aus einem Proteinimpfstoff mit dem HBV-Oberflächenantigen (HBV: Hepatitis-B-Virus).

Polysaccharid- und Konjugatimpfstoffe. Mehrere Bakterien sind von einer schützenden Polysaccharidkapsel umhüllt. Impfstoffe gegen diese bakteriellen Polysaccharidkapseln können entweder aus freien Polysacchariden bestehen oder aus Polysacchariden, die an Trägerproteine gebunden sind (Konjugatimpfstoffe). Bekannte Vertreter dieser Impfstoffgruppe sind Meningokokkenimpfstoffe (Konjugatimpfstoffe) und Pneumokokkenimpfstoffe (Polysaccharidimpfstoffe und Konjugatimpfstoffe verfügbar).

mRNA- und Vektorimpfstoffe. Wie bereits oben erwähnt, sind mRNA- und Vektorimpfstoffe im eigentlichen Sinne keine Totimpfstoffe, da das Impfantigen erst nach der Verabreichung in der geimpften Person synthetisiert wird. Das Risiko einer symptomatischen Infektion mit dem Impfantigen, wie bei Lebendimpfstoffen, besteht jedoch nicht. SARS-CoV-2-Impfstoffe sind hier die ersten und wichtigsten Vertreter dieser Gruppe.

14.5 Impfimmunologie

Bei den meisten Impfungen werden zunächst Antikörper – insbesondere neutralisierende Antikörper – als Korrelat des Impfschutzes herangezogen. Diese Antikörper entstehen in Keimzentren durch einen T-Zell-abhängigen Prozess (Affinitätsreifung), der von follikulären CD4+ T-Helferzellen gesteuert wird (Schattgen et al. 2024). Es ist anzunehmen, dass auch zytotoxische CD8-Effektor-T-Zellen eine Rolle beim Impfschutz spielen, was jedoch bislang nur für wenige Impfstoffe gründlich untersucht wurde (Oberhardt et al. 2021). Aufgrund der aufwendigen Analysemethoden wird die Bedeutung der zellulären Immunität für den Impfschutz vermutlich unterschätzt. Zudem beeinflusst die Art des verwendeten Impfstoffs direkt die Art der ausgelösten Immunantwort.

Attenuierte Lebendimpfstoffe und inaktivierte Ganzpartikelimpfstoffe lösen Immunreaktionen aus, die der natürlichen Abwehr des Körpers gegen Krankheitserreger stark ähneln. In beiden Fällen wird das Impfantigen von PRRs auf antigenpräsentierenden Zellen (APCs) erkannt, intrazellulär prozessiert und mithilfe von MHC-Molekülen den T-Zellen präsentiert. Dieser Prozess findet in abgewandelter Form auch bei mRNA- und Vektorimpfstoffen statt, bei denen die Impfantigene intrazellulär synthetisiert und prozessiert werden. Die T-Zellen werden durch die Präsentation aktiviert und beginnen sich zu differenzieren und zu proliferieren. Follikuläre T-Helferzellen unterstützen die Reifung der B-Zellen zu Plasmazellen und Gedächtniszellen in den Keimzentren. Plasmazellen produzieren antigenspezifische Antikörper zur Neutralisierung und Markierung von Krankheitserregern. Die Immunität durch Lebendimpfstoffe hält tendenziell länger an als durch inaktivierte Impfstoffe.

Bei Spalt- und Untereinheitenimpfstoffen werden die Erregerfragmente meist nicht von PRRs erkannt, was zu einer schwächeren Immunaktivierung führt, da keine intrazelluläre Prozessierung erfolgt. Hier kommen Adjuvanzien zum Einsatz, um die Ausreifung der Immunzellen zu unterstützen.

Polysaccharidimpfstoffe weisen einen anderen Wirkmechanismus auf, da Polysaccharide nicht von MHC-Molekülen präsentiert werden können und somit die zelluläre Immunität umgehen. Dadurch können sie auch bei Patienten mit eingeschränkter zellulärer Immunität wirksam sein. Konjugatimpfstoffe verstärken diese Reaktion, indem sie Polysaccharide an Trägerproteine binden und so T-Zellen aktivieren, welche die B-Zell-Reaktion gegen das Polysaccharid verstärken.

14.6 Spezifische Empfehlungen

Im folgenden Abschnitt werden ausgewählte Impfungen diskutiert, die Auswahl ist unvollständig. Weitere Impfungen können bei Patienten mit Leberzirrhose indiziert sein, abhängig vom persönlichen Risikoprofil und der Infektionslage. Darüber hinaus unterliegen spezifische Impfempfehlungen ständigen Überarbeitungen und können sich je nach Infektionslage, neuen Daten und neuen Zulassungen ändern.

14.6.1 Hepatitis A

Allen Patienten mit Leberzirrhose sollte eine Impfung gegen das Hepatitis-A-Virus (HAV) empfohlen werden. Die Impfung führt auch bei Patienten mit Leberzirrhose zur Ausbildung von Anti-HAV-Antikörpern. Liegt eine dekompensierte Erkrankung vor, liegen die Serokonversionsraten bei 49–66 %. Darüber hinaus scheinen die Impftiter bei chronischer Lebererkrankung, insbesondere Leberzirrhose, niedriger zu sein (Arguedas et al. 2001). Ob sich dies auf die Dauer der Immunität auswirkt, ist unklar. Eine routinemäßige Nachimmunisierung oder Titerkontrolle wird bei immunkompetenten Personen nicht empfohlen.

Die Wirksamkeit wiederholter HAV-Immunisierungen wurde nicht systematisch untersucht. Die inaktivierten Hepatitis-A-Impfstoffe werden gut vertragen.

14.6.2 Hepatitis B

Der HBV-Serostatus (HBV: Hepatitis-B-Virus) sollte bei allen Patienten mit Leberzirrhose im Rahmen der Ätiologieabklärung bekannt sein und seronegativen (negativ für anti-HBc und anti-HBs) Patienten sollte eine Impfung gegen Hepatitis B empfohlen werden. Ziel der Grundimmunisierung ist ein anti-HBs-Titer > 100 IE/l. Bei unzureichendem oder fehlendem Ansprechen (anti-HBs 10–99 IE/l bzw. < 10 IE/l 4–8 Wochen nach 3. Impfung) sollte eine weitere Dosis verabreicht und 4–8 Wochen später der Titer erneut bestimmt werden. Dieser Vorgang sollte ggf. wiederholt werden. Seropositive Patienten mit Z. n. HBV-Infektion (anti-HBc+ und HBsAg-negativ) sollten bei einem anti-HBs-Titer < 10 IE/l eine Auffrischimpfung erhalten. Die Ansprechraten bei Patienten mit Leberzirrhose sind suboptimal (38–53 %) und bei fortgeschrittener Lebererkrankung noch geringer. Ein 2017 zugelassener neuerer Impfstoff zeigte in kleinen Studien vielversprechende Serokonversionsraten, insbesondere bei Patienten mit Leberzirrhose (Amjad et al. 2021).

14.6.3 Herpes zoster

Grundsätzlich sollte älteren Personen (aktuell ≥60 Jahre) unabhängig vom Vorliegen einer Begleiterkrankung eine Impfung gegen das Varizella-Zoster-Virus (VZV) mit dem adjuvantierten Herpes-zoster-subunit-(HZsu-)Totimpfstoff angeboten werden. Die Empfehlungen für Patienten mit Leberzirrhose sind uneinheitlich. In mehreren Publikationen wird empfohlen, Patienten mit chronischer Lebererkrankung ≥50 Jahre zu impfen. Grundlage der Wirksamkeit des HZsu-Totimpfstoffes ist eine vorbestehende VZV-Immunität (Erkrankung oder Impfung). Diese kann bei Menschen > 50 Jahren in der Regel angenommen werden und muss nicht zwingend dokumentiert werden. Beim Fehlen einer VZV-Seropositivität sollte zunächst eine Varizellenimpfung (Lebendimpfstoff) durchgeführt werden, dies jedoch vor Beginn einer immunsuppressiven Therapie. Der für Herpes zoster ebenfalls verfügbare Lebendimpfstoff sollte nicht verwendet werden.

14.6.4 Influenza

Allen Patienten mit Leberzirrhose sollte eine Impfung mit dem saisonalen inaktivierten tetravalenten Influenzaimpfstoff empfohlen werden. Systematische Untersuchungen zur Wirksamkeit bei diesen Patienten liegen nicht vor, und es gibt für die Influenzaimpfung keine geeignete Methode, den Impferfolg serologisch zu validieren. Die Empfehlung beruht auf den oben beschriebenen Risiken, die mit einer Influenzainfektion für diese

Patienten einhergehen, sowie auf der guten Verträglichkeit des Impfstoffes. Daten zu Sicherheitsbedenken bei Patienten mit Leberzirrhose liegen nicht vor.

Der intranasale attenuierte Lebendimpfstoff sollte mangels verfügbarer Daten in diesem Kollektiv bei Patienten mit Leberzirrhose nicht eingesetzt werden.

14.6.5 SARS-CoV-2

Allen Menschen mit Leberzirrhose sollte eine Impfung gegen SARS-CoV-2 empfohlen werden. Mehrere Untersuchungen zeigen, dass die Immunogenität der verfügbaren Impfstoffe bei Patienten mit Leberzirrhose eingeschränkt ist, sowohl in Bezug auf die Serokonversionsraten als auch auf die Höhe der Antikörpertiter nach Impfung. Aufgrund der hohen Mortalität und Morbidität im Rahmen einer SARS-CoV-2-Infektion wird die Impfung dennoch generell empfohlen. Einzelne Fallberichte über mögliche Hepatotoxizität der Impfung liegen vor, diese sind jedoch im Verhältnis zum Dekompensationsrisiko und der Mortalität bei Infektion zu vernachlässigen.

14.6.6 Pneumokokken

Allen Patienten mit Leberzirrhose sollte eine Impfung gegen Pneumokokken empfohlen werden. Gegen Pneumokokken existieren verschiedene Impfstoffe, darunter unkonjugierte Polysaccharidimpfstoffe (PPSV23) und Polysaccharidkonjugatimpfstoffe (PCV). Seit 2022 steht zum ersten Mal ein 20-valenter Konjugatimpfstoff (PCV20) als Weiterentwicklung des 13-valenten Impfstoffes (PCV13) gegen Pneumokokkeninfektionen zur Verfügung. Eine sequenzielle Impfung (PCV13 gefolgt von PPSV23) ist somit nicht mehr erforderlich. Systematische Untersuchungen zur Immunogenität der Pneumokokkenimpfung bei Leberzirrhose liegen noch nicht vor. Analog zur Influenzaimpfung beruht die Empfehlung auf der hohen Morbidität, die mit Pneumokokkeninfektionen einhergeht. Diese Impfstoffe werden in der Regel gut vertragen, Sicherheitsbedenken bei Patienten mit Leberzirrhose sind nicht bekannt.

14.7 Impfen und Lebertransplantation

Vor jeder Impfung müssen sowohl Sicherheit als auch Wirksamkeit berücksichtigt werden. Diese Faktoren sind auch für die empfohlenen Abstände zwischen den Impfungen und dem Beginn einer immunsuppressiven Therapie, z. B. im Kontext einer Lebertransplantation, entscheidend. Bei Lebendimpfstoffen stehen Sicherheitsbedenken im Vordergrund, bei Totimpfstoffen die Optimierung der Impfwirksamkeit.

Sicherheit: Attenuierte Erreger in Lebendimpfstoffen können im Kontext einer Immunsuppression schwere Infektionsverläufe verursachen. Zur Minimierung dieses Risikos darf eine immunsuppressive Therapie frühestens 4 Wochen nach verabreichter Lebendimpfung begonnen werden (die genauen Abstände können im Einzelfall variieren).

Wirksamkeit: Der Abstand zwischen Impfung und Einleitung einer immunsuppressiven Therapie ist auch für die Wirksamkeit der Impfung bedeutsam. Vor Beginn einer immunsuppressiven Therapie wird in der Regel ein Abstand von 2 Wochen, vorzugsweise 4 Wochen, empfohlen.

Bei Patienten mit fortgeschrittener Lebererkrankung, bei denen eine Lebertransplantation geplant ist, sollten Schutzimpfungen daher möglichst frühzeitig durchgeführt werden, um sowohl die Sicherheit (Abstand zum Beginn einer immunsuppressiven Therapie, insbesondere bei Lebendimpfungen) als auch die Wirksamkeit (eingeschränkte Wirksamkeit mit zunehmender CAID) zu optimieren.

14.8 Fazit

Impfungen spielen für den Verlauf einer Leberzirrhose eine zentrale Rolle, da sie das Risiko impfpräventabler Komplikationen reduzieren und infektionspräzipitierte Dekompensationsereignisse senken. Bei der Durchführung sollten die aktuellen Empfehlungen der Ständigen Impfkommission im *Epidemiologischen Bulletin* sowie die Hinweise zur Impfung bei Immundefizienz berücksichtigt werden. Insbesondere vor einer Lebertransplantation sind Impfungen entscheidend, um sowohl Schutz als auch Sicherheit im Hinblick auf die spätere Immunsuppression zu gewährleisten.

Literatur

Albillos A, Martin-Mateos R, Van der Merwe S, Wiest R, Jalan R, Álvarez-Mon M (2022) Cirrhosis-associated immune dysfunction. Nat Rev Gastroenterol Hepatol 19:112–134

Alukal JJ, Naqvi HA, Thuluvath PJ (2022) Vaccination in chronic liver disease: an update. J Clin Exp Hepatol 12:937–947

Amjad W, Alukal J, Zhang T, Maheshwari A, Thuluvath PJ (2021) Two-dose hepatitis B vaccine (Heplisav-B) results in better seroconversion than three-dose vaccine (Engerix-B) in chronic liver disease. Dig Dis Sci 66:2101–2106

Arguedas MR, Johnson A, Eloubeidi MA, Fallon MB (2001) Immunogenicity of hepatitis A vaccination in decompensated cirrhotic patients. Hepatology 34:28–31

Marjot T, Moon AM, Cook JA, Abd-Elsalam S, Aloman C, Armstrong MJ, Pose E, Brenner EJ, Cargill T, Catana M-A et al (2021) Outcomes following SARS-CoV-2 infection in patients with chronic liver disease: an international registry study. J Hepatol 74:567–577

Oberhardt V, Luxenburger H, Kemming J, Schulien I, Ciminski K, Giese S, Csernalabics B, Lang-Meli J, Janowska I, Staniek J et al (2021) Rapid and stable mobilization of CD8+ T cells by SARS-CoV-2 mRNA vaccine. Nature 597:268–273

Schattgen SA, Turner JS, Ghonim MA, Crawford JC, Schmitz AJ, Kim H, Zhou JQ, Awad W, Mettelman RC, Kim W et al (2024) Influenza vaccination stimulates maturation of the human T follicular helper cell response. Nat Immunol 25:1742–1753

Simbrunner B, Hartl L, Jachs M, Bauer DJM, Scheiner B, Hofer BS, Stättermayer AF, Marculescu R, Trauner M, Mandorfer M, Reiberger T (2023) Dysregulated biomarkers of innate and adaptive immunity predict infections and disease progression in cirrhosis. JHEP Reports 5:100712

Vento S, Garofano T, Renzini C, Cainelli F, Casali F, Ghironzi G, Ferraro T, Concia E (1998) Fulminant hepatitis associated with hepatitis A virus superinfection in patients with chronic hepatitis C. N Engl J Med 338:286–290

Viasus D, Garcia-Vidal C, Castellote J, Adamuz J, Verdaguer R, Dorca J, Manresa F, Gudiol F, Carratalà J (2011) Community-acquired pneumonia in patients with liver cirrhosis: clinical features, outcomes, and usefulness of severity scores. Medicine 90:110–118

Teil IV

Typische Komplikationen

Akute Ösophagusvarizenblutung 15

Michael Schultheiss und Alexander Zipprich

15.1 Ösophagusvarizen – Einteilung und Risikofaktoren

Die Entstehung von Ösophagusvarizen ist eine typische Komplikation der portalen Hypertension und korreliert direkt mit dem portalen Druck. Das Auftreten einer Ösophagusvarizenblutung ist mit einer relevanten Morbidität und einer hohen Mortalität in der Akutsituation vergesellschaftet. Ösophagusvarizen entstehen, wenn ein Lebervenendruckgradient (hepatic venous pressure gradient, HVPG) von 10 mmHg überschritten wird. In diesem Fall spricht man dann von einer klinisch signifikanten portalen Hypertension (CSPH). Eine portale Hypertension entsteht typischerweise bei Patienten mit einer Leberzirrhose, kann jedoch auch bei bestimmten Erkrankungen ohne zirrhotischen Umbau der Leber entstehen (Kap. 2 und 28).

Makroskopisch lassen sich Ösophagusvarizen in einer Gastroskopie nach verschiedenen Klassifikationen einteilen. Die am häufigsten im deutschsprachigen Raum angewandte Einteilung stellt die Graduierung der Varizen nach Paquet dar (Tab. 15.1, Paquet 1982). Nach den aktuellen Baveno-Konsensusempfehlungen erfolgt eine Unterteilung der Varizen in große und kleine Ösophagusvarizen, wobei hier ein Cut-off von 5 mm angenommen wird (de Franchis et al. 2022). Die Klassifikation nach der japanischen Forschungsgruppe

M. Schultheiss (✉)
Klinik für Innere Medizin II. Gastroenterologie, Hepatologie, Endokrinologie und Infektiologie, Universitätsklinikum Freiburg, Freiburg, Deutschland
E-Mail: michael.schultheiss@uniklinikfreiburg.de

A. Zipprich
Klinik für Innere Medizin IV, Universitätsklinikum Jena, Jena, Deutschland
E-Mail: alexander.zipprich@med.uni-jena.de

T. Bruns et al. (Hrsg.), *Komplikationen der Leberzirrhose*,
https://doi.org/10.1007/978-3-662-70167-6_15

Tab. 15.1 Klassifikationen von Ösophagusvarizen

Paquet	
Grad I	Ausdehnung nur knapp über das Schleimhautniveau
Grad II	Geringe Einengung (~30 %) des Ösophaguslumens; Kompression der Varizen durch Luftinsufflation möglich
Grad III	Deutliche Einengung (~50 %) des Ösophaguslumens; fakultativ Red Colour Signs (Red Cherry Spots, Red Whales)
Grad IV	Verlegung des Ösophaguslumens
Baveno-VII-Konsensusempfehlungen	
Kleine Varizen	<5 mm
Große Varizen	≥ 5 mm
Japanese Research Society for Portal Hypertension	
Komplexer Score, basierend auf – Varizenfarbe – Varizenform – Varizenlokalisation – Red Colour Signs erlaubt die exakte Bestimmung des Blutungsrisikos (von + 1,14 = 0 % Risiko bis unter – 1,14 = 100 % Risiko)	

zur portalen Hypertension enthält einen komplexeren Score, welcher neben Risikostigmata und der Farbe und Größe der Varizen auch die Varizenlokalisation berücksichtigt. Dieser Score findet jedoch keine Anwendung in der klinischen Praxis.

Nach Paquet gelten Varizen im Stadium Grad III als blutungsgefährdet, die zu einer deutlichen Einengung des Ösophaguslumens führen (Abb. 15.1) und häufig Erosionsschäden aufweisen. Diese lassen sich als rötliche „Tröpfchen“ auf den Varizen erkennen (red colour sign, cherry red spots, red whales) und können eine drohende Varizenblutung anzeigen. Des Weiteren sind Ösophagusvarizen Grad IV, die der Definition nach das komplette Ösophaguslumen einengen, als hochgradig blutungsgefährdet anzusehen.

Neben diesen varizenspezifischen Faktoren gilt eine reduzierte Leberfunktion als Risikofaktor für eine Ösophagusvarizenblutung und korreliert auch mit einer erhöhten Mortalität. Nach den aktuellen Baveno-VII-Empfehlungen ist, wie in der klinischen Praxis noch oft praktiziert, eine Ösophagogastroduodenoskopie (ÖGD) nicht zwingend notwendig, um das Risiko einer Varizenblutung abzuschätzen. Da Ösophagusvarizen klar mit dem Vorhandensein einer CSPH korrelieren, ist es notwendig, primär diese bei allen Patienten mit einer Leberzirrhose auszuschließen bzw. zu bestätigen. Hierbei spielen vor allem nichtinvasive Methoden eine zunehmende Rolle. So gelten Messwerte von >25 kPa als vereinbar mit einer CSPH (siehe Kap. 8) und das Risiko für eine Varizenblutung steigt. Andererseits kann bei Patienten mit einer chronischen Lebererkrankung und einem Lebersteifigkeitsindex von <20 kPa sowie einer Thrombozytenzahl von $>150 \times 10^9$/l auf eine *Screening*endoskopie verzichtet werden, da hier das Risiko für blutungsgefährdete Varizen minimal ist (de Franchis et al. 2022).

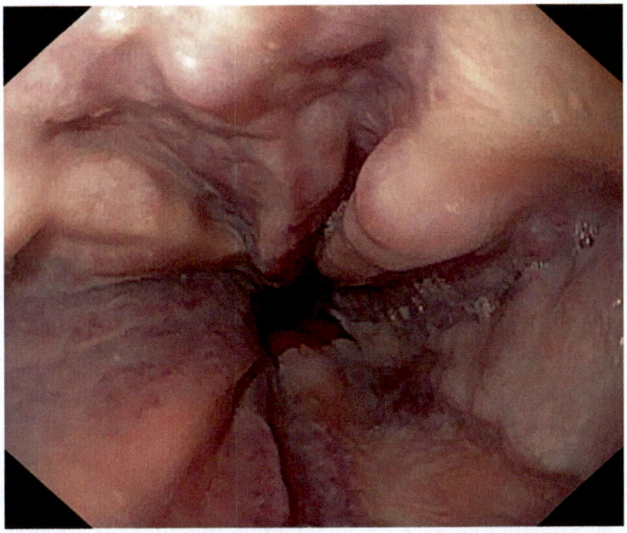

Abb. 15.1 Lumeneinengende Ösophagusvarizen Grad III. (Bildmaterial PD Dr. Michael Schultheiß)

15.2 Primärprophylaxe einer Varizenblutung

Basierend auf der Tatsache, dass Varizen mit der Erhöhung des portalvenösen Drucks korrelieren, stellt sich die Frage, inwiefern das Auftreten von Ösophagusvarizen insgesamt verhindert werden kann. Groszmann et al. konnten zeigen, dass der Einsatz des Betablockers Timolol im Vergleich zu Placebo bei Patienten mit einer portalen Hypertension (HVPG ≥ 6 mmHg) nicht zu einer signifikant geringeren Anzahl an Varizen zwischen behandelten und nicht behandelten Patienten führte. Hierbei entwickelten 3,8 % der Patienten große Varizen und 32,9 % kleine Varizen, wobei dies sich nicht zwischen den mit Timolol und Placebo behandelten Patienten unterschied (Groszmann et al. 2005). Während in dieser Studie nur 37 % der Patienten eine CSPH aufwiesen, wurden in der PREDESCI-Studie nur Patienten mit einer CSPH eingeschlossen. Auch in dieser Studie konnte in der Subgruppe an Patienten ohne Varizen das Auftreten von Varizen durch die Therapie mit nichtselektiven Betablockern nicht verhindert werden (Villanueva et al. 2019).

Vor diesem Hintergrund ist eine medikamentöse Therapie zur Verhinderung von Varizen nicht empfohlen. Eine medikamentöse Therapie, um einen Progress der Varizen zu verhindern, wird ebenfalls nicht empfohlen, da die Daten hierzu widersprüchlich sind. Eine Metaanalyse zeigte keine Reduktion der Entstehung von großen Varizen, wobei in dieser Studie Propranolol und Nadolol verwendet wurden (Kumar et al. 2017). In einer weiteren Studie, die Carvedilol einsetzte, zeigte sich jedoch ein Vorteil gegenüber Placebo. Inwiefern dieser Effekt auf Carvedilol und seine anti-alpha-adrenergen Eigenschaften zurückzuführen ist, bleibt offen (Bhardwaj et al. 2017).

Seit der letzten Baveno-VII-Konsensuskonferenz gab es eine relevante Änderung hinsichtlich des Therapieziels von Patienten mit einer kompensierten Leberzirrhose (Kap. 12). War zuvor die Verhinderung einer Varizenblutung das relevante Therapieziel in der

Primärprophylaxe, änderte sich dies durch den Baveno-VII-Konsensus. Hier wurde festgehalten, dass das primäre Therapieziel bei Patienten mit einer fortgeschrittenen kompensierten Lebererkrankung nicht die Verhinderung einer Varizenblutung ist, sondern vielmehr die Verhinderung von Dekompensationsereignissen wie Aszites, hepatischer Enzephalopathie und auch varikösen Blutungen. Diese Empfehlungen basieren auf der PREDESCI-Studie und weiteren Metaanalysen (Villanueva et al. 2019, 2022), die klar zeigen konnten, dass durch den Einsatz von nichtselektiven Betablockern und bevorzugt Carvedilol Dekompensationsereignisse verhindert werden. Es ist zu beachten, dass Carvedilol in diesen Analysen nicht die Häufigkeit einer Varizenblutung reduzierte, was durch die geringe Häufigkeit von Blutungsereignissen bedingt war. Wichtig ist, dass der Effekt von Carvedilol auf die Reduktion von Dekompensationsereignissen und der Mortalität vor allem in der Subgruppe von Patienten mit Varizen nachweisbar war, sodass speziell diese Patienten von einer Therapie mit Carvedilol profitieren (Villanueva et al. 2024).

Das Risiko einer erstmaligen Varizenblutung ist bei mittleren/großen Varizen (>5 mm) und kleinen Varizen (<5 mm) mit „red spots" oder im Child-Pugh-Stadium C am höchsten. Sowohl klassische nichtselektive Betablocker als auch Carvedilol und auch die endoskopische Ligaturtherapie senken das Blutungsrisiko. Die Effekte einer Therapie mit nichtselektiven Betablockern auf das Überleben hängen jedoch auch davon ab, ob die Leberzirrhose als kompensiert oder als dekompensiert anzusehen ist. Eine aktuelle Metaanalyse mit individuellen Daten von 1400 Patienten mit Risikovarizen aus 11 randomisiert kontrollierten Studien konnte zeigen, dass die endoskopische Therapie mittels Gummibandligatur bei Patienten mit einer *kompensierten Zirrhose* nicht zu einem verbesserten Überleben im Vergleich zu nichtselektiven Betablockern führte, die medikamentöse Therapie jedoch klar mit einem Überlebensvorteil einherging.

► Patienten mit einer kompensierten Leberzirrhose, bei denen Kontraindikationen oder eine Unverträglichkeit für nichtselektive Betablocker besteht, sollten bei einem Nachweis von Risikovarizen (Ösophagusvarizen und gastroösophageale Varizen Typ 1; siehe Kap. 16) eine endoskopische Ligaturtherapie erhalten.

Im Vergleich zu Patienten mit einer kompensierten Leberzirrhose, lässt sich bei Patienten mit einer *dekompensierten Leberzirrhose* kein Überlebensvorteil bei einer Therapie mit nichtselektiven Betablockern im Vergleich zur Ligaturtherapie nachweisen (Villanueva et al. 2024). Demnach sind beide Verfahren der primären Blutungsprophylaxe bei diesen Patienten als gleichwertig anzusehen. Hierbei ist zu beachten, dass eine Therapie mit nichtselektiven Betablockern bei Patienten mit einem therapierefraktären Aszites und einer eingeschränkten kardialen Funktion (zirrhotische Kardiomyopathie, Kap. 20) zu einem akuten Nierenversagen führen kann (Téllez et al. 2020). Daher sollte bei einem systolischen Blutdruckwert <90 mmHg die Therapie mit nichtselektiven Betablockern reduziert bzw. beendet werden. In diesem Fall sollte dann eine endoskopische Ligaturtherapie bevorzugt werden (de Franchis et al. 2022).

Des Weiteren stellt sich die Frage, inwiefern auch eine Kombinationstherapie mit endoskopischer Ligaturtherapie und der Gabe von nichtselektiven Betablockern sinnvoll sein kann. Auch hier muss zwischen Patienten mit einer kompensierten und einer dekompensierten Leberzirrhose unterschieden werden. Bei Patienten mit einer kompensierten Leberzirrhose konnte klar gezeigt werden, dass die Rate an Varizenblutungen bei einer Ligaturtherapie und der Gabe von nichtselektiven Betablockern im Vergleich zu einer Betablockermonotherapie gleich war (Sarin et al. 2005; Bonilha et al. 2015; Pfisterer et al. 2018), sodass eine Kombinationstherapie bei kompensierten Patienten nicht empfohlen ist.

Kürzlich zeigte eine randomisiert-kontrollierte Studie bei Patienten mit einer dekompensierten Leberzirrhose (Child-Pugh B/C), dass eine Kombinationstherapie aus Carvedilol und endoskopischer Ligaturtherapie im Vergleich zu einer alleinigen Ligaturtherapie das Auftreten einer erstmaligen Varizenblutung verhindern konnte und somit auch die 1-Jahres-Mortalität reduziert wurde (Tevethia et al. 2024). Vor diesem Hintergrund kann bei dekompensierten Patienten auch eine Kombinationstherapie erwogen werden.

15.3 Allgemeines Management der akuten Ösophagusvarizenblutung

Die Ösophagusvarizenblutung ist ein medizinischer Notfall und eine lebensbedrohliche Komplikation mit weiterhin hoher Mortalität. Daher sollten Patienten, die sich mit dem Verdacht auf eine Varizenblutung vorstellen, intensivmedizinisch bzw. in einem Schockraum der Notaufnahme behandelt werden. Dies ist relevant, da diese Patienten ein engmaschiges hämodynamisches Monitoring benötigen. Aufgrund der sich im hämorrhagischen Schock rasch ausbildenden intravasalen Hypovolämie sollte umgehend eine Volumenexpansion durch die Gabe von Kristalloiden, z. B. isotoner 0,9 %iger Kochsalzlösung, erfolgen. Kristalloide zeigen gegenüber kolloiden Infusionslösungen, wie Hydroxyethylstärke, Vorteile im Überleben der Patienten und konnten häufiger ein Nierenversagen verhindern. Zur Unterstützung der Volumenexpansion und somit zur hämodynamischen Stabilisierung kann i. v. Humanalbumin gegeben werden. Sollte eine hämodynamische Stabilisierung dadurch nicht erreicht werden, ist die Gabe von Katecholaminen notwendig.

Aufgrund der hohen Aspirationsgefahr im Rahmen der Blutung und beim Vorliegen einer hepatischen Enzephalopathie ist die Indikation zur endotrachealen Intubation vor einer Endoskopie großzügig zu stellen. Andererseits sollten die Patienten nach erfolgter endoskopischer Blutstillung und hämodynamischer Stabilisierung zum frühestmöglichen Zeitpunkt wieder extubiert werden (de Franchis et al. 2022).

15.4 Spezifisches Management der akuten Varizenblutung

15.4.1 Bluttransfusionen

Bei Patienten mit einer Leberzirrhose führt eine systemische Vasodilatation zur Hypovolämie, Salz- und Wasserretention und Aktivierung des Renin-Angiotensin-Aldosteron-Systems mit der Folge einer hyperdynamen Kreislaufsituation. Die akute Ösophagusvarizenblutung führt aufgrund des sich entwickelnden hämorrhagischen Schocks zu einem weiteren Abfall des systemischen Druckes und konsekutiv auch im Pfortadersystem. Dadurch kann eine akute Varizenblutung zwar im Verlauf sistieren, jedoch kann eine Erhöhung des intravasalen Volumens z. B. durch Bluttransfusionen oder die Gabe von gefrorenem Frischplasma erneut zu einem Druckanstieg im Pfortadersystem führen und die Blutung entweder reaktivieren oder aggravieren. Unter diesem Gesichtspunkt steht die derzeit gültige Empfehlung zum restriktiven Einsatz von Erythrozytenkonzentraten bei Ösophagusvarizenblutung. Angestrebt wird ein Hämoglobin-(Hb-)Zielwert von 7–8 g/dl.

Als Trigger für die Transfusion gilt ein Hb-Abfall <7 g/dl. Eine solche restriktive Transfusionsempfehlung hat sich im Vergleich zur früher vorherrschenden „liberalen" Transfusion (Hb-Zielwert >9 g/dl) als deutlich vorteilhafter erwiesen (Villanueva et al. 2013). Ausnahmen zu dieser Transfusionsempfehlung sollten auf individueller Basis bei Patienten mit schweren kardiovaskulären Vorerkrankungen, höherem Lebensalter, hämodynamischer Instabilität und anhaltenden Blutungen erfolgen (de Franchis et al. 2022).

15.4.2 Antibiotische Therapie

Der Beginn einer i. v. antibiotischen Therapie wird schon beim Verdacht auf eine akute Ösophagusvarizenblutung empfohlen (de Franchis et al. 2022; EASL 2018; Garcia-Tsao et al. 2017). Diese Empfehlung basiert auf den hohen Raten im Rahmen oder als Folge der Blutung auftretender bakterieller Infektionen, wie spontan-bakterieller Peritonitis, Harnwegsinfektionen, Pneumonien oder Bakteriämien (Kap. 13).

Die antibiotische Prophylaxe senkt Rezidivblutungen und Mortalität, vor allem in fortgeschrittenen Stadien (Child-Pugh B/C). Ceftriaxon (1–2 g/24 h i. v.) gilt aufgrund seines breiten gramnegativen Spektrums als Goldstandard, alternativ können Fluorchinolone (z. B. Ciprofloxacin 400 mg alle 8 h i. v.) eingesetzt werden. Die Behandlung sollte für 5–7 Tage erfolgen, obwohl sich in Beobachtungsstudien auch kürzere Therapieschemata nicht unterlegen zeigten. Insbesondere bei fehlenden klinischen und laborchemischen Zeichen für ein Infektionsgeschehen kann bei Patienten mit einer Child-Pugh-A-Leberzirrhose die Dauer der antibiotischen Therapie verkürzt werden.

15.4.3 Vasoaktive Therapie

Die i. v. Gabe von Vasokonstriktoren bei akuter Varizenblutung reduziert den Pfortaderdruck, verbessert die Blutungskontrolle und senkt langfristig die Mortalität. Diese Therapie sollte bereits beim Verdacht auf eine Varizenblutung eingeleitet und über die Endoskopie hinweg fortgeführt werden. Hierbei kommt vor allem Terlipressin zum Einsatz, wobei Somatostatin und Octreotid eine nachrangige Rolle spielen. Tab. 15.2 fasst die Dosierung der einzelnen Substanzen zusammen. Die kontinuierliche Applikation von Terlipressin wird gegenüber einer Bolusgabe bevorzugt, da gezeigt werden konnte, dass eine kontinuierliche Infusion von Terlipressin möglicherweise effektiver eine Reblutung verhindern kann (Hassan et al. 2023). In der Regel beträgt die Dauer der Therapie 5 Tage, wobei bei einer erfolgreichen Blutstillung auch eine verkürzte Gabe möglich ist (Vaishnav et al. 2024). Auf jeden Fall sollte die Therapie 24–48 h nach erfolgreicher Blutstillung fortgeführt werden (de Franchis et al. 2022; EASL 2018; Garcia-Tsao et al. 2017).

▶ Bereits bei Verdacht auf eine Varizenblutung sollte eine vasoaktive Therapie mit Terlipressin begonnen werden.

15.4.4 Protonenpumpenhemmer

Bei Patienten mit oberer gastrointestinaler Blutung wird präendoskopisch ein empirischer Einsatz von Protonenpumpenhemmern (PPI) empfohlen, da säurebedingte Ursachen (z. B. gastroduodenale Ulzera) häufig sind. Jedoch sollten nach Bestätigung einer Varizenblutung die PPIs abgesetzt werden, da keine relevanten Effekte auf die Mortalität nachgewiesen sind. Es lassen sich zwar Ligaturulzera verhindern, dem gegenüber stehen aber erhöhte Raten an spontan-bakteriellen Peritonitiden, hepatischen Enzephalopathien und weiteren Dekompensationsereignissen (Tsai et al. 2017).

Tab. 15.2 Zusammenfassung der Dosierung der Vasokonstriktoren, die bei einer Varizenblutung eingesetzt werden

Medikament	Dosis
Terlipressin	Bolus 1 mg, dann kontinuierliche Gabe von 4 mg über 24 h
Somatostatin	Initialbolus von 250 µg i. v. und dann kontinuierliche Infusion mit einer Rate von 250 µg/h
Octreotid	Initialbolus von 50 µg und dann kontinuierliche Infusion mit einer Laufrate von 50 µg/h

15.4.5 Gerinnungsfaktoren

Es besteht bei der akuten Varizenblutung keine generelle Empfehlung zur Optimierung der Blutgerinnung durch Gerinnungsfaktoren oder Thrombozytenkonzentrate, da die plasmatischen Gerinnungsparameter bei einer Leberzirrhose keine gesteigerte Blutungsneigung anzeigen (Kap. 24). Daher ist eine liberale Korrektur dieser Gerinnungsfaktoren per se nicht zielführend. Mehrere Studien konnten hier keinen Vorteil für die Gabe von gefrorenem Frischplasma (*Fresh Frozen Plasma*, FFP), rekombinantem Faktor VII, Thrombozytenkonzentraten oder Desmopressin zeigen. Vielmehr suggerieren einzelne Studien sogar eine erhöhte Mortalität bei der Gabe von FFP, da FFP durch den Volumeneffekt zu einer signifikanten Steigerung des Pfortaderdrucks führt (Mohanty et al. 2021).

► Bei Patienten mit einer Varizenblutung kann die FFP-Gabe durch den Volumeneffekt zu einer signifikanten Steigerung des Pfortaderdrucks führen.

15.4.6 Endoskopische Therapie

Vor Durchführung einer ÖGD sollte eine prokinetische Therapie mit Erythromycin 250 mg i. v. 30–120 min vor der Intervention erfolgen. Dies führt zur beschleunigten Magenentleerung und dadurch verbesserten Sichtverhältnissen während der Untersuchung. Bei Verdacht auf eine Ösophagusvarizenblutung ist nach initialer konservativer und medikamentöser Stabilisierung zeitnah eine endoskopische Diagnostik und Therapie anzustreben, idealerweise innerhalb von 6 h, spätestens jedoch nach 12 h. Insgesamt sollte bei einem drohenden hämorrhagischen Schock die Endoskopie so früh wie möglich durchgeführt werden, um die Entstehung einer hypoxischen Hepatitis mit Triggerung eines akut-auf-chronischen Leberversagens (ACLF) zu verhindern. Die endoskopische Bandligatur gilt als Goldstandard zur Therapie einer Ösophagusvarizenblutung (Abb. 15.2). Hierbei wird mit einer speziellen Vorrichtung, die auf das Endoskop angebracht wird, die Varize unter endoskopischer Sicht in einen Konus gesaugt und mit einem Gummiring ligiert, welcher über einen Fadenmechanismus ausgelöst wird.

Die Sklerotherapie ist im Vergleich weniger effektiv (Rezidivblutungen 30 % vs. 55 %) und mit einem höheren Komplikationsrisiko (Perforationen, Mediastinitis, Strikturen) assoziiert. Sie sollte daher nur in Ausnahmefällen bzw. bei Versagen der Bandligatur eingesetzt werden. Bei unkontrollierten Blutungen kann ein selbstexpandierbarer, *beschichteter* Metallstent eingelegt werden. Dieser hat die frühere Ballontamponade weitgehend ersetzt (Escorsell et al. 2016).

Beide Verfahren weisen hohe Reblutungsraten auf und gelten als Bridgingtherapien bis zu einer definitiven endoskopischen oder interventionellen Blutstillung. Nach Ballontamponade ist innerhalb von 24 h eine Kontrollendoskopie durchzuführen. Ein Metallstent zur Kontrolle der Varizenblutung kann bis zu 14 Tage belassen werden.

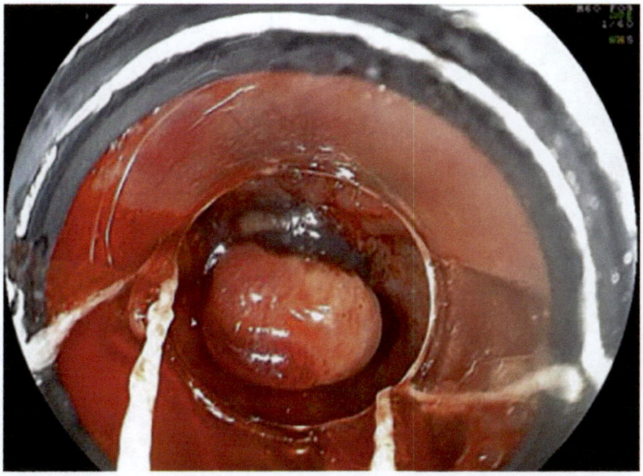

Abb. 15.2 Ösophagusvarizenligatur. (Bildmaterial PD Dr. Michael Schultheiß)

15.4.7 Interventionell-hepatologische Therapie

Die mit Abstand effektivste Maßnahme zur Therapie der portalen Hypertension und damit auch der akuten Ösophagusvarizenblutung ist die Anlage eines transjugulären intrahepatischen portosystemischen Shunts (TIPS, Kap. 31). Hierbei wird minimalinvasiv über einen transjugulären, transhepatischen Zugangsweg ein Stent zwischen rechtem Pfortaderast und rechter Lebervene platziert. In seltenen Fällen kann eine Varizenblutung endoskopisch nicht gestillt werden und nach Anlage bspw. eines Metallstents in den Ösophagus ist eine notfallmäßige TIPS-Anlage (Rescue-TIPS) notwendig (Kap. 31). Aufgrund der heutzutage verfügbaren endoskopischen Möglichkeiten ist dies jedoch selten notwendig. Zudem muss bedacht werden, dass diese Patienten trotz Anlage eines TIPS eine hohe Mortalität aufweisen. Die Indikationsstellung für einen Rescue-TIPS muss daher unter Einbezug der Gesamtprognose der Lebererkrankung sorgfältig abgewogen werden, insbesondere bei Leberzirrhose im fortgeschrittenen Stadium Child-Pugh C14/C15 oder mit einem MELD-Score (MELD: Model of End-Stage Liver Disease) von >30 (de Franchis et al. 2022). Bei diesen Patienten ist nach hämodynamischer Stabilisierung auch eine zeitnahe Lebertransplantation als potenzielle therapeutische Option in Betracht zu ziehen.

Nach endoskopischer und medikamentöser Erstkontrolle der Varizenblutung sollte die Indikation für einen frühelektiven (präemptiven) TIPS geprüft werden. Als früh gilt eine TIPS-Anlage innerhalb von 72 h nach der Blutung (García-Pagán et al. 2010). Eine Hochrisikogruppe ist definiert durch Child-Pugh B (8–9 Punkte) mit aktiver Blutung in der Endoskopie oder Child-Pugh C (10–13 Punkte). In dieser Gruppe verbesserte ein präemptiver TIPS signifikant das Überleben und die Rezidivblutungsraten (Nicoară-Farcău et al. 2024; Hernández-Gea et al. 2019; García-Pagán et al. 2010).

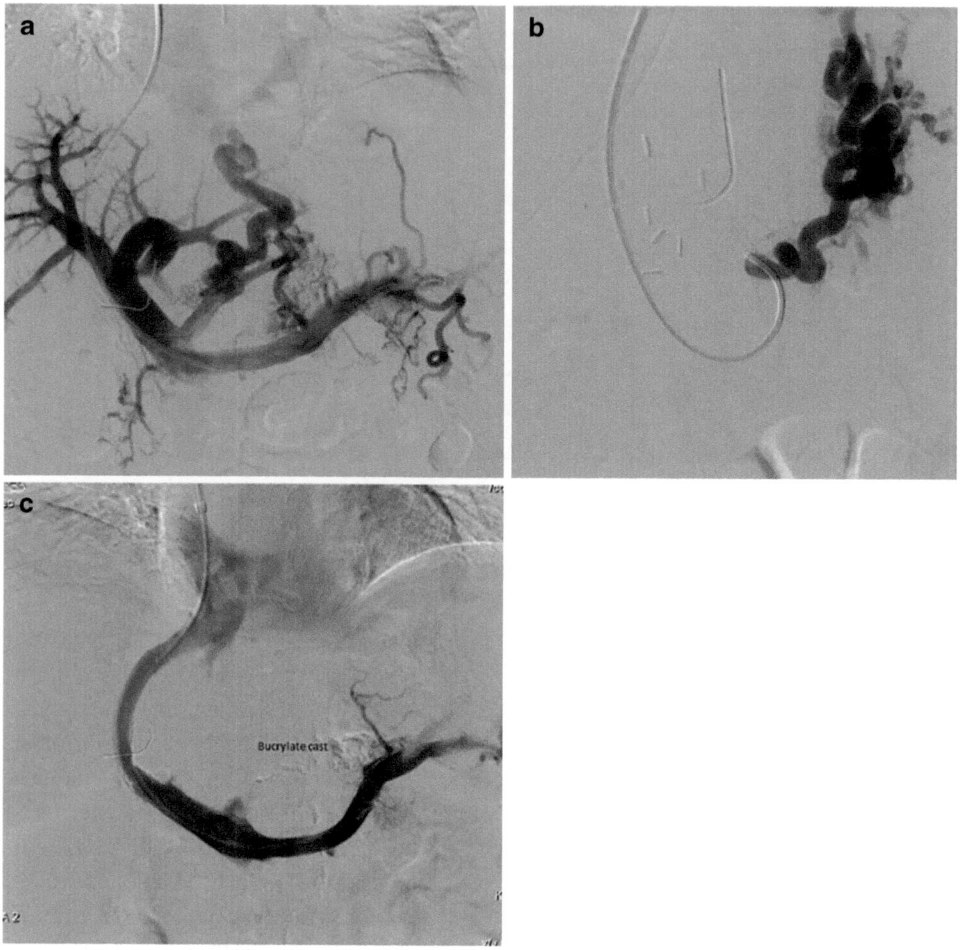

Abb. 15.3 (**a**) Ösophagusvarizen mit Ursprung aus der Pfortader; (**b**) selektive Sondierung der Varize; (**c**) Kontrolle nach Injektion von Histoacryl in die Varize und TIPS-Anlage. (Bildmaterial Schultheiß et al. 2019)

Die Anlage eines präemptiven TIPS wird daher heute in nationalen wie internationalen Leitlinien empfohlen. Zudem lassen sich im Rahmen der TIPS-Intervention Varizen interventionell-angiografisch z. B. mittels *Coils* oder Histoacrylinjektion embolisieren (Abb. 15.3).

Kontraindikationen für einen präemptiven TIPS sind u. a. eine schwere overte hepatische Enzephalopathie **ohne klaren Auslöser** (blutungsgetriggerte HE gilt nicht als Kontraindikation), höhergradige Herzinsuffizienz und Klappenvitien, pulmonalarterielle Hypertonie und unkontrollierte Sepsis mit Bakteriämie. Auch Patienten mit Varizenblutung und akut-auf-chronischem Leberversagen (ACLF) profitieren von der präemptiven TIPS-Anlage (Trebicka et al. 2020, Kap. 31). Die mit der Varizenblutung assoziierte hepatische

Enzephalopathie und ein erhöhtes Bilirubin stellen keine absoluten Kontraindikationen für den präemptiven TIPS dar.

15.5 Sekundärprophylaxe einer Varizenblutung

Nach erfolgreich therapierter akuter Ösophagusvarizenblutung ist das Risiko eines Rezidivs mit >50 % stark erhöht. Daher ist eine konsequente Sekundärprophylaxe essenziell. Sie basiert auf einer Kombinationstherapie aus nichtselektiven Betablockern (Propranolol oder Carvedilol) zur medikamentösen Senkung des Pfortaderdrucks sowie wiederholten endoskopischen Ligaturen. Die Kombinationstherapie führt hierbei zu einer signifikanten Reduktion der Reblutungsrate, jedoch lassen sich keine Effekte auf die Mortalität nachweisen (Puente et al. 2014). Während in der Vergangenheit bevorzugt Propranolol eingesetzt wurde, suggerieren aktuelle retrospektive Daten auch in der Sekundärprophylaxe der Varizenblutung eine Überlegenheit von Carvedilol gegenüber dem klassischen nichtselektiven Betablocker (NSBB) Propranolol (Jachs et al. 2023).

Kommt es im Verlauf zu einem Versagen der konservativen Therapie mit nichtselektiven Betablockern und der Ligaturtherapie (erneute Varizenblutung und/oder fehlende endoskopische Möglichkeit der Applikation weiterer Ligaturen und/oder Unverträglichkeit der Betablocker-Therapie), so sollte die TIPS-Anlage evaluiert werden. Hierbei konnte gezeigt werden, dass die TIPS-Anlage effektiv Reblutungen verhindern kann, aber keinen signifikanten Einfluss auf die Mortalität hat (Sauerbruch et al. 2015, Kap. 13).

15.6 Fazit

Die akute Ösophagusvarizenblutung ist ein lebensbedrohlicher medizinischer Notfall. Bereits beim Verdacht sollten eine antibiotische Therapie und der Einsatz von Vasokonstriktoren erfolgen. Nach Gabe von Prokinetika sowie bei Bedarf endotrachealer Intubation wird die Diagnose endoskopisch gesichert und in aller Regel mittels Bandligaturen behandelt. Je nach Befund und Erfolg der Blutstillung kann sich die Indikation zur frühzeitigen TIPS-Anlage ergeben. Die Verhinderung weiterer Varizenblutungen erfolgt typischerweise durch eine Kombination aus endoskopischer Ligaturtherapie und medikamentöser portalvenöser Drucksenkung(Carvedilol oder nichtselektive Betablocker). Bei Versagen dieser Kombinationstherapie ist eine erneute Indikationsprüfung zur TIPS-Implantation vorzunehmen. Abb. 15.4 fasst das klinische Vorgehen bei der akuten Ösophagusvarizenblutung schematisch zusammen.

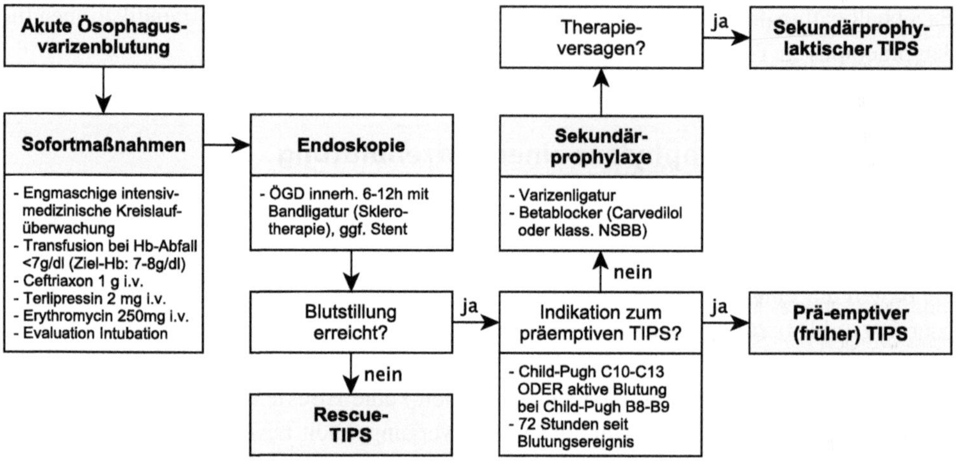

Abb. 15.4 Schematische Darstellung des Vorgehens bei akuter Ösophagusvarizenblutung. Hb = Hämoglobinkonzentration, klass. NSBB = klassischer nichtselektiver Betablocker, TIPS = transjugulärer intrahepatischer portosystemischer Shunt, ÖGD = Ösophagogastroduodenoskopie

Literatur

Bhardwaj A, Kedarisetty CK, Vashishtha C, Bhadoria AS, Jindal A, Kumar G et al (2017) Carvedilol delays the progression of small oesophageal varices in patients with cirrhosis: a randomised placebo-controlled trial. Gut 66(10):1838–1843

Bonilha DQ, Lenz L, Correia LM, Rodrigues RA, de Paulo GA, Ferrari AP et al (2015) Propranolol associated with endoscopic band ligation reduces recurrence of esophageal varices for primary prophylaxis of variceal bleeding: a randomized-controlled trial. Eur J Gastroenterol Hepatol 27(1):84–90

De Franchis R, Bosch J, Garcia-Tsao G, Reiberger T, Ripoll C (2022) Baveno VII – renewing consensus in portal hypertension. J Hepatol 76:959–974

Escorsell À, Pavel O, Càrdenas A, Morillas R, Llop E, Villanueva C et al (2016) Esophageal balloon tamponade versus esophageal stent in controlling acute refractory variceal bleeding: a multicenter randomized, controlled trial. Hepatology 63:1957–1967

EASL (2018) EASL clinical practice guidelines for the management of patients with decompensated cirrhosis. J Hepatol 69:406–460

García-Pagán JC, Caca K, Bureau C, Laleman W, Luca A, Abraldes JG, Nevens F, Vinel JP, Mössner J, Bosch J (2010) Early use of TIPS in patients with cirrhosis and variceal bleeding. N Engl J Med 362:2370–2379

Garcia-Tsao G, Abraldes JG, Berzigotti A, Bosch J (2017) Portal hypertensive bleeding in cirrhosis: risk stratification, diagnosis, and management: 2016 practice guidance by the American Association for the study of liver diseases. Hepatology 65:310–335

Groszmann RJ, Garcia-Tsao G, Bosch J, Grace ND, Burroughs AK, Planas R et al (2005) Beta-blockers to prevent gastroesophageal varices in patients with cirrhosis. N Engl J Med 353(21):2254–2261

Hassan M, Merza N, Nawras Y, Bahbah EI, Al-Hillan A, Ahmed Z et al (2023) Continuous vs. intermittent terlipressin infusion for portal hypertension: a systematic review and meta-analysis. Ann Med Surg (Lond) 85(10):5001–5010

Hernández-Gea V, Procopet B, Giráldez Á, Amitrano L, Villanueva C, Thabut D et al (2019) Preemptive-TIPS improves outcome in high-risk variceal bleeding: an observational study for the international variceal bleeding observational study group and baveno cooperation. Hepatology 69:282–293

Jachs M, Hartl L, Simbrunner B, Bauer D, Paternostro R, Balcar L et al (2023) Carvedilol achieves higher hemodynamic response and lower rebleeding rates than propranolol in secondary prophylaxis. Clin Gastroenterol Hepatol 21(9):2318–2326.e7

Kumar A, Sharma P, Anikhindi SA, Prajapati R, Agarwal R, Sharma B et al (2017) Can non-selective beta-blockers (NSBBs) prevent enlargement of small esophageal varices in patients with cirrhosis? A meta-analysis. J Clin Exp Hepatol 7(4):275–283

Mohanty A, Kapuria D, Canakis A, Lin H, Amat MJ, Rangel Paniz GP et al (2021) Fresh frozen plasma transfusion in acute variceal haemorrhage: results from a multicentre cohort study. Liver Int 41(8):1901–1908

Nicoară-Farcău O, Han G, Rudler M, Angrisani D, Monescillo A, Torres F et al (2024) Pre-emptive TIPS individual data metanalysis, International Variceal Bleeding Study and Baveno Cooperation Study groups. Pre-emptive TIPS in high-risk acute variceal bleeding. An updated and revised individual patient data meta-analysis. Hepatology 79(3):624–635

Paquet KJ (1982) Prophylactic endoscopic sclerosing treatment of the esophageal wall in varices – a prospective controlled randomized trial. Endoscopy 14:4–5

Pfisterer N, Dexheimer C, Fuchs EM, Bucsics T, Schwabl P, Mandorfer M et al (2018) Betablockers do not increase efficacy of band ligation in primary prophylaxis but they improve survival in secondary prophylaxis of variceal bleeding. Aliment Pharmacol Ther 47(7):966–979

Puente A, Hernández-Gea V, Graupera I, Roque M, Colomo A, Poca M et al (2014) Drugs plus ligation to prevent rebleeding in cirrhosis: an updated systematic review. Liver Int 34(6):823–833

Sarin SK, Wadhawan M, Agarwal SR, Tyagi P, Sharma BC (2005) Endoscopic variceal ligation plus propranolol versus endoscopic variceal ligation alone in primary prophylaxis of variceal bleeding. Am J Gastroenterol 100(4):797–804

Sauerbruch T, Mengel M, Dollinger M, Zipprich A, Rössle M, Panther E et al (2015) Prevention of rebleeding from esophageal varices in patients with cirrhosis receiving small-diameter stents versus hemodynamically controlled medical therapy. Gastroenterology 149(3):660–8.e1

Schultheiß M, Giesler M, Maruschke L, Schmidt A, Sturm L, Thimme R et al (2019) Adjuvant transjugular variceal occlusion at creation of a transjugular intrahepatic portosystemic shunt (TIPS): efficacy and risks of bucrylate embolization. Cardiovasc Intervent Radiol 42:729–736

Téllez L, Ibáñez-Samaniego L, Pérez Del Villar C, Yotti R, Martínez J, Carrión L et al (2020) Nonselective beta-blockers impair global circulatory homeostasis and renal function in cirrhotic patients with refractory ascites. J Hepatol 73(6):1404–1414

Tevethia HV, Pande A, Vijayaraghavan R, Kumar G, Sarin SK (2024) Combination of carvedilol with variceal band ligation in prevention of first variceal bleed in Child-Turcotte-Pugh B and C cirrhosis with high-risk oesophageal varices: the ‚CAVARLY TRIAL'. Gut 73(11):1844–1853

Trebicka J, Gu W, Ibáñez-Samaniego L, Hernández-Gea V, Pitarch C, Garcia E et al (2020) Rebleeding and mortality risk are increased by ACLF but reduced by pre-emptive TIPS. J Hepatol 73(5):1082–1091

Tsai CF, Chen MH, Wang YP, Chu CJ, Huang YH, Lin HC et al (2017) Proton pump inhibitors increase risk for hepatic encephalopathy in patients with cirrhosis in a population study. Gastroenterology 152(1):134–141

Vaishnav M, Biswas S, Shenoy A, Pathak P, Anand A, Swaroop S et al (2024) Comparison of 1-day versus 3-day intravenous terlipressin in cirrhosis patients with variceal bleeding: a pilot randomised controlled trial. Aliment Pharmacol Ther 59(5):645–655

Villanueva C, Colombo A, Bosch A, Concepción M, Hernandez-Gea V, Aracil C et al (2013) Transfusion strategies for acute upper gastrointestinal bleeding. N Engl J Med 368:11–21

Villanueva C, Albillos A, Genescà J, Garcia-Pagan JC, Calleja JL, Aracil C et al (2019) β blockers to prevent decompensation of cirrhosis in patients with clinically significant portal hypertension (PREDESCI): a randomised, double-blind, placebo-controlled, multicentre trial. Lancet 393(10181):1597–1608

Villanueva C, Torres F, Sarin SK, Shah HA, Tripathi D, Brujats A et al (2022) Carvedilol reduces the risk of decompensation and mortality in patients with compensated cirrhosis in a competing-risk meta-analysis. J Hepatol 77(4):1014–1025

Villanueva C, Sapena V, Lo GH, Seo YS, Shah HA, Singh V et al (2024) Improving primary prophylaxis of variceal bleeding by adapting therapy to the clinical stage of cirrhosis. A competing-risk meta-analysis of individual participant data. Aliment Pharmacol Ther 59(3):306–321

Gastrale Varizen, ektope Varizen und portal-hypertensive Gastropathie

16

Andreas Wannhoff und Karel Caca

16.1 Einleitung

Im Gegensatz zu Ösophagusvarizen sind gastrale und ektope Varizen deutlich seltener. Kommt es zu Blutungsereignissen, gestaltet sich insbesondere die Diagnostik und Therapie ektoper Varizen oft schwierig. Die portal-hypertensive Gastropathie (PHG) ist bei Patienten mit portaler Hypertension ein häufig beobachteter endoskopischer Befund, der sich gelegentlich durch eine Eisenmangelanämie infolge chronischen Blutverlustes manifestieren kann.

16.2 Gastrale und ektope Varizen

16.2.1 Definition und Einteilung

Unter gastralen Varizen versteht man Varizen des Magens. Diese können als Verlängerung von Ösophagusvarizen über die Kardia hinaus auftreten (gastroösophageale Varizen) oder als isolierte gastrische Varizen (IGV) unabhängig von Ösophagusvarizen bestehen. Nach Sarin werden gastroösophageale Varizen (GOV) und isolierte gastrische Varizen (IGV) wie folgt klassifiziert:

A. Wannhoff · K. Caca (✉)
Klinik für Innere Medizin, Gastroenterologie, Hämato-Onkologie, Diabetologie und Infektiologie, RKH Klinikum Ludwigsburg, Ludwigsburg, Deutschland
E-Mail: Andreas.Wannhoff@rkh-gesundheit.de; Karel.Caca@rkh-kliniken.de

T. Bruns et al. (Hrsg.), *Komplikationen der Leberzirrhose*,
https://doi.org/10.1007/978-3-662-70167-6_16

- GOV1: Verlängerung von Ösophagusvarizen entlang der kleinen Kurvatur über den gastroösophagealen Übergang hinaus
- GOV2: Ausdehnung über den gastroösophagealen Übergang in den Magenfundus
- IGV1: Isolierte Varizen im Magenfundus
- IGV2: Isolierte Varizen im Magen außerhalb des Fundus

Als ektope Varizen bezeichnet man solche, die außerhalb von Ösophagus oder Magen vorkommen. Sie können in allen anderen Abschnitten des Gastrointestinaltrakts auftreten. Lokale Faktoren wie Thrombosen, Adhäsionen oder Narbenbildungen nach Operationen oder Entzündungen scheinen eine Rolle bei ihrer Entstehung zu spielen (Tranah et al. 2023). Häufige Lokalisationen sind Rektum, Duodenum, Regionen entlang von Stomata oder Anastomosen, Jejunum, Ileum, Gallenblase und Gallenwege sowie das Kolon.

16.2.2 Epidemiologie

Bei Patienten mit Leberzirrhose treten gastrale Varizen bei etwa 20 % auf (Sarin et al. 1992). Blutungen aus Fundusvarizen sind schwerwiegender und mit einer höheren Sterblichkeitsrate verbunden als Blutungen aus gastroösophagealen Varizen. Ektope Varizen sind für etwa 5 % aller varikösen Blutungen verantwortlich. Im Gegensatz zu Ösophagusvarizen kann es auch hier bereits bei geringeren HVPG-Werten (< 12 mmHg) zu Blutungen kommen (Tranah et al. 2023).

16.2.3 Klinische Symptomatik

Nicht blutende ektope Varizen sind klinisch stumm. Bei akuten Blutungen reicht das Spektrum der klinischen Präsentation von Hämatemesis, Meläna oder Hämatochezie bis zu okkulten Blutungen und einer chronischer Eisenmangelanämie. Eine ektope Varizenblutung sollte bei allen Patienten mit portaler Hypertension und akuten Blutungszeichen in Betracht gezogen werden, wenn eine Ösophagogastroskopie keine aktive oder stattgehabte Blutung nachweist (Tranah et al. 2023).

16.2.4 Diagnostik

Gastrale Varizen lassen sich problemlos im Rahmen einer Gastroskopie diagnostizieren. Dagegen ist die endoskopische Diagnostik ektoper Varizen, abgesehen von Rektum und proximalem Duodenum, deutlich schwieriger. Gerade bei ektopen Varizen ist eine kontrastmittelgestützte Schnittbildgebung (z. B. Computertomografie [CT] mit Kontrastierung der portalvenösen Phase) oft entscheidend, um die Anatomie sowie afferente und efferente Gefäße darzustellen und die weitere Therapie zu planen. Nach unauffälliger Ösophagogastroduodenoskopie sollte bei Verdacht auf eine portal-hypertensive Blutung unbedingt eine CT-Untersuchung erfolgen. Varizen im Dünndarm können mittels Videokapselendoskopie nachgewiesen werden; bei pathologischem Befund ist jedoch im Anschluss eine kontrastmittelgestützte Computertomografie (CT) zur Darstellung der Umgehungskreisläufe erforderlich. Die in der Kapselendoskopie diagnostizierten ektopen Dünndarmvarizen lassen sich zudem mittels Singleballon- oder Doppelballonenteroskopie beurteilen.

16.2.5 Primärprophylaxe

Verlässliche Daten zum Einsatz nichtselektiver Betablocker (NSBB) zur Primärprophylaxe einer Blutung aus ektopen Varizen liegen nicht vor. Aufgrund von Erfahrungen bei ösophagogastralen Varizen erscheint ihr Einsatz jedoch gerechtfertigt (Tranah et al. 2023).

16.2.6 Therapie der akuten Blutung

Allgemeinmaßnahmen. Bei Verdacht auf eine variköse Blutung gelten die allgemeinen, von deutschen und europäischen Fachgesellschaften empfohlenen Maßnahmen: hämodynamische Stabilisierung mit vorzugsweise kristalloiden Infusionslösungen, Gabe eines Vasopressors bei Verdacht auf eine portal-hypertensive Blutung, Beginn einer antibiotischen Prophylaxe (z. B. Ceftriaxon) sowie ein restriktives Transfusionsregime (Gralnek et al. 2022).

Endoskopische Therapie. Die Therapie der GOV1 erfolgt analog zur Behandlung von Ösophagusvarizen mittels Gummibandligaturen. Bei GOV2 und isolierten gastrischen Varizen (IGV) wird primär n-Butylcyanacrylat (NBCA, z. B. Histoacryl®, Glubran2®) in die Varize injiziert (**Abb. 16.1**). Dies erfolgt in den meisten Fällen unter endoskopischer Sicht durch direkte Injektion in die Varize (cave: hierbei besteht die Gefahr einer systemischen Embolisation). In Einzelfällen oder bei entsprechender Expertise kann die Punktion des Gefäßes auch mittels Endosonografie unter fluoroskopischer Kontrolle erfolgen. Dann können neben NBCA auch sog. „Gefäßcoils" über die Punktionsnadel zur Okklusion des Gefäßes eingebracht werden (Bazarbashi et al. 2024). Die Datenlage zur endoskopischen Therapie ektoper Varizen ist deutlich begrenzter. Je nach Lokalisation kann eine Gummibandligatur (z. B. im Duodenum oder Rektum) oder eine Injektionstherapie durchgeführt werden.

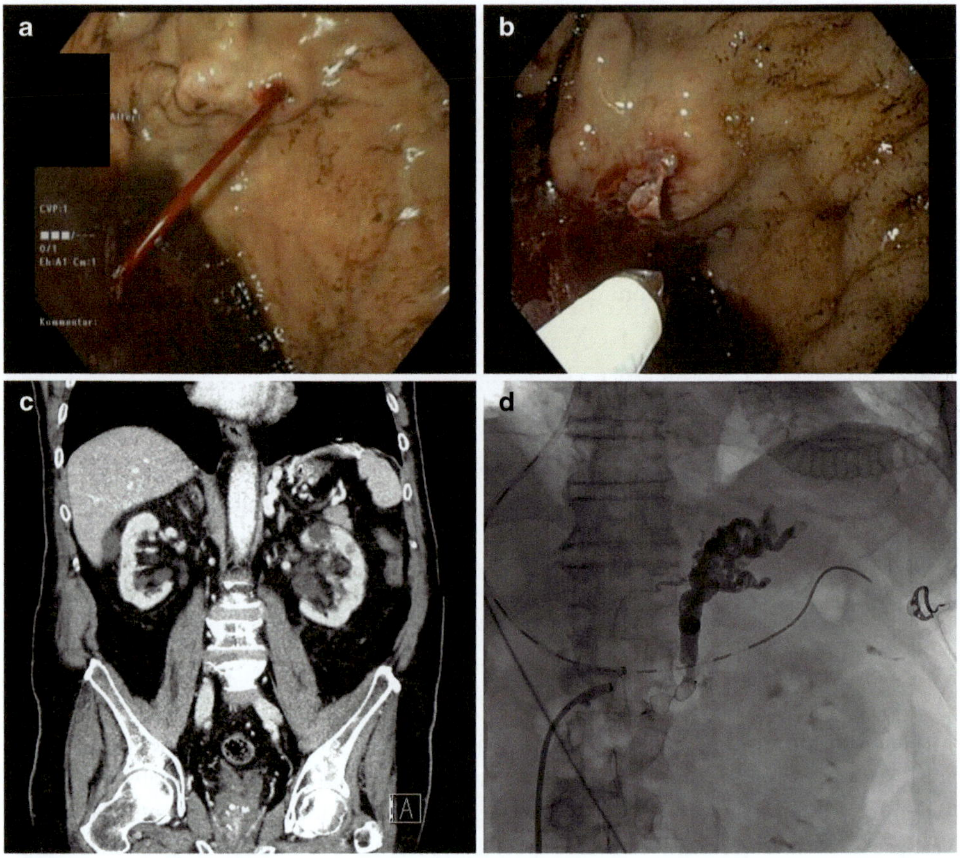

Abb. 16.1 Akute Blutung aus einer isolierten gastrischen Varize Typ 1 (IGV1). (**a**) Notfallendoskopie: Akute Blutung im Magenfundus. (**b**) Erfolgreiche Blutstillung nach Injektion von Histoacryl® in das blutende Gefäß. (**c**) CT-Abdomen: Ausgedehnte splenorenale Kollaterale. (**d**) TIPS-Anlage mit kombinierter antegrader und retrograder Embolisation mithilfe von Histoacryl® und einem Vascular Plug. Der Zugang erfolgte transjugulär-transhepatisch und über die V. femoralis zur V. renalis links

Interventionelle, angiografische Therapie. Gut evaluierte endoskopische Verfahren zur Zweitlinien- oder Rescuetherapie existieren für gastrale und ektope Varizen kaum. Versagt die Primärtherapie, ist vorrangig eine TIPS-Anlage und/oder eine angiografische Intervention mit Gefäßembolisation (z. B. *Balloon-occluded retrograde transvenous obliteration,* BRTO) zu erwägen. Auch die endosonografische Intervention gewinnt an Bedeutung.

Für die akute variköse Blutung empfehlt der Baveno-VII-Konsens eine CT zur Klärung der Gefäßanatomie und zur Planung des weiteren Vorgehens (de Franchis et al. 2022). Angesichts limitierter endoskopischer Therapiemöglichkeiten bei Reblutungen und der großen anatomischen Variabilität ektoper Varizen ist eine zeitnahe CT sowohl nach erfolgreicher endoskopischer Blutstillung als auch bei Versagen der endoskopischen Therapie sinnvoll, um eine Grundlage für die weitere Therapieplanung (TIPS, BRTO oder EUS-gesteuerte Embolisation) zu liefern. Abhängig von lokaler Verfügbarkeit sollte eine enge Zusammenarbeit zwischen Gastroenterologie und interventioneller Radiologie erfolgen. Angesichts der eingeschränkten endoskopischen Optionen ist die Indikation zur angiografischen Intervention eher großzügig zu stellen.

Versagt die Primärtherapie, ist eine zügige Prüfung der TIPS-Anlage geboten, um den portalvenösen Druck zu senken und relevante Kollateralkreisläufe mittels angiografischer Embolisation zu verschließen (Abb. 16.2, 16.3 und 16.4).

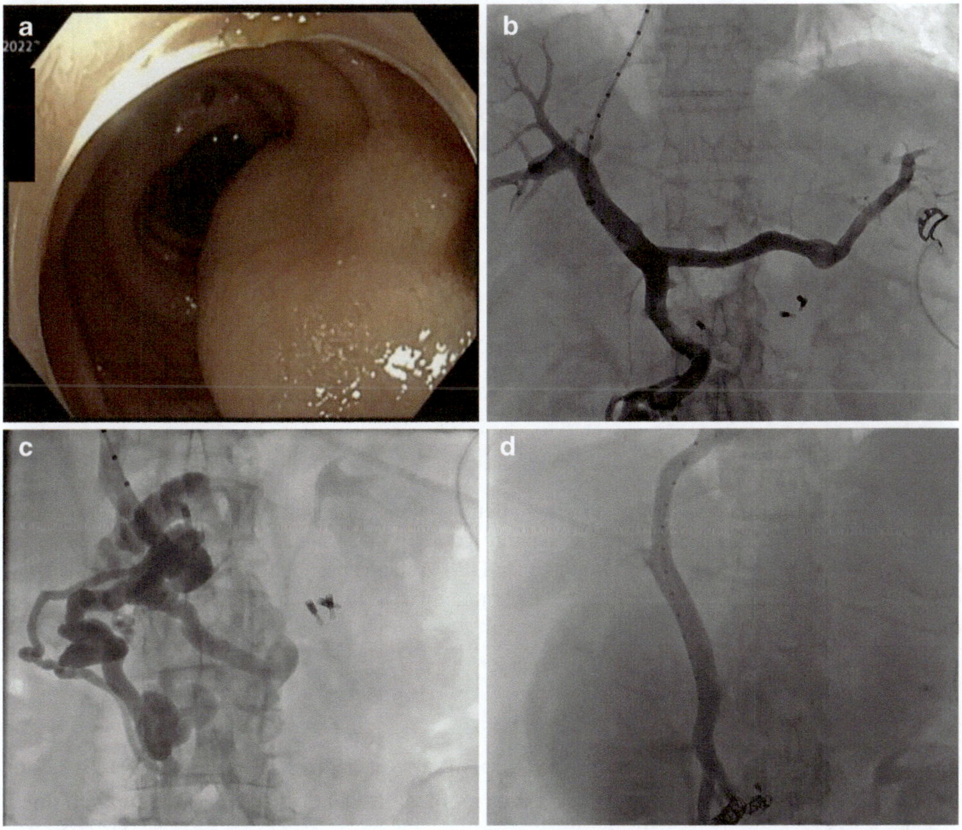

Abb. 16.2 Duodenale Varize. (**a**) Endoskopie bei klinischen Zeichen einer oberen gastrointestinalen Blutung bei bisher unbekannter Leberzirrhose. In der Pars horizontalis duodeni zeigt sich der Verdacht auf eine Varize, bestätigt durch die nachfolgende CT-Untersuchung. (**b**) Erfolgreicher transjugulärer, transhepatischer Zugang im Rahmen der TIPS-Anlage. (**c**) Nach KM-Injektion Darstellung des varikösen Gefäßes mit erneuter Blutung ins Duodenum. (**d**) Einlage eines TIPS-Stents zur Senkung des portalvenösen Drucks, anschließende Embolisation mit Coils und Histoacryl®

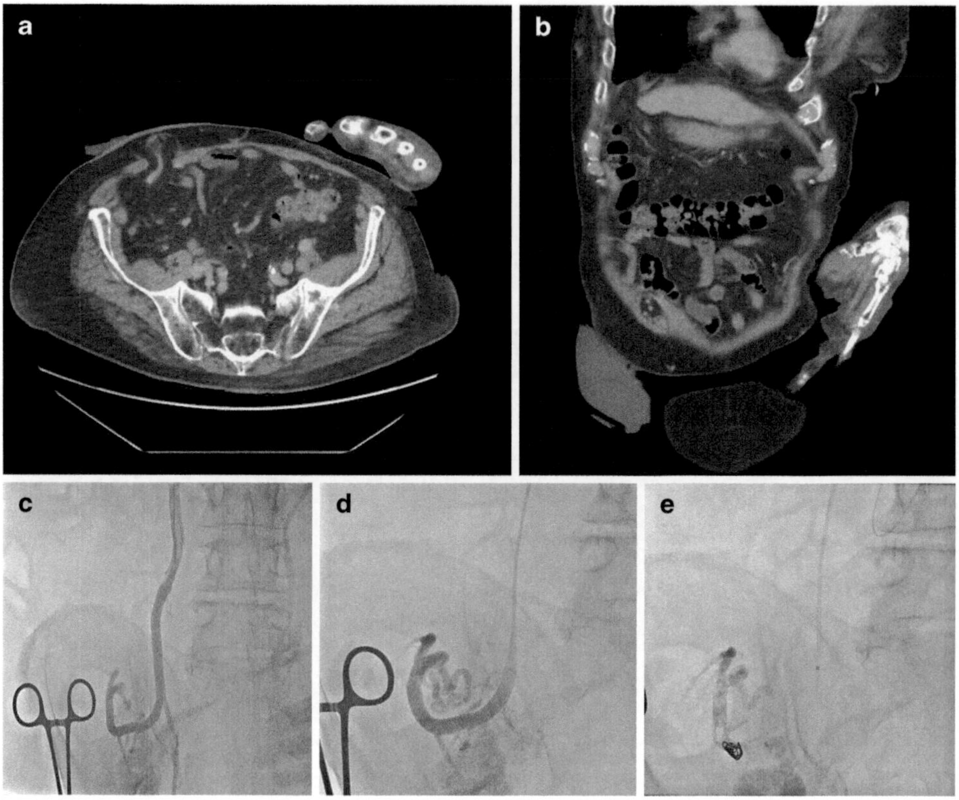

Abb. 16.3 Rezidivierende Blutung aus einem Ileumconduit bei einem Patienten mit Leberzirrhose. (**a**, **b**) In der CT-Diagnostik zeigten sich mehrere große, portalvenös gespeiste Gefäße entlang des Conduits. (**c–e**) Diese wurden im Rahmen einer TIPS-Anlage anschließend erfolgreich mit Histoacryl® und Coils embolisiert. Die aufliegende Klemme markiert mit dem Griff den Austritt des Conduits aus der Bauchwand

16.2.7 Sekundärprophylaxe

Grundsätzlich sollte bei Blutungen aus ektopen Varizen frühzeitig eine TIPS-Anlage oder ggf. die BRTO erwogen werden. Erfolgt dies nicht, sollte analog zum Vorgehen nach überstandener Ösophagusvarizenblutung eine Sekundärprophylaxe mit einem NSBB eingeleitet werden.

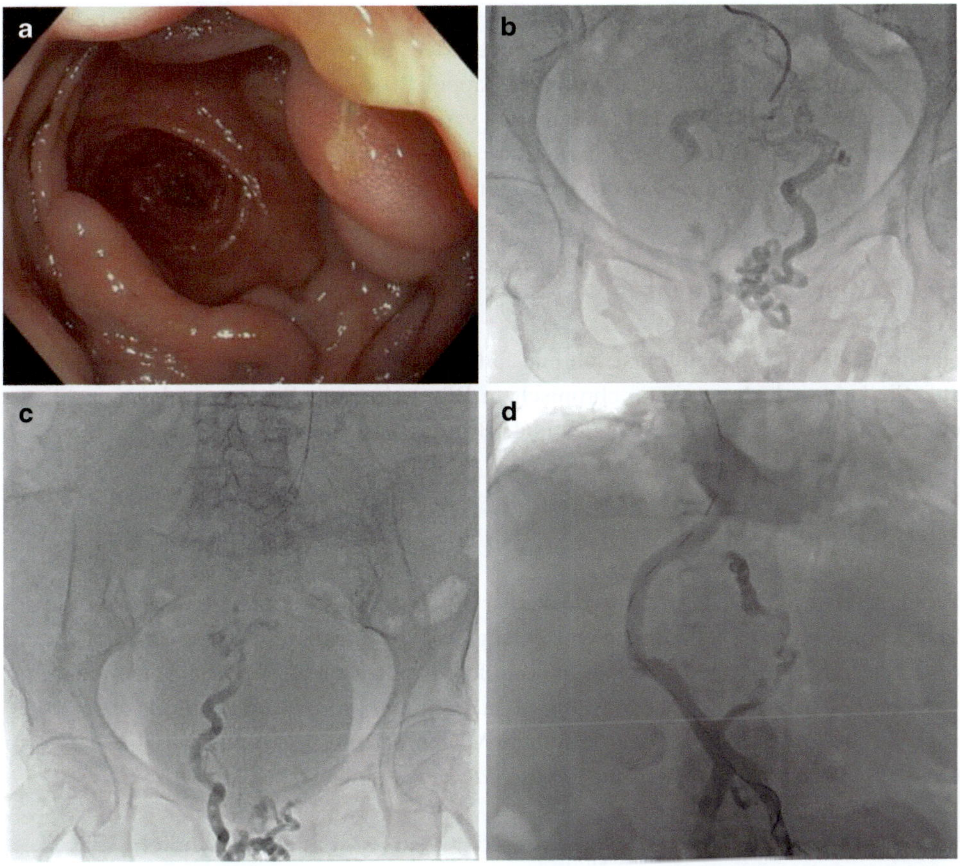

Abb. 16.4 Stattgehabte untere gastrointestinale Blutung bei Rektumvarizen. (**a**) Endoskopischer Blick ins Rektum mit multiplen Varizensträngen. (**b**) Während der TIPS-Anlage zeigte sich letztlich tief im Becken der entsprechende Umgehungskreislauf. (**c**) Dieser wurde mit Histoacryl® embolisiert. (**d**) Abschließende Einlage eines TIPS

16.3 Portal-hypertensive Gastropathie (PHG)

16.3.1 Definition, Ätiologie und Epidemiologie

Die PHG ist eine pathogenetisch nicht vollständig geklärte, endoskopisch durch typische Schleimhautveränderungen definierte Läsion, deren Entstehung wesentlich mit der portalen Hypertension assoziiert ist. Ihre Reversibilität nach TIPS-Anlage unterstreicht den Stellenwert der portalen Hypertension. Möglicherweise spielen auch eine veränderte Mikrozirkulation, Hypoxämie und inflammatorische Prozesse eine Rolle. Ähnliche Veränderungen lassen sich im gesamten Gastrointestinaltrakt beobachten und werden lokalisationsentsprechend als portal-hypertensive Enteropathie oder Colopathie bezeichnet (Rockey 2019; Gjeorgjievski und Cappell 2016).

Die Prävalenz der PHG bei Leberzirrhose variiert stark (20–90 %), was vermutlich auf fehlende einheitliche Diagnosekriterien und unterschiedliche Patientenkollektive in den Studien zurückzuführen ist (Gjeorgjievski und Cappell 2016).

16.3.2 Klinische Relevanz

Häufig ist die PHG asymptomatisch und fällt nur zufällig im Rahmen einer Endoskopie auf. Sie kann jedoch zu einem chronischem Blutverlust mit Eisenmangelanämie führen oder – seltener – als akute gastrointestinale Blutung imponieren.

16.3.3 Diagnostik

Die Diagnose der PHG wird endoskopisch anhand des typischen makroskopischen Schleimhautbildes gestellt, das an ein schlangenartig gemustertes Mosaik erinnert, oft mit rötlichen red spots. Eine Einteilung in „milde" und „schwere" PHG findet sich nicht im von der DGVS empfohlenen endoskopischen Terminologiestandard (Meining et al. 2017).

Typisch ist die proximale Lokalisation in Magenfundus und -korpus, was die PHG vom GAVE-Syndrom (engl. *gastric antral vascular ectasia*) unterscheidet.

► Die wichtigste Differenzialdiagnose der PHG ist das GAVE-Syndrom, das inzidentell mit portaler Hypertension auftreten kann. Es ist meist im Antrum lokalisiert und wird aufgrund seines Aussehens als „Wassermelonenmagen" bezeichnet, kann jedoch auch als diffuse gastrale vaskuläre Ektasie in Erscheinung treten.

Bei akuten Blutungen aus einer PHG erfolgt die Diagnose endoskopisch, bei chronischen Blutungen mit Eisenmangelanämie durch Ausschluss alternativer Blutungsquellen und anderer Ursachen.

16.3.4 Therapie asymptomatischer PHG

Für asymptomatische Patienten mit PHG gibt es derzeit keine ausreichende Evidenz, die eine spezifische Therapie rechtfertigt. Bei ausgeprägter PHG mit red spots kann jedoch in Einzelfällen der Einsatz von NSBB erwogen werden (Rockey 2019).

16.3.5 Therapie der akuten Blutung

Die akute Blutung wird in erster Linie pharmakologisch mit vasoaktiven Substanzen wie Octreotid oder Terlipressin intravenös behandelt (Gjeorgjievski und Cappell 2016). Eine prospektive Studie zeigte für i. v. Octreotid nach 48 h eine 100 %ige Erfolgsrate im Vergleich zu Vasopressin oder Omeprazol (Zhou et al. 2002). Das Octreotidregime umfasste eine Bolusgabe von 100 µg i. v., gefolgt von 25 µg/min für 24 h und anschließenden 20 µg/min für weitere 24 h. Als Alternative zu Octreotid steht Terlipressin i. v. (1 mg als Bolus, dann 1 mg alle 6 h über 5 Tage) zur Verfügung (Gjeorgjievski und Cappell 2016).

Die endoskopische Blutstillung ist aufgrund der meist diffusen Blutung von geringerer Bedeutung. Fallberichte und kleinere Serien beschreiben jedoch einen möglichen Einsatz von Argon-Plasma-Koagulation (APC) oder topischen Substanzen (z. B. Hemospray®) (Hanafy und El Hawary 2016; El Shahawy et al. 2020; Smith et al. 2014). In der Praxis könnte eine Kombination aus einem dieser endoskopischen Verfahren mit Octreotid oder Terlipressin erwogen werden, analog zur akuten Ösophagusvarizenblutung. Daten hierzu liegen aber nicht vor. Zudem wird eine antibiotische Therapie empfohlen und eine Sekundärprophylaxe mit NSBB sollte eingeleitet werden. Ob Propranolol und Carvedilol hierbei äquivalent sind, ist unklar, die meisten Studien beziehen sich auf Propranolol. Alle bereits erwähnten Allgemeinmaßnahmen gelten selbstverständlich auch hier.

16.3.6 Therapie des chronischen Blutverlustes

Bei chronischem Blutverlust oder Eisenmangelanämie besteht die Therapie aus Eisensubstitution und oraler Gabe von NSBB. Die größte Evidenz liegt für Propranolol vor. Eine aktuelle Studie zeigte jedoch auch unter Carvedilol eine Verbesserung der bestehenden Anämie und des Eisenhaushalt. Interessanterweise schnitt in dieser Studie die APC-Therapie hinsichtlich Hämoglobinwert, Eisenstatus und Transfusionsbedarf besser ab als Carvedilol, sodass möglicherweise auch in dieser Konstellation eine APC-Therapie, ggf. in Kombination mit Carvedilol und Eisensubstitution, angezeigt sein könnte (El Shahawy et al. 2020).

16.3.7 TIPS bei PHG

Aufgrund der pathogenetischen Rolle der portalen Hypertension ist eine TIPS-Anlage sowohl bei akuten Blutungen als auch bei therapierefraktärer chronischer Blutungsanämie prinzipiell eine Überlegung wert, sofern keine Kontraindikationen vorliegen. Es muss allerdings betont werden, dass es sich hierbei um einen zwar pathophysiologisch gut begründbaren Therapieversuch handelt, aber kaum entsprechende klinische Daten vorliegen.

16.4 Fazit

Gastrale und ektope Varizen treten im Vergleich zu Ösophagusvarizen deutlich seltener auf. Kommt es jedoch zu einer akuten Blutung, ist die Therapie oft komplexer. Eine Bildgebung zur Ermittlung der Gefäßanatomie ist hierfür unerlässlich und bildet die Basis der Therapieplanung. Diese sollte durch erfahrene Gastroenterologen, ggf. in Kooperation mit einem interventionellen Radiologen, an einem spezialisierten Zentrum durchgeführt werden.

Die portal-hypertensive Gastropathie (PHG) ist ein typischer und häufig beobachteter endoskopischer Befund bei Patienten mit portaler Hypertension. Eine Therapie ist nur bei symptomatischen Patienten erforderlich, die zumeist durch einen chronischen Blutverlust mit Eisenmangelanämie oder selten durch eine akute gastrointestinale Blutung auffallen. In diesen Situationen stehen medikamentöse und endoskopische Verfahren sowie in Einzelfällen auch eine TIPS-Anlage zur Verfügung.

Literatur

Bazarbashi AN, Aby ES, Mallery JS, El Chafic AH, Wang TJ, Kouanda A et al (2024) EUS-guided coil injection therapy in the management of gastric varices: the first U.S. multicenter experience (with video). Gastrointest Endosc 99:31–37

El Shahawy MS, Shady ZM, Gaafar A (2020) The efficacy of argon plasma coagulation versus carvedilol for treatment of portal hypertensive gastropathy. Digestion 101:651–658

de Franchis R, Bosch J, Garcia-Tsao G, Reiberger T, Ripoll C, Baveno VIIF (2022) Baveno VII – renewing consensus in portal hypertension. J Hepatol 76:959–974

Gjeorgjievski M, Cappell MS (2016) Portal hypertensive gastropathy: a systematic review of the pathophysiology, clinical presentation, natural history and therapy. World J Hepatol 8:231–262

Gralnek IM, Camus Duboc M, Garcia-Pagan JC, Fuccio L, Karstensen JG, Hucl T et al (2022) Endoscopic diagnosis and management of esophagogastric variceal hemorrhage: European Society of Gastrointestinal Endoscopy (ESGE) guideline. Endoscopy 54:1094–1120

Hanafy AS, El Hawary AT (2016) Efficacy of argon plasma coagulation in the management of portal hypertensive gastropathy. Endosc Int Open 4:E1057–E1E62

Meining A, Schmidbauer W, Schumacher B, Toermer T, Keuchel M, Baltes P et al (2017) The revised version of standard terminology in gastroenterological endoscopy – result of a consensus project of the german society for gastroenterology, digestive and metabolic diseases. Z Gastroenterol 55:1119–1126

Rockey DC (2019) An update: portal hypertensive gastropathy and colopathy. Clin Liver Dis 23:643–658

Sarin SK, Lahoti D, Saxena SP, Murthy NS, Makwana UK (1992) Prevalence, classification and natural history of gastric varices: a long-term follow-up study in 568 portal hypertension patients. Hepatology 16(6):1343–1349

Smith LA, Morris AJ, Stanley AJ (2014) The use of hemospray in portal hypertensive bleeding; a case series. J Hepatol 60:457–460

Tranah TH, Nayagam JS, Gregory S, Hughes S, Patch D, Tripathi D et al (2023) Diagnosis and management of ectopic varices in portal hypertension. Lancet Gastroenterol Hepatol 8:1046–1056

Zhou Y, Qiao L, Wu J, Hu H, Xu C (2002) Comparison of the efficacy of octreotide, vasopressin, and omeprazole in the control of acute bleeding in patients with portal hypertensive gastropathy: a controlled study. J Gastroenterol Hepatol 17:973–979

Aszites und Hyponatriämie

17

Tony Bruns, Karsten Große, Alexander Gerbes und Christian Steib

17.1 Einleitung

Aszites beschreibt die pathologische Flüssigkeitsansammlung in der Peritonealhöhle infolge erhöhter Druckverhältnisse im portalvenösen Kreislauf oder einer gestörten Integrität der peritonealen Barriere. Neben der Leberzirrhose können peritoneale Infektionen, eine Peritonealkarzinose oder auch chronische Herzerkrankungen zu Aszites führen.

Bei vorbestehender Leberzirrhose gilt das erstmalige Auftreten von Aszites, auch „hydropische Dekompensation" genannt, als entscheidender Wendepunkt im Krankheitsverlauf. Aszites ist die häufigste Manifestationsform der Erstdekompensation. So gelingt die Diagnosestellung einer alkoholassoziierten Leberzirrhose lediglich bei einem Viertel der Patienten im kompensierten Stadium, während 59 % der Patienten bereits Aszites aufweisen (Jepsen et al. 2010). Die kumulative 20-Jahres-Inzidenz bei Patienten mit kompensierter Leberzirrhose beträgt rund 50 %, die jährliche Inzidenz von Aszites bei Patienten mit Zirrhose liegt bei etwa 5–10 % (D'Amico et al. 2018). Aufgrund eines mittleren Überlebens von etwa 2 Jahren bei Auftreten von Aszites und etwa eines Jahres bei refraktärem

T. Bruns (✉) · K. Große
Medizinische Klinik III, Uniklinik RWTH Aachen, Aachen, Deutschland
E-Mail: tbruns@ukaachen.de; kargrosse@ukaachen.de

A. Gerbes
Ludwig-Maximilians-Universität München, München, Deutschland
E-Mail: Gerbes@med.uni-muenchen.de

C. Steib
Internistisches Klinikum München Süd, München, Deutschland
E-Mail: christian.steib@ikms.de

T. Bruns et al. (Hrsg.), *Komplikationen der Leberzirrhose*,
https://doi.org/10.1007/978-3-662-70167-6_17

Aszites markiert das Auftreten von Aszites somit einen relevanten Phasenübergang zwischen verschiedenen Krankheitsstadien.

In aktuellen Krankheitsmodellen wird zwischen akuter und nichtakuter Dekompensation unterschieden. Bei der nichtakuten Dekompensation entwickelt sich Aszites über Monate bis Jahre und erfordert zumeist keine Hospitalisierung. Bei der akuten Dekompensation liegt häufig ein präzipitierendes Ereignis vor und das Auftreten oder die Zunahme von Aszites geschieht rasch. Patienten mit akuter Dekompensation werden in der Regel hospitalisiert und entwickeln gehäuft ein akut-auf-chronisches Leberversagen, was mit einer hohen Letalität einhergeht (Kap. 28).

Im Folgenden werden die Pathophysiologie der Aszitesentstehung sowie die Grundlagen der Diagnostik und Therapie des Aszites zusammengefasst. Für Strategien zur Prophylaxe von Aszites bei kompensierter Lebererkrankung sei auf Kap. 12 verwiesen; eine detaillierte Abhandlung von Prophylaxe und Therapie der spontan-bakteriellen Peritonitis (SBP) erfolgt in Kap. 26.

17.2 Pathophysiologie

Die Peritonealhöhle ist eine aus dem Coelom hervorgegangene, mit Mesothel ausgekleidete Körperhöhle, die unter physiologischen Bedingungen mit etwa 10–50 ml Peritonealflüssigkeit gefüllt ist, um als Gleitschicht eine Reibung der inneren Organe zu vermindern, den Stoffaustausch mit dem Blutkreislauf zu vermitteln und als ein an Makrophagen und T-Lymphozyten reiches Kompartiment Immunfunktionen zu erfüllen. Wasser und niedermolekulare Substanzen aus der Peritonealflüssigkeit werden überwiegend hämatogen resorbiert, während größere Moleküle vor allem über subdiaphragmale Lymphgefäße abtransportiert werden. Dieser Lymphfluss ist bei Leberzirrhose bereits erhöht und kann bei schwerer portaler Hypertension auf > 50 ml/h ansteigen (Levitt und Levitt 2012). Übersteigt die anfallende Flüssigkeit diese Kapazität, sammelt sie sich im Peritoneum an und wird als Aszites evident.

Der entscheidende Risikofaktor für die Entwicklung von portal-hypertensivem Aszites bei Leberzirrhose ist die klinisch signifikante portale Hypertension (CSPH). Die 5-Jahres-Inzidenz von Aszites liegt bei kompensierter Zirrhose mit CSPH bei 10–40 %, wobei Patienten mit einer mit metabolischer Dysfunktion assoziierten steatotischen Lebererkrankung (MASLD) bereits bei einem HVPG (hepatic venous pressure gradient) unter 10 mmHg dekompensieren können (Paternostro et al. 2024; Ripoll et al. 2007). Allgemein gilt jedoch, dass ausgeprägte Drucksteigerungen in den Lebersinusoiden, etwa durch zirrhotische Umbauvorgänge oder Abflussbehinderungen in den Lebervenen, für die Bildung von Aszites notwendig sind. Eine bloß mäßige Druckerhöhung in der Pfortader, zum Beispiel durch eine Pfortaderthrombose mit prähepatischem Block, führt häufig nicht zu Aszites.

► Aszites ist die Folge der Kombination aus splanchnischer Vasodilatation mit reduziertem effektiven Blutvolumen mit einer gestörten Natrium- und Wasserretention der Nieren bei gleichzeitiger Hypoalbuminämie und gesteigerter Lymphbildung (Abb. 17.1).

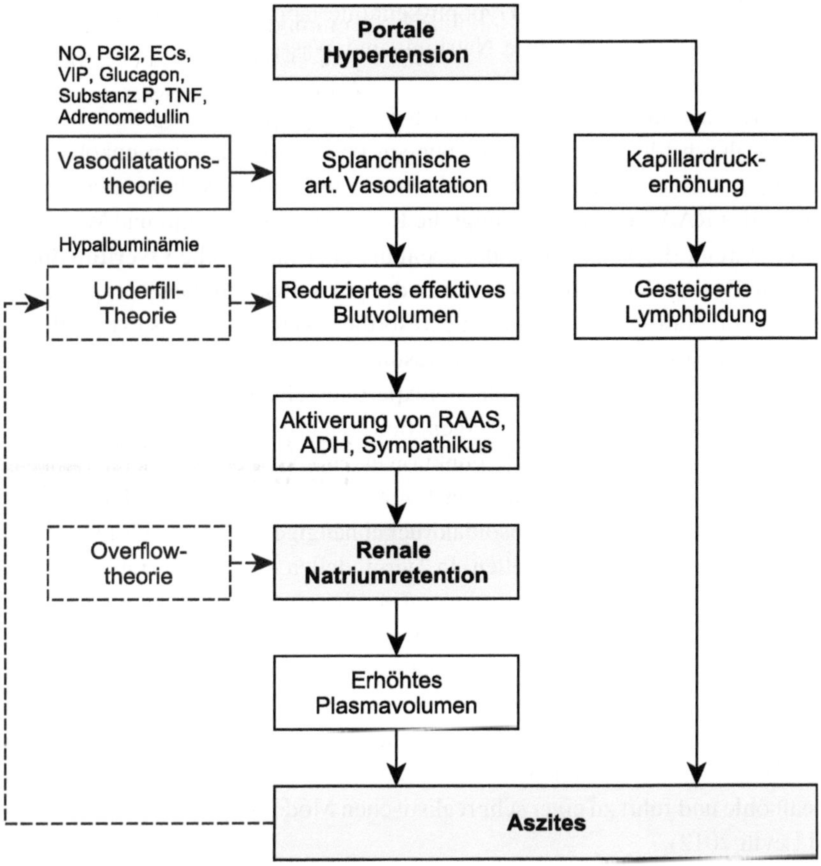

Abb. 17.1 Pathophysiologisches Modell der Aszitesentstehung unter Berücksichtigung der Vasodilatations-, Underfill- und Overflowhypothese. ADH = antidiuretisches Hormon, AVP = Argininvasopressin, ECs = Endocannabinoide, NO = Stickstoffmonoxid, PGI_2 = Prostaglandin I_2, RAAS = Renin-Angiotensin-Aldosteron-System, SNS = sympathisches Nervensystem, TNF = Tumornekrosefaktor, VIP = Vasoaktives intestinales Peptid

Die am weitesten akzeptierte Erklärung für die Aszitesentstehung ist die sog. **Vasodilatationshypothese**. Dabei führen Umbau des Leberparenchyms und portale Hypertension zu einer Eröffnung portosystemischer Kollateralen und zur Angioneogenese. Im Gegensatz zur sinusoidal und postsinusoidal vorherrschenden Vasokonstriktion weist das splanchnische Gefäßbett Zeichen der endothelialien Hyperaktivierung mit arterieller Vasodilatation und reduziertem Ansprechen auf vasokonstriktive Substanzen auf. Freigesetztes NO trägt synergistisch mit Hämoxidase-1-generiertem Kohlenstoffmonoxid und cyclooxygenasegeneriertem Prostazyklin zur Relaxation der glatten Gefäßmuskulatur bei (Kap. 2).

Die splanchnische Vasodilatation trägt zur Aggravierung der portalen Hypertension bei und führt zu einem hyperdynamen Kreislauf, der initial durch eine erhöhte Auswurfleistung des Herzens kompensiert wird. Die hyperdyname Kreislaufsituation bewirkt eine Verminderung des effektiven arteriellen Blutvolumens und aktiviert kompensatorisch das Renin-Angiotensin-Aldosteron-System (RAAS) in der Niere, die ADH-Sekretion (ADH:

antidiuretisches Hormon) aus dem Hypophysenhinterlappen und den Sympathikus. Letztlich begünstigt dies eine vermehrte Natrium- und Wasserretention, was zur Aszitesentwicklung und Hypervolämie beiträgt.

Die historische **Underfilltheorie** legt den Schwerpunkt auf ein reduziertes effektives Blutvolumen durch Flüssigkeitsverschiebungen und den reduzierten onkotischen Druck durch Albuminmangel. Der hieraus resultierende intravasale Volumenmangel führt zur Aktivierung des RAAS und beschleunigt die Retention von Natrium und Wasser. Demgegenüber beschreibt die konkurrierende, ebenfalls eher historische **Overflowtheorie** eine primär renale Dysregulation, bei der schon in der präaszitischen Phase der portalen Hypertension vermehrt Natrium und Wasser rückresorbiert werden und das extrazelluläre Volumen zunimmt. Erst in der Folge führt die resultierende Hypervolämie zu einem Flüssigkeitsübertritt ins Peritoneum. Obwohl tierexperimentelle Befunde eine frühe Natriumretention vor einer Plasmaexpansion zeigen, ließ sich nie ein einzelner auslösender Faktor nachweisen, der diese gestörte renale Funktion erschöpfend erklären kann (Abb. 17.1).

Unabhängig von diesen Erklärungsansätzen existieren auch rein **druck- und flussabhängige Modelle**, die einen sinusoidaldruckabhängigen Austritt von Lymphe über die Leberkapsel in den Vordergrund stellen. In Tiermodellen und bei Operationen kann in der Tat häufig ein Lymphleck aus Ansammlungen von hervortretenden Lymphgefäßen auf der Leberkapsel (*Weeping Liver*) und an der Leberpforte beobachtet werden, während die Serosa anderer Organe trockener bleibt. Das pathophysiologische Modell von Levitt und Levitt berücksichtigt daher als relevante Stellgrößen lediglich die Rate des Proteinübertrittes über die Leberkapsel, die vom kolloidosmotischen Druck abhängige Flüssigkeitsbewegung zwischen dem Intestinum und der Peritonealhöhle sowie die Lymphflussrate aus der Peritonealhöhle und führt zu einer sehr realistischen Modellierung der Aszitesbildung (Levitt und Levitt 2012).

Neben der erläuterten portalen Hypertension mit hepatischem Block gibt es **andere Pathomechanismen** des Aszites, die auch bei Patienten mit Zirrhose überlagernd auftreten und die Differenzialdiagnose erschweren können. So erhöht eine Rechtsherzinsuffizienz den venösen Druck in der Leber und führt zu einer intraabdominellen Flüssigkeitsansammlung, sobald die maximale Kapazität des Lymphflusses überschritten ist. Bei Peritonealkarzinose spielen infiltrative und entzündliche Schädigungen des Peritoneums sowie eine vermehrte Gefäßpermeabilität die Hauptrolle. Ein chylöser Aszites mit hohem Triglyzeridgehalt (>200 mg/dl) entsteht bei Lymphfisteln oder Lymphabflussstörungen. Ein nephrotisches Syndrom mit großer Proteinurie führt über verminderten onkotischen Druck, RAAS-Aktivierung und vermehrter Lymphproduktion zu Aszites. Entzündliche Prozesse, zum Beispiel eine abdominelle Tuberkulose, eine bakterielle Peritonitis, die akute Pankreatitis oder eine postoperative Irritation des Bauchfells, können ebenfalls über eine Permeabilitätssteigerung der Peritonealoberfläche zu einer vermehrten Exsudatbildung führen. Schließlich kann auch eine ausgeprägte Hypoproteinämie bei zehrenden Systemerkrankungen oder Malnutrition (Kwashiorkor) den onkotischen Druck so weit senken, dass Flüssigkeit in die Bauchhöhle austritt. Ausgewählte Differenzialdiagnosen sind in Tab. 17.1 dargestellt.

Tab. 17.1 Ausgewählte Differenzialdiagnosen des portal-hypertensiven Aszites bei Leberzirrhose

Differenzialdiagnosen	Ursachen
Portal-hypertensiver Aszites	Leberzirrhose Alkoholische Steatohepatitis Budd-Chiari-Syndrom Sinusoidales Obstruktionssyndrom/venookklusive Erkrankung Akute Virushepatitis Akutes Leberversagen Pfortaderthrombose
Kardialer Aszites	Rechtsherzinsuffizienz Pericarditis constrictiva
Tumorerkrankungen	Peritonealkarzinose Ausgeprägte Lebermetastasierung Malignes Lymphom Karzinoid (Pseudo-)Meigs-Syndrom Andere intraabdominale Tumoren
Entzündlicher Aszites	Peritoneale Tuberkulose Peritonitis (primär, sekundär, tertiär) Akute Pankreatitis Kollagenosen Polyserositis (familiäres Mittelmeerfieber)
Chylöser Aszites	Neoplastisch Leberzirrhose Postoperativ Posttraumatisch Parasitär (Filariasis) Postradiogen Kongenital
Aszites durch Eiweißmangel	Nephrotisches Syndrom Enterale Proteinverluste Malnutrition Amyloidosen
(Post-)Traumatisch	Hämaskos/Hämoperitoneum Pankreaszystenruptur Ventrikuloperitonealer Shunt

17.3 Klinik und Klassifikation

Das klinische Erscheinungsbild hängt wesentlich vom Ausmaß des Aszites ab. Eine geringfügige Menge Aszites tritt klinisch oftmals kaum in Erscheinung, während ein ausgeprägter Aszites zu erheblichen Einschränkungen führen kann. Häufig berichten Patienten zunächst über eine Gewichtszunahme und eine subjektive Vermehrung des Bauchumfangs. Hinzu können frühes Völlegefühl, Appetitlosigkeit, Bauchschmerzen, Übelkeit und Dyspnoe kommen. Bei ausgeprägtem Aszites zeigt sich bei der Inspektion eine deutlich vorgewölbte Bauchdecke. Der Nabel wölbt sich nach außen und die Distanz zwischen Nabel und Symphyse erscheint verkürzt, weil der Nabel durch den zunehmenden Bauchumfang nach kaudal verlagert wird. Die vermehrte Spannung der Bauchdecken erhöht das Risiko für Nabel-, Leisten- oder Narbenhernien.

Bei einer zugrunde liegenden Leberzirrhose zeigen sich nicht selten weitere Anzeichen wie Konjunktivalikterus, Palmarerythem, Spider naevi oder Gynäkomastie. Ist der Aszites kardial bedingt, fehlen Leberhautzeichen und es fällt häufig eine ausgeprägte Jugularvenenstauung auf, nicht selten begleitet von peripheren Ödemen, Pleuraergüssen, hepatojugulärem Reflux und weiteren Zeichen der Rechtsherzinsuffizienz. Liegt eine maligne Grunderkrankung zugrunde, können tumorassoziierter Gewichtsverlust und weitere entsprechende Symptome vorhanden sein.

Um Differenzialdiagnosen der Bauchumfangsvermehrung wie Luft (Meteorismus), Fett (Adipositas), Organe (Organomegalien), Tumoren oder Schwangerschaft klinisch abzugrenzen, bietet sich die Prüfung des Undulationsphänomens (Ballottementtest, Fluktuationswelle), die Perkussion mit Nachweis einer verschieblichen Klopfschalldämpfung („wandernde Flankendämpfung") oder der Nachweis der periumbilikalen Klopfschalldämpfung im Knie-Ellenbogen-Stand an, um Aszites zu diagnostizieren. Da für diese Untersuchungen in der Regel größere Volumina intraabdomineller Flüssigkeit vorhanden sein müssen, ist die (bettseitige) Sonografie zum Nachweis hilfreich. Diese kann Volumina ab 50–100 ml nachweisen. Freie Flüssigkeit lässt sich in den frühen Stadien oft perihepatisch darstellen, in fortgeschrittenen Stadien findet sich im gesamten Bauchraum und interenterisch freie Flüssigkeit.

Bei Leberzirrhose wird der Aszites in 3 klinische Schweregrade eingeteilt: Milder Aszites (Grad I) ist nur sonografisch nachweisbar. Moderater Aszites (Grad II) führt zu einer moderaten, symmetrischen Abdominaldistension. Ausgeprägter Aszites (Grad III) führt zu einem ausladenden Abdomen mit deutlicher Distension und vorgewölbter Bauchdecke.

Abhängig vom Therapieansprechen und auftretenden Komplikationen kann Aszites in verschiedene prognostisch relevante Kategorien unterteilt werden. Hinsichtlich des Therapieansprechens und resultierender prognostischer Implikationen wird zwischen unkompliziertem/responsivem, rezidivierendem/rekurrentem und refraktärem Aszites unterschieden. So tritt rezidivierender Aszites trotz konservativer Therapie mit adäquat dosierten Diuretika wiederholt auf, während therapierefraktärer Aszites trotz maximaler Diuretikadosierung (d. h. Furosemid 160 mg/Tag und Spironolacton 400 mg/Tag) persistiert oder wegen Nebenwirkungen wie Nierenfunktionsverschlechterung, hepatischer Enzephalopathie oder Elektrolytstörungen nicht ausdosiert werden kann. Bei Letzterem spricht man auch von „intraktablem Aszites", auch wenn dieser Begriff sich in Deutschland nicht durchsetzen konnte (Tab. 17.2).

*Komplikationen, die einen intraktablen Aszites definieren: overte hepatische Enzephalopathie, akute Nierenschädigung (AKI), Hyponatriämie ($\Delta Na^+ > 10$ mM, $Na^+ < 125$ mM), Hypo-/Hyperkaliämie ($K^+ < 3$ mM, > 6 mM), Muskelkrämpfe

Tab. 17.2 Einteilung des Aszites nach Therapieansprechen und Wiederauftreten. Nach Biggins et al. 2021; Arroyo et al. 1996; Gerbes et al. 2019

Responsiver Aszites	Aszites, der vollständig therapiert werden kann *oder* unter adäquat dosierter medikamentöser Therapie auf Grad I beschränkt bleibt
Rezidivierender/ Rekurrenter Aszites	Grad-II/III-Aszites, der trotz medikamentöser Therapie in adäquater Dosierung mindestens 3-mal in einem Zeitraum von 1 Jahr auftritt (*alternativ:* innerhalb von 4 Wochen wiederauftritt)
Refraktärer/ intraktabler* Aszites	Persistierender, parazentesepflichtiger Aszites unter ausdosierter diuretischer Therapie (Furosemid 160 mg/Tag und Spironolacton 400 mg/Tag) *oder* persistierender Aszites mit Unfähigkeit zur Intensivierung der diuretischen Therapie*

Unkomplizierter Aszites wurde in der älteren Literatur oft über ein moderates Volumen (Grad I–II), das Fehlen einer Enzephalopathie, eine Natriumausscheidung im Urin von >20 mmol/24 h, ein Serumnatrium >130 mmol/l, ein Serumkalium von 3,6–4,9 mmol/l, ein Serumkreatinin <1,5 mg/dl und ein Serumalbumin >3,5 g/dl definiert. Komplikationen des Aszites stellen neben rezidivierendem und refraktärem Aszites die Entstehung von Verdünnungshyponatriämie, Nierenfunktionsstörungen wie HRS-AKI und HRS-CKD (früher Typ-1- und Typ-2-HRS) (Kap. 18) und infizierter Aszites dar.

17.4 Diagnostik (Aszitespunktion)

17.4.1 Indikation und Technik

Die Aszitespunktion (Parazentese) ist zur sicheren Diagnosestellung und Ursachenabklärung essenziell. Sie ist nicht nur Teil der notwendigen Basisdiagnostik, sondern erlaubt es auch, über die daraus gewonnenen Erkenntnisse weitere apparative, interventionelle oder laborchemische Schritte einzuleiten. Die Gewinnung von Peritonealflüssigkeit sollte unter sterilen Bedingungen und – zur Vermeidung von Fehlpunktionen – möglichst sonografisch gesteuert oder zumindest sonografisch assistiert erfolgen; eine typische Punktionsstelle hierfür ist der linke laterale untere Quadrant. Die Wahl des Punktionsinstruments reicht von dünnen Einmalkanülen über Venenverweilkanülen bis zu großvolumigen Pigtailkathetern und sollte sich nach der Menge des Aszites, dem Ziel (diagnostisch zur Probengewinnung oder therapeutisch zur abdominellen Entlastung) und der Erfahrung des durchführenden Personals richten. Grundsätzlich sollte jeder erstmalig aufgetretene Aszites punktiert werden; Kontraindikationen gegen eine Punktion sind selten und umfassen etwa eine ausdrückliche Ablehnung durch den Patienten oder das Fehlen einer sinnvollen diagnostischen bzw. therapeutischen Konsequenz (Tab. 17.3).

Leitlinien empfehlen darüber hinaus die zeitnahe Aszitespunktion innerhalb von 24 h bei ungeplanter Hospitalisierung eines Patienten mit dekompensierter Leberzirrhose. Dies

Tab. 17.3 Indikationen und Kontraindikationen zur Aszitespunktion

Indikationen zur Aszitespunktion	Mögliche Kontraindikationen zur Aszitespunktion
– Neu aufgetretener, erstmaliger oder ätiologisch unklarer Aszites – Ungeplante stationäre Aufnahme – Akutdekompensation oder neu aufgetretene/s Organdysfunktion/-versagen – Symptomatischer Aszites bei Spannungsgefühl, Schmerzen oder Dyspnoe – Verschlechterung einer Organfunktion bei Leberzirrhose – Verdacht auf Peritonitis, insbesondere eine spontan-bakterielle Peritonitis – Asservierung von Material zur zytologischen Untersuchung bei Verdacht auf abdominelle, hepatische oder peritoneale Tumormanifestation	– Patientenseitige Ablehnung der Punktion – Fehlendes Punktionsfenster – Fehlende diagnostische und therapeutische Konsequenz – Disseminierte intravasale Gerinnung

erlaubt nicht nur die zeitnahe Diagnosestellung einer SBP, sondern ist darüber hinaus auch ein Indikator für eine bessere Patientenversorgung. So zeigen US-amerikanische Registerdaten, dass, wenn eine frühzeitige Parazentese nicht durchgeführt werden kann, die Wahrscheinlichkeit eines akuten Nierenversagens (AKI), einer intensivmedizinischen Behandlung und die Krankenhaussterblichkeit erhöht sind (Patel et al. 2023). Die Aszitespunktion sollte ebenfalls unmittelbar erfolgen, wenn als Ursache einer Komplikation oder Organfunktionsverschlechterung eine zugrunde liegende peritoneale Infektion (SBP) ausgeschlossen werden soll.

Eine vollständige und umfangreiche Aszitesdiagnostik wird vor allem bei der erstmaligen Aszitespunktion zur ätiologischen Einordnung empfohlen. Handelt es sich um wiederholte Punktionen bei zuvor klar definierter Ursache des Aszites bei klinisch und laborchemisch stabilem Patienten, kann auf einen Teil der Diagnostik zugunsten einer ökonomischen Therapie und Vermeidung einer Überdiagnostik verzichtet werden. Eine immer durchzuführende Basisdiagnostik kann zudem bedarfsgerecht um einzelne Untersuchungen zur Beantwortung spezifischer Fragestellungen ergänzt werden.

17.4.2 Makroskopische Beurteilung

Bereits die visuelle Beurteilung der punktierten Flüssigkeit am Patientenbett liefert wichtige differenzialdiagnostische Hinweise. Bei unkompliziertem portal-hypertensivem oder kardialem Aszites wird eine klare bernstein- oder strohfarbene Flüssigkeit erwartet. Trübes, undurchsichtiges Punktat kann eine auf eine ausgeprägte SBP, eine sekundäre Peritonitis oder auf einen chylösen Aszites (Triglyzeridbestimmung) hinweisen. Blutiges Punktat deutet je nach Kontext auf Trauma, hämorrhagische Pankreatitis (Lipasebestimmung), tuberkulose Peritonitis oder malignen Aszites (Zytologie) hin. Ein dunkel gefärbtes Punktat weist insbesondere nach hepatobiliären Eingriffen auf eine biliäre Ursache hin.

17.4.3 Zellstatus

Bei jeder diagnostischen und therapeutischen Aszitespunktion sollte ein Zellstatus mit Bestimmung der Gesamtleukozyten (Zellzahl) und der neutrophilen Granulozyten (polymorphkernige Zellen) erfolgen. Allein dadurch lässt sich eine bakterielle Peritonitis, definiert als mehr als 250 Neutrophile/µl, zuverlässig diagnostizieren. Die mikroskopische Differenzierung ist hier am zuverlässigsten, durchflusszytometrische Verfahren mit Differenzierung von Größe und Granularität werden häufig eingesetzt.

Lymphozytärer Aszites kann auf eine Peritonealkarzinose, Lymphfistel oder tuberkulöse Peritonitis hinweisen oder im Rahmen von chylösem Aszites auftreten. Stark erhöhte Zellzahlen > 10.000/µl) können auf eine sekundäre Genese der Peritonitis, z. B. nach Perforation, hindeuten und erfordern weiterführende Diagnostik (siehe Kap. 26). Hämorrhagischer Aszites erfordert eine Korrektur der Neutrophilen, um zu überprüfen, ob eine erhöhte Neutrophilenkonzentration im Aszites durch den passiven Einstrom über das Blut eingetreten ist. Dies kann mittels Dreisatz oder pauschal durch die Subtraktion von einem Granulozyten/µl pro 250 Erythrozyten/µl erfolgen.

17.4.4 SAAG und Aszitesprotein

Bei jeder Erstpunktion empfiehlt sich die Bestimmung von Albumin im Aszites und im Serum zur Bestimmung des Serum-Aszites-Albumin-Gradienten (SAAG). Hierbei spricht ein SAAG > 1,1 g/dl bei gleichzeitig geringem Gesamteiweiß für portal-hypertensiven Aszites, wie er bei Leberzirrhose mit sinusoidalem Block auftritt (Abb. 17.2). Bei refraktärem Aszites ist ein sehr niedriges Aszitesprotein (< 1,5 g/dl oder < 1,0 g/dl) nachweisbar, was in der klinischen Routine auch als Surrogat einer reduzierten Opsonierungsfähigkeit und eines erhöhten Risikos einer SBP genutzt wird.

Ein SAAG ≥ 1,1 g/dl bei hohem Aszitesprotein >2,5 g/dl zeigt eine postsinusoidale oder posthepatische Abflussstörung an, wie sie z. B. im Rahmen eines kardialen Aszites, bei frühem Budd-Chiari-Syndrom oder bei sinusoidalem Obstruktionssyndrom/venookklusiver Erkrankung auftreten kann.

Ein SAAG < 1,1 g/dl spricht für eine peritoneale Affektion wie bei Peritonealkarzinose, peritonealer Tuberkulose oder Pankreatitis und kann auch im Rahmen von Galleleckagen oder nephrotischem Syndrom auftreten (Abb. 17.2). Auch chylöser Aszites weist häufig einen SAAG < 1,1 g/dl auf (außer bei Leberzirrhose) und ist neben seiner milchigen Erscheinung typischerweise durch erhöhte Zellzahlen (> 500/µl) mit lymphozytärem Differenzialzellbild, erhöhtem Gesamtprotein > 2,5 g/dl, erhöhten Triglyzeriden im Aszi-

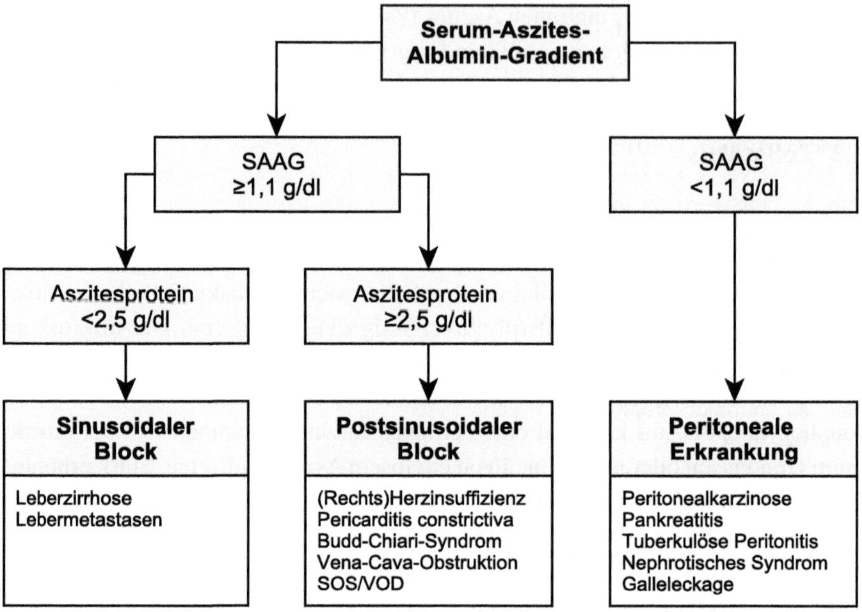

Abb. 17.2 Differenzialdiagnostik des Aszites unter Berücksichtigung von Serum-Aszites-Albumin-Gradient (SAAG) und Aszitesproteinkonzentration. SOS/VOD = sinusoidales Obstruktionssyndrom/venookklusive Erkrankung Abbildung nach Harrison's Principles of Internal Medicine (19th Ed.) und Biggins et al. (2021)

tes (>200 mg/dl) bei niedrigem Cholesterol (kleiner als im Serum) sowie LDH-Werten von 110–200 IU/l und Glukosewerten >100 mg/dl charakterisiert (Lizaola et al. 2017).

17.4.5 Mikrobiologische Diagnostik

Bei Patienten mit klinischen Zeichen der Infektion, ungeklärten paraklinischen Entzündungsparametern oder Organdysfunktion/-versagen ist eine umfangreiche mikrobiologische Untersuchung des Aszites essenziell. Bei SBP kann der Erregernachweis kann sensitiver über eine bettseitige Beimpfung von Blutkulturflaschen mit mindestens 10 ml Aszites gelingen, gelingt jedoch häufig nur in 30–50 % der Fälle.

In Abhängigkeit von Zellstatus und mikrobiologischem Kulturergebnis werden verschiedene Varianten von infiziertem Aszites unterschieden. (Tab. 17.4).

Liegt durch Reiseanamnese, epidemiologische Hinweise oder klinische Präsentation der Verdacht auf tuberkulösem Aszites im Rahmen einer tuberkulösen Peritonitis vor, sind eine Mykobakterienkultur aus größeren Aszitesvolumina sowie die Bestimmung der Adenosindesaminase im Aszites (ADA) empfehlenswert. Ein Wert >30 IU/l weist bei passender Klinik mit hoher Sensitivität auf Peritonealtuberkulose hin, muss jedoch stets

Tab. 17.4 Varianten von infiziertem portal-hypertensivem Aszites.

	Neutrophile im Aszites	Asziteskultur
Spontan-bakterielle Peritonitis (SBP)	≥250/µl	Monomikrobiell
Spontan-bakterielle Peritonitis (SBP)*	≥250/µl	Negativ
Monomikrobieller Bakteraszites (BA)	<250/µl	Monomikrobiell
Polymikrobieller Bakteraszites$	<250/µl	Polymikrobiell
Sekundäre Peritonitis	≥250/µl (oft >10.000/µl)	Polymikrobiell

*auch als kulturnegativer neutrozytischer Aszites (CNNA) bezeichnet
$In der Regel iatrogen durch traumatische Punktion

im Hinblick auf mögliche falsch positive Befunde (Lymphom, maligner Aszites) unter Berücksichtigung der Vortestwahrscheinlichkeit interpretiert werden.

Nach aktueller Datenlage kann keine Empfehlung für panbakterielle PCR-Verfahren in der mikrobiologischen Routinediagnostik des Aszites gegeben werden. Der qualitative Nachweis bakterieller DNA erlaubt keine Rückschlüsse auf die Vitalität der Mikroorganismen, ihre klinische Relevanz oder den zeitlichen Kontext und korreliert nur unzureichend mit dem klinischen Verlauf (Bruns et al. 2016).

17.4.6 Zytologie

Bei der erstmaligen Aszitespunktion und bei begründetem Verdacht auf malignen Aszites sollte Material für eine zytologische Untersuchung gewonnen werden. Das diagnostische Vorgehen ist am effektivsten, wenn größere Probenvolumina (50–100 ml) untersucht werden. Ergibt sich ein initial unauffälliges Ergebnis, können auch mehrere Punktionen in kurzem Abstand erwogen werden, um die Sensitivität zu erhöhen. Wird eine niedrige Zellzahl erwartet, kann ein Zentrifugationspräparat angefertigt werden, um die Nachweisrate für Tumorzellen weiter zu steigern.

17.5 Therapie des Aszites

Die Therapie des Aszites ist vielschichtig und richtet sich nach der Grunderkrankung sowie nach patientenindividuellen Faktoren. Sie folgt einem Stufenkonzept, das von allgemeinen Ernährungs- und Unterstützungsmaßnahmen (inkl. Kochsalz- und Diuretikamanagement) über interventionelle Methoden (Parazentese, TIPS [transjugulärer intrahepatischer portosystemischer Shunt], Drainageverfahren) bis zur Lebertransplantation reichen kann.

Bei Leberzirrhose ist insbesondere der klinisch symptomatische Aszites therapiebedürftig; ein allein sonografisch nachweisbarer Aszites beim beschwerdefreien Patienten erfordert nach aktueller Datenlage keine Intervention. Insbesondere beim refraktären Aszites bedarf es häufig einer engmaschigen Beobachtung des Diuretika- und Parazentesemanagements, da Nebenwirkungen wie Verschlechterung der Nierenfunktion, Hyponatriämie oder hepatische Enzephalopathie häufig auftreten können.

17.5.1 Ernährung und medikamentöse Therapie

Eiweiß- und Energiezufuhr. Ein ausreichender onkotischer Druck und die Vermeidung von Mangelernährung und Sarkopenie sind essenziell. Bei Patienten mit Leberzirrhose empfehlen Fachgesellschaften eine Eiweißzufuhr von 1,2–1,5 g/kg Körpergewicht pro Tag und eine Kalorienzufuhr von 30–35 kcal/kg Körpergewicht pro Tag, orientiert am Idealgewicht und angepasst an Situationen erhöhten Energiebedarfs (z. B. Intensivtherapie). Enterale Ernährung ist zu bevorzugen, in speziellen Situationen (z. B. chylöser Aszites nach OP) kann eine vorübergehende parenterale Ernährung sinnvoll sein.

Kochsalzrestriktion. Eine hohe Kochsalzaufnahme begünstigt Wasserretention und Aszites. Trotz der zentralen Rolle der Natrium- und Wasserrückresorption in der Pathogenese des portal-hypertensiven Aszites ist eine generelle Kochsalzrestriktion bei gut diuretisch behandelbaren Patienten oft nicht erforderlich. Bei refraktärem Aszites wird eine moderate Natriumrestriktion (2 g bzw. 87 mmol Natrium, entsprechend 5 g Kochsalz pro Tag) in nationalen und internationalen Leitlinien empfohlen („no added salt"). In der Praxis ist eine konsequente Kochsalzreduktion jedoch schwer umzusetzen und birgt die ernste Gefahr der hypokalorischen Ernährung (Morando et al. 2015). Flüssigkeitseinschränkung wird bei Serumnatriumwerten unter 125 mmol/l erwogen, insbesondere wenn gleichzeitig andere Risikofaktoren (z. B. hyponatriämiebedingte Symptome) vorliegen. Eine Flüssigkeitsrestriktion ist bei Hyponatriämie 120–125 mmol/l zu erwägen, verringert jedoch die Lebensqualität.

Diuretika. Eine der wichtigsten Säulen in der Behandlung des portal-hypertensiven Aszites ist die Diuretikagabe. Bei malignem Aszites erweist sich die diuretische Therapie häufig als weniger effektiv und kann durch nierenfunktionsrelevante Nebenwirkungen die Lebensqualität eher beeinträchtigen (Hodge and Badgwell, 2019).

Ein Gewichtsverlust von bis zu 1 kg/Tag gilt als vertretbar, sofern periphere Ödeme vorliegen. Ist nur Aszites ohne Ödeme vorhanden, sollte die Gewichtsabnahme langsamer erfolgen mit etwa 0,5 kg/Tag, um eine zu starke intravasale Volumenreduktion mit nachfolgender Nierenfunktionsstörung zu vermeiden. Therapieversagen liegt bei <1 kg Gewichtsverlust in der 1. und <2 kg Gewichtsverlust ab der 2. Woche vor.

Auf Basis der pathophysiologischen Aktivierung des RAAS stehen Aldosteronantagonisten üblicherweise an 1. Stelle. Spironolacton wird initial mit 100 mg/Tag begonnen und bei unzureichender Diurese schrittweise um jeweils 50–100 mg alle 3–5 Tage gesteigert. Der Wirkungseintritt in Bezug auf die Natriumausscheidung kann 1–2 Tage verzögert sein. Die maximale Tagesdosis beträgt 400 mg verteilt auf 2 Dosen, wird jedoch häufig nicht erreicht, da Nebenwirkungen wie Hyperkaliämie, Nierenfunktionsverschlechterung oder Gynäkomastie auftreten. Bei schmerzhafter Gynäkomastie erfolgt häufig ein Off-Label-Einsatz von Eplerenon. Auch hier ist ein langsamer Wirkungseintritt bis zum vollen diuretischen Effekt zu erwarten.

Wenn ein Aldosteronantagonist allein nach 1–2 Wochen nicht zum gewünschten Erfolg (Gewichtsabnahme 0,5–1,0 kg/Tag bei Vorliegen peripherer Ödeme bzw. 0,5 kg/Tag ohne Ödeme führt oder Hyperkaliämie auftritt, kann ein Schleifendiuretikum (z. B. Furosemid, Torasemid) ergänzt werden. Furosemid beginnt man häufig mit 40 mg/Tag, schrittweise kann die Dosis bis auf 160 mg/Tag gesteigert werden. Torasemid (5–10 mg/Tag initial, Steigerung bis max. 40 mg/Tag) hat aufgrund der längeren Halbwertszeit bei Patienten mit Leberzirrhose und einer konstanteren Bioverfügbarkeit theoretische Vorteile; eine Überlegenheit gegenüber Furosemid bei Leberzirrhose ist jedoch nicht belegt. Bei unter Kombinationstherapie auftretenden Muskelkrämpfen kann ein Therapieversuch mit Zink oder Magnesium versucht werden.

Humanalbumin. Die randomisiert-kontrollierte Open-Label-ANSWER-Studie hat gezeigt, dass eine Langzeitbehandlung mit Humanalbumin bei Patienten mit unkompliziertem Aszites das Überleben signifikant verbessern, die Aszitesbehandlung erleichtern, die Zahl der Krankenhausaufenthalte senken und die Lebensqualität erhöhen kann (Caraceni et al. 2018). Während sich die ambulante Albumintherapie in Deutschland bislang nicht etablieren konnte, wird sie in Italien vom nationalen Gesundheitssystem erstattet und hat sich in vielen hepatologischen Zentren zum Standardverfahren entwickelt. Eine retrospektive Real-World-Beobachtungsstudie an mehr als 300 Patienten ergab, dass in rund der Hälfte der Fälle unter Albumingabe eine Rückbildung des Aszites eintrat und knapp ein Viertel der Patienten die Therapie aufgrund klinischer Besserung sogar beenden konnte (Pompili et al. 2024). Aufgrund widersprüchlicher Ergebnisse sind randomisierte Studien dringend erforderlich, um Nutzen, Anwendungsmodalitäten und Langzeitsicherheit besser definieren zu können. Die Daten der PRECIOSA-Studie (NCT03451292) werden 2025 mit Spannung erwartet und dürften entscheidend mitgestalten, wie die zukünftige Rolle von Humanalbumin im therapeutischen Spektrum für Patienten mit Leberzirrhose und unkompliziertem Aszites aussehen wird.

Weitere Medikamentöse Ansätze. Vaptane sollten für die Langzeitbehandlung des Aszites nicht eingesetzt werden; können jedoch im Einzelfall in der Kurzzeitbehandlung unter Berücksichtigung der erhöhten Nebenwirkungsrate Anwendung finden. Die Kombination von Diuretika mit einem Vasokonstriktor wie Midodrin oder dem Sympatholytikum Clonidin bewirken eine verbesserte Asziteskontrolle in kleineren randomisierten Studien (Aithal et al. 2021; Gerbes et al. 2019). In einer rezenten australischen Studie wurde die kontinuierliche Terlipressingabe über eine Picc-Line über 12 Wochen im häuslichen Setting untersucht. Die kontinuierliche Gabe erhöhte die Handkraft und reduzierte Aszites (Terbah et al. 2024).

Klinische Tipps zur Diuretikatherapie (adaptiert nach Dancygier, Clinical Hepatology, Springer 2010)

- Ziel ist die klinische Asziteskontrolle, nicht das sonografische Verschwinden von Aszites.
- Nicht zu aggressiv therapieren: Ziel: 0,5 kg (ohne Ödeme) bis 1 kg (bei Ödemen) Gewichtverlust pro Tag.
- Spironolacton alle 3–5 Tage um (50–)100 mg steigern. Maximaldosis 2×200 mg.
- Bei Urinnatrium > 30 mmol/l ist oft eine Monotherapie mit Spironolacton möglich; bei 10–30 mmol/l: Dualtherapie anstreben.
- Keine Monotherapie mit Schleifendiuretika.
- In der Dualtherapie Furosemid (Beginn mit 20–40 mg; Maximaldosis 160 mg) oder Torasemid (Beginn mit 5–10 mg; max. 40 mg) in einer Ratio von 40 mg Furosemid (10 mg Torasemid) pro 100 mg Spironolacton einsetzen.
- Bei fehlendem Gewichtsverlust, Aszites und Urinnatrium > 80 mmol/24 h oder Urinnatrium/Urinkalium > 1: Natriumrestriktion überprüfen.

17.5.2 Großvolumige Parazentese

Die großvolumige Parazentese ist eine zentrale Maßnahme, um bei Patienten mit ausgeprägtem Aszites rasch klinische Beschwerden wie abdominelle Distension, Atemnot und eingeschränkte Mobilität zu lindern. Anders als eine primär diagnostische Punktion, die vorrangig dem Ausschluss einer Infektion oder der Ursachenermittlung dient, steht hier die symptomatische Entlastung im Vordergrund. Häufig werden Venenverweilkanülen, direkte Punktionskanülen oder mandrinbasierte Pigtailkatheter verwendet. Eine lokale Anästhesie ist nicht zwingend erforderlich, wird aber in der Regel angeboten. Eine feste Obergrenze für die abgelassene Flüssigkeit existiert nicht.

Sicherheit. Die Parazentese gilt als vergleichsweise sicheres Verfahren und sollte ultraschallgesteuert oder zumindest -assistiert durchgeführt werden. Die häufigste Komplikation ist eine temporäre Aszitesfistel mit protrahiertem Austritt von Flüssigkeit über den Stichkanal, die bei etwa 5 % der Fälle auftritt (De Gottardi et al. 2009). Dies sollte durch die sog. Z-Track-Technik mit Verschiebung der Bauchdecken vermieden werden. Gelegentlich kommt es zu intrakutanen oder intraperitonealen Blutungen (0,19–1 %), die nur selten lebensbedrohlich sind. Eine Acetylsalicylsäuretherapie stellt keine Kontraindikation dar. Eine etwaige Pausierung von Thienopyridinen oder Glykoprotein-IIb/IIIa-Inhibitoren bei elektiver Parazentese sollte abhängig vom kardiovaskulären Risiko diskutiert werden. Eine Gabe von Gerinnungsprodukten bei zirrhosebedingt erhöhter International Normalized Ratio ist nicht erforderlich; bei einer Thrombozytenzahl unter 20.000/µl kann eine prophylaktische Thrombozytentransfusion erfolgen (Gerbes et al. 2019).

Parazenteseinduzierte Kreislaufdysfunktion. Der bevorzugte Behandlungsansatz für Patienten mit Aszites ist die großvolumige Parazentese, die arbiträr als Entfernung von Volumina >5 l definiert wurde, in Kombination mit einer Albuminsubstitution. Die Entfernung größerer Volumina von Aszites ohne Verabreichung eines Plasmaexpanders führt in bis zu 70 % der Fälle zur parazenteseinduzierten Kreislaufdysfunktion (PPCD) (Ginés et al. 1996). PPCD bezeichnet eine Kreislaufstörung, die nach dem Ablassen größerer Aszitesmengen auftreten kann. Sie ist geprägt durch eine ausgeprägte arterioläre Vasodilatation mit Reduktion des effektiven Plasmavolumens sowie einer nachfolgenden Aktivierung des RAAS und des sympathischen Nervensystems. In der Fachliteratur wird PPCD durch einen verzögerten Anstieg der Plasmareninaktivität definiert – einem Schlüsselfaktor für eine effektive Hypovolämie –, die mehr als 50 % über den Ausgangswerten liegt. Diese Zunahme wird üblicherweise zwischen dem 4. und dem 6. Tag nach der Parazentese beobachtet. Das Auftreten einer PPCD führt zu verschlechterter Nierenfunktion, vermehrten Klinikaufenthalten und reduzierter Überlebenszeit (Ginés et al. 1996).

Eine Metaanalyse von Bernardi et al. (2012) zeigte, dass Humanalbumin bei Parazentesevolumina >5 l das Risiko für PPCD, Hyponatriämie und Mortalität im Vergleich zu keiner Infusion oder anderen Plasmaexpandern signifikant senken kann. Neuere Übersichtsarbeiten bestätigen diese Tendenz, wenngleich die Auswirkung auf die Gesamtsterblichkeit nicht in allen nachfolgenden Metaanalysen so eindeutig ist.

Als Konsequenz sollten nach den aktuellen Leitlinien bei einer Aszitesentlastung von über 5 l ca. 6–8 g Albumin/l abgelassenen Aszites verabreicht werden. Meist wird eine Dosisgrenze von 100 g pro Intervention genannt (Bernardi et al. 2012). Alternative Plasmaexpander oder alleinige Vasokonstriktoren gelten nach heutigem Kenntnisstand nicht als gleichwertig, sodass Humanalbumin nach einer großvolumigen Parazentese weiterhin den Standard darstellt.

17.5.3 TIPS

Als interventionelle Therapieoptionen bei Patienten mit rezidivierendem oder refraktärem portal-hypertensivem Aszites stehen derzeit vor allem der transjuguläre intrahepatische portosystemische Shunt (TIPS) als kausale Maßnahme und die Anlage getunnelter Drainagesysteme als symptomorientierte Methode zur Verfügung.

Effektivität. Der TIPS beschreibt eine interventionell angelegte Verbindung zwischen einer Lebervene und der Pfortader. Er dient als künstlicher portosystemischer Shunt, senkt dadurch den portalen Druck, steigert das effektive Blutvolumen, vermindert die RAAS-Aktivierung, verbessert die renale Perfusion und reduziert sowohl das peritoneale Transsudat als auch die renale Natriumretention (siehe Kap. 31). Während eine TIPS-Anlage erwartungsgemäß eine deutlich bessere Asziteskontrolle als wiederholte Parazentesen und Diuretikatherapie erzielt, war der Effekt auf das Gesamtüberleben lange Zeit unklar. Ältere Studien, in denen häufig Patienten mit sehr fortgeschrittenem Aszites im Spätstadium eingeschlossen und unbeschichtete Stents verwendet wurden, konnten oft keinen Überlebensvorteil belegen. In späteren Studien, die TIPS bereits in früheren Stadien (z. B. bei rezidivierendem Aszites) einsetzten und PTFE-beschichtete Stents verwendeten, ergaben sich dagegen deutliche Überlebensvorteile (Salerno et al. 2007; Chen et al. 2014; Bureau et al. 2017).

Der TIPS wurde in der Vergangenheit häufig verzögert als „letzte Instanz" eingesetzt, wenn Parazentesen sehr oft notwendig wurden und eine Therapieresistenz vorlag. Wie dargelegt, deuten aktuelle Daten darauf hin, dass ein früherer Einsatz des TIPS deutliche Vorteile bringen könnte. Sowohl der Baveno-VII-Konsensus als auch die DGVS-Leitlinie empfehlen daher bereits bei rezidivierendem Aszites mit mindestens 3 großvolumigen Parazentesen pro Jahr die Diskussion einer TIPS-Anlage. Möglicherweise sind sogar noch frühzeitigere Eingriffe ratsam: In der Studie von Bureau et al. (2017) wurden Patienten mit mindestens 2 Parazentesen im Abstand von mehr als 3 Wochen eingeschlossen; ihr medianes Child-Pugh-Stadium lag bei B 9, der MELD bei 12–13 und das mittlere Bilirubin bei lediglich 1,4 mg/dl. Personen mit mehr als 6 Parazentesen in den vergangenen 3 Monaten waren hingegen ausgeschlossen, sodass hier sehr „frühe" Kandidaten für TIPS untersucht wurden.

TIPS-Evaluation. Kontraindikationen für eine TIPS-Anlage sind selten absolut und sollten stets gegen Dringlichkeit und Erfolgsaussichten einer individuellen Behandlungseskalation abgewogen werden. Anatomisch-technische Hürden spielen heute nur noch eine untergeordnete Rolle. Eine Reihe von Begleiterkrankungen kann das periinterventionelle Risiko erhöhen, darunter eine (insbesondere diastolische) Herzinsuffizienz im Rahmen einer zirrhotischen Kardiomyopathie, bedeutsame Valvulopathien, pulmonale Hypertonie, rezidivierende oder therapierefraktäre hepatische Enzephalopathie, chronische Niereninsuffizienz, höheres Alter und eine fortgeschrittene Leberinsuffizienz. Bei der Nutzen-Risiko-Abwägung helfen insbesondere eine gründliche Anamnese, der sog. Toulouse-Algorithmus, die Bestimmung der kritischen Flickerfrequenz und eine interdisziplinäre Einschätzung (siehe Kap. 31).

Therapieerfolg. Bei etwa der Hälfte der Patienten zeigt sich nach TIPS-Anlage bereits nach 6 Wochen eine Asziteskontrolle; nach 3 Monaten sind es bis zu 75 % (Piecha et al. 2019; Queck et al. 2023). Während die Zielsenkung des portalen Druckgradienten (PPG) bei der Blutungsprophylaxe klar definiert ist (< 12 mmHg), gelten für die Aszitestherapie weniger einheitliche Vorgaben. Eine Reduktion um mindestens 60 % auf Werte <10 mmHg scheint jedoch erstrebenswert, um innerhalb von 6 Wochen eine Aszitesfreiheit zu erreichen (Queck et al. 2023). Eine fehlende Kontrolle des Aszites nach TIPS-Anlage tritt häufiger bei vorab hoher Parazentesefrequenz und erhöhtem Serumkreatinin auf und geht mit einer Verschlechterung des Überlebens einher (Piecha et al. 2019; Queck et al. 2023).

17.5.4 Drainage- und Katheterverfahren

In Situationen, in denen eine TIPS-Anlage kontraindiziert ist oder bei einem Patienten eine maligne Genese des Aszites vorliegt, bieten getunnelte Drainageverfahren eine alternative Möglichkeit zur symptomatischen Kontrolle des Aszites.

Als Ergänzung oder Ersatz für wiederholte großvolumige Parazentesen kann die Implantation eines getunnelten Peritonealkatheters die Häufigkeit stationärer Punktionen verringern und dem Patienten zugleich eine gewisse Selbstbestimmtheit im häuslichen Umfeld ermöglichen. Dabei unterstützen häufig ambulant tätige Pflegekräfte oder Angehörige die kontrollierte Ableitung kleinerer Aszitesmengen (1–2 l) mehrmals wöchentlich. Über die rein medizinischen Effekte hinaus können regelmäßige Hausbesuche auch emotionale Unterstützung bieten und die Symptomkontrolle verbessern (Macken et al. 2020). In der randomisierten REDUCE-Studie traten zwar etwas häufiger leichte Hautinfektionen oder Leckagen auf als bei herkömmlicher Parazentese, jedoch blieben schwerwiegende Infektionen wie Peritonitis bei kleiner Fallzahl eher selten. In einer retrospektiven Auswertung aus Deutschland wurde über eine höhere Rate an Hyponatriämie und akutem Nierenversagen berichtet, die im Langzeitverlauf zu erneuten Krankenhauseinweisungen führen können (Tergast et al. 2022). Insbesondere bei täglichen Drainagevolumina von über 1,5 l steigt das Risiko für Hyponatriämie und Nierenfunktionsstörungen (Tergast et al. 2023).

Neben den getunnelten Kathetern stand für Patienten mit refraktärem Aszites seit 2011 eine chirurgisch implantierte automatisierte Pumpe (alfapump®) zur Verfügung, die Aszites kontinuierlich in die Harnblase ableitet und dadurch die Parazentesebedürftigkeit signifikant senken kann. Hier ist jedoch eine engmaschige Überwachung notwendig, da es zu Infektionen, Hypoalbuminämie und einer Verschlechterung der Nierenfunktion kommen kann. In Metaanalysen traten akute Nierenversagen bei rund 30 %, Peritonitiden bei 27 % und Harnwegsinfektionen bei 20 % der Patienten auf (Lepida et al. 2019). Ein Überlebensvorteil lässt sich mit diesem Verfahren nicht nachweisen und der Einsatz bei dekompensierter Leberzirrhose tritt auch bei derzeit fehlender Verfügbarkeit zugunsten alternativer Drainageverfahren zunehmend in den Hintergrund.

17.6 Hepatischer Hydrothorax

Als hepatischer Hydrothorax werden Pleuratranssudate bei Patienten mit Leberzirrhose und/oder portaler Hypertension nach Ausschluss einer primären Herz- oder Lungenerkrankung bezeichnet (Gerbes et al. 2019). Die Proteinkonzentration im Transsudat beträgt dementsprechend < 2,5 g/dl mit SAAG > 1,1 g/dl; pH-Wert und Glukosekonzentration entsprechen denjenigen im Serum. Der hepatische Hydrothorax tritt in 70 % der Fälle rechts, in 12 % links und in 18 % bilateral auf. Pathophysiologisch resultiert der Erguss daraus, dass Aszitesflüssigkeit aufgrund des negativen intrathorakalen und erhöhten intraabdominellen Drucks über kleinere Defekte im Zwerchfell in den Pleuraraum gelangt. Diese Blasen, Fenestrationen oder Lücken können angeboren sein oder sich im Verlauf der Lebererkrankung ausbilden. Es handelt sich um eine Ausschlussdiagnose: (Rechts-)Herzinsuffizienz, maligne Genese und Begleitergüsse bei Lungenembolie oder Pneumonie sollten ausgeschlossen werden. Bei 10–15 % der Patienten liegt zur Diagnosestellung ein spontan-bakterielles Empyem (SBEM) vor, in 50 % der Fälle mit begleitender SBP, das über pH und Zellzahl aufgrund der verschiedenen therapeutischen Implikationen scharf vom klassischen Empyem abgegrenzt werden muss.

Die Therapie des hepatischen Hydrothorax erfolgt in der klinischen Praxis analog zur Aszitestherapie. Bei begleitendem Aszites wird vor der Thorakozentese in der Regel die Parazentese des Aszites durchgeführt. Wiederholte Eingriffe erhöhen das Risiko von Komplikationen, einschließlich Pneumothorax, Blutungen und Pleurainfektionen. Um ein Reexpansionsödem *e vacuo* zu vermeiden, werden Thorakozentesen häufig auf 1,0–1,5 l begrenzt. Im Falle einer erheblichen Atemnot kann jedoch auch weitgehend sicher ein passives Ablassen größerer Flüssigkeitsmengen über Schwerkraft erfolgen, sofern der Patient keine Thoraxschmerzen entwickelt oder der endexspiratorische Pleuradruck nicht zu stark ins Negative absinkt (Feller-Kopman et al. 2007).

Die TIPS-Anlage stellt bei refraktärem Hydrothorax ein überzeugendes Therapiekonzept zur Überbrückung bis zur Lebertransplantation dar. Je nach Erfahrung des Zentrums kann eine VATS mit Pleurodese und chirurgischer Zwerchfellreparatur in Erwägung gezogen werden. Ein vollständiges Ansprechen auf TIPS bei refraktärem Hydrothorax wurde in Metaanalysen bei 56 % der Patienten beschrieben (Dirah et al. 2015), bei Pleurodese bei 72 % (Hou et al. 2016). Thoraxsaugdrainagen sollen gemäß US-Amerikanischen Leitlinien aufgrund der hohen Komplikationsrate gemieden werden. Getunnelte Katheterverfahren können bei sorgfältig ausgewählten Patienten in Betracht gezogen werden, die auf eine medikamentöse Therapie nicht ansprechen und keine Kandidaten für TIPS sind.

17.7 Hyponatriämie bei Patienten mit Aszites

Hyponatriämie ist bei Patienten mit dekompensierter Leberzirrhose und Aszites eine häufige Störung des Elektrolythaushalts, wobei Serumkonzentrationen <130 mmol/l als signifikant angesehen werden. Eine Hyponatriämie, insbesondere die akute Form, kann neurologische Symptome wie Kopfschmerzen, Desorientierung, Verwirrung, fokale neurologische Defizite und Krampfanfälle hervorrufen und sollte daher umgehend erkannt und behandelt werden. Patienten mit fortgeschrittener Lebererkrankung oder Begleiterkrankungen wie Alkoholkonsum oder Unterernährung sind aufgrund der Schwankungen des Serumnatriumspiegels anfälliger für osmotische Demyelinisierungsstörungen. In der

Mehrzahl der Fälle liegt bei Patienten mit refraktärem Aszites eine hypervolämische Hyponatriämie (Verdünnungshyponatriämie) vor, wie sie auch bei chronischer Herzinsuffizienz oder einem nephrotischen Syndrom beobachtet wird.

17.7.1 Pathomechanismen und Differenzialdiagnostik

Die primären pathophysiologischen Mechanismen, die zu einer hypervolämischen Hyponatriämie bei Patienten mit Leberzirrhose und Aszites führen, sind systemische Vasodilatation und ein vermindertes effektives Blutvolumen mit nachfolgender RAAS- und Sympathikusaktivierung sowie ADH-Sekretion (Abb. 17.1). Zusätzlich können Faktoren wie ein nephrotisches Syndrom bei Hepatitis-B- oder -C-Virusinfektionen, koexistierende Herzinsuffizienz sowie eine begleitende Nebennierenrindeninsuffizienz beteiligt sein. Eine hypervolämische Hyponatriämie bei Leberzirrhose tritt häufig im Zusammenhang mit fortgeschrittenem Aszites und Nierenfunktionsstörungen (HRS-AKI und HRS-CKD) auf. Sie geht mit einer erhöhten Rückresorption von freiem Wasser einher und ist durch eine Serumosmolalität <280 mosm/l gekennzeichnet.

Die hypervolämische Hyponatriämie muss differenzialdiagnostisch von der hypovolämischen Hyponatriämie infolge einer extrarenalen (z. B. laktuloseassoziierte Diarrhö oder Erbrechen) oder renalen (z. B. durch Spironolacton/Eplerenon) Ursache abgegrenzt werden. Eine euvolämische Hyponatriämie im Rahmen eines Syndroms der inadäquaten ADH-Sekretion kann bei Infektionen, malignen Erkrankungen oder unter Medikamenten (Terlipressin, Sorafenib) auftreten.

Analog zu Patienten ohne Leberzirrhose wird die Hyponatriämie durch den Ausschluss einer Pseudohyponatriämie, die Osmolalitätbestimmung im Urin, die Ermittlung der Natriumkonzentration im Urin und der Einschätzung des Volumenstatus klassifiziert.

17.7.2 Therapie der Hyponatriämie

Der Therapieansatz entspricht weitgehend dem bei Hyponatriämie in der Allgemeinbevölkerung. Bei fortgeschrittener Lebererkrankung sind jedoch spezifische Aspekte zu berücksichtigen: Die Verabreichung von hypertoner Kochsalzlösung (3 % NaCl) sollte schwer symptomatischen Patienten mit lebensbedrohlichen Zuständen wie kardiorespiratorischen Störungen, Krampfanfällen oder Koma vorbehalten sein, da sie eine Volumenüberlastung verschlimmern oder Aszites und Ödeme verstärken kann. Auch beim akuten Abfall des Serumnatriums >10 mmol/l beim asymptomatischen Patienten kann hypertone Kochsalzlösung verabreicht werden, um ein Hirnödem zu verhindern. Bei fortgeschrittener Lebererkrankung sollte jedoch wegen des hohen Risikos osmotischer Demyelinisierungsstörungen die Korrekturrate 8 mmol/l pro 24-h-Zeitraum nicht überschreiten (Ryu und Kim 2023).

Eine asymptomatische chronische Hyponatriämie erfordert keine dringliche Korrektur, allerdings ist es essenziell, die zugrunde liegende Ursache sicher zu identifizieren. Eine hypovolämische Hyponatriämie durch übermäßige Diuretikatherapie oder im Rahmen gastrointestinaler Blutungen wird durch Absetzen der Diuretika und eine bedarfsorientierte Expansion des Plasmavolumens mit Kristalloiden oder Humanalbumin behandelt. Eine milde, asymptomatische Verdünnungshyponatriämie bessert sich oft durch eine Flüssigkeitsbeschränkung auf 1–1,5 l pro Tag binnen 2–3 Tagen; eine eventuell vorhandene Hypokaliämie ist parallel zu korrigieren. Der kurzzeitige Einsatz von Tolvaptan kann individuell unter Berücksichtigung der Leberfunktion und möglicher Hepatotoxizität bei Bestehen von Aszites oder Ödemen in Betracht gezogen werden.

Aufgrund des Gibbs-Donnan-Effekts wird die Gabe von Humanalbumin zur Unterstützung der Korrektur diskutiert. In einer großen Beobachtungsstudie mit über 1100 Patienten mit Hyponatriämie war die Albumintherapie mit einer höheren Auflösungsrate der Hyponatriämie assoziiert, unabhängig von der Nierenfunktion und dem Ausgangsnatriumspiegel, sowie mit einem verbesserten 30-Tage-Überleben (Bajaj et al. 2018). Bei Patienten mit Leberzirrhose kann eine gezielte Humanalbumininfusion die Verdünnungshyponatriämie lindern, wobei noch keine evidenzbasierte Empfehlung für diese Indikation existiert.

17.8 Fazit und Ausblick

Aszites markiert bei Patienten mit Leberzirrhose eine entscheidende Zäsur im Krankheitsverlauf und bringt als rezidivierender oder refraktärer Aszites häufig prognoserelevante Begleitkomplikationen wie Nierenfunktionsstörungen, Infektionen und Sarkopenie mit sich. Zu den Eckpfeilern der konservativen Aszitestherapie gehören Diuretika und moderate Kochsalzrestriktion sowie interventionelle Maßnahmen wie großvolumige Parazentesen oder die Anlage getunnelter Drainagesysteme. Studien konnten zeigen, dass die frühe Indikationsstellung zur Anlage ePTFE-beschichteter TIPS bereits im Stadium des rekurrenten Aszites die Prognose *quoad vitam* gegenüber großvolumigen Parazentesen und Albuminsubstitution verbessern kann. Eine besondere Herausforderung stellen derzeit der hepatische Hydrothorax und die hypervolämische Hyponatriämie dar, die mit hoher Symptomlast und Letalität einhergehen. Letztlich ist die Lebertransplantation das Mittel der Wahl zur definitiven Therapie der Erkrankung. Der ambulante Einsatz von Vasokonstriktoren und die Langzeitalbumintherapie stellen vielversprechende individualisierte Konzepte dar, deren Einsatzgebiete in randomisierten Studien noch besser definiert werden müssen.

Literatur

Aithal GP, Palaniyappan N, China L, Härmälä S, Macken L, Ryan JM et al (2021) Guidelines on the management of ascites in cirrhosis. Gut 70:9–29

Arroyo V, Ginès P, Gerbes AL, Dudley FJ, Gentilini P, Laffi G et al (1996) Definition and diagnostic criteria of refractory ascites and hepatorenal syndrome in cirrhosis. International Ascites Club. Hepatology 23:164–176

Bajaj JS, Tandon P, O'Leary JG, Biggins SW, Wong F, Kamath PS et al (2018) The impact of albumin use on resolution of hyponatremia in hospitalized patients with cirrhosis. Am J Gastroenterol 113:1339

Bernardi M, Caraceni P, Navickis RJ, Wilkes MM (2012) Albumin infusion in patients undergoing large-volume paracentesis: a meta-analysis of randomized trials. Hepatology 55:1172–1181

Biggins SW, Angeli P, Garcia-Tsao G, Ginès P, Ling SC, Nadim MK et al (2021) Diagnosis, evaluation, and management of ascites, spontaneous bacterial peritonitis and hepatorenal syndrome: 2021 practice guidance by the American Association for the Study of Liver Diseases. Hepatology 74:1014–1048

Bruns T, Reuken PA, Stengel S, Gerber L, Appenrodt B, Schade JH et al (2016) The prognostic significance of bacterial DNA in patients with decompensated cirrhosis and suspected infection. Liver Int 36:1133–1142

Bureau C, Thabut D, Oberti F, Dharancy S, Carbonell N, Bouvier A, Mathurin P, Otal P, Cabarrou P, Péron JM, Vinel JP (2017) Transjugular Intrahepatic Portosystemic Shunts With Covered Stents Increase Transplant-Free Survival of Patients With Cirrhosis and Recurrent Ascites. Gastroenterology 152:157–163

Caraceni P, Riggio O, Angeli P, Alessandria C, Neri S, Foschi FG et al (2018) Long-term albumin administration in decompensated cirrhosis (ANSWER): an open-label randomised trial. Lancet. 2018 Jun 16;391(10138):2417–2429

Chen RP, Zhu Ge XJ, Huang ZM, Ye XH, Hu CY, Lu GR et al (2014) Prophylactic use of transjugular intrahepatic portosystemic shunt aids in the treatment of refractory ascites: meta-regression and trial sequential meta-analysis. J Clin Gastroenterol 48:290–299

D'Amico G, Morabito A, D'Amico M, Pasta L, Malizia G, Rebora P et al (2018) Clinical states of cirrhosis and competing risks. J Hepatol 68:563–576

Dirah I, Al Bawardy BF, Saberi B, Ditah C, Kamath PS (2015) Transjugular intrahepatic portosystemic stent shunt for medically refractory hepatic hydrothorax: a systematic review and cumulative meta-analysis. World J Hepatol 7:1797–1806

Feller-Kopman D, Berkowitz D, Boiselle P, Ernst A (2007) Large-volume thoracentesis and the risk of reexpansion pulmonary edema. Ann Thorac Surg 84:1656–1661

Gerbes AL, Labenz J, Appenrodt B, Dollinger M, Gundling F, Gülberg V et al (2019) Updated S2k-guideline „complications of liver cirrhosis“. German society of gastroenterology (DGVS). Z Gastroenterol 57:611–680

Ginés A, Fernández-Esparrach G, Monescillo A, Vila C, Domènech E, Abecasis R et al (1996) Randomized trial comparing albumin, dextran 70, and polygeline in cirrhotic patients with ascites treated by paracentesis. Gastroenterology 111:1002–1010

de Gottardi A, Thevenot T, Spahr L, Morard I, Bresson-Hadni S, Torres F et al (2009) Risk of complications after abdominal paracentesis in cirrhotic patients: a prospective study. Clin Gastroenterol Hepatol 7:906–909

Hodge C, Badgwell BD (2019) Palliation of malignant ascites. J Surg Oncol 120:67–73

Hou F, Qi X, Guo X (2016) Effectiveness and safety of pleurodesis for hepatic hydrothorax: a systematic review and meta-analysis. Dig Dis Sci 61:3321–3334

Jepsen P, Ott P, Andersen PK, Sørensen HT, Vilstrup H (2010) Clinical course of alcoholic liver cirrhosis: a Danish population-based cohort study. Hepatology 51:1675–1682

Lepida A, Marot A, Trépo E, Degré D, Moreno C, Deltenre P (2019) Systematic review with meta-analysis: automated low-flow ascites pump therapy for refractory ascites. Aliment Pharmacol Ther 50:978–987

Levitt DG, Levitt MD (2012) Quantitative modeling of the physiology of ascites in portal hypertension. BMC Gastroenterol 12:26

Lizaola B, Bonder A, Trivedi HD, Tapper EB, Cardenas A (2017) Review article: the diagnostic approach and current management of chylous ascites. Aliment Pharmacol Ther 46:816–824

Macken L, Bremner S, Gage H, Touray M, Williams P, Crook D et al (2020) Randomised clinical trial: palliative long-term abdominal drains vs large-volume paracentesis in refractory ascites due to cirrhosis. Aliment Pharmacol Ther 52:107–122

Morando F, Rosi S, Gola E, Nardi M, Piano S, Fasolato S et al (2015) Adherence to a moderate sodium restriction diet in outpatients with cirrhosis and ascites: a real-life cross-sectional study. Liver Int 35:1508–1515

Patel N, Silvey S, O'Leary JG, Morgan T, Patton H, Rogal SS et al (2023) Early paracentesis is associated with better prognosis compared with late or no-paracentesis in hospitalized veterans with cirrhosis and ascites. Liver Transpl 29:919–927

Paternostro R, Kwanten WJ, Hofer BS, Semmler G, Bagdadi A, Luzko I et al (2024) Hepatic venous pressure gradient predicts risk of hepatic decompensation and liver-related mortality in patients with MASLD. J Hepatol 81:827–836

Piecha F, Radunski UK, Ozga AK, Steins D, Drolz A, Horvatits T et al (2019) Ascites control by TIPS is more successful in patients with a lower paracentesis frequency and is associated with improved survival. JHEP Rep 1:90–98

Pompili E, Zaccherini G, Piano S, Toniutto P, Lombardo A, Gioia S et al (2024) Real-world experience with long-term albumin in patients with cirrhosis and ascites. JHEP Rep 6:101221

Queck A, Schwierz L, Gu W, Ferstl PG, Jansen C, Uschner FE et al (2023) Targeted decrease of portal hepatic pressure gradient improves ascites control after TIPS. Hepatology 77:466–475

Ripoll C, Groszmann R, Garcia-Tsao G, Grace N, Burroughs A, Planas R et al (2007) Hepatic venous pressure gradient predicts clinical decompensation in patients with compensated cirrhosis. Gastroenterology 133:481–488

Ryu JY, Kim S (2023) Evidence-based hyponatremia management in liver disease. Clin Mol Hepatol 29:924–944

Salerno F, Cammà C, Enea M, Rössle M, Wong F (2007) Transjugular intrahepatic portosystemic shunt for refractory ascites: a meta-analysis of individual patient data. Gastroenterology 133:825–834

Terbah R, Testro AG, Hoermann R, Majumdar A, Chapman B, Gow PJ et al (2024) Continuous home terlipressin infusion increases handgrip strength and reduces ascites – a prospective randomized crossover study. Hepatology 80:605–620

Tergast TL, Griemsmann M, Stockhoff L, Heidrich B, Schirmer H, Lenzen H et al (2022) Home-based, tunnelled peritoneal drainage system as an alternative treatment option for patients with refractory ascites. Aliment Pharmacol Ther 56:529–539

Tergast TL, Griemsmann M, Stockhoff L, Port K, Heidrich B, Cornberg M et al (2023) Daily low-volume paracentesis and clinical complications in patients with refractory ascites. JAMA Netw Open 6:e2322048

Akutes Nierenversagen bei Leberzirrhose 18

Cristina Ripoll und Henrik Karbannek

18.1 Einleitung

Bei Patienten mit dekompensierter Leberzirrhose tritt häufig ein akutes Nierenversagen (AKI) auf (Belcher et al. 2013; Angeli et al. 2015). Typische Auslöser sind Infektionen, Volumenmangel, Diuretikaeinnahme, nephrotoxische Medikamente, intrinsische Nierenerkrankungen oder das hepatorenale Syndrom (HRS).

Das HRS liegt dabei in ca. 10–25 % der Nierenfunktionsstörungen bei Patienten mit Zirrhose und Aszites zugrunde (Martin-Llahi et al. 2011; Patidar et al. 2023) Da es sich um eine Ausschlussdiagnose handelt und mehrere Ursachen eines AKI gleichzeitig vorliegen können, ist von einer höheren Dunkelziffer auszugehen.

Die Entwicklung eines Nierenversagens beeinflusst die Überlebenswahrscheinlichkeit von Patienten mit Zirrhose erheblich. Der Serumkreatininwert, der regelhaft in Prognosemodelle wie den MELD- oder CLIF-Score einfließt (Kamath et al. 2001; Moreau et al. 2013), unterstreicht diese Bedeutung. Obwohl unterschiedliche Ursachen des Nierenversagens einen variablen Einfluss auf das Überleben haben, werden sie in den Modellen nicht gesondert berücksichtigt. Das hepatorenale Syndrom in seiner akuten Form des hepatorenalen Syndroms – akutes Nierenversagen (HRS-AKI) weist dabei die schlechteste Prognose auf, insbesondere im Rahmen eines akut-auf-chronischen Leberversagens (ACLF) (Allegretti et al. 2021; Napoleone et al. 2022).

C. Ripoll (✉) · H. Karbannek
Klinik für Innere Medizin IV, Universitätsklinikum Jena, Jena, Deutschland
E-Mail: Cristina.Ripoll@med.uni-jena.de; henrik.karbannek@uni-jena.de

T. Bruns et al. (Hrsg.), *Komplikationen der Leberzirrhose*,
https://doi.org/10.1007/978-3-662-70167-6_18

18.2 Pathophysiologie

Bei Patienten mit Leberzirrhose führt die Fibrosierung des Leberparenchyms zu einem erhöhten intrahepatischen Gefäßwiderstand. Entsprechend dem Ohmschen Gesetz steigt dadurch der portalvenöse Druck bis hin zur portalen Hypertonie an. Dies bewirkt eine ausgeprägte Vasodilatation im Splanchnikusgebiet und eine daraus resultierende effektive zentrale Hypovolämie. Der Körper reagiert darauf mit einer Aktivierung des Renin-Angiotensin-Aldosteron-Systems (RAAS) und des Sympathikus sowie mit einer nichtosmotischen Sekretion des antidiuretischen Hormons (ADH). Diese kompensatorischen Mechanismen führen zu vermehrter Natriumretention, Ausbildung von Aszites und einem hyperdynamen Kreislauf mit gesteigertem Herzzeitvolumen. Im fortgeschrittenen Stadium der Erkrankung reichen die Kompensationsmechanismen nicht mehr aus, um eine adäquate Nierenperfusion sicherzustellen, da sich entweder die Vasodilatation weiter ausprägt oder die kardiale Auswurfleistung, im Sinne einer zirrhotischen Kardiomyopathie, insuffizient ist (Arroyo und Fernandez 2011).

18.3 Klassifikation des HRS-AKI

Früher unterschied man zwei Formen des HRS: Typ 1 war durch ein rasch fortschreitendes Nierenversagen gekennzeichnet, das häufig die Folge eines akuten Ereignisses darstellte und zur Diagnosestellung einen Kreatininschwellenwert von ≥2,5 mg/dl überschreiten musste. Im Gegensatz dazu war das HRS Typ 2 als ein langsam progredientes Nierenversagen definiert, das im Endstadium des natürlichen Verlaufs des Aszites (Abb. 18.1) auftrat (Arroyo et al. 1996). Der Schwellenwert des Serumkreatinins, der zur Diagnosestellung des HRS Typ 2 überschritten werden musste, lag hier bei 1,5 mg/dl.

Die neue zirrhosespezifische Modifikation der KDIGO-AKI-Klassifikation (KDIGO: Kidney Disease Improving Global Outcome) definiert ein akutes Nierenversagen als die Entwicklung einer akuten Nierenschädigung (AKI), gekennzeichnet durch einen relativen

Abb. 18.1 Natürlicher Verlauf der Progression von Aszites

Anstieg des Serumkreatinins über den Ausgangswert der letzten 7 Tage oder durch einen absoluten Anstieg von 0,3 mg/dl innerhalb der letzten 48 h (Wong et al. 2011; Nadim et al. 2024). Die Bestimmung des Ausgangswertes gestaltet sich in der klinischen Praxis manchmal herausfordernd. Bei Patienten mit stabiler Leberzirrhose kann als Ausgangswert das niedrigste Serumkreatinin der letzten 3 Monate angenommen werden (Angeli et al. 2015), da diese Patienten kaum ein unvorhergesehenes Nierenversagen entwickeln (Wong et al. 2018). Ist kein Wert verfügbar, kann ein älterer Wert, der bis 12 Monate zurückliegen darf, verwendet werden. Zudem ist es möglich, bei einer hohen klinischen Wahrscheinlichkeit für das Vorliegen eines akuten Geschehens, einen theoretischen Wert aus einer GFR von 75 ml/min zu errechnen. (Nadim et al. 2024).

Zusätzlich kann die Diagnose auch über die Urinausscheidung gestellt werden, wenn sich diese auf weniger als 0,5 ml/kg Körpergewicht über einen Zeitraum von mehr als 6 h beläuft, wenngleich die Anwendung dieses Kriteriums kritisch zu betrachten ist. Zum einen ist die korrekte Erfassung der Urinausscheidung außerhalb der Intensivstation sehr schwierig, zum anderen präsentieren sich Patienten mit Leberzirrhose häufig mit einer Oligurie (Wong et al. 2011; Nadim et al. 2024).

Anhand des relativen Kreatininanstieges wird das HRS-AKI in drei Stadien eingeteilt (Tab. 18.1). Ein dialysepflichtiges Nierenversagen wird automatisch dem Stadium III zugeordnet.

In der jüngeren Vergangenheit wurden Bestrebungen unternommen, das Stadium I in zwei Gruppen zu unterteilen (Stadium Ia mit einem Serumkreatinin < 1,5 mg/dl und Stadium Ib mit einem Serumkreatinin von > 1,5 mg/dl), da erste Daten darauf hindeuteten, dass ein AKI im Stadium Ia keinen Einfluss auf das Überleben hat (Fagundes et al. 2013; Piano et al. 2013). Eine neuere Studie stellte hingegen den fehlenden Einfluss des AKI-Stadiums Ia auf das Überleben infrage (Moga et al. 2022) und eine Übersichtsarbeit zu dieser Thematik hat diese Unterklassifikation in der Managementstrategie des HRS ausgeschlossen (Nadim 2023).

Nach der aktuellen Klassifikation entspräche das HRS Typ 1 weitgehend dem HRS-AKI, das zusätzlich nun auch mildere Formen umfasst. Das vorherige HRS Typ 2 würde

Tab. 18.1 Stadieneinteilung des akuten Nierenversagens bei HRS-AKI. Modifiziert nach Khwaja 2012

Stadien	Kriterien
Stadium I	• 1,5–1,9-facher Anstieg des basalen Serumkreatinins • Absoluter Anstieg des Serumkreatinins um 0,3 mg/dl (26,5 µmol/l) • Urinausscheidung < 0,5 ml/kg/h für mehr als 6 h
Stadium II	• 2,0–2,9-facher Anstieg des basalen Serumkreatinins • Urinausscheidung < 0,5 ml/kg/h für mehr als 12 h
Stadium III	• > 3-facher Anstieg des basalen Serumkreatinins • Absoluter Anstieg des Serumkreatinins um > 4,0 mg/dl (352 µmol/l) • Einsatz eines Nierenersatzverfahrens • Urinausscheidung < 0,3 ml/kg/h für mehr als 24 h • Anurie für mehr als 12 h

nach neuer Nomenklatur einem hepatorenalen Syndrom – nicht-akutes Nierenversagen (HRS-NAKI) bzw. einem hepatorenalen Syndrom – chronische Nierenerkrankung (HRS-CKD) zugeordnet werden, wobei auch hier wieder mildere Verläufe mit geringerem Serumkreatinin-Anstieg eingeschlossen sind.

Ein wesentlicher Vorteil der neuen Definition liegt in einer früheren Diagnosestellung, da jetzt nicht mehr ein Kreatiningrenzwert von 2,5 mg/dl überschritten werden muss, sondern auch eine Verdopplung innerhalb des Normbereichs herangezogen werden kann. Dies ist besonders relevant für Patienten mit Zirrhose, die oft an Sarkopenie leiden und daher ein niedrigeres Serumkreatinin trotz signifikanter Nierenschädigung aufweisen (Mazeaud et al. 2023). Damit verbunden ist auch die Möglichkeit, zeitiger eine Therapie mit Vasokonstriktoren (in der Regel mit Terlipressin) zu initiieren, da sich in früheren Studien zeigte, dass die Behandlung schlechtere Ergebnisse erzielte, je höher der Ausgangswert des Serumkreatinins war (Boyer et al. 2011; Wong et al. 2011).

Andererseits kann eine strenge Auslegung der neuen Definition bei Patienten, die bereits ein AKI entwickelt haben, zu einer verspäteten Diagnosestellung führen, wenn kein Ausgangswert vorliegt und das Serumkreatinin zur Erfüllung der Kriterien weiter ansteigen müsste. Dies geht dann mit einer verschlechterten Prognose einher.

18.4 Diagnosestellung

Trotz der Einführung einer neuen AKI-Klassifikation bleibt das HRS weiterhin eine Ausschlussdiagnose und andere Ursachen des Nierenversagens müssen ausgeschlossen werden (Angeli et al. 2015).

Häufige Ursachen für ein akutes Nierenversagen (Ronco et al. 2019)

- Renale Minderperfusion
- Nephrotoxische Substanzen (z. B. Medikamente, Myoglobin, Harnsäure)
- Sepsis
- Infektionen
- Größere Operationen
- Rasch progrediente Glomerulonephritis (RPGN)
- Akute interstitielle Nephritis
- Postrenales Nierenversagen (z. B. Harnstau, Prostatahyperplasie)

Bei Patienten mit Leberzirrhose stellen Infektionen den häufigsten Auslöser für ein AKI in etwa einem Drittel der Fälle dar. Daher sollte selbst bei normalen Entzündungsparametern ein aktives Screening nach Infektionsherden erfolgen, da Patienten mit Zirrhose auch bei nachgewiesenen Infektionen normwertige Entzündungsparameter aufweisen können (Park et al. 2005).

Die zweithäufigste Ursache ist ein prärenales, hypovolämisches Nierenversagen, häufig diuretikainduziert, das bei Verdacht durch adäquate Volumensubstitution (einschließlich Albumin) behandelt werden sollte. Die Evaluation des Ansprechens sollte innerhalb von 24 h abgeschlossen werden. Bei Volumenüberladung sollte auf die Gabe von Albumin (1 g/kg trockenes Körpergewicht und Tag, max. 100 g/Tag) über 48 h gemäß aktueller Empfehlungen verzichtet werden (Nadim et al. 2024). Die Verkürzung der kombinierten Albumin- und Volumengabe wird jedoch durch jüngste Berichte kritisch diskutiert (Schleicher et al. 2025).

In der Anamnese ist die Einnahme von nephrotoxischen Substanzen wie nichtsteroidalen Antirheumatika oder die Verabreichung von Aminoglykosidantibiotika zu erfragen (Campion et al. 2024). Obstruktive Ursachen und chronische Nierenerkrankungen sind mittels Sonografie auszuschließen. Nach neueren Empfehlungen stellt das Vorliegen einer chronischen Nierenerkrankung kein Ausschlusskriterium für die Diagnostellung mehr dar, da die zugrundeliegenden Mechanismen des HRS-AKI auch parallel zu akutem Tubulusschaden oder glomerulärem Schaden mit Proteinurie sowie bei chronischen Nierenerkrankungen auftreten können (Nadim et al. 2024).

▶ Das Vorliegen von Aszites im Rahmen einer Leberzirrhose oder einer schweren alkoholassoziierten Hepatitis ist eine notwendige Voraussetzung für die Entwicklung eines HRS-AKI.

18.5 Therapie

Nach Ausschluss anderer Ursachen des Nierenversagens einschließlich Korrektur der Hypovolämie wird die Diagnose eines HRS-AKI gestellt und die Therapie eingeleitet. Der aktuelle Therapiestandard ist die Gabe von Terlipressin und Albumin, was zu einer Verbesserung der Nierenfunktion (Martin-Llahi et al. 2008; Sanyal et al. 2008; Wong et al. 2021) und zur Verringerung der kurzfristigen Letalität führt (Allegretti et al. 2017), insbesondere bei den Patienten, bei denen sich das HRS zurückbildet. In randomisierten kontrollierten Studien betrug das transplantationsfreie 3-Monats-Überleben bei Patienten, die Terlipressin in Kombination mit Albumin erhielten, etwa 30 % im Vergleich zu etwa 15 % in der Kontrollgruppe.

Terlipressin ist ein synthetisches Vasopressinanalogon und wirkt über einen Agonismus am Vasopressin-1-Rezeptor, über den es eine Vasokonstriktion im Splanchnikusgebiet und eine Verringerung des portalvenösen Druckes bewirkt.

Initial sollte eine geringe Dosis (2–4 mg/Tag) gewählt werden, die im Verlauf alle 2–3 Tage gesteigert wird (Maximaldosis 12 mg/Tag), wenn das Serumkreatinin nicht adäquat abfällt (> 25 % des Spitzenwertes). In einer randomisierten kontrollierten Studie an 78 Patienten mit HRS Typ 1, wurde die Verabreichung von Terlipressin als Dauerinfusion (2 mg/Tag) mit der Bolusgabe (0,5 mg alle 4 h) verglichen (Cavallin et al. 2016). Es fiel auf, dass sich die Ansprechrate (definiert als Abfall des Serumkreatinins auf < 1,5 mg/dl) zwischen

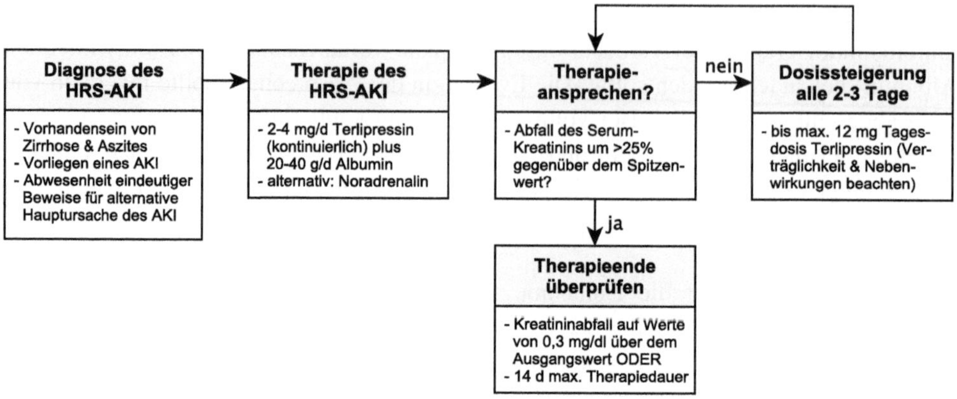

Abb. 18.2 Therapiealgorithmus bei HRS-AKI

den Gruppen nicht unterschied (kontinuierliche Gabe 76 % vs. Bolusgabe 65 %). Jedoch war die verabreichte Gesamtdosis in der Bolusgruppe höher (3,5 mg/Tag) als in der Gruppe mit kontinuierlicher Gabe (2,2 mg/Tag), ebenso wie die Inzidenz unerwünschter Ereignisse (62 % vs. 35 %). Die unerwünschten Wirkungen von Terlipressin lassen sich hauptsächlich auf die Vasokonstriktion zurückführen (siehe Übersicht der unerwünschten Arzneimittelwirkungen von Terlipressin) (Abb. 18.2).

Unerwünschte Arzneimittelwirkungen von Terlipressin (Fabrizi et al. 2006; Wong et al. 2022)

- Bauchschmerzen
- Übelkeit
- Diarrhö
- Herzrhythmusstörungen
- Hautnekrosen
- Periphere Ischämie
- Bronchospasmus
- Hyponatriämie
- Lungenödem (Respiratorisches Versagen bei ACLF Grad 3)

Bei der Anwendung ist zu beachten, dass Terlipressin neben seinem Agonismus am Vasopressin-1-Rezeptor auch am Vasopressin-2-Rezeptor wirkt und darüber eine Hyponatriämie verursachen kann. Weiterhin zeigte die CONFIRM-Studie ein erhöhtes Risiko für Lungenödeme bei ACLF Grad 3 unter Terlipressin, unabhängig vom Albumin, weshalb in dieser Gruppe besondere Vorsicht geboten ist (Wong et al. 2022).

Falls Terlipressin nicht vertragen wird oder aus anderen Gründen nicht verabreicht werden kann, können andere vasoaktive Substanzen in Betracht gezogen werden – insbesondere Noradrenalin. Erste Studien weisen darauf hin, dass beide Substanzen ähnliche Wirkungen erzielen, allerdings ist die Studienqualität gering und es besteht damit ein hohes Verzerrungsrisiko (Israelsen et al. 2017). Eine neuere randomisierte Studie bei Patienten mit HRS-AKI und ACLF zeigte jedoch höhere Ansprechraten (40 % vs. 17 %) und ein besseres 28-Tage-Überleben (48 % vs. 20 %) unter Terlipressin im Vergleich zu Noradrenalin (Arora et al. 2020).

Adjunktiv zur Terlipressingabe sollte Albumin mit einer Dosis von 20–40 g/Tag infundiert werden. Die Dosis sollte an den Volumenstatus des Patienten angepasst werden, da neben den Überempfindlichkeitsreaktionen vor allem die Volumenüberladung eine unerwünschte Wirkung darstellt. Die Behandlung sollte so lange erfolgen, bis ein vollständiges Ansprechen (Abfall des Serumkreatinins auf den Ausgangswert +0,3 mg/dl) oder aber 14 Tage erreicht sind. Gemäß aktueller Konsensusempfehlungen sollte die Vasopressorentherapie bei einem HRS-AKI beendet werden, wenn das Therapieziel erreicht ist, eine schwere Nebenreaktion auftritt, sich die Nierenfunktion nach 48 Stunden mit den maximal verträglichen Dosen nicht verbessert, eine Nierenersatztherapie angezeigt ist oder die Therapiedauer 14 Tage erreicht (Nadim et al. 2024).

Während der Therapie ist insbesondere auf die mögliche Volumenüberladung zu achten, indem eine tägliche körperliche Untersuchung inklusive Auskultation der Lungen erfolgt und bei Verdacht ggf. die Anfertigung einer Röntgenaufnahme des Thorax sowie die Bestimmung des zentralvenösen Druckes und des Durchmessers der *V. cava inferior* im Ultraschall in Erwägung gezogen werden sollte. Bei klinischem Verdacht auf eine beginnende Volumenüberladung sollte Albumin reduziert und bei einer schweren Volumenüberladung pausiert werden.

Der Einsatz von Nierenersatzverfahren im Zusammenhang von AKI und Leberzirrhose ist umstritten und beruht angesichts des Mangels an Daten in einem hohen Maße auf Expertenmeinungen. Eine erste retrospektive Studie mit 80 Patienten mit HRS (davon 37 dialysepflichtig) zeigte keine Verbesserung des transplantationsfreien Überlebens durch die Nierenersatztherapie (Zhang et al. 2015). Daher wird Nierenersatztherapie bei HRS vor allem als Überbrückung bis zur Organtransplantation betrachtet (Belcher 2014). Bei Patienten, die keine Transplantationskandidaten sind, sollte der potenzielle Nutzen einer Nierenersatztherapie kritisch diskutiert werden.

Auch im Falle einer akuten Nierenschädigung anderer Ursachen kann bei Patienten mit Leberzirrhose in begrenztem Umfang eine Nierenersatztherapie durchgeführt werden. Eine im Jahr 2018 veröffentlichte Studie untersuchte diesbezüglich das Überleben von 400 Patienten mit Zirrhose mit Nierenersatztherapie aufgrund eines AKI verschiedener Pathogenese (HRS und akute Tubulusnekrose). Dabei zeigte sich kein Unterschied zwischen den Gruppen, was die Frage aufwirft, ob je nach Ätiologie unterschiedliche Therapieansätze verfolgt werden sollten (Allegretti et al. 2018).

18.6 Fazit

Die Entwicklung eines akuten Nierenversagens ist ein verbreitetes Phänomen bei Patienten mit Leberzirrhose. Häufige Ursachen sind Infektionen, die Einnahme von Diuretika und Hypovolämie. Eine spezielle Form des akuten Nierenversagens bei Leberzirrhose ist das HRS mit der Unterform HRS-AKI, das aufgrund seiner schlechten Prognose eine gefürchtete Komplikation im natürlichen Verlauf bei Patienten mit Zirrhose darstellt. Die Diagnose des HRS-AKI ist herausfordernd, da es sich um eine Ausschlussdiagnose handelt und zunächst alle anderen Ursachen des Nierenversagens ausgeschlossen werden müssen. Nach erfolgter Diagnosestellung kann eine Therapie mit Vasopressoren (meist Terlipressin) und Albumin erfolgen.

Literatur

Allegretti AS, Israelsen M, Krag A, Jovani M, Goldin AH, Schulman AR, Winter RW, Gluud LL (2017) Terlipressin versus placebo or no intervention for people with cirrhosis and hepatorenal syndrome. Cochrane Database Syst Rev 6(6):CD005162

Allegretti AS, Parada XV, Eneanya ND, Gilligan H, Xu D, Zhao S, Dienstag JL, Chung RT, Thadhani RI (2018) Prognosis of patients with cirrhosis and AKI who initiate RRT. Clin J Am Soc Nephrol 13(1):16–25

Allegretti AS, Parada XV, Endres P, Zhao S, Krinsky S, St Hillien SA, Kalim S, Nigwekar SU, Flood JG, Nixon A, Simonetto DA, Juncos LA, Karakala N, Wadei HM, Regner KR, Belcher JM, Nadim MK, Garcia-Tsao G, Velez JCQ, Parikh SM, Chung RT, investigators H-Hs (2021) Urinary NGAL as a diagnostic and prognostic marker for acute kidney injury in cirrhosis: a prospective study. Clin Transl Gastroenterol 12(5):e00359

Angeli P, Gines P, Wong F, Bernardi M, Boyer TD, Gerbes A, Moreau R, Jalan R, Sarin SK, Piano S, Moore K, Lee SS, Durand F, Salerno F, Caraceni P, Kim WR, Arroyo V, Garcia-Tsao G (2015) Diagnosis and management of acute kidney injury in patients with cirrhosis: revised consensus recommendations of the International Club of Ascites. J Hepatol 62(4):968–974

Arora V, Maiwall R, Rajan V, Jindal A, Muralikrishna Shasthry S, Kumar G, Jain P, Sarin SK (2020) Terlipressin is superior to noradrenaline in the management of acute kidney injury in acute on chronic liver failure. Hepatology 71(2):600–610

Arroyo V, Fernandez J (2011) Management of hepatorenal syndrome in patients with cirrhosis. Nat Rev Nephrol 7(9):517–526

Arroyo V, Gines P, Gerbes AL, Dudley FJ, Gentilini P, Laffi G, Reynolds TB, Ring-Larsen H, Scholmerich J (1996) Definition and diagnostic criteria of refractory ascites and hepatorenal syndrome in cirrhosis. International Ascites Club. Hepatology 23(1):164–176

Belcher JM (2014) Is there a role for dialysis in patients with hepatorenal syndrome who are not liver transplant candidates? Semin Dial 27(3):288–291

Belcher JM, Garcia-Tsao G, Sanyal AJ, Bhogal H, Lim JK, Ansari N, Coca SG, Parikh CR, Consortium T-A (2013) Association of AKI with mortality and complications in hospitalized patients with cirrhosis. Hepatology 57(2):753–762

Boyer TD, Sanyal AJ, Garcia-Tsao G, Blei A, Carl D, Bexon AS, Teuber P, Terlipressin Study G (2011) Predictors of response to terlipressin plus albumin in hepatorenal syndrome (HRS) type 1: relationship of serum creatinine to hemodynamics. J Hepatol 55(2):315–321

Campion D, Caviglia GP, Alessandria C (2024) Reply to „The impact of infections on the onset of contrast-associated acute kidney injury in patients with cirrhosis“. J Hepatol. 80(5):e227–e228.

Cavallin M, Piano S, Romano A, Fasolato S, Frigo AC, Benetti G, Gola E, Morando F, Stanco M, Rosi S, Sticca A, Cillo U, Angeli P (2016) Terlipressin given by continuous intravenous infusion versus intravenous boluses in the treatment of hepatorenal syndrome: a randomized controlled study. Hepatology 63(3):983–992

Fabrizi F, Dixit V, Martin P (2006) Meta-analysis: terlipressin therapy for the hepatorenal syndrome. Aliment Pharmacol Ther 24(6):935–944

Fagundes C, Barreto R, Guevara M, Garcia E, Sola E, Rodriguez E, Graupera I, Ariza X, Pereira G, Alfaro I, Cardenas A, Fernandez J, Poch E, Gines P (2013) A modified acute kidney injury classification for diagnosis and risk stratification of impairment of kidney function in cirrhosis. J Hepatol 59(3):474–481

Israelsen M, Krag A, Allegretti AS, Jovani M, Goldin AH, Winter RW, Gluud LL (2017) Terlipressin versus other vasoactive drugs for hepatorenal syndrome. Cochrane Database Syst Rev 9(9):CD011532

Kamath PS, Wiesner RH, Malinchoc M, Kremers W, Therneau TM, Kosberg CL, D'Amico G, Dickson ER, Kim WR (2001) A model to predict survival in patients with end-stage liver disease. Hepatology 33(2):464–470

Khwaja A (2012) KDIGO clinical practice guidelines for acute kidney injury. Nephron Clin Pract 120(4):c179–c184

Martin-Llahi M, Pepin MN, Guevara M, Diaz F, Torre A, Monescillo A, Soriano G, Terra C, Fabrega E, Arroyo V, Rodes J, Gines P, Investigators T (2008) Terlipressin and albumin vs albumin in patients with cirrhosis and hepatorenal syndrome: a randomized study. Gastroenterology 134(5):1352–1359

Martin-Llahi M, Guevara M, Torre A, Fagundes C, Restuccia T, Gilabert R, Sola E, Pereira G, Marinelli M, Pavesi M, Fernandez J, Rodes J, Arroyo V, Gines P (2011) Prognostic importance of the cause of renal failure in patients with cirrhosis. Gastroenterology 140(2):488–496 e484

Mazeaud S, Zupo R, Couret A, Panza F, Sardone R, Castellana F (2023) Prevalence of sarcopenia in liver cirrhosis: a systematic review and meta-analysis. Clin Transl Gastroenterol 14(7):e00584

Moga L, Robic MA, Blasco-Perrin H, Cabarrou P, Mogno J, Guillaume M, Vinel JP, Peron JM, Bureau C (2022) Acute kidney injury in patients with cirrhosis: prospective longitudinal study in 405 patients. Clin Res Hepatol Gastroenterol 46(4):101822

Moreau R, Jalan R, Gines P, Pavesi M, Angeli P, Cordoba J, Durand F, Gustot T, Saliba F, Domenicali M, Gerbes A, Wendon J, Alessandria C, Laleman W, Zeuzem S, Trebicka J, Bernardi M, Arroyo V, Consortium CSIotE-C (2013) Acute-on-chronic liver failure is a distinct syndrome that develops in patients with acute decompensation of cirrhosis. Gastroenterology 144(7):1426–1437e1421–1429

Nadim MK, Garcia-Tsao G (2023) Acute Kidney Injury in Patients with Cirrhosis. N Engl J Med. 23;388(8):733–745

Nadim MK, Kellum JA, Forni L, Francoz C, Asrani SK, Ostermann M, Allegretti AS, Neyra JA, Olson JC, Piano S, VanWagner LB, Verna EC, Akcan-Arikan A, Angeli P, Belcher JM, Biggins SW, Deep A, Garcia-Tsao G, Genyk YS, Gines P, Kamath PS, Kane-Gill SL, Kaushik M, Lumlertgul N, Macedo E, Maiwall R, Marciano S, Pichler RH, Ronco C, Tandon P, Velez JQ, Mehta RL, Durand F (2024) Acute kidney injury in patients with Cirrhosis: Acute disease quality Initiative (ADQI) and international Club of ascites (ICA) joint multidisciplinary consensus meeting. J Hepatol 81(1):163–183

Napoleone L, Sole C, Juanola A, Ma AT, Carol M, Perez-Guasch M, Rubio AB, Cervera M, Avitabile E, Bassegoda O, Gratacos-Gines J, Morales-Ruiz M, Fabrellas N, Graupera I, Pose E, Crespo G, Sola E, Gines P (2022) Patterns of kidney dysfunction in acute-on-chronic liver failure: relationship with kidney and patients' outcome. Hepatol Commun 6(8):2121–2131

Park WB, Lee KD, Lee CS, Jang HC, Kim HB, Lee HS, Oh MD, Choe KW (2005) Production of C-reactive protein in Escherichia coli-infected patients with liver dysfunction due to liver cirrhosis. Diagn Microbiol Infect Dis 51(4):227–230

Patidar KR, Belcher JM, Regner KR, St Hillien SA, Simonetto DA, Asrani SK, Neyra JA, Sharma P, Velez JCQ, Wadei H, Nadim MK, Chung RT, Seethapathy R, Parada XV, Ouyang T, Ufere NN, Robinson JE, McLean Diaz P, Wilechansky RM, Przybyszewski EM, Smith TN, Ali AA, Orman ES, Schulz P, Siddiqui SM, Shabbir R, Liu LJ, Cama-Olivares A, Flannery AH, Baker ML, Gunasekaran D, Aswine A, Issa R, Li J, Verma S, Chalmers D, Varghese V, Lam W, Mohamed M, Kovacic R, Gaddy A, Attieh RM, Cortes P, Semnani S, Wang L, Khemichian S, Allegretti AS, from the HRSHc. (2023) Incidence and outcomes of acute kidney injury including hepatorenal syndrome in hospitalized patients with cirrhosis in the US. J Hepatol 79(6):1408–1417

Piano S, Rosi S, Maresio G, Fasolato S, Cavallin M, Romano A, Morando F, Gola E, Frigo AC, Gatta A, Angeli P (2013) Evaluation of the acute kidney injury network criteria in hospitalized patients with cirrhosis and ascites. J Hepatol 59(3):482–489

Ronco C, Bellomo R, Kellum JA (2019) Acute kidney injury. Lancet 394(10212):1949–1964

Sanyal AJ, Boyer T, Garcia-Tsao G, Regenstein F, Rossaro L, Appenrodt B, Blei A, Gulberg V, Sigal S, Teuber P, Terlipressin Study G (2008) A randomized, prospective, double-blind, placebo-controlled trial of terlipressin for type 1 hepatorenal syndrome. Gastroenterology 134(5):1360–1368

Schleicher EM, Karbannek H, Weinmann-Menke J, Galle PR, Stallmach A, Gairing SJ, Zipprich A, Ripoll C, Labenz C. Effect of albumin treatment duration on response rates and outcomes in patients with cirrhosis and acute kidney injury. J Hepatol. 2025 Mar 19:S0168-8278(25)00164-3. doi: 10.1016/j.jhep.2025.03.008. Epub ahead of print. PMID: 40118117.

Wong F, Nadim MK, Kellum JA, Salerno F, Bellomo R, Gerbes A, Angeli P, Moreau R, Davenport A, Jalan R, Ronco C, Genyk Y, Arroyo V (2011) Working Party proposal for a revised classification system of renal dysfunction in patients with cirrhosis. Gut 60(5):702–709

Wong F, Jepsen P, Watson H, Vilstrup H (2018) Un-precipitated acute kidney injury is uncommon among stable patients with cirrhosis and ascites. Liver Int 38(10):1785–1792

Wong F, Pappas SC, Curry MP, Reddy KR, Rubin RA, Porayko MK, Gonzalez SA, Mumtaz K, Lim N, Simonetto DA, Sharma P, Sanyal AJ, Mayo MJ, Frederick RT, Escalante S, Jamil K, Investigators CS (2021) Terlipressin plus albumin for the treatment of type 1 hepatorenal syndrome. N Engl J Med 384(9):818–828

Wong F, Pappas SC, Reddy KR, Vargas H, Curry MP, Sanyal A, Jamil K (2022) Terlipressin use and respiratory failure in patients with hepatorenal syndrome type 1 and severe acute-on-chronic liver failure. Aliment Pharmacol Ther 56(8):1284–1293

Zhang Z, Maddukuri G, Jaipaul N, Cai CX (2015) Role of renal replacement therapy in patients with type 1 hepatorenal syndrome receiving combination treatment of vasoconstrictor plus albumin. J Crit Care 30(5):969–974

Hepatische Enzephalopathie 19

Christian Labenz

19.1 Definition und Inzidenz

Die hepatische Enzephalopathie (HE) ist eine der häufigsten und wichtigsten Komplikationen der Leberzirrhose.

► Die HE wird definiert als potenziell reversible funktionelle Störung des Zentralnervensystems mit motorischen und neuropsychiatrischen Symptomen bei Patienten mit akuter Lebererkrankung wie einem akuten Leberversagen, Patienten mit erworbenen oder angeborenen portosystemischen Shunts oder Patienten mit Leberzirrhose (Vilstrup et al. 2014; EASL 2022).

Die Inzidenz einer erstmaligen overten HE (≥ Grad 2) beträgt bei Patienten mit portaler Hypertension etwa 14 % pro Jahr (Tapper et al. 2020). Die Mortalität während und nach einer akuten HE-Episode ist erheblich. Eine Beobachtungsstudie zeigte eine 1-Jahres-Mortalität von bis zu 64 % und eine 5-Jahres-Mortalität von sogar 85 % nach überstandener HE (Jepsen et al. 2010).

Darüber hinaus haben HE-Episoden beträchtliche Auswirkungen auf die kognitiven Funktionen der Betroffenen. Zwar sind die meisten initialen Defizite einer akuten Episode reversibel, jedoch verbleibt ein über die Zeit zunehmender, dauerhafter kognitiver Schaden. Dieser äußert sich unter anderem im Verlust der Lernfähigkeit und beeinflusst nicht nur die Lebensqualität der Patienten, sondern auch die ihrer Angehörigen (Bajaj et al. 2010; Labenz et al. 2018; Nagel et al. 2022).

C. Labenz (✉)
I. Medizinische Klinik und Poliklinik, Universitätsmedizin Mainz, Mainz, Deutschland
E-Mail: christian.labenz@unimedizin-mainz.de

T. Bruns et al. (Hrsg.), *Komplikationen der Leberzirrhose*,
https://doi.org/10.1007/978-3-662-70167-6_19

19.2 Pathogenese

Die Pathogenese der HE ist bisher nicht abschließend verstanden. Ammoniak nimmt eine zentrale Rolle in der Entstehung einer HE ein und wurde in diesem Zusammenhang bereits vor vielen Jahrzehnten beschrieben (Rose et al. 2020). Eine wesentliche Ursache für die Hyperammonämie bei Patienten mit Leberzirrhose ist eine Beeinträchtigung der hepatozellulären Harnstoff- und Glutaminsynthese und eine dadurch bedingte unzureichende Ammoniakelimination aus dem Blut. Diese kann durch eine verminderte Restfunktion des Leberparenchyms oder durch das Vorhandensein spontaner oder iatrogener portosystemischer Shunts (TIPS) bedingt sein.

Darüber hinaus weisen Patienten mit Leberzirrhose eine Dysbiose des Darmmikrobioms mit vermehrter Ammoniakbildung auf. Folglich wird mehr Ammoniak in den portalen und portosystemischen Blutkreislauf aufgenommen. Des Weiteren besteht häufig eine Muskelkatabolie mit vermehrter Freisetzung von Ammoniak aus Aminosäuren.

Diese Mechanismen resultieren in einer Hyperammonämie und einer Anreicherung von Ammoniak im Gehirn. Bei höheren Serumkonzentrationen kann Ammoniak die Blut-Hirn-Schranke überwinden und wird von Astrozyten aufgenommen, wo es über die Glutaminsynthetase zur Bildung von Glutamin aus Ammoniak und Glutamat kommt. Die osmotische Wirkung des Glutamins führt zur Astrozytenschwellung und zu einem geringgradigen zerebralen Ödem.

Über verschiedene Signalkaskaden kommt es zur Manifestation psychischer und motorischer Veränderungen im Sinne einer HE. Da jedoch keine gute Korrelation zwischen Ammoniakspiegeln im Blut und dem Ausmaß der klinisch fassbaren zerebralen Beeinträchtigungen besteht, scheint eine Hyperammonämie nicht primär ursächlich für die Entwicklung einer HE zu sein. In den letzten Jahren konnte nachgewiesen werden, dass eine systemische Inflammation mit konsekutiver Neuroinflammation in Kombination mit Ammoniak essenziell für die Entwicklung der typischen Symptome der HE ist (Shawcross et al. 2004; Tranah et al. 2013). Darüber hinaus wird dem intestinalen Mikrobiom eine entscheidende Beteiligung an der Pathogenese der HE zugeschrieben.

19.3 Einteilung und Schweregrade

► Die HE wird nach Typ, Schweregrad, zeitlichem Verlauf und auslösenden Faktoren eingeteilt (Tab. 19.1).

Zu einer HE kann entweder ein akutes Leberversagen (Typ A), erworbene oder angeborene portosystemische Shunts ohne Hepatopathie (Typ B) oder eine Leberzirrhose (Typ C) führen.

Tab. 19.1 Einteilung der hepatischen Enzephalopathie, angelehnt an die DGVS- und EASL/AASLD-Leitlinien (Gerbes et al. 2019; Vilstrup et al. 2014)

Typ	Grad		Mögliche klinische Zeichen	Zeitlicher Verlauf	Spontan oder ausgelöst durch präzipitierende Faktoren
A	MHE	Verdeckt (covert)	Keine	Episodisch	Spontan
B	1		Mentale Verlangsamung, Konzentrationsschwäche, Antriebsstörung, Schlafbedürfnis, Störung der Feinmotorik	Rezidivierend	Ausgelöst durch präzipitierende Faktoren
C	2	Offensichtlich (overt)	Starke Müdigkeit, Lethargie, zeitlich desorientiert, verwaschene Sprache, Flapping Tremor	Persistierend	
	3		Starke Somnolenz oder Sopor, zeitlich und örtlich desorientiert, unzusammenhängende Sprache, Asterixis, Krämpfe, Rigor		
	4		Koma		

A: akutes Leberversagen, B: portosystemischer Bypass, C: Leberzirrhose

► Die Schweregradeinteilung der HE erfolgt anhand der West-Haven-Kriterien. Diese stratifizieren die HE nach vorliegenden Symptomen in insgesamt 5 verschiedene Grade (Tab. 19.1).

Der niedrigste Grad ist die minimale HE (MHE). Sie ist nur durch spezialisierte Testverfahren zu detektieren, da *per definitionem* keine klinisch fassbaren Symptome vorliegen. Gemeinsam mit der HE Grad 1 (HE1) wird sie durch die aktuellen Leitlinien als covert HE (verdeckte HE, CHE) gruppiert (Gerbes et al. 2019). Die höheren Grade (Grad 2–4) der HE werden als overte HE (offensichtliche HE, OHE) zusammengefasst und zeichnen sich durch offensichtliche klinische Auffälligkeiten, wie eine Minderung der Bewusstseinslage und Antriebsstörungen bis hin zum Koma, aus.

19.4 Diagnostik

Die HE ist eine typische Eisbergerkrankung, das heißt, dass fortgeschrittene Stadien (HE Grad 2–4) klinisch vergleichsweise leicht zu erfassen sind, nach geringeren Schweregraden (MHE und HE Grad 1) jedoch gezielt gesucht werden muss. Die neurologischen und psychiatrischen Erscheinungsformen der HE und auch die eingesetzten neuropsychologischen und neurophysiologischen Testverfahren sind unspezifisch. Dies bedeutet, dass Differenzialdiagnosen durch zusätzliche Untersuchungsverfahren (z. B. Labordiagnostik, zerebrale Bildgebung) ausgeschlossen werden müssen, bevor die Diagnose einer HE gestellt werden kann. Wichtige Differenzialdiagnosen umfassen z. B. Hypo- oder Hyperglykämie, Urämie, Hyponatriämie, Infektionen oder Sepsis, Hypoxie, Alkoholintoxikationen oder ein Alkoholentzugssyndrom, Drogenintoxikationen, eine Wernicke-Enzephalopathie oder auch intrakranielle Blutungen oder Gefäßverschlüsse.

► Die Diagnosestellung der OHE (HE Grad 2–4) erfolgt allein anhand der klinischen Zeichen in Verbindung mit dem Ausschluss anderer möglicher Ursachen.

Bei der HE Grad 2 zeigt der Patient Symptome, wie z. B. ausgeprägte Müdigkeit, Bewusstseinsminderungen, Antriebsstörungen und eine deutlich verminderte kognitive Leistungsfähigkeit. Bei der HE Grad 3 präsentiert sich der Patient somnolent bis soporös, wohingegen eine HE Grad 4 bei komatösen Patienten vorliegt (Tab. 19.1).

Die Diagnosestellung der HE Grad 1 erfolgt durch die Detektion leichter mentaler Verlangsamung, emotionaler Veränderungen bis hin zu Euphorie und Angst oder einer verkürzten Aufmerksamkeitsspanne. Die Diagnose einer HE Grad 1 setzt meistens eine gute Patientenkenntnis voraus und kann in vielen Fällen nur unter Hinzuziehen eines näheren Angehörigen gestellt werden. Da betroffene Patienten im klinischen Alltag nur marginal auffällig sind und daher oft nicht diagnostiziert werden, wird dieses Krankheitsstadium, seit Erscheinen der EASL- und AASLD-Leitlinien von 2014, zusammen mit der MHE als CHE klassifiziert (Vilstrup et al. 2014).

Die MHE kann *per definitionem* klinisch nicht detektiert werden. Die mit der MHE assoziierten kognitiven Störungen können nur mittels psychometrischer und neurophysiologischer Testverfahren nachgewiesen werden (Vilstrup et al. 2014). Als Goldstandard zur Diagnostik der MHE wird in Deutschland aktuell der Psychometric Hepatic Encephalopathy Score (PHES) empfohlen (Vilstrup et al. 2014). Der PHES ist eine klassische Papier-und-Bleistift-Testbatterie, bestehend aus einem Zahlenverbindungstest A und B, einem Zahlensymboltest, einem Liniennachfahrtest und dem Kreisepunktiertest. In Deutschland wurde die Testbatterie durch eine Arbeitsgruppe aus Hannover für Patienten mit Leberzirrhose evaluiert und normiert (Weissenborn et al. 2001).

Obwohl Ammoniak eine zentrale Rolle in der Pathogenese der HE spielt, ist der Nutzen in der Diagnostik der HE begrenzt. Zum einen ist die Präanalytik von Ammoniakbestimmungen im Blut häufig fehlerbehaftet und zum anderen besteht keine hinreichende Korrelation zwischen der Höhe des Ammoniakwerts und dem Grad der HE. Zudem konnte eine amerikanische Studie zeigen, dass die Bestimmung von Ammoniak bei Patienten mit HE zu keiner Anpassung der Therapie führte (Haj and Rockey 2020). Daher wird von den Leitlinien keine routinemäßige Ammoniakbestimmung bei Patienten mit Leberzirrhose und HE empfohlen (Gerbes et al. 2019).

▶ Eine Situation, in der eine Ammoniakbestimmung z. B. sinnvoll sein kann, ist bei einem unklar komatösen oder vigilanzgeminderten Patienten. Hier sollte ein normwertiges Ammoniak den Blick auf andere Ursachen für die Störung der Vigilanz lenken.

19.5 Therapie der akuten overten HE

Jede akute OHE-Episode ist therapiebedürftig. Bei soporösen oder komatösen Patienten (HE Grad 3–4) ist eine intensivmedizinische Behandlung (ggf. mit Schutzintubation) einzuleiten. Zusätzlich sind eine rasche Identifizierung und Behandlung auslösender Ursachen sowie ein Ausschluss potenzieller Differenzialdiagnosen essenziell (Abb. 19.1). Die Akuttherapie der HE wird mit dem Disaccharid Lactulose oral und/oder als Einlauf (250 ml Lactulose + 750 ml Wasser) begonnen (Gerbes et al. 2019).

Eine Alternative scheint der Einsatz von Polyethylenglykol oral oder über eine Magensonde zu sein (Rahimi et al. 2014). Die Datenlage ist hier jedoch aktuell nicht ausreichend, um eine abschließende Empfehlung auszusprechen. Sollte es sich um eine schwer zu durchbrechende HE-Episode handeln, kann zusätzlich zur Lactulose eine i. v. Therapie mit L-Ornithin L-Aspartat (LOLA) erwogen werden (Gerbes et al. 2019). Eine Akutbehandlung mit dem schwer resorbierbaren Antibiotikum Rifaximin (off-label) im Rahmen der Akuttherapie kann aufgrund der bisher nicht ausreichenden Studienlage nicht empfohlen werden.

Generell sollte bei jedem Patienten mit einer akuten OHE-Episode oder mit einer OHE-Episode in der Anamnese die Möglichkeit zur Listung für eine Lebertransplantation geprüft werden.

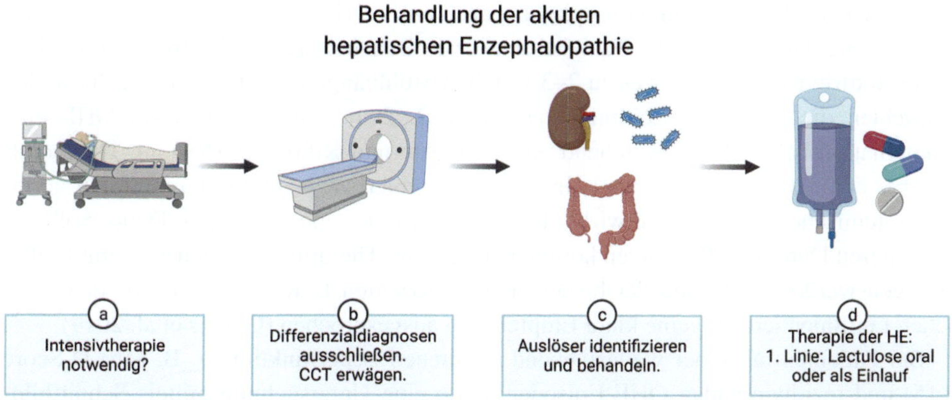

Abb. 19.1 Vorgehen bei Verdacht auf eine akute, höhergradige hepatische Enzephalopathie. Abbildung erstellt mit Biorender. CCT = kraniale Computertomografie, HE = hepatische Enzephalopathie. Nutzung mit freundlicher Genehmigung der Fa. Falk

Abb. 19.2 Checkliste vor Entlassung eines Patienten mit hepatischer Enzephalopathie aus stationärer Behandlung

Checkliste vor Entlassung	
Wurden potenzielle Auslöser identifiziert und beseitigt?	✓
Wurde der Patient über Einschränkungen im Alltag nach einer HE-Episode aufgeklärt?	✓
Kennen der Patient und die Familie die Zeichen einer erneuten HE?	✓
Hat der Patient einen Verlaufstermin und weiß, wen er im Notfall kontaktieren kann?	✓
Hat der Patient eine Sekundärprophylaxe und wurde bzgl. der Einnahme instruiert?	✓
Ist der Patient ein Kandidat für eine Lebertransplantation?	✓

Um die Prognose betroffener Patienten zu verbessern und das Risiko für eine erneute HE zu senken, sollte vor der Entlassung eines Patienten mit Zustand nach HE eine (imaginäre) Checkliste abgearbeitet werden. Ein Beispiel hierfür ist in Abb. 19.2 dargestellt.

19.6 Sekundärprophylaxe nach overter HE

► Nach jeder OHE-Episode ist eine medikamentöse Sekundärprophylaxe zur Verhinderung weiterer Episoden und Hospitalisierungen indiziert.

Eine Übersicht zur Sekundärprophylaxe nach einer OHE-Episode ist in Abb. 19.3 dargestellt. Die Therapie der 1. Wahl ist eine orale Behandlung mit Lactulose. Lactulose sollte so titriert werden, dass es zu 2–3 weichen Stuhlgängen pro Tag kommt. Zusätzlich empfehlen die deutschen Leitlinien nach dem 2. Durchbruchrezidiv einer OHE eine Kombinationsbehandlung, bestehend aus Lactulose und Rifaximin (550 mg 1-0-1 oral) (Gerbes et al. 2019). Rifaximin ist ein schwer resorbierbares Antibiotikum mit nur geringer systemischer Aktivität und wirkt über eine Mikrobiommodulation im Darm. Sollte es zu weiteren Durchbruchrezidiven kommen, kann eine Therapieeskalation z. B. mit LOLA erwogen werden. Aufgrund der bisher nicht suffizienten Datenlage wird von den deutschen Leitlinien jedoch keine klare Empfehlung ausgesprochen (Gerbes et al. 2019).

Bei Patienten mit einer weitestgehend erhaltenen Leberfunktion (z. B. MELD-Score < 15) und rezidivierenden OHE-Episoden sollte eine Untersuchung mittels Schnittbildgebung auf das Vorliegen von großen portosystemischen Shunts erfolgen. Bei Nachweis entsprechender Shunts können diese im Rahmen von Individualentscheidungen in einem erfahrenen Zentrum interventionell verschlossen werden.

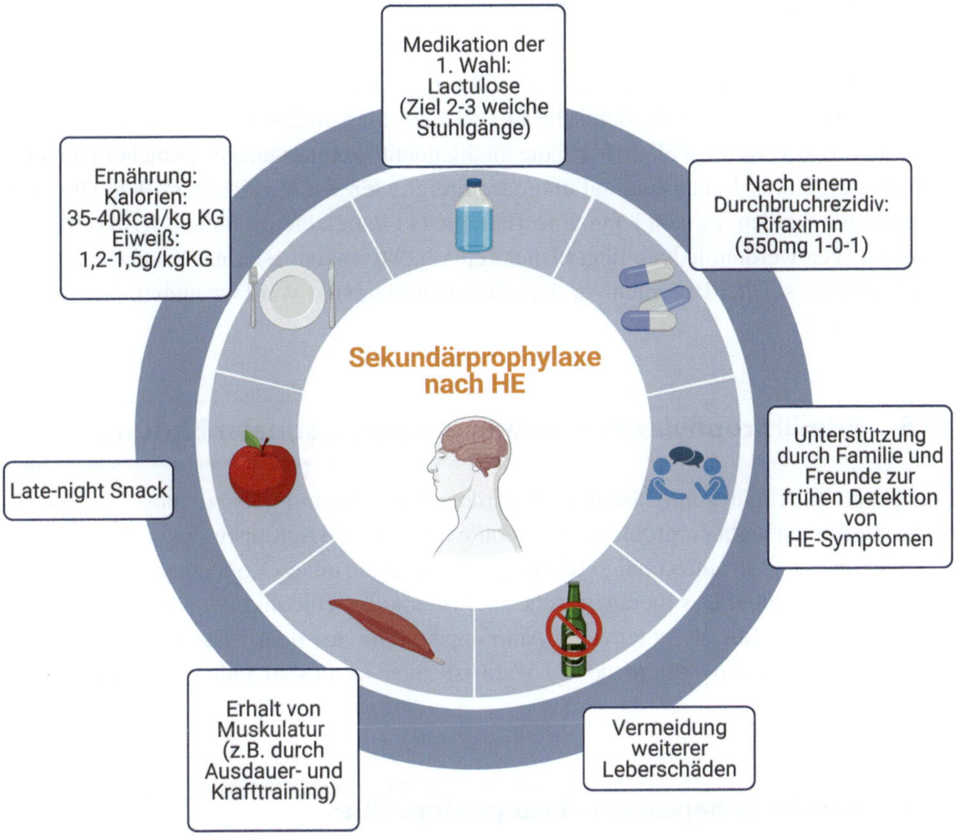

Abb. 19.3 Sekundärprophylaxe nach einer Episode einer overten hepatischen Enzephalopathie. Abbildung erstellt mit Biorender. HE = hepatische Enzephalopathie. Mit freundlicher Genehmigung der Fa. Falk

Die Grundsäule der nichtmedikamentösen Therapie zur Sekundärprophylaxe nach einer OHE-Episode ist die adäquate Ernährung. Patienten mit geringer Muskelmasse (Sarkopenie) haben ein erhöhtes Risiko für die Entwicklung einer HE, da die Muskeln aktiv am Entgiftungsprozess von Ammoniak beteiligt sind. Aus diesem Grund sollte ein Erhalt bzw. ein Aufbau von neuer Muskelmasse angestrebt werden. Hierzu sollte dem Patienten zu einer ausreichenden Kalorien- (35–40 kcal/kg Körpergewicht bei Normalgewicht) und Eiweißzufuhr (ca. 1,2–1,5 g/kg Körpergewicht) geraten werden. Als Proteinquelle ist pflanzliches Protein zu bevorzugen und die Nahrung sollte nach Möglichkeit in Form von 6–8 Mahlzeiten pro Tag zu sich genommen werden. Zudem sollte die Wichtigkeit einer Vermeidung von längeren katabolen Phasen, z. B. in der Nacht, betont werden. Daher wird die Einnahme eines eiweißreichen „Snacks“ vor dem Zubettgehen angeraten.

19.7 Therapie der *covert* HE

Eine generelle Therapie von Patienten mit *covert* (verdeckter) HE wird durch die aktuelle EASL/AASLD- und auch die deutsche DGVS-Leitlinie von 2019 nicht empfohlen (Gerbes et al. 2019; Vilstrup et al. 2014). Eine medikamentöse Intervention sollte bei Patienten mit eingeschränkter Lebensqualität und/oder Ereignissen wie Verkehrsunfällen oder Stürzen erwogen werden. Zudem kann eine Therapie bei Patienten mit hohem Risiko für eine OHE erwogen werden, jedoch liegt bisher kein objektives und reliables Tool zur sicheren Identifizierung solcher Patienten vor. Das Therapeutikum der Wahl ist auch in diesem Fall Lactulose oral.

19.8 Primärprophylaxe bei oberer gastrointestinaler Blutung

Eine generelle Primärprophylaxe der HE wird bei Patienten mit Leberzirrhose von den aktuellen Leitlinien nicht empfohlen. Diese sollte nur bei Risikogruppen, wie z. B. Patienten mit einer oberen gastrointestinalen Blutung z. B. aufgrund einer Ösophagusvarizenblutung durchgeführt werden. Das therapeutische Ziel ist eine Beschleunigung der Magen-Darm-Passage, um das Blut als potenzielle Ammoniakquelle aus dem Magen-Darm-Trakt zu entfernen. Das Therapeutikum der 1. Wahl ist auch in diesem Fall Lactulose (Gerbes et al. 2019).

19.9 Post-TIPS-hepatische Enzephalopathie

Die Implantation eines transjugulären intrahepatischen portosystemischen Shunts (TIPS) stellt eine effektive Maßnahme zur Symptomkontrolle bei Patienten mit rekurrentem Aszites und Varizenblutung dar. Einer der wichtigsten Komplikationen nach TIPS-Implantation ist die HE. Die aktuellen DGVS- und EASL/AASLD-Leitlinien empfehlen bisher keinen generellen Einsatz einer medikamentösen post-TIPS-HE-Prophylaxe (Gerbes et al. 2019; Vilstrup et al. 2014; EASL 2022). Begründet durch eine kürzlich publizierte Studie, empfiehlt die aktuelle EASL-Leitlinie eine Therapie mit Rifaximin bei Patienten mit einer HE in der Anamnese (Bureau et al. 2021; EASL 2022).

Patienten mit TIPS und akuter HE sollten analog zu Patienten ohne TIPS behandelt werden. Sollte es im weiteren Verlauf zu rezidivierenden HE-Episoden kommen, sollte eine TIPS-Verkleinerung oder sogar Okklusion im Rahmen einer Einzelfallentscheidung diskutiert werden.

19.10 Fazit

Die HE ist aufgrund ihrer hohen Inzidenz und prognostischen Bedeutung eine der bedeutsamsten Komplikationen bei Patienten mit Leberzirrhose. Dennoch wird sie häufig unterschätzt. Das erstmalige Auftreten einer OHE-Episode ist für viele Patienten und Angehörige einschneidend und jede weitere Episode führt zu einem kumulativen kognitiven Defizit. Eine adäquate Akuttherapie und Sekundärprophylaxe sind daher von großer Wichtigkeit.

Literatur

Bajaj JS, Schubert CM, Heuman DM, Wade JB, Gibson DP, Topaz A, Saeian K, Hafeezullah M, Bell DE, Sterling RK, Stravitz RT, Luketic V, White MB, Sanyal AJ (2010) Persistence of cognitive impairment after resolution of overt hepatic encephalopathy. Gastroenterology 138:2332–2340

Bureau C, Thabut D, Jezequel C, Archambeaud I, D'Alteroche L, Dharancy S, Borentain P, Oberti F, Plessier A, De Ledinghen V, Ganne-Carrie N, Carbonell N, Rousseau V, Sommet A, Peron JM, Vinel JP (2021) The use of rifaximin in the prevention of overt hepatic encephalopathy after transjugular intrahepatic portosystemic shunt: a randomized controlled trial. Ann Intern Med 174:633–640

EASL (2022) EASL clinical practice guidelines on the management of hepatic encephalopathy. J Hepatol 77:807–824

Gerbes AL, Labenz J, Appenrodt B, Dollinger M, Gundling F, Gulberg V, Holstege A, Lynen-Jansen P, Steib CJ, Trebicka J, Wiest R, Zipprich A (2019). Updated S2k-guideline „Complications of liver cirrhosis". German society of gastroenterology (DGVS). Z Gastroenterol 57:611–680

Haj M, Rockey DC (2020) Ammonia levels do not guide clinical management of patients with hepatic encephalopathy caused by cirrhosis. Am J Gastroenterol 115:723–728

Jepsen P, Ott P, Andersen PK, Sorensen HT, Vilstrup H (2010) Clinical course of alcoholic liver cirrhosis: a Danish population-based cohort study. Hepatology 51:1675–1682

Labenz C, Baron JS, Toenges G, Schattenberg JM, Nagel M, Sprinzl MF, Nguyen-Tat M, Zimmermann T, Huber Y, Marquardt JU, Galle PR, Worns MA (2018) Prospective evaluation of the impact of covert hepatic encephalopathy on quality of life and sleep in cirrhotic patients. Aliment Pharmacol Ther 48:313–321

Nagel M, Weidner V, Schulz S, Marquardt JU, Galle PR, Schattenberg JM, Nguyen-Tat M, Worns MA, Labenz C (2022) Continued alcohol consumption and hepatic encephalopathy determine quality of life and psychosocial burden of caregivers in patients with liver cirrhosis. Health Qual Life Outcomes 20:23

Rahimi RS, Singal AG, Cuthbert JA, Rockey DC (2014) Lactulose vs polyethylene glycol 3350 – electrolyte solution for treatment of overt hepatic encephalopathy: the HELP randomized clinical trial. JAMA Intern Med 174:1727–1733

Rose CF, Amodio P, Bajaj JS, Dhiman RK, Montagnese S, Taylor-Robinson SD, Vilstrup H, Jalan R (2020) Hepatic encephalopathy: novel insights into classification, pathophysiology and therapy. J Hepatol 73:1526–1547

Shawcross DL, Davies NA, Williams R, Jalan R (2004) Systemic inflammatory response exacerbates the neuropsychological effects of induced hyperammonemia in cirrhosis. J Hepatol 40:247–254

Tapper EB, Zhao L, Nikirk S, Baki J, Parikh ND, Lok AS, Waljee AK (2020) Incidence and bedside predictors of the first episode of overt hepatic encephalopathy in patients with cirrhosis. Am J Gastroenterol 115:2017–2025

Tranah TH, Vijay GK, Ryan JM, Shawcross DL (2013) Systemic inflammation and ammonia in hepatic encephalopathy. Metab Brain Dis 28:1–5

Vilstrup H, Amodio P, Bajaj J, Cordoba J, Ferenci P, Mullen KD, Weissenborn K, Wong P (2014) Hepatic encephalopathy in chronic liver disease: 2014 practice guideline by the American Association for the Study of Liver Diseases and the European Association for the Study of the Liver. Hepatology 60:715–735

Weissenborn K, Ennen JC, Schomerus H, Ruckert N, Hecker H (2001) Neuropsychological characterization of hepatic encephalopathy. J Hepatol 34:768–773

Zirrhotische Kardiomyopathie 20

Johannes Kluwe

20.1 Einleitung und Definition

Im Verlauf der Erkrankung entwickelt sich die Leberzirrhose von einer lokalisierten Organerkrankung hin zu einer hämodynamischen Systemerkrankung. Neben dem pathologisch erhöhten portalvenösen Druck tritt eine hyperdyname Kreislaufsituation mit erhöhter kardialer Auswurfleistung und vermindertem peripheren Widerstand aufgrund splanchnischer Vasodilatation auf (Kowalski und Abelmann 1953). In diesem labilen hämodynamischen Milieu zeigen viele Patienten mit fortgeschrittener Leberzirrhose zusätzlich pathologische kardiale Veränderungen (Lee 1989; Wehmeyer et al. 2015). Das Krankheitsbild der zirrhotischen Kardiomyopathie (CCM) ist in der Leitlinie der Europäischen Fachgesellschaft EASL als chronische kardiale Dysfunktion bei Patienten mit Leberzirrhose definiert, die sich durch 3 Krankheitsmerkmale manifestieren kann, ohne dass eine herzeigene Erkrankung, wie etwa eine ischämische Kardiomyopathie, vorliegt: Eine pathologisch abgeschwächte Reaktion der Kontraktilität auf physiologische und pathologische Belastung, eine diastolische Dysfunktion sowie häufig begleitend auch EKG-Veränderungen, wie z. B. QT-Zeit-Verlängerungen (Izzy et al. 2020; EASL 2018).

Die CCM bleibt zunächst oft subklinisch, da viele Patienten mit Leberzirrhose aufgrund der hyperdynamen Kreislaufveränderungen sogar eine scheinbar gesteigerte Kontraktilität aufweisen. Erst unter Belastungssituationen wie gastrointestinalen Blutun-

J. Kluwe (✉)
I. Medizinische Klinik und Poliklinik, Universitätsklinikum Hamburg-Eppendorf, Hamburg, Deutschland

Evangelisches Amalie Sieveking-Krankenhaus, Hamburg, Deutschland
E-Mail: johannes.kluwe@immanuelalbertinen.de

T. Bruns et al. (Hrsg.), *Komplikationen der Leberzirrhose*,
https://doi.org/10.1007/978-3-662-70167-6_20

gen, Infektionen, Operationen oder körperlicher Anstrengung wird die fehlende funktionale Reserve des Herzens relevant: Das dysfunktionale Myokard kann dann keine adäquate Auswurfleistung mehr gewährleisten (Izzy et al. 2020; EASL 2018).

▶ Eine zirrhotische Kardiomyopathie bleibt oft subklinisch und manifestiert sich vor allem in Belastungssituationen wie gastrointestinalen Blutungen, Operationen oder körperlicher Anstrengung.

20.2 Diagnosekriterien

Die Echokardiografie ist das wichtigste Instrument für die Diagnosestellung der CCM, ggf. ergänzt durch elektrokardiografische und laborchemische Befunde. Ein Vorschlag für systematische Diagnosekriterien der CCM wurde erstmals auf dem World Congress of Gastroenterology 2005 durch ein Expertengremium erstellt (Izzy et al. 2020).

Zur Etablierung des Diagnosekriteriums „systolische Dysfunktion" wurde hier der Nachweis einer erniedrigten linksventrikulären Ejektionsfraktion (LVEF) oder ein Stresstest mit Nachweis einer abgeschwächten Kontraktilitätsantwort gefordert. Eine diastolische Dysfunktion sollte durch eine E/A-Ratio < 1 (frühdiastolische vs. spätdiastolische Strömungsgeschwindigkeiten über der Mitralklappe), eine gesteigerte Dezelerationszeit oder eine gesteigerte isovolumetrische Relaxationszeit nachgewiesen werden. Die Durchführung von Belastungstests bei Patienten mit fortgeschrittener Leberzirrhose ist allerdings oft schwer umsetzbar (z. B. aufgrund der häufigen Betablockervormedikation) und die funktionale Reserve des Herzens wird allein durch die LVEF nicht ausreichend abgebildet, auch da aufgrund der peripheren Vasodilatation bei Patienten mit fortgeschrittener Leberzirrhose mit deshalb niedriger Nachlast die ventrikuläre Kontraktilität leicht überschätzt werden kann.

Die E/A-Ratio zur Einschätzung der diastolischen Dysfunktion ist vom häufig sehr variablen Volumenstatus (Vorlast) der Patienten abhängig. Die initialen Diagnosekriterien sind deshalb vermutlich nicht ausreichend zuverlässig. 2019 erstellte das Cirrhotic Cardiomyopathy Consortium (CCC), eine multidisziplinäre Gruppe aus Hepatologen, Anästhesisten und Kardiologen, daher neue Diagnosekriterien des Krankheitsbilds unter Berücksichtigung der aktualisierten echokardiografischen Methodik (Izzy et al. 2020). Hervorzuheben ist insbesondere die Integration des echokardiografischen Parameters Global Longitudinal Strain (GLS) zur früheren Detektion der systolischen Dysfunktion. Der GLS beurteilt die myokardiale Verkürzung in der Systole und ist vermutlich sensitiver als die Abbildung der radialen Kontraktion.

Für die Bewertung der diastolischen Dysfunktion fordern die neuen Diagnosekriterien außerdem die Kombination von mindestens drei Parametern, um der Fehleranfälligkeit einzelner Parameter zu begegnen. Eine Gegenüberstellung der Diagnosekriterien von 2005 und 2019 ist in Tab. 20.1 abgebildet. Je nach Anwendung der 2019 aktualisierten CCC-Kriterien oder der initialen Kriterien aus 2005 wurde eine Prävalenz der CCM in verschiedenen Populationen von Lebertransplantationskandidaten zwischen 18 % und

Tab. 20.1 Übersicht Diagnosekriterien der CCM. e' = frühdiastolische, passive Mitralanulusgeschwindigkeit, GLS = Global Longitudinal Strain, LAVI = linksatrialer Volumenindex, TR = trikuspidale Regurgation. Modifiziert nach Izzy et al. 2020

World Congress of Gastroenterology – *Kriterien 2005*		
Systolische Dysfunktion Eines der Folgenden: • Abgeschwächte Kontraktilitätsantwort auf Stresstest • Reduzierte LVEF <55 %	*Diastolische Dysfunktion* Eines der Folgenden: • Dezelerationszeit > 200 ms • Isovolumetrische Relaxationszeit > 80 ms • E/A < 1	*Supportive Kriterien* • Elektrophysiologische Abnormitäten • Abnormale chronotrope Antwort • Elektromechanische Entkoppelung • Verlängerte QT-Zeit • Vergrößerter linker Vorhof • Erhöhte Myokardmasse • Erhöhtes BNP oder pro-BNP • Erhöhtes Troponin I
Cirrhotic Cardiomyopathy Consortium – *aktualisierte Kriterien 2019*		
Systolische Dysfunktion Eines der Folgenden: • Reduzierte LVEF ≤ 50 % • Absoluter GLS < 18 %	*Diastolische Dysfunktion* ≥ 3 der Folgenden: • Septale e'-Geschwindigkeit < 7 cm/s • E/e'-Ratio ≥ 15 • LAVI > 34 ml/m² • TR-Geschwindigkeit > 2,8 m/s	*Parameter, die weiterer Erforschung und Validierung bedürfen* • Abnormale chronotrope oder inotrope Reaktion • Elektrokardiografische Veränderungen • Elektromechanische Entkoppelung • Veränderung der myokardialen Masse • Serumbiomarker • Herzhöhlenvergrößerung • Kardio-MRT

78 % gefunden. Eine abschließende vergleichende Bewertung der 2005er Diagnosekriterien oder der 2019er CCC-Kriterien liegt noch nicht vor.

Die Diagnose einer CCM nach CCC-Kriterien scheint mit einem erhöhten Risiko für kardiale Ereignisse und in einer Studie auch mit der Mortalität nach Lebertransplantation assoziiert zu sein. Die hohe Prävalenz einer CCM-Diagnose nach den liberaleren 2005er Kriterien von 60–80 % bei Patienten mit Zirrhose geht mit einer schlechteren Diskrimination einher (Liu et al. 2024a). Eine Überlegenheit der stringenteren CCC-Kriterien von 2019 in ihrer klinischen Aussagekraft kann vermutet werden, prospektive vergleichende Studien beider Diagnosesysteme sind jedoch erforderlich.

Da eine verlängerte QT-Zeit mit einem höheren Schweregrad der Leberzirrhose (höheres Child-Pugh-Stadium) und erhöhter Mortalität assoziiert ist (Liu et al. 2024a; Bernardi et al. 1998), kann dieser Befund ebenfalls als mögliches Diagnosekriterium einer CCM betrachtet werden.

Zukünftig wird vermutlich auch das kardiale MRT an Bedeutung in der Diagnostik der CCM gewinnen. Insbesondere strukturelle myokardiale Veränderungen können hier neben systolischen und diastolischen Funktionsparametern gut abgebildet werden. So zeigte eine prospektive Studie, dass Patienten mit Leberzirrhose signifikant häufiger MRT-Zeichen für ein myokardiales Ödem und eine Myokardfibrose aufwiesen als Lebergesunde und dass kardiale Veränderungen mit dem Schweregrad der Leberzirrhose korrelierten (Isaak et al. 2020). Strukturelle myokardiale Veränderungen im Kardio-MRT sind bereits im Frühstadium der Leberzirrhose detektierbar, sodass das MRT womöglich eine höhere Sensitivität als die Echokardiografie aufweist. Zudem verspricht das Kardio-MRT die Möglichkeit, eine umfassende funktionelle und strukturelle Beurteilung des Herzens auch unter Einbeziehung von pharmakologischer Belastung in einer Prozedur zu erheben, unabhängig vom Schallfenster (Izzy et al. 2020). Trotz dieser vielversprechenden Eigenschaften muss auch die Verfügbarkeit und Machbarkeit des Kardio-MRTs gegenüber der Echokardiografie gerade bei instabileren oder korpulenteren Patienten kritisch berücksichtigt werden. Prospektive Studien zum Stellenwert des Kardio-MRTs in der Beurteilung der CCM gegenüber der Echokardiografie sind erforderlich.

20.3 Klinische Relevanz

Aufgrund der Korrelation von Prävalenz und Ausprägung der zirrhotischen Kardiomyopathie (CCM) mit fortgeschritteneren Krankheitsstadien der Leberzirrhose ist eine isolierte Betrachtung der prognostischen Relevanz der CCM schwierig, auch da größere Studien mit systematischer Erfassung der Herzfunktion bei akuten Dekompensationsereignissen einer Leberzirrhose fehlen.

Manche Untersuchungen konnten keine prognostische Relevanz der CCM nachweisen (EASL 2018). Aus anderen prospektiven Kohortenstudien existiert jedoch Evidenz, dass das Vorliegen einer diastolischen Dysfunktion bei Patienten mit Leberzirrhose mit dem Risiko eines hepatorenalen Syndroms und mit einer erhöhten Mortalität assoziiert ist (Ruíz-del-Árbol et al. 2013; Karagiannakis et al. 2014), auch ein erniedrigter Herzindex bei Patienten mit Leberzirrhose ist mit einer erniedrigen Nierenperfusion, einer höheren Rate eines hepatorenalen Syndroms (HRS-AKI) und einer erhöhten Sterblichkeit assoziiert (Krag et al. 2010).

Pathophysiologisch ist eine klinische Bedeutung der CCM mit Reduktion der kardialen Reserve vor allem im Zusammenhang mit umschriebenen Interventionen wie etwa der Implantation eines transjugulären intrahepatischen Stentshunts (TIPS) oder der Lebertransplantation (LT) denkbar. Nach TIPS-Implantation nimmt der venöse Zustrom zum Herzen schlagartig zu, der vorher durch den erhöhten Perfusionswiderstand der Leber gedrosselt war, die Lebertransplantation geht potenziell mit relevanten Schwankungen des intravaskulären Volumens einher, die kardial kompensiert werden müssen.

20.3.1 CCM und TIPS

In zwei Studien wurde der Nachweis einer E/A-Ratio ≤ 1 als Ausdruck einer diastolischen Dysfunktion im Kontext einer CCM als unabhängiger Prädiktor einer erhöhten Sterblichkeit nach TIPS-Implantation identifiziert (Rabie et al. 2009; Cazzaniga et al. 2007). Dies konnte in einer größeren retrospektiven Arbeit nicht bestätigt werden (Armstrong et al. 2019). Mögliche Ursache ist die unzuverlässige Definition einer diastolischen Dysfunktion alleine durch die vorlastabhängige E/A-Ratio, zudem hatte die ungünstige Patientengruppe mit E/A ≤ 1 in einer Studie auch einen höheren MELD-Score aufgrund des erhöhten Kreatinins (Rabie et al. 2009). Ob die E/A-Ratio ein reproduzierbarer unabhängiger Risikoprädiktor ist, bleibt damit fraglich.

Die kardiale Dekompensation nach TIPS-Implantation stellt jedoch eine relevante, lebensbedrohliche Komplikation dar (Billey et al. 2019), deren Auftreten sicher auch durch die kardiale Reserve determiniert ist. Vor TIPS-Implantation sollte daher eine kardiale Evaluation mittels Echokardiografie, EKG und NT-proBNP-Bestimmung im Serum trotz der noch uneinheitlichen Datenlage standardmäßig erfolgen. Aktueller Konsens ist, dass eine TIPS-Implantation zur Asziteskontrolle nicht bei Patienten mit schwerer linksventrikulärer Dysfunktion oder schwerer pulmonaler Hypertonie erfolgen sollte (Tripathi et al. 2020). Zukünftige Untersuchungen mit standardisierten kardialen Diagnosekriterien der CCM und standardisierter Definition der kardialen Dekompensation nach TIPS sind weiterhin erforderlich, um die Relevanz der CCM für den klinischen Verlauf und die Prognose nach TIPS zu beurteilen und die Indikationskriterien vor TIPS, insbesondere die Frage nach belastbaren Futilitykriterien zu schärfen.

20.3.2 CCM und Lebertransplantation

Kardiale Ereignisse haben einen relevanten Anteil an der Mortalität nach Lebertransplantation, der Einfluss einer CCM auf die Prognose nach LT ist jedoch noch nicht abschließend beurteilbar (EASL 2018). Aus mehreren Studien liegt Evidenz vor, dass das Vorliegen einer diastolischen Dysfunktion vor Lebertransplantation mit einer erhöhten Inzidenz an perioperativem Herzversagen und erhöhter postoperativer Mortalität einhergeht (Liu et al. 2017). Auch die Diagnose einer CCM nach den aktualisierten CCC-Kriterien von 2019 ist vermutlich mit einem erhöhten Risiko für kardiale Ereignisse und womöglich auch mit kardialer Mortalität nach LT assoziiert (Liu et al. 2024a; Izzy et al. 2021). Eine sorgfältige kardiale Evaluation vor der Transplantation und ein kontrolliertes perioperatives Volumenmanagement angesichts der oft reduzierten funktionellen Reserve des Herzens sind zu empfehlen. Zukünftige Untersuchungen müssen klarer evaluieren, welche kardialen Befunde eine Lebertransplantation mit ausreichender kardialer Sicherheit erlauben.

20.4 Pathophysiologie

Der pathophysiologische Zusammenhang zwischen Kardiomyopathie und Leberzirrhose wird eindrucksvoll durch die Reversibilität pathologischer kardialer Veränderungen nach Lebertransplantation demonstriert (Liu et al. 2017; Chen et al. 2016). Systemische Inflammation wird dabei als ein relevanter Pathomechanismus für die Schädigung des Herzens bei fortgeschrittener Leberzirrhose angenommen. Als Folge der portalen Hypertension bei Patienten mit dekompensierter Leberzirrhose kommt es zu einer intestinalen Kongestion mit Störung der Mukosabarriere und Translokation von Bakterien und Lipopolysaccharid (LPS) aus dem Darm in die portale Zirkulation mit systemischer Aktivierung proinflammatorischer Signalwege. Eine vermehrte Infiltration des Myokards mit Makrophagen wird in diesem Kontext als Ursache einer systolischen Dysfunktion angenommen. Zudem existiert Evidenz, dass proinflammatorische Zytokine durch eine Störung der myokardialen Kalziumhomöostase die Kontraktilität des Herzens beeinträchtigen. Ebenfalls unter dem Einfluss inflammatorischer Zytokine kommt es zu einem vermehrten Anfall von Stickstoffmonoxid (NO) und Carbonmonoxid (CO), die über den cGMP-Signalweg die kardiale Kontraktilität reduzieren. Auch eine vermehrte Aktivierung des CB-1-Endocannabinoidsignalwegs durch Anandamid wirkt sich womöglich negativ auf die kardiale Kontraktilität aus (Liu et al. 2024a).

Als ein weiterer Pathomechanismus der CCM wird die hepatozelluläre Funktionsstörung mit negativen Auswirkungen auf die korrekte Synthese kardialer Proteine angenommen. So führt die Leberfunktionsstörung womöglich zu einer Herabregulation des kardialen Betaadrenozeptors mit der Folge einer geringeren Responsivität des Herzens gegenüber Katecholaminen. Zudem liegt experimentelle Evidenz zu Veränderungen in der Zusammensetzung von kardialen Strukturproteinen und Myofilamenten im Kontext der Leberzirrhose vor, die sich ebenfalls negativ auf die Kontraktilität auswirken könnten. Im Tiermodell der Leberzirrhose wurden zudem Hinweise gefunden, dass das Glykoprotein Galectin-3 durch proapoptotische, inflammatorische und oxidative Mechanismen negative Einflüsse auf die kardiale Funktion hat (Liu et al. 2024a).

20.5 Therapie

Eine spezifische medikamentöse Therapie der CCM ist bislang nicht etabliert. Auch die etablierte Herzinsuffizienztherapie kann nicht unkritisch auf die CCM übertragen werden. So ist etwa der Einsatz von ACE-Hemmern oder Sartanen zur Behandlung einer Kardiomyopathie bei Patienten mit fortgeschrittener Leberzirrhose nicht ratsam, da diese Patienten häufig bereits eine inadäquate Vasodilatation und Hypotension aufweisen, die durch eine weitere Nachlastsenkung verschlimmert werden würden (Liu et al. 2024 b).

Zunehmend erhärtet sich jedoch die Evidenz für eine Verbesserung der Prognose von Patienten mit Zirrhose und klinisch signifikanter portaler Hypertension durch Behandlung mit nichtselektiven Betablockern (NSBB) (Villanueva et al. 2019, 2022) (siehe auch Kap. 12). Dabei wirken sich NSBB womöglich auch günstig auf pathologische kardiale Veränderungen im Kontext einer CCM aus. So wird unter NSBB-Therapie etwa eine Verkürzung der QT-Zeit beobachtet. Da bei Patienten mit fortgeschrittener Leberzirrhose das sympathische Nervensystem überaktiviert ist, könnten NSBB bei Patienten mit CCM kardioprotektiv gegen chronisch erhöhte Katecholaminspiegel wirken.

Zudem reduzieren NSBB die bakterielle Translokation und die systemische Inflammation bei Patienten mit Leberzirrhose durch Senkung des portalen Hypertonus und hemmen damit den mutmaßlichen inflammatorischen Pathomechanismus der CCM (Jachs et al. 2021; Mookerjee et al. 2016). Trotz dieser plausiblen Effekte existiert bislang keine spezifische Evidenz dafür, dass NSBB sich günstig auf die Prognose bei Patienten mit CCM auswirken.

▶ Der Einsatz von NSBB sollte sich daher derzeit an etablierten Indikationen wie klinisch signifikanter portaler Hypertension oder Prävention der Ösophagusvarizenblutung orientieren. Mögliche ungünstige Effekte könnten sich jedoch aus der negativ inotropen Wirkung und einer zu starken Blutdrucksenkung durch NSBB ergeben.

Ivabradin dagegen senkt die Herzfrequenz ohne Auswirkungen auf Blutdruck oder Kontraktilität und könnte so eine effektivere kardiale Relaxation während der Diastole erlauben. Eine randomisierte kontrollierte Studie an 189 Patienten mit Leberzirrhose und diastolischer Dysfunktion verglich 2 Gruppen: Behandlung mit Carvedilol, ggf. kombiniert mit Ivabradin, zur Erreichung einer Zielherzfrequenz zwischen 55 und 65/min oder Standardtherapie ohne Betablocker. Die Studie zeigte eine Reduktion der diastolischen Dysfunktion und eine Verbesserung des Überlebens durch die Senkung der Herzfrequenz unter kombinierter Behandlung mit Carvedilol und Ivabradin (Premkumar et al. 2020). Diese vielversprechenden Effekte müssen in größeren Studien bestätigt werden.

Auch die i. v. Behandlung mit Humanalbumin könnte sich günstig auf die CCM auswirken. Albumin werden antiinflammatorische und antioxidative Eigenschaften zugeschrieben. Die PRECIOSA-Pilotstudie zeigte bei Patienten mit dekompensierter Leberzirrhose, die hohe Albumindosen (1,5 g/kg Körpergewicht wöchentlich über 12 Wochen) erhielten, eine gebesserte systolische Funktion mit Zunahme des Herzindex und des linksventrikulären Schlagvolumenindex sowie eine Reduktion inflammatorischer Zytokine, diese Effekte waren bei niedrig dosierter Albumintherapie nicht zu beobachten (Liu et al. 2024b; Fernández et al. 2019).

Vielversprechend könnte bei Patienten mit Leberzirrhose und Zeichen der CCM der Einsatz von SGLT2-Inhibitoren sein, für deren Einsatz bei der Herzinsuffizienz ja bereits eine robuste Datenlage existiert. Zukünftige Studien werden den Nutzen untersuchen müssen (Siafarikas et al. 2024).

Tierexperimentelle Untersuchungen sprechen für therapeutische Effekte von Statinen, Taurin, Spermidin oder Galectin-3-Inhibitoren, diese Konzepte sind bislang nicht in klinischen Untersuchungen bestätigt (Liu et al. 2024b).

20.6 Fazit

Die fortgeschrittene Leberzirrhose geht häufig mit chronischen myokardialen Veränderungen im Sinne einer CCM einher, dies kann systolische oder diastolische kardiale Dysfunktion oder auch EKG-Auffälligkeiten beinhalten. Einheitliche Diagnosekriterien sind dringend erforderlich. Die CCM ist vermutlich mit einem höheren Risiko für ein Typ-1-hepatorenales Syndrom und mit einer erhöhte Mortalität assoziiert. Insbesondere bei TIPS-Implantation und Lebertransplantation kann sie die Prognose negativ beeinflussen. Eine kardiale Evaluation sollte routinemäßig bei fortgeschrittener Leberzirrhose erfolgen. Spezifische Therapien existieren noch nicht, aber NSBB, ggf. in Kombination mit Ivabradin, hoch dosiertes Humanalbumin und SGLT2-Hemmer könnten künftige Ansätze darstellen.

Literatur

Armstrong MJ et al (2019) Diastolic dysfunction on echocardiography does not predict survival after transjugular intrahepatic portosystemic stent-shunt in patients with cirrhosis. Aliment Pharmacol Ther 49(6):797–806

Bernardi M et al (1998) Q-T interval prolongation in cirrhosis: prevalence, relationship with severity, and etiology of the disease and possible pathogenetic factors. Hepatology 27(1):28–34

Billey C et al (2019) A prospective study identifying predictive factors of cardiac decompensation after transjugular intrahepatic portosystemic shunt: the Toulouse algorithm. Hepatology 70(6):1928–1941

Cazzaniga M et al (2007) Diastolic dysfunction is associated with poor survival in patients with cirrhosis with transjugular intrahepatic portosystemic shunt. Gut 56(6):869–875

Chen Y et al (2016) A detailed evaluation of cardiac function in cirrhotic patients and its alteration with or without liver transplantation. J Cardiol 67(2):140–146

EASL (2018) EASL clinical practice guidelines for the management of patients with decompensated cirrhosis. J Hepatol 69(2):406–460

Fernández J et al (2019) Effects of albumin treatment on systemic and portal hemodynamics and systemic inflammation in patients with decompensated cirrhosis. Gastroenterology 157(1):149–162

Isaak A et al (2020) Myocardial fibrosis and inflammation in liver cirrhosis: MRI study of the liver-heart axis. Radiology 297(1):51–61

Izzy M et al (2020) Redefining cirrhotic cardiomyopathy for the modern era. Hepatology 71(1):334–345

Izzy M et al (2021) Cirrhotic cardiomyopathy predicts posttransplant cardiovascular disease: revelations of the new diagnostic criteria. Liver Transpl 27(6):876–886

Jachs M et al (2021) Amelioration of systemic inflammation in advanced chronic liver disease upon beta-blocker therapy translates into improved clinical outcomes. Gut 70(9):1758–1767

Karagiannakis DS et al (2014) Diastolic cardiac dysfunction is a predictor of dismal prognosis in patients with liver cirrhosis. Hepatol Int 8(4):588–594

Kowalski HJ, Abelmann WH (1953) The cardiac output at rest in Laennec's cirrhosis. J Clin Invest 32(10):1025–1033

Krag A et al (2010) Low cardiac output predicts development of hepatorenal syndrome and survival in patients with cirrhosis and ascites. Gut 59(1):105–110

Lee SS (1989) Cardiac abnormalities in liver cirrhosis. West J Med 151(5):530–535

Liu H et al (2017) Cirrhotic cardiomyopathy: Implications for liver transplantation. Liver Transpl 23(6):826–835

Liu H et al (2024a) Cardiomyopathy in cirrhosis: from pathophysiology to clinical care. JHEP Rep 6(1):100911

Liu H et al (2024b) Therapies for cirrhotic cardiomyopathy: current perspectives and future possibilities. Int J Mol Sci 25(11):5849

Mookerjee RP et al (2016) Treatment with non-selective beta blockers is associated with reduced severity of systemic inflammation and improved survival of patients with acute-on-chronic liver failure. J Hepatol 64(3):574–582

Premkumar M et al (2020) Carvedilol combined with ivabradine improves left ventricular diastolic dysfunction, clinical progression, and survival in cirrhosis. J Clin Gastroenterol 54(6):561–568

Rabie RN et al (2009) The use of E/A ratio as a predictor of outcome in cirrhotic patients treated with transjugular intrahepatic portosystemic shunt. Am J Gastroenterol 104(10):2458–2466

Ruíz-del-Árbol L et al (2013) Diastolic dysfunction is a predictor of poor outcomes in patients with cirrhosis, portal hypertension, and a normal creatinine. Hepatology 58(5):1732–1741

Siafarikas C et al (2024) Sodium-glucose linked transporter 2 inhibitors in liver cirrhosis: Beyond their antidiabetic use. Liver Int 44(4):884–893

Tripathi D et al (2020) Transjugular intrahepatic portosystemic stent-shunt in the management of portal hypertension. Gut 69(7):1173–1192

Villanueva C et al (2019) β blockers to prevent decompensation of cirrhosis in patients with clinically significant portal hypertension (PREDESCI): a randomised, double-blind, placebo-controlled, multicentre trial. Lancet 393(10181):1597–1608

Villanueva C et al (2022) Carvedilol reduces the risk of decompensation and mortality in patients with compensated cirrhosis in a competing-risk meta-analysis. J Hepatol 77(4):1014–1025

Wehmeyer MH et al (2015) High rate of cardiac abnormalities in a postmortem analysis of patients suffering from liver cirrhosis. J Clin Gastroenterol 49(10):866–872

Hepatopulmonales Syndrom und portopulmonale Hypertension

21

Valentin Fuhrmann

21.1 Einleitung und Überblick

Respiratorische Beeinträchtigung bei Leberzirrhose sind häufig. 50 % der Patienten mit Zirrhose haben einen beeinträchtigten Gasaustausch mit erhöhter $AaDO_2$ (alveolar-arterielle Sauerstoffpartialdruckdifferenz) und mehr als 30 % der Patienten, die für eine Lebertransplantation evaluiert werden, geben Atemnot an (Rodriguez-Roisin et al. 2004; Fallon et al. 2008; Rolla et al. 1997). Die Ursachen der Beeinträchtigung werden in pulmonalvaskuläre Veränderungen, extrapulmonale Ursachen und Veränderungen des Lungenparenchyms unterteilt (Tab. 21.1). Von nachgewiesener prognostischer Bedeutung

Tab. 21.1 Häufige Ursachen respiratorischer Beeinträchtigung bei Patienten mit Zirrhose

Akutes respiratorisches Versagen (bis zu 60 % der invasiv beatmeten Patienten)	• Pneumonie: 14–48 % aller Infektionen bei Zirrhose • Akutes Lungenversagen (ARDS)
Respiratorische Insuffizienz als Folge der Zirrhose	• Pulmonales Gefäßbett - Hepatopulmonales Syndrom: 20–30 % - Portopulmonale Hypertension: 1–5 % • Lungenparenchym - Pneumonitis: bei primär biliärer Cholangitis, Interferontherapie • Pleura und Zwerchfell - Hepatischer Hydrothorax: 5 % - Aszites
COPD unabhängig von Zirrhose	• COPD: 18 % der Lebertransplantationskandidaten in den USA

V. Fuhrmann (✉)
Cellitinnen Krankenhaus Heilig Geist, Klinik für Innere Medizin, Köln, Deutschland
E-Mail: valentin.fuhrmann@cellitinnen.de

T. Bruns et al. (Hrsg.), *Komplikationen der Leberzirrhose*,
https://doi.org/10.1007/978-3-662-70167-6_21

sind hier das hepatopulmonale Syndrom (HPS) und die portopulmonale Hypertension (PoPH).

21.2 Hepatopulmonales Syndrom

21.2.1 Definition

Das HPS ist als Gasaustauschstörung infolge einer intrapulmonalen Dilatation von Gefäßen bei zugrunde liegender Lebererkrankung definiert. Die Kriterien zur Diagnosestellung sowie die Schweregradeinteilung sind im Folgenden dargestellt.

Diagnosekriterien des HPS

1) Lebererkrankung
2) Abnormer Gasaustausch: $AaDO_2 > 15$ mmHg (bzw. >20 mmHg bei >64 Jahren)
3) Intrapulmonale Vasodilatation: Positive Kontrastmittelechokardiografie (Kontrastmittel-Übertritt in das linke Herz nach > 3 Schlägen)

21.2.2 Epidemiologie

Das HPS ist sowohl bei akuten als auch chronischen Lebererkrankungen dokumentiert und hat den größten klinischen Stellenwert bei Patienten mit Leberzirrhose.

Die Prävalenz des HPS liegt bei Leberzirrhose bei 5–32 % (Rodriguez-Roisin et al. 2004; Fallon et al. 2008; Rolla et al. 1997; Krowka et al. 2016; Rodriguez-Roisin und Krowka 2008; Schenk et al. 2003). Patienten mit einem HPS haben eine deutlich erhöhte Morbidität und Mortalität. Epidemiologische Untersuchungen konnten zeigen, dass die Lebensqualität bei einem HPS deutlich eingeschränkt ist. Des Weiteren ist die Mortalität bei Patienten mit Leberzirrhose und HPS um mehr als das Doppelte erhöht (Fallon et al. 2008; Schenk et al. 2003). Die mittlere 5-Jahres-Überlebenswahrscheinlichkeit bei Leberzirrhose mit HPS liegt <25 %. Komplikationen der Leberzirrhose wie z. B. gastrointestinale Blutungen, Nierenversagen und Infektionen sind die häufigsten Todesursachen. Das HPS ist eine Erkrankung, die mit einer progredienten Verschlechterung des Gasaustausches einhergeht. Eine Untersuchung konnte einen durchschnittlichen jährlichen Rückgang des Sauerstoffpartialdruckes um 5 mmHg pro Jahr feststellen, was, verglichen mit der COPD, einer deutlich rascheren Krankheitsprogredienz entspricht (Swanson et al. 2005).

21.2.3 Klinische Präsentation

Hypoxie stellt das führende klinische Syndrom bei einem HPS dar. Dadurch können klinische Charakteristika bei Patienten mit HPS entstehen, die zwar als typisch für das Krankheitsbild angesehen werden können, jedoch mit einer geringen Spezifität assoziiert sind. Die Ursache hierfür ist, dass Atemnot bei Zirrhose auch durch andere Ursachen wie z. B. Aszites und Flüssigkeitsretention sowie Anämie erklärt werden können (Rodriguez-Roisin et al. 2004; Krowka et al. 2016; Rodriguez-Roisin et al. 2008; Fuhrmann und Krowka 2018).

Klinische Zeichen wie eine Zyanose, Trommelschlegelfinger und Uhrglasnägel können bei fortgeschrittener Hypoxämie auch bei Patienten mit HPS beobachtet werden. Es gibt jedoch auch Patienten mit schwerem HPS und einem über lange Zeit klinisch inapparenten Verlauf, der erst durch Bestimmung der Sauerstoffsättigung bzw. Erhebung des PaO_2 (arterieller Sauerstoffpartialdruck) auffällt.

Typische klinische Zeichen eines HPS sind die Orthodeoxie (Abnahme des Sauerstoffpartialdrucks beim Wechsel von der liegenden in die sitzende Position) sowie die Platypnoe (Abnahme der Atemnot beim Lagewechsel vom Sitzen in die liegende Position). Diese beiden Veränderungen sind jedoch nicht spezifisch für das HPS, sondern werden auch bei anderen kardiopulmonalen Krankheitsbildern wie einem Vorhofseptumdefekt oder nach Pneumektomie beobachtet.

Praxistipp

Im Rahmen der Interpretation der klinischen Befunde sollte generell eine umfangreiche differenzialdiagnostische Abklärung der Atemnot erfolgen, da auch bei Patienten mit HPS weitere kardiopulmonale Krankheitsbilder wie z. B. COPD, Asthma bronchiale bzw. eine Herzinsuffizienz bestehen können und die HPS-bedingte respiratorische Symptomatik weiter aggravieren können. ◄

21.2.4 Diagnostik

Im Rahmen der Diagnosestellung des HPS sind die drei zugrunde liegenden Kriterien (Lebererkrankung, Gasaustauschstörung und intrapulmonale Gefäßweitstellung) festzustellen.

Hinsichtlich der Lebererkrankung sollte das Vorhandensein einer akuten, akut-auf-chronischen oder chronischen Lebererkrankung nachgewiesen werden. Das HPS wurde neben den Krankheitsbildern der Zirrhose und des akut-auf-chronischen Leberversagens auch bei akuten Lebererkrankungen wie primärem Leberversagen, aber auch sekundären Formen wie z. B. der Schockleber nachgewiesen (Rodriguez-Roisin et al. 2004; Krowka et al. 2016; Fuhrmann et al. 2006). Die Gasaustauschstörung und das HPS bilden sich nach Verbesserung der Leberfunktion wieder zurück.

Tab. 21.2 Schweregradeinteilung des HPS

Schweregrad des HPS	Alveolararterielle Sauerstoffdruckdifferenz ($AaDO_2$)	Arterieller Sauerstoffpartialdruck (PaO_2)
Mild	≥ 15 mmHg	≥ 80 mmHg
Moderat	≥ 15 mmHg	< 80 mmHg und ≥ 60 mmHg
Schwer	≥ 15 mmHg	< 60 mmHg

Die Gasaustauschstörung kann neben klinischen Atemnotbeschwerden nicht selten erstmalig mittels Durchführung einer Pulsoxymetrie festgestellt werden. Hierbei eignet sich die Pulsoxymetrie jedoch lediglich als ein erstes Screeningverfahren, da ihre Wertigkeit infolge einer geringen Sensitivität beschränkt ist. Die arterielle Blutgasanalyse ist daher der Goldstandard zur Objektivierung der Gasaustauschstörung. Eine $AaDO_2$ von ≥ 15 mmHg bei Raumluft (bzw. $AaDO_2 \geq 20$ mmHg bei Patienten >64 Jahren) wird in nationalen und internationalen Leitlinien als klinisch relevante Oxygenierungsstörung erachtet. Zur Graduierung der Schwere der Gasaustauschstörung wird der PaO_2 herangezogen (Fuhrmann und Krowka 2018; Schenk et al. 2002). Tab. 21.2 fasst die Schweregradeinteilung des HPS anhand des PaO_2 zusammen.

Zur Diagnosestellung einer intrapulmonalen Gefäßweitstellung wird üblicherweise eine transthorakale Kontrastmittelechokardiografie durchgeführt. Hierzu wird ein nicht lungengängiges Ultraschallkontrastmittel, wie z. B. 10 ml aufgeschüttelte Kochsalzlösung, Gelafundin, HAES oder Ähnliches, verwendet (Fuhrmann und Krowka 2018).

Das Ultraschallkontrastmittel erscheint nach i. v. Verabreichung unmittelbar in rechtem Vorhof und rechter Kammer. Die durch das Aufschütteln des nicht lungengängigen Ultraschallkontrastmittels entstandenen Mikrobläschen haben eine Größe von > 15 µm, können das Lungenkapillarbett nicht passieren und sind beim Gesunden ausschließlich im rechten Vorhof und Ventrikel zu sehen. Im Gegensatz dazu tritt das Kontrastmittel infolge einer intrapulmonalen Gefäßweitstellung und intrapulmonaler Shunts bei Patienten mit HPS nach >3 Herzschlägen in das linke Herz über und kann somit auch im linken Herzen (d. h. linker Vorhof und linke Kammer) beobachtet werden. Abzugrenzen ist dieser Kontrastmittelübertritt von intrakardialen Shunts. Hierbei erscheint das nicht lungengängige Kontrastmittel *unmittelbar* nach Auftreten im rechten Herzen im linken Herzen und kann somit einen intrapulmonalen von einem intrakardialen Shunting verlässlich unterscheiden.

Die Durchführung einer Lungenperfusionsszintigrafie mittels 99m-Technetium-makroaggregierten Humanalbumins kann als diagnostische Alternative oder Ergänzung beim Nachweis einer intrapulmonalen Gefäßweitstellung helfen (Krowka et al. 2016; Abrams et al. 1998). Bei Anwendung dieser nuklearmedizinischen Methode kann zusätzlich das Ausmaß des Shunts quantifiziert werden. Jedoch ist die Perfusionsszintigrafie nicht in der Lage, ein intrapulmonales von einem intrakardialen Shunting abzugrenzen. Des Weiteren ist die Sensitivität dieses Verfahrens deutlich geringer als die transthorakale Kontrastmittelechokardiografie mit nicht lungengängigem Ultraschallkontrastmittel. In der Regel wird die Lungenperfusionsszintigrafie als zusätzliche Maßnahme bei schweren Formen des HPS nach der Kontrastmittelechokardiografie eingesetzt.

Zur differenzialdiagnostischen Abklärung der Atemnot bei Patienten mit Zirrhose können folgende Untersuchungen ergänzend herangezogen werden: Lungenröntgen, Lungenfunktionsuntersuchung, ggf. auch mit Diffusionskapazität, Thorax-CT bei Patienten mit schwerem HPS bzw. unklaren Befunden in der Röntgenaufnahme der Lunge.

21.2.5 Therapie

Derzeit besteht die Therapie des HPS aus zwei Säulen: zum einen der symptomatischen Behandlung der Hypoxämie mit einer supplementären Langzeitsauerstofftherapie bei schwerem HPS (PaO_2 < 60 mmHg), zum anderen der Lebertransplantation (Rodriguez-Roisin et al. 2004; Krowka et al. 2016; Rodriguez-Roisin et al. 2008; Raevens und Fallon 2018; Horvatits und Fuhrmann 2014). Kausale medikamentöse Therapieoptionen zur Behandlung des HPS konnten zwar in experimentellen Untersuchungen Verbesserungen des HPS zeigen, in klinischen Studien konnten jedoch bisher keine längerfristigen Effekte bei Patienten mit HPS nachgewiesen werden (Tab. 21.3). Eine TIPS-Anlage (TIPS: transjugulärer intrahepatischer portosystemischer Shunt) hat nach aktuellem Kenntnisstand keinen klinischen Stellenwert zur Behandlung des HPS.

Das HPS bildet sich regelhaft durch eine Normalisierung der akut oder chronisch geschädigten Leberfunktion zurück. Einerseits kann dies Folge einer kompletten Normalisierung einer akuten schweren Leberfunktionsstörung bzw. eines Leberversagens sein (z. B. gut belegt bei Patienten mit schwerer Schockleber), andererseits ist diese Normalisierung insbesondere bei fortgeschrittenen chronischen Lebererkrankungen mit einer Lebertransplantation (LT) möglich. Die LT führt regelhaft zu einer vollständigen Rückbildung der Gasaustauschstörung und des HPS. Gerade bei schweren Gasaustauschstörungen benötigt dieser Prozess jedoch mehrere Monate. In vielen Ländern, so auch bei den Eurotransplantmitgliedern, erfolgt bei Patienten mit Leberzirrhose und schwerem HPS folgerichtig eine Priorisierung auf der LT-Warteliste. Die Richtlinie für die Wartelistenführung und Organvermittlung zur Lebertransplantation gemäß § 16 Abs. 1 S. 1 Nrn. 2 und 5 Transplantationsgesetz definiert in Deutschland eine Stadardausnahme (*standard exception*), die Patienten mit schwerem HPS (PaO_2 <60 mmHg) einen matchMELD-Score zu-

Tab. 21.3 Therapieansätze beim HPS. (Horvatits und Fuhrmann 2014)

Etablierte Therapieoptionen	Lebertransplantation Sauerstofftherapie
Experimentelle Therapieansätze	Methylenblau NG-Nitro-L-Argininmethylester (L-NAME) Pentoxifyllin Monoklonale Antikörper (Tumornekrosefaktoren, TNF) Norfloxacin Hämoxigenaseinhibitoren Fractalkine (CX3CL1) Allium sativum (Knoblauch)

spricht – initial entsprechend einer 3-Monats-Mortalität von 15 %, alle 3 Monate Erhöhung um je 10 %.

21.3 Portopulmonale Hypertension

21.3.1 Definition

Die PoPH ist eine Form der pulmonalarteriellen Hypertonie, welche der Gruppe 1 der pulmonalen Hypertonie zugerechnet wird. Die PoPH tritt bei Patienten mit einer portalen Hypertonie auf und ist durch einen erhöhten pulmonalarteriellen Gefäßwiderstand, der zu einem pulmonalarteriellen Bluthochdruck und bis hin zu einem Rechtsherzversagen führen kann, charakterisiert (Rodriguez-Roisin et al. 2004; Krowka et al. 2016; Horvatits und Fuhrmann 2014). Die PoPH ist sowohl bei Patienten mit Leberzirrhose als auch bei nicht-zirrhotischer portaler Hypertension – wie z. B. bei einem Budd-Chiari-Syndrom, einer Pfortaderthrombose oder einer idiopathischen portalen Hypertension – beschrieben. Die Kriterien zur Diagnosestellung sind im Folgenden dargestellt. Die Schweregradeinteilung findet sich in Tab. 21.4.

Diagnosekriterien der PoPH

- Vorhandensein einer portalen Hypertension
- Mittlerer pulmonalarterieller Druck (mPAP) > 20 mmHg
- Pulmonalvaskulärer Widerstand (PVR) ≥ 3 Wood Units
- Pulmonalkapillärer Verschlussdruck (PAWP < 15 mmHg)

21.3.2 Epidemiologie

Die Prävalenz der portopulmonalen Hypertonie (PoPH) liegt bei Patienten mit Leberzirrhose bei 1–6 %. Im amerikanischen REVEAL-Register wiesen 4,9 % von 3900 Patienten mit pulmonalarterieller Hypertonie eine PoPH auf, während in einem französischen Register 15 % betroffen waren. Ein klarer Zusammenhang zwischen dem Schweregrad der PoPH und dem Ausmaß der Lebererkrankung ist nicht nachgewiesen. Ohne Therapie beträgt die Mortalität der PoPH nach 1 Jahr 54–65 % (Swanson et al. 2008).

Tab. 21.4 Schweregrade der portopulmonalen Hypertension

Stadium	mPAP, mmHg
Leichtgradige PoPH	mPAP < 35
Mittelschwere PoPH	35 ≤ mPAP < 45
Schwere PoPH	mPAP ≥ 45

Im Gegensatz dazu konnte durch medikamentöse Behandlungen die Überlebensrate deutlich verbessert werden: Unter Therapie betrugen die Überlebensraten bei Patienten mit PoPH nach 1, 3 und 5 Jahren 88 %, 75 % und 68 % (Le Pavec et al. 2008). Verglichen mit anderen Formen der pulmonalarteriellen Hypertonie ist die Letalität bei Patienten mit PoPH jedoch signifikant höher (60 % vs. 36 % nach 5 Jahren), was vor allem auf Komplikationen der Leberzirrhose selbst als häufige Todesursache zurückzuführen zu sein scheint (Krowka et al. 2012).

21.3.3 Klinische Präsentation

Mögliche Symptome bei Patienten mit PoPH reichen von Anzeichen einer Rechtsherzinsuffizienz bis hin zu Synkopen, Brustschmerzen und (Belastungs-)Dyspnoe. Allerdings zeigen bis zu 60 % der Patienten mit PoPH anfangs keine klinischen Symptome. Bei der körperlichen Untersuchung können gestaute Jugularvenen, Pleuraergüsse, Aszites, Beinödeme, ein systolisches Herzgeräusch oder sogar Hämoptysen auffallen. Die Sonografie des Abdomens zeigt häufig Hinweise auf eine Rechtsherzbelastung, z. B. erweiterte Lebervenen mit Pendelfluss. Im Gegensatz zum hepatopulmonalen Syndrom (HPS) sind Dyspnoe und Hypoxämie bei Patienten mit PoPH selten und nicht typisch.

21.3.4 Diagnostik

Die transthorakale Echokardiografie ist der erste diagnostische Schritt bei Verdacht auf PoPH und sollte zumindest einmalig bei allen Patienten mit portaler Hypertension erfolgen. Dabei wird geprüft, ob Zeichen einer Rechtsherzbelastung vorliegen, und unter Anwendung der Bernoulli-Gleichung wird der systolische pulmonalarterielle Druck (sPAP) geschätzt. Bei einem sPAP von ≥40–50 mmHg oder bei Hinweisen auf eine Rechtsherzbelastung ist eine Rechtsherzkatheteruntersuchung angezeigt (Rodriguez-Roisin et al. 2004; Krowka et al. 2016; Horvatits und Fuhrmann 2014).

Die Rechtsherzkatheteruntersuchung mittels Pulmonalarterienkatheter ist der Goldstandard zur Diagnose der PoPH (Rodriguez-Roisin et al. 2004; Krowka et al. 2016; Horvatits und Fuhrmann 2014). Die PoPH ist definiert als das Vorhandensein einer portalen Hypertension in Kombination mit einem in Ruhe bestehenden mittleren Pulmonalarteriendruck (mPAP) von ≥20 mmHg und einem pulmonalarteriellen Verschlussdruck von ≤15 mmHg bei einem pulmonalvaskulären Widerstand von ≥3 Wood Units.

Tab. 21.4 illustriert die Schweregrade der PoPH, graduiert anhand der mittleren pulmonalarteriellen Drücke. Im Rahmen der Rechtsherzkatheteruntersuchung kam zur Abklärung und Graduierung der portalen Hypertension auch eine Lebervenenkatheteruntersuchung zur Bestimmung des hepatovenösen Druckgradienten (HVPG) durchgeführt werden. Eine klinisch signifikante portale Hypertension ist definiert als ein HVPG ≥10 mmHg (Kap. 7)

Obwohl Dyspnoe und Hypoxämie bei Patienten mit PoPH selten sind, sollte im Rahmen der Abklärung eine arterielle Blutgasanalyse durchgeführt werden. Bei schwerer Hypoxämie mit einem PaO_2 < 60 mmHg ist eine Langzeitsauerstofftherapie indiziert.

21.3.5 Therapie

Die therapeutischen Komponenten der Behandlung der PoPH umfassen symptomatische Allgemeinmaßnahmen und gezielte medikamentöse Therapien. Im Gegensatz zum HPS stellt die LT nur in wenigen, ausgewählten Fällen eine zielführende Option dar (Horvatits und Fuhrmann 2014).

Allgemeinmaßnahmen umfassen die Aufrechterhaltung der Euvolämie, ggf. mit Diuretika, die Empfehlung zur Vermeidung von Schwangerschaften und die Influenza- und Pneumokokkenimpfung (Kap. 14). Im Falle einer schweren Hypoxämie mit einem PaO_2 < 60 mmHg sollte eine Langzeitsauerstofftherapie erfolgen. Nichtselektive Betablocker (NSBB), welche bei Patienten mit klinisch signifikanter portaler Hypertension zur Dekompensationsprophylaxe eingesetzt werden, sollten bei Patienten mit PoPH vermieden bzw. abgesetzt werden, da diese eine Reduktion des Herzzeitvolumens bewirken und bei Lungenhochdruck nach Möglichkeit zu vermeiden sind. Orale Antikoagulanzien sollten im Gegensatz zu anderen Formen der pulmonalen Hypertonie nur im Einzelfall und nach strenger Nutzen-Risiko-Abwägung verordnet werden. Darüber hinaus sollten psychosoziale Unterstützung angeboten und Patienten zu regelmäßiger körperlicher Aktivität motiviert werden.

Mehrere gezielte medikamentöse Therapieansätze sind zur Behandlung der PoPH verfügbar. Patienten mit PoPH sollten unter Berücksichtigung der komplexen multimodalen Betreuungs- und Therapiefacetten frühzeitig in einem Behandlungszentrum mit entsprechendem Schwerpunkt vorgestellt werden.

Die medikamentösen Therapieansätze umfassen Präparate zur Beeinflussung der NO (Stickstoffmonoxid)-, Endothelin- und Prostazyklinpfadwege. Durch den Einsatz synthetischer Prostanoide wie Iloprost, Treprostinil und Epoprostenol konnte in vorwiegend retrospektiven Fallserien eine Verbesserung der Belastbarkeit sowie eine Verzögerung des Krankheitsverlaufs belegt werden. Mit dem dualen Endothelinrezeptorantagonisten Macitentan besteht die einzige Substanz aus der Gruppe der Endothelinrezeptorantagonisten, die in einer randomisiert-kontrollierten Studie explizit zur Behandlung der PoPH eine signifikante Verbesserung des pulmonalvaskulären Widerstands – dem primären Studienendpunkt – belegen konnte (Sitbon et al. 2019).

Des Weiteren zeigten Untersuchungen zu Bosentan, einem dualen Endothelinrezeptorantagonisten, sowie zu Ambrisentan, einem selektiven Endothelin-A-Rezeptorantagonisten mit geringerem Hepatotoxizitätsrisiko, ein sicheres Anwendungsprofil bei Patienten mit PoPH. Anzumerken ist, dass vor allem bei Bosentan ein erhöhtes Risiko für eine Hepatotoxizität besteht und eine Zulassung lediglich bei Patienten mit erhaltener Leberfunktion Child-Pugh A vorliegt.

Mit Phosphodiesterase-5-Inhibitoren wie Sildenafil sowie mit Riociguat, einem Stimulator der löslichen Guanylatzyklase, stehen weitere Substanzen zur Behandlung der PoPH im Rahmen der NO-Pathwayinteraktion zur Verfügung. Durch die Verwendung von Sildenafil konnte in Fallserien eine Verbesserung der Hämodynamik und der Belastbarkeit bei Patienten mit PoPH erreicht werden. Eine große französische Registeruntersuchung konnte zeigen, dass im medizinischen Alltag bei Patienten meistens mit einer Monotherapie die Therapie begonnen wurde (vor allem orale Therapien wie Phosphodiesterase-5-Inhibitoren und Endothelinrezeptorantagonisten) (Savale et al. 2020). Bisher gibt es keine Untersuchungen, die die Überlegenheit einer Kombinationstherapie gegenüber einer Monotherapie bei Patienten mit PoPH belegen.

Anders als beim HPS ist die LT bei PoPH nur bei bestimmten Indikationen sinnvoll. Wegen der erhöhten perioperativen Mortalität ist sie primär bei milder PoPH (mPAP < 35 mmHg) eine Option. Bei mittlerer PoPH (mPAP 35–50 mmHg) sollte die LTx nur bei niedrigem PVR <250 dyn×s×cm^{-5} in Betracht gezogen werden (Berg et al. 2024). In vielen Ländern (wie auch den Eurotransplantmitgliedern) erhalten Patienten mit PoPH auf der Warteliste eine Priorisierung (Fallon et al. 2008).

Auch hier hat die Bundesärztekammer für Patienten mit PoPH eine Standardausnahme definiert, infolge derer Patienten mit PoPH einen matchMELD nach Antrag des Transplantationszentrums zugewiesen bekommen. Hierbei müssen derzeit folgende Voraussetzungen allesamt erfüllt sein: 1) Nachweis einer Lebererkrankung, 2) mittlerer Pulmonalarteriendruck (mit oder ohne Therapie): 25–35 mmHg, 3) pulmonaler Gefäßwiderstand >240 dyn×s×cm^{-5}, 4) pulmonalkapillärer Wedgedruck <15 mmHg, 5) Erhebung der genannten Messwerte sind mittels Rechtsherzkatheter. Die Patienten starten mit einem matchMELD entsprechend einer 3-Monats-Mortalität von 25 %, der sich in 3-Monats-Schritten um je 10 % erhöht.

▶ **Patienten mit einem HPS oder einer PoPH können bei Erfüllen der in den Richtlinien der Bundesärztekammer festgelegten Kriterien (Standard Exceptions) eine Organallokation über matchMELD erhalten.**

21.4 Fazit

Das HPS und die PoPH sind pulmonalvaskuläre Komplikationen bei Patienten mit Leberzirrhose, die mit erhöhter Morbidität und Mortalität einhergehen. Zur Diagnosesicherung des HPS dienen unter anderem die Kontrastmittelechokardiografie mit nicht lungengängigem Ultraschallkontrastmittel und eine arterielle Blutgasanalyse.

Zur Diagnosestellung der PoPH ist die Erhebung der invasiven pulmonalen Hämodynamik mittels Rechtsherzkatheter erforderlich. Behandlungskonzepte umfassen bei Patienten mit schwerem HPS die Langzeitsauerstofftherapie sowie als kurative Therapieoption die Lebertransplantation. Patienten mit PoPH werden primär medikamentös und symptomatisch und in ausgewählten frühen Stadien auch mittels der Option einer Lebertransplantation behandelt.

Literatur

Abrams GA, Nanda NC, Dubovsky EV et al (1998) Use of macroaggregated albumin lung perfusion scan to diagnose hepatopulmonary syndrome: a new approach. Gastroenterology 114:305–310

Berg T, Aehling NF, Bruns T et al (2024) S2k-Leitlinie Lebertransplantation der Deutschen Gesellschaft für Gastroenterologie, Verdauungs- und Stoffwechselkrankheiten (DGVS) und der Deutschen Gesellschaft für Allgemein- und Viszeralchirurgie (DGAV). Z Gastroenterol 62(9):1397–1573.

De Franchis R, Bosch J, Garciae-Tsao G et al (2022) Baveno VII – renewing consensus in portal hypertension. J Hepatol 76:959–974

Fallon MB, Krowka MJ, Brown RS et al (2008) Impact of hepatopulmonary syndrome on quality of life and survival in liver transplant candidates. Gastroenterology 135:1168–1175

Fuhrmann V, Krowka MJ (2018) Hepatopulmonary syndrome. J Hepatol 69:744–745

Fuhrmann V, Madl C, Mueller C et al (2006) Hepatopulmonary syndrome in patients with hypoxic hepatitis. Gastroenterology 131:69–75

Herve P, Le Pavec J, Sztrymf B et al (2007) Pulmonary vascular abnormalities in cirrhosis. Best Pract Res Clin Gastroenterol 21:141–159

Horvatits T, Fuhrmann V (2014) Therapeutic options in pulmonary hepatic vascular disorders. Expert Rev Clin Pharmacol 7:31–42

Krowka MJ, Miller DP, Barst RJ et al (2012) Portopulmonary hypertension: a report from the US-based REVEAL Registry. Chest 141:906–915

Krowka MJ, Fallon MB, Kawut SM et al (2016) International liver transplant society practice guidelines: diagnosis and management of hepatopulmonary syndrome and portopulmonary hypertension. Transplantation 100:1440–1462

Le Pavec J, Souza R, Herve P et al (2008) Portopulmonary hypertension: survival and prognostic factors. Am J Respir Crit Care Med 178:637–643

Raevens S, Fallon MB (2018) Potential clinical targets in hepatopulmonary syndrome: lessons from experimental studies. Hepatology 68:2016–2028

Rodriguez-Roisin R, Krowka MJ (2008) Hepatopulmonary syndrome – a liver-induced lung vascular disorder. N Engl J Med 358:2378–2387

Rodriguez-Roisin R, Krowka MJ, Herve P et al (2004) Pulmonary-hepatic vascular disorders (PHD). Eur Respir J 24:861–880

Rolla G et al (1997) Exhaled nitric oxide and oxygenation abnormalities in hepatic cirrhosis. Hepatology 26:842–847

Savale L, Guimas M, Ebstein N et al (2020) Portopulmonary hypertension in the current era of pulmonary hypertension management. J Hepatol 73:130–139

Schenk P, Fuhrmann V, Madl C et al (2002) Hepatopulmonary syndrome: prevalence and predictive value of various cut offs for arterial oxygenation and their clinical consequences. Gut 51:853–859

Schenk P, Schoniger-Hekele M, Fuhrmann V et al (2003) Prognostic significance of the hepatopulmonary syndrome in patients with cirrhosis. Gastroenterology 125:1042–1052

Sitbon O, Bosch J, Cottreel E et al (2019) Macitentan for the treatment of portopulmonary hypertension (PORTICO): a multicentre, randomised, double-blind, placebo-controlled, phase 4 trial. Lancet Respir Med 7:594–604

Swanson KL, Wiesner RH, Krowka MJ (2005) Natural history of hepatopulmonary syndrome: impact of liver transplantation. Hepatology 41:1122–1129
Swanson KL, Wiesner RH, Nyberg SL et al (2008) Survival in portopulmonary hypertension: Mayo Clinic experience categorized by treatment subgroups. Am J Transplant 8:2445–2453

22 Sarkopenie und Osteoporose

Juliana Stadtmann und Michael Praktiknjo

22.1 Sarkopenie

22.1.1 Grundlagen und Definition

Die Europäische Arbeitsgruppe für Sarkopenie bei älteren Menschen (EWGSOP) entwickelte zwischen 2009 und 2010 eine praxisnahe klinische Definition und konsensfähige diagnostische Kriterien für die altersbedingte Sarkopenie.

▶ **Sarkopenie ist ein Syndrom, das durch einen fortschreitenden und allgemeinen Verlust an Skelettmuskelmasse und -kraft gekennzeichnet ist, mit dem Risiko negativer Folgen wie körperlicher Behinderung, schlechter Lebensqualität und Tod.**

Die Sarkopenie wird daher anhand der Kriterien „geringe Muskelmasse" und „Muskelfunktion" (entweder geringe Kraft und/oder geringe körperliche Leistungsfähigkeit) diagnostiziert. Eine sehr ähnliche Konsensdefinition wurde bereits 2009 von der International Working Group on Sarcopenia (IWGS) erarbeitet, die Sarkopenie als „altersbedingten Verlust an Skelettmuskelmasse und -funktion" definiert. Sarkopenie sollte bei älteren Patienten untersucht werden, bei denen klinisch eine Verschlechterung der körperlichen Funktion, der Kraft oder des Gesundheitszustandes festgestellt wird. Das Vorliegen einer

J. Stadtmann (✉) · M. Praktiknjo
Medizinische Klinik B (Gastroenterologie, Hepatologie, Endokrinologie, Klinische Infektiologie), Uniklinik Münster, Münster, Deutschland
E-Mail: juliana.stadtmann@ukmuenster.de; Michael.Praktiknjo@ukmuenster.de

T. Bruns et al. (Hrsg.), *Komplikationen der Leberzirrhose*, https://doi.org/10.1007/978-3-662-70167-6_22

Sarkopenie ist generell mit einem erhöhten Risiko für Stürze, Frakturen, verminderter Lebensqualität und Tod assoziiert.

In der klinischen Praxis wird eine primäre und sekundäre Sarkopenie unterschieden. Die primäre Sarkopenie ist altersbedingt, sofern keine andere Ursache festgestellt werden kann, während die sekundäre durch verschiedenste Ursachen ausgelöst werden kann. Ab einem Alter von 50 Jahren nimmt die Muskelmasse circa 1–2 % pro Lebensjahr ab, das Maximum der physischen Aktivität wird bereits zwischen dem 20. und dem 30. Lebensjahr erreicht. Sarkopenie kann als Folge einer systemischen Erkrankung auftreten, z. B. bei malignen Erkrankungen oder fortgeschrittenen Organschäden. Körperliche Inaktivität trägt ebenfalls zur Entwicklung einer Sarkopenie bei, sei es durch einen sitzenden Lebensstil oder durch krankheitsbedingte Immobilität oder Behinderung. Darüber hinaus kann sich eine Sarkopenie als Folge einer unzureichenden Energie- oder Proteinzufuhr entwickeln, die durch Anorexie, Malabsorption, eingeschränkten Zugang zu gesunden Lebensmitteln oder eingeschränkte Essgelegenheiten bedingt sein kann (Cruz-Jentoft et al. 2019).

22.1.2 Sarkopenie in der Hepatologie

Während die typischen hepatischen Dekompensationen der Zirrhose bereits seit Langem im zentralen Fokus der Gastroenterologie stehen, werden Mangelernährung und die daraus resultierende Sarkopenie bei Patienten mit einer Leberzirrhose häufig unterschätzt. Dabei ist das Erfassen des Ernährungsstatus gerade bei Patienten mit Leberzirrhose von zentraler Bedeutung. Die Sarkopenie ist bei dieser Patientengruppe eine schwerwiegende und mit einer Prävalenz von ca. 30–70 % eine sehr häufige Komplikation, die die Mortalität und die Komplikationsrate massiv erhöht (Tantai et al. 2022).

Neben den allgemeinen Folgen der Sarkopenie ist eine geringe Skelettmuskelmasse bei Patienten mit Zirrhose vor allem mit einer deutlichen Zunahme der Dekompensationsrate assoziiert. Die Sarkopenie ist mit einer vermehrten Entwicklung einer hepatischen Enzephalopathie (HE), einer vermehrten Entwicklung von Aszites, einer erhöhten Infektionsrate und einer Zunahme des Auftretens eines akut-auf-chronischen Leberversagens (ACLF) assoziiert. Die betroffenen Patienten sind häufiger und länger hospitalisiert und haben eine 2fach erhöhte Wartelistenmortalität.

Auch nach der Lebertransplantation (LT) gehören zu den sarkopenieassoziierten Komplikationen eine prolongierte Hospitalisierung und Intensivtherapie, ein erhöhtes Infektionsrisiko und eine erhöhte Mortalität. Die Auswirkungen der Sarkopenie bei Patienten mit Zirrhose können auch durch das Geschlecht, den Schweregrad der Leberfunktionsstörung und die Ätiologie der Zirrhose beeinflusst werden. Bekannte Risikofaktoren sind das männliche Geschlecht, eine alkoholassoziierte Genese der Zirrhose sowie ein zunehmendes Child-Pugh-Stadium (Tantai et al. 2022; Praktiknjo et al. 2018).

Aufgrund dieser Belastung empfiehlt die Europäische Fachgesellschaft EASL (European Association for the Study of the Liver) ein strukturiertes Ernährungsscreening für alle Patienten mit Leberzirrhose, z. B. mittels des validierten Royal Free Hospital Nutrition

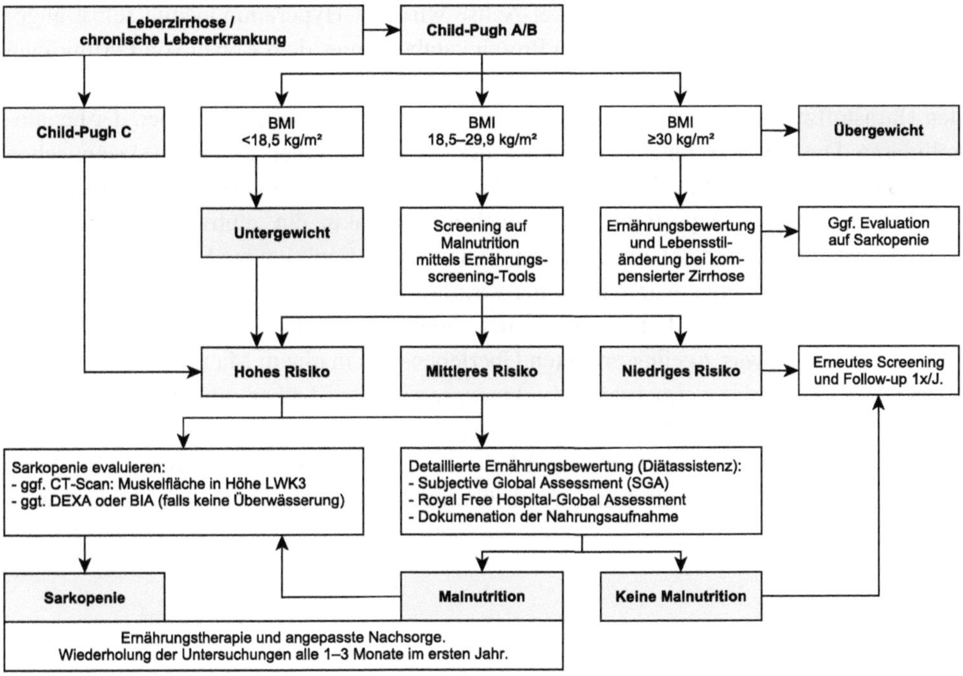

Abb. 22.1 Ernährungsscreening und -bewertung bei Patienten mit Leberzirrhose. Algorithmus der Risikostratifizierung und Diagnostik der Malnutrition. BIA = bioelektrische Impedanzanalyse, BMI = Body-Mass-Index, CT = Computertomografie, DEXA = Ganzkörper-Dual-Energy-Röntgenabsorptiometrie, LWK = Lendenwirbelknochen. Modifiziert nach „EASL Clinical Practice Guidelines on nutrition in chronic liver disease." Journal of Hepatology vol. 70,1 (2019): 172–193

Prioritizing Tools. Bei Patienten, die hierbei ein erhöhtes Risiko für das Vorliegen einer Malnutrition zeigen, sollte anschließend eine detaillierte Bewertung des Schweregrads der Mangelernährung, der Muskelfunktion und der Nahrungsaufnahme erfolgen (Abb. 22.1) (Merli et al. 2019).

22.1.3 Pathophysiologie der Sarkopenie bei Zirrhose

Pathophysiologisch tragen mehrere Mechanismen zum Verlust von Skelettmuskulatur bei Patienten mit Zirrhose bei. Neben Mangelernährung durch Appetitlosigkeit und körperliche Inaktivität sind Veränderungen im Hormonhaushalt, eine gesteigerte systemische Inflammation und ein Ungleichgewicht des Proteinmetabolismus Ursachen für eine hohe Prävalenz der Sarkopenie bei Patienten mit chronischer Lebererkrankung.

Da die Skelettmuskulatur das größte Proteinreservoir des Körpers ist, trägt das Zusammenspiel von Proteinsynthese und Proteolyse, welche Bestandteile der Proteinhomöostase (Proteostase) sind, wesentlich zur Erhaltung der Muskelmasse bei. Als Hauptmediator für das Ungleichgewicht der Leber-Muskel-Achse wird die Hyperammonämie selbst angenommen. Ammoniak entsteht aus dem Proteinkatabolismus, dem Abbau von Pyrimidinen und Purinen sowie dem Darmbakterienmetabolismus und wird in den Hepatozyten über den Harnstoffzyklus verstoffwechselt. Portosystemische Shunts führen neben der hepatozellulären Dysfunktion unter Umgehung der Leber zu einer erhöhten systemischen Ammoniakbelastung. Dies führt zu einer Steigerung der Expression von Myostatin im Muskel und Plasma. Myostatin ist als wichtiges Myokin ein zentraler Regulator der Skelettmuskelmasse und übt eine immunmodulatorische Funktion bei Lebererkrankungen aus; ein Myostatinmangel wurde mit einer verminderten Leberfunktionsstörung und Neutrophileninfiltration in die Leber sowie einer verbesserten bakteriellen Clearance in Verbindung gebracht, was zu einer erhöhten Überlebensrate in einem Mausmodell für Sepsis führte. Als Folge der vermehrten Myokinexpression wird über eine Inhibierung des mTORC1-Signalwegs die Proteinbiosynthese gehemmt und die Proteolyse aktiviert. Der mTORC1-Signalweg ist ein zentraler Mediator der Proteostase, welcher z. B. durch körperliche Aktivität stimuliert und durch übermäßigen Alkoholkonsum gehemmt wird (Abb. 22.2).

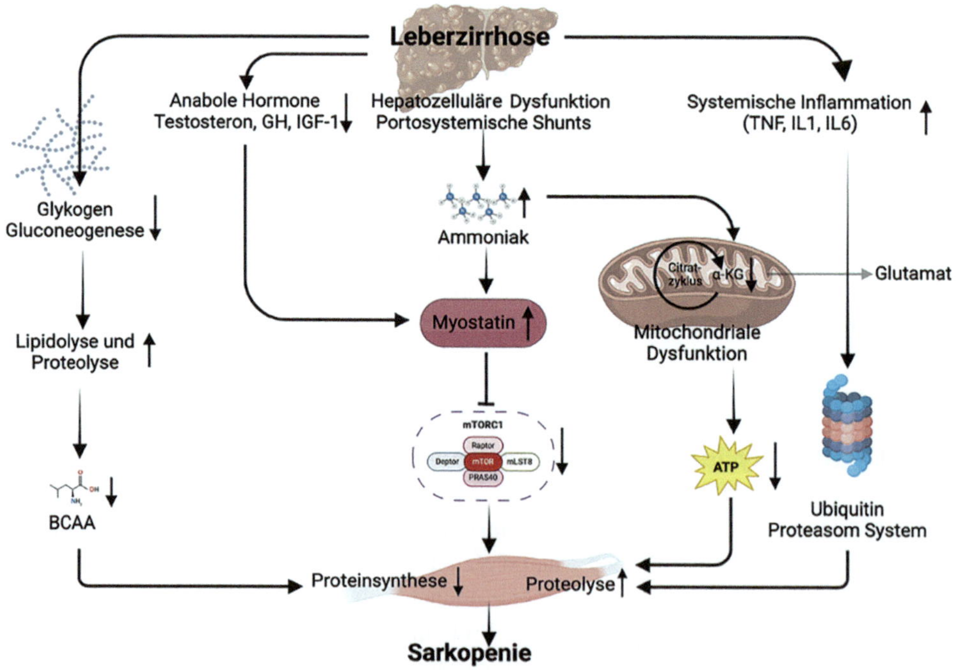

Abb. 22.2 Pathophysiologie der Sarkopenie bei Patienten mit Zirrhose. Schematische Übersicht über zugrunde liegende pathophysiologische Mechanismen. ATP = Adenosintriphosphat, BCAA = Branched-Chain Amino Acids (verzweigtkettige Aminosäuren), GH = Growth Hormone (Wachstumshormon), IGF = insulinähnlicher Wachstumsfaktor, IL = Interleukin, TNF = Tumornekrosefaktor, α-KG = Alpha-Ketoglutarat

Der extrahepatische Abbau von Ammoniak erfolgt über eine kataplerotische Reaktion mit Alpha-Ketoglutarat, welches sekundär zu einem Mangel an Metaboliten des Zitratzyklus und so zu einer oxidativen Dysfunktion und einer gesteigerten Autophagie der Mitochondrien führt. Darüber hinaus vermittelt die Hyperammonämie durch eine Hemmung von anabolen Enzymen wie z. B. der Pyruvatdehydrogenase auch weitere Einschränkungen der ATP-Synthese. Aufgrund des entstehenden Mangels an ATP ist der bioenergetisch aufwendige Prozess der Proteinsynthese stark eingeschränkt (Abb. 22.2).

Neben der Hyperammonämie spielen auch multiple weitere Faktoren in der Entwicklung der Sarkopenie eine Rolle. Sowohl ein Mangel von Testosteron als auch von Somatotropin und in der Folge von Insulin-like-Growth-Factor (IGF1) sind typische Folgen einer gestörten hormonellen Homöostase bei Leberzirrhose und mit dem Verlust von Muskelmasse assoziiert. Der Mangel an IGF1 führt durch den Wegfall der Stimulation von mTORC1 sowie die Überaktivierung von Myostatin zu einer weiteren Beeinträchtigung der Muskelzellproliferation und -regeneration. Auch eine Reduktion des Ghrelinspiegels als appetitsteigerndes Hormon sowie eine Erhöhung des Leptinspiegels als appetitsenkendes Hormon führen im Rahmen der Zirrhose zu einer verminderten Nahrungsaufnahme. Durch eine geschädigte mukosale Darmbarriere und ein verändertes Darmmikrobiom kommt es zu einer Erhöhung proinflammatorischer Zytokine, welche über die Aktivierung von muskulären Toll-like-Rezeptoren über TNF-α-abhängige und -unabhängige Wege ebenfalls zu der dysregulierten Proteostase beitragen (Dasarathy und Merli 2016; Qiu et al. 2012, 2013; Shalimar et al. 2019; Tandon et al. 2021).

22.1.4 Diagnostik

Laut EASL-Empfehlung können verschiedene Methoden zur Erfassung der Sarkopenie eingesetzt werden. Mehrere Techniken zur Bewertung der Sarkopenie wurden evaluiert, darunter die Bestimmung des Muskelumfangs des mittleren Arms, die tetrapolare bioelektrische Impedanzanalyse (BIA), die Dual-Röntgen-Absorptiometrie (DXA), die Handgriffkraft (HGS) und die Magnetresonanztomografie (MRT). Jede Technik hat ihre eigenen Einschränkungen, wie zum Beispiel hohe Kosten oder eine komplexe technische Umsetzung (Merli et al. 2019).

Das derzeit am besten validierte und von der EASL als Standardmethode empfohlene Verfahren ist die Quantifizierung der Gesamtquerschnittfläche der Skelettmuskulatur auf Höhe des Lendenwirbelkörpers L3 mittels **Computertomografie** (CT). Die Skelettmuskulatur kann anhand der Dichtewerte im CT definiert werden, gemessen in Hounsfield-Einheiten (HU). Ein Bereich von − 29 HU–150 HU hat sich etabliert.

Darüber hinaus kann die Muskulatur anhand ihres Fettanteils unterschieden werden (fettfreies Muskelgewebe 30–150 HU; fetthaltiges Muskelgewebe − 30–30 HU) (Abb. 22.3). Diese Fläche wird anschließend an die Körpergröße (im Quadrat) normiert, um den Skelettmuskelindex (cm^2/m^2) zu berechnen. Die Psoasmuskulatur sowie auch die paraspinale und die Bauchwandmuskulatur werden als zentrale Skelettmuskulatur

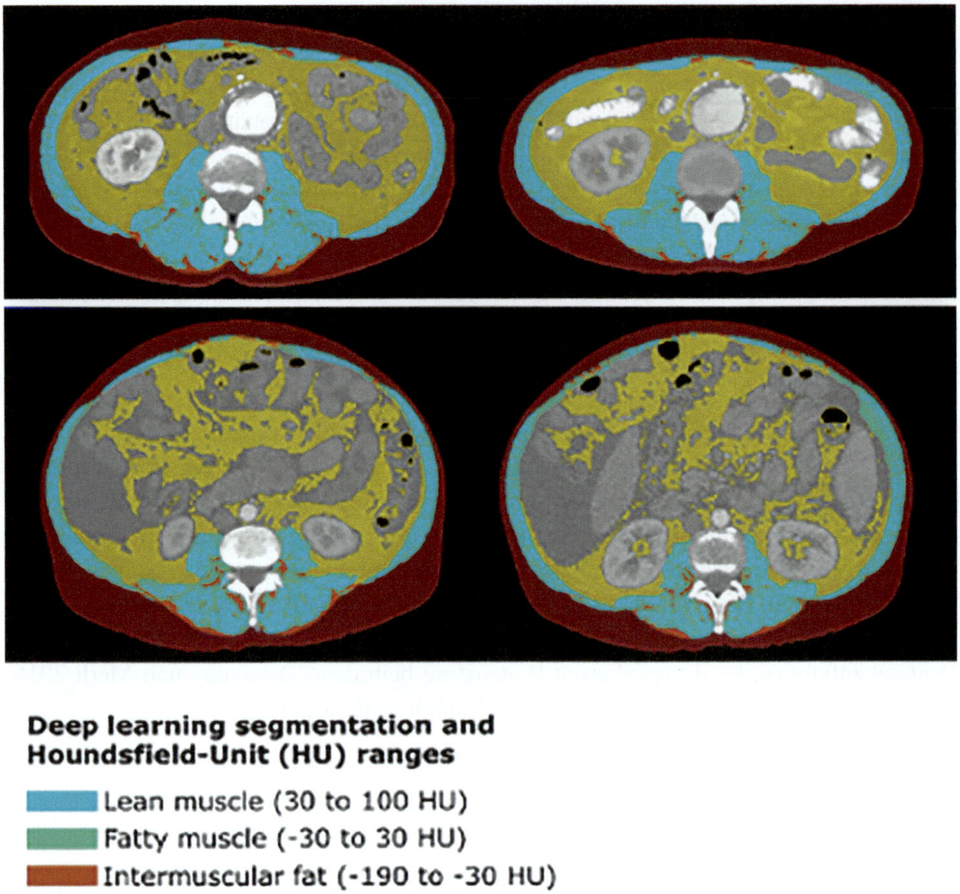

Abb. 22.3 Computertomografische Quantifizierung der Skelettmuskulatur. CT-Bildgebung auf Höhe des LWK3 von 2 Patienten. Die Skelettmuskulatur wurde anhand der Hounsfield Units (HU) detektiert und farblich markiert. *Blau* = fettfreier Muskel, *grün* = fettreicher Muskel, *rot* = intermuskuläres Fett. Bilder zur Verfügung gestellt von PD Dr. A. M. Sprinkart

betrachtet, die relativ unabhängig von Aktivität und Wassereinlagerungen ist. Für die Analyse der Gesamtquerschnittfläche (cm^2) der abdominalen Skelettmuskulatur bei L3 kann jedes der verschiedenen möglichen Bildanalysesoftwarepakete verwendet werden. Aktuelle Grenzwerte für die Definition der Sarkopenie sind geschlechtsspezifisch: Derzeit werden 50 cm^2/m^2 als Grenzwert für Männer und 39 cm^2/m^2 für Frauen in der CT-Diagnostik empfohlen.

Der computertomografisch definierte Skelettmuskelindex hat prognostisch einen hohen Stellenwert in der Diagnostik der Sarkopenie, da er auch unabhängig von Leberfunktionsindizes wie dem MELD- (Model of End-Stage Liver Disease) oder Child-Pugh-Score einen deutlichen Risikofaktor für das klinische Outcome darstellt. Wiederholte CT-Scans sind jedoch aufgrund der Strahlenbelastung, der Verfügbarkeit und aus wirtschaftlichen

Gründen nur begrenzt möglich, sodass ein ungedeckter klinischer Bedarf an einer schnellen und leicht zugänglichen Methode am Krankenbett besteht.

Auch die **Magnetresonanztomografie** (MRT) hat sich als wertvolles Diagnoseinstrument zur Beurteilung der Sarkopenie erwiesen, da sie detaillierte und nichtinvasive Einblicke in die Muskelzusammensetzung und -qualität bietet. Im Gegensatz zur CT bietet die MRT den Vorteil der fehlenden Strahlen- und Kontrastmittelbelastung. Sowohl der Zugang zur CT als auch zur MRT ist jedoch aufgrund von Kosten und Verfügbarkeit begrenzt, sodass bei dynamischer Veränderung des Ernährungs- und Muskelstatus sequenzielle Untersuchungen zur Verlaufskontrolle nur eingeschränkt möglich sind. In ersten Studien wurde die Vergleichbarkeit der MRT anstelle der CT zur Quantifizierung der Querschnittsfläche der L3-Skelettmuskulatur bestätigt.

In jüngster Zeit wurde zunehmend auch die Eignung der **Sonografie** als einfach zu handhabende, kostengünstige, bettseitig durchführbare Alternative ohne Strahlenbelastung untersucht. Sonografische Bestimmungen sowohl der Muskeldicke der Psoasmuskulatur als auch der Quadrizepsmuskulatur zeigten eine gute Korrelation mit der standardmäßigen computertomografischen Bestimmung der Muskeldicke. In mehreren Untersuchungen imponierte eine deutliche Korrelation zwischen der sonografischen Muskeldicke und der Gesamtmortalität sowie der Dekompensationsrate (Tandon et al. 2016; Gödiker et al. 2023).

Die **tetrapolare bioelektrische Impedanzanalyse** (BIA) verwendet ein 2-Kompartimente-Modell und segmentale BIA-Messungen ermöglichen die Quantifizierung der fettfreien Masse der Gliedmaßen. Kostengünstige, tragbare Geräte und einfache Anwendung sind die Vorteile der BIA, jedoch werden diese Messungen vom Hydratationsstatus der Patienten beeinflusst.

Eine funktionelle Analyse der Muskelkraft lässt sich einfach und kostengünstig mit der Testung der **Handgriffstärke** (HGS) durchführen. Bei der HGS wird der Mittelwert (in kg) von drei aufeinanderfolgenden Messungen des dominanten Arms beim Greifen eines Dynamometers aufgezeichnet. Die HGS ist ein unabhängiger Faktor für die Mortalität, korreliert aber nur schwach mit der Muskelmasse.

Die **Ganzkörper-Dual-Energy-Röntgenabsorptiometrie** (DEXA) ermöglicht die Messung der Knochenmineraldichte, der Fettmasse und der fettfreien Masse. Die Messung kann durch Veränderungen im Wasserhaushalt, vor allem durch Überwässerung, verfälscht werden. Limitierungen bestehen außerdem durch die Strahlenbelastung, die Kosten und die Logistik.

22.1.5 Therapieziele und Therapieoptionen

Intensives Monitoring, eine rechtzeitige Prävention und ausführliche Aufklärung hinsichtlich Lebensstiländerungen sind die wichtigsten therapeutischen Maßnahmen im klinischen Alltag. Eine spätabendliche Nahrungsaufnahme als Snack bis hin zur nächtlichen Ernährungsunterstützung von bis zu 710 kcal wurde in verschiedenen Studien evaluiert und konnte teilweise eine Prognoseverbesserung erreichen. Auch progressives Krafttraining stimuliert die Muskelproteinsynthese und wirkt dem Muskulaturverlust entgegen, jedoch scheitern diese Programme häufig an der Durchführbarkeit für Patienten mit fortgeschrittener Zirrhose.

Empfehlungen zur Ernährung und Evaluation der Sarkopenie (aus der EASL-Leitlinie)

- Durchführung eines Ernährungsscreenings bei allen Patienten; bei Patienten mit einem Risiko für eine Mangelernährung Durchführung einer detaillierten Bewertung, um das Vorhandensein und den Schweregrad der Mangelernährung zu bestätigen.
- Eine Malnutrition ist anzunehmen, wenn der BMI $<18{,}5\ kg/m^2$ beträgt oder ein Child-Pugh-Stadium C vorliegt.
- Wenn eine CT-Bildgebung vorliegt, sollte hieran eine Evaluation der Muskelmasse erfolgen, alternativ kann bei stabilem Wasserhaushalt eine BIA oder DEXA erfolgen.
- Die Muskelfunktion kann mit der Handgriffkraft oder dem Short Physical Performance Battery Test bestimmt werden.
- Die Ernährungsberatung bei Sarkopenie sollte in einem multidisziplinären Ansatz mit Ernährungsberatern erfolgen, um eine angemessene Kalorien- und Proteinzufuhr zu erreichen.
- Die optimale tägliche Energiezufuhr sollte nicht unter den empfohlenen 35 kcal/kg KG/Tag (bei nicht adipösen Personen) liegen.
- Die optimale tägliche Proteinzufuhr sollte nicht unter den empfohlenen 1,2–1,5 g/kg KG/Tag liegen.
- Leucinangereicherte und verzweigtkettige Aminosäurepräparate (0,25 g/kg/Tag) können bei dekompensierten zirrhotischen Patienten verwendet werden, um eine angemessene Stickstoffaufnahme zu erreichen.
- Patienten sollten motiviert werden, die körperliche Aktivität sukzessive zu steigern.

Obwohl bei Patienten mit einer Sarkopenie ein erhöhtes Risiko für die Entwicklung von hepatischer Enzephalopathie, Aszites und ACLF nach Implantation eines transjugulären intrahepatischen portosystemischen Shunts (TIPS) beschrieben wurde, ist in einer großen Metaanalyse der TIPS mit einer prognostisch günstigen Verbesserung des Ernährungszustandes assoziiert. Die Implantation eines TIPS bei Patienten mit portaler Hypertension ist mit einer signifikanten Umverteilung der Körperzusammensetzung verbunden, die sich in einer Zunahme der Muskelmasse zuungunsten des viszeralen Körperfetts manifestiert, sodass sarkopene Patienten besonders von einer TIPS-Implantation zu profitieren scheinen (Praktiknjo et al. 2019). Eine Sarkopenie als alleinige Indikation für einen TIPS ist zum jetzigen Zeitpunkt jedoch noch nicht empfohlen.

Innerhalb kleinerer Studien wurde bereits eine Testosteronsubstitution bei Patienten mit Sarkopenie und Leberzirrhose durchgeführt. In diesem Rahmen wurde ein signifikanter Anstieg der Muskelmasse und der Knochendichte beobachtet. Die Therapie hatte jedoch keinen Einfluss auf die Mortalitätsrate, Dekompensationen oder die Rate an stationären Wiederaufnahmen, sodass hier ebenfalls keine entsprechende Empfehlung besteht (Sinclair et al. 2016).

22.2 Osteoporose bei Leberzirrhose

Die Osteoporose ist gemäß der WHO als systemische Skeletterkrankung definiert, die durch niedrige Knochendichte und geschädigte Mikroarchitektur des Knochengewebes mit einem konsekutiven Anstieg der Knochenbrüchigkeit und Erhöhung des Frakturrisikos gekennzeichnet ist.

Zu den zahlreichen Risikofaktoren, die bei chronischer Lebererkrankung mit Osteoporose in Verbindung gebracht werden, gehören folgende:

- Alkoholgebrauchsstörung
- Rauchen
- Malignomerkrankungen
- Alter
- Malnutrition (BMI <19 kg/m^2)
- Längere Glukokortikoidbehandlung (Prednison 5 mg/Tag für mehr als 3 Monate)
- Chronische Niereninsuffizienz
- Vitamin-D-Mangel
- Frühe Menopause
- Einige hormonelle Störungen wie Diabetes, Hypogonadismus oder Hyperparathyreoidismus (Merli et al. 2019; Santos und Romeiro 2016)

Der Goldstandard in der Diagnose der Osteoporose ist die DEXA. Dabei wird die Abschwächung der ionisierenden Strahlung beim Durchdringen des Gewebes gemessen, woraus Rückschlüsse auf den Mineralisationszustand des Knochens gezogen werden können. Das Ergebnis wird in T-Scores (Standardabweichungen der gemessenen Knochendichte von der Referenzknochendichte) bestimmt (Tab. 22.1).

Die Prävalenz der Osteoporose bei Sarkopenie wird je nach Studienlage mit 15–70 % bei Patienten mit Leberzirrhose angegeben. Bei cholestatischen Lebererkrankungen wie der primär biliären Cholangitis oder der primär sklerosierenden Cholangitis, auch ohne voll ausgeprägte Leberzirrhose, wird das Risiko als noch höher eingeschätzt (Merli et al. 2019; Liang et al. 2018; Danford et al. 2018; Giouleme et al. 2006). Eine Metaanalyse

Tab. 22.1 Definitionen von Osteoporose und Osteopenie anhand des T-Scores nach WHO (World Health Organization)

Manifeste Osteoporose	T-Score ≤− 2,5 *oder* T-Score zwischen − 1 und − 2,5 mit Vorliegen einer Fragilitätsfraktur
Osteopenie	T-Score zwischen − 1 und − 2,5

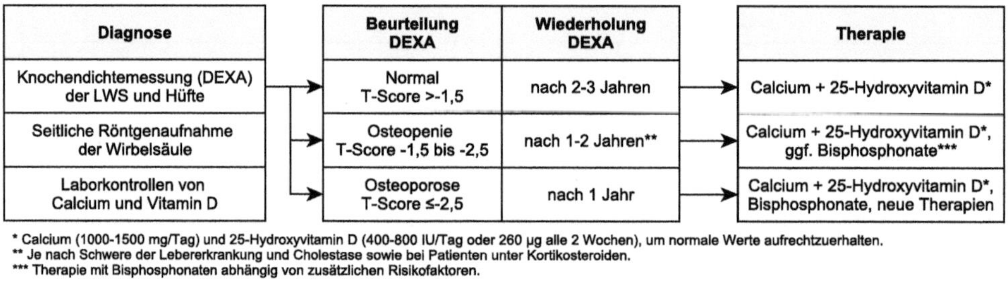

Abb. 22.4 Diagnose und Behandlung von Knochenerkrankungen bei Patienten mit chronischen Lebererkrankungen. Algorithmus zum Management der Osteoporose. Modifiziert nach „EASL Clinical Practice Guidelines on nutrition in chronic liver disease." Journal of Hepatology vol. 70,1 (2019): 172–193

zeigte ein 2fach erhöhtes Frakturrisiko für Patienten mit Leberzirrhose. Bei alkoholbedingter Leberzirrhose war das Frakturrisiko sogar um das 4-fache erhöht (Liang et al. 2018; Wester et al. 2023). Zu den assoziierten Risikofaktoren zählen niedrige Vitamin-D-Spiegel und ein signifikant reduzierter IGF-1-Spiegel, die zu einer Funktionsstörung der Osteoblasten und damit zu einer verringerten Knochenbildung beitragen können (Kang et al. 2023).

Auch nach einer LT bleibt das Osteoporose- und Frakturrisiko deutlich erhöht, insbesondere zwischen dem 3. und dem 6. Monat postoperativ, in denen eine Abnahme der Knochendichte beobachtet wird (Kaemmerer et al. 2012). Das Risiko für Fragilitätsfrakturen steigt nach Transplantation, unter anderem durch die initial intensivierte Steroidtherapie, auf bis zu 21 % in den ersten beiden Jahren (Leidig-Bruckner et al. 2001; Mehtani und Saigal 2023). Auch mehr als 5 Jahre nach einer LT sind das Vorliegen einer Osteoporose und ein Alter <60 Jahre mit einer eingeschränkten gesundheitsbezogenen Lebensqualität verbunden, da sie zu reduzierter körperlicher Leistungsfähigkeit und zu Schmerzen führen können (Bownik und Saab 2009).

In den vergangenen Jahren wurden verschiedene Therapieansätze zur Osteoporosebehandlung untersucht. Das von der EASL empfohlene Vorgehen bei Patienten mit chronischer Lebererkrankung ist in Abb. 22.4 dargestellt. Hauptbestandteile der medikamentösen Therapie sind die Substitution von Kalzium und Vitamin D. Bei Osteopenie oder Osteoporose wird zusätzlich der Einsatz von Bisphosphonaten empfohlen.

22.3 Fazit

Sarkopenie und Osteoporose stellen bei Leberzirrhose häufig unterschätzte Komplikationen dar, die erheblich zur Morbidität und Mortalität beitragen. Während Sarkopenie durch komplexe Interaktionen von Hyperammonämie, hormonellen Dysbalancen, Inflammation und Mangelernährung entsteht, ist Osteoporose vor allem auf eine gestörte Knochenhomöostase zurückzuführen. Frühzeitige Diagnostik, etwa mittels CT, MRT, Sonografie oder DEXA, ist entscheidend, um geeignete therapeutische Strategien einzuleiten. Neben der Lebertransplantation und TIPS-Anlage bei ausgewählten Patienten mit fortgeschrittener Lebererkrankung können Ernährungsoptimierung, kontrollierte körperliche Aktivität und gezielte pharmakologische Interventionen den Verlauf beider Erkrankungen bei Patienten mit Leberzirrhose positiv beeinflussen.

Literatur

Bownik H, Saab S (2009) Health-related quality of life after liver transplantation for adult recipients. Liver Transpl 15(Suppl 2):S42–S49

Cruz-Jentoft AJ, Bahat G, Bauer J et al (2019) Sarcopenia: revised European consensus on definition and diagnosis. Age Ageing 48:16–31

Danford CJ, Trivedi HD, Papamichael K, Tapper EB, Bonder A (2018) Osteoporosis in primary biliary cholangitis. World J Gastroenterol 24:3513–3520

Dasarathy S, Merli M (2016) Sarcopenia from mechanism to diagnosis and treatment in liver disease. J Hepatol 65:1232–1244

Giouleme OI, Vyzantiadis TA, Nikolaidis NL et al (2006) Pathogenesis of osteoporosis in liver cirrhosis. Hepatogastroenterology 53:938–943

Gödiker J, Krüger K, Schwind L et al (2023) Letter: the diagnostic value of ultrasound-based versus CT-based sarcopenia measurement in cirrhosis. Aliment Pharmacol Ther 57:591–592

Kaemmerer D, Schmidt B, Lehmann G, Wolf G, Settmacher U, Hommann M (2012) Treatment of bone loss in patients with chronic liver disease awaiting liver transplantation. Transplant Res 1:7

Kang J, Gopakumar H, Puli SR (2023) Prevalence of osteoporosis in cirrhosis: a systematic review and meta-analysis. Cureus 15:e33721

Leidig-Bruckner G, Hosch S, Dodidou P et al (2001) Frequency and predictors of osteoporotic fractures after cardiac or liver transplantation: a follow-up study. Lancet 357:342–347

Liang J, Meng W-D, Yang J-M et al (2018) The association between liver cirrhosis and fracture risk: a systematic review and meta-analysis. Clin Endocrinol (Oxf) 89:408–413

Mehtani R, Saigal S (2023) Long term complications of immunosuppression post liver transplant. J Clin Exp Hepatol 13:1103–1115

Merli M, Berzigotti A, Zelber-Sagi S et al (2019) EASL Clinical Practice Guidelines on nutrition in chronic liver disease. J Hepatol 70:172–193

Praktiknjo M, Book M, Luetkens J et al (2018) Fat-free muscle mass in magnetic resonance imaging predicts acute-on-chronic liver failure and survival in decompensated cirrhosis. Hepatology 67:1014–1026

Praktiknjo M, Clees C, Pigliacelli A et al (2019) Sarcopenia is associated with development of acute-on-chronic liver failure in decompensated liver cirrhosis receiving transjugular intrahepatic portosystemic shunt. Clin Transl Gastroenterol 10:e00025

Qiu J, Tsien C, Thapalaya S et al (2012) Hyperammonemia-mediated autophagy in skeletal muscle contributes to sarcopenia of cirrhosis. Am J Physiol Endocrinol Metab 303:E983–E993

Qiu J, Thapaliya S, Runkana A et al (2013) Hyperammonemia in cirrhosis induces transcriptional regulation of myostatin by an NF-κB–mediated mechanism. Proc Natl Acad Sci U S A 110:18162–18167

Santos LAA, Romeiro FG (2016) Diagnosis and management of cirrhosis-related osteoporosis. Biomed Res Int 2016:1423462

Shalimar, Sheikh MF, Mookerjee RP, Agarwal B, Acharya SK, Jalan R (2019) Prognostic role of ammonia in patients with cirrhosis. Hepatology 70:982–994

Sinclair M, Grossmann M, Hoermann R, Angus PW, Gow PJ (2016) Testosterone therapy increases muscle mass in men with cirrhosis and low testosterone: a randomised controlled trial. J Hepatol 65:906–913

Tandon P, Mourtzakis M, Low G et al (2016) Comparing the variability between measurements for sarcopenia using magnetic resonance imaging and computed tomography imaging. Am J Transplant 16:2766–2767

Tandon P, Montano-Loza AJ, Lai JC, Dasarathy S, Merli M (2021) Sarcopenia and frailty in decompensated cirrhosis. J Hepatol 75(Suppl 1):S147–S162

Tantai X, Liu Y, Yeo YH et al (2022) Effect of sarcopenia on survival in patients with cirrhosis: a meta-analysis. J Hepatol 76:588–599

Wester A, Ndegwa N, Hagström H (2023) Risk of fractures and subsequent mortality in alcohol-related cirrhosis: a nationwide population-based cohort study. Clin Gastroenterol Hepatol 21:1271–1280.e7

Relative Nebenniereninsuffizienz

23

Miriam Maschmeier und Hauke Heinzow

23.1 Einleitung

Während eine absolute Nebenniereninsuffizienz bei kritisch kranken Patienten selten ist (≤3 %) (Burry und Wax 2004), wurde der Begriff der relativen Nebenniereninsuffizienz geprägt, um der hohen Prävalenz einer Dysfunktion der Hypothalamus-Hypophysen-Nebennierenrinden-(HHN-)Achse bei schwerkranken Patienten gerecht zu werden. Zu Beginn der Erkrankung verfügen die Betroffenen in der Regel noch über eine ausreichende Nebennierenrindenfunktion, um den homöostatischen Anforderungen nachzukommen. Unter Stressbedingungen sind sie jedoch häufig nicht in der Lage, entweder genügend zusätzliches Kortisol zu produzieren oder auf Ebene der Geweberezeptoren adäquat auf erhöhte Kortisolspiegel zu reagieren.

Obwohl das Konzept in der Sepsisforschung etabliert ist, besteht bislang kein Konsens über die Relevanz der relativen adrenalen Insuffizienz (RAI) bei Patienten mit fortgeschrittener Lebererkrankung. Die Arbeitsgruppe um Paul E. Marik beschrieb 2005 diesen Zustand bei Patienten mit Leberzirrhose erstmals als „hepatoadrenales Syndrom“ (HAS) (Marik et al. 2005). In einer Kohortenstudie war eine RAI mit einem erhöhten Risiko für bakterielle Infektionen, Sepsis, septischen Schock, ein akut-auf-chronisches Leberversagen (ACLF) sowie mit einer erhöhten 90-Tage-Letalität assoziiert (Piano et al. 2020). Auch bei nicht kritisch kranken und ambulant betreuten Patienten mit Leberzirrhose scheint die RAI laut einer Metaanalyse aus dem Jahr 2023 relativ häufig aufzutreten (Wentworth et al. 2023). Einige Autoren betrachten die Entwicklung der RAI als ein weiteres Organversagen im Sinne eines akut-auf-chronischen Leberver-

M. Maschmeier (✉) · H. Heinzow
Krankenhaus der Barmherzigen Brüder, Trier, Deutschland
E-Mail: m.maschmeier@bbtgruppe.de; h.heinzow@bbtgruppe.de

T. Bruns et al. (Hrsg.), *Komplikationen der Leberzirrhose*,
https://doi.org/10.1007/978-3-662-70167-6_23

sagens (ACLF) (Piano et al. 2020). Die bisherige Studienlage ist jedoch sehr heterogen, was die Diagnose und Charakterisierung der adrenalen Insuffizienz bei Patienten mit Lebererkrankungen betrifft.

23.2 Pathophysiologie

Die HHN-Achse spielt eine Schlüsselrolle bei der physiologischen Reaktion des Körpers auf Stress. Während einer akuten Erkrankung führt ihre Aktivierung zur Produktion von Kortisol in den Nebennieren, das zur Aufrechterhaltung der zellulären und organischen Homöostase beiträgt. Die Pathogenese der relativen adrenalen Insuffizienz (RAI) bei Patienten mit Leberzirrhose ist bislang nicht abschließend geklärt. In der Literatur werden verschiedene Hypothesen diskutiert, darunter der Einfluss von Toxinen, pro-inflammatorischen Zytokinen sowie strukturelle Schäden an den Nebennieren durch Infarzierung oder Hämorrhagien. Eine weitere Hypothese rückt die Cholesterolsynthese in den Vordergrund. Abb. 23.1 bietet einen Überblick über die postulierten Mechanismen der adrenalen Insuffizienz bei Patienten mit Leberzirrhose.

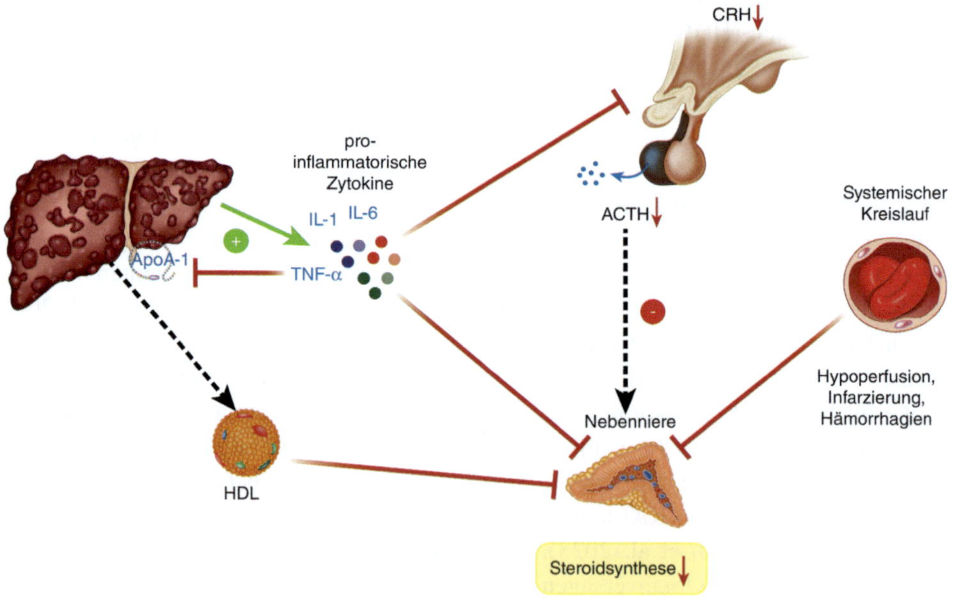

Abb. 23.1 Die postulierte Pathophysiologie der relativen adrenalen Insuffizienz ist multifaktoriell. ApoA1 = Apolipoprotein A1, ACTH = adrenokortikotropes Hormon, CRH = Corticotropin-Releasing Hormon, IL = Interleukin, HDL = High-Density-Lipoprotein, TNF = Tumornekrosefaktor. (Wentworth et al.)

Cholesterin stellt einen essenziellen Baustein der Steroidsynthese in den Nebennieren dar. Diese ist abhängig vom hepatischen Cholesterintransport über High-density-Lipoprotein (HDL). Die HDL-Bildung korreliert mit den Apolipoproteinen (insbesondere ApoA1) und der Lecithin-Cholesterin-Acyltransferase (LCAT), deren Konzentrationen und Aktivitäten wiederum mit dem Schweregrad der hepatischen Dysfunktion assoziiert sind. Somit stehen bei eingeschränkter Leberfunktion potenziell weniger Substrate für die Steroidbiosynthese zur Verfügung, wodurch in Stresssituationen (z. B. bei schweren Infektionen) das Auftreten einer RAI begünstigt wird (Kaiser et al. 2017). Die klinische Relevanz dieses Mechanismus ist jedoch unklar, da sich bei Personen ohne Leberzirrhose trotz niedrigem HDL-Wert in ACTH-Stimulationstests (ACTH: adrenokortikotropes Hormon) keine Beeinträchtigung der HHN-Achse zeigt (Bochem et al. 2014).

Weitere mögliche ätiologische Mechanismen umfassen a) eine unzureichende intrinsische Nebennierenenzymaktivität, die zu einem Überschuss an Vorläufersteroiden (im Verhältnis zu Kortisol) führen kann, b) Veränderungen des Gefäßtonus durch splanchnische Vasodilatation und ein niedriges effektives zirkulierendes Volumen, das eine chronische Hypoperfusion der Nebenniere begünstigt, sowie c) eine hemmende Wirkung proinflammatorischer Zytokine auf die Hormonsekretion der HHN-Achse (Cooper und Stewart 2003; Fernández et al. 2006).

Eine Nebennierenfunktionsstörung vermindert die vaskuläre Antwort auf Angiotensin II, Noradrenalin und Vasopressin und führt regulatorisch zu einer gesteigerten sympathischen Aktivität. Diese Veränderungen verschärfen zum einen die kardiozirkulatorische Dysfunktion bei fortgeschrittener Leberzirrhose. Zum anderen beeinträchtigen sie die Darmmotilität, fördern eine bakterielle Überwucherung im Dünndarm und erhöhen so das Risiko einer bakteriellen Translokation (Worlicek et al. 2010). Dieser Mechanismus erklärt unter anderem, warum eine RAI bei Patienten mit Leberzirrhose das Risiko für schwere Sepsis und ein Typ-1-hepatorenales Syndrom (HRS) steigert (Acevedo et al. 2013; Cholongitas et al. 2017; Tsai et al. 2006).

23.3 Klinik, Symptome und Prädiktoren

Die Symptome einer relativen adrenalen Insuffizienz (RAI) sind unspezifisch und ähneln stark denen einer fortgeschrittenen Lebererkrankung. Anfangs dominieren meist stressabhängige Schwäche und Kraftlosigkeit (Asthenie), Fatigue sowie gastrointestinale Beschwerden wie Übelkeit, Erbrechen, Diarrhö, abdominelle Schmerzen oder Obstipation. Weitere charakteristische Befunde umfassen einen niedrigen mittleren arteriellen Druck und eine Hyponatriämie (Annane et al. 2017). Zu den prädiktiven Faktoren zählen erhöhte MELD- und Child-Pugh-Scores (MELD: Model of End-Stage Liver Disease), hohe Bilirubinwerte, das Vorliegen von Aszites, niedrige Albumin- und Harnstoffwerte im Serum sowie ein reduzierter HDL-Spiegel. Interessanterweise wurde für den INR/International Normalized Ratio als Marker der hepatischen Syntheseleistung kein prädiktiver Zusammenhang gezeigt (Kim et al. 2017).

Indikation zur weiteren Abklärung einer relativen Nebenniereninsuffizienz (modifiziert nach Wentworth und Siragy 2022)
An das Vorliegen einer (relativen) Nebenniereninsuffizienz sollte bei Patienten mit Leberzirrhose bei folgenden Symptomen gedacht werden:

1. Schwere Hyponatriämie (Natrium < 125 mmol/l)
2. Anhaltende Hypotonie (insb. beim ambulanten Patienten) bzw. therapierefraktäre Hypotonie (bei kritisch kranken Patienten)
3. Ungeklärte abdominelle Beschwerden

Beim kritisch kranken Patienten gilt insbesondere eine Volumen- und vasopressorrefraktäre Hypotonie als wesentlicher Hinweis.

23.4 Diagnostik

Bisher besteht kein abschließender Konsens hinsichtlich der diagnostischen Kriterien für die relative adrenale Insuffizienz (RAI). Mehrere Parameter und Referenzbereiche stehen zur Verfügung und werden in der Praxis genutzt. Die aktuellen Leitlinien der endokrinen Fachgesellschaften empfehlen ausschließlich die Verwendung des Gesamtkortisols (TC), sowohl basal als auch nach Stimulation, zur Untersuchung von Patienten mit primärer Nebenniereninsuffizienz. Ein frühmorgendlicher TC-Wert von < 140 nmol/l gilt als Hinweis auf eine Nebenniereninsuffizienz, die durch einen TC-Spitzenwert von < 500 nmol/l nach ACTH-Stimulation bestätigt wird (Bornstein et al. 2016). Diese Referenzbereiche beruhen jedoch auf älteren Antikörpertests. Bei Anwendung neuerer Testmethoden schlägt eine aktuelle Publikation einen neuen Grenzwert von < 55 nmol/l oder einen Spitzenwert von 386-414 nmol/l nach Stimulation zur Definition einer Nebenniereninsuffizienz in der Allgemeinbevölkerung vor (Javorsky et al. 2021). Bei kritisch kranken Patienten werden häufig ein Deltakortisolwert (Differenz aus poststimulatorischem und basalem Wert) sowie ein zu einem beliebigen Zeitpunkt gemessenes TC von < 276 nmol/l als Grenzwerte herangezogen (Marik et al. 2008).

Bei Patienten mit Leberzirrhose und eingeschränkter Synthese von Transportglobulinen und Albumin ist die Verallgemeinerbarkeit dieser Empfehlungen und Grenzwerte jedoch fraglich (Wentworth und Siragy 2022; El-Farhan et al. 2013). Da etwa 90 % des Gesamtkortisols gebunden sind, können niedrigere Ausgangs- und Stimulationswerte das Vorliegen einer Nebenniereninsuffizienz möglicherweise überschätzen. Die Bestimmung des freien Kortisols in Serum (FSC) oder Plasma (FPC) könnte dieses Problem theoretisch lösen, ist jedoch kostspielig, nicht allgemein verfügbar und Formeln zur Umrechnung lassen sich nicht ohne Weiteres auf Patienten mit Leberzirrhose übertragen. Als weitere Alternative wird die Messung des Speichelkortisols diskutiert (EASL 2018). Tabelle 23.1 gibt eine Übersicht über die im Zusammenhang mit der RAI verwendeten Parameter mit Grenzwerten. Kein Parameter ist frei von Kritikpunkten. Zudem kann die Pathophysiologie der Nebennieren-

Tab. 23.1 Häufig genutzte Referenzbereiche zur Diagnose einer Nebenniereninsuffizienz. FPC = freies Plasmakortisol, FSC = freies Serumkortisol, LC-MS = Flüssigchromatografie-Tandem-Massenspektrometrie, TC = Gesamtkortisol. (Bornstein et al. 2016; Galbois et al. 2010; Hamrahian et al. 2004; Javorsky et al. 2021; Marik et al. 2008; Tan et al. 2010)

	Hinweis auf Nebenniereninsuffizienz	Kommentar
TC basal (historische Immunoassays)	< 140 nmol/l < 5 µg/dl	Basierend auf historischen Immunoassays mit polyklonalen Antikörpern
TC basal (neuere Immunoassays)	< 55 nmol/l < 2 µg/dl	Diskutiert bei Verwendung neuerer Immunoassays/der neueren Generation oder LC-MS
TC nach Stimulation (historische Immunoassays)	< 500 nmol/l < 18µg/dl	Basierend auf historischen Immunoassays mit polyklonalen Antikörpern
TC nach Stimulation (neuere Immunoassays)	< 386 – 414 nmol/l < 14–15 µg/dl	Diskutiert bei Verwendung neuerer Immunoassays/der neueren Generation oder LC-MS
Delta-TC	< 250 nmol/l < 9 µg/dl	Deltakortisol = Differenz zwischen Wert nach Stimulation und Basalwert, bei kritisch kranken Patienten
TC (beliebiger Zeitpunkt)	< 276 nmol/l < 10 µg/dl	Bei kritisch kranken Patienten
FSC basal	< 55 nmol/l < 2 µg/dl	Als Alternative zum TC bei kritisch kranken Patienten mit Hypoproteinämie, z.B. Leberzirrhose und eingeschränkter Synthese
FSC nach Stimulation FPC nach Stimulation	< 85 nmol/l bzw. < 3,1 µg/dl < 33 nmol/l bzw. < 1,2 µg/dl	Als Alternative zum TC bei kritisch kranken Patienten mit Hypoproteinämie, z.B. Leberzirrhose und eingeschränkter Synthese Bei nicht kritisch kranken Patienten mit Leberzirrhose
Speichelkortisol	< 5,0 nmol/l < 1,8 ng/ml	Diskutiert als mögliche Alternative zu TC bei Patienten mit Leberzirrhose
Speichelkortisol nach Stimulation	Anstieg um < 8 nmol/l Anstieg um < 3 ng/ml	Diskutiert als mögliche Alternative zu TC bei Patienten mit Leberzirrhose

insuffizienz bei Leberzirrhose mehrstufig und/oder situationsabhängig sein. Daher sollten im klinischen Alltag alle gemessenen Kortisolwerte mit Vorsicht interpretiert werden. Der Empfehlung der Europäischen Arbeitsgemeinschaft zum Studium der Leber (EASL 2018) zur Diagnostik der RAI basiert auf einer erniedrigten Differenz von Gesamtkortisol nach Stimulation und dem Basalwert („Delta-Gesamtkortisol"), alternativ zu einem beliebigen Zeitpunkt bestimmten einem erniedrigten Gesamtkortisols (Grenzwerte s. Tab. 23.1).

Der Standard-Dose *short* Synacthen-Test (SD-SST) ist der etablierte Stimulationstest und umfasst die Messung des basalen Serumkortisols vor sowie (30, 45 und) 60 min nach i. v. Gabe von 250 µg synthetischem ACTH (z. B. Synacthen) (Bornstein et al. 2016). Die Bestimmung des Basalwerts erfolgt beim nüchternen Patienten nach mindestens 30-minütiger Ruhephase am Morgen zwischen 8 und 9 Uhr.

Der Low-Dose *short* Synacthen-Test (LD-SST) beinhaltet die Messung des basalen Serumkortisols vor sowie 20–30 min nach i. v. Gabe von 1 µg synthetischem ACTH (z. B. Synacthen) (Bornstein et al. 2016). Ein potenzieller Vorteil besteht in einer höheren Sensitivität, insbesondere bei nicht kritisch kranken Patienten. Problematisch ist jedoch die fehlende Validierung dieses Tests bei kritisch kranken Patienten oder bei Störungen des Tag-Nacht-Rhythmus, wie sie bei hepatischer Enzephalopathie auftreten können.

► **Derzeit existiert kein einheitlicher Standarddiagnostiktest. Häufig findet der SD-SST Anwendung. Das Deltakortisol erweist sich nach aktueller Einschätzung als geeigneter diagnostischer Parameter für eine RAI.**

23.5 Therapie

Grundpfeiler der Therapie der adrenalen Insuffizienz stellt die Gabe von Glukokortikoiden dar. Untersuchungen von Patienten mit Sepsis und septischem Schock legen nahe, dass eine kritische Erkrankung eine absolute oder relative Nebenniereninsuffizienz (AI) hervorrufen kann, die zur Schockentstehung beiträgt. Durch die hormonelle Substitution soll das gestörte Gleichgewicht der HHN-Achse wiederhergestellt und damit ein verbessertes klinisches Outcome erzielt werden.

Neben der präzisen Klassifikation der Nebenniereninsuffizienz (absolut oder relativ, primär oder sekundär) ist der jeweilige Gesundheitszustand des Patienten für die Wahl einer adäquaten Therapie von entscheidender Bedeutung. Abb. 23.2 liefert einen Überblick über einen entsprechenden Diagnostik- und Therapiealgorithmus.

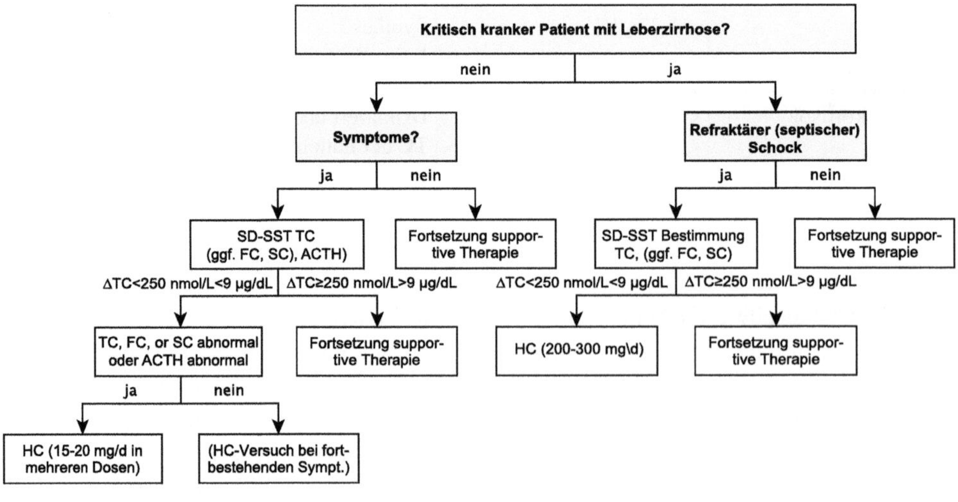

Abb. 23.2 (modifiziert nach Wentworth und Siragy 2022) Diagnostik- und Therapiealgorithmus der Nebenniereninsuffizienz bei Patienten mit Leberzirrhose. ACTH = adrenokortikotropes Hormon, FC = freies Kortisol, HC = Hydrocortison; SD-SST = Standard-Dose *short* Synacthen-Test, TC = Gesamtkortisol, SC = Speichkortisol

23.5.1 Therapie der absoluten Nebenniereninsuffizienz beim nicht kritisch kranken Patienten

Eine absolute Nebenniereninsuffizienz wird bei Patienten mit Leberzirrhose selten beobachtet. Bei primärer absoluter Nebenniereninsuffizienz (AI) wird gemäß den Empfehlungen der Deutschen Gesellschaft für Endokrinologie eine orale Substitution mit 15–25 mg Hydrocortison (HC) pro Tag, verteilt auf 2–3 Einzeldosen, empfohlen. In Stresssituationen muss die Dosis angepasst und z.T. deutlich erhöht werden. Bei nachgewiesenem Aldosteronmangel zusätzlich ist die Substitution von Mineralkortikoid (z.B. Fludrocortison 0,05-0,1 mg/Tag) notwendig, bei Frauen ggf. die Substitution von Dehydroepiandrosteron (Bornstein et al. 2016; Quinkler et al. 2013).

Ein Mineralokortikoidmangel kann bei Patienten mit Leberzirrhose durch Elektrolytverschiebungen und Dehdratation im Rahmen der häufig gleichzeitigen Einnahme von Schleifendiuretika und/oder Aldosteronantagonisten vorgetäuscht werden. Bei sekundärer Nebenniereninsuffizienz sollte zusätzlich zu den Glukokortikoiden auf mögliche weitere Hypophysenhormonmängel geachtet werden, und ggf. eine Hypopyhsenraumforderung abgeklärt werden. Eine Mineralokortikoid- oder Androgentherapie ist in der Regel nicht nötig (Bornstein et al. 2016, Wentworth und Siragy 2022).

23.5.2 Therapie der relativen Nebenniereninsuffizienz beim nicht kritisch kranken Patienten

Die weitaus häufigere Form der Nebenniereninsuffizienz bei Patienten mit Leberzirrhose ist die RAI. Trotz der vorgeschlagenen multifaktoriellen Pathogenese existieren bisher keine Studien, die therapeutische Maßnahmen in dieser speziellen Patientengruppe untersuchen. Daher kann derzeit keine generelle Therapieempfehlung ausgesprochen werden. Nach Ansicht der Autoren erscheint jedoch ein probatorischer Therapieversuch bei RAI mit typischen Symptomen (z.B. Hyponatriämie, persistierende Hypotonie und unklaren abdominellen Beschwerden) gerechtfertigt. Dabei ist eine engmaschige Überwachung auf Anzeichen eines Kortisolüberschusses oder von Infektionen notwendig, da Patienten mit Leberzirrhose bereits eine funktionelle Immunschwäche aufweisen.

23.5.3 Therapie der relativen bzw. absoluten Nebenniereninsuffizienz beim kritisch kranken Patienten

Bei kritisch kranken Patienten im therapierefraktären septischen Schock mit RAI kann analog zu den Sepsistherapieempfehlungen eine Stressdosis von 200 - 300 mg/Tag Hydrocortison (HC) in 3–4 Einzelgaben oder als kontinuierliche Infusion erfolgen, wenn trotz Volumensubstitution und Vasopressortherapie keine hämodynamische Stabilität erreicht wird (Evans et al. 2021, Annane et al. 2017).

Die Studienlage in Bezug auf Patienten mit Leberzirrhose ist jedoch heterogen und beruht größtenteils auf retrospektiven Kohortenstudien. Hier wird zumeist eine Reduktion des Vasopressorbedarfs gezeigt, z.T. mit verbesserter Mortalität bei allerdings unterschiedlicher HC-Dosis und unterschiedlicher Definition der RAI (Fernández et al. 2006; Harry et al. 2003; Vu et al. 2020). Derzeit liegt lediglich eine randomisierte kontrollierte Studie vor, die eine Reduktion des Vasopressorbedarfs und eine häufigere Resolution des Schocks unter Steroidgabe aufzeigen konnte. Diese Studie wurde jedoch vorzeitig abgebrochen, nachdem erhöhte Raten an Schockrezidiven, gastrointestinalen Blutungen und fehlende Verbesserungen der 28-Tage-Sterblichkeit nach Absetzen der Steroide beobachtet wurden (Arabi et al. 2010). Daher kann aktuell keine generelle Empfehlung zur Hydrocortisontherapie (HC)-Therapie bei kritisch kranken Patienten mit Leberzirrhose und RAI ausgesprochen werden. Bei Patienten mit Leberzirrhose im refraktären septischen Schock kann jedoch analog zu den Therapieempfehlungen bei Sepsistherapieempfehlung eine HC-Gabe erfolgen, bis weitere Daten speziell zu Patienten mit Leberzirrhose vorliegen.

23.6 Fazit

Die Beurteilung der Nebenniereninsuffizienz bei Patienten mit Leberzirrhose ist in vielerlei Hinsicht anspruchsvoll und erfordert eine sorgfältige Berücksichtigung patientenindividueller Faktoren. Die klassischen endokrinologischen Strategien zur Diagnostik und Therapie der Nebenniereninsuffizienz lassen sich nicht ohne Weiteres auf diese Patientengruppe übertragen. Die mit Abstand häufigste Form der Nebenniereninsuffizienz bei Patienten mit Leberzirrhose ist die RAI. Aktuelle Studiendaten deuten darauf hin, dass RAI ein unabhängiger Prädiktor für die kurz- bis mittelfristige Mortalität dieser Patienten sein könnte. Um sichere Diagnosen stellen und konsequente Therapieentscheidungen ableiten zu können, ist allerdings ein tieferes Verständnis der zugrunde liegenden Mechanismen erforderlich. Da in vielen klinischen Konstellationen ein eindeutiger Nutzen einer Glukokortikoidsubstitution fehlt, rechtfertigen niedrige Gesamtkortisolwerte ohne konsistente Anzeichen und Symptome einer Nebenniereninsuffizienz keine empirische Therapie. Zudem sollten Kliniker stets die potenziellen Risiken exogener Glukokortikoide abwägen, einschließlich der Verschlechterung einer bestehenden Immunschwäche, eines iatrogenen Cushing-Syndroms und eines erhöhten Risikos für gastrointestinale Blutungen.

Literatur

Acevedo J et al (2013) Relative adrenal insufficiency in decompensated cirrhosis: relationship to short-term risk of severe sepsis, hepatorenal syndrome, and death. Hepatology 58(5):1757–1765

Annane et al (2017) Guidelines for the diagnosis and management of critical illness-related corticosteroid insufficiency (CIRCI) in critically ill patients (Part I). Intensive Care Med 43:1751–1763.

Arabi YM et al (2010) Low-dose hydrocortisone in patients with cirrhosis and septic shock: a randomized controlled trial. CMAJ 182(18):1971–1977

Bochem AE et al (2014) Adrenal function in females with low plasma HDL-C due to mutations in ABCA1 and LCAT. PLoS One 9(5):e90967

Bornstein SR et al (2016) Diagnosis and treatment of primary adrenal insufficiency: an Endocrine Society clinical practice guideline. J Clin Endocrinol Metab 101(2):364–389

Burry LD, Wax RS (2004) Role of corticosteroids in septic shock. Ann Pharmacother 38(3):464–472

Cholongitas E et al (2017) Relative adrenal insufficiency is associated with the clinical outcome in patients with stable decompensated cirrhosis. Ann Hepatol 16(4):584–590

Cooper MS, Stewart PM (2003) Corticosteroid insufficiency in acutely ill patients. N Engl J Med 348(8):727–734

El-Farhan N et al (2013) Method-specific serum cortisol responses to the adrenocorticotrophin test: comparison of gas chromatography-mass spectrometry and five automated immunoassays. Clin Endocrinol (Oxf) 78(5):673–680

Etogo-Asse FE et al (2012) High density lipoprotein in patients with liver failure; relation to sepsis, adrenal function and outcome of illness. Liver Int 32(1):128–136

EASL(2018) EASL Clinical Practice Guidelines for the management of patients with decompensated cirrhosis. J Hepatol 69(2):406–460

Evans L et al (2021) Surviving sepsis campaign: international guidelines for management of sepsis and septic shock 2021. Intensive Care Med 47(11):1181–1247

Fernández J et al (2006) Adrenal insufficiency in patients with cirrhosis and septic shock: effect of treatment with hydrocortisone on survival. Hepatology 44(5):1288–1295

Galbois A, Rudler, M, Massard J (2010) Assessment of adrenal function in cirrhotic patients: salivary cortisol should be preferred J Hepatol 52:839–845

Hamrahian AH, Oseni TS, Arafah BM (2004) Measurements of serum-free cortisol in critically ill patients N Engl J Med 350:1629–1638

Harry, R., G. Auzinger, and J. Wendon, The effects of supraphysiological doses of corticosteroids in hypotensive liver failure. Liver Int, 2003. 23(2):71–7

Javorsky BR et al (2021) New cut-offs for the biochemical diagnosis of adrenal insufficiency after ACTH stimulation using specific cortisol assays. J Endocr Soc 5(4):bvab022

Kaiser T et al (2017) Cholesterol esterification in plasma as a biomarker for liver function and prediction of mortality. BMC Gastroenterol 17(1):57

Kim G et al (2017) Relative adrenal insufficiency in patients with cirrhosis: a systematic review and meta-analysis. Dig Dis Sci 62(4):1067–1079

Marik PE, Gayowski T, Starzl TE (2005) The hepatoadrenal syndrome: a common yet unrecognized clinical condition. Crit Care Med 33(6):1254–1259

Marik PE et al (2008) Recommendations for the diagnosis and management of corticosteroid insufficiency in critically ill adult patients: consensus statements from an international task force by the American College of Critical Care Medicine. Crit Care Med 36(6):1937–1949

Piano S et al (2020) Including relative adrenal insufficiency in definition and classification of acute-on-chronic liver failure. Clin Gastroenterol Hepatol 18(5):1188–1196.e3

Quinkler M et al (2013) Adrenal cortical insufficiency – a life threatening illness with multiple etiologies. Dtsch Arztebl Int 110(51-52):882–888

Tan T, Chang L, Woodward A (2010) Characterising adrenal function using directly measured plasma free cortisol in stable severe liver disease J Hepatol 53:841–848

Tsai MH et al (2006) Adrenal insufficiency in patients with cirrhosis, severe sepsis and septic shock. Hepatology 43(4):673–681

Vu T, Vallabh M, Laine G (2020) Adrenal Insufficiency and Response to Stress Dose Hydrocortisone in Patients With Cirrhosis and Vasopressor Dependency Using Cirrhosis-Specific Cortisol Thresholds. Ann Pharmacother 54(8):742–749.

Wentworth BJ, Siragy HM (2022) Adrenal insufficiency in cirrhosis. J Endocr Soc 6(10):bvac115

Wentworth BJ et al (2021) Abnormal cholesterol metabolism underlies relative adrenal insufficiency in decompensated cirrhosis. Liver Int 41(8):1913–1921

Wentworth BJ et al (2023) Relative adrenal insufficiency in the non-critically ill patient with cirrhosis: a systematic review and meta-analysis. Liver Int 43(3):660–672

Worlicek M et al (2010) Splanchnic sympathectomy prevents translocation and spreading of E coli but not S aureus in liver cirrhosis. Gut 59(8):1127–1134

Primäre und sekundäre Hämostase bei Leberzirrhose

24

Isabell Hanitz, Josef Pospiech, Oliver Götze und Ali Canbay

24.1 Einleitung

Die Leber spielt eine zentrale Rolle im hämostatischen Gleichgewicht, da sie sowohl Gerinnungsfaktoren als auch fibrinolytische Proteine synthetisiert. Bei Patienten mit Leberzirrhose kommt es zu erheblichen Veränderungen in der primären und sekundären Hämostase, was zu einem komplexen Bild aus Blutungsneigung und Thromboserisiko führt. Diese Störungen sind nicht nur auf die Syntheseinsuffizienz von Gerinnungsfaktoren zurückzuführen, sondern betreffen auch andere Mechanismen, wie die Thrombozytenfunktion und die Fibrinolyse.

24.2 Pathophysiologie hämostaseologischer Veränderungen

Die Leberzirrhose ist eine fortschreitende, chronisch verlaufende Erkrankung, die zu einem zunehmenden bindegewebigen Umbau und somit zu einer Funktionseinschränkung der Leber führt. Dies führt zu einer Beeinträchtigung der Synthese sowohl von Gerinnungsfaktoren als auch von fibrinolytischen Proteinen. Die hämostatischen Anomalien bei bestehender Erkrankung sind multifaktoriell sowie abhängig vom Stadium der Leber-

I. Hanitz · J. Pospiech · O. Götze · A. Canbay (✉)
Medizinische Klinik am Universitätsklinikum Knappschaftskrankenhaus Bochum,
Bochum, Deutschland
E-Mail: isabell.hanitz@knappschaft-kliniken.de; josef.pospiech@knappschaft-kliniken.de;
oliver.goetze@knappschaft-kliniken.de; ali.canbay@knappschaft-kliniken.de

T. Bruns et al. (Hrsg.), *Komplikationen der Leberzirrhose*,
https://doi.org/10.1007/978-3-662-70167-6_24

zirrhose und beinhalten sowohl Veränderungen in der primären Hämostase (Thrombozytenfunktion und -zahl), der sekundären Hämostase (Gerinnungsfaktoren) sowie im fibrinolytischen System.

24.2.1 Primäre Hämostase

Die primäre Hämostase vermittelt eine vorläufige Blutstillung mittels Vasokonstriktion und mechanischen Verschlusses kleinerer Gefäße durch die Bildung eines Thrombozytenpfropfs (zelluläre Hämostase) an der Stelle der Endothelschädigung. Dieser Prozess ist bei Patienten mit Leberzirrhose aufgrund mehrerer Faktoren gestört:

Thrombozytopenie Die Splenomegalie infolge einer portalen Hypertension führt zu einer Sequestrierung von Thrombozyten und damit zu einer Thrombozytopenie. Studien zeigen, dass bis zu 70 % der Patienten mit fortgeschrittener Leberzirrhose eine Thrombozytopenie aufweisen (Afdhal et al. 2011)

Verminderte Thrombozytenfunktion Neben der Anzahl der Thrombozyten ist auch deren Funktion beeinträchtigt. Ursachen sind u. a. eine reduzierte Produktion von Thromboxan A2 und andere Veränderungen im Signaltransduktionsweg der Thrombozytenaktivierung. Die Aktivierung von Thrombozyten erfolgt über eine komplexe Signaltransduktionskaskade, die auf verschiedenen Rezeptoren auf der Thrombozytenoberfläche basiert. Wichtige Rezeptoren, die in diesem Prozess eine Rolle spielen, sind der Glykoprotein-IIb/IIIa-Rezeptor und der P2Y12-Rezeptor, unter anderem wird so die Thrombozytenaggregation vermittelt. Bei Leberzirrhose finden sich strukturelle und funktionelle Veränderungen dieses Rezeptors, die die Fähigkeit der Thrombozyten zur Aggregation beeinträchtigen. Der P2Y12-Rezeptor funktioniert zusammengefasst als Verstärker der Thrombozytenaggregation, sodass die Dysfunktion dieses Signalweges die ADP-vermittelte Thrombozytenaktivierung signifikant hemmen und zu einer verminderten Thrombozytenfunktion und Blutungsneigung führen kann (Afdhal et al. 2008)

Veränderungen im von-Willebrand-Faktor (vWF) Der vWF spielt eine Schlüsselrolle in der primären Hämostase, indem er die Bindung von Thrombozyten an das subendotheliale Kollagen vermittelt. Bei Leberzirrhose ist der vWF-Spiegel häufig erhöht, was als Kompensationsmechanismus gegen die Thrombozytenstörungen interpretiert wird (O'Leary et al. 2019).

► **Die multifaktorielle Störung des Signaltransduktionsweges bei der Thrombozytenaktivierung trägt maßgeblich zur erhöhten Blutungsneigung bei Patienten mit Leberzirrhose bei, unabhängig von der laborchemisch zu messenden Thrombozytenzahl.**

24.2.2 Sekundäre Hämostase

Die sekundäre Hämostase umfasst die Bildung eines stabilen Thrombus durch die Bildung eines Fibrinnetzes, indem die Gerinnungskaskade (plasmatische Hämostase) aktiviert wird. Bei Patienten mit Leberzirrhose kommt es zu einer verminderten Synthese sowohl prokoagulatorischer als auch antikoagulatorischer Faktoren, was das Gleichgewicht zwischen Blutungsneigung und Thromboseneigung beeinflusst und zu einer fragilen Rebalancierung führt.

Verminderte Synthese prokoagulatorischer Faktoren Die Leber ist der Hauptproduzent der meisten Gerinnungsfaktoren, einschließlich Faktor I (Fibrinogen), II (Prothrombin), V, VII, IX und X. Bei Leberzirrhose ist die Produktion dieser Faktoren aufgrund des bindegewebigen Umbaus reduziert, was die Gerinnungsfähigkeit des Blutes vermindert und zu einer verlängerten Prothrombinzeit (PT) und aktivierten partiellen Thromboplastinzeit (aPTT) führt (Tripodi und Mannucci 2011)

Faktor VIII und vWF Paradoxerweise weisen Patienten mit Leberzirrhose erhöhte Spiegel des prokoagulatorischen Faktor VIII und des ihn stabilisierenden Glykoproteins vWF im Sinne eines kompensatorischen Überschusses auf, was eine Hyperkoagulabilität bedingen kann (Tripodi 2015).

Veränderte fibrinolytische Balance Die Produktion antikoagulatorischer Faktoren wie Protein C, Protein S und Antithrombin hat Einfluss auf die Hämostase. Eine verminderte Synthese dieser Faktoren führt zu einer erhöhten Thromboseneigung. Gleichzeitig kommt es oft zu einer Dysregulation der Fibrinolyse mit einer erhöhten Produktion von Plasminogen-Aktivator-Inhibitor-1 (PAI-1), was den Abbau von Fibrin hemmt und somit konsekutiv ebenfalls das Thromboserisiko erhöht (Lisman et al. 2017)

► **Bei Leberzirrhose besteht eine eingeschränkte Fähigkeit zur Bildung von Gerinnungsfaktoren. Dies betrifft jedoch nicht nur die prokoagulatorischen, sondern ebenso die antikoagulatorischen Faktoren (Protein C, Antithrombin III und *Tissue-Faktor-pathway-inhibitor*) sowie die zellulären Interaktionen. Folglich kommt es bei Leberzirrhose zu einer verringerten Konzentration sowohl pro- als auch antikoagulatorischer Faktoren, was in einer fragilen, rebalancierten Hämostase (Abb. 24.1) resultiert.**

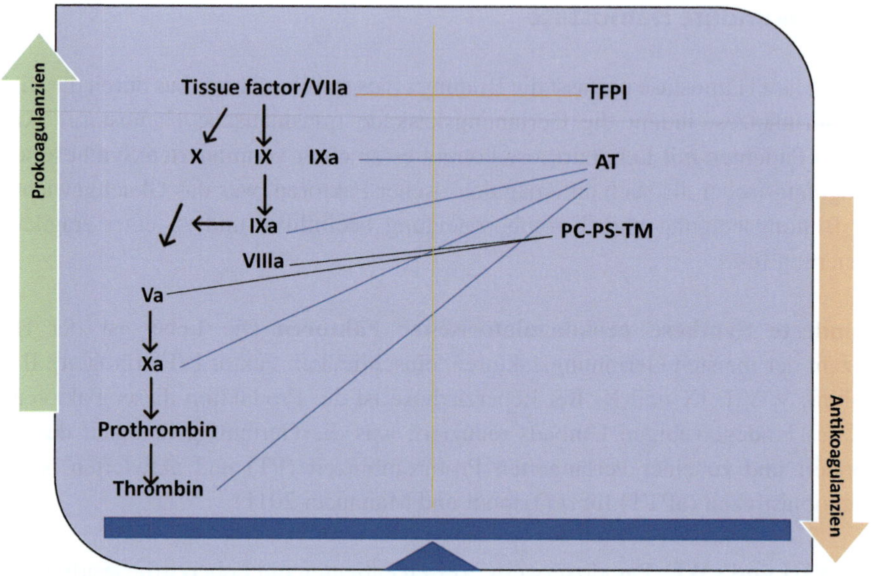

Abb. 24.1 Konzept der rebalancierten Hämostase bei Leberzirrhose. AT = Antithrombin, PC = Protein C; PS = Protein S, TFPI = tissue factor pathway inhibitor, TM = Thrombomodulin. Mod. nach Tripodi et al. 2016

24.3 Klinische Relevanz

Eine der größten Herausforderungen in der klinischen Praxis besteht darin, dass Patienten mit Leberzirrhose sowohl ein erhöhtes Blutungsrisiko als auch eine gesteigerte Thrombosegefahr aufweisen. Dies erfordert eine differenzierte Beurteilung der Gerinnungssituation und eine individuell angepasste Therapie.

24.3.1 Blutungsneigung

(Intestinale) Blutungen sind eine häufige Komplikation bei Leberzirrhose. Die Kombination aus Thrombozytopenie, verringerter Gerinnungsfaktorsynthese, Gefäßwanddysfunktionen und erhöhter Fibrinolyse erhöht das Risiko für spontane Blutungen, Blutungen nach invasiven Eingriffen sowie Blutungsepisoden im Rahmen bestehender Infektionen.

Die S2k-Leitlinie „Qualitätsanforderungen in der gastrointestinalen Endoskopie" der DGVS unterscheidet endoskopische Interventionen mit geringem und hohem Blutungsrisiko (siehe Tab. 24.1). Eine sorgfältige Risikoabschätzung und präventive Maßnahmen (z. B. Gerinnungsoptimierung, minimalinvasive Techniken oder point-of-care-Diagnostik wie ROTEM (Rotationsthrombelastometrie)® sind entscheidend, um das Blutungsrisiko zu minimieren.

Tab. 24.1 Blutungsrisiko endoskopischer Interventionen nach S2k-Leitlinie der Deutsche Gesellschaft für Gastroenterologie, Verdauungs- und Stoffwechselkrankheiten (DGVS) (Denzer et al. 2015)

Niedriges Blutungsrisiko	Hohes Blutungsrisiko
Diagnostische Endoskopie mit/ohne Biopsie	Polypektomie > 10 mm
Gastroskopie	endoskopische Mukosaresektion (EMR)/ endoskopische Submukosadissektion (ESD)
Koloskopie	ERCP mit Papillotomie oder Ballondilatation > 10 mm
Ballonenteroskopie	EUS mit Feinnadelpunktion zystischer Läsionen
Kapselendoskopie	Endoskopische Zystendrainage
Polypektomie im Kolon < 10 mm	Endosonografisch gestützte Therapie
Endoskopisch retrograde Cholangiopankreatikografie (ERCP) ohne Papillotomie mit/ohne Stent	Ballondilatation/Bougierung
Endosonografie (EUS) mit Feinnadelpunktion solider Läsionen	Varizentherapie (Ligatur, Sklerosierung)
Enterale Stentimplantation ohne Dilatation	perkutane endoskopische Gastrostomie (PEG)
Argon-Plasma-Koagulation (APC) von gastrointestinalen Blutungen	Diagnostische Laparoskopie mit Organbiopsie

24.3.2 Thrombosegefahr

Entgegen der früheren Annahme, dass Patienten mit Leberzirrhose primär ein erhöhtes Blutungsrisiko aufweisen, belegen Studien auch ein gesteigertes Thromboserisiko in dieser Patientengruppe. Insbesondere die Entwicklung von Pfortaderthrombosen (PVT) stellt eine klinisch relevante Komplikation dar. Dieser Mechanismus beruht auf einer hämostatischen Dysbalance sowohl prokoagulatorischer als auch antikoagulatorischer Proteine.

Infektionen scheinen zudem die Thrombozytenaktivierung im Pfortadersystem zu beeinflussen. Bei Patienten mit dekompensierter Leberzirrhose und bestehendem transjugulärem intrahepatischem portosystemischem Shunt (TIPS) wurde ein prothrombotisches Milieu nachgewiesen. Als Ursache wird eine bakterielle Translokation aus dem Darm vermutet, die vermutlich durch eine lipopolysaccharid-(LPS-)induzierte Entzündung im Pfortadergebiet sowie oxidativen Stress (NOX_2-Aktivierung) zur Thrombozytenaktivierung führt (Queck et al. 2020).

Zusammenfassend weisen Patienten mit fortgeschrittener Leberzirrhose ein signifikant erhöhtes Risiko für venöse thromboembolische Ereignisse (VTE) auf.

24.4 Therapie

Das Management hämostatischer Störungen bei Patienten mit Zirrhose erfordert ein sorgfältiges Abwägen zwischen der Prävention von Blutungen und der Vermeidung von Thrombosen. Die Therapie sollte individualisiert und auf die spezifische hämostatische Dysfunktion abgestimmt werden.

24.4.1 Beurteilung durch viskoelastische Testverfahren (VET)

Die Rotationsthrombelastometrie (ROTEM®) ist eine moderne, patientennahe Point of Care (POC)-Diagnostik zur Beurteilung der globalen Gerinnungsfunktion und gewinnt einen zunehmenden Stellenwert in der klinischen Notfallmedizin. Ein Vorteil gegenüber der Bestimmung von laborchemischen Globalparametern ist, dass VET eine dynamische Abbildung der Hämostase erlauben, welche bereits nach wenigen Minuten vorliegt. Bei Patienten mit Leberzirrhose kann die ROTEM®-Analyse dabei helfen, die oft schwer einschätzbare Balance zwischen Blutungsneigung und Thromboserisiko zu bewerten.

Die ROTEM®-Analyse bietet den Vorteil, dass sie nicht nur die Zeit bis zur Bildung des Blutgerinnsels misst, sondern auch die Stabilität und Auflösung des Fibringerinnsels erfasst. Bei Patienten mit Leberzirrhose zeigen sich häufig eine verlängerte Gerinnungszeit (Clotting Time; CT) und eine eingeschränkte Fibrinogenfunktion. Diese können paradoxerweise auch Hinweise auf eine Hyperkoagulabilität geben, was die Notwendigkeit einer individualisierten Therapie insbesondere hinsichtlich der Substitution von Blutprodukten und Gerinnungsfaktoren deutlich macht.

Ein typischer ROTEM®-Befund bei einem Patienten mit dekompensierter Leberzirrhose und schwerer Gerinnungsstörung könnte wie folgt aussehen (Abb. 24.2):

- CT (Clotting Time): verlängert (zeigt eine Verzögerung der initialen Gerinnung aufgrund einer verminderten Gerinnungsfaktoraktivität an)
- CFT (Clot Formation Time): verlängert (verzögerte Bildung des Fibringerinnsels durch verminderte Fibrinogenkonzentration)
- MCF (Maximum Clot Firmness): erniedrigt (zeigt eine verminderte Gerinnselfestigkeit an, was auf eine gestörte Thrombozytenfunktion und/oder Fibrinogenmangel hinweist)
- Alphawinkel: verringert (weist auf eine langsamere Bildung des Gerinnsels hin, bedingt durch Thrombozyten- und Fibrinogenmangel)
- LI30 (Lysis Index nach 30 min): normal (keine übermäßige Fibrinolyse)

Dieser Befund spiegelt das typische Bild einer Gerinnungsstörung bei Leberzirrhose wider. Es wird hier primär eine verminderte Gerinnselfestigkeit aufgrund von Thrombozyten- und Fibrinogenmangel gesehen. Diese Parameter sind entscheidend für die Beurteilung der Blutungsneigung und die Notwendigkeit einer gezielten Substitution von Gerinnungsfaktoren.

Eine individualisierte Therapie basierend auf den Befunden der Rotationsthrombelastometrie könnte wie nachfolgend ausgeführt durchgeführt werden.

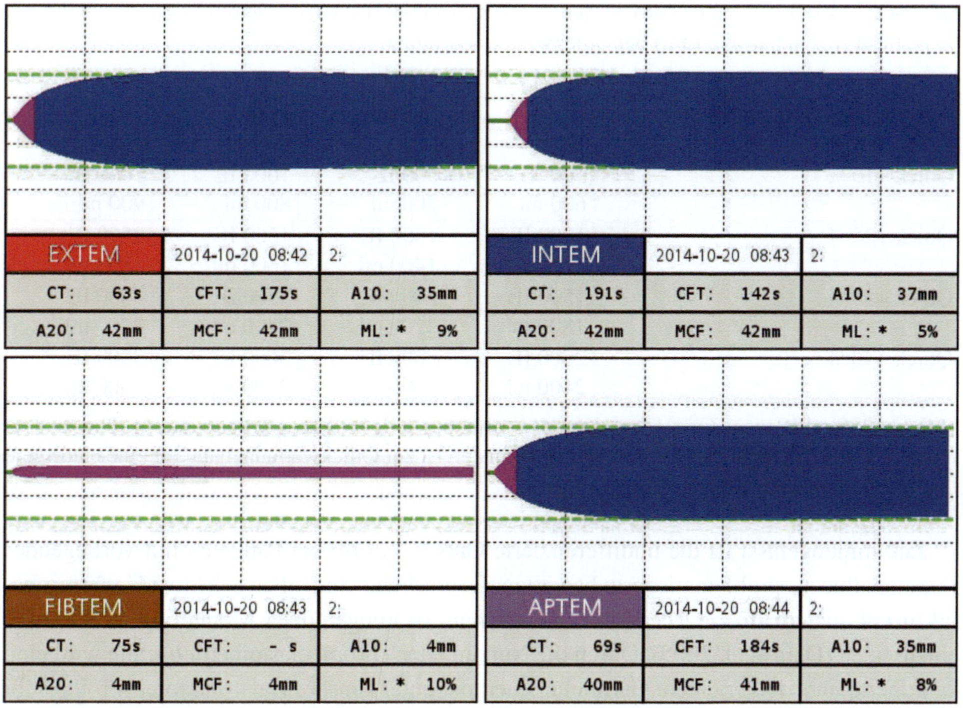

Abb. 24.2 Beispielhafte Rotationsthrombelastometrie bei Leberzirrhose

24.4.2 Substitution von Gerinnungsfaktoren und Fibrinogen

Frischplasma (FFP) Der verlängerte CT-Wert deutet auf einen Mangel an mehreren Gerinnungsfaktoren (insbesondere an den Vitamin-K-abhängigen Faktoren II, VII, IX und X) hin. Der Einsatz von FFP im Rahmen des Gerinnungsmanagements beruht auf der Tatsache, dass FFP sowohl pro- als auch antikoagulatorische Faktoren in einem ausgewogenen Verhältnis beinhaltet. Dies ist jedoch bei Patienten mit einer Gerinnungsstörung aufgrund einer Hepatopathie unvorteilhaft, da bei diesen Patienten bereits um bis zu 200 % höhere Konzentrationen des vWF und Faktor VIII vorliegen können, sodass eine weitere Substitution zur hämostatischen Dysbalance führen kann (Lisman und Porte 2010). Bei fortgeschrittener Leberinsuffizienz ist durch die Gabe von FFP das Risiko thrombembolischer Komplikationen deutlich erhöht.

Zudem ist Fibrinogen in FFP mit einer Konzentration von nur 2–2,5 g/l enthalten. Zur suffizienten Deckung des Fibrinogenbedarfs bei schwerer Hypofibrinogenämie (Fibrinogenspiegel <0,5 g/l) wäre eine großvolumige FFP-Gabe notwendig, was zu einer Hypervolämie führen könnte.

Tab. 24.2 Dosierung von Prothrombinkomplex-Konzentrat (PPSB) und gerinnungsaktivem Plasma (z. B. fresh frozen plasma, FFP) bei Quickwerterniedrigung

	60 kg	70 kg	80 kg	90 kg
Gewünschter Quickwertanstieg	PPSB FFP	PPSB FFP	PPSB FFP	PPSB FFP
Quick +10 %	500 IE 600 ml	500 IE 700 ml	1000 IE 800 ml	1000 IE 900 ml
Quick +20 %	1000 IE 1200 ml	1500 IE 1400 ml	1500 IE 1600 ml	2500 IE 1800 ml
Quick +30 %	1500 IE 1800 ml	2000 IE 2100 ml	2500 IE 2400 ml	3000 IE 2700 ml
Quick +40 %	2000 IE 2400 ml	3000 IE 2800 ml	3000 IE 3200 ml	3500 IE 3600 ml

FFP: ca. 250 ml/Beutel. Zugrunde gelegte Berechnung: 1 IE PPSB/kg Körpergewicht führt zu 1 % Anstieg. Unter Therapie mit Vitamin-K-Antagonisten ist zur Quickwertanhebung oft eine niedrigere Dosierung ausreichend.

Zusammengefasst ist die undifferenzierte Gabe von FFP bei Patienten mit vorliegender Hepatopathie als problematisch zu bewerten. Es erscheint sinnvoller, selektive **Gerinnungsfaktorenkonzentrate** zur Therapie von Gerinnungsstörungen unter Monitoring mittels VET einzusetzen (Dara et al. 2005). Durch die Nutzung der Thrombelastometrie/-grafie wird eine kalkulierte und zielgerichtete Gerinnungstherapie unter Einsatz von 4-Faktoren-Prothrombi nkomplexkonzentraten möglich (PCC; z. B. Beriplex®P/N, CSL Behring GmbH, Marburg, Deutschland oder Octaplex®, Octapharma AG, Lachen, Schweiz), die sowohl die Faktoren II, VII, IX und X als auch die Proteine C und S enthalten (Tab. 24.2).

Fibrinogenkonzentrat Der erniedrigte MCF und der verringerte Alphawinkel legen nahe, dass der Patient zusätzlich einen Fibrinogenmangel aufweist. Eine Substitution von Fibrinogen (z. B. mit einem Zielwert von >100 mg/dl) kann die Gerinnselfestigkeit verbessern und die Blutungsneigung reduzieren. Die erforderliche Dosis richtet sich nach dem ROTEM®-Befund, häufig in einer initialen Dosis von 2–4 g.

Thrombozytenkonzentrate Eine prophylaktische Thrombozytensubstitution sollte beim Patienten ohne aktive Blutung nur bei einer Konzentration von <10/nl erfolgen. Bei Blutungen oder anderen begleitenden Komplikationen (z. B. febrile Temperaturen, eingeschränkte plasmatische Gerinnung) sollte die Substitution ggf. früher erfolgen.

24.4.3 Thromboseprophylaxe

Auch wenn der Patient eine Blutungsneigung zeigt, besteht gleichzeitig ein erhöhtes Risiko für Thrombosen, insbesondere aufgrund der portalen Hypertension und möglicher venöser Stase.

Antithrombin III Im Rahmen einer hämostatischen Dysbalance, wie sie bei einer dekompensierten Leberzirrhose vorliegt, kann der Antithrombinspiegel stark reduziert sein, was konsekutiv das Thromboserisiko erhöht. Eine Substitution sollte hier in Abhängigkeit von VET und Klinik diskutiert werden (Tab. 24.3).

Trotz der Blutungsneigung sollten Patienten mit Leberzirrhose bei Vorliegen eines hohen Thromboserisikos (z. B. Pfortaderthrombose, venöse Thromboembolien) eine prophylaktische Antikoagulation erhalten. Niedermolekulares Heparin (NMH) hat sich als sicher und wirksam erwiesen, wobei die Dosis sorgfältig adaptiert werden muss.

24.5 Fazit

Die primäre und sekundäre Hämostase bei Patienten mit Leberzirrhose ist von großer Komplexität und birgt sowohl Blutungs- als auch Thromboserisiken. Ein differenziertes Verständnis der zugrunde liegenden Mechanismen sowie eine sorgfältige klinische Ein schätzung unter Hinzunahme von viskoelastischen Testverfahren sind entscheidend für das erfolgreiche Management von Patienten mit Blutungen bei Leberzirrhose (Abb. 24.3).

Tab. 24.3 Dosisempfehlung für Antithrombin

	60 kg	70 kg	80 kg	90 kg
Gewünschter Antithrombinanstieg	Antithrombin	Antithrombin	Antithrombin	Antithrombin
Antithrombin +10 %	500 IE	500 IE	500 IE	500 IE
Antithrombin +20 %	1000 IE	1000 IE	1000 IE	1000 IE
Antithrombin +30 %	1000 IE	1500 IE	1500 IE	2000 IE
Antithrombin +40 %	1500 IE	2000 IE	2000 IE	2500 IE

Zugrunde gelegte Berechnung: 1 IE Antithrombin/kg Körpergewicht führt zu 1,5 % Anstieg.

Zukünftige Forschung sollte sich auf die Entwicklung besserer Biomarker zur Risikostratifizierung und auf optimierte Therapiestrategien konzentrieren, um sowohl Blutungen als auch Thrombosen effektiv zu verhindern.

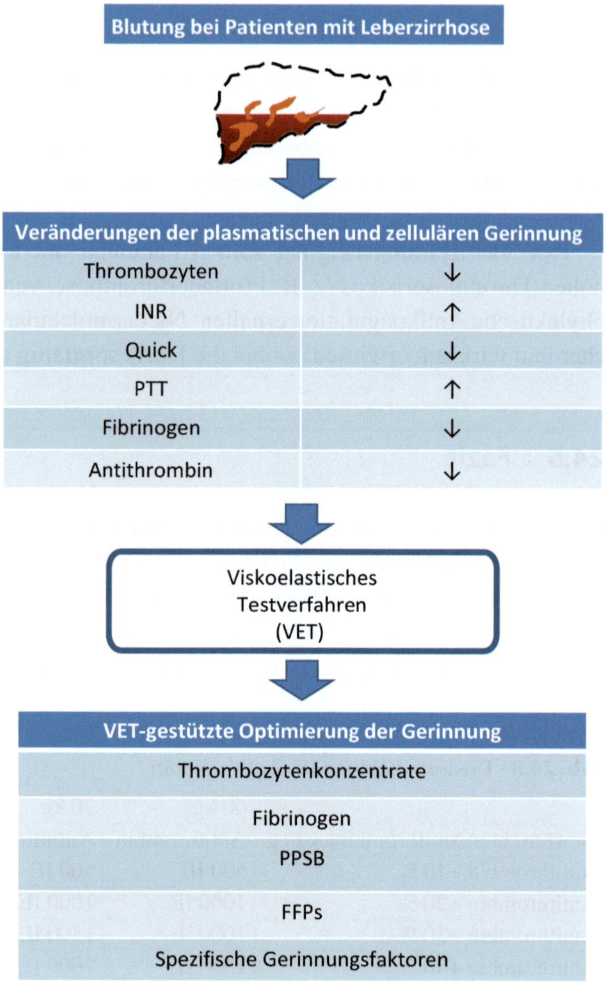

Abb. 24.3 Flowchart Vorgehensweise bei Blutungen bei Leberzirrhose

Literatur

Afdhal N et al (2008) Thrombocytopenia associated with chronic liver disease. *J Hepatol* 48:1000–1007

Afdhal N et al (2011) The natural history of cirrhosis. *J Hepatol* 55(6):1310–1320

Dara SI, Rana R, Afessa B, Moore SB, Gajic O (2005) Fresh frozen plasma transfusion in critically ill medical patients with coagulopathy. Crit Care Med 33:2667–2671

Denzer U et al (2015) S2k-Leitlinie Qualitätsanforderungen in der gastrointestinalen Endoskopie". Z Gastroenterol 53:E1–E22

Lisman T, Porte RJ (2010) Rebalanced hemostasis in patients with liver disease: evidence and clinical consequences. Blood 116:878–885

Lisman T et al (2017) The rebalanced hemostasis in patients with liver disease. *J Thromb Haemost* 4:422–429

O'Leary JG, Greenberg CS, Patton HM, Caldwell SH (2019) AGA clinical practice update: coagulation in cirrhosis. Gastroenterology 157(1):34–43.e1

Queck A et al (2020) Role of portal venous platelet activation in patients with decompensated cirrhosis and TIPS. Gut 69(8):1535–1536

Tripodi A (2015) Hemostasis abnormalities in cirrhosis. Curr Opin Hematol 22(5):406–412

Tripodi A, Mannucci PM (2011) The coagulopathy of chronic liver disease. *N Engl J Med* 365(2):147–156

Tripodi A, Primignani M, Pier M Caldwell, Stephen H (2016) Changing Concepts of Cirrhotic Coagulopathy. The American Journal of Gastroenterology 112(2):274–281

Hepatozelluläres Karzinom

25

Christoph Roderburg und Tom Luedde

25.1 Einleitung

Das hepatozelluläre Karzinom ist eine der häufigsten Krebsarten weltweit. Obwohl die Virushepatitis und der Alkoholabusus nach wie vor wichtige Risikofaktoren sind, entwickelt sich die mit metabolischer Dysfunktion assoziierte steatotische Lebererkrankung (MASLD) zunehmend zur Hauptursache für das Leberzellkarzinom. Für Patienten mit HCC steht mittlerweile ein breites Spektrum von Behandlungsmöglichkeiten zur Verfügung, darunter Lebertransplantation, chirurgische Resektion, perkutane Ablation und Bestrahlung sowie transarterielle und systemische Therapien. Die klinische Entscheidungsfindung erfordert ein multidisziplinäres Team, das die individuelle Behandlungsstrategie in Abhängigkeit vom Tumorstadium, der Leberfunktion und dem Leistungsstatus des Patienten festlegt und in Abhängigkeit vom individuellen klinischen Verlauf immer wieder anpasst. Mit der Zulassung neuer Erst- und Zweitlinienmedikamente sowie der Etablierung von Therapien auf der Basis von Immuncheckpointinhibitoren (ICI) als Standardbehandlung ist die Behandlungslandschaft des fortgeschrittenen Leberzellkarzinoms vielfältiger denn je. Dementsprechend haben sich die Aussichten für Patienten verbessert. In diesem Kapitel geben wir einen aktuellen Überblick über Epidemiologie, Risikofaktoren, Diagnose, Klassifizierung und die Behandlung des HCC.

C. Roderburg · T. Luedde (✉)
Klinik für Gastroenterologie, Hepatologie und Infektiologie, Universitätsklinikum Düsseldorf, Düsseldorf, Deutschland
E-Mail: Christoph.Roderburg@med.uni-duesseldorf.de; Tom.Luedde@med.uni-duesseldorf.de

T. Bruns et al. (Hrsg.), *Komplikationen der Leberzirrhose*,
https://doi.org/10.1007/978-3-662-70167-6_25

25.2 Epidemiologie

Hepatozelluläre Karzinome sind die fünfthäufigste Krebsart und die zweithäufigste Ursache für krebsbedingte Todesfälle weltweit. Global werden mehr als 900.000 Neuerkrankungen und über 800.000 Todesfälle pro Jahr berichtet. Die Prognose des HCC ist mit einer mittleren 5-Jahres-Überlebensrate von etwa 20 % nach wie vor schlecht. Das HCC tritt bei Männern häufiger als bei Frauen auf, das Verhältnis wird auf 2–2,5:1 geschätzt. Die Inzidenz des HCC ist altersabhängig. In westlichen Populationen liegt das mediane Erkrankungsalter bei etwa 70 Jahren. Die Häufigkeit seiner wichtigsten Risikofaktoren reflektierend, variiert die regionale Häufigkeit des HCC extrem. Die höchsten Inzidenzen finden sich in Ostasien und in Afrika südlich der Sahara. In Europa ist die Inzidenz niedriger. Die Häufigkeit von HCC hat jedoch in den letzten Jahren zugenommen. Zwischen 1990 und 2015 stieg die Zahl neu diagnostizierter HCC-Fälle um 75 %, was vor allem auf die veränderte Altersstruktur und das globale Bevölkerungswachstum zurückzuführen ist (Vogel et al. 2022).

25.3 Risikofaktoren

Unabhängig von ihrer Ursache ist die Leberzirrhose der stärkste Risikofaktor für die Entstehung eines HCC, wobei bis zu 90 % der Fälle in zirrhotischen Lebern auftreten. Chronische Hepatitis-B- und Hepatitis-C-Virusinfektionen sind weltweit führende Ursachen für HCC, da sie zu anhaltenden Entzündungen und fortschreitender Leberschädigung führen. Hepatitis B wird vor allem in Regionen wie Subsaharaafrika und Südostasien häufig bereits im Kindesalter erworben, was das Risiko einer chronischen Infektion und damit eines HCC erhöht. Impfprogramme haben die Inzidenz von HBV-bedingtem HCC gesenkt, doch bleibt die Krankheitslast in manchen Regionen hoch (Yoshiji et al. 2021). Die Hepatitis-C-Virusinfektion hingegen führt seltener ohne Zirrhose zu HCC, doch die chronische Infektion kann über Jahre hinweg Zirrhose und damit ein erhöhtes Risiko für HCC hervorrufen.

Direkt wirkende antivirale Therapien (DAA) haben die Heilungschancen bei HCV erheblich verbessert, doch bleibt auch nach erfolgreicher Ausheilung einer HCV-Infektion bei bestehender Zirrhose ein Risiko für HCC bestehen (Mezzacappa et al. 2024; Yoshiji et al. 2021), sodass eine Überwachung durch Ultraschall und ggf. eine AFP-Bestimmung (Alpha-Fetoprotein) bei diesen Patienten notwendig ist.

Chronischer Alkoholkonsum ist ein weiterer wichtiger Risikofaktor, da er häufig zu Zirrhose und damit zu einem erhöhten HCC-Risiko führt. Ebenso trägt das metabolische Syndrom zunehmend zur HCC-Belastung bei, insbesondere durch die Entwicklung der mit metabolischer Dysfunktion assoziierten Steatohepatitis (MASH), die auch ohne Zirrhose ein erhöhtes HCC-Risiko mit sich bringt. Zusätzliche Risikofaktoren sind die Exposition gegenüber Aflatoxinen, vor allem in tropischen Regionen, sowie Chemikalien wie

Vinylchlorid. Lebensstilfaktoren wie Rauchen, Diabetes und Koinfektionen mit HIV oder mehreren Hepatitisviren steigern das Risiko ebenfalls (Vogel et al. 2021).

25.4 Screening und Früherkennung

Das Screening von Patienten mit hohem Risiko für die Entwicklung eines HCC zur Früherkennung kleiner und potenziell heilbarer Tumore ist seit Jahrzehnten etabliert. In der aktuellen deutschen S3-Leitlinie wird weiterhin die Ultraschalluntersuchung der Leber als die zentrale Methode zur Früherkennung von HCC hervorgehoben. Diese Untersuchungen sollten bei Patienten mit Leberzirrhose und Patienten mit einer chronischen Hepatitis-B-Virusinfektion ab einem PAGE-B-Score von 10 empfohlen werden (Bitzer et al. 2024).

Außerdem sollte bei fortgeschrittener Fibrose mit chronischer HCV-Infektion eine regelmäßige Früherkennung durchgeführt werden. Schließlich kann Patienten mit einer fortgeschrittenen Leberfibrose auf der Grundlage einer anderen, nichtviralen Ursache der Lebererkrankung die Teilnahme an einer HCC-Früherkennung angeboten werden. Die Untersuchungen werden regelmäßig alle 6 Monate durchgeführt. Die Messung von Alphafetoprotein kann ergänzend zur Ultraschalluntersuchung eingesetzt werden, auch wenn die Kosteneffizienz dieses Tests in der Vergangenheit infrage gestellt wurde. Eine kürzlich durchgeführte Metaanalyse zeigt jedoch, dass die alleinige Ultraschalluntersuchung lediglich 45 % der HCC-Fälle erkennt, während die Erkennungsrate auf 63 % steigt, wenn der AFP-Test zusätzlich zur Ultraschalluntersuchung durchgeführt wird. Für Patienten, deren Leber durch Ultraschall schwer zu untersuchen ist, wird im Allgemeinen vorgeschlagen, alternative bildgebende Verfahren wie Computertomografie (CT) oder Magnetresonanztomografie (MRT) zu nutzen.

25.5 Diagnostik

Die Diagnostik des HCC beginnt in der Regel mit nichtinvasiven, bildgebenden Verfahren (Abb. 25.1). Wenn sich durch den Ultraschall Verdachtsmomente ergeben, wird die Diagnose typischerweise durch kontrastmittelverstärkte Bildgebungen wie die MRT, die Kontrastmittelsonografie (CEUS) oder CT bestätigt.

Die kontrastmittelverstärkte MRT gilt als besonders sensitiv für die Erkennung kleiner Tumoren. Für unklare Befunde kann die kontrastmittelverstärkte CT eine Alternative sein, jedoch mit dem Vorbehalt der höheren Strahlenbelastung. Die MRT bietet in der Regel eine präzisere Diagnostik, da sie neben der typischen Tumorvaskularisation auch zusätzliche Parameter wie Diffusionsgewichtung und die hepatobiliäre Phase zur Beurteilung des HCC nutzt. In einigen Fällen kann eine Leberbiopsie erforderlich sein, um unklare Läsionen histologisch abzuklären.

Der Einsatz von Alphafetoprotein (AFP) als Biomarker ist ebenfalls weitverbreitet, wird jedoch in Bezug auf seine diagnostische Genauigkeit kontrovers diskutiert. Neuere

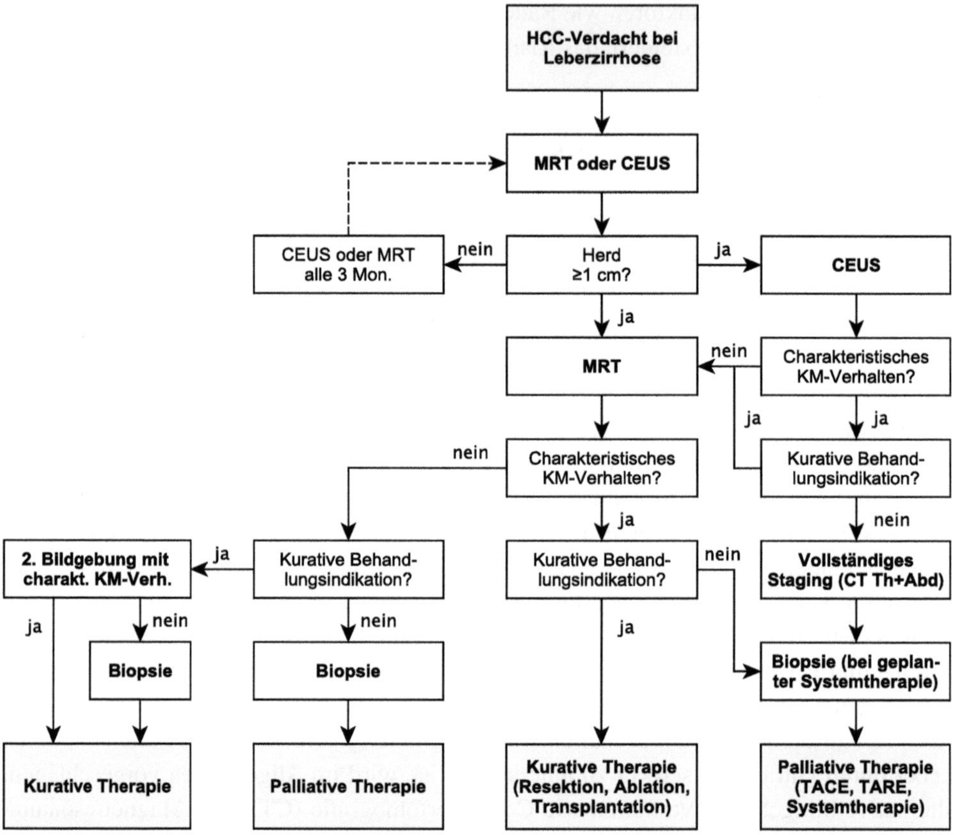

Abb. 25.1 Diagnostikalgorithmus HCC nach der deutschen S3-Leitlinie Diagnostik und Therapie des hepatozellulären Karzinoms und biliärer Karzinome. CEUS = Kontrastmittelsonografie, CT = Computertomografie, KM = Kontrastmittel, MRT = Magnetresonanztomografie, TACE = transarterielle Chemoembolisation, TARE = Transarterielle Radioembolisation (TARE). (Groß et al. 2024)

Entwicklungen in der biomarkerbasierten Diagnostik ergänzen die bildgebenden Verfahren. Studien zur Kombination von AFP mit anderen Tumormarkern wie protein induced by vitamin K absence/antagonist-II (PIVKA-II) zeigen eine verbesserte Erkennungsrate für frühe HCC-Stadien. Insgesamt stützt sich die Diagnostik des HCC auf ein Zusammenspiel von spezialisierter Bildgebung, Histologie und der optionalen Anwendung von Biomarkern, um eine möglichst frühzeitige und genaue Erkennung zu ermöglichen (Groß et al. 2024).

25.6 Einteilung von hepatozellulären Karzinomen

Das sog. Barcelona Clinic Liver Cancer (BCLC)-Stagingsystem ist das weltweit am häufigsten angewendete Klassifizierungssystem für das HCC (Trevisani et al. 2024). Das BCLC-System unterteilt HCC dabei in 5 Kategorien:

► **Die BCLC-Klassifikation ermöglicht eine strukturierte Zuordnung von Patienten zu therapeutischen Optionen und basiert auf der Tumorgröße und -anzahl, der Leberfunktion (gemessen mit dem Child-Pugh-Score), dem Allgemeinzustand des Patienten (gemessen mit dem Eastern Cooperative Oncology Group (ECOG)-Score) sowie dem Vorhandensein von Metastasen.**

BCLC 0 (sehr frühes Stadium) Ein singulärer Tumor von weniger als 2 cm ohne vaskuläre Invasion oder Metastasen und bei einer gut erhaltenen Leberfunktion (Child-Pugh A). Patienten in diesem Stadium sind potenzielle Kandidaten für eine kurative Behandlung durch Resektion oder Ablation.

BCLC A (frühes Stadium) Ein singulärer Tumor von bis zu 5 cm oder bis zu 3 Tumoren, von denen jeder <3 cm misst. Die Leberfunktion ist ebenfalls gut erhalten (Child-Pugh A oder B). Hier sind kurative Therapien wie Resektion, Lebertransplantation oder Ablation indiziert.

BCLC B (intermediäres Stadium) Multifokale Tumoren ohne vaskuläre Invasion oder extrahepatische Ausbreitung. Patienten mit BCLC B profitieren am häufigsten von einer transarteriellen Chemoembolisation (TACE).

BCLC C (fortgeschrittenes Stadium) Patienten mit vaskulärer Invasion oder extrahepatischen Metastasen. Die Leberfunktion kann unterschiedlich sein und systemische Therapien, insbesondere mit Tyrosinkinaseinhibitoren wie Sorafenib oder Lenvatinib, sind hier die bevorzugte Behandlung.

BCLC D (Endstadium) Schwere Leberfunktionsstörung (Child-Pugh C) oder schlechter Allgemeinzustand (ECOG > 2). Diese Patienten haben eine schlechte Prognose und erhalten in der Regel nur noch palliative Behandlungen.

Das BCLC-System hat sich als überlegen gegenüber anderen Stagingsystemen wie dem TNM- oder Cancer of the Liver Italian Program (CLIP)-System erwiesen, zahlreiche Autoren plädieren jedoch für eine flexiblere Anwendung der Therapiezuordnungen (Trevisani et al. 2024).

25.7 Therapie

Die Behandlungsmöglichkeiten für Patienten mit HCC sind Gegenstand zahlreicher nationaler und internationaler Leitlinien, mit geringen Unterschieden im therapeutischen Ansatz zwischen Asien, Europa und Nordamerika. Die Therapieempfehlungen werden im Folgenden analog der Empfehlungen der BCLC (Trevisani et al. 2024) wiedergegeben.

25.7.1 Sehr frühes und frühes Stadium (BCLC 0/A)

Die Leberresektion, die orthotope Lebertransplantation und lokale Ablationsmethoden stellen potenziell kurative Behandlungsmethoden für Patienten mit HCC dar. Die Auswahl der geeigneten Behandlung für den einzelnen Patienten ist nach wie vor schwierig, viele Differenzialempfehlungen beruhen auf Patientenserien oder kleineren Studien.

Tumorresektion Einzeltumoren bei Patienten mit gut erhaltener Leberfunktion sind die Hauptindikation für eine Resektion, sofern eine R0-Resektion durchgeführt werden kann, ohne dass es zu einem postoperativen Leberversagen aufgrund unzureichender Funktionsreserve kommt. Neben der reinen Leberfunktionsbeurteilung müssen Patienten auch auf Zeichen einer portalen Hypertension untersucht werden. Entsprechend den Resultaten einer kürzlich durchgeführten Metaanalyse sind das Vorhandensein einer portalen Hypertension oder eines Child-Pugh-B-Status keine absoluten Kontraindikationen. Nach sorgfältiger Abwägung können somit auch solche Patienten für (kleine) chirurgische Resektionen infrage kommen. Nach einer Tumorresektion muss in 50-70 % der Fälle innerhalb von 5 Jahren nach der Operation mit einem Tumorrezidiv gerechnet werden. Hierbei handelt es sich entweder um intrahepatische Metastasen (häufig innerhalb von 2 Jahren nach der Operation) oder ein neues HCC in der verbleibenden zirrhotischen Leber (häufiger nach 2 Jahren).

Lebertransplantation Die Lebertransplantation bietet die Möglichkeit, sowohl das HCC als auch die zugrunde liegende Lebererkrankung zu heilen. Die sog. Milan-Kriterien (1 Läsion < 5 cm; bis zu 3 Läsionen, jede < 3 cm); keine extrahepatischen Manifestationen, keine Zeichen der Makrogefäßinvasion) sind derzeit die Benchmark für die Selektion von Patienten für die Lebertransplantation. Dies stellt Rekurrenzraten < 10 % und ein 5-Jahres-Überleben von > 70 % sicher. Die geringe Verfügbarkeit von Organen auf der einen Seite und die große Zahl von Kandidaten für eine Lebertransplantation auf der anderen führt in Deutschland und teilweise auch international zu beträchtlichen Wartezeiten mit dem Risiko des Tumorprogresses. Um dieses Risiko zu senken, sollen Patienten, für die ein Verbleib auf der Warteliste von > 3 Monaten wahrscheinlich ist, eine sog. Bridgingtherapie erhalten. Diese kann mittels lokalablativer Verfahren oder auch TACE durchgeführt werden (Bitzer et al. 2024). Zu beachten ist, dass alle Patienten, für die eine

Lebertransplantation auch nur denkbar scheint, in ihrer Patientenkarriere mindestens einmal einem Lebertransplantationszentrum vorgestellt werden sollten, um die Chance auf eine solche Therapie für möglichst alle Patienten zu wahren (Clavien et al. 2012).

Thermische Tumorablation Die thermische Ablation durch Radiofrequenzablation oder Mikrowellenablation kann als Erstlinienbehandlung in sehr frühen Krankheitsstadien erfolgen. Bei Tumoren < 2 cm Durchmesser zeigt die Ablation ähnliche Ergebnisse wie die Resektion, bei geringerer Invasivität und Morbidität (Cucchetti et al. 2013). Auch bei etwas fortgeschritteneren Tumoren erscheint die thermische Tumorablation als sinnvolle Methode, insbesondere bei Patienten, bei denen man ein Operationstrauma vermeiden möchte. Mehrere Studien zeigten einen ähnlichen Überlebensvorteil, wie ihn auch die die Chirurgie erreicht. Einschränkungen bestehen bei exophytischen Tumoren sowie bei Tumoren in der Nähe der Gallenblase, des Leberhilums oder des angrenzenden Darms. Auch eine Gefäßnähe kann aufgrund des Hitzeabtransportes durch den Blutfluss problematisch sein. Die chemische Tumorablation spielt heutzutage keine Rolle mehr.

Stereotaktische Bestrahlung Die stereotaktische (Körper-)Bestrahlung (SBRT) ist im Kontext des HCC ein relativ neues Verfahren mit teilweise noch etwas unterschiedlicher Bewertung in den verschiedenen Leitlinien. Es kann als Alternative für die Ablation von Tumoren in Betracht gezogen werden. Tumorkontrollraten von > 90 % nach 12 Monaten können erreicht werden. Im Gegensatz zur thermischen Ablation ist die SBRT nicht durch die Nähe zu großen Gefäßen, exophytisches Wachstum oder zentrale Lage eingeschränkt. Das Sicherheitsprofil ist ausgezeichnet.

Adjuvanz Adjuvante Systemtherapien werden derzeit nicht empfohlen. Zahlreiche große Studien untersuchen jedoch adjuvante Therapien nach Tumorresektion oder Tumorablation, sodass sich diese Empfehlung rasch ändern kann.

25.7.2 Intermediäres Stadium (BCLC B)

Die nahezu ausschließliche arterielle Vaskularisierung von HCC ermöglicht die Durchführung von intraarteriellen Infusionen von Chemotherapien, radioaktiven Partikeln, embolisierenden Materialien und speziellen Kontrastmitteln wie Lipiodol, die dann im Tumor akkumulieren und teilweise zu einer ischämischen Nekrose führen (Sangro und Salem 2014).

Transarterielle Chemoembolisation (TACE) Insgesamt wurde die Wirksamkeit der TACE in mehreren randomisierten Studien im Vergleich zur besten unterstützenden Behandlung untersucht. Nur wenige Studien berichteten über einen statistisch signifikanten Überlebensvorteil für den Behandlungsarm, verglichen mit BSC. Der Vorteil der TACE bei der Verlängerung des Gesamtüberlebens (OS) wurde bei ausgewählten asymptomatischen Patienten mit erhaltener Leberfunktion und geringer Tumorlast nachgewiesen. In dieser Population kann ein medianes OS von 30–45 Monaten erwartet werden. Ein kürzeres medianes Überleben von < 20 Monaten wurde in realen Kohorten berichtet, die Patienten im Child-Pugh-B-Stadium, mit Pfortaderinvasion, großer Tumorlast oder sich verschlechternder Leberfunktion unter TACE einschlossen (Sangro und Salem 2014). Aktuell ist die konventionelle TACE auf Lipiodolbasis Standard in der Behandlung des intermediären HCC. Die Verwendung von sog. *drug-eluting beads* konnte in prospektiven Studien keine weitere Verbesserung zeigen. Die optimale Dauer und Häufigkeit der TACE-Behandlung ist noch nicht definiert. Die Indikation für die TACE bei Patienten mit reduziertem Allgemeinzustand und verschlechterter Leberfunktion nach der TACE-Behandlung sollte kritisch bewertet werden. Die Kombination von TACE mit systemischen Wirkstoffen wird in der klinischen Praxis nicht empfohlen. Zahlreiche große Studien untersuchen jedoch solche Kombinationen, sodass sich diese Empfehlung rasch ändern kann.

Selektive interne Radiotherapie (SIRT) Die SIRT basiert auf der Injektion von Mikrosphären, die mit dem Betastrahler ^{90}Yttrium beladen sind. Im Gegensatz zur TACE hat sie hat keine oder nur eine minimale ischämisierende Wirkung. Nach den negativen Ergebnissen mehrerer Phase-III-Studien (Chow et al. 2018; Vilgrain et al. 2017) wird die SIRT nicht als Erstlinientherapie für HCC-Patienten im intermediären (oder fortgeschrittenen) Stadium empfohlen. Trotzdem kann in Ausnahmefällen bei Patienten mit einer auf die Leber beschränkten Erkrankung und erhaltener Leberfunktion, bei denen weder eine TACE noch eine systemische Therapie möglich ist, eine SIRT in Betracht gezogen werden. Darüber hinaus kann die SIRT bei Patienten, die auf eine Lebertransplantation warten, anstelle der TACE zur Behandlung kleinerer Tumoren als Bridgingtherapie in Betracht gezogen werden (Salem et al. 2016).

25.7.3 Fortgeschrittenes Stadium (BCLC C)

Die Optionen in der Systemtherapie bei Patienten mit fortgeschrittenem HCC oder solchen mit intermediärem HCC ohne lokaltherapeutische Optionen haben sich in den letzten Jahren erheblich erweitert. Neben Tyrosinkinaseinhibitoren und einem gegen den vascular endothelial growth factor receptor (VEGFR) gerichteten Antikörper stehen neuerdings auch Immuncheckpointinhibitoren zur Verfügung (Abb. 25.2).

Tyrosinkinaseinhibitoren (TKI) und zielgerichtete Therapien Tyrosinkinaseinhibitoren waren seit der Veröffentlichung der SHARP-Studie für nahezu 1 Jahrzehnt Standard in der Erstlinientherapie des fortgeschrittenen HCC, bevor sie in dieser Indika-

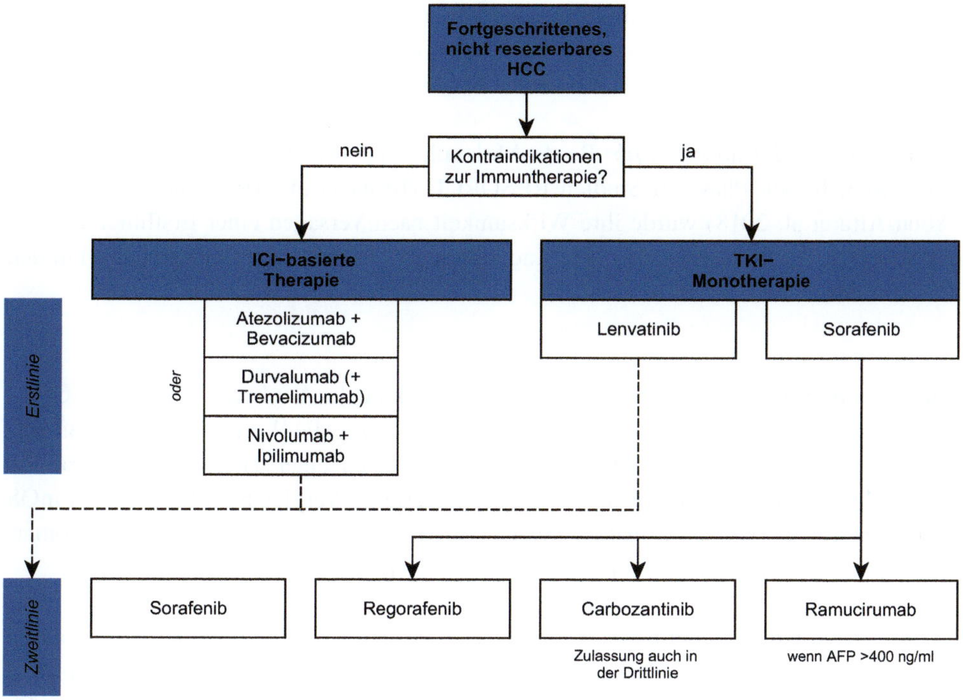

Abb. 25.2 Systemische Therapieoptionen für das fortgeschrittene, nicht resezierbare HCC. AFP = Alpha-Fetoprotein, ICI = Immuncheckpointinhibitor, TKI = Tyrosinkinaseinhibitor. Mod. nach Vogel et al. 2022

tion von den Checkpointinhibitoren abgelöst wurden. Aktuell werden TKI regelhaft in den hinteren Therapielinien verwendet.

Sorafenib Sorafenib ist ein oral verfügbarer Multikinaseinhibitor. Basierend auf den Daten der historischen SHARP-Studie wurde Sorafenib für über 1 Dekade Standard in der Systemtherapie des fortgeschrittenen HCC (Llovet et al. 2008). Die Ergebnisse der SHARP-Studie wurden anschließend in der asiatisch-pazifischen Phase-III-Studie und in vielen weiteren Studien mit einem mOS (medianen Gesamtüberleben) im Bereich von 10–12 Monaten bestätigt. In der Behandlung muss die Toxizität bedacht werden.

Lenvatinib Lenvatinib ist ein oraler Multikinaseinhibitor, der unter anderem auf VEGFR1–3 und den Fibroblastenwachstumsfaktorrezeptor (FGFR)1–4 wirkt. In der offenen, multizentrischen Phase-III-REFLECT-Studie erwies sich Lenvatinib hinsichtlich des primären Studienendpunktes Gesamtüberleben als nicht unterlegen im Vergleich zu Sorafenib (Kudo et al. 2018). Sekundäre Endpunkte wie PFS, Zeit bis zum Fortschreiten der Erkrankung und Ansprechen waren unter Lenvatinib sogar deutlich verbessert. In neueren Studien zeigten sich beeindruckende Überlebenszeiten unter Lenvatinib, die sogar auf

Augenhöhe mit Checkpointinhibitoren lagen, hier muss jedoch die höhere Toxizität gegenüber diesen bedacht werden. Insgesamt legen diese Daten aber die Verwendung von Lenvatinib bei solchen Patienten, die keinen Checkpointinhibitor erhalten können, nahe.

Regorafenib und Cabozantinib Beide Moleküle sind oral verfügbare Tyrosinkinaseinhibitoren. In den Phase-III-Studien RESORCE (Bruix et al. 2017) und CELESTIAL (Abou-Alfa et al. 2018) wurde ihre Wirksamkeit nach Versagen einer Erstlinientherapie mit Sorafenib nachgewiesen. In dieser Indikation stellen beide Substanzen weiterhin den Standard dar.

Ramucirumab Ramucirumab ist ein humaner monoklonaler Antikörper, der den VEGFR2 hemmt. Im Rahmen der Phase-III-Studie REACH-2 wurde die Wirksamkeit von Ramucirumab bei Patienten mit erhöhtem AFP-Basiswert nach einer Therapie mit Sorafenib untersucht. Die Ramucirumabbehandlung verbesserte im Vergleich zu Placebo das mOS signifikant von 7,3 auf 8,5 Monate (Zhu et al. 2019). Erstmalig konnte somit eine biomarkergesteuerte Behandlung beim HCC etabliert werden.

Immuntherapien Immuntherapien haben sich zu einer wichtigen Behandlungsoption beim fortgeschrittenen HCC entwickelt, insbesondere durch den Einsatz von Immuncheckpointinhibitoren (ICI). Dabei gibt es inzwischen positive Phase-3-Studiendaten für die alleinige Gabe eines Immuncheckpointinhibitors, die Kombination von ICI und antiangiogenetischen Antikörpern und die Kombination von Antikörpern gegen unterschiedliche Immuncheckpoints.

Atezolizumab plus Bevacizumab Eine der bedeutendsten Entwicklungen in der Immuntherapie des HCC ist die Kombination von Atezolizumab, einem PD-L1-Inhibitor, und Bevacizumab, einem VEGF-Inhibitor. Diese Kombinationstherapie wurde durch die Ergebnisse der Phase-III-Studie IMbrave150 etabliert (Finn et al. 2020). In dieser Studie zeigte sich ein medianes Gesamtüberleben (OS) von 19,2 Monaten für Patienten, die Atezolizumab plus Bevacizumab erhielten, verglichen mit 13,4 Monaten in der Sorafenib-Gruppe. Zudem wurde das mediane progressionsfreie Überleben (PFS) für die Kombination mit 6,8 Monaten angegeben, verglichen mit 4,3 Monaten bei Sorafenib. Diese Kombination ist insbesondere dann von Vorteil, wenn die Patienten eine gut erhaltene Leberfunktion und einen ECOG-Performance-Status von 0–1 aufweisen. Relative Kontraindikationen gegen die Therapie sind eine signifikante portale Hypertension oder ein hohes Risiko für Blutungen (Finn et al. 2020).

Durvalumab plus Tremelimumab Eine weitere vielversprechende Erstlinientherapie ist die Kombination von Durvalumab, einem PD-L1-Inhibitor, mit Tremelimumab, einem CTLA-4-Inhibitor. Diese Therapie wurde im Rahmen der Phase-III-Studie HIMALAYA untersucht. In der Gruppe, die eine einzige Dosis Tremelimumab (300 mg) in Kombination mit Durvalumab erhielt, betrug das mediane Gesamtüberleben 16,4 Monate, ver-

Tab. 25.1 Primäre und sekundäre Endpunkte der Phase-III-Studien IMbrave150, HIMALAYA, CheckMate9DW. CI = Konfidenzintervall

	Atezolizumab + Bevacizumab (IMbrave150)	Durvalumab + Tremelimumab (HIMALYA)	Nivolumab + Ipilimumab (CheckMate 9DW)
Gesamtüberleben in Monaten (95 % CI)	19,2 (17–23,7)	16,4 (14,1–19,1)	23,7 (18,8–29,4)
Progressionsfreies Überleben in Monaten (95 % CI)	6,9 (5,7–8,6)	3,7 (3,6–5,3)	9,1 (6,6–10,5)
Objektive Ansprechrate (%)	30	20	36
Krankheitskontrollrate (%)	74	60	68

glichen mit 13,8 Monaten in der Sorafenib-Gruppe (HR (hazard ration) 0,78; 96 %-KI (Konfidenzintervall): 0,65–0,92). Auch hier zeigte sich ein klarer Überlebensvorteil für die Immuntherapie, sodass die Kombination eine Alternative zum Atezolizumab plus Bevacizumab darstellt (Abou-Alfa et al. 2022).

Durvalumab als Monotherapie Durvalumab kann auch als Monotherapie verwendet werden, insbesondere wenn eine Kombinationstherapie mit Tremelimumab nicht geeignet ist. In der HIMALAYA-Studie zeigte Durvalumab als Einzelsubstanz ein medianes Gesamtüberleben von 16,6 Monaten, was es zu einer potenziellen Alternative für Patienten macht, die keine Kombinationstherapie tolerieren können oder Kontraindikationen aufweisen (Abou-Alfa et al. 2022).

Nivolumab plus Ipilimumab Ähnlich wie in der HIMALAYA Studie wurde in der CheckMate-9DW-Studie eine Kombination eines PD 1 Antikörpers und eines CTLA-4-Antikörpers getestet. Im Kontrollarm konnte mit Sorafenib oder Lenvatinib behandelt werden. Die Ergebnisse waren sehr vielversprechend, das Überleben lag im experimentellen Arm bei nahezu 24 Monaten, die Risikoreduktion für das Versterben war jedoch vergleichbar mit dem in der HIMALAYA-Studie beobachteten.

Die Therapien sind in Tab. 25.1 zusammengefasst. Head-to-head-Studien existieren nicht.

▶ **Die Immuntherapie stellt mittlerweile die Erstlinientherapie bei einem fortgeschrittenen HCC dar.**

Molekular zielgerichtete Therapien Anders als bei den meisten anderen Tumorerkrankungen spielen – mit Ausnahme des AFP als Trigger für eine Therapie mit Ramucirumab (Zhu et al. 2019) noch keine Rolle. In einer viel beachteten Publikation konnte zuletzt jedoch gezeigt werden, dass nach einer Behandlung mit Immuntherapien eine Tumorsequenzierung mit anschließender molekularer Behandlung sinnvoll sein kann (Limousin et al. 2023).

25.8 Perspektiven und Fazit

Die Epidemiologie des HCC ist im Wandel begriffen und wird zunehmend von nichtviralen Ursachen dominiert. Es werden innovative Überwachungs- und Präventionsstrategien benötigt, um die steigende Inzidenz von Leberzellkarzinomen bei Patienten mit Fettlebererkrankungen zu bekämpfen. Trotz erheblicher Fortschritte in der lokalen und systemischen Therapie werden die meisten Patienten im Verlauf ihrer Erkrankung irgendwann Kandidaten für systemische Therapien werden. Folglich sind noch wirksamere Behandlungsansätze erforderlich, ebenso wie prädiktive Biomarker, die eine personalisierte und kosteneffiziente Behandlungsstratifizierung ermöglichen. Das dynamische Zusammenspiel zwischen lokoregionaler und systemischer Therapie bietet ebenfalls Raum für Verbesserung. Dies insbesondere dort, wo sich die Grenzen zwischen den BCLC-Stadien zunehmend auflösen und jüngste Daten die Kombination von Systemtherapien und lokoregionalen Verfahren nahelegen. Insgesamt konnten zuletzt erhebliche Fortschritte in der Behandlung einer ehemals kaum behandelbaren Erkrankung erzielt werden und es gibt berechtigte Hoffnung, dass die kommenden Jahre zu weiter verbesserten Ergebnissen führen werden.

Literatur

Abou-Alfa GK, Meyer T, Cheng AL, El-Khoueiry AB, Rimassa L, Ryoo BY et al (2018) Cabozantinib in patients with advanced and progressing hepatocellular carcinoma. N Engl J Med 379(1):54–63

Abou-Alfa GK, Lau G, Kudo M, Chan SL, Kelley RK, Furuse J et al (2022) Tremelimumab plus durvalumab in unresectable hepatocellular carcinoma. NEJM Evid 1(8):EVIDoa2100070

Bitzer M, Groß S, Albert J, Blödt S, Boda-Heggemann J, Brunner T et al (2024) S3-Leitlinie „Diagnostik und Therapie des Hepatozellulären Karzinoms“ – Langversion 4.0. Z Gastroenterol 62(1):e67–e161

Bruix J, Qin S, Merle P, Granito A, Huang YH, Bodoky G et al (2017) Regorafenib for patients with hepatocellular carcinoma who progressed on sorafenib treatment (RESORCE): a randomised, double-blind, placebo-controlled, phase 3 trial. Lancet 389(10064):56–66

Chow PKH, Gandhi M, Tan SB, Khin MW, Khasbazar A, Ong J et al (2018) SIRveNIB: selective internal radiation therapy versus sorafenib in Asia-Pacific patients with hepatocellular carcinoma. J Clin Oncol 36(19):1913–1921

Clavien PA, Lesurtel M, Bossuyt PM, Gores GJ, Langer B, Perrier A, OLT for HCC Consensus Group (2012) Recommendations for liver transplantation for hepatocellular carcinoma: an international consensus conference report. Lancet Oncol 13(1):e11–e22

Cucchetti A, Piscaglia F, Cescon M, Colecchia A, Ercolani G, Bolondi L, Pinna AD (2013) Cost-effectiveness of hepatic resection versus percutaneous radiofrequency ablation for early hepatocellular carcinoma. J Hepatol 59(2):300–307

Finn RS, Qin S, Ikeda M, Galle PR, Ducreux M, Kim TY et al (2020) Atezolizumab plus bevacizumab in unresectable hepatocellular carcinoma. N Engl J Med 382(20):1894–1905
Kudo M, Finn RS, Qin S, Han KH, Ikeda K, Piscaglia F et al (2018) Lenvatinib versus sorafenib in first-line treatment of patients with unresectable hepatocellular carcinoma: a randomised phase 3 non-inferiority trial. Lancet 391(10126):1163–1173
Limousin W, Laurent-Puig P, Ziol M, Ganne-Carrié N, Nahon P, Ait-Omar A et al (2023) Molecular-based targeted therapies in patients with hepatocellular carcinoma and hepato-cholangiocarcinoma refractory to atezolizumab/bevacizumab. J Hepatol 79(6):1450–1458
Llovet JM, Ricci S, Mazzaferro V, Hilgard P, Gane E, Blanc JF et al (2008) Sorafenib in advanced hepatocellular carcinoma. N Engl J Med 359(4):378–390
Mezzacappa C, Kim NJ, Vutien P, Kaplan DE, Ioannou GN, Taddei TH (2024) Screening for hepatocellular carcinoma and survival in patients with cirrhosis after hepatitis C virus cure. JAMA Netw Open 7(7):e2420963
Salem R, Gordon AC, Mouli S, Hickey R, Kallini J, Gabr A et al (2016) Y90 radioembolization significantly prolongs time to progression compared with chemoembolization in patients with hepatocellular carcinoma. Gastroenterology 151(6):1155–1163.e2
Sangro B, Salem R (2014) Transarterial chemoembolization and radioembolization. Semin Liver Dis 34(4):435–443
Trevisani F, Vitale A, Kudo M, Kulik L, Park JW, Pinato DJ, Cillo U (2024) Merits and boundaries of the BCLC staging and treatment algorithm: learning from the past to improve the future with a novel proposal. J Hepatol 80(4):661–669
Vilgrain V, Pereira H, Assenat E, Guiu B, Ilonca AD, Pageaux GP et al (2017) Efficacy and safety of selective internal radiotherapy with yttrium-90 resin microspheres compared with sorafenib in locally advanced and inoperable hepatocellular carcinoma (SARAH): an open-label randomised controlled phase 3 trial. Lancet Oncol 18(12):1624–1636
Vogel A, Martinelli E, ESMO Guidelines Committee (2021) Updated treatment recommendations for hepatocellular carcinoma (HCC) from the ESMO Clinical Practice Guidelines. Ann Oncol 32(6):801–805
Vogel A, Meyer T, Sapisochin G, Salem R, Saborowski A (2022) Hepatocellular carcinoma. Lancet 400(10360):1345–1362
Yoshiji H, Nagoshi S, Akahane T, Asaoka Y, Ueno Y, Ogawa K et al (2021) Evidence-based clinical practice guidelines for liver cirrhosis 2020. J Gastroenterol 56(7):593–619
Zhu AX, Kang YK, Yen CJ, Finn RS, Galle PR, Llovet JM et al (2019) Ramucirumab after sorafenib in patients with advanced hepatocellular carcinoma and increased α-fetoprotein concentrations (REACH-2): a randomised, double-blind, placebo-controlled, phase 3 trial. Lancet Oncol 20(2):282–296

Bakterielle Infektionen

26

Tony Bruns

26.1 Einleitung

Patienten mit fortgeschrittener Leberzirrhose weisen ein erhöhtes Risiko für schwerwiegend verlaufende bakterielle Infektionen auf. Bakterielle Infektionen gehören zu den am häufigsten identifizierten Ursachen für die akute Dekompensation und das akut-auf-chronische Leberversagen (ACLF) und beeinflussen den natürlichen Verlauf der Leberzirrhose. Etwa ein Drittel aller Patienten, die aufgrund einer dekompensierten Leberzirrhose ungeplant ins Krankenhaus aufgenommen werden müssen, leiden bei Aufnahme an einer bakteriellen Infektion oder entwickeln diese während ihres stationären Aufenthalts. Die spontan-bakterielle Peritonitis (SBP) macht als charakteristische spontane Infektion 25–30 % aller bakteriellen Infektionen bei dekompensierter Leberzirrhose aus und stellt neben Harnwegsinfektionen (22 %) und Pneumonien (19 %) den am häufigsten identifizierten Infektionsfokus dar. Unter den bakteriämisch verlaufenden Infektionen führen sekundäre Blutstrominfektionen bei SBP, Harnwegsinfektionen oder Cholangitis (insgesamt fast 60 %) vor spontanen Bakteriämien (etwa 30 %) und katheterassoziierten Infektionen (10 %) (Piano et al. 2019). Die Krankenhausletalität der vergleichsweise jungen Patienten mit dekompensierter Leberzirrhose und bakterieller Infektion liegt in Deutschland bei 18 % (Gu et al. 2022). Diese Zahlen unterstreichen sowohl die klinischen Herausforderungen bei der medizinischen Versorgung der Patienten als auch die erheblichen sozioökonomischen Belastungen für das Gesundheitssystem durch bakterielle Infektionen bei Patienten mit Leberzirrhose (Abb. 26.1).

T. Bruns (✉)
Medizinische Klinik III, Uniklinik RWTH Aachen, RWTH Aachen, Aachen, Deutschland
E-Mail: tbruns@ukaachen.de

T. Bruns et al. (Hrsg.), *Komplikationen der Leberzirrhose*,
https://doi.org/10.1007/978-3-662-70167-6_26

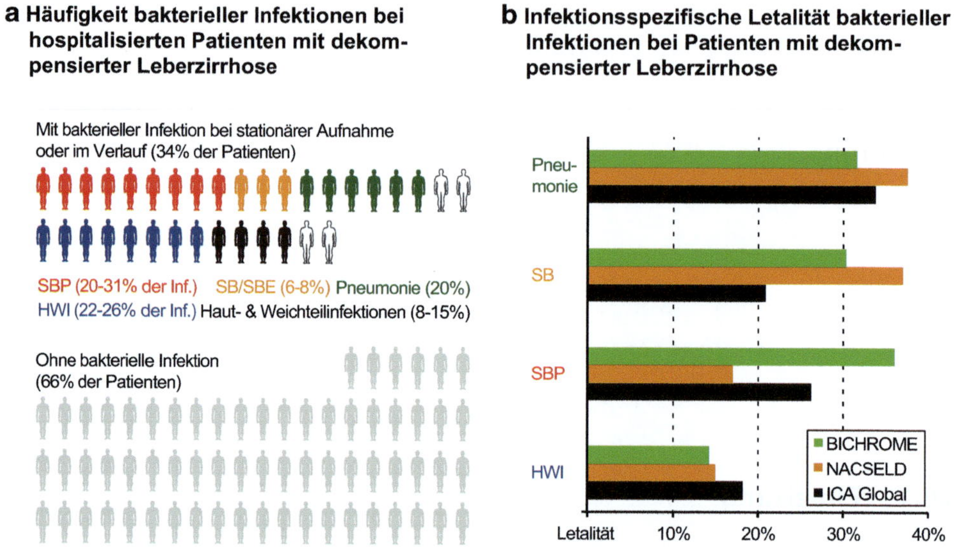

Abb. 26.1 Häufigkeit und Letalität von bakteriellen Infektionen bei Patienten mit Leberzirrhose. (**a**) Häufigkeit bakterieller Infektionen bei hospitalisierten Patienten mit dekompensierter Leberzirrhose. (**b**) Infektionsspezifische Letalität verschiedener Infektionen (BICHROME-Studie umfasst hierbei ausschließlich Patienten mit Bakteriämie oder Fungämie). HWI = Harnwegsinfektion, ICA = International Club of Ascites, Inf. = Infektionen, NACSELD = North American Consortium for the Study of End-Stage Liver Disease, SB = spontane Bakteriämie, SBE = spontanes bakterielles Empyem

26.2 Pathophysiologische Grundlagen

Das erhöhte Risiko für bakterielle Infektionen bei dekompensierter Leberzirrhose ist vor allem auf die Kombination aus pathologischer bakterieller Translokation und einer dysfunktionalen Immunantwort (*cirrhosis-associated immune dysfunction*) zurückzuführen (Albillos et al. 2022). Veränderungen der Mikrobiota (intestinale Dysbiose), veränderte Darmtransitzeiten, bakterielle Fehlbesiedelung des Dünndarms und eine Störung der mukoepithelialen Darmbarriere) fördern die Translokation von Bakterien und bakteriellen Bestandteilen in die systemische Zirkulation und tragen so zur systemischen Inflammation und Aktivierung des Immunsystems bei (Pabst et al. 2023).

In der Vergangenheit ging man davon aus, dass Bakterien primär über den Darm in die mesenterialen Lymphknoten translozieren und von dort über den Ductus thoracicus oder die Leberkapsel disseminieren. Aktuelle Studien deuten jedoch darauf hin, dass zusätzlich eine Störung der Darm-Gefäß-Schranke (*gut vascular barrier*) vorliegt, die Mikroorganismen die transendotheliale Migration in die portale Zirkulation ermöglicht. Auch mukosale Ischämie infolge von Hypotonie bei Patienten mit gastrointestinaler Blutung oder zirkulatorischem Versagen infolge eines akut-auf-chronischen Leberversagens (ACLF) begünstigt die Darmbarrierestörung.

Chronische Entzündungsprozesse, hepatische Umbauvorgänge und portosystemische Shunts beeinträchtigen die Fähigkeit der zirrhotischen Leber, translozierte Bakterien effizient aus der portalen Zirkulation zu eliminieren. Dies fördert das Auftreten sog. spontaner Infektionen wie SBP, spontane Bakteriämie, spontan-bakterielles Empyem (SBEM) sowie die Infektion eines bestehenden hepatischen Hydrothorax.

▶ **Die pathologische bakterielle Translokation von Bakterien vom Darm in die Zirkulation ist die Grundlage spontaner bakterieller Infektionen.**

Die wiederholte Exposition gegenüber bakteriellen Bestandteilen infolge pathologischer Translokation, verbunden mit den chronischen Zelluntergangsprozessen der geschädigten Leber, führt zu einer dysfunktionalen Aktivierung des Immunsystems. Dabei werden sowohl pro- als auch antiinflammatorische Zytokine, reaktive Sauerstoffspezies und Akutphaseproteine freigesetzt. Im fortgeschrittenen Stadium der Leberzirrhose, insbesondere beim ACLF, kommt es neben der systemischen Inflammation zur Immunparalyse. Dies betrifft insbesondere Monozyten, Makrophagen und neutrophile Granulozyten, die eine gestörte Chemotaxis und Phagozytose von Mikroorganismen aufweisen. Diese Immunparalyse beeinträchtigt die Fähigkeit des Körpers, mikrobiellen Infektionen effizient zu begegnen, und erhöht die Suszeptibilität für schwer verlaufende Infektionen.

26.3 Risikofaktoren für bakterielle Infektionen

Bei Patienten mit Leberzirrhose tragen verschiedene Faktoren zum erhöhten Risiko bakterieller Infektionen bei. Hierzu zählen in 1. Linie das Stadium der Lebererkrankung (insbesondere portale Hypertension mit Vorliegen von Aszites), bestehende Begleiterkrankungen (z. B. Diabetes mellitus), anhaltender Alkoholkonsum, Malnutrition, höheres Alter sowie vorausgegangene Hospitalisationen und invasive Eingriffe. Nicht unerwartet unterscheiden sich die Risikofaktoren für spontane Infektionen wie SBP von denen extraperitonealer sporadischer Infektionen wie der Harnwegsinfektion. So sind bei nichtspontanen Infektionen Risikofaktoren wie weibliches Geschlecht für Harnwegsinfektionen, Barfußlaufen für Haut- und Weichteilinfektionen oder Manipulation der Atemwege für Pneumonien von Bedeutung. Weitere Risikofaktoren für non-SBP-Infektionen sind fortgeschrittene Lebererkrankungen (Child-Pugh-C-Zirrhose, höherer Model for End-Stage Liver Disease (MELD)-Score, Vorhandensein von Aszites), bereits durchgemachte bakterielle Infektionen oder Begleitmedikation (Protonenpumpeninhibitoren, Kortikosteroide).

Bei der SBP sind insbesondere die Schwere der Leberinsuffizienz (erhöhtes Serumbilirubin, höheres Child-Pugh-Stadium, hoher MELD-Score), das Ausmaß der portalen Hypertension (niedrige Thrombozyten) und eine geringe antimikrobielle Kapazität des Aszites (niedrige Komplementaktivität, geringes Gesamtprotein) führende klinische Para-

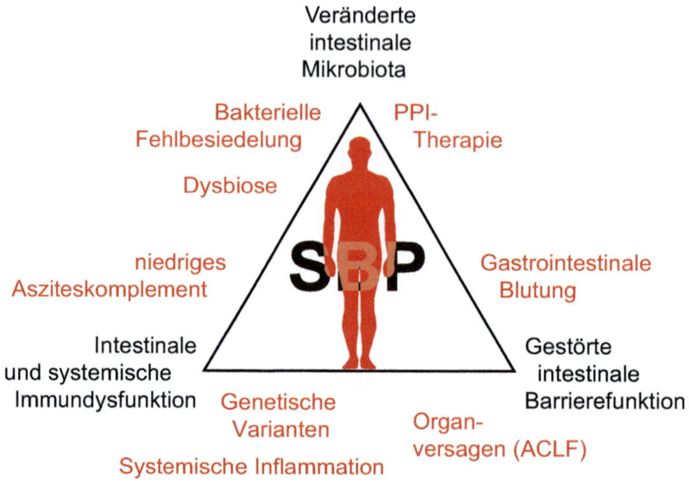

Abb. 26.2 Risikofaktoren der spontan-bakteriellen Peritonitis (SBP). ACLF = akut-auf-chronisches Leberversagen, PPI = Protonenpumpeninhibitoren. Reproduziert aus Queck et al. Gastroenterologe 2021 16:186–193

meter zur Risikostratifizierung (Abb. 26.2). In den letzten 15 Jahren wurde intensiv nach möglichen genetischen Risikofaktoren für spontane bakterielle Infektionen – insbesondere der SBP – gesucht. Zu den in europäischen Kohortenstudien identifizierten genetischen Polymorphismen gehören Varianten des intrazellulären Mustererkennungsrezeptors NOD2, der Toll-like-Rezeptoren TLR2 und TLR4, des Chemokins CCL2, des Farnesoid-X-Rezeptors (FXR), welcher durch Gallensäuren aktiviert wird, sowie des inflammatorischen Regulatorproteins TRAF6. Besonders interessant und mehrfach repliziert ist NOD2, das in den Paneth-Zellen des Ileums stark exprimiert wird und die Produktion antimikrobieller Peptide reguliert, was eine mögliche zentrale Rolle in der Pathophysiologie der SBP unterstreicht.

Mit zunehmender Leberinsuffizienz und portaler Hypertension treten genetische Risikokonstellationen jedoch in den Hintergrund, sodass die klinische Relevanz von NOD2-Varianten bei der Risikostratifikation in der klinischen Praxis differenziert bewertet werden muss. Die Ergebnisse der deutschen multizentrischen INCA-Studie, die eine gezielte Norfloxacinprophylaxe bei Patienten mit genetischem Risikoprofil in Deutschland untersuchte, steht 2025 als Vollpublikation noch aus.

26.4 Risikofaktoren für Infektionen durch multiresistente Erreger

Multiresistente Erreger (MRE) stellen eine zunehmende Herausforderung bei der Behandlung von Patienten mit Leberzirrhose dar. Diese Erreger sind resistent gegen häufig eingesetzte empirische Standardtherapien und verzögern die Behandlung von Infektionen, was zu einer erhöhten Morbidität und Letalität bei betroffenen Patienten führen kann. Insbesondere eine vorausgegangene Antibiotikaexposition wird intensiv als Risikofaktor für MRE-Infektionen diskutiert. Die orale Einnahme von Breitspektrumantibiotika wie Fluorchinolonen beeinflusst z. B. die Zusammensetzung der intestinalen Mikrobiota bei Patienten mit Leberzirrhose erheblich. Bereits kurze Zeit nach Beginn der Einnahme können chinolonresistente gramnegative Bakterien im Stuhl nachgewiesen werden. Patienten mit Nachweis chinolonresistenter Erreger im Stuhl entwickeln eine SBP trotz antibiotischer Prophylaxe (Mücke et al. 2020) und SBP-Episoden nach Exposition gegenüber Fluorchinolonen oder Cotrimoxazol gehen gehäuft mit Resistenzen gegen diese Substanzen einher (Badal et al. 2023).

In der größten internationalen Querschnittsstudie zu Risikofaktoren für MRE, der *Global Study* des *International Club of Ascites* (Piano et al. 2019), konnte die Exposition gegenüber Norfloxacin oder Rifaximin nicht als Risikofaktor für eine invasive Infektion durch MRE herausgearbeitet werden. Weitaus bedeutsamere Risikofaktoren, die bei der Erfassung des individuellen Risikoprofils in der klinischen Praxis daher stets berücksichtigt werden sollten, sind eine vorausgegangene systemische Antibiotikatherapie innerhalb der letzten 3 Monate und die nosokomiale Entstehung der Infektion (Piano et al. 2019). Für die Entwicklung einer SBP durch cephalosporinresistente Erreger, darunter *Enterococcus* spp. sowie Extended-Spektrum-Betalaktamase (ESBL) oder AmpC produzierende gramnegative Bakterien, gelten die nosokomiale Genese, eine vorherige antibiotische Behandlung mit Cephalosporinen, gastrointestinale Blutungen, vorherige Endoskopien und das Vorliegen eines Diabetes mellitus als relevante Risikofaktoren (Ariza et al. 2012; Reuken et al. 2012).

► **Die zentralen Risikofaktoren für invasive bakterielle Infektionen mit multiresistenten Erregern sind die nosokomiale Genese und eine Antibiotikaexposition innerhalb der letzten 3 Monate.**

26.5 Konsequenzen bakterieller Infektionen

Bakterielle Infektionen beeinflussen den natürlichen Verlauf der Leberzirrhose. Lediglich ein Drittel der hospitalisierten Patienten mit dekompensierter Leberzirrhose und bakterieller Infektion überlebt ohne Transplantation 12 Monate. Bereits 2010 wurde daher vorschlagen, Sepsis aufgrund der 4-fach erhöhten Letalität als eigenständiges Stadium der dekompensierten Lebererkrankung aufzunehmen (Arvaniti et al. 2010). Aufgrund der wegweisenden prospektiven Studien CANONIC (Moreau et al. 2013) und PREDICT (Trebicka et al. 2021) begreifen wir bakterielle Infektionen heute als die am häufigsten identifizierbaren Auslöser einer Akutdekompensation bei Leberzirrhose. Große prospektive Kohortenstudien zeigen ein relatives, 1,5- bis 2,3fach erhöhtes Risiko für die Entwicklung eines ACLF. Insbesondere Infektionen durch MRE (multiresistente Erreger) aufgrund der verzögert eingeleiteten wirksamen definitiven Therapie sind mit einer höheren Inzidenz von Schock und Organversagen sowie mit einer höheren Krankenhausletalität assoziiert

(Piano et al. 2019). Für Patienten auf der Warteliste zur Lebertransplantation erhöhen unzureichend kontrollierte bakterielle Infektionen nicht nur das Risiko, von der Transplantationsliste entfernt werden zu müssen, sondern auch das Risiko für postoperative Komplikationen und verlängerte Krankenhausaufenthalte.

Auch Patienten mit Lebererkrankungen im kompensierten Stadium sind durch bakterielle Infektionen gefährdet. So konnte bei Patienten mit kompensierter, klinisch signifikanter portaler Hypertension (CSPH), die im Rahmen der PREDESCI-Studie behandelt wurden, bei Auftreten einer bakteriellen Infektion ein etwa 3fach erhöhtes Risiko für die Entwicklung einer Dekompensation nachgewiesen werden (Villanueva et al. 2021). Dies unterstreicht das enge Zusammenspiel zwischen Infektion, Inflammation und portaler Hypertension.

▶ **Bakterielle Infektionen sind häufige Auslöser von Akutdekompensation und Organversagen bei Leberzirrhose.**

Tritt eine Akutdekompensation der Leberzirrhose infolge einer bakteriellen Infektion auf, liegt die kumulative 90-Tages-Mortalität bei etwa 20 % und steigt nach Auftreten eines ACLF auf ca. 50 % (Trebicka et al. 2021). Das höchste Risiko für die Entwicklung eines infektionsassoziierten ACLF wurde nach SBP, Pneumonien und Infektionen durch MRE beobachtet. Auch Bakteriämien, Endokarditis, sekundäre Peritonitis und CDI gelten als potente Auslöser eines ACLF und gehen mit hoher Letalität einher.

Bei Patienten mit Leberzirrhose besteht zwischen bakterieller Infektion und Organversagen ein gefährliches Wechselspiel: Bei infektionsassoziiertem ACLF wird seltener eine effektive Infektionskontrolle erreicht als bei Patienten ohne ACLF und selbst bei Kontrolle des Infektionsfokus kann das ACLF fortschreiten. Zusätzlich ist nach überlebtem infektionsassoziierten ACLF die Wahrscheinlichkeit von Zweit- und Folgeinfektionen signifikant erhöht.

26.6 Diagnostik bakterieller Infektionen

Die frühzeitige Diagnose von Infektionen bei Patienten mit Leberzirrhose ist essenziell zur Verhinderung von Organversagen und Letalität, stellt jedoch aufgrund der oft subtilen Symptomatik eine besondere Herausforderung im klinischen Alltag dar. Klassische Symptome wie Fieber oder eine erhöhte Leukozytenzahl fehlen meist, und Infektionen werden häufig erst durch sekundäre Dekompensationssymptome wie Aszites, Nierenversagen, Enzephalopathie oder Ikterus erkannt. Zusätzlich können sterile Entzündungsprozesse, wie z. B. im Rahmen einer schweren alkoholassoziierten Hepatitis, eine bakterielle Infektion imitieren. Die Differenzialdiagnostik wird dadurch kompliziert, dass inflammatorische Marker wie Leukozyten und C-reaktives Protein (CRP) im Kontext eines ACLF bereits ohne vorliegende bakterielle Infektion erhöht sind (Moreau et al. 2013).

Während verschiedene Biomarker wie die Neutrophilen-zu-Lymphozyten-Ratio (NLR), Procalcitonin (PCT), Akutphaseproteine (z. B. CRP), inflammatorische Zytokine (IL-6), HDL-assoziierte Biomarker (Cholesterol, Apolipoprotein AI), Marker der Monozyten- und Makrophagenaktivierung (sCD14/Präsepsin, Resistin, sTREM-1, sCD163, suPAR) und neurohumorale Marker (MR-proADM) zur Diagnose bakterieller Infektionen oder infektionsassoziierter Letalität vorgeschlagen wurden, sind stadienabhängige Grenzwerte zumeist nicht ausreichend validiert, was eine Anwendung in der klinischen Praxis erschwert. Auch der Einsatz molekulargenetischer Verfahren zur Diagnostik bakterieller Infektionen kann derzeit nicht empfohlen werden, da der Nachweis bakterieller DNA in Blut oder Aszites häufig im Rahmen eines ACLF auftritt, jedoch bislang keinen diagnostischen oder prognostischen Mehrwert belegen konnte (Bruns et al. 2016).

Diese Punkte unterstreichen die Notwendigkeit einer strukturierten, sorgfältigen, klinisch-apparativen Evaluierung, um bakterielle Infektionen zuverlässig identifizieren und entsprechend behandeln zu können. Patienten, die wegen Verschlechterung einer vorbestehenden Lebererkrankung (Neuauftreten von Aszites, hepatische Enzephalopathie, Ikterus, Nierenversagen etc.) ungeplant stationär aufgenommen werden müssen, müssen intensiv auf das Vorliegen einer zugrunde liegenden Infektion untersucht werden. Dies erfordert neben der gründlichen körperlichen Untersuchung auch die zeitnahe diagnostische Aszitespunktion, das Anlegen von Blutkulturen und ggf. weiterführende apparative und laborchemische Diagnostik (Abb. 26.3).

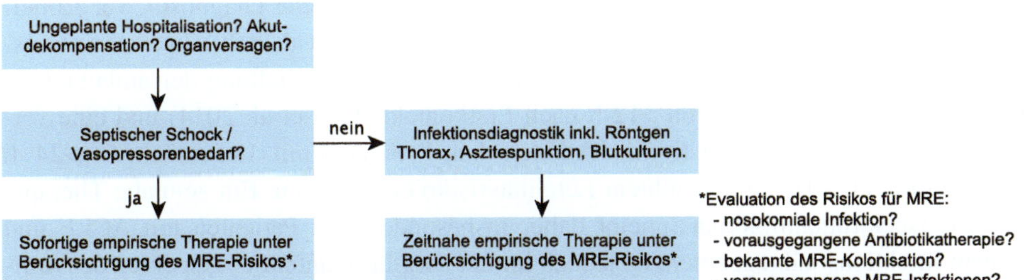

Abb. 26.3 Vorgeschlagener Algorithmus zur Diagnostik und Therapie von Infektionen bei Leberzirrhose. ACLF = akut-auf-chronisches Leberversagen, LTx = Lebertransplantation, MRE = multiresistente Erreger, SBP = spontan-bakterielle Peritonitis. (In Anlehnung an Fernández et al. 2021; Piano et al. 2024)

26.7 Allgemeine Therapieprinzipien der antimikrobiellen Therapie

Grundlegende Prinzipien der empirischen antimikrobiellen Therapie beim Patienten mit Leberzirrhose sind die Kenntnis des lokalen Erregerspektrums, die Berücksichtigung der individuellen Risikofaktoren für antimikrobielle Resistenzen und eine zeitnahe und ausreichend dosierte Initialtherapie unter Einbeziehung der pharmakokinetischen/pharmakodynamischen Aspekte zum Erreichen des vermuteten Infektionsfokus. Eine inadäquate Initialtherapie, die aufgrund klinischen Nichtansprechens oder mikrobieller Resistenzen eine Eskalation im Verlauf erforderlich macht, ist in nichtinterventionellen Kohortenstudien mit einem 2- bis 3fach erhöhten Risiko für Mortalität assoziiert (Bartoletti et al. 2018; Piano et al. 2019). Der wichtigste Risikofaktor für ein Therapieversagen ist hierbei das Vorliegen einer nosokomialen Infektion, sodass eine Risikostratifikation in 1. Linie hierüber erfolgen sollte.

Die rechtzeitige Einleitung einer angemessenen antimikrobiellen Therapie ist entscheidend für die Überlebenschancen von Patienten mit Leberzirrhose und bakterieller Infektion. Für Patienten mit septischem Schock und zirkulatorischem Versagen wird eine sofortige empirische Therapie (idealerweise innerhalb 1 Stunde) und eine zeitnahe Fokuskontrolle empfohlen. Für nichtzirrhotische Patienten mit Sepsis ohne zirkulatorisches Versagen steigt das Risiko für Mortalität in der Regel ab einer um 3–5 h verzögerten Therapie einer Infektion an, sodass auch bei Patienten mit Leberzirrhose und vermuteter bakterieller Infektion häufig ein ausreichend großes diagnostisches Fenster für den Nachweis einer bakteriellen Infektion und eine adäquate mikrobiologische Diagnostik vor Einleitung einer antiinfektiven Therapie bestehen kann (Weinberger et al. 2020). In Observationsstudien konnte gezeigt werden, dass eine verzögerte Diagnosestellung der ambulant erworbenen SBP durch Punktion >12 h nach Erstkontakt (Kim et al. 2014) und eine verzögerte Therapie von Blutstrominfektionen bei Patienten mit Leberzirrhose >24 h (Bartoletti et al. 2018) mit erhöhtem Letalitätsrisiko einhergehen. Ein zeitnahe Therapie mit Breitspektrumantibiotika scheint daher insbesondere bei Patienten mit ACLF und hohem Infektionsrisiko geboten, ist jedoch immer sorgfältig unter den Aspekten des *Antimicrobial Stewardship* (ABS) abzuwägen.

▶ **Eine inadäquat ausgewählte oder verzögert eingeleitete empirische antimikrobielle Therapie geht mit einer erhöhten Sterblichkeit einher.**

Eine Therapieanpassung (Fokussierung, Deeskalation) unter Berücksichtigung von Kulturergebnissen, Infektionsfokus und klinischem Ansprechen ist nach 48–72 h geboten (Abb. 26.3). Erhärtet sich nach 48–72 h empirischer antibiotischer Therapie der Verdacht auf bakterielle Infektion nicht, sollte eine Beendigung der antimikrobiellen Therapie kritisch diskutiert werden, da derzeit keine Evidenz für einen Überlebensvorteil bei Fortsetzung der Therapie besteht (Kutmutia et al. 2023). Auch bei Steroidgabe wegen schwerer Alkoholhepatitis führt eine prophylaktische antibiotische Therapie ohne Infektionsnachweis nicht zu einem verbesserten Überleben.

26.8 Management ausgewählter bakterieller Infektionen

26.8.1 Spontan-bakterielle Peritonitis

Diagnostik Die SBP ist eine primäre Infektion der Peritonealhöhle, die bei Patienten mit Leberzirrhose und portaler Hypertension auftritt und typischerweise monobakteriell oder kulturnegativ verläuft. Ihre Diagnose beruht auf dem Nachweis von >250 Neutrophilen/µl Aszites bei gleichzeitigem Ausschluss einer anderweitigen intraabdominellen Infektion (Cholezystitis, Divertikulitis, Appendizitis etc.) sowie Ausschluss von Perforation, Peritonealkarzinose, Tuberkulose oder Hämoperitoneum bzw. Korrektur der Neutrophilen bei blutig tingiertem Aszites.

Die Differenzierung zwischen SBP und sekundärer Peritonitis ist klinisch herausfordernd, jedoch aufgrund der unterschiedlichen therapeutischen und prognostischen Konsequenzen unabdingbar (Tab. 26.1). Charakteristisch für eine sekundäre Peritonitis sind ein polymikrobielles Erregerspektrum, der Nachweis von Anaerobiern und eine sehr hohe Leukozytenkonzentration im Aszites ohne Ansprechen auf die konservative Therapie. Bei

Tab. 26.1 Unterschiede zwischen SBP und sekundärer Peritonitis bei dekompensierter Leberzirrhose. LDH = Laktatdehydrogenase, CEA = Carcinoembryonales Antigen, AP = Alkalische Phosphatase. Adaptiert nach Bruns und Stallmach 2014

	SBP	Sekundäre Peritonitis
Pathogenese	Pathologische bakterielle Translokation	50 % Hohlorganperforation, 50 % Inflammation oder Ischämie
Häufigkeit	> 95 % aller Peritonitiden bei Leberzirrhose	< 5 % aller Peritonitiden bei Leberzirrhose
Symptome	50–68 % Fieber 49–72 % Bauchschmerz 0–10 % Abwehrspannung 12–28 % Darmparalyse 54–61 % Enzephalopathie	33 % Fieber 50 % Bauchschmerz 17 % Abwehrspannung 83 % Darmparalyse 33 % Enzephalopathie
Zellbild im Aszites	Neutrophile Granulozyten > 250/µl Meist Abfall > 25 % in 48 h	Neutrophile oft > 10.000/µl Fehlender Abfall nach 48 h
Klinische Chemie im Aszites	Aszitesprotein in der Regel < 10–15 g/l	Aszitesprotein oft > 10 g/l, Glukose < 50 mg/dl, LDH > 225 U/l, CEA > 5 ng/ml, AP > 240 IU/l
Mikrobiologie	40–60 % kulturpositiv, monomikrobiell (*E. coli, Klebsiella* spp., Streptokokken, Enterokokken) Selten Anaerobier oder Pilze	100 % kulturpositiv Polymikrobiell Gemischt gramnegativ und grampositiv Regelhaft Anaerobier (*Bacteroides* spp.), oft *Candida* spp.
Therapie	Konservativ	Chirurgisch
Krankenhausletalität	20–30 %	60–80 %

Verdacht auf sekundäre Peritonitis sollte umgehend eine weiterführende Diagnostik mittels Schnittbildgebung und oraler Kontrastierung sowie eine chirurgische Mitbeurteilung erfolgen.

Für die diagnostische Aszitespunktion ist in der Regel keine Korrektur der Gerinnungsfaktoren notwendig. Die Wahrscheinlichkeit schwerwiegender Blutungskomplikationen wird in der Literatur mit <1 % angegeben und erreicht bei kritisch kranken Patienten mit ACLF bis zu 3 %. Relevante Risiken für Blutungskomplikationen bestehen bei Patienten mit schwerer Thrombozytopenie oder disseminierter intravasaler Koagulopathie.

Die sofortige Beimpfung von Aszites in Blutkulturflaschen am Krankenbett verbessert die diagnostische Effizienz gegenüber traditionellen Kulturtechniken. Abhängig vom Kulturergebnis und der Neutrophilenkonzentration existieren verschiedene Varianten der SBP. Die klassische SBP zeichnet sich als kulturnegativer oder monomikrobieller neutrozytischer Aszites aus. Ein monomikrobieller Bakteraszites beschreibt den Nachweis eines typischen Erregers in der Peritonealhöhle (*E. coli, Klebsiella* spp., *Streptococcus* spp., *Enterococcus* spp.) ohne begleitende Erhöhung der Neutrophilenkonzentration und kann Ausdruck einer abklingenden oder entstehenden SBP sein. Ein polymikrobieller Bakteraszites, bei dem keine Neutrophilenerhöhung vorliegt und der Patient asymptomatisch bleibt, weist oft auf eine versehentliche Punktion des Darmlumens hin und erfordert normalerweise keine gezielte Therapie, sondern eine Kontrolle im Verlauf. Die Unterscheidung dieser Varianten ist hilfreich bei der Vermeidung unnötiger Behandlungen.

Erregerspektrum und Therapie Das Erregerspektrum der SBP wird durch die anatomische Verteilung der intestinalen Mikrobiota und den Ort der bakteriellen Translokation einerseits sowie der intrinsischen Fähigkeit zur bakteriellen Translokation andererseits determiniert. Im distalen Dünndarm sind Streptokokken, Enterokokken, Staphylokokken und Enterobacterales wie *Escherichia coli* oder *Klebsiella* spp. vermehrt vorhanden. Diese Bakterien besitzen, im Gegensatz zu ebenfalls vorkommenden Anaerobiern wie *Bacteroides* und *Clostridioides* spp., die grundlegende Fähigkeit zur bakteriellen Translokation. Darüber hinaus zeigen Patienten mit Leberzirrhose eine erhöhte aborale Anreicherung oraler Bakterienspezies (Streptokokken) und eine Zunahme von Enterokokken, insbesondere bei alkoholassoziierter Lebererkrankung und Behandlung mit Protonenpumpeninhibitoren (PPI).

Während in der Vergangenheit gramnegative Erreger das Bild der SBP klar dominierten, lassen sich in den letzten Jahren bei Patienten mit kulturpositiver SBP zu gleichen Anteilen grampositive und gramnegative Erreger kultivieren, wenn nicht nach nosokomialer oder ambulant erworbener Genese unterschieden wird. Die häufigsten Erreger in publizierten Kohorten deutscher Universitätsklinika stellen *E. coli* (etwa 30 %), Enterokokken (etwa 15–30 %) und Streptokokken (etwa 15–20 %) dar. Insbesondere der hohe Anteil von Enterokokken ist verantwortlich für die beobachtete Resistenz gegenüber Cephalosporinen der 3. Generation, die in deutschen Universitätskliniken etwa 31–39 % beträgt (Tab. 26.2).

Tab. 26.2 Resistenzraten gegenüber Cephalosporinen der 3. Generation und Anteil von *Enterococcus* spp. bei kulturpositiver SBP in Deutschland. SBP = spontan-bakterielle Peritonitis

Zentrum	Zeitraum	Anteil nosokomialer SBP	SBP durch *Enterococcus* spp.	SBP durch Erreger mit Ceftriaxonresistenz
Bonn (Lutz et al. 2017)	2012–2016	69 %	15 %	31 %
Frankfurt (Mücke et al. 2018)	2008–2015	52 %	21 %	–
Hannover (Tergast et al. 2018)	2012–2016	77 %	30 %	–
Heidelberg (Friedrich et al. 2016)	2007–2013	64 %	26 %	39 %
Jena (Reuken et al. 2012)	2000–2011	43 %	25 %	31 %
München (Umgelter et al. 2009)	2002–2006	70 %	24 %	33 %
München (Li et al. 2020)	2007–2017	30 %	19 %	36 %

Nationale und internationale Leitlinien stratifizieren empirische Therapieoptionen nach ambulant erworbener und nosokomial erworbener SBP. So empfiehlt die europäische Leitlinie der EASL (European Association for the Study of the Liver) derzeit den Einsatz von Ceftriaxon oder Piperacillin/Tazobactam für ambulant erworbene SBP und den Einsatz eines Carbapenems, ggf. in Kombination mit *Enterococcus-faecium*-wirksamen Substanzen (Daptomycin, Vancomycin, Linezolid) für die nosokomiale SBP. Die aktuelle deutsche Leitlinie der DGVS (Deutsche Gesellschaft für Gastroenterologie, Verdauungs- und Stoffwechselkrankheiten) empfiehlt den Einsatz von Ceftriaxon für unkomplizierte Verläufe einer ambulant erworbenen SBP und den Einsatz von Carbapenem abhängig vom individuellen Risikoprofil und der vorliegenden lokalen Resistenzlage.

Randomisiert-kontrollierte Studien (RCTs) zur Therapie der SBP liegen vor allem für Cefotaxim vor, die zu Zeiten einer nicht mehr repräsentativen Resistenzlage durchgeführt wurden. Darüber hinaus wurden in aktuellerer Vergangenheit 2 weitere unverblindete RCTs durchgeführt, die sehr unterschiedliche Kollektive adressieren. In der Studie von Piano et al. wurde die Kombination von Meropenem mit Daptomycin in der Hochrisikokonstellation bei Patienten mit nosokomialer SBP gegenüber Ceftazidim bei insgesamt 31 Patienten verglichen (Piano et al. 2016). Vor dem Hintergrund des Nachweises von Enterokokken bei 50 % der kulturnegativen Episoden und 81 % Cephalosporinresistenz insgesamt wurde der primäre Endpunkt (Ansprechen nach 48 h plus Resolution nach 5 Tagen) deutlich häufiger in der Kombinationstherapie erreicht (87 % vs. 25 %). Zu betonen ist jedoch, dass bei protokollgemäßer Eskalation der Therapie das 30-Tages-Überleben in beiden Therapiearmen vergleichbar war (87 % vs. 81 %). Auch in Beobachtungsstudien aus der eigenen Arbeitsgruppe führte der Einsatz von Linezolid zur empirischen Abdeckung von *E. faecium* zwar zu einer signifikanten Reduktion des Therapieversagens, aber nicht zu einer Prognoseverbesserung (Quickert et al. 2022).

Im RCT von Yim et al. (2023) wurde in einem koreanischen Kollektiv mit geringem MRE-Risiko (18 % nosokomiale SBP, 31 % kulturpositive Episoden, 1 % Enterokokken, 8 % Cephalosporinresistenz) der primäre Endpunkt SBP-Resolution nach 7 Tagen genauso häufig durch Cefotaxim, Ceftriaxon und Ciprofloxacin erreicht (68 %, 77 %, 74 %), auch hier ohne Unterschiede im 30-Tages-Überleben (82 %, 79 %, 84 %). Diese diskrepanten Studienergebnisse illustrieren eindrucksvoll die erforderliche Kenntnis des lokalen Erregerspektrums und des individuellen MRE-Risikos bei der Auswahl der geeigneten empirischen Therapie in den jeweiligen Settings.

Unabhängig von der gewählten empirischen Therapie sollte eine Kontrolle des Therapieansprechens nach 48 h am Tag 3 der SBP erfolgen. Hier sollte sich ein Abfall der Neutrophilenkonzentration im Aszites um ≥25 % zeigen, ansonsten ist eine empirische Eskalation (bei fehlendem Erregernachweis) oder eine gezielte Fokussierung (bei Nachweis eines resistenten Erregers) erforderlich. Bei Einsatz von Piperacillin/Tazobactam zur empirischen Therapie der SBP ist eine Eskalation der Therapie aufgrund antimikrobieller Resistenz, fehlenden Neutrophilenabfalls oder klinischer Entscheidung bei 37–48 % der Patienten erforderlich (Quickert et al. 2022). Eine detaillierte Bewertung und Anpassung der Therapieoptionen gemäß der aktuellen Leitlinien ist unerlässlich, um den Behandlungserfolg sicherzustellen. Die antimikrobielle Therapiedauer beträgt in der Regel 5 Tage.

Bei Patienten mit diagnostizierter SBP wird Humanalbumin verabreicht, um das Risiko einer akuten Nierenschädigung (AKI) zu verringern und die Überlebenswahrscheinlichkeit deutlich zu verbessern. Am 1. Behandlungstag wird eine Dosis von 1,5 g/kg Körpergewicht und am 3. Tag von 1,0 g/kg Körpergewicht mit einer maximalen Einzelgabe von 100 g/Tag empfohlen, um die Aktivierung des Renin-Angiotensin-Aldosteron-Systems (RAAS) zu reduzieren (Sort et al. 1999). Bei Patienten, die ein geringes Risiko für ein SBP-assoziiertes Nierenversagen aufweisen (Serumbilirubin < 4 mg/dl, Serumkreatinin < 1 mg/dl) ist der Nutzen jedoch nicht ausreichend belegt.

► **Humanalbumin senkt das Risiko eines infektionsassoziierten Nierenversagens und verbessert das Überleben bei Patienten mit SBP, nicht jedoch bei anderen bakteriellen Infektionen.**

Spätere Studien, die den Einsatz von Humanalbumin bei Patienten mit Leberzirrhose und Nicht-SBP-Infektionen untersuchten, verfehlten die primären Endpunkte, weshalb Humanalbumin bei diesen Krankheitsbildern außerhalb der SBP nicht prophylaktisch eingesetzt werden sollte. Die klinische Anwendung von Humanalbumin sollte sich streng an den aktuellen Leitlinien orientieren, um albuminvermittelte Komplikationen zu vermeiden.

Prophylaxe Randomisiert-kontrollierte Studien der letzten 25 Jahre zeigten, dass der Einsatz von Norfloxacin bei Risikopatienten die Inzidenz einer SBP um 12 % (absolute Risikoreduktion) verringern kann. Dies entspricht einer mittleren *Number needed to treat*

Tab. 26.3 Randomisiert-kontrollierte Studien zum Einsatz von Norfloxacin zur Prophylaxe der SBP in Risikokollektiven. AF = Aszitesflüssigkeit, SBP = spontan-bakterielle Peritonitis

Randomisiert-kontrollierte Studie	Untersuchtes Risikokollektiv	Prophylaxemodus und Dauer	SBP (vs. Kontrolle)	Mortalität (vs. Kontrolle)
Fernández et al. 2007	Aszitesprotein < 15 g/l mit Nieren- oder Leberinsuffizienz$	Primärprophylaxe für 12 Monate	6 % (vs. 30 %)*	46 % (vs. 58 %)
Ginés et al. 1990	Stattgehabte SBP	Sekundärprophylaxe für 5–8 Monate	13 % (vs. 35 %)*	18 % (vs. 28 %)
Grangé et al. 1998	AF-Protein < 15 g/l	Primärprophylaxe für 6 Monate	0 % (vs. 9 %)	15 % (vs. 20 %)
Moreau et al. 2018	Child-C-Leberzirrhose#	Primärprophylaxe für 6 Monate	7 % (vs. 12 %)	25 % (vs. 29 %)
Novella et al. 1997	Aszitesprotein < 10 g/l oder Bilirubin > 2,5 mg/dl	Primärprophylaxe für 10 Monate§	2 % (vs. 17 %)*	23 % (vs. 30 %)

*signifikant. $Niereninsuffizienz wurde definiert als Serumkreatinin ≥ 1,2 mg/dl, Blut-Harnstoff-Stickstoff ≥ 25 mg/dl oder Natrium ≤ 130 mmol, Leberinsuffizienz als Child-Pugh ≥ B9 mit Bilirubin ≥ 3 mg/dl. #20 % der Patienten hatten keinen Aszites und 18 % hatten Aszites mit hohem Aszitesprotein > 15 g/l. §nicht placebokontrolliert.

von 8, die jedoch abhängig vom individuellen Risiko zwischen 5 in der Hochrisikogruppe (Sekundärprophylaxe nach durchgemachter SBP) und 20 (Einsatz bei Child-C-Leberzirrhose ohne Berücksichtigung weiterer Risikofaktoren) variieren kann (Tab. 26.3). Eine effektive Alternative zur täglichen Gabe von Norfloxacin 400 mg ist die wöchentliche Gabe von Ciprofloxacin 750 mg, wobei auch hier die Einschränkungen bei der Verordnung gemäß der Rote-Hand-Briefe berücksichtigt werden sollten. Der Stellenwert von Rifaximin in der Primär- und Sekundärprophylaxe der SBP (off-label) lässt sich aufgrund der Qualität der Einzelstudien derzeit noch nicht abschließend wissenschaftlich beurteilen, die klinischen Erfahrungen und Beobachtungsstudien suggerieren eine gute Wirksamkeit (Näheres siehe **Kap. 13**). Aktuelle Beobachtungsstudien und Register belegen keinen Überlebensvorteil durch eine antimikrobielle SBP-Prophylaxe. Ihr Einsatz sollte daher stets den Grundsätzen des *Antibiotic Stewardship* folgen.

26.8.2 Spontan-bakterielles Empyem

Pathogenese und Diagnostik Das SBEM entsteht durch pathologische bakterielle Translokation bei Patienten mit hepatischem Hydrothorax und tritt in etwa 80 % der Fälle einseitig rechts auf. Bei etwa 50 % der Patienten liegt zum SBEM eine SBP vor und etwa 35 % der Patienten zeigen eine begleitende Bakteriämie. Im Gegensatz zu Pleuraempyem oder parapneumonischem Erguss weist das Punktat beim SBEM in der Regel einen normalen pH-Wert auf, denn die Zellzahl im Punktat ist nur geringfügig erhöht. Diagnostisch entscheidend ist eine erhöhte Neutrophilenkonzentration (> 250/µl) und wird gestützt durch ein positives Kulturergebnis aus bettseitig beimpften Kulturflaschen. Wie bei der SBP ist eine schnellere Diagnosestellung durch frühzeitigere Thorakozentese innerhalb von 24 h mit geringerer Letalität verbunden und sollte angestrebt werden (Albitar et al. 2022).

Erregerspektrum und Therapie Die Behandlung des SBEM erfolgt analog zur SBP konservativ mit Antibiotika. Wie bei anderen spontanen Infektionen bei Patienten mit dekompensierter Leberzirrhose sind monomikrobielle Infektionen durch *E. coli*, *Klebsiella* spp., *Streptococcus* spp., *Enterococcus* spp. und *Pseudomonas* spp. zu erwarten. Dementsprechend sind zur empirischen Therapie Cephalosporine oder bei hohem Risiko für MRE ggf. Kombinationstherapien von Carbapenemen oder Acylureidopenicillinen mit *Enterococcus-faecium*-wirksamen Substanzen am ehesten geeignet.

Während die Standardbehandlung für ein parapneumonisches Empyem das Legen einer Thoraxdrainage beinhaltet und eine videounterstützte thorakoskopische Operation mit Debridement und Talkpleurodese erfordern kann, ist dies beim SBEM nicht der Fall. Eine Thoraxdrainage sollte in der Regel nicht angelegt werden, es sei denn, der pH-Wert beträgt < 7,2, es ist makroskopisch Eiter sichtbar oder es liegt ein raumfordernder ausgeprägter Hydrothorax vor. Der Erfolg der Therapie sollte in Analogie zur SBP durch eine erneute Pleurapunktion überprüft und eine antibiotische Sekundärprophylaxe sollte eingeleitet werden.

26.8.3 Blutstrominfektionen

Pathogenese und Diagnostik Patienten mit Leberzirrhose haben im Vergleich zu Menschen ohne Leberzirrhose ein etwa 10-fach erhöhtes Risiko, eine Bakteriämie zu entwickeln. Diese Bakteriämien können primäre Blutstrominfektionen durch pathologische bakterielle Translokation (spontane Bakteriämien), katheterassoziierte Bakteriämien (CLABSI) oder sekundäre Bakteriämien bei einem anderen Infektionsfokus darstellen. Bei etwa einem Drittel der Patienten mit Leberzirrhose und Bakteriämie lässt sich kein erkennbarer Infektionsfokus nachweisen. Die Diagnose einer Blutstrominfektion kann naturgemäß ausschließlich durch die Analyse von Blutkulturen erfolgen. Daher sollte bei neu aufgetretenem Organversagen, ungeplanter Hospitalisierung oder akuter Verschlechterung eines Patienten mit dekompensierter Leberzirrhose auch in Abwesenheit von Fieber standardmäßig die Beimpfung von Blutkulturflaschen durchgeführt werden.

► **Bei Patienten mit dekompensierter Leberzirrhose, die ungeplant stationär aufgenommen werden müssen, sollte eine spontane Bakteriämie ausgeschlossen werden.**

Erregerspektrum und Therapie Ähnlich wie bei der spontan-bakteriellen Peritonitis (SBP) zeigen aktuelle Studien eine annähernd gleichmäßige Verteilung der Erreger auf grampositive und gramnegative Bakterien, wobei *Streptococcus* spp. und *Escherichia coli* bei ambulant erworbener Bakteriämie dominieren (Bartoletti et al. 2018). Bei kritisch kranken Patienten mit Leberzirrhose und nosokomialer Bakteriämie besteht gehäuft ein abdomineller Fokus und es lässt sich überproportional häufig *E. faecium* nachweisen (Wozniak et al. 2024).

Von einer empirischen antimikrobiellen Therapie werden in der klinischen Praxis unter den gramnegativen Erregern gehäuft ESBL-bildende *E. coli* und *K. pneumoniae* und unter den grampositiven Erregern gehäuft *Enterococcus faecium* nicht erfasst (Bartoletti et al. 2018). Die Letalität bei nosokomialer Blutstrominfektion bei Patienten mit dekompensierter Leberzirrhose beträgt ≥45 %. Hohe Sterblichkeitsraten wurden vor allem bei Patienten mit Bakteriämien durch carbapenemresistente Enterobacterales und ESBL-Bildner, *Enterococcus faecium*, *Streptococcus pneumoniae* und *Staphylococcus aureus* beschrieben.

Eine unkomplizierte gramnegative Bakteriämie kann wahrscheinlich auch beim Patienten mit Leberzirrhose ausreichend effizient über 7 Tage behandelt werden, wie dies RCTs an mehr als 1100 Patienten ohne Leberzirrhose nahelegen (Turjeman et al. 2023). Voraussetzung für die Beendigung der Therapie nach 7 Tagen ist, dass die Patienten hämodynamisch stabil und mindestens 48 h fieberfrei sind, bevor die Therapie beendet werden kann. Längere Therapiedauern erscheinen jedoch weiterhin erforderlich bei unsaniertem Fokus, grampositiven Blutstrominfektionen oder spezifischen Krankheitsbildern (Endokarditis, Osteomyelitis, fremdkörperassoziierte Infektionen) (Abb. 26.3). Trotz ermutigender Signale aus Beobachtungsstudien bei Patienten mit Leberzirrhose steht der definitive Nachweis einer Überlegenheit prolongierter oder kontinuierlicher gegenüber intermittierender Applikation von Betalaktamantibiotika in RCTs weiterhin aus.

26.8.4 Bakterielle Pneumonien

Patienten mit Leberzirrhose weisen überdurchschnittlich häufig chronische Lungenerkrankungen auf und es besteht ein deutlich erhöhtes Risiko, schon in jüngerem Lebensalter eine ambulant erworbene Pneumoniezu entwickeln. Dystelektasen aufgrund von Aszites, Mikroaspiration aufgrund von hepatischer Enzephalopathie und eine reduzierte alveoläre Clearance von Bakterien tragen zu einem erhöhten Risiko für respiratorische Infektionen und Komplikationen bei. Unter den häufigen Infektionen weist die Pneumonie das höchste Risiko für Multiorganversagen und Letalität auf. Das Vorliegen einer chronischen Lebererkrankung verdoppelt darüber hinaus das Risiko einer begleitenden Bakteriämie mit tödlichem Verlauf.

Bezüglich des Erregerspektrums führen bei ambulant erworbener Pneumonie ebenso wie bei Patienten ohne Lebererkrankung *Streptococcus pneumoniae* und *Haemophilus influenzae*. Für die empirische Initialtherapie gelten dementsprechend die Empfehlungen der S3-Leitlinie der AWMF (Arbeitsgemeinschaft der Wissenschaftlichen Medizinischen Fachgesellschaften e. V.) zur Behandlung von erwachsenen Patienten mit ambulant erworbener Pneumonie.

Das Risiko einer im Krankenhaus erworbenen Pneumonie (HAP) ist in erster Linie bei hepatischer Enzephalopathie, Varizenblutung und Manipulation an den Atemwegen erhöht. Hier werden gehäuft *Staphylococcus aureus*, *Pseudomonas* spp. und gramnegative Enterobacterales isoliert (Martínez et al. 2021). Interessanterweise werden invasive Pneumokokkenerkrankungen bei Patienten mit dekompensierter Leberzirrhose häufiger im Zusammenhang mit SBP oder spontaner Bakteriämie als im Zusammenhang mit Pneumonien beobachtet. Aufgrund des deutlich erhöhten Risikos für schwer verlaufende invasive Pneumokokkenerkrankungen empfiehlt die Ständige Impfkommission (STIKO) für erwachsene Patienten mit chronischer Leberinsuffizienz seit 2023 die Indikationsimpfung mit einem 20-valenten Pneumokokkenkonjugatimpfstoff (PCV20) (**Kap. 14**).

26.8.5 Infektionen durch *Clostridioides difficile*

Wiederholte Hospitalisationen und Exposition gegenüber Antibiotika und PPI tragen zum erhöhten Risiko einer CDI bei Patienten mit Leberzirrhose bei. Die Hospitalisierungsdauer und Letalität sind im Vergleich zu Individuen ohne Leberzirrhose deutlich erhöht und Patienten mit hohem MELD-Score weisen erwartungsgemäß das höchste Risiko auf, zu versterben. Die Primärtherapie der CDI soll bei Leberzirrhose leitliniengerecht mit Fidaxomicin erfolgen, wenn ein erhöhtes Rezidivrisiko vorliegt. Ein fäkaler Mikrobiotatransfer bei rezidivierender CDI erscheint gemäß erster Kohortenstudien weitgehend effizient und sicher, wenngleich häufiger höhere Dosen von Spenderstuhl kumulativ erforderlich sind.

26.9 Fazit

Bakterielle Infektionen verändern den Verlauf chronischer Lebererkrankungen und führen bei Patienten mit Leberzirrhose zu ungeplanten Krankenhausaufenthalten, Organversagen und Todesfällen. Bei akuter Dekompensation aufgrund von hepatischer Enzephalopathie oder Aszites müssen mögliche zugrunde liegende Infektionen wie spontane bakterielle Peritonitis, spontane Bakteriämie und tiefe Atemwegsinfektionen systematisch ausgeschlossen werden. Aufgrund zunehmender antimikrobieller Resistenzen ist es von Bedeutung, das lokale Erregerspektrum zu kennen und individuelle Risikofaktoren zu berücksichtigen, um eine adäquate empirische Therapie einleiten zu können.

Literatur

Albillos A, Martin-Mateos R, Van der Merwe S, Wiest R, Jalan R, Álvarez-Mon M (2022) Cirrhosis-associated immune dysfunction. Nat Rev Gastroenterol Hepatol 19(2):112–134

Albitar HAH, Iyer V, Nelson DR, Kern RM, Leise M, Gallo De Moraes A (2022) Early thoracentesis correlated with survival benefit in patients with spontaneous bacterial empyema. Dig Liver Dis 54(8):1015–1020

Ariza X, Castellote J, Lora-Tamayo J, Girbau A, Salord S, Rota R et al (2012) Risk factors for resistance to ceftriaxone and its impact on mortality in community, healthcare and nosocomial spontaneous bacterial peritonitis. J Hepatol 56(4):825–832

Arvaniti V, D'Amico G, Fede G, Manousou P, Tsochatzis E, Pleguezuelo M, Burroughs AK. Infections in patients with cirrhosis increase mortality four-fold and should be used in determining prognosis. Gastroenterology. 2010 Oct;139(4):1246–56, 1256.e1-5

Badal BD, Silvey S, Dragilev L, O'Leary JG, Morgan TR, Cheung R et al (2023) Primary prophylaxis for spontaneous bacterial peritonitis is linked to antibiotic resistance in the Veterans Health Administration. Hepatology 77(6):2030–2040

Bartoletti M, Giannella M, Lewis R, Caraceni P, Tedeschi S, Paul M et al (2018) A prospective multicentre study of the epidemiology and outcomes of bloodstream infection in cirrhotic patients. Clin Microbiol Infect 24(5):546.e1–546.e8

Bruns T, Stallmach A (2014) Spontaneous and secondary bacterial peritonitis in cirrhotic patients with ascites. Zentralblatt für Chirurgie 139(2):160–167

Bruns T, Reuken PA, Stengel S, Gerber L, Appenrodt B, Schade JH et al (2016) The prognostic significance of bacterial DNA in patients with decompensated cirrhosis and suspected infection. Liver Int 36(8):1133–1142

Fernández J, Piano S, Bartoletti M, Wey EQ (2021) Management of bacterial and fungal infections in cirrhosis: the MDRO challenge. J Hepatol 75(Suppl 1):S101–S117

Gu W, Hortlik H, Erasmus H-P, Schaaf L, Zeleke Y, Uschner FE, Ferstl P et al (2022) Trends and the course of liver cirrhosis and its complications in Germany: nationwide population-based study (2005 to 2018). Lancet Reg Health Eur 12:100240

Kim JJ, Tsukamoto MM, Mathur AK, Ghomri YM, Hou LA, Sheibani S et al (2014) Delayed paracentesis is associated with increased in-hospital mortality in patients with spontaneous bacterial peritonitis. Am J Gastroenterol 109(9):1436–1442

Kutmutia R, Tittanegro T, China L, Forrest E, Kallis Y, Ryder SD et al (2023) Evaluating the role of antibiotics in patients admitted to hospital with decompensated cirrhosis: lessons from the ATTIRE trial. Am J Gastroenterol 118(1):105–113

Martínez J, Hernández-Gea V, Rodríguez-de-Santiago E, Téllez L, Procopet B, Giráldez Á et al (2021) Bacterial infections in patients with acute variceal bleeding in the era of antibiotic prophylaxis. J Hepatol 75(2):342–350

Moreau R, Jalan R, Gines P, Pavesi M, Angeli P, Cordoba J et al (2013) Acute-on-chronic liver failure is a distinct syndrome that develops in patients with acute decompensation of cirrhosis. Gastroenterology 144(7):1426–1437, 1437.e1-9

Mücke MM, Mayer A, Kessel J, Mücke VT, Bon D, Schwarzkopf K et al (2020) Quinolone and multidrug resistance predicts failure of antibiotic prophylaxis of spontaneous bacterial peritonitis. Clin Infect Dis 70(9):1916–1924

Pabst O, Hornef MW, Schaap FG, Cerovic V, Clavel T, Bruns T (2023) Gut-liver axis: barriers and functional circuits. Nat Rev Gastroenterol Hepatol 20(7):447–461

Piano S, Fasolato S, Salinas F, Romano A, Tonon M, Morando F et al (2016) The empirical antibiotic treatment of nosocomial spontaneous bacterial peritonitis: results of a randomized, controlled clinical trial. Hepatology 63(4):1299–1309

Piano S, Singh V, Caraceni P, Maiwall R, Alessandria C, Fernandez J et al (2019) Epidemiology and effects of bacterial infections in patients with cirrhosis worldwide. Gastroenterology 156(5):1368–1380.e10

Piano S, Bunchorntavakul C, Marciano S, Rajender Reddy K (2024) Infections in cirrhosis. Lancet Gastroenterol Hepatol 9(8):745–757

Quickert S, Würstle S, Reuken PA, Hagel S, Schneider J, Schmid RM et al (2022) Real-world effectiveness of piperacillin/tazobactam with and without linezolid for spontaneous bacterial peritonitis. Dig Dis 40(6):777–786

Reuken PA, Pletz MW, Baier M, Pfister W, Stallmach A, Bruns T (2012) Emergence of spontaneous bacterial peritonitis due to enterococci – risk factors and outcome in a 12-year retrospective study. Aliment Pharmacol Ther 35(10):1199–1208

Sort P, Navasa M, Arroyo V, Aldeguer X, Planas R, Ruiz-del-Arbol L et al (1999) Effect of intravenous albumin on renal impairment and mortality in patients with cirrhosis and spontaneous bacterial peritonitis. N Engl J Med 341(6):403–409

Trebicka J, Fernandez J, Papp M, Caraceni P, Laleman W, Gambino C et al (2021) PREDICT identifies precipitating events associated with the clinical course of acutely decompensated cirrhosis. J Hepatol 74(5):1097–1108

Turjeman A, von Dach E, Molina J, Franceschini E, Koppel F, Yelin D et al (2023) Duration of antibiotic treatment for Gram-negative bacteremia – systematic review and individual participant data (IPD) meta-analysis. EClinicalMedicine 55:101750

Villanueva C, Albillos A, Genescà J, Garcia-Pagan JC, Brujats A, Calleja JL et al (2021) Bacterial infections adversely influence the risk of decompensation and survival in compensated cirrhosis. J Hepatol 75(3):589–599

Weinberger J, Rhee C, Klompas M (2020) A critical analysis of the literature on time-to-antibiotics in suspected sepsis. J Infect Dis 222(Supplement_2):S110–S118

Wozniak H, Tabah A, Barbier F, Ruckly S, Loiodice A, Akova M et al (2024) Hospital-acquired bloodstream infections in critically ill cirrhotic patients: a post-hoc analysis of the EUROBACT-2 international cohort study. Ann Intensive Care 14(1):70

Yim HJ, Kim TH, Suh SJ, Yim SY, Jung YK, Seo YS et al (2023) Response-guided therapy with cefotaxime, ceftriaxone, or ciprofloxacin for spontaneous bacterial peritonitis: a randomized trial: a validation study of 2021 AASLD Practice Guidance for SBP. Am J Gastroenterol 118(4):654–663

Zirrhotische Pfortaderthrombose

27

Eugen Zizer

27.1 Definition und Häufigkeit

Die Pfortaderthrombose (PVT) ist als partieller oder kompletter Verschluss der V. portae und ihrer intrahepatischen Aufzweigungen definiert. Die Prävalenz der PVT bei Patienten mit Leberzirrhose wird mit 1–10 % der Fälle angegeben (Nonami et al. 1992; Yerdel et al. 2000). In prospektiven Studien wurde zuletzt eine Inzidenz von bis zu 4 % innerhalb des 1. Jahres nach Diagnosestellung einer Leberzirrhose ermittelt (Violi et al. 2019). Weitere prospektive Untersuchungen an Patienten mit Leberzirrhose zeigten eine kumulative 5-Jahres-Inzidenz von 8,4 % bzw. 10,7 % (Nery et al. 2015; Turon et al. 2021).

27.2 Pathogenese und Risikofaktoren

Zu den wesentlichen Risikofaktoren bei der Entstehung einer PVT in der Leberzirrhose gehören der Schweregrad der portalen Hypertension und der Leberschädigung (Nery et al. 2015; Turon et al. 2021). Sowohl indirekte Zeichen der portalen Hypertension wie Splenomegalie und Thrombopenie als auch ein erhöhter MELD-Score (MELD: Model for End-Stage Liver Disease) oder eine schwere portale Hypertension von > 20 mmHg sind mit einem erhöhten Risiko für die PVT-Bildung assoziiert. Ein involvierter Pathomechanismus betrifft den Zusammenhang zwischen dem Ausmaß der Leberschädigung, der Höhe der portalen Hypertension und der daraus resultierenden endothelialen Schädigung im Splanchnikusgebiet (García-Pagán et al. 2012).

E. Zizer (✉)
Kreiskliniken Günzburg-Krumbach, Krumbach, Deutschland

T. Bruns et al. (Hrsg.), *Komplikationen der Leberzirrhose*,
https://doi.org/10.1007/978-3-662-70167-6_27

Ein weiterer Risikofaktor ist der verminderte Pfortaderfluss (Turon et al. 2021; Zocco et al. 2009). Es wurde gezeigt, dass ein Pfortaderfluss von < 15 cm/s signifikant mit der Entstehung einer PVT assoziiert ist. Dabei ist jedoch unklar, ob die Flussverlangsamung eine Folge der fortgeschrittenen Leberschädigung darstellt oder selbst als eigenständiger Risikofaktor im Sinne der Virchowschen Trias wirkt.

Weitere mit der PVT-Entstehung assoziierte Risikofaktoren umfassen die Fettlebererkrankung, das metabolische Syndrom (Stine et al. 2017) sowie onkologische Erkrankungen, insbesondere das hepatozelluläre Karzinom. Die Rolle von Entzündungen und Infektionen ist bislang nicht eindeutig geklärt. Während bei einigen Patienten eine hohe Interleukin-6-Konzentration nachgewiesen wurde (Huang et al. 2020) und eine retrospektive Analyse intraabdominelle Infektionen sowie Pankreatitis mit PVT-Progression und verschlechtertem Gesamtüberleben in Zusammenhang brachte (McMurry et al. 2022), ergaben andere prospektive Studien keine Assoziation mit Inflammationsmarkern, sodass weitere Untersuchungen erforderlich sind.

Hinsichtlich nichtkardioselektiver Betablocker zeigen Studien widersprüchliche Ergebnisse. Eine Metaanalyse fand ein 4,6fach erhöhtes Risiko (Xu et al. 2019), während eine zeitabhängige prospektive Studie diesen Befund nicht bestätigte (Turon et al. 2021). Unklar bleibt, ob ein kausaler oder lediglich assoziativer Zusammenhang besteht, da Betablocker häufig bei Patienten mit bereits hohem PVT-Risiko im Rahmen der portalen Hypertension appliziert werden.

Eine prokoagulatorische Dysbalance der Hämostase mit erhöhtem Risiko für thromboembolische Ereignisse ist bei Leberzirrhose bekannt (Ambrosino et al. 2017; Jepsen et al. 2021; Søgaard et al. 2015) (siehe auch **Kap. 24**). Jedoch zeigen aktuelle Daten keine eindeutigen signifikanten Unterschiede in der Konzentration prokoagulatorischer Faktoren zwischen Patienten mit Leberzirrhose mit bzw. ohne PVT (Ma et al. 2019). Außerdem entspricht die PVT-Entstehung nicht immer der klassischen Vorstellung einer fibrinreichen Thrombose. Häufig findet sich bei Patienten mit Leberzirrhose und PVT eine signifikante Intimaverdickung der V. portae mit konsekutiver Lumeneinengung, während ein fibrinreicher Inhalt nur in etwa 30 % der Fälle nachgewiesen wurde.

27.3 Diagnostik und klinisches Bild

In der Diagnostik bestehen erhebliche Unterschiede, abhängig davon, ob eine Leberzirrhose vorliegt. Bei Patienten ohne Leberzirrhose geht eine PVT häufig mit akuten abdominellen Schmerzen, Durchblutungsstörungen und mitunter einem akuten Abdomen einher. Im Gegensatz dazu wird der Verdacht auf eine zirrhoseassoziierte PVT meist im Rahmen routinemäßiger Verlaufsuntersuchungen geäußert, wenn im Ultraschall ein fehlender oder deutlich reduzierter Pfortaderfluss auffällt (Intagliata et al. 2019). Klinisch manifestiert sich eine zirrhotische PVT mitunter durch neu aufgetretene Aszitesbildung oder einen Progress von Varizen im Gastrointestinaltrakt, was eine gezielte Ultraschalluntersuchung sowie ggf. eine ergänzende Computertomografie (CT) oder Magnetresonanztomografie (MRT) erforderlich macht (Mandorfer et al. 2023).

Wie bereits im vorangegangenen Abschnitt erläutert, stellt das Vorliegen eines hepatozellulären Karzinoms einen Risikofaktor bei der Entstehung der PVT dar und ist häufig mit einer Okklusion der Pfortader verknüpft. Der Ausschluss einer malignen Ursache ist daher bei Patienten mit Leberzirrhose obligat.

Ein wesentlicher Unterschied zwischen der Diagnostik einer zirrhotischen und einer nichtzirrhotischen PVT betrifft die serologischen, humangenetischen und hämostaseologischen Untersuchungen. Während bei Patienten ohne Leberzirrhose ein Thrombophiliescreening oder die Prüfung auf myeloproliferative Erkrankungen empfohlen wird (Northup et al. 2021), unterbleiben solche Untersuchungen bei leberzirrhoseassoziierter PVT häufig aufgrund der geringen Prävalenz dieser Risikofaktoren und der oft fehlenden therapeutischen Konsequenzen (de Franchis et al. (2022)).

27.4 Klassifikation der Portalvenenthrombose

Zur Vereinheitlichung der Nomenklatur sowie zur besseren Entscheidung bzgl. Therapiemöglichkeiten der zirrhotischen PVT bzw. der Wahl der therapeutischen Konsequenzen beim Auftritt der Pfortaderthrombose wird zum aktuellen Zeitpunkt eine Nomenklatur bei der Beschreibung des Portalvenenverschlusses mithilfe folgender Merkmale empfohlen (Elkrief et al. 2023; Northup et al. 2021):

- Lokalisation und Ausdehnung:
  - intrahepatisch, nur Portalvenenseitenäste betreffend
  - intra-/extrahepatisch mit Beteiligung des Hauptstamms/der beiden Hauptabzweigungen der V. portae
  - Ausdehnung der Thrombose bis zur V. mesenterica superior, V. lienalis
- Okklusionsgrad der betroffenen Venenabschnitte:
  - < 50 %
  - > 50 %
  - 100 %/Komplettverschluss
  - kavernöse Transformation vorliegend mit einem Komplettverschluss der PV
- Zeitlicher Verlauf
  - akut
  - subakut < 6 Monaten seit der Erstdiagnose
  - chronisch > 6 Monate
- Therapieansprechen/Verlaufskontrolle gegenüber dem Ausgangsbefund:
  - Progress der PVT-Ausdehnung
  - stabiler Befund bzgl. Ausdehnung und Lokalisation
  - Befundrückbildung
- Klinische Präsentation
  - symptomatisch (neu aufgetretener Aszites? Varizenblutung?)
  - ohne akute/neue Symptomatik

27.5 Therapie

27.5.1 Therapieziel

Bei der Diagnosestellung einer PVT bei Patienten mit Leberzirrhose zielt die Therapie in 1. Linie darauf ab, eine Verschlechterung der bereits bestehenden portalen Hypertension durch Neubildung oder Fortschreiten der PVT zu verhindern. Betrachtet man den natürlichen Verlauf der PVT bei kompensierter Leberzirrhose, so ist in etwa 40 % der Fälle eine spontane Regression oder Rekanalisation der Portalvene zu beobachten (Nery et al. 2015), was die unmittelbare Notwendigkeit einer Antikoagulation relativiert. Selbst eine persistierende PVT führt nicht zwingend zu einer Verschlechterung der Leberfunktion oder einer erhöhten Dekompensationsrate. Vielmehr könnte die PVT-Entstehung als Folge der bereits fortgeschrittenen Leberschädigung und portalen Hypertension interpretiert werden (Nery et al. 2015).

Dennoch zeigen Antikoagulanzien positive Effekte auf den Verlauf: Unter Antikoagulation wurde eine niedrigere Progressionsrate (9 % vs. 33 % ohne Therapie) sowie eine höhere Rekanalisationsrate (71 % vs. 41 % ohne Therapie) beobachtet. Ein früher Therapiebeginn innerhalb von 6 Monaten nach Diagnosestellung erhöht die Wahrscheinlichkeit einer erfolgreichen Rekanalisation. Auch ist bekannt, dass die posttransplantationsbedingte Mortalitätsrate bei Patienten mit vollständig verschlossener Pfortader vor der Transplantation höher ist als bei jenen mit inkomplettem Verschluss (Zanetto et al. 2018). Daraus lässt sich schließen, dass eine frühzeitige Antikoagulation bei Transplantationskandidaten möglicherweise die posttransplantationsbezogene Mortalität positiv beeinflusst.

Eine Metaanalyse (Guerrero et al. 2023) zeigt, dass Antikoagulation die Mortalität und leberspezifische Komplikationen bei Patienten mit Leberzirrhose und PVT unabhängig vom Okklusionsgrad reduzieren kann. Der zugrunde liegende Mechanismus ist unklar, es wird jedoch spekuliert, dass Gerinnungshemmer den intrahepatischen vaskulären Widerstand senken und dadurch die portale Hypertension sowie assoziierte Komplikationen verringern können.

Die Befürchtung, Antikoagulation würde bei fortgeschrittener Leberschädigung das Blutungsrisiko erhöhen, wurde in bisherigen Studien nicht bestätigt. Tatsächlich traten unter Antikoagulationstherapie sogar seltener Blutungskomplikationen auf als in unbehandelten Kontrollgruppen (Intagliata et al. 2021).

27.5.2 Auswahl der medikamentösen Antikoagulation

Bei der Wahl des Antikoagulans sind Leber- und Nierenfunktion zu berücksichtigen. Niedermolekulare Heparine sind am besten untersucht, werden jedoch durch die Nierenfunktion limitiert. Fondaparinux sollte bei einer glomerulären Filtrationsrate (GFR) von < 30 ml/min nicht in therapeutischer Dosierung eingesetzt werden.

Die Anwendung direkter (neuer) oraler Antikoagulanzien (DOAK) wird durch die Leberfunktion und den Zulassungsstatus eingeschränkt: Bei erhaltener Leberfunktion Child-Pugh A sind sie uneingeschränkt möglich, bei Child-Pugh B sind ggf. Dosisanpassungen oder Kontrolluntersuchungen erforderlich, bei Child-Pugh C ist ein Einsatz nicht empfohlen. Auch eine eingeschränkte Nierenfunktion erfordert substanzabhängige Dosisanpassungen.

Der Einsatz von Vitamin-K-Antagonisten ist zwar prinzipiell möglich (International-Normalized-Ratio-/INR-Zielwert von 2–3), jedoch ist die INR-basierte Kontrolle bei Leberzirrhose aufgrund eingeschränkter Lebersyntheseleistung und veränderter Hämostase nur begrenzt zuverlässig (siehe **Kap. 24**).

27.5.3 Dauer der medikamentösen Antikoagulation

Zur optimalen Dauer der Antikoagulation fehlen studienbasierte Daten. Aktuelle Empfehlungen beinhalten eine Fortsetzung bis zur Rekanalisation der Portalvene bzw. für mindestens 6 Monate. Eine darüber hinausgehende Therapie sollte unter Berücksichtigung des klinischen Gesamtbildes, einschließlich der Möglichkeit einer Lebertransplantation, entschieden werden.

27.5.4 Interventionelle Therapie

Ein interventioneller Therapieansatz besteht in der Anlage eines TIPS (siehe **Kap. 31**) mit interventioneller Rekanalisation der Pfortader, um vor allem die Situation für Transplantationskandidaten zu verbessern. Ob nach einer erfolgreichen TIPS-Anlage weiterhin eine Antikoagulation erforderlich ist, ist nicht abschließend geklärt. Eine Studie zeigte unter TIPS-Anlage allein ähnliche Rekanalisationsraten wie unter Antikoagulation, während eine Metaanalyse durch fortgesetzte Antikoagulation nach TIPS ein geringeres Rethromboserisiko nach 1 Jahr nachwies.

Unter Berücksichtigung der gesamten klinischen Situation der betroffenen Patienten sowie der radiologischen Charakterisierung der PVT kann für die medikamentöse und/oder interventionelle Therapie folgende zusammenfassende Empfehlung gegeben werden (**Abb. 27.1**).

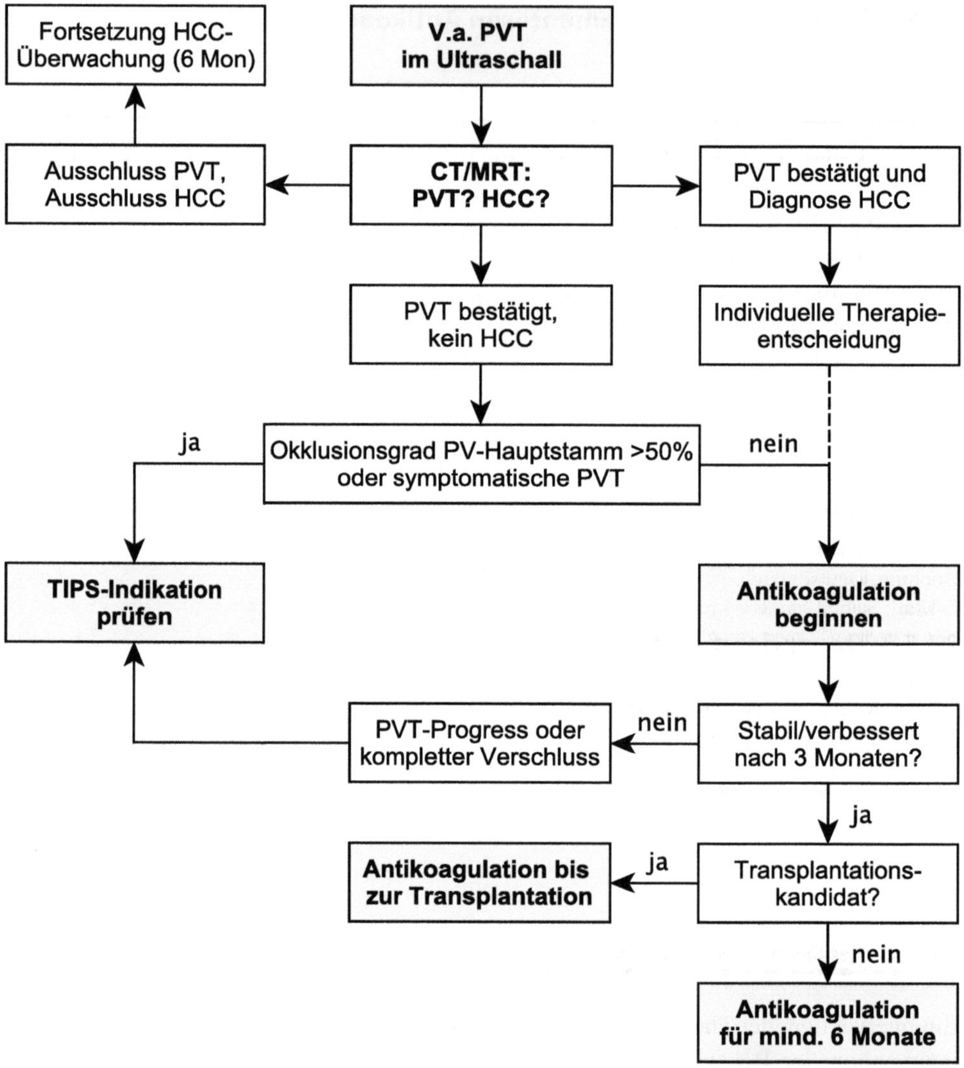

Abb. 27.1 Entscheidungsdiagramm bzgl. medikamentöser und/oder interventioneller Therapie bei zirrhotischer Pfortaderthrombose. CT = Computertomografie, HCC = hepatocellular carcinoma (hepatozelluläres Karzinom), MRT = Magnetresonanztomografie, PV = V. portae, PVT = Pfortaderthrombose, TIPS = transjugulärer intrahepatischer portokavaler Shunt. Mod. nach Elkrief et al. 2023; Northup et al. 2021

Literatur

Ambrosino P, Tarantino L, Di Minno G et al (2017) The risk of venous thromboembolism in patients with cirrhosis. A systematic review and meta-analysis. Thromb Haemost 117(1):139–148. https://doi.org/10.1160/TH16-06-0450

Elkrief L, Payancé A, Plessier A et al (2023) Management of splanchnic vein thrombosis. JHEP Rep 5(4):100667. https://doi.org/10.1016/j.jhepr.2022.100667

de Franchis R, Bosch J, Garcia-Tsao G, Reiberger T, Ripoll C, Faculty BV (2022) Baveno VII – renewing consensus in portal hypertension. J Hepatol 76(4):959–974. https://doi.org/10.1016/j.jhep.2021.12.022

García-Pagán JC, Gracia-Sancho J, Bosch J (2012) Functional aspects on the pathophysiology of portal hypertension in cirrhosis. J Hepatol 57(2):458–461. https://doi.org/10.1016/j.jhep.2012.03.007

Guerrero A, Campo LD, Piscaglia F et al (2023) Anticoagulation improves survival in patients with cirrhosis and portal vein thrombosis: the IMPORTAL competing-risk meta-analysis. J Hepatol 79(1):69–78. https://doi.org/10.1016/j.jhep.2023.02.023

Huang X, Fan X, Zhang R, Jiang S, Yang K, Chen S (2020) Systemic inflammation and portal vein thrombosis in cirrhotic patients with gastroesophageal varices. Eur J Gastroenterol Hepatol 32(3):401–405. https://doi.org/10.1097/MEG.0000000000001526

Intagliata NM, Caldwell SH, Tripodi A (2019) Diagnosis, development, and treatment of portal vein thrombosis in patients with and without cirrhosis. Gastroenterology 156(6):1582–1599.e1. https://doi.org/10.1053/j.gastro.2019.01.265

Intagliata NM, Davitkov P, Allen AM, Falck-Ytter YT, Stine JG (2021) AGA technical review on coagulation in cirrhosis. Gastroenterology 161(5):1630–1656. https://doi.org/10.1053/j.gastro.2021.09.004

Jepsen P, Tapper EB, Deleuran T, et al. Risk and Outcome of Venous and Arterial Thrombosis in Patients With Cirrhosis: A Danish Nation-wide Cohort Study. Hepatology. Nov 2021;74(5):2725–2734. https://doi.org/10.1002/hep.32019

Ma SD, Wang J, Bezinover D, Kadry Z, Northup PG, Stine JG (2019) Inherited thrombophilia and portal vein thrombosis in cirrhosis: a systematic review and meta-analysis. Res Pract Thromb Haemost 3(4):658–667. https://doi.org/10.1002/rth2.12253

Mandorfer M, Aigner E, Cejna M et al (2023) Austrian consensus on the diagnosis and management of portal hypertension in advanced chronic liver disease (Billroth IV). Wien Klin Wochenschr 135(Suppl 3):493–523. https://doi.org/10.1007/s00508-023-02229-w

McMurry H, Sabile JMG, Elstrott B et al (2022) Clinical predictors for thrombus progression in cirrhotic patients with untreated splanchnic vein thrombosis. Thromb Res 216:1–7. https://doi.org/10.1016/j.thromres.2022.05.012

Nery F, Chevret S, Condat B et al (2015) Causes and consequences of portal vein thrombosis in 1,243 patients with cirrhosis: results of a longitudinal study. Hepatology 61(2):660–667. https://doi.org/10.1002/hep.27546

Nonami T, Yokoyama I, Iwatsuki S, Starzl TE (1992) The incidence of portal vein thrombosis at liver transplantation. Hepatology 16(5):1195–1198. https://doi.org/10.1002/hep.1840160515

Northup PG, Garcia-Pagan JC, Garcia-Tsao G et al (2021) Vascular liver disorders, portal vein thrombosis, and procedural bleeding in patients with liver disease: 2020 practice guidance by the American Association for the study of liver diseases. Hepatology 73(1):366–413. https://doi.org/10.1002/hep.31646

Søgaard KK, Horváth-Puhó E, Montomoli J, Vilstrup H, Sørensen HT (2015) Cirrhosis is associated with an increased 30-day mortality after venous thromboembolism. Clin Transl Gastroenterol 6(7):e97. https://doi.org/10.1038/ctg.2015.27

Stine JG, Argo CK, Pelletier SJ, Maluf DG, Caldwell SH, Northup PG (2017) Advanced non-alcoholic steatohepatitis cirrhosis: a high-risk population for pre-liver transplant portal vein thrombosis. World J Hepatol 9(3):139–146. https://doi.org/10.4254/wjh.v9.i3.139

Turon F, Driever EG, Baiges A et al (2021) Predicting portal thrombosis in cirrhosis: a prospective study of clinical, ultrasonographic and hemostatic factors. J Hepatol 75(6):1367–1376. https://doi.org/10.1016/j.jhep.2021.07.020

Violi F, Corazza GR, Caldwell SH et al (2019) Incidence and recurrence of portal vein thrombosis in cirrhotic patients. Thromb Haemost 119(3):496–499. https://doi.org/10.1055/s-0038-1676981

Xu X, Guo X, De Stefano V et al (2019) Nonselective beta-blockers and development of portal vein thrombosis in liver cirrhosis: a systematic review and meta-analysis. Hepatol Int 13(4):468–481. https://doi.org/10.1007/s12072-019-09951-6

Yerdel MA, Gunson B, Mirza D et al (2000) Portal vein thrombosis in adults undergoing liver transplantation: risk factors, screening, management, and outcome. Transplantation 69(9):1873–1881. https://doi.org/10.1097/00007890-200005150-00023

Zanetto A, Rodriguez-Kastro KI, Germani G et al (2018) Mortality in liver transplant recipients with portal vein thrombosis – an updated meta-analysis. Transpl Int 31(12):1318–1329. https://doi.org/10.1111/tri.13353

Zocco MA, Di Stasio E, De Cristofaro R et al (2009) Thrombotic risk factors in patients with liver cirrhosis: correlation with MELD scoring system and portal vein thrombosis development. J Hepatol 51(4):682–689. https://doi.org/10.1016/j.jhep.2009.03.013

Akut-auf-chronisches Leberversagen (ACLF) 28

Jonel Trebicka

28.1 Einleitung

Die Leberzirrhose stellt das Endstadium vieler chronischer Lebererkrankungen dar. In Deutschland sind etwa 1.000.000 Menschen betroffen, was die Krankheit häufig und prognostisch ungünstig macht (Lange et al. 2023). Besonders verantwortlich für die schlechte Prognose sind akute Dekompensationen (AD), die eine Verschlechterung des Krankheitszustands darstellen (Jalan et al. 2021). Diese sind durch das rasche Auftreten von Aszites, gastrointestinalen Blutungen, hepatischer Enzephalopathie, bakteriellen Infektionen oder einer Kombination dieser Komplikationen gekennzeichnet (Gu et al. 2022). Die CANONIC-Studie identifizierte eine Untergruppe von Patienten mit akut dekompensierter Leberzirrhose, die eine deutlich schlechtere Prognose hat (Moreau et al. 2013). Diese Patienten wurden als Patienten mit akut-auf-chronischem Leberversagen (ACLF) bezeichnet, das die schwerste Form der akuten Dekompensation darstellt (Schulz und Trebicka 2021).

28.2 Definitionen und Epidemiologie

Das ACLF wurde von der European Association for the Study of the Liver (EASL) – Chronic Liver Failure (CLIF) Consortium auf der Basis der CANONIC-Studie definiert. Die CANONIC-Studie war eine prospektive Beobachtungsstudie mit mehr als 1300 Patienten mit akuter Dekompensation (Moreau et al. 2013). Hierbei wurden mehrere Organsysteme

J. Trebicka (✉)
Medizinische Klinik B, Universitätsklinikum Münster, Westfälische Wilhelms-Universität Münster, Münster, Deutschland
E-Mail: Jonel.Trebicka@ukmuenster.de

T. Bruns et al. (Hrsg.), *Komplikationen der Leberzirrhose*,
https://doi.org/10.1007/978-3-662-70167-6_28

anhand klinischer und laborchemischer Parameter in Organversagen oder Organdysfunktion eingeteilt. Der CLIF-C Organ Failure Score (OF-Score) ähnelt dem Sequential Organ Failure Assessment Score (SOFA-Score) und bewertet die Funktion von Leber, Nieren (Kreatinin und Bilirubin), Kognition (West-Haven-Kriterien), Kreislauf (mean arterial pressure/MAP und Katecholaminbedarf) und Gerinnung (International Normalized Ratio/INR) (Tab. 28.1). Ein Punktwert von 3 für ein Organsystem definiert ein Organversagen, mit Ausnahme der Nieren, bei denen ein Score von 2 (Kreatinin > 2 mg/dl) bereits als Organversagen gilt (Jalan et al. 2014).

Patienten mit >1 Organversagen oder isoliertem Nierenversagen erfüllen die Kriterien eines ACLF. Isolierte Organversagen mit Nierendysfunktion (Serumkreatinin 1,5–1,9 mg/dl) oder hepatischer Enzephalopathie Grad 1/2 werden als ACLF Grad 1 klassifiziert (Tab. 28.2 und Kap. 10). Patienten mit 2 manifesten Organversagen zeigen ein ACLF Grad 2 und Patienten mit 3 oder mehr Organversagen ein ACLF Grad 3. Die 28-Tages-Mortalität steigt mit dem Grad des ACLF und liegt bei 4 oder mehr Organversagen bei 68 % (Arroyo et al. 2020).

Die Prognoseabschätzung bei ACLF kann durch den CLIF-C-ACLF-Score verfeinert werden, der zusätzlich Alter und Leukozytenzahl berücksichtigt. Obwohl die EASL-CLIF-Definition weltweit validiert wurde, gibt es in den USA und Asien weitere Definitionen durch das North American Consortium for the Study of End-stage Liver Disease (NACSELD) und die Asian Pacific Association for the Study of the Liver (APASL). NACSELD definiert ACLF ab 2 manifesten Organversagen, während APASL extrahepatische Auslöser und Organversagen nicht berücksichtigt (Jalan et al. 2014).

Tab. 28.1 European Association for the Study of the Liver – Chronic Liver Failure Consortium organ-failure score mit Punktwerten von 1 bis 3 pro Organsystem. Die *kursiv* dargestellten Kriterien entsprechen einer Organdysfunktion, die **fett** hinterlegten einem Organversagen für das jeweilige Organsystem. HE = hepatische Enzephalopathie, INR = International Normalized Ratio, MAP = Mean arterial pressure, FiO_2 = inspiratorische Sauerstofffraktion, PaO_2 = arterieller Sauerstoffpartialdruck, SpO_2 = periphere Sauerstoffsättigung

Organsystem	1 Punkt	2 Punkte	3 Punkte
Leber	Bilirubin > 6 mg/dl	Bilirubin 6,0–11,9 mg/dl	**Bilirubin > 12 mg/dl**
Niere	< 1,5 mg/dl *1,5–2 mg/dl*	**Kreatinin 2,0–3,4 mg/dl**	**Kreatinin > 3,5 mg/dl oder Nierenersatztherapie**
Kognition	HE West-Haven Grad 0	*HE* *West-Haven Grad 1–2*	**HE West-Haven Grad 3–4**
Gerinnung	INR < 2,0	INR 2,0–2,4	**INR ≥ 2,5**
Kreislauf	MAP > 70 mmHg	MAP < 70 mmHg	**Katecholaminbedarf**
Atmung	$PaO_2/FiO_2 > 300$ $SpO_2/FiO_2 > 357$	PaO_2/FiO_2 201–300 SpO_2/FiO_2 215–357	**$PaO_2/FiO_2 \leq 200$** **$SpO_2/FiO_2 \leq 214$**

Tab. 28.2 Klassifikation des ACLF nach CLIF-C-OF-Score bei Aufnahme mit beobachteter 28-Tages-Mortalität. ACLF = akut-auf-chronisches Leberversagen, HE = hepatische Enzephalopathie. (Moreau et al. 2013)

	Grad des ACLF	28-Tages-Mortalität
Kein Organversagen	Kein ACLF	4,4 %
Isoliertes Organversagen und Kreatinin < 1,5 mg/dl und ohne HE		6,3 %
Isoliertes renales Organversagen	ACLF Grad 1a	18,6 %
Isoliertes nichtrenales Organversagen und Kreatinin 1,5–2,0 mg/dl und/oder HE Grad 1–2	ACLF Grad 1b	27,8 %
Isolierte HE Grad 3–4 und Kreatinin 1,5–2,0 mg/dl		
Versagen von 2 Organen	ACLF Grad 2	32 %
Versagen von 3 Organen	ACLF Grad 3a	68 %
Versagen von > 3 Organen	ACLF Grad 3b	88,9 %

Akut-auf-chronisches Leberversagen betrifft jeden 4. Patienten (23 %), der wegen dekompensierter Leberzirrhose hospitalisiert wird. Ungefähr 20 % der ohne ACLF stationär aufgenommenen Patienten entwickeln innerhalb der folgenden 90 Tage ein ACLF (sog. Prä-ACLF), wobei 60 % von ihnen dies innerhalb von 3 Wochen tun, wie die PREDICT-Studie zeigte. Prä-ACLF-Patienten weisen ein erhöhtes inflammatorisches Profil (erhöhte Leukozytenkonzentrationen und erhöhtes C-reaktives Protein) auf (Trebicka et al. 2020a).

Risikofaktoren für die Entwicklung eines ACLF sind das Vorhandensein von Aszites, niedriger mittlerer arterieller Blutdruck, Anämie und hoher MELD-Score (MELD: Model for End-Stage Liver Disease). Jüngere Patienten scheinen häufiger betroffen zu sein (EASL 2018).

28.3 Pathophysiologie und Auslöser

Für das Auftreten des ACLF sind zwei Hauptphänomene verantwortlich: die portale Hypertension und die systemische Inflammation (Trebicka et al. 2020a). Beide werden durch bakterielle Translokation begünstigt, bei der Mikroorganismen und/oder deren Bestandteile in die Zirkulation gelangen, was durch eine gestörte Darmbarriere ermöglicht wird (Trebicka et al. 2021a). Patienten mit ACLF weisen höhere Konzentrationen proinflammatorischer Zytokine auf (Trebicka et al. 2019).

Ereignisse wie Infektionen, schwere gastrointestinale Blutungen oder Alkoholhepatitis können eine Reduktion des effektiven Blutvolumens verursachen und die Minderperfusion verschiedener Organe auslösen (Trebicka et al. 2021b). Besonders betroffen sind Nieren und Gehirn, die bei der Definition bereits bei einer Dysfunktion eine wichtige Rolle spielen.

Diese Ereignisse, auch präzipitierende Faktoren oder Auslöser genannt, sind in der Prävention und Therapie des ACLF entscheidend. In 40 % der Fälle kann jedoch kein Auslöser identifiziert werden. In 60 % der Fälle wird ein Auslöser festgestellt, dazu gehören lebereigene – wie alkoholassoziierte Hepatitis oder ein Flare einer viralen Hepatitis – sowie extrahepatische wie Infektionen. Kombinationen sind häufig (Trebicka et al. 2021b).

Jeder Patient mit ACLF sollte systematisch auf häufige Auslöser untersucht werden, zu denen bakterielle Infektionen, alkoholassoziierte Hepatitis, gastrointestinale Blutung mit hämodynamischer Instabilität, Aufflammen einer Hepatitis-B-Virusinfektion und kürzliche Einnahme bestimmter Medikamente gehören. Wenn keine dieser Ursachen gefunden wird, sollten weitere potenziell ungewöhnliche Fälle im Einzelfall untersucht werden (Abb. 28.1).

Die ursächliche Therapie möglicher Auslöser ist in der Prävention des ACLF entscheidend, da eine spezifische präventive Therapie bisher nicht etabliert ist (EASL 2023). Nachfolgend sind die Konzepte zur Therapie der wichtigsten Auslöser aufgeführt.

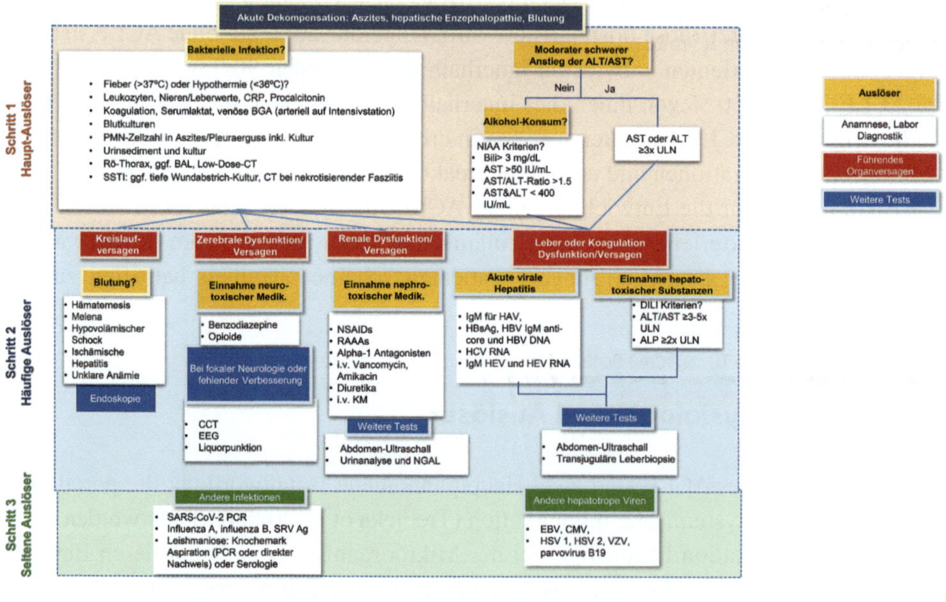

Abb. 28.1 Diagnostischer Algorithmus zur Bestimmung von Auslösern eines akut-auf-chronischen Leberversagens (ACLF). ALP = alkalische Phosphatase, ALT = Alaninaminotransferase, AST = Aspartataminotransferase, BAL = Bronchoalveoläre Lavage, BGA = Blutgasanalyse, Bili = Bilirubin, CCT = Craniale Computertomografie, CMV = Cytomegalievirus, CRP = C-reaktives Protein, CT = Computertomografie, DILI = drug-induced liver-injury, EBV = Epstein-Barr Virus, EEG = Elektroencephalogramm, HAV = Hepatitis A Virus, HBV = Hepatitis B Virus, HCV = Hepatitis C Virus, HEV = Hepatitis E Virus, HSV = Herpes Simplex Virus, IgM = Immunglobulin M, IU = international units, KM = Kontrastmittel, NGAL = Neutrophilen-Gelatinase-assoziiertes Lipocalin, NIAA = national institute on alcohol abuse and alcoholism, NSAID = non-steroidal anti-inflammatory drugs, RAAA = renin-angiotensin-aldosteron-antagonists, SSTI = skin and soft tissue infections, ULN = upper limit of norm, VZV = Varizella Zoster Virus

28.3.1 Infektionen

Infektionen können sowohl Auslöser als auch Komplikationen des ACLF sein. Meist handelt es sich um bakterielle Infektionen, seltener um Mykosen. Bei der Wahl der antibiotischen Therapie sollten patientenspezifische Faktoren, der vermutete Infektionsherd und lokale Resistenzlagen berücksichtigt werden (siehe auch Kap. 26). Da die Mortalität bei inadäquater antimikrobieller Therapie doppelt so hoch ist, ist eine schnelle und umfassende Infektionsabklärung wichtig. Patienten mit ACLF und Verdacht auf bakterielle Infektionen sollten schnellstmöglich eine empirische Breitspektrumantibiotikatherapie erhalten.

Auf Intensivstationen sollten Maßnahmen zur Verhinderung katheterbedingter Bakteriämie und beatmungsassoziierter Pneumonie eingesetzt werden, da Patienten mit ACLF ein hohes Risiko für nosokomiale Infektionen haben. Eine empirische antimykotische Therapie kann nach Risikoabschätzung bei Patienten mit nosokomialem septischem Schock und zusätzlichen Risikofaktoren für Pilzinfektionen indiziert sein (EASL 2023).

28.3.2 Alkoholassoziierte Hepatitis

In westlichen Ländern ist die alkoholassoziierte Hepatitis ein häufiger Auslöser eines ACLF. Schwere Fälle können anhand des modifizierten Maddrey-Scores identifiziert werden. Bei einem Score von > 32 kann bei ausgewählten Patienten unter Berücksichtigung von MELD-Score und Glasgow-Alcoholic-Hepatitis-Score eine Steroidtherapie mit 40 mg Prednisolon/Tag initiiert werden. Patienten, die von einer Steroidtherapie nicht profitieren, können mithilfe des Lille-Scores identifiziert werden. Mit zunehmendem Schweregrad des ACLF nimmt das Ansprechen auf Kortikosteroide ab, während das Infektionsrisiko steigt. Bei Patienten mit schwerer alkoholassoziierter Hepatitis und ACLF 3 sowie bei unkontrollierter bakterieller Infektion werden Kortikosteroide daher nicht empfohlen. Wenn Kortikosteroide verabreicht werden, ist eine engmaschige Überwachung auf Infektionen notwendig (Trebicka et al. 2022).

28.3.3 Varizenblutung

Akute Varizenblutungen (AVB), die 70 % aller Blutungsepisoden im oberen Gastrointestinaltrakt bei Leberzirrhose ausmachen, wurden als häufige Todesursache bei Patienten mit Leberzirrhose identifiziert, wobei die 6-Wochen-Mortalität bei etwa 20 % liegt. In letzter Zeit wurden bedeutende Fortschritte bei der Behandlung von AVB erzielt. Diese Fortschritte umfassen endoskopische Verfahren, medikamentöse Therapien und den transjugulären intrahepatischen portosystemischen Shunt (TIPS), was insgesamt zu einer Verringerung der Häufigkeit von Varizenblutungen geführt hat (siehe auch Kap. 15). Dennoch versagt die anfängliche endoskopische und medizinische Behandlung bei 10–20 % der Patienten mit AVB, was mit einem hohen kurzfristigen Risiko einer weiteren Leberdekompensation und des Todes verbunden ist (Trebicka et al. 2020b).

Es ist wichtig zu beachten, dass das Auftreten eines ACLF das Überleben bei Patienten mit AVB erheblich verschlechtert. ACLF verdoppelt das Risiko einer erneuten Blutung und stellt ein einfaches Kriterium für Patienten mit einem erhöhten Risiko für eine erneute Blutung dar (EASL 2023).

Auf der Baveno-Konsensuskonferenz wurde die präemptive Anwendung von TIPS empfohlen, die innerhalb von 24–72 h bei Patienten mit Leberzirrhose der Child-Pugh-Klasse B (> 7) und aktiver Blutung trotz Gabe vasoaktiver Medikamente sowie bei Patienten mit Child-Pugh-Klasse C (< 14 Punkte) durchgeführt werden sollte, da dies das Überleben verbessert (de Franchis et al. 2022). In 2 unabhängigen Studien konnte gezeigt werden, dass TIPS, sei es präemptiv oder als Notfallmaßnahme, das Überleben bei Patienten mit ACLF 1 oder ACLF 2 und AVB verbessert, obwohl nur wenige Patienten mit ACLF 3 in diese Studien einbezogen wurden (Kumar et al. 2020).

28.3.4 Weitere Auslöser

Weitere Auslöser für ACLF können ein Flare einer bekannten viralen Hepatitis oder eine akute Infektion mit dem Hepatitis-A- oder Hepatitis-E-Virus sein. Daher sollten Patienten mit Leberzirrhose durch Impfungen gegen Hepatitis A und B geschützt werden (Kap. 14).

Bei Patienten mit HBV-bedingtem ACLF reduziert die sofortige Verwendung von Nukleosidanaloga die Mortalität. Nukleosid/Nukleotidanaloga sollten bei diesen Patienten umgehend begonnen werden. Eine Lebertransplantation sollte bei Patienten mit schwerem Krankheitsbild (z. B. MELD-Score > 30; ACLF 2 oder 3) in Betracht gezogen werden, insbesondere wenn trotz früher antiviraler Behandlung keine frühe virologische Reaktion (< 2-log-Reduktion) und keine klinische Verbesserung vorliegt.

Bei Patienten mit Autoimmunhepatitis und ACLF sollte das Nutzen-Risiko-Verhältnis einer Kortikosteroidbehandlung individuell beurteilt werden. Kortikosteroide sollten bei gleichzeitiger unkontrollierter Infektion vermieden werden. Wenn Kortikosteroide verabreicht werden, ist eine engmaschige Überwachung auf Infektionen und die Wirksamkeit der Therapie notwendig. Die Daten zur Rolle von Kortikosteroiden bei Autoimmunhepatitis und ACLF sind sehr begrenzt.

Auch operative Eingriffe, einschließlich elektiver oder minimalinvasiver Verfahren, können ACLF auslösen. Das postoperative Mortalitätsrisiko kann mithilfe des VOCAL-Penn-Scores berechnet werden (http://www.vocalpennscore.com). Bei abdominellen Operationen ist das Risiko am höchsten (Klein et al. 2020). Die Anlage eines TIPS scheint nicht mit einem signifikant erhöhten Risiko verbunden zu sein (Chang et al. 2021). Es gibt Hinweise darauf, dass eine präoperative TIPS-Anlage das Risiko für ein postoperatives ACLF verringern kann. Darüber hinaus können auch hepatotoxische Substanzen Auslöser sein.

28.4 Therapie

Daneben ist bislang nur eine supportive Therapie des ACLF möglich. Die hohe Mortalität sowie die rasche Dynamik machen die schnelle Identifikation des ACLF essenziell (Gustot et al. 2015). Auch die Möglichkeit einer Transplantation sollte frühestmöglich evaluiert werden, bevor der Zustand des Patienten diese nicht mehr zulässt. Es wird empfohlen, frühzeitig Kontakt zu einem Zentrum mit entsprechender Expertise aufzunehmen.

28.4.1 Intensivmedizinische Therapie

Die Kriterien für die Entscheidung über die Aufnahme auf die Intensivstation für Patienten mit ACLF sollten denjenigen ähneln, die bei Patienten ohne Leberzirrhose angewendet werden, da sich die Behandlungsergebnisse bei vergleichbarer Ausgangssituation nicht unterscheiden. Patienten mit ACLF, die eine engmaschige Überwachung oder eine Organunterstützung benötigen, sollten intensivmedizinisch überwacht und therapiert werden. Die Aufnahme von Patienten mit ACLF und schweren Komorbiditäten auf die Intensivstation sollte im Einzelfall in Betracht gezogen werden.

Die Prognose bei Patienten mit ACLF sollte nach 3–7 Tagen vollständiger Organunterstützung (re-)evaluiert werden. Das Vorliegen von ≥4 Organversagen oder ein CLIF-C-ACLF-Score > 70 Punkte bei Patienten ohne Optionen für eine *Salvage*-Lebertransplantation sind mögliche Kriterien für den Abbruch der Organunterstützung und die Einleitung des supportiven Therapiekonzeptes nach 3–7 Tagen vollständiger Organunterstützung.

Bei Patienten mit ACLF, die Vasopressoren bei Hypotonie benötigen, wird eine Strategie zur Erreichung eines mittleren arteriellen Drucks (MAP) von ≥ 65 mmHg empfohlen. Zur initialen Flüssigkeitstherapie bei Patienten mit ACLF und Hypotonie sollten Humanalbumin oder Kristalloide verwendet werden. Humanalbumin wird für die Behandlung von ACLF-Patienten empfohlen, die erhebliche Mengen an Flüssigkeit und Vasopressoren benötigen. Basierend auf Daten aus der Allgemeinbevölkerung auf der Intensivstation ist Noradrenalin der Vasopressor der 1. Wahl für Patienten mit ACLF und Hypotonie, die nicht auf eine Flüssigkeitstherapie ansprechen. Dopamin wird bei Patienten mit ACLF nicht empfohlen. Kontinuierliche Infusionen von Terlipressin oder Vasopressin sind potenzielle Zweitlinienmedikamente bei Patienten, die unzureichend auf Noradrenalin ansprechen.

Bei Patienten mit ACLF, die moderate oder hohe Dosen Noradrenalin (> 0,25 µg/kg/min) benötigen, könnten Steroide eingesetzt werden. Eine relative Nebenniereninsuffizienz ist bei Patienten mit ACLF und refraktärem septischen Schock weitverbreitet und mit einem schlechten Überleben verbunden (siehe Kap. 23).

28.4.2 Therapie des Nierenversagens

Das häufigste Organversagen bei Patienten mit ACLF ist das Nierenversagen. Zur Einschätzung des intravasalen Volumenstatus sowie zum Ausschluss einer postrenalen Genese ist die Sonografie hilfreich. Zur weiteren Diagnostik gehört auch eine Urinanalyse, um eine Mikrohämaturie oder relevante Proteinurie als möglichen Hinweis auf eine andere Genese der akuten Nierenschädigung zu erfassen.

Als Pathomechanismus für die Entstehung der Nierenschädigung (AKI) beim ACLF wird analog zum hepatorenalen Syndrom (HRS) eine renale Minderperfusion und Vasokonstriktion aufgrund der portalen Hypertension angenommen. Entsprechend sollte neben potenziell nephrotoxischen Medikamenten auch eine bestehende diuretische Therapie pausiert werden. Die Therapie zielt darauf ab, die renale Perfusion zu verbessern. Initial sollte, sofern keine Kontraindikationen bestehen, eine Volumengabe erfolgen, in der Regel durch die Gabe von Albumin (1 g/kg Körpergewicht, max. 100 g/Tag). Ein fehlendes oder nur partielles Ansprechen auf die Therapie der prärenalen Komponente kann ein HRS-AKI (hepatorenal syndrome-acute kidney-injury) darstellen. Hierbei handelt es sich letztlich um eine Ausschlussdiagnose. Werden die Diagnosekriterien eines HRS-AKI erfüllt, sollte die Therapie mit Terlipressin und adjunktiv mit Humanalbumin eingeleitet werden (siehe Kap. 18). Die kontinuierliche Applikation von Terlipressin (initial 2 mg/Tag) zeigt weniger unerwünschte Arzneimittelwirkungen sowie eine gleichmäßigere Senkung des portalvenösen Drucks im Vergleich zur Bolusapplikation (Gerbes et al. 2019).

Zu den häufigen unerwünschten Nebenwirkungen von Terlipressin zählen Diarrhöen, abdominelle Schmerzen sowie Nekrosen der Akren. Im Dezember 2022 wurde durch das BfArM ein Rote-Hand-Brief ausgegeben, da die CONFIRM-Studie eine höhere Rate schwerer oder letaler respiratorischer Insuffizienz bei spätem Therapiebeginn mit Terlipressin und schwerem ACLF (Grad 3b) zeigte. Eine verminderte Wirksamkeit wurde auch bei Patienten mit ACLF Grad 3 und/oder einem MELD-Score > 39 beobachtet, was mit einer erhöhten Mortalität einherging.

28.4.3 Therapie der hepatischen Enzephalopathie

Eine bestehende hepatische Enzephalopathie sollte entsprechend aktueller Leitlinien therapiert werden (Kap. 19). Dabei ist die Behandlung der Auslöser von entscheidender Bedeutung. Zu diesen gehören gastrointestinale Blutungen, Infektionen, Konstipationen sowie Zustände wie Hypokaliämie, (diuretikainduzierte) Hypovolämie oder eine sedierende Medikation. Die spezifische Therapie der overten hepatischen Enzephalopathie umfasst die orale Gabe von Lactulose sowie Einläufe mit Lactulose. Zusätzlich kann die i. v. Gabe von L-Ornithin-L-Aspartat und die orale Verabreichung von Rifaximin erfolgen. Bei schwerer hepatischer Enzephalopathie sollte die Notwendigkeit einer Schutzintubation engmaschig geprüft werden (Gerbes et al. 2019).

28.4.4 Leberunterstützungsverfahren

Für extrakorporale Leberersatzverfahren wie die MARS-Dialyse (*molecular adsorbent recirculating system*) oder das Prometheus-System konnte in randomisierten, kontrollierten Studien bisher keine Verbesserung der 28- und 90-Tages-Mortalität bei ACLF nachgewiesen werden. Es gibt jedoch indirekte Hinweise darauf, dass diese Verfahren das kurzzeitige Überleben verbessern könnten. Daher könnten sie eine Rolle als Überbrückung zur Organtransplantation spielen (Banares et al. 2019).

Obwohl eine Albumindialyse den Schweregrad der hepatischen Enzephalopathie verbessern kann, gibt es keine soliden Beweise dafür, dass sie das Überleben von Patienten mit ACLF verbessert. Aktuell laufen mehrere vielversprechende Studien, doch der routinemäßige Einsatz von künstlichen oder bioartifiziellen extrakorporalen Leberunterstützungsverfahren oder Plasmaaustausch bei ACLF wird derzeit nicht empfohlen.

28.4.5 Lebertransplantation

Eine Lebertransplantation stellt auch für Patienten mit ACLF eine kurative Therapieoption dar. Im Vergleich zu Patienten ohne ACLF zeigen Patienten mit einem ACLF Grad 1–2 zum Zeitpunkt der Transplantation kein signifikant schlechteres 1-Jahres-Überleben. Daher sollte die Möglichkeit einer Transplantation für jeden Patienten mit einem ACLF evaluiert werden. Eine zeitnahe Kontaktaufnahme zu einem Transplantationszentrum ist hierbei entscheidend (Trebicka et al. 2020c; Berg et al. 2024). Eine frühzeitige Evaluation einer Lebertransplantation sollte für alle Patienten mit schwerem ACLF (ACLF Grad 2 oder 3) empfohlen werden. Es gibt klare Überlebensvorteile für eine Lebertransplantation bei Patienten mit schwerem ACLF, jedoch sind die Grenzen der Eignung der Patientenauswahl noch nicht genau definiert. Zur Abschätzung des Überlebens nach Lebertransplantation bei höhergradigem ACLF können prognostische Scores wie SALT-M oder TAM herangezogen werden. Eine Lebertransplantation bei Patienten mit schwerem ACLF erfordert eine erhebliche Ressourcennutzung.

28.5 Fazit

Das ACLF stellt die schwerste Form der akuten Dekompensation bei Leberzirrhose dar und ist mit einer stark erhöhten Mortalität verknüpft. Die frühzeitige Erkennung und rasche Einleitung geeigneter therapeutischer Maßnahmen sind daher essenziell (siehe **Merkbox**).

Übersicht

- Jeder Patient mit ACLF sollte systematisch auf häufige Auslöser untersucht werden (Infektionen, Alkoholhepatitis, schwere Blutungen, Flare einer Hepatitis-B-Virusinfektion, nephro- oder neurotoxische Substanzen).
- Bei Patienten ohne identifizierbare Auslöser sollten weitere Untersuchungen je nach klinischem Kontext erwogen werden.
- Bei Verdacht auf Infektion bei Patienten mit ACLF sollte eine empirische Antibiotikabehandlung gemäß lokaler Epidemiologie und Risikofaktoren für Antibiotikaresistenzen frühzeitig begonnen werden.
- Bei Breitbandantibiotika sollte eine Deeskalation innerhalb von 24–72 h, basierend auf mikrobiologischen Tests und Multiresistenzdaten, erfolgen.
- Bei septischem Schock oder ACLF-Verschlechterung sollten Breitbandantibiotika zur Abdeckung aller potenziellen Erreger einschließlich Pilze verwendet werden.
- Bei schwerer Alkoholhepatitis ohne Infektion sollte eine Steroidtherapie frühzeitig begonnen und bei Nichtansprechen rasch abgesetzt werden.
- Bei ACLF 3 oder unkontrollierter Infektion sollte von einer Steroidtherapie abgesehen werden.
- AVB ist bei ACLF häufig mit Rezidivblutungen oder Hämostaseversagen verbunden.
- Bei ACLF und AVB sollte immer die Möglichkeit eines TIPS (Notfall oder präemptiv) erwogen werden, auch bei einem Bilirubinwert von > 5 mg/dl.
- Nukleosid/Nukleotidanaloga sollten bei HBV-bedingtem ACLF sofort begonnen werden und eine Lebertransplantation sollte bei schwerem HBV-bedingtem ACLF immer evaluiert werden.
- Zur initialen Flüssigkeitstherapie bei Hypotonie und ACLF sollten Humanalbumin oder Kristalloide verwendet werden.
- Humanalbumin wird für die Behandlung von ACLF-Patienten empfohlen, die große Mengen an Flüssigkeit und Vasopressoren benötigen.
- Noradrenalin ist der bevorzugte Vasopressor bei ACLF und Hypotonie, die nicht auf Flüssigkeitstherapie ansprechen.
- Bei Patienten mit ACLF und moderaten oder hohen Noradrenalindosen könnten Steroide erwogen werden.
- Eine frühzeitige Evaluierung einer Lebertransplantation sollte für alle Patienten mit schwerem ACLF (ACLF 2 oder 3) in Betracht gezogen werden.

Literatur

Arroyo V, Moreau R, Jalan R (2020) Acute-on-chronic liver failure. N Engl J Med 382:2137–2145

Banares R, Ibanez-Samaniego L, Torner JM, Pavesi M, Olmedo C, Catalina MV, Albillos A et al (2019) Meta-analysis of individual patient data of albumin dialysis in acute-on-chronic liver failure: focus on treatment intensity. Therap Adv Gastroenterol 12:1756284819879565

Berg T, Aehling NF, Bruns T, Welker MW, Weismüller T, Trebicka J, et al. (2024) S2k-Leitlinie Lebertransplantation der Deutschen Gesellschaft für Gastroenterologie, Verdauungs- und Stoffwechselkrankheiten (DGVS) und der Deutschen Gesellschaft für Allgemein- und Viszeralchirurgie (DGAV). Z Gastroenterol 62(9):1397–1573

Chang J, Bamarni A, Bohling N, Zhou X, Klein LM, Meinke J, Duerr GD et al (2021) Elective surgery but not transjugular intrahepatic portosystemic shunt precipitates acute-on-chronic liver failure. Hepatol Commun 5:1265–1277

EASL (2018) EASL Clinical Practice Guidelines for the management of patients with decompensated cirrhosis. J Hepatol 69:406–460

EASL (2023) EASL Clinical Practice Guidelines on acute-on-chronic liver failure. J Hepatol 79:461–491

de Franchis R, Bosch J, Garcia-Tsao G, Reiberger T, Ripoll C, Baveno VIIF (2022) Baveno VII – renewing consensus in portal hypertension. J Hepatol 76:959–974

Gerbes AL, Labenz J, Appenrodt B, Dollinger M, Gundling F, Gulberg V, Holstege A et al (2019) Updated S2k-Guideline "Complications of liver cirrhosis". German Society of Gastroenterology (DGVS). Z Gastroenterol 57:611–680

Gu W, Hortlik H, Erasmus HP, Schaaf L, Zeleke Y, Uschner FE, Ferstl P et al (2022) Trends and the course of liver cirrhosis and its complications in Germany: nationwide population-based study (2005 to 2018). Lancet Reg Health Eur 12:100240

Gustot T, Fernandez J, Garcia E, Morando F, Caraceni P, Alessandria C, Laleman W et al (2015) Clinical Course of acute-on-chronic liver failure syndrome and effects on prognosis. Hepatology 62:243–252

Jalan R, Saliba F, Pavesi M, Amoros A, Moreau R, Gines P, Levesque E et al (2014) Development and validation of a prognostic score to predict mortality in patients with acute-on-chronic liver failure. J Hepatol 61:1038–1047

Jalan R, D'Amico G, Trebicka J, Moreau R, Angeli P, Arroyo V (2021) New clinical and pathophysiological perspectives defining the trajectory of cirrhosis. J Hepatol 75(Suppl 1):S14–S26

Klein LM, Chang J, Gu W, Manekeller S, Jansen C, Lingohr P, Praktiknjo M et al (2020) The development and outcome of acute-on-chronic liver failure after surgical interventions. Liver Transpl 26:227–237

Kumar R, Kerbert AJC, Sheikh MF, Roth N, Calvao JAF, Mesquita MD, Barreira AI et al (2020) Determinants of mortality in patients with cirrhosis and uncontrolled variceal bleeding. J Hepatol Jan;74(1):66-79.

Lange CM, Trebicka J, Gerbes A, Canbay A, Geier A, Merle U, Peck-Radosavljevic M et al (2023) Limited access to liver transplantation and TIPS despite high mortality, healthcare resource use and costs of cirrhosis in Germany. Liver Int Nov;43(11):2503-2512

Moreau R, Jalan R, Gines P, Pavesi M, Angeli P, Cordoba J, Durand F et al (2013) Acute-on-chronic liver failure is a distinct syndrome that develops in patients with acute decompensation of cirrhosis. Gastroenterology 144:1426–1437. 1437 e1421-1429

Schulz M, Trebicka J (2021) Acute-on-chronic liver failure: a global disease. Gut Jan;71(1):5-6

Trebicka J, Amoros A, Pitarch C, Titos E, Alcaraz-Quiles J, Schierwagen R, Deulofeu C et al (2019) Addressing profiles of systemic inflammation across the different clinical phenotypes of acutely decompensated cirrhosis. Front Immunol 10:476

Trebicka J, Fernandez J, Papp M, Caraceni P, Laleman W, Gambino C, Giovo I et al (2020a) The PREDICT study uncovers three clinical courses of acutely decompensated cirrhosis that have distinct pathophysiology. J Hepatol 73:842–854
Trebicka J, Gu W, Ibanez-Samaniego L, Hernandez-Gea V, Pitarch C, Garcia E, Procopet B et al (2020b) Rebleeding and mortality risk are increased by ACLF but reduced by pre-emptive TIPS. J Hepatol 73:1082–1091
Trebicka J, Sundaram V, Moreau R, Jalan R, Arroyo V (2020c) Liver transplantation for acute-on-chronic liver failure: science or fiction? Liver Transpl 26:906–915
Trebicka J, Bork P, Krag A, Arumugam M (2021a) Utilizing the gut microbiome in decompensated cirrhosis and acute-on-chronic liver failure. Nat Rev Gastroenterol Hepatol 18:167–180
Trebicka J, Fernandez J, Papp M, Caraceni P, Laleman W, Gambino C, Giovo I et al (2021b) PREDICT identifies precipitating events associated with the clinical course of acutely decompensated cirrhosis. J Hepatol 74:1097–1108
Trebicka J, Louvet A, Arroyo V, Jalan R, Shah VH, Moreau R (2022) Severe alcoholic hepatitis as precipitant for organ failure and ACLF. Z Gastroenterol 60:67–76

Teil V
Ausgewählte Therapieverfahren

Lebertransplantation: Indikationsstellung und Evaluationsuntersuchungen

29

Katharina Staufer

29.1 Indikationen zur Lebertransplantation

Die Leberzirrhose ist die mit Abstand häufigste Indikation für eine Lebertransplantation im Europäischen Raum (*European Liver Transplant Registry,* ELTR, www.eltr.org). Zwischen 1988 und Juni 2020 entfielen rund 54 % aller Lebertransplantationen auf Patienten mit Leberzirrhose, während 18 % bei Patienten mit Malignomen durchgeführt wurden (davon etwa 88 % mit hepatozellulärem Karzinom [HCC]) und 7 % bei Patienten mit akutem Leberversagen (ALV). Die restlichen 21 % betrafen andere Grunderkrankungen (**Abb. 29.1**). Etwa 10 % aller Lebertransplantationen in Europa entfallen auf die pädiatrische Population. Dieses Kapitel konzentriert sich auf Lebertransplantationen im Erwachsenenalter.

► In den letzten Jahren unterliegen die Indikationen zur Lebertransplantation, insbesondere im Bereich der Leberzirrhose, einem Wandel. Dies ist vor allem auf die erfolgreiche Entwicklung von Direct Acting Antiviral Agents (DAA) zur Behandlung der chronischen Hepatitis C, den globalen Anstieg der MASLD, die schrittweise Erweiterung der Transplantationsindikationen bei Malignomen sowie auf die Folgen der COVID-19-Pandemie zurückzuführen (Adam et al. 2018).

K. Staufer (✉)
Klinische Abteilung für Transplantation, Universitätsklinik für Allgemeinchirurgie, Wien, Austria
E-Mail: Katharina.Staufer@gmx.at

T. Bruns et al. (Hrsg.), *Komplikationen der Leberzirrhose*,
https://doi.org/10.1007/978-3-662-70167-6_29

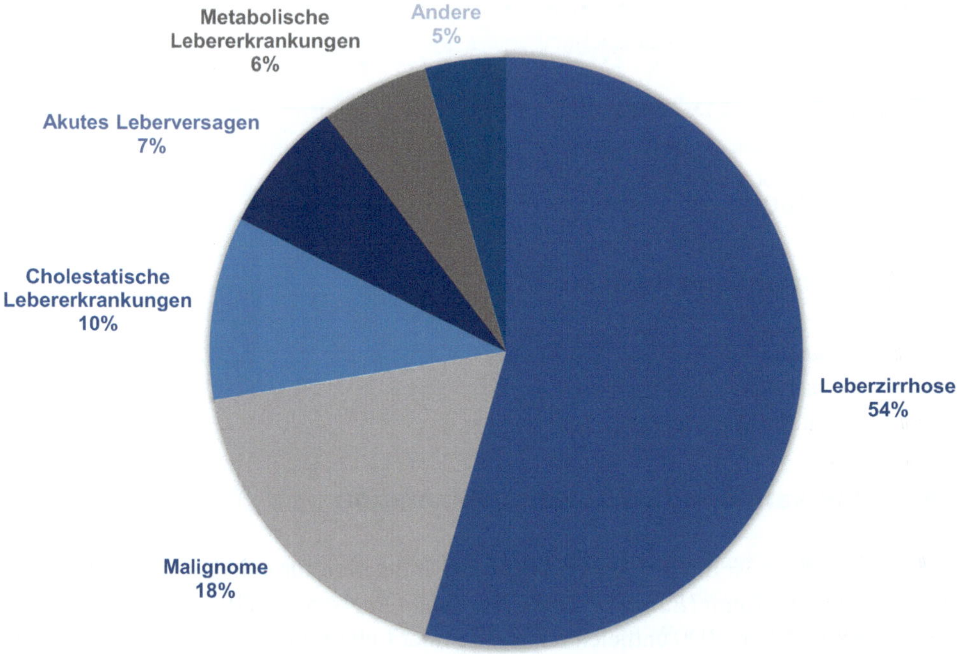

Abb. 29.1 Primäre Lebererkrankung von Patienten mit Lebertransplantation in Europa 1988–Juni 2020, $n = 148.241$. Adaptiert nach www.eltr.org

29.1.1 Leberzirrhose

Die häufigsten Ursachen der Leberzirrhose bei Patienten mit Lebertransplantation zwischen 1988 und Juni 2020 waren die ALD (35 %) sowie die virusassoziierte Leberzirrhose (35 %), gefolgt von der primär biliären Cholangitis (8 %), der kryptogenen Zirrhose (8 %) und der autoimmun bedingten Zirrhose (4 %) (www.eltr.org).

Parallel zum Anstieg der Adipositas und damit einhergehend des Diabetes mellitus Typ 2 kam es in den letzten Jahren zu einem deutlichen Anstieg der nichtalkoholischen Fettlebererkrankung als Indikation zur Lebertransplantation.

In den USA stellt die nichtalkoholische steatotische Lebererkrankung/Steatohepatitis (NAFLD/NASH), jetzt als mit metabolischer Dysfunktion assoziierte steatotische Lebererkrankung/Steatohepatitis (MASLD/MASH) bezeichnet, inzwischen die zweithäufigste Indikation zur Lebertransplantation dar (Younossi 2019). In Europa zeigt sich eine ähnliche Entwicklung mit einem Anstieg der Lebertransplantationen aufgrund von NASH/MASH von 1,2 % im Jahr 2002 auf 8,4 % im Jahr 2016 (Haldar et al. 2019). Die häufigste Indikation im Jahr 2016 in der ELTR-Region war die ALD, gefolgt von NASH/MASH und Hepatitis C.

Parallel zum Anstieg von NASH/MASH als Transplantationsindikation kam es zu einem deutlichen Rückgang von Hepatitis C als Folge der erfolgreichen Einführung der DAA-Therapie. Es ist zu erwarten, dass es in den kommenden Jahren zu einem transienten

Anstieg der Transplantationen aufgrund von Hepatitis C kommt, da eine erfolgreiche DAA-Behandlung bei bestehender Leberzirrhose zwar die Progression zur fortgeschrittenen Zirrhose verzögert, das HCC-Risiko jedoch, wenn auch reduziert, fortbesteht.

Metabolische Dysfunktions-assoziierte Lebererkrankung. Die MASLD ist weltweit die häufigste chronische Lebererkrankung, mit einer steigenden Prävalenz von aktuell etwa 38 % (Younossi et al. 2023), bedingt durch den Anstieg von Adipositas und damit assoziierten Komorbiditäten. Diese Entwicklungen, ggf. auch eine verbesserte Diagnostik, haben dazu geführt, dass MASLD (+ 162 % von 2003 bis 2014) sowie MASLD-assoziiertes HCC die am schnellsten wachsenden Indikationen für eine Lebertransplantation darstellen (Younossi et al. 2019). Darüber hinaus stieg der Anteil simultaner Leber-Nieren-Transplantationen bei NAFLD/MASLD von 8,2 % im Jahr 2002 auf 22 % im Jahr 2011, während ihr Anteil bei Hepatitis C oder ALD im gleichen Zeitraum von 52 % auf 40 % sank (Singal et al. 2014).

Alkoholassoziierte Lebererkrankung. Im Gegensatz zur MASLD ist die Prävalenz der ALD ist in den letzten Jahren in Europa überwiegend stabil geblieben, während sie in den USA etwas angestiegen ist. Insbesondere während der COVID-19-Pandemie sind der Alkoholkonsum sowie die Krankenhausaufenthalts- und Sterblichkeitsraten aufgrund der ALD in mehreren Ländern gestiegen (Aslam und Kwo 2023).

Die Notwendigkeit einer mindestens 6-monatigen Abstinenz vor einer Lebertransplantation („6-Monats-Regel"), um eine mögliche Verbesserung der Leberfunktion ohne Alkoholkonsum zu bewerten und insbesondere die Adhärenz der Patienten zu beurteilen, ist in den letzten Jahren infrage gestellt worden. Unter diesem Gesichtspunkt wurde die schwere alkoholassoziierte Steatohepatitis, welche mit einer hohen Kurzzeitletalität einhergeht, als Indikation zur Lebertransplantation überdacht und in einigen Ländern unter bestimmten Voraussetzungen und für ausgewählte Patienten als Indikation akzeptiert (Mathurin et al., 2011). In Deutschland kann die interdisziplinäre Transplantationskonferenz in begründeten Ausnahmefällen unter Berücksichtigung der Dringlichkeit und Erfolgsaussicht einer Lebertransplantation von der geforderten 6-Monats-Abstinenzregel als Voraussetzung zur Aufnahme in die Warteliste abweichen. Gemäß aktueller Richtlinien der Bundesärztekammer ist jedoch die vorherige Stellungnahme einer Sachverständigengruppe (Alkoholaudit) Voraussetzung für die aktive Aufnahme auf die Warteliste.

29.1.2 Akut-auf-chronisches Leberversagen

► Mit der wachsenden Zahl von Patienten, die im Stadium des akut-auf-chronischen Leberversagens transplantiert werden, steigt die Relevanz dieses Krankheitsbildes bei der Indikationsstellung zur Lebertransplantation (siehe Kap. 28).

Daten der ELITA (European Liver and Intestine Association)/EF-CLIF (European Foundation for the Study of Chronic Liver Failure) Collaborative Study (ECLIS) an 234 konsekutiven Patienten von Januar 2018 bis Juni 2019 in 20 Zentren und 8 europäischen Ländern zeigen eine 1-Jahres-Überlebensrate nach Lebertransplantation aufgrund eines akut-auf-chronischen Leberversagens (ACLF) von über 80 %, vergleichbar mit anderen Indikationen, jedoch mit unterschiedlichem Zugang zur Lebertransplantation (Artzner et al. 2022; Belli et al. 2021a). Zudem besteht für Patienten mit ACLF ein fünffach erhöhtes Mortalitätsrisiko innerhalb von 90 Tagen nach Lebertransplantation (Levesque et al. 2017). Obwohl die Lebertransplantation als Therapie bei ACLF Grad 3 noch umstritten ist, ergibt sich für transplantierte Patienten ein deutlicher Überlebensvorteil (1-Jahres-Überleben mit Lebertransplantation 84 % vs. 30-Tage-Überleben von 8 % ohne Lebertransplantation) (Artru et al. 2017).

29.1.3 Malignome

Die Leberzirrhose, insbesondere im Rahmen von ALD, MASLD, Hepatitis B und Hepatitis C, stellt den wichtigsten Risikofaktor für die Entstehung eines HCC dar.

Die Milan-Kriterien (1 Tumorknoten ≤ 5 cm oder bis zu 3 Knoten ≤ 3 cm ohne makrovaskuläre Invasion) gelten weiterhin als Maßstab für die Indikation einer Lebertransplantation bei Patienten mit Leberzirrhose und HCC (Mazzaferro et al. 1996), da sie ein Rezidivrisiko von etwa 10 % und eine 5-Jahres-Überlebensrate von über 70 % ermöglichen. Allerdings zeigen große internationale, retrospektive Analysen, dass bei Erweiterung der Selektionskriterien (häufig nach Downstaging), z. B. nach UCSF-Kriterien (UCSF: University of California, San Francisco) (Yao et al. 2001) oder Up-to-7-Kriterien (Mazzaferro et al. 2009), ein nahezu vergleichbares 5-Jahres-Überleben erreicht werden kann.

Das Cholangiokarzinom (CCA) wurde lange als Kontraindikation zur Lebertransplantation angesehen. Eine Lebertransplantation kommt beim intrahepatischen CCA in Betracht, wenn eine Leberzirrhose vorliegt, es sich um einen singulären, lokal begrenzten (< 2 cm) und nicht resektablen Tumor handelt. Die 5-Jahres-Überlebensrate liegt bei rund 65 % (Sapisochin et al. 2016). Bei irresektablem perihilärem CCA kann eine Lebertransplantation aufgrund der schlechten Prognose nur unter Studienbedingungen und bei Einhaltung der sog. Mayo-Kriterien in Betracht gezogen werden (Darwish Murad et al. 2012).

Weitere Indikationen für eine Lebertransplantation können seltene Lebertumoren wie das epitheloide Hämangioendotheliom, die Leberadenomatose oder isolierte Lebermetastasen gastroenteropankreatischer neuroendokriner Tumoren darstellen (Melehy und Agopian 2023).

29.1.4 COVID-19 und Lebertransplantation

Das Severe Acute Respiratory Syndrome Coronavirus-2 (SARS-CoV-2), Auslöser der COVID-19-Pandemie, stellte eine besondere Herausforderung für die Lebertransplantation dar. In einigen Ländern und Transplantationszentren kam es zu vorübergehenden Einschränkungen der Intensivkapazitäten und Transplantationsaktivitäten. Auch die Auswirkungen einer durch COVID-19 ausgelösten Erkrankung auf Patienten auf der Warteliste, Transplantierte und Organspender waren initial unklar (Belli et al. 2021b; Polak et al.

2020). Mittlerweile liegen Berichte über Post-COVID-19-Cholangiopathien, progressive Cholestase und sekundär sklerosierende Cholangitis nach COVID-19 vor (Hartl et al. 2022). In mehreren Fällen konnten betroffene Patienten erfolgreich transplantiert werden.

29.1.5 Akutes Leberversagen

Das akute Leberversagen (ALV) ist durch Ikterus, Koagulopathie und hepatische Enzephalopathie beim Patienten ***ohne*** vorbestehende chronische Lebererkrankung gekennzeichnet. Häufige Ursachen sind (je nach Region unterschiedlich) Paracetamolintoxikation, Amanitaintoxikation (Knollenblätterpilzvergiftung) und akute Hepatitis B (**Tab. 29.1**). Das ALV kann eine hochdringliche Transplantation innerhalb von 24–72 h erforderlich machen (*High Urgency*, HU im Eurotransplantraum). Zur Abschätzung der Indikation und Dringlichkeit einer Transplantation werden die King's-College-Kriterien (O'Grady et al. 1989) oder die Clichy-Kriterien (Bernuau et al. 1986) verwendet. Eine hochdringliche Allokation ist Patienten ohne vorbestehende chronische Lebererkrankung vorbehalten; Ausnahmen können der Morbus Wilson und das akute Budd-Chiari-Syndrom darstellen.

Tab. 29.1 Mögliche Indikationen zur Lebertransplantation. Adaptiert nach (Staufer et al. 2020)

Chronische Lebererkrankungen/Leberzirrhose
Parenchymatöse Lebererkrankungen
Chronische Hepatitis B (CHB), Hepatitis-B/D-Koinfektion Chronische Hepatitis C (CHC) Alkoholassoziierte Leberzirrhose (ALD) Metabolische Dysfunktions-assoziierte steatotische Lebererkrankung (MASLD)
Autoimmune und cholestatische Lebererkrankungen
Autoimmune Hepatitis (AIH) Primär biliäre Cholangitis (PBC) Primär (und sekundär) sklerosierende Cholangitis (PSC/SSC)
Neoplasien
Hepatozelluläres Karzinom (HCC) (inkl. fibrolamelläres HCC) Cholangiokarzinom (CCA) Hepatisches Hämangioendotheliom (HEHE) Isolierte Lebermetastasen bei neuroendokrinem Tumor (NET) Isolierte Lebermetastasen bei kolorektalem Karzinom Adenomatose der Leber
Hereditäre Lebererkrankungen
A1-Antitrypsinmangel Hämochromatose Morbus Wilson
Vaskuläre Lebererkrankungen
Budd-Chiari-Syndrom
Akut-auf-chronisches Leberversagen
Unabhängig von der Ätiologie der Lebererkrankung

(Fortsetzung)

Tab 29.1 (Fortsetzung)

Komplikationen der Leberzirrhose
Hepatopulmonales Syndrom
Seltene Indikationen
Zystische fibroseassoziierte Lebererkrankung
Primäre Hyperoxalurie Typ 1
Transthyretinassoziierte familiäre Amyloidpolyneuropathie (hATTR)
Morbus Gaucher
Glykogenose Typ 1
Adulte polyzystische Degeneration der Leber (APDL)
Biliäre Atresie
Caroli-Syndrom
Crigler-Najjar-Syndrom
Tyrosinämie
Hepatoblastom
Amyloidose
Akutes Leberversagen
Drug-induced Liver Injury (DILI) (z. B. Paracetamolintoxikation, Antibiotika etc.)
Toxine (Pilze, z. B. Amanita)
Morbus Wilson
Autoimmunhepatitis
Virushepatitis (z. B. Hepatitis B, Hepatitis E, Herpes simplex)
Akutes Budd-Chiari-Syndrom
HELLP-Syndrom
Akute Schwangerschaftsfettleber (AFLP)

29.2 Wahl des Zeitpunktes der Indikationsstellung

Im Rahmen chronischer Lebererkrankungen sollte eine Lebertransplantation grundsätzlich dann in Betracht gezogen werden, wenn die Lebenserwartung ohne Transplantation bei höchstens einem Jahr liegt (MELD-Score $\geq$ 15), wenn unabhängig vom MELD-Score Komplikationen der Leberzirrhose auftreten oder die Lebensqualität erheblich eingeschränkt ist (Kamath et al. 2001).

Da der MELD-Score nicht für alle Indikationen gleichermaßen aussagekräftig ist (z. B. bei cholestatischen Lebererkrankungen) und Komplikationen der Leberzirrhose wie therapieresistenten Aszites oder geschlechtsspezifische Unterschiede nicht berücksichtigt, wurden seit Einführung des MELD-Scores (in den meisten Ländern Anfang der 2000er-Jahre) verschiedene Anstrengungen unternommen, um die Indikationsstellung zur Transplantation zu optimieren und regionale Besonderheiten in der Organzuteilung (z. B. MELD 3.0 in den USA, Transplant Benefit Score in Großbritannien) zu berücksichtigen (**Kap. 10**). 2025 wurde in der Eurotransplant-Region der MELD-Score (min. 6, max. 40) durch den ReMELD-Na-Score (min. 1, max. 36) abgelöst, bei dem neben Serumkreatinin, Gesamt-Bilirubin und INR auch Serum-Natrium berücksichtigt wird.

Bei Patienten mit ACLF hat sich gezeigt, dass MELD-basierte Scoringsysteme die Kurz- und Langzeitmortalität nicht adäquat abbilden. Daher wurden bereits mehrere adaptierte Scoringsysteme untersucht, von denen sich bislang keines eindeutig durchgesetzt hat (Butt und Jalan 2023).

29.3 Kontraindikationen

Ebenso wichtig wie die korrekte Indikationsstellung und das richtige Timing ist es, potenzielle Kontraindikationen bereits vor der Aufnahme auf die Warteliste auszuschließen und auch im weiteren Verlauf während der Wartezeit regelmäßig zu überprüfen (**Tab. 29.2**). Komorbiditäten, die das perioperative Risiko erheblich erhöhen oder den langfristigen Erfolg der Transplantation beeinträchtigen, gelten als Kontraindikationen. Ebenso kann eine erwartete mangelnde Therapieadhärenz seitens der Patienten – etwa bei fortbestehender Alkoholgebrauchsstörung, fehlender Bereitschaft zur Wahrnehmung regelmäßiger Kontrolluntersuchungen oder unzureichender Bereitschaft, Immunsuppressiva korrekt einzunehmen – eine Kontraindikation darstellen. Eine ausgeprägte Sarkopenie (Frailty) oder erhebliche Adipositas können relative Kontraindikationen darstellen, die jedoch durch entsprechende Prähabilitation oder ärztlich begleitete Gewichtsreduktion aufgehoben werden können.

Ein Alter von über 70 Jahren stellt keine absolute Kontraindikation für eine Lebertransplantation dar. Entscheidend sind vielmehr das biologische Alter sowie eine sorgfältige Erhebung von Komorbiditäten und potenziellen Kontraindikationen im Rahmen der Evaluationsuntersuchungen.

Tab. 29.2 Mögliche Kontraindikationen zur Lebertransplantation. Adaptiert nach (Staufer et al. 2020)

Body-Mass-Index (BMI) > 40 kg/m^2 *(relative Kontraindikation)*
Florider Alkohol- oder Drogenabusus *(Opiatsubstitution ist keine generelle Kontraindikation)*
Nicht kurativ behandelte extrahepatische Tumorerkrankung
Hepatozelluläres Karzinom (HCC) mit Makrogefäßinvasion oder Fernmetastasierung
Fortgeschrittenes Cholangiokarzinom (CCA), CCA mit Makrogefäßinvasion oder Fernmetastasierung
Hämangiosarkom
Akute unkontrollierte systemische Infektionen
Schwerwiegende Erkrankungen anderer Organe *(inklusive schwerer kardialer oder pulmonaler Funktionseinschränkung, schwerer pulmonalarterieller Hypertonie)*
Vorhersehbare schwerwiegende operativ-technische Probleme *(inklusive langstreckiger Pfortaderthrombose inkl. Konfluens, relative Kontraindikation)*
Fehlende Therapieadhärenz
Schwere, nicht behandelte psychische Erkrankungen

29.4 Evaluationsuntersuchungen

► Die Evaluation zur Lebertransplantation dient der Überprüfung der korrekten Indikationsstellung sowie dem Ausschluss von Kontraindikationen. Abhängig von der Indikation, der Dringlichkeit der Lebertransplantation und dem Alter des Patienten sind unterschiedliche Untersuchungen erforderlich, die ein multiprofessionelles Team erfordern.

In der kürzlich verfassten S2k-Leitlinie Lebertransplantation der Deutschen Gesellschaft für Gastroenterologie, Verdauungs- und Stoffwechselkrankheiten (DGVS) und der Deutschen Gesellschaft für Allgemein- und Viszeralchirurgie (DGAV) wird zu Umfang, Priorisierung und Bewertung der Evaluationsuntersuchungen ausführlich Stellung genommen (Berg et al. 2024).

Darüber hinaus haben weitere internationale Fachgesellschaften, wie die European Association for the Study of the Liver (EASL), die American Association for the Study of Liver Diseases (AASLD)/American Society of Transplantation (AST), die International Liver Transplantation Society (ILTS) und die European Society for Organ Transplantation (ESOT), entsprechende Leitlinien verfasst (Liver 2016; Martin et al. 2014, www.ilts.org, www.esot.org).

Leitlinien, die länderübergreifend breite Gültigkeit erfahren, sind nicht vorhanden. Allerdings finden sich substanzielle inhaltliche Überlappungen, die in **Tab. 29.3** zusammengefasst sind.

Tab. 29.3 Evaluation zur Lebertransplantation. BMI = Body-Mass-Index, CT = Computertomografie, EKG = Elektrokardiogramm, MRT = Magnetresonanztomografie

Beteiligte Fachdisziplinen	Aufgaben und diagnostische Maßnahmen
Hepatologie	Bestätigung der Diagnose, Bestimmung des Schweregrades und der Prognose der Erkrankung, Optimierung der Therapie
Chirurgie	Bestätigung der Indikation zur Transplantation, Identifikation chirurgisch-technischer Herausforderungen, Identifizierung chirurgischer Optionen der Organspende
Anästhesie	Beurteilung des perioperativen Risikos
Kardiologie/ Pneumologie	EKG, transthorakale Echokardiografie, ggf. Kontrast-(Bubble-) Echokardiografie bei Verdacht auf ein hepatopulmonales Syndrom, nichtinvasive oder invasive Koronarangiografie in Abhängigkeit vom kardiovaskulären Risikoprofil, Spirometrie
Angiologie	Dopplersonografie der A. carotis beidseits in Abhängigkeit vom Risikoprofil
Radiologie	Duplexsonografie der Pfortader, CT-Thorax/Abdomen/Becken inklusive triphasischem CT der Leber oder kontrastgestützter MRT-Leber zur Tumordiagnose und zum Staging, Röntgen-Thorax oder CT-Thorax je nach Risikoprofil, CT der Nasennebenhöhlen, Mammografie je nach Risikoprofil

(Fortsetzung)

Tab. 29.3 (Fortsetzung)

Beteiligte Fachdisziplinen	Aufgaben und diagnostische Maßnahmen
Infektiologie	Prüfung des Impfstatus und ggf. Auffrischung vor Transplantation, Erfassung multiresistenter Erreger
Onkologie/ Krebsfrüherkennung	HNO-Status je nach Risikoprofil, Gastroskopie, Koloskopie je nach Risikoprofil, urologische bzw. gynäkologische Untersuchungen (inkl. Pap-Abstrich) je nach Risikoprofil, dermatologische Abklärung
Zahnheilkunde	Erfassung von Infektionsherden im Zahn- und Kieferbereich
Osteologie	Densitometrie in Abhängigkeit vom Risikoprofil
Ernährungsmedizin	BMI, Ernährungsanamnese und ggf. Optimierung der Nutrition
Mental Health Professionals	Prüfung auf psychische Erkrankungen, schädlichen Gebrauch oder Missbrauch von Substanzen, Adhärenz, psychosoziale Unterstützung, eventueller Bedarf an Substanzentzugstherapie
Labormedizin	Blutgruppe, Blutbild inkl. Differenzialblutbild, Gerinnungsdiagnostik, Leberenzyme, Cholestaseparameter, Nierenparameter, Elektrolyte, Entzündungsparameter, Eisenstoffwechsel, Kupferstoffwechsel, Vitamine/ Spurenelemente, Diabetes- und kardiale Parameter, Knochenstoffwechsel, Proteinstoffwechsel, Urinstatus/-sediment, Tumormarker, Autoantikörper, infektiologische Parameter, Drogenscreening im Urin, Alkoholmarker im Urin und/oder Haar

29.5 Fazit

Die Leberzirrhose ist die häufigste Indikation für die Lebertransplantation. Dabei sind MASLD, ALD sowie die chronische Hepatitis B und C die häufigsten Ätiologien, die eine Transplantation erforderlich machen. Das korrekte Timing der Lebertransplantation, unter Berücksichtigung potenzieller Kontraindikationen, ist dabei entscheidend. Patienten mit einem MELD-Score ≥ 15 oder Komplikationen der Leberzirrhose sollten zeitnah in einem Transplantationszentrum vorgestellt werden, um eine rechtzeitige Aufnahme auf die Warteliste und Transplantation sicherzustellen.

Literatur

Adam R, Karam V, Cailliez V, John Grady OG, Mirza D, Cherqui D et al (2018) 2018 annual report of the European Liver Transplant Registry (ELTR) – 50-year evolution of liver transplantation. Transpl Int 31(12):1293–1317

Artru F, Louvet A, Ruiz I, Levesque E, Labreuche J, Ursic-Bedoya J et al (2017) Liver transplantation in the most severely ill cirrhotic patients: a multicenter study in acute-on-chronic liver failure grade 3. J Hepatol 67(4):708–715

Artzner T, Bernal W, Belli LS, Conti S, Cortesi PA, Sacleux SC et al (2022) Location and allocation: Inequity of access to liver transplantation for patients with severe acute-on-chronic liver failure in Europe. Liver Transpl 28(9):1429–1440

Aslam A, Kwo PY (2023) Epidemiology and Disease Burden of Alcohol Associated Liver Disease. J Clin Exp Hepatol. 13:88–102

Belli LS, Duvoux C, Artzner T, Bernal W, Conti S, Cortesi PA et al (2021a) Liver transplantation for patients with acute-on-chronic liver failure (ACLF) in Europe: results of the ELITA/EF-CLIF collaborative study (ECLIS). J Hepatol 75(3):610–622

Belli LS, Duvoux C, Cortesi PA, Facchetti R, Iacob S, Perricone G et al (2021b) COVID-19 in liver transplant candidates: pretransplant and post-transplant outcomes – an ELITA/ELTR multicentre cohort study. Gut 70(10):1914–1924

Berg T, Aehling NF, Bruns T, Welker MW, Weismüller T, Trebicka J et al (2024) S2k-Leitlinie Lebertransplantation der Deutschen Gesellschaft für Gastroenterologie, Verdauungs- und Stoffwechselkrankheiten (DGVS) und der Deutschen Gesellschaft für Allgemein- und Viszeralchirurgie (DGAV). Z Gastroenterol 62(9):1397–1573

Bernuau J, Goudeau A, Poynard T, Dubois F, Lesage G, Yvonnet B et al (1986) Multivariate analysis of prognostic factors in fulminant hepatitis B. Hepatology 6(4):648–651

Butt MF, Jalan R (2023) Review article: emerging and current management of acute-on-chronic liver failure. Aliment Pharmacol Ther 58(8):774–794

Murad DS, Kim WR, Harnois DM, Douglas DD, Burton J, Kulik LMet al (2012) Efficacy of neoadjuvant chemoradiation, followed by liver transplantation, for perihilar cholangiocarcinoma at 12 US centers. Gastroenterology 143(1):88–98 e83

EASL (2016) EASL clinical practice guidelines: liver transplantation. J Hepatol 64(2):433–485

European Liver Transplant Registry. Retrieved August 15, 2023, from www.eltr.org

Haldar D, Kern B, Hodson J, Armstrong MJ, Adam R, Berlakovich G et al (2019) Outcomes of liver transplantation for non-alcoholic steatohepatitis: a European liver transplant registry study. J Hepatol 71(2):313–322

Hartl L, Haslinger K, Angerer M, Semmler G, Schneeweiss-Gleixner M, Jachs M et al (2022) Progressive cholestasis and associated sclerosing cholangitis are frequent complications of COVID-19 in patients with chronic liver disease. Hepatology 76(6):1563–1575

Kamath PS, Wiesner RH, Malinchoc M, Kremers W, Therneau TM, Kosberg CL et al (2001) A model to predict survival in patients with end-stage liver disease. Hepatology 33(2):464–470

Levesque E, Winter A, Noorah Z, Daures JP, Landais P, Feray C et al (2017) Impact of acute-on-chronic liver failure on 90-day mortality following a first liver transplantation. Liver Int 37(5):684–693

EASL (2016) EASL Clinical Practice Guidelines on liver transplantation European Association for the Study of the Liver. J Hepatol 2024. 81(6):1040–1086.

Martin P, DiMartini A, Feng S, Brown R Jr, Fallon M (2014) Evaluation for liver transplantation in adults: 2013 practice guideline by the AASLD and the American Society of Transplantation. Hepatology 59(3):1144–1165

Mathurin P, Moreno C, Samuel D, Dumortier J, Salleron J, Durand F et al (2011) Early liver transplantation for severe alcoholic hepatitis. N Engl J Med 365(19):1790–1800

Mazzaferro V, Regalia E, Montalto F, Pulvirenti A, Brunetto MR, Bonino F et al (1996) Risk of HBV reinfection after liver transplantation in HBsAg-positive cirrhosis. Primary hepatocellular carcinoma is not a predictor for HBV recurrence. The European Cooperative Study Group on Liver Cancer and Transplantation. Liver 16(2):117–122

Mazzaferro V, Llovet JM, Miceli R, Bhoori S, Schiavo M, Mariani L et al (2009) Predicting survival after liver transplantation in patients with hepatocellular carcinoma beyond the Milan criteria: a retrospective, exploratory analysis. Lancet Oncol 10(1):35–43

Melehy A, Agopian V (2023) Treating rare tumors with liver transplantation. Curr Opin Organ Transplant 29(1):30–36

O'Grady JG, Alexander GJ, Hayllar KM, Williams R (1989) Early indicators of prognosis in fulminant hepatic failure. Gastroenterology 97(2):439–445

Polak WG, Fondevila C, Karam V, Adam R, Baumann U, Germani G et al (2020) Impact of COVID-19 on liver transplantation in Europe: alert from an early survey of European Liver and Intestine Transplantation Association and European Liver Transplant Registry. Transpl Int 33(10):1244–1252

Sapisochin G, Facciuto M, Rubbia-Brandt L, Marti J, Mehta N, Yao FY et al (2016) Liver transplantation for „very early" intrahepatic cholangiocarcinoma: international retrospective study supporting a prospective assessment. Hepatology 64(4):1178–1188

Singal AK, Salameh H, Kuo YF, Wiesner RH (2014) Evolving frequency and outcomes of simultaneous liver kidney transplants based on liver disease etiology. Transplantation 98(2):216–221

Staufer K, Galante A, De Gottardi A (2020) Lebertransplantation in der Schweiz 2020. Schweiz Gastroenterol 1(4):113–120

Yao FY, Ferrell L, Bass NM, Watson JJ, Bacchetti P, Venook A et al (2001) Liver transplantation for hepatocellular carcinoma: expansion of the tumor size limits does not adversely impact survival. Hepatology 33(6):1394–1403

Younossi Z, Stepanova M, Ong JP, Jacobson IM, Bugianesi E, Duseja A et al (2019) Nonalcoholic steatohepatitis is the fastest growing cause of hepatocellular carcinoma in liver transplant candidates. Clin Gastroenterol Hepatol 17(4):748–755 e743

Younossi ZM (2019) Non-alcoholic fatty liver disease – a global public health perspective. J Hepatol 70(3):531–544

Younossi ZM, Golabi P, Paik JM, Henry A, Van Dongen C, Henry L (2023) The global epidemiology of nonalcoholic fatty liver disease (NAFLD) and nonalcoholic steatohepatitis (NASH): a systematic review. Hepatology 77(4):1335–1347

Lebertransplantation: Durchführung und chirurgische Aspekte 30

Laura Schwenk und Falk Rauchfuß

30.1 Hintergrund

Die erste Lebertransplantation am Menschen wurde von T. E. Starzl im Jahr 1963 durchgeführt. Die damals angewandte Technik der orthotopen Lebertransplantation unterscheidet sich vom Grundsatz her kaum von der heutigen Technik (Starzl et al. 1982), wenngleich sich das Outcome durch stetige Fortschritte der perioperativen Medizin bzw. der Immunsuppression erheblich verbessert hat.

Im Folgenden sollen die wichtigsten technischen Aspekte der Operationsschritte „Hepatektomie“, „Anastomosierung des Spenderorgans“ sowie „Reperfusion“ dargestellt werden. Hierbei wird allein die Implantation eines postmortalen Spenderorgans beschrieben. Besonderheiten bei der Implantation von Splitlebern bzw. von Teilorganen nach Lebendspende werden nicht berücksichtigt.

30.2 Hepatektomie

Der Zugang zum Abdomen kann durch die L-förmige rechtsseitige Oberbauchlaparotomie oder durch die sog. Mercedessterninzision erfolgen. Nach Ausschluss extrahepatischer Metastasen, im Falle einer malignen Grunderkrankung des Empfängers, beginnt man mit der Mobilisation der Leber. Hierfür wird das Lig. triangulare sinistrum durchtrennt und bis an die linksseitige V. cava präpariert. Nachfolgend wird das Omentum minus eröffnet und

L. Schwenk · F. Rauchfuß (✉)
Klinik für Allgemein-, Viszeral- und Gefäßchirurgie, Universitätsklinikum Jena, Jena, Deutschland
E-Mail: laura.schwenk@med.uni-jena.de; Falk.Rauchfuss@med.uni-jena.de

T. Bruns et al. (Hrsg.), *Komplikationen der Leberzirrhose*,
https://doi.org/10.1007/978-3-662-70167-6_30

so Zugang zum Segment I geschaffen. Dieses wird nun nach lateral weggehalten und das Peritoneum der Zwerchfellschenkel eröffnet.

Sodann wird die Operation mit der Mobilisation des rechten Leberlappens von den Adhäsionen zum Zwerchfell hin fortgesetzt. Es gelingt so schrittweise, die Leber in den linken Oberbauch zu verlagern und die retrohepatische V. cava auch von rechts freizulegen. Besondere Beachtung sollte hierbei der rechten Nebennierenvene zukommen, da diese separat übernäht werden muss, um Nachblutungen auch Tage nach der Transplantation zu vermeiden, wenn die Technik des Cavaersatzes angewendet werden soll. Bei Anwendung der so genannten Piggybacktechnik wird die V. cava in ihrer Kontinuität erhalten, sodass die Leber von dieser komplett präpariert werden muss. Insbesondere bei einem großen Segment I kann dieser Operationsschritt sehr aufwendig sein.

Nach der kompletten Mobilisierung der Leber wendet man sich nun dem Leberhilus zu. Wichtig sind hierbei: 1) ein lebernahes Vorgehen, um im Falle kurzer Gefäße des Spenderorgans so viel Substrat für eine Anastomosierung wie möglich zu haben, 2) die Schonung der Durchblutung des Gallengangs und 3) die Präparation der A. hepatica über den Abgang der A. gastroduodenalis hinaus, da dieser sich zumeist für eine breite Patchanastomose verwenden lässt. Somit ist die Leber in allen notwendigen Strukturen mobilisiert. Nach Vorbereitung des Spenderorgans und endgültigem Feststellen der Transplantabilität des Organs können nun die Leberarterie und der Gallengang durchtrennt werden. Im eigenen Vorgehen wird die portalvenöse und cavale/lebervenöse Kontinuität noch beibehalten, bis das Spenderorgan fertig präpariert ist und mit Humanalbumin gespült wurde.

Insbesondere in den Anfängen der Lebertransplantation war es notwendig, den Blutstrom aus der unteren Extremität zu erhalten, denn das vollständige Ausklemmen der V. cava und der V. portae führte zu relevanten hämodynamischen Veränderungen (Verminderung des Herzminutenvolumens um ca. 50 %, Verminderung der Nierenperfusion und des arteriellen Mitteldrucks, Erhöhung des intravasalen Drucks in der infrahepatischen V. cava und im Pfortaderkreislauf) (Pappas et al. 1971), weshalb die Anwendung eines portokavalen Shunts mit einem passiven femorojugularen Venenbypass (ohne systemische Heparinisierung) etabliert wurde. Dies ergab eine Option zur Umgehung solcher hämodynamischer Veränderungen.

Die anfängliche Verwendung von Bypasssystemen führte allerdings zu letal verlaufenden Lungenembolien, weshalb der Ansatz schnell wieder verlassen werden musste (Starzl et al. 1963). Im Gegensatz dazu konnten erste Erfolge durch die Etablierung eines pumpenbetriebenen venovenösen Bypasses erzielt werden. Durch die Rückführung des Blutvolumens der unteren Extremitäten sowie des Pfortadersystems zum Herzen gelang eine Stabilisierung des Herzkreislaufsystems. Heutzutage wird die Anwendung venovenöser Bypässe während der Lebertransplantation, trotz spezifischer Vorteile, kontrovers gesehen. Eine Übersicht über die bypassspezifischen Vor- und Nachteile findet sich in **Tab. 30.1**.

Tab. 30.1 Vor- und Nachteile bei der Nutzung eines venovenösen Bypasses

Vorteile
– Verminderter Transfusionsbedarf – Intraoperativ stabilere kardiovaskuläre Verhältnisse – Verminderte Beeinträchtigung der Nierenfunktion (intra- und postoperativ) – Reduktion pulmonaler Ödeme
Nachteile
– Zunahme der Operationszeit – Steigendes Risiko eines Postperfusionssyndrom – Erhöhtes Risiko thrombembolischer Komplikationen

30.3 Cavaersatzmethode bei der klassischen orthotopen Lebertransplantation

Bei einem vollständigen Cavaersatz durch die Spendercava werden die beiden cavalen Anastomosen jeweils als End-zu-End angelegt und anastomosiert. Nach Ausklemmen (Satinsky-Klemmen) und Durchtrennung der supra- und infrahepatischen Empfängercava erfolgt die Hepatektomie.

Die anschließende suprahepatische V.-cava-Anastomose wird bevorzugt mit nicht resorbierbarem Nahtmaterial (z. B. Prolene) der Stärke 3/0 mit der Spender-Vena-cava anastomosiert, wohingegen für die infrahepatische Anastomose in der Regel Prolene der Stärke 4/0 verwendet wird. Bestenfalls werden sowohl die Spender- als auch die Empfängerseite der V. cava doppelt gestochen, um eine Eversion der Gefäßenden und eine Festigkeit der Anastomose zu gewährleisten (evertierende Nahttechnik).

Im Laufe der Jahre nahmen sowohl die Transplantationsanzahl als auch das Wissen über die Thematik der Lebertransplantation immer weiter zu. Klinische Studien bewiesen, dass die Mehrzahl der Patienten aufgrund der im Rahmen der portalen Hypertension etablierten ausgeprägten Kollateralen eine Unterbrechung sowohl des cavalen als auch des portalen Blutflusses, auch ohne Bypasssystem, sehr gut tolerieren (Starzl et al. 1982).

30.4 Piggybacktechnik

Als Alternative zur klassischen orthotopen Lebertransplantation mit der Anwendung eines totalen Cavaersatzes durch die V. cava des Spenders (mit oder ohne Bypassanlage) etablierte A. Tzakis 1989 die Piggybacktechnik (Todo et al. 1990; Tzakis et al. 1989). Dies hat den theoretischen Vorteil, dass während der anhepatischen Phase ein nahezu physiologischer cavaler Blut- und Rückfluss gewährleistet wird und somit die hämodynamischen Belastungen des Patienten verringert werden.

Um den hepatovenösen Abfluss der Spenderleber wiederherzustellen, wird bei der Piggybacktechnik eine End-zu-End-Anastomose mit einem gemeinsamen Cuff aus den Lebervenen des Empfängers (entweder aus allen 3 oder aus linker und mittlerer Lebervene) angelegt.

Seit der Erstbeschreibung und Einführung sind eine Vielzahl an Variationen der Piggybacktechnik zur Rekonstruktion des hepatovenösen Abflusses beschrieben worden. So entwickelte J. Belghiti im Jahr 1992 das Konzept der laterolateralen Cavocavostomie, bei dem die V. cava des Empfängers während der anhepatischen Phase unter Erhalt des cavalen Blutflusses partiell geklemmt wurde (Belghiti et al. 1992; Gerber et al. 2000; Roveda et al. 2009).

Primär basierte die Methode auf einer Ligatur und Absetzung aller 3 Empfängerlebervenen mit einer konsekutiven tangentialen und partiellen Klemmung der V. cava des Empfängers mit anschließender Seit-zu-Seit-Anastomose der Spender- und Empfängercava. Im Laufe der Jahre beschrieb J. Belghiti eine Verbesserung des Operationsverfahrens, indem er die Möglichkeit aufzeigte, zunächst die V. cava auf Höhe der mittleren und linken Lebervene partiell zu klemmen, nachdem die rechte Lebervene ligiert und abgesetzt wurde. Durch die trianguläre Eröffnung der V. cava des Empfängers konnte dann eine End-zu-Seit-Anastomose zwischen der V. cava des Spenderorgans und der mittleren und linken Lebervene des Empfängers konstruiert werden (Belghiti et al. 1995).

Sowohl die Vorteile als auch die Nachteile der Piggybacktechnik sind mehrfach beschrieben und diskutiert worden (**Tab. 30.2**).

Nichtsdestoweniger beweisen Studien, dass sowohl die Piggybacktechnik als auch die Cavaersatzmethode in den meisten Faktoren zu einem ähnlichen postoperativen Outcome führen. Lediglich bei den Parametern des intraoperativen Transfusionsbedarfs und in der Operationsdauer zeigte sich die Piggybacktechnik der klassischen Methode überlegen. Gegenwärtig wird die Piggybacktechnik (mit Verwendung von 3 oder 2 Venen) in vielen Transplantationszentren als alternative Operationstechnik zum klassischen Cavaersatz

Tab. 30.2 Vor- und Nachteile der Piggybacktechnik

Vorteile
– Stabilere intra- und postoperative hämodynamische Verhältnisse – Verbesserung der intra- und postoperativen Nierenfunktion – Risikoreduktion einer Verletzung der Nierengefäße – Einfachere Anpassung von Größenunterschieden zwischen Spender- und Empfängercava – Verkürzung der anhepatischen Phase – Kürzere Operationsdauer – Reduktion des Transfusionsbedarfs
Nachteile
– Obstruktionsgefahr durch eine reduzierte Anastomosenweite bei Anlage eines 2-Venen-Cuffs – Risiko der intraoperativen Leberstauung und erhöhtes Risiko für ein akutes oder chronisches Budd-Chiari-Syndrom im Falle einer Obstruktion – Aufwendigere Vorbereitung der Hepatektomie

routinemäßig angewendet. Ob die Anastomose der V. cava mittels Piggybacktechnik oder durch eine End-zu-End-Anastomose rekonstruiert wird, sollte aber schlussendlich bei jedem Patienten individuell und auf der Grundlage anatomischer und hämodynamischer Faktoren sowie der Erfahrung des Operateurs entschieden werden.

Vergleich der Outcomes nach Piggyback- vs. End-zu-End-Anastomose
- Kürzere Operationsdauer bei Anwendung der Piggybacktechnik
- Reduktion des Transfusionsbedarfs bei Anwendung der Piggybacktechnik
- Kein Unterschied im Vergleich der Methoden hinsichtlich:
  - primäre Dysfunktion des Transplantates
  - Notwendigkeit einer Retransplantation
  - Ausbildung einer Pfortaderthrombose
  - Akute Nierenschädigung oder postoperative Nierenfunktionsstörungen
  - Dauer des Krankenhausaufenthaltes
  - 90-Tages-Mortalität

30.4.1 Piggybacktechnik in 3-Venen-Technik

Im Falle der 3-Venen-Technik erfolgt die einzelne Durchtrennung der mittleren und linken Lebervene intraparenchymal, wodurch die vollständige Hepatektomie vollendet ist. Das Cavatransplantat sollte im Rahmen der Präparation distal zu den Lebervenen auf bis zu 1 cm gekürzt werden, während die infrahepatische V. cava entweder mittels Stapler oder mittels fortlaufender Naht verschlossen wird. Die Anastomose der hinteren und vorderen V.-cava-Wand wird mittels fortlaufender monofiler Naht der Stärke 4-0 angelegt. Beim Anlegen der Anastomose ist es außerdem sinnvoll, um eine Verstärkung der Anastomose zu erreichen, einen Rand des Ostiums und einen Rand der Spendercava zu „falten" und diese dann fortlaufend zu vernähen.

30.4.2 Piggybacktechnik in 2-Venen-Technik

Nach Mobilisation der Leber wird zuerst die rechte Lebervene abgesetzt und in fortlaufender Nahttechnik übernäht. Erst danach erfolgt eine partielle Okklusion der V. cava im Bereich des Konfluens der mittleren und linken Lebervene. Die Entnahme der erkrankten Empfängerleber wird nach Absetzen der V. portae und der beiden Lebervenen durchgeführt. Nach triangulärer Eröffnung der mittleren und linken Lebervene erfolgt die Wiederherstellung des hepatovenösen Abflusses. In den meisten Zentren wird dazu in fortlaufender Nahttechnik eine Seit-zu-Seit- bzw. eine End-zu-Seit-Anastomose der Empfänger- und Spendercava angelegt. Das kaudale Ende der Spendercava wird übernäht.

30.5 Portalvenöse und arterielle Rekonstruktion

Die portalvenöse Rekonstruktion erfolgt in aller Regel als End-zu-End-Anastomose mit nicht resorbierbarem Nahtmaterial der Stärke 6/0. Um ein späteres Aufdehnen der Anastomose zu ermöglichen, wird an beiden Ecken ein sog. *growth factor* (im Prinzip ein intendierter Luftknoten) gelassen. Problematisch können Pfortaderthrombosen sein, die den Pfortaderkonfluens erreichen oder über ihn hinausgehen. Sollte eine einfache Thrombektomie zur Etablierung eines portalvenösen Einstroms nicht ausreichen, können mesenterikoportale oder renoportale Rekonstruktionen notwendig werden. In seltenen Fällen muss eine Arterialisierung der Pfortader durchgeführt werden. Ausgedehnte Pfortaderthrombosen (Yerdel IV) können eine Indikation zur multiviszeralen Transplantation darstellen.

Die arterielle Rekonstruktion erfolgt zumeist als sog. Patchanastomose, wobei der Abgang der A. gastroduodenalis des Spenderorgans auf den korrespondierenden Abgang des Empfängers mit nicht resorbierbarem Nahtmaterial der Stärke 6/0 oder 7/0 genäht wird. In manchen Fällen muss unter Umständen entweder die Aufzweigung der Leberarterie in rechts und links oder der Abgang der A. lienalis des Empfängers genutzt werden.

30.6 Reperfusion

Um vor der Reperfusion ein *Flushen* (Ablassen) von etwa 300–500 ml des kaliumreichen Blutes zu ermöglichen, wird die Vorderwand der infrahepatischen V.-cava-Anastomosen normalerweise vorübergehend mit einem dünnen Katheter, z. B. einem dünnen Blasenkatheter, partiell offengehalten. Nach entsprechender Anästhesievorbereitung erfolgt zunächst die Freigabe der arteriellen Durchblutung und etwas zeitverzögert die des Pfortaderblutstroms. Nach Ablassen des kalten Perfusates und des azidotischen Blutes aus der Leber erfolgt die Vervollständigung der Cavanaht, die Abnahme der Cavaklemmen und die vollständige Freigabe des Blutstromes. Nach ausgiebiger Blutstillung schließt sich die Rekonstruktion des Gallengangs an, womit die Lebertransplantation vollendet ist.

30.7 Gallenganganastomosen

Die Rekonstruktion der Gallengänge ist bekannt als die Achillesferse der Lebertransplantation. Obwohl sich die Rate an Gallengangkomplikationen in den letzten Jahren vor allem aufgrund verbesserter Operationstechniken rückläufig zeigte, tragen Gallengangkomplikationen immer relevant zur postoperativen Morbidität und Mortalität bei (Moy, Birk 2019; Thethy et al. 2004).

In den meisten Fällen präsentieren sie sich durch Strikturen (**Abb. 30.1**) oder Leckagen (**Abb. 30.2**). Sie können aber auch durch ischämische Komplikationen symptomatisch werden(Seehoferetal.2013).BeiPatientenmiteinerprimärenGang-zu-Gang-Rekonstruktion stellt die endoskopische retrograde Cholangiopankreatikografie (ERCP) die Erstlinienbehandlung symptomatischer biliärer Anastomosenstenosen nach orthotoper Lebertrans-

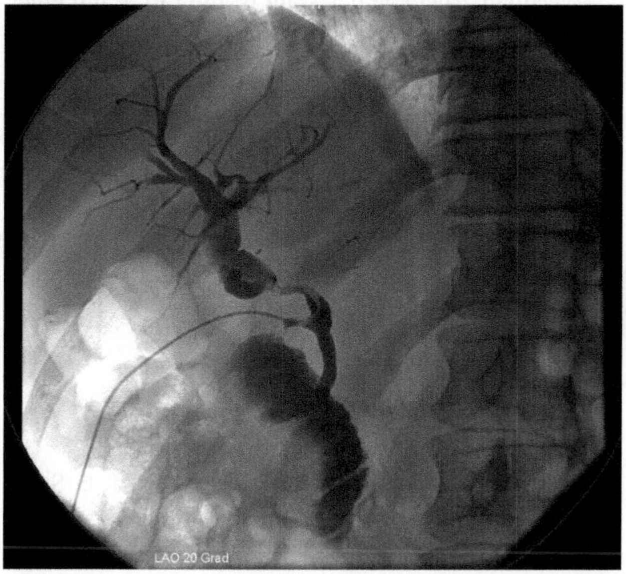

Abb. 30.1 Stenose der Gallenganganastomose in der Fluoroskopie

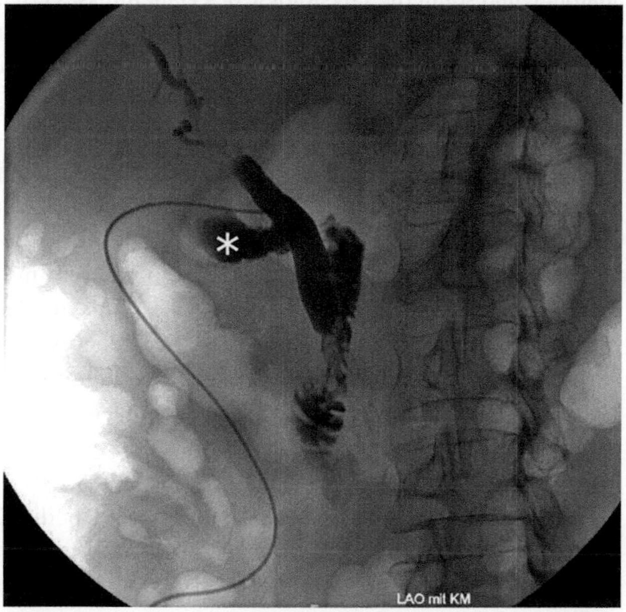

Abb. 30.2 Paraluminat (*Stern*) der Gallenganganastomose in der Fluoroskopie

plantation dar. Diese erfolgt entweder mit oder ohne Platzierung eines oder mehrerer Stents. Bei der Lebertransplantation ist die Wahl der Gallenganganastomose ein wesentlicher Faktor, um diese postoperativen biliären Komplikationen zu verringern (Davidson et al. 1999).

▶ Stenosen der Gallenwege nach einer Lebertransplantation sind häufig ischämisch bedingt. Therapie der Wahl ist die ERCP mit einer Ballondilatation und ggf. einer Stenteinlage

Zu den beiden am häufigsten angewendeten Rekonstruktionstechniken gehören die Choledochocholedochostomie und die Choledochojejunostomie. Die individuelle Wahl der geeigneten Gallenganganastomose wird prinzipiell von mehreren Faktoren bestimmt. Hierzu zählen vor allem die zugrunde liegende Lebererkrankung, die Größe und Anzahl der Spender- und Empfängergallengänge, der Aspekt einer vorgehenden Transplantation oder zurückliegender Operationen an der Leber oder an den Gallengängen sowie die bevorzugte Technik des Transplanteurs.

30.7.1 Choledochocholedochostomie

Schon bei der ersten Lebertransplantation von T. E. Starzl im Jahre 1963 wurde das Prinzip der Choledochocholedochostomie mit Einlage einer T-Drainage angewendet (Starzl et al. 1963). Auch zum heutigen Zeitpunkt hat sich die Methode der direkten Gang-zu-Gang-Anastomose des Ductus choledochus, durch die die normale Gallengangsanatomie und somit die Physiologie des Gallenflusses erhalten wird, in den meisten Transplantationszentren als Standardtechnik etabliert. Zum einen ist dieses Verfahren technisch einfacher, zum anderen bleibt die Funktion des M. sphincter Oddi erhalten. Bei Erhalt der Schließmuskelfunktion, der den retrograden Fluss von Darminhalt in das Gallengangsystem verhindert, wird das Risiko für postoperative Cholangitiden reduziert (Panis et al. 1993). Außerdem bleibt die Möglichkeit eines einfachen postoperativen endoskopischen Zugangs zum Gallengangsystem mit der Möglichkeit einer Stenteinlage im Falle einer Striktur erhalten.

Unter der Voraussetzung, dass beide Stümpfe ein mindestens normal weites Lumen aufweisen, kann die Choledochocholedochostomie als End-zu-End-Anastomose angelegt werden. Andernfalls sollte sie seit-zu-seit angelegt werden. Der Vorteil der Seit-zu-Seit-Anastomose ist dabei die Möglichkeit einer breiteren Anpassung von sehr schmalkalibrigen Gallengängen. In der Folge kommt es zu einer verbesserten Anastomosendurchblutung und dadurch zu einer Risikoreduktion einer späteren Insuffizienz oder Stenose (Neuhaus et al. 1994).

Im Falle der End-zu-End-Anastomose werden die Gallengangstümpfe mittels resorbierbaren Nahtmaterials der Stärke 5/0 oder 6/0 anastomosiert. Dies kann sowohl durch eine fortlaufende Naht oder mittels Einzelknopfnähten (bei sehr kleinen Lumina) erfol-

Tab. 30.3 Vor- und Nachteile der Einlage einer T-Drainage

Drainagenvorteile
– Anastomosenentlastung – Direkte und postoperative Messung der Galleflussmenge – Schnelle und einfache Möglichkeit eines postoperativen Zuganges bei Notwendigkeit einer radiologischen Beurteilung – Schnelle Dekompression im Falle einer Cholestase – Mögliche Risikoreduktion postoperativer Gallengangstrikturen
Nachteile einer Drainageneinlage
– Erhöhter Galleverlust – Mögliche Ausbildung einer Peritonitis bei Entfernung der Drainage – Erhöhtes Cholangitisrisiko nach Entfernung der Drainage

gen. Hinsichtlich postoperativer Gallengangkomplikationen zeigte eine Studie von Castaldo et al. keinen Unterschied zwischen der Anwendung einer Einzelknopf- oder der fortlaufenden Nahttechnik, weshalb die Entscheidung vermutlich mehr den Vorlieben des jeweiligen Operateurs obliegt (Castaldo et al. 2007). Beide Techniken können entweder mit oder ohne Einlage einer T-Drainage erfolgen. Bei Einlage sollte allerdings die Platzierung immer so erfolgen, dass die Stichinzision den empfängereigenen Gallengang betrifft, um eine zusätzliche potenzielle Durchblutungskomplikation des Spendergallengangs zu vermeiden. Außerdem sollte ein Schenkel der T-Drainage die Anastomose (leberwärts) überbrücken und somit zu einer Entlastung führen. Die Vor- und Nachteile einer Drainageneinlage sind in **Tab. 30.3** aufgeführt.

30.7.2 Hepaticojejunostomie

Bei Patienten mit vorbestehenden Gallenwegerkrankungen, wie zum Beispiel der primär sklerosierenden Cholangitis, deren extrahepatische Gallengänge eine schlechte Qualität aufweisen, sowie bei relevanten Größendifferenzen zwischen Spender- und Empfängergallengang erfolgt die Gallengangrekonstruktion bevorzugt über die Anlage einer biliodigestiven Anastomose im Sinne einer Hepaticojejunostomie (Sutton et al. 2014).

Hierbei wird eine spannungsfreie Rekonstruktion mittels Roux-Y-Schlinge mit Anlage einer Fußpunktanastomose geschaffen. Von entscheidender Bedeutung ist dabei eine exakte Schleimhautadaptation zwischen den Gallenwegen und dem Jejunum durch eine einschichtige seromukosale Vollwandanastomose mittels resorbierbaren monofilen Nahtmaterials der Stärke 5/0 oder 6/0. Eine Anastomosenanlage sollte ausschließlich im Bereich intakter Gallengangmukosa erfolgen, um eine adäquate Heilung zu ermöglichen. Während man in früheren Jahren die Anlage der Hepaticojejunostomie so rekonstruierte, dass ein Nahrungsreflux in die Gallenwege über die Jejunumschlinge noch weiterhin möglich war, erfolgt sie heutzutage mittels Rekonstruktion nach Roux-Y (Cole et al. 1951; Goessmann et al. 2012). Hierbei wird eine ca. 40–50 cm lange isoperistaltische Jejunumschlinge distal der Flexura duodenojejunalis (Treitz-Ligament) ausgeschaltet und am oralen Ende blind verschlossen. Diese kann daraufhin retrokolisch und weit rechts lateral im Bereich der rechten Kolonflexur an den Leberhilus geführt werden. Die Anastomosenanlage des Ductus hepaticus communis mit dem Jejunum erfolgt dann terminolateral. Je nach Möglichkeit ist die Anastomose etwa 2–3 cm unterhalb der Hepatikusgabel anzulegen. Nach Hochzug der Roux-Y-Schlinge wird diese in Abstimmung mit dem Innendurchmesser des Ductus hepaticus communis antimesenterial inzidiert.

Begonnen wird dann lumenseitig mit der Hinterwandnaht und darauf folgend der Vorderwandnaht. Hierbei kann sowohl eine fortlaufende Nahttechnik als auch die Einzelknopfnaht verwendet werden. Welches Verfahren das bessere ist, ist bis heute umstritten. Allgemein lässt sich festhalten, dass einige Autoren häufiger Anastomosenstrikturen bei Verwendung der fortlaufenden Naht beobachteten, während bei der Einzelknopfnaht häufiger Insuffizienzen beobachtet wurden (Hwang et al. 2006; Marubashi et al. 2009). Nachdem der Gallengang mit der Jejunalschlinge anastomosiert wurde, erfolgt zur Herstellung einer regelrechten Passage die Fußpunktanastomose nach Roux-Y mittels einer End-zu-Seit Duodenojejunostomie. Zur Vermeidung eines galligen Refluxes sollte diese etwa 50 cm aboral der Anastomose zu liegen kommen.

30.8 Fazit

Die Lebertransplantation ist ein technisch anspruchsvoller Eingriff, dessen operative Strategie von anatomischen Gegebenheiten, der Grunderkrankung, hämodynamischen Bedingungen und der Expertise des Operateurs abhängt. Eine gründliche Berücksichtigung dieser Faktoren sowie eine individuell angepasste Planung und präzise Durchführung sind entscheidend, um optimale langfristige Ergebnisse hinsichtlich Transplantatfunktion und Patientenüberleben zu erzielen.

Literatur

Belghiti J, Panis Y, Sauvanet A et al (1992) A new technique of side to side caval anastomosis during orthotopic hepatic transplantation without inferior vena caval occlusion. Surg Gynecol Obstet 175:270–272

Belghiti J, Noun R, Sauvanet A (1995) Temporary portocaval anastomosis with preservation of caval flow during orthotopic liver transplantation. Am J Surg 169:277–279

Castaldo ET, Pinson CW, Feurer ID et al (2007) Continuous versus interrupted suture for end-to-end biliary anastomosis during liver transplantation gives equal results. Liver Transpl 13:234–238

Cole WH, Ireneus C, Reynolds JT (1951) Strictures of the common duct. Ann Surg 133:684–696

Davidson BR, Rai R, Kurzawinski TR et al (1999) Prospective randomized trial of end-to-end versus side-to-side biliary reconstruction after orthotopic liver transplantation. Br J Surg 86:447–452

Gerber DA, Passannante A, Zacks S et al (2000) Modified piggyback technique for adult orthotopic liver transplantation. J Am Coll Surg 191:585–589

Goessmann H, Lang SA, Fichtner-Feigl S et al (2012) Biliodigestive anastomosis: indications, complications and interdisciplinary management. Chirurg 83:1097–1108

Hwang S, Lee SG, Sung KB et al (2006) Long-term incidence, risk factors, and management of biliary complications after adult living donor liver transplantation. Liver Transpl 12:831–838

Kuo PC, Alfrey EJ, Garcia G et al (1995) Orthotopic liver transplantation with selective use of venovenous bypass. Am J Surg 170:671–675

Marubashi S, Dono K, Nagano H et al (2009) Biliary reconstruction in living donor liver transplantation: technical invention and risk factor analysis for anastomotic stricture. Transplantation 88:1123–1130

Moy BT, Birk JW (2019) A review on the management of biliary complications after orthotopic liver transplantation. J Clin Transl Hepatol 7:61–71

Neuhaus P, Blumhardt G, Bechstein WO et al (1994) Technique and results of biliary reconstruction using side-to-side choledochocholedochostomy in 300 orthotopic liver transplants. Ann Surg 219:426–434

Panis Y, Fagniez PL, Brisset D et al (1993) Long term results of choledochoduodenostomy versus choledochojejunostomy for choledocholithiasis. The French Association for Surgical Research. Surg Gynecol Obstet 177:33–37

Pappas G, Palmer WM, Martineau GL et al (1971) Hemodynamic alterations caused during orthotopic liver transplantation in humans. Surgery 70:872–875

Roveda L, Zonta A, Staffieri F et al (2009) Experimental modified orthotopic piggy-back liver autotransplantation. Appl Radiat Isot 67:S306–S308

Seehofer D, Eurich D, Veltzke-Schlieker W et al (2013) Biliary complications after liver transplantation: old problems and new challenges. Am J Transplant 13:253–265

Starzl TE, Marchioro TL, Vonkaulla KN et al (1963) Homotransplantation of the liver in humans. Surg Gynecol Obstet 117:659–676

Starzl TE, Iwatsuki S, Van Thiel DH et al (1982) Evolution of liver transplantation. Hepatology 2:614–636

Sutton ME, Bense RD, Lisman T et al (2014) Duct-to-duct reconstruction in liver transplantation for primary sclerosing cholangitis is associated with fewer biliary complications in comparison with hepaticojejunostomy. Liver Transpl 20:457–463

Thethy S, Thomson B, Pleass H et al (2004) Management of biliary tract complications after orthotopic liver transplantation. Clin Transpl 18:647–653

Todo S, Hall R, Tzakis A et al (1990) Liver transplantation in patients with situs inversus. Clin Transpl 4:5–8

Tzakis A, Todo S, Starzl TE (1989) Orthotopic liver transplantation with preservation of the inferior vena cava. Ann Surg 210:649–652

Transjugulärer intrahepatischer portosystemischer Shunt (TIPS)

31

Dominik Bettinger

31.1 Einleitung

In den letzten Jahren hat sich die Einlage eines transjugulären intrahepatischen portosystemischen Shunts (TIPS) als sehr effektive und sichere interventionelle Therapie der portalen Hypertension etabliert. Durch die Schaffung eines Shunts zwischen Lebervene und der Pfortader erfolgt eine sofortige Senkung des portalvenösen Drucks mit der Folge einer effektiven Therapie typischer portal-hypertensiv bedingter Komplikationen wie einer Varizenblutung und des Aszites.

31.2 Indikationen

Varizenblutungen stellen bei Patienten mit einer Leberzirrhose eine häufige Ursache für eine gastrointestinale Blutung dar (Kap. 15). 5–15 % der Patienten mit einer Leberzirrhose erleiden pro Jahr eine Varizenblutung (D'Amico et al. 2018). Neben der endoskopischen und medikamentösen Therapie der Varizenblutung hat die TIPS-Anlage mittlerweile einen festen Stellenwert im Therapiealgorithmus der akuten und stattgehabten Varizenblutung gefunden. Die TIPS-Anlage bei Patienten mit Varizen bzw. einer Varizenblutung erfolgt zum einen in der Sekundärprophylaxe nach einer stattgehabten Blutung, zum anderen aber auch in der akuten Blutungssituation als **Notfall-TIPS-Anlage** (salvage TIPS) oder als sog. **präemptiver TIPS** (early TIPS) im kurzfristigen Verlauf nach der Blutung.

D. Bettinger (✉)
Klinik für Innere Medizin II, Universitätsklinikum Freiburg, Medizinische Fakultät, Albert-Ludwigs-Universität Freiburg, Freiburg, Deutschland
E-Mail: dominik.bettinger@uniklinik-freiburg.de

T. Bruns et al. (Hrsg.), *Komplikationen der Leberzirrhose*,
https://doi.org/10.1007/978-3-662-70167-6_31

Eine Notfall-TIPS-Anlage kann dann erwogen werden, wenn durch medikamentöse oder endoskopische Maßnahmen eine Blutstillung bei einer Varizenblutung nicht erreicht werden kann. Die portalvenöse Dekompression führt hierbei zwar zu einer Kontrolle der Varizenblutung, die Letalität ist jedoch weiterhin sehr hoch, da viele Patienten ein Multiorganversagen und septische Komplikationen entwickeln (Azoulay et al. 2001).

Nach einer stattgehabten und initial erfolgreich endoskopisch und medikamentös behandelten Varizenblutung ist das Risiko für eine Rezidivblutung mit 15–20 % sehr hoch. Daraus ergibt sich die Rationale, dass eine frühzeitige portalvenöse Dekompression die Reblutungsrate verhindert und die Prognose der Patienten verbessert. Darauf basiert das Konzept der frühelektiven TIPS-Anlage (präemptiver TIPS) bei Patienten mit einer Varizenblutung. In mehreren Studien konnte hier ein klarer Überlebensvorteil für diese Patienten gezeigt werden (García-Pagán et al. 2010; Hernández-Gea et al. 2019; Lv et al. 2019).

Daher ist eine präemptive TIPS-Anlage innerhalb von 72 h bei Patienten mit einer Child-Pugh-C-Leberzirrhose (< 14 Punkte) und einer Child-Pugh-B-Leberzirrhose mit aktiver Blutung in der Indexgastroskopie empfohlen (de Franchis et al. 2022). Auch Patienten mit einem HVPG > 20 mmHg zum Zeitpunkt der Blutung haben ein erhöhtes Re-Blutungsrisiko, so dass auch diese Patienten einer präemptiven TIPS-Anlage zugeführt werden sollten. Jedoch erfolgt in der klinischen Praxis selten eine HVPG-Messung, so dass primär die genannten klinischen Kriterien für die Entscheidung für eine präemptive TIPS-Anlage herangezogen werden.

Die oben genannten Kriterien für die Selektion von Patienten gelten jedoch primär für Patienten, die sich mit einer akuten Ösophagusvarizenblutung vorstellen. Kürzlich konnte gezeigt werden, dass auch bei Patienten mit Blutungen aus Fundusvarizen (GOV2) oder ektopen gastralen Varizen (IGV1/2) von einer präemptiven TIPS-Anlage profitieren. Auch hier zeigte sich eine geringeres rezidivblutungsfreies Überleben nach TIPS im Vergleich zur Standardtherapie. In dieser Studie wurden alle Patienten (Child-Pugh C ≤ 13) mit einer Blutung aus gastralen Varizen eingeschlossen, da bislang keine klare Hochrisiko-Gruppe analog zu Ösophagusvarizenblutungen definiert ist. Diese Daten zeigen klar, dass auch bei Blutungen aus gastralen Varizen die TIPS-Anlage als frühe Therapieoption Berücksichtigung finden sollte (Cervoni et al. 2025).

► **Nach einer akuten Varizenblutung ist eine frühelektive TIPS-Anlage (präemptiver TIPS) bei Hochrisikopatienten innerhalb von 72 h nach dem Blutungsereignis empfohlen.**

Da die frühe TIPS-Anlage die Mortalität signifikant reduziert, ist bei einer Varizenblutung die frühzeitige Kontaktaufnahme mit einem TIPS-Zentrum wichtig. Oft wird angemerkt, dass ein durch die Blutung ausgelöstes akut-auf-chronisches Leberversagen (ACLF) mit Auftreten einer hepatischen Enzephalopathie eine Kontraindikation für eine TIPS-Anlage darstellen könnte (Rudler et al. 2023). Es konnte jedoch in retrospektiven Kohortenstudien gezeigt werden, dass auch ausgewählte Patienten mit ACLF von einer präemptiven TIPS-Anlage profitieren und länger überleben.

▶ **Bei einer präemptiven TIPS-Anlage stellen die hepatische Enzephalopathie oder ein ACLF keine absolute Kontraindikation dar.**

Nach einer stattgehabten Varizenblutung ist eine **Sekundärprophylaxe** erforderlich. Hierbei wird dann eine TIPS-Anlage empfohlen, wenn die Erstlinientherapie mit Betablockern und endoskopischen Bandligaturen kein suffizientes Therapieansprechen zeigt. Die Reblutungsrate lässt sich durch die TIPS-Anlage effizient senken. Im Gegensatz zu den Studien bei einer präemptiven TIPS-Anlage zeigt sich in der Sekundärprophylaxe jedoch kein verbessertes Gesamtüberleben im Vergleich zu einer konservativen Therapie (Sauerbruch et al. 2015).

Weitere etablierte Indikationen für eine TIPS-Anlage stellen ein rezidivierender und refraktärer **Aszites** dar. Die Therapie des Aszites basiert auf einer Stufentherapie (salzarme Diät, diuretische Therapie, Parazentesen), bei der auch die TIPS-Anlage einen festen Stellenwert hat (Kap. 17). In älteren Studien zur TIPS-Anlage bei Patienten mit Aszites wurden in der Regel Patienten mit fortgeschrittenem therapierefraktärem Aszites eingeschlossen. Des Weiteren wurden in diesen Studien noch unbeschichtete Stents verwendet. Hierbei zeigen sich dann unterschiedliche Ergebnisse hinsichtlich eines Überlebensvorteils. Studien, in denen ein rezidivierender und noch kein therapierefraktärer Aszites vorlag und in denen ausschließlich beschichtete Stents verwendet wurden, zeigen einen klaren Überlebensvorteil für die TIPS-Patienten. Zudem zeigt sich hierbei keine signifikante Erhöhung der Rate an hepatischen Enzephalopathien nach einer TIPS-Anlage (Bureau et al. 2017).

▶ **Eine TIPS-Anlage bei Patienten mit rezidivierendem Aszites führt in neueren Studien zu einer Verbesserung des transplantationsfreien Überlebens.**

Bei ausgeprägtem Aszites kann es durch einen Übertritt der Flüssigkeit in den Pleuraraum zu einem **hepatischen Hydrothorax** kommen. Es existieren nur wenige Studien, die den Erfolg einer TIPS Anlage bei diesen Patienten untersucht haben. Insgesamt ist das Ansprechen auf eine TIPS-Anlage schlechter als bei Patienten, die sich nur mit Aszites präsentieren (< 20% komplettes Ansprechen, < 65% partielles Ansprechen).

Neben den genannten „klassischen" Indikationen für eine TIPS-Anlage stellt das **Budd-Chiari-Syndrom** eine weitere etablierte Indikation für eine TIPS-Anlage dar. Hierbei kommt es aufgrund einer Koagulopathie zu einer partiellen oder kompletten Thrombosierung der großen Lebervenen. Die dadurch bedingte Abflussstörung führt bei einem chronischen Verlauf zu einer portalen Hypertension. Initial basiert die Therapie auf einer Antikoagulation. Kommt es jedoch zu einem Nichtansprechen oder einem Therapieversagen, dann erfolgt eine interventionelle Therapie mittels Ballonangioplastie und/oder TIPS-Anlage. Ist eine Sondierung der thrombosierten Lebervenen nicht möglich, so kann auch eine direkte transkavale Pfortaderpunktion notwendig werden.

Neben diesen gut etablierten Indikationen für eine TIPS-Anlage gibt es eine Reihe von Indikationen für eine TIPS-Anlage, bei denen die Datenlage nicht eindeutig ist. Hierbei ist das **hepatorenale Syndrom** (HRS) zu nennen (Kap. 18). Nach den aktuellen europäischen Leitlinien wird die TIPS-Anlage bei Patienten mit einem **HRS-AKI** (hepatorenal syndrome-acute kidney injury) nicht empfohlen. Jedoch kann sie bei ausgewählten Patienten mit einem **HRS-NAKI** (hepatorenal syndrome-non acute kidney injury) erwogen werden. Hintergrund für diese zurückhaltende Empfehlung ist, dass ein HRS oft auch mit einer Verschlechterung der Leberfunktion einhergeht und zudem oft auch Kontraindikationen für eine TIPS-Anlage vorliegen (EASL 2018).

Eine weitere Indikation, bei der die Datenlage zur TIPS-Implantation nicht eindeutig ist, ist das Vorliegen einer **Pfortaderthrombose (PVT).** Hierbei muss zwischen einer akuten (Diagnosestellung ≤4 Wochen und 1 frischer Thrombus in der Bildgebung) und einer chronischen Thrombose (Diagnosestellung > 4 Wochen, kavernöse Transformation) sowie dem Vorliegen einer Leberzirrhose unterschieden werden (Kap. 27). Aufgrund der Thrombosierung der Pfortader ist die Pfortaderpunktion erschwert und daher wurde die PVT lange als Kontraindikation für eine TIPS-Anlage angesehen. Durch mehrere Studien konnte jedoch gezeigt werden, dass auch bei diesen Patienten die TIPS-Anlage erfolgreich und effektiv durchgeführt werden kann (Rössle et al. 2020). Die Ausprägung der Pfortaderthrombose bestimmt jedoch wesentlich den Punktionserfolg und auch die langfristige Effektivität der TIPS-Anlage. Bei Patienten mit einer Leberzirrhose und einer Pfortaderthrombose liegt oft ein verminderter Pfortaderfluss vor, welcher ein wesentlicher Faktor für die Entstehung der Thrombose ist. Durch die TIPS-Anlage wird der Pfortaderfluss beschleunigt und unter der zusätzlichen Antikoagulation kann die Thrombose effektiver behandelt werden.

In ausgewählten Fällen einer nichtzirrhotischen akuten oder chronischen Pfortaderthrombose kann eine TIPS-Anlage – ggf. mit lokaler Lyse einer akuten Thrombose – sinnvoll sein. Hierbei ist die Patientenselektion aber entscheidend und es empfiehlt sich ein individualisiertes Vorgehen in einem spezialisierten TIPS-Zentrum.

Weitere Indikationen, jedoch ohne klare evidenzbasierte Datenlage, sind die **venookklusive Erkrankung/sinusoidales Obstruktionssyndrom (VOD/SOS)** und die **nichtzirrhotische portale Hypertension**. Aufgrund der Seltenheit der Erkrankungen existieren keine randomisiert-kontrollierten Studien zur TIPS-Anlage bei diesen Patienten. Im Vergleich zu Patienten mit einer Leberzirrhose zeigen sich hinsichtlich der Effektivität vergleichbare Ergebnisse, wobei das Risiko einer hepatischen Enzephalopathie nach TIPS-Anlage geringer ist, da die Leberfunktion bei den meisten Patienten erhalten ist.

Patienten mit einer Leberzirrhose und einer klinisch signifikanten portalen Hypertension haben ein hohes Morbiditäts- und Mortalitätsrisiko bei der Durchführung von Operationen. Es existieren einzelne Studien, die eine **präoperative TIPS-Anlage** untersucht haben. Diese Studien sind aber sehr heterogen und zeigen keine klaren Vorteile hinsichtlich einer Verbesserung des Überlebens oder verringerter Komplikationsraten. Demnach sollte eine präoperative TIPS-Anlage nur nach interdisziplinärer Besprechung erfolgen (Tabchouri et al. 2019).

31.3 Kontraindikationen

Vor einer TIPS-Anlage müssen Kontraindikationen für eine TIPS-Anlage ausgeschlossen werden. Die absoluten und relativen Kontraindikationen sind in Tab. 31.1 zusammengefasst.

Tab. 31.1 Relative und absolute Kontraindikationen für eine TIPS-Anlage. EF = Ejektionsfraktion, INR = International Normalized Ratio, mPAP = mittlerer pulmonalarterieller Druck. Mod. nach Bettinger et al. 2022

Relative Kontraindikationen	Absolute Kontraindikationen
Hepatische Enzephalopathie Grad 1–2 nach den West-Haven-Kriterien	Hepatische Enzephalopathie Grad 3–4 nach den West-Haven-Kriterien
Bilirubin 3–5 mg/dl	Bilirubin > 5 mg/dl
Polyzystische Lebererkrankung	Unkontrollierte systemische Infektion/Sepsis
Moderate pulmonale Hypertension (mPAP 35–45 mmHg)	Schwere pulmonale Hypertension (mPAP > 45 mmHg)
Gerinnungsstörung (INR > 5, Thrombozyten < 20/nl)	(Rechts-)Herzversagen, Herzinsuffizienz mit reduzierter linksventrikulärer Ejektionsfraktion (EF < 40 %), Klappenvitien, insbesondere Aortenstenose
Hepatozelluläres Karzinom	Mechanische Cholestase

Eine schwere Leberinsuffizienz (Bilirubin > 5 mg/dl) wird oft als absolute Kontraindikation für eine elektive TIPS-Anlage angesehen. In einigen Fällen geht diese mit einer hepatischen Enzephalopathie (HE) einher. Auch eine höhergradige HE ohne nachweisbaren Auslöser gilt oft als absolute Kontraindikation für eine TIPS-Anlage. Bei einer geringgradigen hepatischen Enzephalopathie (Grad 2–3) muss die Ursache der HE in die Indikationsstellung für eine TIPS-Anlage mit einbezogen werden. Sollte die HE durch eine diuretikainduzierte Exsikkose oder durch eine Sarkopenie verursacht sein, so kann die TIPS-Anlage auch zu einer Verbesserung der HE führen. Eine HE im Rahmen einer Varizenblutung stellt keine Kontraindikation für eine präemptive TIPS-Anlage dar.

Zudem gelten kardiale Erkrankungen, im Speziellen eine unbehandelte Aortenstenose sowie eine schwere pulmonale Hypertonie, als Kontraindikationen für eine TIPS-Anlage. In diesen Fällen kann das nach der TIPS-Anlage gesteigerte Herzminutenvolumen zu einer kardialen Dekompensation führen (Billey et al. 2019).

Lange Zeit galt das hepatozelluläre Karzinom (HCC) als Kontraindikation für eine TIPS-Anlage. Jedoch konnte mittlerweile gezeigt werden, dass Patienten mit einem HCC und einer klinisch signifikanten portalen Hypertension auch von einer TIPS-Anlage profitieren, vorausgesetzt, die TIPS-Anlage wird in ein gesamtonkologisches Konzept eingebettet. Interventionell muss darauf geachtet werden, dass das HCC nicht im Punktionskanal liegt, sodass das Risiko einer potenziellen Metastasierung minimiert wird (Bettinger et al. 2015).

31.4 Vorbereitende Untersuchungen

Um die oben genannten Kontraindikationen auszuschließen und um eine detaillierte anatomische Darstellung der hepatischen Gefäßversorgung zu erhalten, sind spezielle vorbereitende Untersuchungen notwendig. Tab. 31.2 fasst diese zusammen.

Tab. 31.2 Untersuchungen vor TIPS-Anlage. ALP = Alkalische Phosphatase, CT = Computertomografie, EKG = Elektrokardiogramm, GOT = Glutamat-Oxalacetat-Transaminase, GPT = Glutamat-Pyruvat-Transaminase, LAVI = linksatrialer Volumenindex, NT-pro-BNP = N-terminales pro-Brain natriuretisches Peptid, PHES = Portosystemic Hepatic Encephalopathy Score, PTT = Partielle Thromboplastinzeit, SBP = spontan bakterielle Peritonitis, TIPS = transjugulärer intrahepatischer portosystemischer Shunt, TTE = transthorakale Echokardiografie

Untersuchung	Fragestellung
Duplexsonografie der Leber	• Hinweise auf eine Pfortaderthrombose oder eine Lebervenenthrombose • Regelrechte arterielle Perfusion der Leber • Hepatozelluläres Karzinom im Stichkanal • Aszitesmenge • Mechanische Cholestase
CT-Abdomen (Leber) mit Kontrastmittel	• Anatomische Darstellung der Pfortader im Verhältnis zu den Lebervenen • Hinweise auf eine Truncus-coeliacus-Stenose oder speziell Stenose der A. hepatica • Hinweise auf ein hepatozelluläres Karzinom, wenn ja, Darstellung der genauen Lokalisation (Lage im Stichkanal?) • Leberzysten
TTE	• Rechts- und linksventrikuläre Ejektionsfraktion • Diastolische Dysfunktion (E/A-Quotient, E/e'-Quotient; LAVI)* • Rechtsherzinsuffizienz • Klappenvitien, speziell Aortenstenose und höhergradige Trikuspidalklappeninsuffizienz • Hinweise auf eine pulmonalarterielle Hypertonie
EKG	• Ausschluss signifikanter Herzrhythmusstörungen
NT-pro-BNP	• Ergänzend zum Ausschluss einer Herzinsuffizienz
Rechtsherzkatheteruntersuchung	• Nur bei Hinweisen auf eine Rechtsherzinsuffizienz oder pulmonalarterielle Hypertonie: Validierung mittels Rechtsherzkatheter
Aszitesdrainage	• Ausschluss SBP • Parazentese vor TIPS-Anlage
Blutbild und Gerinnungsparameter (Quick, PTT)	• Ausschluss signifikanter Gerinnungsstörungen
Leberlabor (GOT, GPT, ALP, Bilirubin) sowie Nierenretentionsparameter (Kreatinin, Harnstoff)	• Hinweise auf höhergradige Leberfunktionsstörung oder Nierenfunktionseinschränkung
Klinische Evaluation, ggfs. spezielle Diagnostik auf eine minimale hepatische Enzephalopathie (MHE)	• Graduierung einer möglichen hepatischen Enzephalopathie nach den West-Haven-Kriterien • PHES • **Keine** routinemäßige Bestimmung von Ammoniak

* Patienten mit einer diastolischen Dysfunktion (LAVI > 34 ml/m^2, E/A-Quotient > 1,5; E/e'-Quotient > 10) haben ein erhöhtes Risiko für eine kardiale Dekompensation. (Billey et al. 2019)

Praxistipp

Um die transhepatische Punktion zu erleichtern, sollte bei Patienten mit ausgeprägtem Aszites eine vorherige Entlastung mittels Aszitesdrainage erfolgen. ◀

Einen wichtigen Stellenwert bei den vorbereitenden Untersuchungen nimmt die kardiologische Evaluation des Patienten ein. Hier empfehlen sich die Durchführung einer transthorakalen Echokardiografie sowie die Bestimmung des NT-proBNP (N-terminales pro-Brain natriuretisches Peptid), um eine vorbestehende Herzinsuffizienz auszuschließen. Zudem sollten hier vorbestehende Klappenvitien ausgeschlossen werden. Die NT-proBNP-abhängige echokardiografische Bestimmung von Parametern einer diastolischen Dysfunktion (E/A-Quotient, E/e'-Quotient, linksatrialer Volumenindex [LAVI]) nach dem sog. Toulouse-Algorithmus wird empfohlen, um Patienten mit erhöhtem Risiko für eine postinterventionelle kardiale Dekompensation zu identifizieren (Billey et al. 2019).

31.5 Patientenselektion

Neben der Berücksichtigung von Kontraindikationen und einer korrekten Indikationsstellung ist eine sorgfältige Patientenselektion für die TIPS-Anlage essenziell, um das Ansprechen auf die TIPS-Anlage sowie das Überleben der Patienten zu optimieren. Eine optimale Patientenselektion soll zudem das Risiko für Komplikationen der TIPS-Anlage, wie die Entstehung einer hepatischen Enzephalopathie oder das Auftreten eines akut-auf-chronischen Leberversagens (ACLF), verhindern bzw. reduzieren. Hierbei können hepatologisch etablierte Scores, wie der Child-Pugh-Score, der MELD-Score (MELD: Model for End-Stage Liver Disease) oder der CLIF-C-AD-Score, herangezogen werden.

Neben diesen etablierten Scores existieren auch TIPS-spezifische Scores, wie der Freiburg Index of Post-TIPS Survival (FIPS) (Bettinger et al. 2021). Dieser beinhaltet für TIPS-Patienten wichtige prognostische Faktoren wie Alter, Bilirubin, Kreatinin und Albumin. Die Kombination dieser Parameter ermöglicht die Identifikation einer Hochrisikogruppe. Patienten dieser Gruppe weisen ein medianes Überleben von 5 Monaten auf, während Patienten mit einem niedrigen Risiko ein Überleben von 48 Monaten erreichen.

Neben diesen Scores spielen auch patientenindividuelle Faktoren, wie die Sarkopenie oder die zuvor genannten spezifischen kardiologischen Parameter, eine bedeutende Rolle bei der Patientenselektion. Wichtig ist zu betonen, dass die genannten Faktoren und Scores zur Patientenselektion stets nur als Einzelbausteine der Therapieentscheidung dienen und eine interdisziplinäre Diskussion des Patienten nicht ersetzen können.

31.6 Zeitpunkt der TIPS-Anlage

Eine klinisch relevante Frage ist stets, wann der geeignete Zeitpunkt für eine TIPS-Anlage ist. Dabei muss zwischen den beiden häufigsten Indikationen, Aszites und Varizenblutung bzw. der Sekundärprophylaxe der Varizenblutung, unterschieden werden. Patienten, die im Rahmen der Sekundärprophylaxe eine TIPS-Anlage erhalten, weisen im Verlauf ein deutlich niedrigeres Rezidivblutungsrisiko auf. Jedoch zeigt sich im Vergleich zu einer rein medikamentösen und/oder endoskopischen Therapie kein signifikanter Überlebensvorteil.

Bei Patienten mit einer Varizenblutung aus Ösophagus- und Fundusvarizen und einer Hochrisikokonstellation, bei denen ein präemptiver TIPS indiziert ist, führt die frühe TIPS-Anlage innerhalb von 72 h zu einem signifikanten Überlebensvorteil. Zusammenfassend sollte die TIPS-Anlage bei diesen Patienten in engem zeitlichem Zusammenhang mit dem Blutungsereignis erfolgen, da der Überlebensvorteil andernfalls verloren geht (de Franchis et al. 2022).

Bei Patienten mit Aszites als Indikation für eine TIPS-Anlage ist der optimale Zeitpunkt für die Intervention nicht so klar definiert wie bei Patienten mit einer Varizenblutung. Eine lang anhaltende hydropische Dekompensation sowie die häufig begleitende Nierenfunktionsverschlechterung führen zu einem schlechteren Ansprechen auf die TIPS-Anlage (Piecha et al. 2019). Zudem ist das transplantationsfreie Überleben bei Patienten mit rezidivierendem Aszites besser als bei Patienten mit therapierefraktärem Aszites vor der TIPS-Anlage. In der Studie von Bureau und Kollegen (Bureau et al. 2017) wurden Patienten mit Zirrhose und mindestens zwei großvolumigen Parazentesen mit einem Mindestabstand von 3 Wochen für die Aufnahme in die Studie berücksichtigt. Diese wiesen im Mittel vier Parazentesen in den letzten 3 Monaten auf.

► **Auch bei der Indikation Aszites sollte frühzeitig eine TIPS-Anlage im Behandlungskonzept berücksichtigt werden.**

31.7 Durchführung

TIPS-Anlagen werden zentrumsspezifisch entweder in Analgosedation oder in Intubationsnarkose durchgeführt. In der Regel erfolgt der vaskuläre Zugangsweg über die rechte V. jugularis interna, wobei auch ein linksjugulärer Zugangsweg möglich ist, insbesondere wenn die rechte Jugularvene thrombotisch verschlossen ist. Nach Einlage einer Schleuse (10–11 F) wird ein Draht in die V. cava inferior vorgelegt. Über den liegenden Führungsdraht wird anschließend die Punktionsnadel in einem Katheter vorgeführt. Nach erfolgreicher Sondierung meistens der rechten Lebervene erfolgt eine 90°-Drehung der Nadel nach ventral und es wird in das Lebergewebe punktiert. Die transhepatische Punktion der Pfortader sollte dann bevorzugt unter sonografischer Kontrolle erfolgen (Abb. 31.1).

► **Die sonografisch gesteuerte transhepatische Pfortaderpunktion verkürzt die Interventionsdauer und reduziert Fehlpunktionen.**

Nachdem die Pfortader anpunktiert wurde, erfolgt die Vorlage eines Sondierungsdrahtes und eines Pigtailkatheters in die Milzvene, und es erfolgt eine Messung des Drucks in der Pfortader sowie des zentralen systemischen Drucks. Daraus wird der portosystemische Gradient (PSG) ermittelt, und die portale Hypertension wird bestätigt (PSG > 10 mmHg).

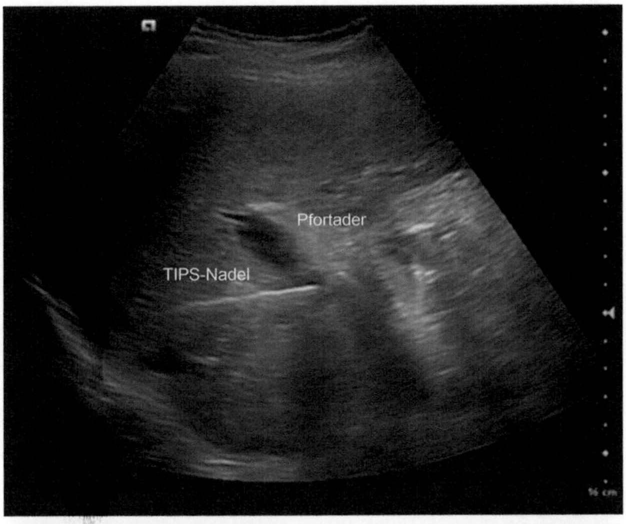

Abb. 31.1 Transhepatische sonografisch gesteuerte Punktion der Pfortader. (Abbildung: Prof. Dr. Dominik Bettinger)

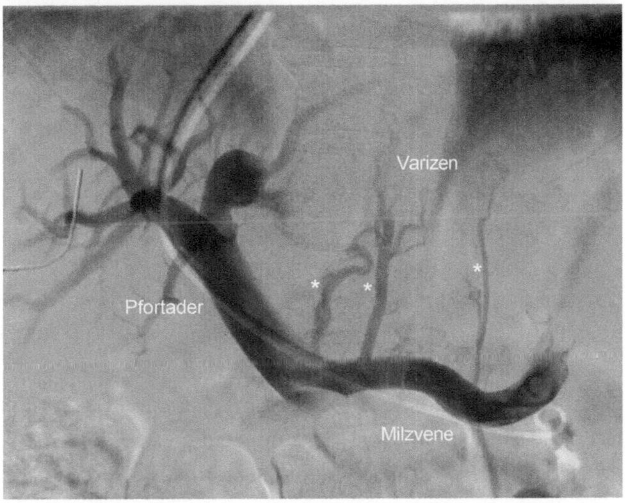

Abb. 31.2 Portografie mit Darstellung von Varizen (*Stern*). (Abbildung: Prof. Dr. Dominik Bettinger)

In der anschließenden angiografischen Portografie lassen sich eine bestehende Pfortaderthrombose, interventionsbedürftige Varizen oder spontane portosystemische Shunts darstellen (Abb. 31.2). Diese können dann interventionell embolisiert werden.

Nach Darstellung und Dilatation des transhepatischen Punktionstraktes erfolgt anschließend die Einlage eines beschichteten TIPS-Stents. Unbeschichtete Stents sollten nicht mehr eingesetzt werden, da sie mit einer hohen Verschlussrate einhergehen. Abschließend erfolgt die erneute Messung des PSG. Hierbei muss beachtet werden, dass die Sedierung einen wesentlichen Einfluss auf den Druckgradienten hat, sodass sich eine erneute Messung in den folgenden Tagen nach dem Eingriff im nicht sedierten Zustand empfiehlt.

Mittlerweile konnte gezeigt werden, dass die Verwendung von schmalen Stents (8 mm im Vergleich zu 10 mm) zu einem besseren Überleben und zu einer niedrigeren Rate an hepatischen Enzephalopathien führt (Trebicka et al. 2019). Insgesamt sollte aber immer

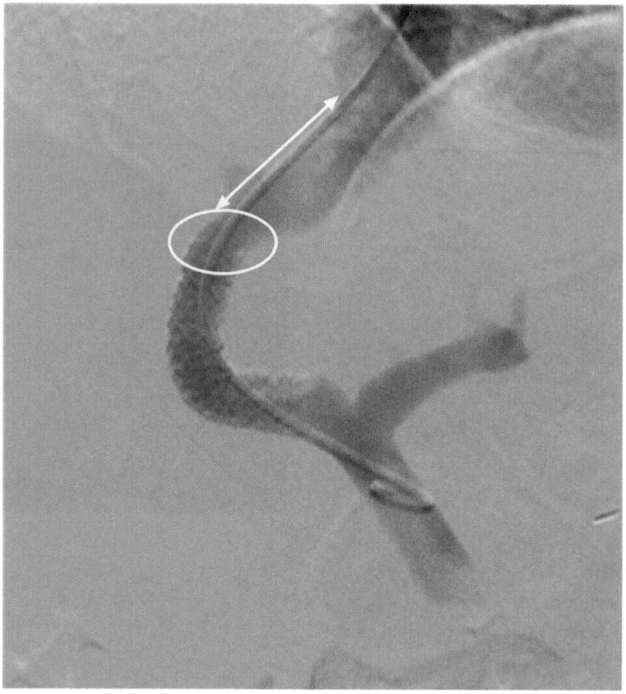

Abb. 31.3 Das Stentende (*Oval*) liegt nicht weit genug in der Lebervene. Dadurch ist das Risiko für eine spätere Stentdysfunktion erhöht. (Abbildung: Prof. Dr. Dominik Bettinger)

eine Reduktion des PSG auf <12 mmHg oder eine Reduktion um mindestens 50 % angestrebt werden.

In der angiografischen Abschlusskontrolle sollte auch ein spezielles Augenmerk auf die Lage des TIPS-Stents gelegt werden. Der Stent sollte ausreichend weit in der Lebervene – bis kurz vor der V. cava – liegen, da so ein guter Fluss im Stent erreicht werden kann. Dadurch werden langfristig Stenosen und spätere Shuntdysfunktionen verhindert (Abb. 31.3).

Am Stentende in der Pfortader muss speziell bei Patienten mit der Option auf eine spätere Lebertransplantation darauf geachtet werden, dass noch ausreichend „stentfreie“ Pfortader für eine spätere Gefäßanastomose vorhanden ist.

31.8 Komplikationen

In den letzten Jahren hat sich die TIPS-Anlage als eine effektive und sichere Therapie der portalen Hypertension etabliert. Periinterventionelle Komplikationen sind primär durch Fehlpunktionen in das Abdomen, die Gallenwege oder die Leberarterie bedingt. Infektiöse Komplikationen sind selten, sodass eine antibiotische Prophylaxe nicht routinemäßig durchgeführt wird. Die relevanteste shuntbedingte Komplikation stellt die Entwicklung einer hepatischen Enzephalopathie in bis zu 30 % der Fälle dar. Eine entsprechende prophylaktische Therapie kann mit Lactulose und/oder Rifaximin erfolgen (Bureau et al. 2021). Das Auftreten eines ACLF nach einer TIPS-Anlage ist eine weitere seltene und schwere Komplikation. Ebenso kann es durch die veränderte Hämodynamik zu einer kardialen Mehrbelastung und kardialer Dekompensation kommen (Bettinger et al. 2016; Billey et al. 2019). Daher sind eine strenge Patientenselektion (Tab. 31.2) und eine sorgfältige Vorbereitung einer TIPS-Anlage essenziell, um diese Komplikationen zu verhindern.

31.9 Nachsorge

Ein wichtiger Punkt in der Nachsorge ist die Frage nach einer Antikoagulation oder einer Thrombozytenaggregationshemmung. Hierbei existieren keine Empfehlungen und das Vorgehen erfolgt meist zentrumsspezifisch (Steib et al. 2020). Die häufigste Ursache für eine Shuntdysfunktion stellt jedoch eine nicht korrekte Lage des Stents in der Lebervene dar, sodass es hier zu einem Flusshindernis kommt. Ein guter Fluss durch den beschichteten Stent ist jedoch essenziell, um In-Stent-Thrombosen zu verhindern. Bei einer nicht optimalen TIPS-Lage sollte daher eine entsprechende Revision erfolgen.

Im Rahmen der Nachsorge ist eine regelmäßige klinische und duplexsonografische Evaluation des Patienten notwendig. Kurz nach der TIPS-Anlage empfiehlt sich in der klinischen Praxis die 1. Kontrolle nach 4 Wochen, anschließend nach 3 Monaten. Bei einem unkomplizierten Verlauf kann dann auf ein 6-monatiges Vorstellungsintervall gewechselt werden, welches auch im Rahmen der HCC-Surveillance empfohlen ist.

Bei den Vorstellungen wird speziell auf klinische Hinweise auf eine hepatische Enzephalopathie oder ein Wiederauftreten der Symptome der portalen Hypertension geachtet. In der ergänzenden duplexsonografischen Untersuchung erfolgt eine Darstellung der Pfortader, der Leberarterie und des Stents. Nach einer TIPS-Anlage sollte der Fluss in der Pfortader um den Faktor 2–4 ansteigen. Bei einer Flussgeschwindigkeit von < 30 cm/s muss von einer Shuntinsuffizienz ausgegangen werden. Die Flussgeschwindigkeit im TIPS sollte zwischen 80 und 160 cm/s betragen. Bei duplexsonografischen und/oder klinischen Hinweisen auf eine Shuntdysfunktion ist die Indikation für eine TIPS-Revision gegeben (Rössle 2013).

31.10 Fazit

Die TIPS-Anlage stellt eine effektive und sichere Therapie der portalen Hypertension dar. Etablierte Indikationen sind rezidivierender Aszites, Sekundärprophylaxe einer Varizenblutung sowie die präemptive TIPS-Anlage innerhalb von 72 h nach dem Blutungsereignis. Eine gute Vorbereitung und Patientenselektion ist für das Ansprechen auf die TIPS-Anlage essenziell.

Literatur

Azoulay D, Castaing D, Majno P et al (2001) Salvage transjugular intrahepatic portosystemic shunt for uncontrolled variceal bleeding in patients with decompensated cirrhosis. J Hepatol 35:590–597. https://doi.org/10.1016/s0168-8278(01)00185-4

Bettinger D, Knüppel E, Euringer W et al (2015) Efficacy and safety of transjugular intrahepatic portosystemic shunt (TIPSS) in 40 patients with hepatocellular carcinoma. Aliment Pharmacol Ther 41:126–136. https://doi.org/10.1111/apt.12994

Bettinger D, Schultheiss M, Boettler T et al (2016) Procedural and shunt-related complications and mortality of the transjugular intrahepatic portosystemic shunt (TIPSS). Aliment Pharmacol Ther 44:1051–1061. https://doi.org/10.1111/apt.13809

Bettinger D, Sturm L, Pfaff L et al (2021) Refining prediction of survival after TIPS with the novel Freiburg index of post-TIPS survival. J Hepatol 74:1362–1372. https://doi.org/10.1016/j.jhep.2021.01.023

Bettinger D, Thimme R, Schultheiß M (2022) Implantation of transjugular intrahepatic portosystemic shunt (TIPS): indication and patient selection. Curr Opin Gastroenterol 38:221–229. https://doi.org/10.1097/MOG.0000000000000831

Billey C, Billet S, Robic MA et al (2019) A prospective study identifying predictive factors of cardiac decompensation after transjugular intrahepatic portosystemic shunt: the Toulouse algorithm. Hepatology 70:1928–1941. https://doi.org/10.1002/hep.30934

Bureau C, Thabut D, Oberti F et al (2017) Transjugular intrahepatic portosystemic shunts with covered stents increase transplant-free survival of patients with cirrhosis and recurrent ascites. Gastroenterology 152:157–163. https://doi.org/10.1053/j.gastro.2016.09.016

Bureau C, Thabut D, Jezequel C et al (2021) The use of rifaximin in the prevention of overt hepatic encephalopathy after transjugular intrahepatic portosystemic shunt: a randomized controlled trial. Ann Intern Med 174:633–640. https://doi.org/10.7326/M20-0202

Cervoni JP, Weil D, Desmarets M et al (2025) Pre-emptive TIPS for gastric variceal bleeding in patients with cirrhosis (GAVAPROSEC): an open-label randomised clinical trial. Lancet Gastroenterol Hepatol. 10:726–733. https://doi.org/10.1016/S2468-1253(25)00156-6.

D'Amico G, Morabito A, D'Amico M et al (2018) Clinical states of cirrhosis and competing risks. J Hepatol 68:563–576. https://doi.org/10.1016/j.jhep.2017.10.020

EASL (2018) EASL clinical practice guidelines for the management of patients with decompensated cirrhosis. J Hepatol 69:406–460. https://doi.org/10.1016/j.jhep.2018.03.024

de Franchis R, Bosch J, Garcia-Tsao G et al (2022) Baveno VII – renewing consensus in portal hypertension. J Hepatol 76:959–974. https://doi.org/10.1016/j.jhep.2021.12.022

García-Pagán JC, Caca K, Bureau C et al (2010) Early use of TIPS in patients with cirrhosis and variceal bleeding. N Engl J Med 362:2370–2379. https://doi.org/10.1056/NEJMoa0910102

Hernández-Gea V, Procopet B, Giráldez Á et al (2019) Preemptive-TIPS improves outcome in high-risk variceal bleeding: an observational study. Hepatology 69:282–293. https://doi.org/10.1002/hep.30182

Lv Y, Yang Z, Liu L et al (2019) Early TIPS with covered stents versus standard treatment for acute variceal bleeding in patients with advanced cirrhosis: a randomised controlled trial. Lancet Gastroenterol Hepatol 4:587–598. https://doi.org/10.1016/S2468-1253(19)30090-1

Piecha F, Radunski UK, Ozga A-K et al (2019) Ascites control by TIPS is more successful in patients with a lower paracentesis frequency and is associated with improved survival. JHEP Rep 1:90–98. https://doi.org/10.1016/j.jhepr.2019.04.001

Rössle M (2013) TIPS: 25 years later. J Hepatol 59:1081–1093. https://doi.org/10.1016/j.jhep.2013.06.014

Rössle M, Bettinger D, Trebicka J et al (2020) A prospective, multicentre study in acute non-cirrhotic, non-malignant portal vein thrombosis: comparison of medical and interventional treatment. Aliment Pharmacol Ther 52:329–339. https://doi.org/10.1111/apt.15811

Rudler M, Hernández-Gea V, Procopet BD et al (2023) Hepatic encephalopathy is not a contraindication to pre-emptive TIPS in high-risk patients with cirrhosis with variceal bleeding. Gut 72:749–758. https://doi.org/10.1136/gutjnl-2022-326975

Sauerbruch T, Mengel M, Dollinger M et al (2015) Prevention of rebleeding from esophageal varices in patients with cirrhosis receiving small-diameter stents versus hemodynamically controlled medical therapy. Gastroenterology 149:660–668.e1. https://doi.org/10.1053/j.gastro.2015.05.011

Steib CJ, Li H, Zhang J et al (2020) Transjugular intrahepatic portosystemic shunt for patients with liver cirrhosis: survey evaluating indications, standardization of procedures and anticoagulation in 43 German hospitals. Eur J Gastroenterol Hepatol 32:1179–1185. https://doi.org/10.1097/MEG.0000000000001628

Tabchouri N, Barbier L, Menahem B et al (2019) Original study: transjugular intrahepatic portosystemic shunt as a bridge to abdominal surgery in cirrhotic patients. J Gastrointest Surg 23:2383–2390. https://doi.org/10.1007/s11605-018-4053-x

Trebicka J, Bastgen D, Byrtus J et al (2019) Smaller-diameter covered transjugular intrahepatic portosystemic shunt stents are associated with increased survival. Clin Gastroenterol Hepatol 17:2793–2799.e1. https://doi.org/10.1016/j.cgh.2019.03.042

Leberunterstützungsverfahren 32

Oliver Sommerfeld und Andreas Kortgen

32.1 Pathophysiologische Überlegungen

Mit zunehmender Verschlechterung der Funktion der chronisch geschädigten Leber, entweder im Sinne einer Dekompensation oder eines akut-auf-chronischen Leberversagens (ACLF), können damit verbundene extrahepatische Organdysfunktionen Zustand und Prognose des Patienten zunehmend verschlechtern. Dabei werden hepatische und extrahepatische Organfunktionen durch systemische Inflammation (Kap. 3 und 28) und die Akkumulation toxischer Substanzen bei unzureichender Eliminations- und Detoxifikationskapazität der geschädigten Leber beeinträchtigt.

► **Extrakorporale Leberersatz- bzw. Leberunterstützungsverfahren verfolgen das Ziel, den Krankheitszustand des Patienten so zu beeinflussen, dass eine Stabilisierung der Organfunktionen eine Konsolidierung der Leberfunktion (*bridge-to-recovery*) oder einen ausreichenden Zeitgewinn bis zur Verfügbarkeit eines passenden Spenderorgans zur Lebertransplantation (*bridge-to-transplant*) ermöglicht.**

Dabei können prinzipiell 2 Therapieansätze voneinander unterschieden werden: Zum einen kann die Entgiftungsfunktion der Leber Fokus der Therapie sein, zum anderen kann der Versuch unternommen werden, die Funktion der Leber globaler mithilfe von Leberparenchymzellen zu ersetzen.

Entsprechend lassen sich die Leberunterstützungsverfahren einteilen in:

O. Sommerfeld · A. Kortgen (✉)
Klinik für Anästhesiologie und Intensivmedizin, Universitätsklinikum Jena, Jena, Deutschland
E-Mail: oliver.sommerfeld@med.uni-jena.de; andreas.kortgen@med.uni-jena.de

T. Bruns et al. (Hrsg.), *Komplikationen der Leberzirrhose*,
https://doi.org/10.1007/978-3-662-70167-6_32

- zellfreie, mechanische (artifizielle, „Leberdialysen“) und
- zellbasierte, biologische (bioartifizielle) Verfahren („Bioreaktoren“).

Insgesamt erscheint die Entgiftung (Detoxifikation) mittels extrakorporaler Verfahren hierbei von herausragender Bedeutung, da, wie beschrieben, die Akkumulation toxischer Substanzen zu einer weiteren Verschlechterung der Leberfunktion und zur konsekutiven Beeinträchtigung anderer Organsysteme im Sinne einer endogenen Vergiftung führt.

32.2 Verfahren der extrakorporalen Leberunterstützungstherapie

In Anbetracht der meist schlechten Prognose von Patienten mit ACLF und des bestehenden Mangels an Organspenden sind eine Reihe verschiedener Leberersatz-/-unterstützungsverfahren entwickelt worden, die im Individualfall eine therapeutische Option als *Bridging*therapie darstellen können.

Während bioartifizielle Verfahren vitale Hepatozyten enthalten, steht bei den zellfreien Verfahren, ähnlich wie bei Nierenersatzverfahren, der zumindest partielle Ersatz der Entgiftungsfunktion (Detoxifikation) im Vordergrund. Dabei werden neben wasserlöslichen Substanzen (z. B. Ammoniak, Harnstoff) auch proteingebundene Substanzen (z. B. Gallensäuren, Bilirubin) entfernt. Die Verfahren lassen sich einteilen in Dialyse-, Separations- und hämoadsorptive Verfahren. Die folgende Aufstellung soll einen Überblick über die verschiedenen Systeme geben, ohne Anspruch auf Vollständigkeit zu erheben.

32.2.1 Zellbasierte, bioartifizielle Verfahren

Bioartifizielle Verfahren beinhalten vitale Hepatozyten. Die bislang untersuchten Verfahren nutzen dabei Schweinehepatozyten (HepatAssist, AMC-BAL), humane Hepatozyten (Modular Extracorporeal Liver Support, MELS) oder humane Hepatoblastomzellen (Extracorporeal liver-assist device, ELAD). In den meisten Systemen wird der Bioreaktor zur besseren Entgiftung mit einem mechanischen Verfahren kombiniert. Derzeit sind keine bioartifiziellen Verfahren kommerziell verfügbar.

32.2.2 Albumindialysen

Das Prinzip der Albumindialyse nutzt die Bindungsaffinität hydrophober Substanzen an Albumin als Transportprotein aus. Der Dialysierflüssigkeit (Dialysat) wird hierbei Albumin zugesetzt, sodass über den Dialysator auch albumingebundene Substanzen aus dem Patientenblut eliminiert werden können (Abb. 32.1). Dieses Prinzip ist die Basis einer Reihe von Leberunterstützungsverfahren, die nachfolgend beschrieben werden:

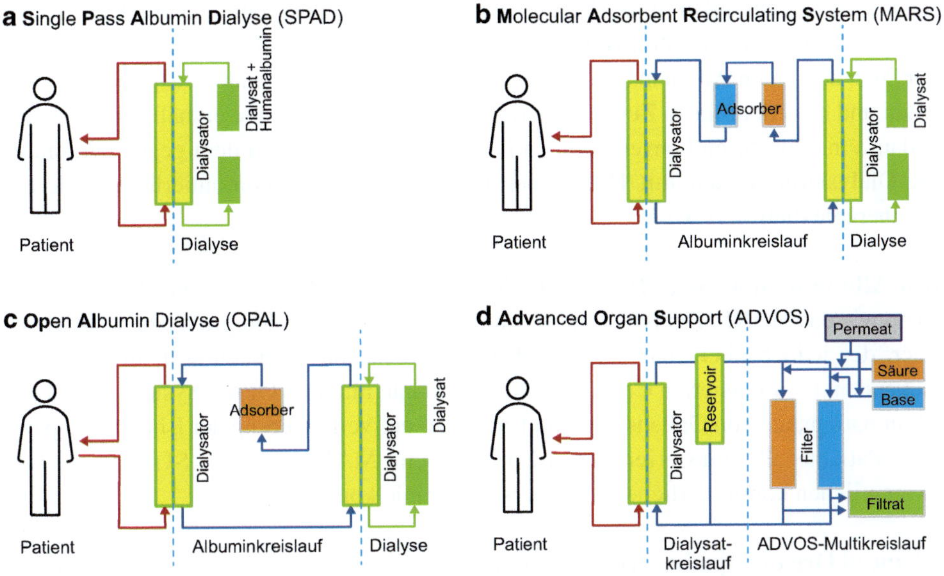

Abb. 32.1 Schematische Darstellung der Albumindialysen. (**a**) Single Pass Albumin Dialyse (SPAD). (**b**) Molecular Adsorbent Recirculating System (MARS). (**c**) Open Albumin Dialysis (OPAL). (**d**) Advanced Organ Support (ADVOS) kombiniert einen Dialysatkreislauf mit einem Multikreislauf, der Säure, Base, Filter und Reservoir umfasst. Albuminkreislauf und Dialysatkreislauf sind jeweils dargestellt

Single Pass Albumin Dialyse (SPAD) Das einfachste Verfahren der Albumindialysen stellt die SPAD dar. Sie bedient sich eines herkömmlichen Hämodialysegeräts. Der Dialysierflüssigkeit (Dialysat) wird Albumin so zugesetzt, dass üblicherweise eine Konzentration von 3–5 % Albumin entsteht. Häufig sind Dialysatflussraten von 700–1000 ml/h beschrieben. Als Dialysator wird meist ein High-Flux-Polysulfonfilter verwendet, wie er auch in herkömmlichen kontinuierlichen Nierenersatzverfahren in der Intensivmedizin zur Anwendung kommt. Das eingesetzte Albumin wird nach Passage des Filters und Bindung hydrophober Substanzen aus dem Patientenblut mit dem Dialysat/Filtrat verworfen. Dadurch entsteht ein relativ hoher Bedarf an Albuminlösungen. Je nach gewählten Einstellungen werden meist 1 l oder 2 l 20 %ige Humanalbuminlösungen (HA 20 %) benötigt. Mit der eingesetzten Menge an HA 20 % scheint die Effektivität der Elimination albumingebundener Substanzen zuzunehmen.

Molecular Adsorbent Recirculating System (MARS) Das 1993 eingeführte MARS ist das bislang sicher am häufigsten im klinischen Alltag eingesetzte Leberunterstützungsverfahren. Bei diesem Verfahren fließt das Patientenblut zunächst durch einen Dialysator mit einer High-Flux-Polysulfonmembran, die einen Cut-off-Wert von ca. 50–60 kDa hat. Als primäre Dialysatflüssigkeit dient 20 %ige Albuminlösung, die albumingebundene Toxine aus dem Blut aufnehmen soll. In einem Kreislauf zirkuliert das Albumin über einen Aktivkohlefilter und einen Anionenaustauscher, an denen albumingebundene Stoffe adsorbiert werden und das Albumin so Zur Elimination wasserlöslicher Toxine enthält der Albuminkreislauf einen weiteren konventionellen Low-Flux-Dialysator, an dem gegen herkömmliche Dialysierflüssigkeit mit Hilfe eines Dialysegerätes zur kontinuierlichen Nierenersatztherapie dialysiert wird.

Open Albumin Dialysis (OPAL) Das OPAL-System funktioniert nach dem gleichen Prinzip wie das MARS. Der Albuminkreislauf enthält allerdings lediglich einen Aktivkohlefilter, der jedoch über eine höhere Adsorptionskapazität verfügen soll. In einer vergleichenden, randomisierten Cross-over-Studie konnte mit dem OPAL-System eine höhere Eliminationsrate von Gallensäuren und eine stärkere Verbesserung der Bindungskapazität des Patientenalbumins erreicht werden. Wie beim MARS wird das System mit einer herkömmlichen kontinuierlichen Nierenersatztherapie kombiniert.

ADVanced Organ Support (ADVOS) Beim ADVOS erfolgt die Regeneration des toxinbeladenen Albumins im Dialysatkreislauf nicht adsorptionsvermittelt, sondern durch Änderung des pH-Wertes im Albuminkreislauf. Der Albuminkreislauf wird in zwei Unterkreisläufe geteilt, in denen durch Zusatz von entweder Salzsäure oder Natronlauge ein saurer bzw. basischer pH-Wert eingestellt wird. Durch die pH-Wert-Verschiebung ändert sich die Tertiärstruktur des Albumins und damit die Bindungskapazität. Gebundene Stoffe lösen sich und können über Sekundärfilter eliminiert werden. Durch Beeinflussung des pH-Wertes im rezirkulierenden Albuminkreislauf kann außerdem der Blut-pH-Wert des Patienten beeinflusst und Kohlendioxid eliminiert werden.

32.2.3 Plasmaseparierende Verfahren

Plasmapherese/-austausch Beim Plasmaaustausch werden die zellulären Blutbestandteile durch Filter und/oder Zentrifugation vom Plasma getrennt. Anschließend wird das abgetrennte Plasma verworfen und durch gefrorenes Frischplasma ersetzt. Die Menge an in 1 Sitzung ausgetauschtem Plasma variiert stark von 3–4 l beim normalen Plasmaaustausch bis hin zu 8–12 l Plasma beim High-Volume Plasma Exchange (HVPE). Aufgrund des hohen Volumenumsatzes ist ein engmaschiges Kreislaufmonitoring empfehlenswert.

Fraktionierte Plasmaseparation und Adsorption (Prometheus) Beim Prometheus-System wird zunächst das Plasma durch einen albumindurchlässigen Filter (Cut-off-Wert 250–300 kDa) separiert, anschließend in einem Sekundärkreislauf über einen Neutralharzadsorber und einen Anionenaustauscher geleitet und danach rezirkuliert (Abb. 32.2). Im Anschluss findet zusätzlich eine konventionelle Dialyse über einen High-Flux-Dialysator statt.

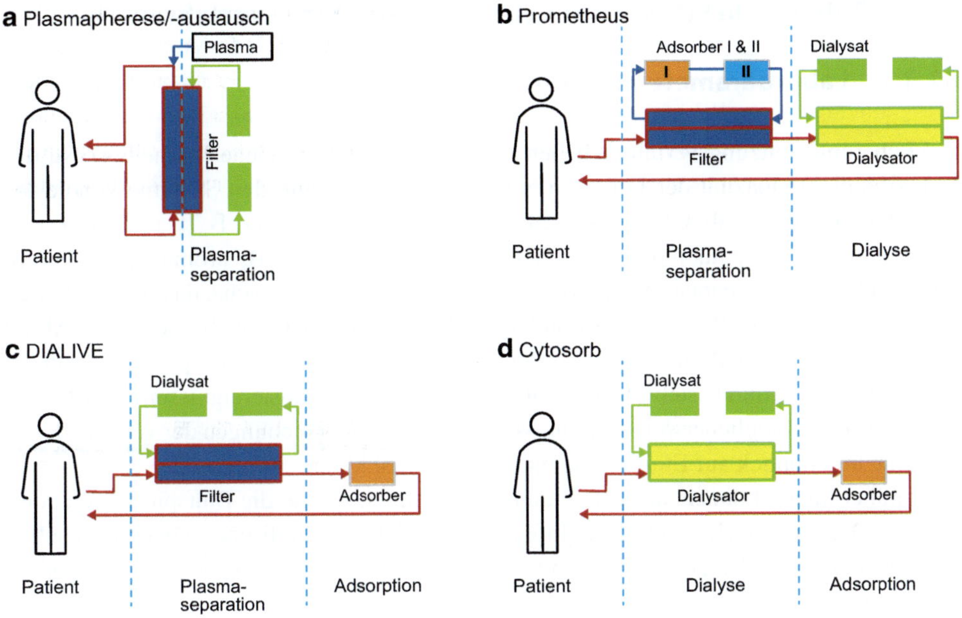

Abb. 32.2 Schematische Darstellung von plasmaseparierenden und hämoadsorptiven Verfahren. (**a**) Plasmapherese/-austausch. (**b**) Fraktionierte Plasmaseparation und Adsorption (Prometheus). (**c**) DIALIVE als Kombination von Plasmaseparation und Adsorption. (**d**) CytoSorb kombiniert Dialyse mit Adsorption

DIALIVE Das DIALIVE-System kombiniert ein separierendes Verfahren mit einem adsorptiven Verfahren. Im 1. Schritt wird nach Prädilution das Patientenblut über eine albumindurchlässige Membran (Elimination u. a. von Albumin und Zytokinen) hämodiafiltriert. Im 2. Schritt wird das Patientenblut über einen Polymerfilter zur Adsorption von Danger-Associated und Pathogen-Associated Molecular Patterns (DAMPs und PAMPs) geleitet. Das filtrierte Albumin wird durch 200 ml Humanalbumin 20 % ersetzt.

32.2.4 Hämoadsorptive Verfahren

CytoSorb Bei diesem Therapieverfahren wird ein Polymeradsorberfilter, der hydrophobe Substanzen bis 55 kDa eliminieren soll, direkt in den Blutkreislauf eines konventionellen kontinuierlichen venovenösen Nierenersatzverfahrens integriert (Abb. 32.2). Ursprünglich zur Zytokinelimination entwickelt, konnte mit dem System auch die Elimination von Bilirubin und Gallensäuren gezeigt werden.

32.3 Potenzielle Effekte der Leberunterstützungsverfahren

32.3.1 Laborparameter, Sicherheit

Die Leberunterstützungsverfahren haben zum Ziel, proteingebundene Toxine bei gestörter Detoxifikationskapazität der Leber zu eliminieren. Für die meisten Systeme konnte die Elimination von Bilirubin, Gallensäuren, Ammoniak, Zytokinen (z. B. IL-6, TNF-α) und anderen potenziell pathophysiologisch relevanten Stoffen (z. B. aromatische Aminosäuren, Phenole, Mercaptane) ebenso gezeigt werden wie die Tatsache, dass die Verfahren prinzipiell sicher am Patienten anwendbar sind. Allerdings wird auch über einen Abfall der Thrombozyten und einen Anstieg der D-Dimere berichtet, sodass potenziell ein erhöhtes Blutungsrisiko besteht. Insgesamt ist die Rate an Blutungsereignissen unter Leberersatzverfahren möglicherweise erhöht. Vergleichende Untersuchungen der verschiedenen Systeme im Hinblick auf Elimination und Sicherheit sind rar.

Darüber hinaus können auch Medikamente eliminiert und so die Blutspiegel verändert werden. Dies muss insbesondere bei Infektionen und der antibiotischen Therapie beachtet und Dosierungen idealerweise anhand eines therapeutischen Drug Monitorings angepasst werden.

Wie auch bei der Nierenersatztherapie in der Intensivtherapie ist für die extrakorporale Leberunterstützungstherapie ein großvolumiger doppelläufiger zentraler Gefäßzugang notwendig, dessen Anlage insbesondere bei kompromittierter Gerinnung im Rahmen des Leberversagens ein entsprechendes Risiko mit sich bringt.

32.3.2 Hämodynamik

Eine Verbesserung der Hämodynamik mit Stabilisierung des arteriellen Blutdrucks konnte mit MARS gezeigt werden. Entsprechend konnte der Bedarf an Vasopressoren reduziert werden. Auch der portale Hypertonus wurde positiv beeinflusst. Eine Verbesserung der Kreislaufsituation konnte mit dem Prometheus-System nicht erzielt werden.

32.3.3 Hepatische Enzephalopathie

Mit zunehmendem Schweregrad der HE steigt ab einem Grad 3 das Aspirationsrisiko durch Verlust der Schutzreflexe an. Konsekutiv wird zur Sicherung der Atemwege eine endotracheale Intubation mit invasiver Beatmung notwendig. Die Vermeidung einer endotrachealen Intubation und invasiven Beatmung könnte prognostisch bedeutsam sein, da u. a. eine ventilatorassoziierte Pneumonie verhindert werden kann.

Eine Reduktion des Grades der hepatischen Enzephalopathie konnte sowohl mit MARS in mehreren Studien (Hassanein et al. 2007) als auch mit einem Plasmaaustausch demonstriert werden.

32.3.4 Akutes Nierenversagen und hepatorenales Syndrom

Die Nierenfunktion kann sich bei Patienten mit chronischen Leberfunktionsstörungen unter Phasen der Dekompensation verschlechtern – bis hin zum dialysepflichtigen Nierenversagen (Kap. 18). Die meisten Leberunterstützungsverfahren (z. B. alle Albumindialysegeräte) erlauben auch eine Nierenersatztherapie mit Elimination von wasserlöslichen, harnpflichtigen Substanzen wie Kreatinin und Harnstoff. Limitierend kann die teilweise zeitlich begrenzte Therapiedauer sein (z. B. MARS 6–8 h). In diesem Fall muss ggf. in den Therapiepausen eine additive Nierenersatztherapie bei entsprechender Indikation durchgeführt werden.

Laut Ergebnissen kleinerer Studien können Leberunterstützungsverfahren möglicherweise die Inzidenz eines Nierenversagens im Verlauf verringern bzw. bei Patienten mit Hepatorenalem Syndrom (HRS) (nach alter Definition) und dialysepflichtigem Nierenversagen die mittlere Überlebensdauer verlängern, sodass eine Therapie bei Option zur Lebertransplantation als bridge-to-transplant durchgeführt werden kann.

32.3.5 Einfluss auf das Überleben

Es sind nur wenige randomisierte Studien mit dem Endpunkt Überleben beim ACLF durchgeführt worden, die ein einigermaßen großes Patientenkollektiv rekrutiert haben. Je 1 Studie mit Prometheus (77 vs. 68 Patienten) (Kribben et al. 2012) und 1 mit MARS (95 vs. 94 Patienten) (Banares et a. 2013) konnten keinen Effekt auf die Überlebensrate gegenüber einer Standardtherapie zeigen. Während Prometheus und MARS keinen Effekt zeigten, ergab eine Studie zu Hepatitis-B-assoziiertem ACLF (104 vs. 130 Patienten) hingegen eine höhere 90-Tage-Überlebensrate im Vergleich zur alleinigen Standardtherapie (60 % vs. 47 %) (Qin et al. 2014). Bei Bedarf wurde in der Therapiegruppe eine Hämoperfusion und Hämodiafiltration durchgeführt.

Darüber hinaus existieren mehrere randomisierte Studien mit kleineren Patientenkollektiven sowie Kohortenstudien. Eine Metaanalyse aus dem Jahr 2020, die 13 Studien mit insgesamt 1040 Patienten mit ACLF einschloss, zeigte eine relative Risikoreduktion von 0,78 (95-%-Konfidenzintervall: 0,66–0,93; $p = 0{,}006$). In die Metaanalyse wurden auch Studien zum akuten Leberversagen einbezogen. Für das Gesamtkollektiv, bestehend aus 24 Studien zur Mortalität mit 1778 Patienten, wird der Schluss gezogen, dass extrakorporale Leberunterstützungsverfahren möglicherweise die Mortalität reduzieren (moderate Gewissheit) (Alshamsi et al. 2020).

32.4 Behandlungsintensität

Eine unzureichende Behandlungsintensität wird als potenzieller Faktor für die fehlende Verbesserung der Überlebensrate in randomisierten Outcomestudien zum ACLF diskutiert, obwohl Laborparameter und der Grad der hepatischen Enzephalopathie verbessert wurden. Während im intensivmedizinischen Setting die Nierenersatztherapie meist kontinuierlich über längere Zeiträume durchgeführt wird, erfolgte die Leberunterstützungstherapie in den publizierten Studien nur für wenige Stunden pro Tag und nicht täglich.

Eine Metaanalyse, die 3 randomisierte Studien zu MARS hinsichtlich der Anzahl an Therapiezyklen und des Outcomes untersuchte, zeigte, dass Patienten mit einer hohen Behandlungsintensität – definiert als mindestens 5 Therapiezyklen – im Vergleich zu Patienten mit maximal 4 Zyklen eine signifikant geringere 30-Tage-Sterblichkeit aufwiesen. Die Anzahl der MARS-Zyklen war unabhängig mit dem Überleben assoziiert (Bañares et al. 2019).

32.5 Antikoagulation

Patienten mit dekompensierter Zirrhose oder ACLF weisen häufig eine schwere Störung der Lebersynthese auf, die mit einer deutlich beeinträchtigten Gerinnungsfunktion einhergeht. Dabei kommt es zu einer Reduktion sowohl der in der Leber synthetisierten Gerinnungsfaktoren als auch der Gerinnungsinhibitoren. Typischerweise liegen eine Blutungsneigung und eine Hyperfibrinolyse vor (Kap. 24). Werden extrakorporale Verfahren (z. B. Leber- oder Nierenersatzverfahren) durchgeführt, erschwert dies die Entscheidung zur antikoagulativen Therapie.

Beschrieben sind neben der üblichen Therapie mit unfraktioniertem Heparin auch die regionale Antikoagulation mit Citrat sowie die Durchführung der extrakorporalen Therapie unter Verzicht auf eine antikoagulative Therapie. Letzteres birgt allerdings das Risiko eines frühzeitigen Filterclottings mit Aktivierung der Gerinnung und Fibrinolyse sowie weiterem Verlust von Thrombozyten und Gerinnungsfaktoren. Unter Heparintherapie muss aufgrund der kompromittierten Gerinnung mit einer erhöhten Blutungsrate gerechnet werden.

Eine regionale Antikoagulation mit Citrat bietet sich daher an, birgt jedoch in diesem Patientenkollektiv ein erhöhtes Risiko einer Citratakkumulation oder -intoxikation, da Citrat maßgeblich in der Leber verstoffwechselt wird. Dieses Risiko steigt bei niedrigen Dialysatflussraten, wie sie z. B. bei der SPAD mit 700–1000 ml/h angewendet werden. Insgesamt ist eine individuelle Therapiesteuerung erforderlich, idealerweise mit diskret erhöhten post-Filter-Kalzium-Zielwerten sowie einer engmaschigen Kontrolle von ionisiertem und Gesamtkalzium. Auch eine Kombination mit niedrig dosierter Heparintherapie kann sinnvoll sein. Zur optimalen Steuerung bietet sich eine *Point-of-Care*-Gerinnungsanalyse, etwa mittels Thromboelastometrie ROTEM oder ClotPro, an.

32.6 Fazit

Insgesamt existiert eine Vielzahl von Studien zu Leberunterstützungsverfahren, allerdings oft nur mit kleinen Studienpopulationen. Leider sind die verwendeten Definitionen des ACLF ebenso uneinheitlich wie die Patientenpopulationen, die hinsichtlich Erkrankungsschwere stark variieren. Zudem wird eine Vielzahl verschiedener Systeme getestet, deren Effektivität im Vergleich bislang nur unzureichend untersucht ist.

Ein 2022 publizierter DELPHI-Konsens internationaler Experten trifft zum ACLF folgende Empfehlungen zur extrakorporalen Therapie mittels MARS, dem am häufigsten untersuchten System: Die Therapie sollte in Betracht gezogen werden bei hepatischer Enzephalopathie, die sich nicht innerhalb von 24–48 h unter Standardtherapie bessert. Sie kann als *bridge-to-transplant* bei Patienten mit HRS in Betracht gezogen werden, die auf eine Therapie mit Albumin und Terlipressin nicht ansprechen. Sie sollte jedoch nicht bei Patienten mit schwerer Infektion, Sepsis, septischem Schock, Adult Respiratory Distress Syndrome (ARDS) oder ACLF Grad 3 angewendet werden (Saliba et al. 2022).

Die aktuellen EASL-Leitlinien zum akut-auf-chronischen Leberversagen (Stand 2023) empfehlen hingegen, extrakorporale Leberunterstützungsverfahren nicht außerhalb klinischer Studien einzusetzen. Die Begründung hierfür liegt darin, dass Albumindialyseverfahren zwar den Grad der hepatischen Enzephalopathie verbessern können, jedoch kein sicherer Einfluss auf die Überlebensrate gezeigt wurde (EASL 2023).

Literatur

Alshamsi F, Alshammari K, Belley-Cote E, Dionne J, Albrahim T, Albudoor B, Ismail M, Al-Judaibi B, Baw B, Subramanian RM, Steadman R, Galusca D, Huang DT, Nanchal R, Al Quraini M, Yuan Y, Alhazzani W, GUIDE Group (2020) Extracorporeal liver support in patients with liver failure: a systematic review and meta-analysis of randomized trials. Intensive Care Med 46:1–16. https://doi.org/10.1007/s00134-019-05783-y

Bañares R, Nevens F, Larsen FS, Jalan R, Albillos A, Dollinger M, Saliba F, Sauerbruch T, Klammt S, Ockenga J, Pares A, Wendon J, Brünnler T, Kramer L, Mathurin P, de la Mata M, Gasbarrini A, Müllhaupt B, Wilmer A, Laleman W, Eefsen M, Sen S, Zipprich A, Tenorio T, Pavesi M, Schmidt HH, Mitzner S, Williams R, Arroyo V, RELIEF Study Group (2013) Extracorporeal albumin dialysis with the molecular adsorbent recirculating system in acute-on-chronic liver failure: the RELIEF trial. Hepatology 57:1153–1162. https://doi.org/10.1002/hep.26185

Bañares R, Ibáñez-Samaniego L, Torner JM, Pavesi M, Olmedo C, Catalina MV, Albillos A, Larsen FS, Nevens F, Hassanein T, Schmidt H, Heeman U, Jalan R, Moreau R, Arroyo V (2019) Meta-analysis of individual patient data of albumin dialysis in acute-on-chronic liver failure: focus on treatment intensity. Therap Adv Gastroenterol 12:1756284819879565. https://doi.org/10.1177/1756284819879565

EASL (2023) EASL Clinical Practice Guidelines on acute-on-chronic liver failure. J Hepatol 79:461–491. https://doi.org/10.1016/j.jhep.2023.04.021

Hassanein TI, Tofteng F, Brown RS Jr, McGuire B, Lynch P, Mehta R, Larsen FS, Gornbein J, Stange J, Blei AT (2007) Randomized controlled study of extracorporeal albumin dialysis for hepatic encephalopathy in advanced cirrhosis. Hepatology 46:1853–1862. https://doi.org/10.1002/hep.21930

Kribben A, Gerken G, Haag S, Herget-Rosenthal S, Treichel U, Betz C, Sarrazin C, Hoste E, Van Vlierberghe H, Escorsell A, Hafer C, Schreiner O, Galle PR, Mancini E, Caraceni P, Karvellas CJ, Salmhofer H, Knotek M, Ginès P, Kozik-Jaromin J, Rifai K, HELIOS Study Group (2012) Effects of fractionated plasma separation and adsorption on survival in patients with acute-on-chronic liver failure. Gastroenterology 142:782–789.e3. https://doi.org/10.1053/j.gastro.2011.12.056

Qin G, Shao JG, Wang B, Shen Y, Zheng J, Liu XJ, Zhang YY, Liu YM, Qin Y, Wang LJ (2014) Artificial liver support system improves short- and long-term outcomes of patients with HBV-associated acute-on-chronic liver failure: a single-center experience. Medicine (Baltimore) 93:e338. https://doi.org/10.1097/MD.0000000000000338

Saliba F, Bañares R, Larsen FS, Wilmer A, Parés A, Mitzner S, Stange J, Fuhrmann V, Gilg S, Hassanein T, Samuel D, Torner J, Jaber S (2022) Artificial liver support in patients with liver failure: a modified DELPHI consensus of international experts. Intensive Care Med 48:1352–1367. https://doi.org/10.1007/s00134-022-06802-1

Chirurgische Eingriffe bei Patienten mit Leberzirrhose

33

Johannes Chang

33.1 Hintergrund

Chirurgische Eingriffe sind bei Patienten mit Leberzirrhose häufig notwendig und indiziert. Ältere Daten zeigen, dass ca. 10 % der Patienten mit Leberzirrhose in ihren letzten beiden Lebensjahren einen operativen Eingriff (Transplantationseingriffe ausgenommen) erhalten (Abbas et al. 2017). Es ist nicht ausgeschlossen, dass einige dieser Eingriffe erst sehr spät oder zu spät erst in der Notfallsituation vorgenommen werden. Klassische Operationsindikationen sind die Versorgung von Hernien (40 % Prävalenz bei Patienten mit Aszites), Gallensteinen und primären Leber- oder Gallengangtumoren, die bei Leberzirrhose häufiger als in der Normalbevölkerung auftreten. Auch notwendige orthopädische Eingriffe, z. B. Frakturen als Sturzfolge bei hepatischer Enzephalopathie (HE) oder bei Osteoporose, sind keine Seltenheit.

Bei Patienten mit Leberzirrhose gehen chirurgische Eingriffe abhängig vom Operationstyp und dem Ausmaß der Dekompensation mit einem 2- bis 10-fach höheren Mortalitätsrisiko im Vergleich zur Normalbevölkerung einher (Newman et al. 2020). Grundsätzlich gilt, dass die Sterblichkeit höher ist, je invasiver und ausgedehnter der Eingriff. Intraabdominellen und kardiochirurgischen Eingriffen wird das höchste Operationsrisiko zugesprochen (Csikesz et al. 2009). Aufgrund dieses erhöhten Risikos ist daher die Frage, ob ein chirurgischer Eingriff durchgeführt werden kann und sollte, ein häufiges klinisches Dilemma. Die Gründe für die erhöhte postoperative Sterblichkeit sind vielfältig. Sie umfassen Blutungs- und Infektkomplikationen, weitere akute Dekompensationen (AD) der Leber und das mit einer sehr hohen Mortalität assoziierte akut-auf-chronische Leberversagen (ACLF) (Klein et al. 2020).

J. Chang (✉)
Universitätsklinikum Bonn, Medizinische Klinik und Poliklinik I, Bonn, Deutschland
E-Mail: Johannes.Chang@ukbonn.de

T. Bruns et al. (Hrsg.), *Komplikationen der Leberzirrhose*,
https://doi.org/10.1007/978-3-662-70167-6_33

Diese perioperativ auftretenden Komplikationen sind vor allem mit dem Ausmaß der eingeschränkten Leberfunktion und der portalen Hypertension assoziiert und für die postoperative Prognose entscheidend. Sie sollten zur Abschätzung des Operationsrisikos unbedingt miteinbezogen bzw. präoperativ optimiert werden.

In der klinischen Praxis führen die Bedenken vor Komplikationen häufig zu einem Aufschieben oder zur Vermeidung von Eingriffen, obwohl deren Versorgung (z. B. Hernieneingriffe oder Frakturversorgung) mit einer erheblichen Verbesserung der Lebensqualität, Mobilität und Ernährungsstatus des Patienten assoziiert ist; dies hat wiederum signifikanten Einfluss auf die Prognose der Patienten. In solch einer Situation kann aus einem aufgeschobenen Elektiveingriff ein Notfalleingriff werden (z. B. Hernieninkarzeration). Das heißt, der Eingriff ist dann mit einem erheblich erhöhten Mortalitätsrisiko im Gegensatz zum Elektiveingriff assoziiert (Newman et al. 2020).

Zur präoperativen Risikoabschätzung werden derzeit in der klinischen Routine zumeist Scores eingesetzt, die im Rahmen der generellen Prognoseeinschätzung von Patienten mit Leberzirrhose etabliert wurden. Auch wenn durch die Anwendung dieser Scores für einen Teil der Patienten die präoperative Risikoabschätzung gut gelingt, ist ihre Limitation, dass sie keine Parameter der portalen Hypertension, operationsspezifische oder andere wichtige prädiktive Faktoren beinhalten, die mittlerweile im Rahmen der Prognose von Patienten mit Leberzirrhose und bei operativen Eingriffen ohne Leberzirrhose etabliert sind. Dazu gehören auch der Ernährungsstatus oder die Muskelmasse. Ihr Nutzen in der Risikostratifizierung ist daher insbesondere bei Patienten mit mittlerem Operationsrisiko (Stadium Child-Turcotte-Pugh B) limitiert.

Des Weiteren wurden in der interdisziplinären Behandlung dieser Patienten in den letzten 10 Jahren erhebliche Fortschritte gemacht. Die Definition des ACLF (Kap. 28) hat das Verständnis von einzelnen leberassoziierten Organversagen und deren Behandlung verbessert. Chirurgische minimalinvasive Ansätze werden kontinuierlich weiterentwickelt; einige ausgedehnte chirurgische Verfahren wurden mittlerweile durch weitaus weniger invasive, z. T. radiologisch-interventionell durchführbare Verfahren ersetzt, wie zum Beispiel transjugulärer intrahepatischer portosystemischer Shunt (TIPS) anstatt offener Shuntoperation, Transkatheter-Aortenklappen-Intervention (TAVI) anstatt offener Aortenklappenersatz oder *Lumen Apposing Metal Stents* (LAMS) in verschiedenen Indikationen. Medikamentöse und interventionelle Behandlungskonzepte, insbesondere in den Bereichen portale Hypertension und Rekompensation, haben sich stetig verbessert und weiterentwickelt.

Im Hinblick auf alle diese Entwicklungen und der – bei verbesserter Lebenserwartung und steigender Prävalenz der Leberzirrhose – auch steigenden Anzahl an notwendigen Eingriffen, ist eine kontinuierliche Reevaluation und Weiterentwicklung der Scoringsysteme zur Abschätzung des Operationsrisikos und Optimierung des postoperativen Verlaufs notwendig.

Dieses Kapitel gibt einen Überblick und nützliche Hinweise über perioperative Komplikationen und perioperatives Risikoassessment bei Patienten mit Leberzirrhose. Zudem werden neuere Aspekte wie ACLF, neu etablierte operationsspezifische Scores und die Rolle einer präoperativen Reduktion der portalen Hypertension diskutiert. Vor allem soll das Bewusstsein dafür geschaffen werden, dass durch gute interdisziplinäre und qualifizierte Betreuung, insbesondere zwischen den Disziplinen der Hepatologie, Chirurgie, Ernährungsmedizin und Anästhesie, die Operabilität und Prognose dieser Patienten stetig verbessert werden kann.

Im vorliegenden Kapitel liegt der Fokus auf chirurgischen Eingriffen bei Patienten mit schon bestehender Leberzirrhose. Zufällig entdeckte erhöhte Leberwerte ohne zugrunde liegende Zirrhose sind nicht mit einem erhöhten Operationsrisiko assoziiert. Patienten mit hochgradiger Steatose oder mit metabolischer Dysfunktion assoziierter Steatohepatitis (MASH) scheinen ein höheres perioperatives Mortalitätsrisiko als Lebergesunde und Patienten mit leichtgradiger Lebersteatose zu haben. Dies ist mit hoher Wahrscheinlichkeit auf die kardiovaskulären Begleiterkrankungen des metabolischen Syndroms oder auf eine nur unzureichend abgeklärte höhergradige Fibrose zurückzuführen (Reddy et al. 2012). Präoperativ erhöhte Leberwerte sollten daher nicht ignoriert, sondern weiter abgeklärt werden.

► **Chirurgische Eingriffe bei Patienten mit Leberzirrhose sind häufig; die Anzahl steigt bei verbesserten therapeutischen Optionen und verbesserter Lebenserwartung stetig. Bei Patienten mit Leberzirrhose besteht im Vergleich zur Normalbevölkerung grundsätzlich ein erhöhtes Operationsrisiko. Daher sollte bei zufällig detektierten erhöhten Leberwerten eine Abklärung zum Ausschluss einer Leberzirrhose erfolgen. Wurde diese ausgeschlossen, so ist nicht von einem erhöhten Operationsrisiko auszugehen.**

33.2 Perioperatives Risikoassessment

33.2.1 Perioperative Faktoren

Perioperativ relevante Faktoren können in patientenassoziierte, leberassoziierte und operationsassoziierte Faktoren eingeteilt werden (Abb. 33.1).

1. Zu den **patientenassoziierten Faktoren** gehören das Alter, der klinische Gesamtzustand (*frailty*) und die nichthepatischen Komorbiditäten, die standardmäßig bei jedem Patienten in die präoperative Evaluation einfließen. Im Kontext der Leberzirrhose wurde in wichtigen Studien vor allem der ASA-Score (ASA: American Society of Anesthesiologists) untersucht. Dieser zeigte einen signifikanten Zusammenhang mit dem postoperativen Outcome (Mahmud et al. 2021a; Teh et al. 2007). Die kompensierte Leberzirrhose wird meistens einer ASA-III-Klasse (Patient mit schwerer Allgemeinerkrankung) zugeordnet, die dekompensierte Leberzirrhose einem Stadium ab ASA IV (Patient mit schwerer Allgemeinerkrankung, die eine ständige Lebensbedrohung darstellt). Das Konzept der Rekompensation in diesem Kontext ist nicht untersucht.
2. Unter den **leberassoziierten Faktoren** korreliert v. a. die Schwere der Leberfunktion und der portalen Hypertension mit dem postoperativen Outcome. Die Datenlage zur

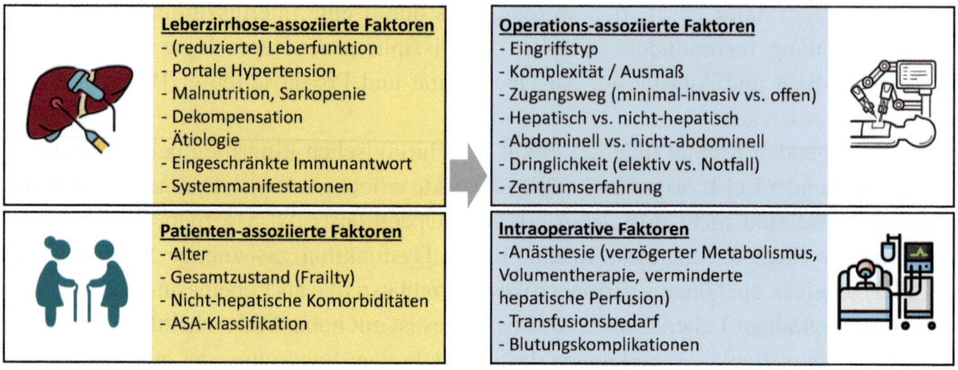

Abb. 33.1 Patienten-, leber-, und operationsassoziierte Faktoren, die beim perioperativen Risikoassessment in Betracht gezogen werden sollten. ASA = American Society of Anasthesiologists

Bedeutung von maskierten systemischen und extrahepatischen Organmanifestationen der Leberzirrhose wächst zunehmend (z. B. zirrhotische Kardiomyopathie oder Nierenfunktionsstörungen). Weitere leberassoziierte relevante Parameter (Ätiologie, Malnutrition, Sarkopenie etc.) und der klinische Einsatz verschiedener Scores zur Bestimmung der Leberfunktion mit neuen Aspekten bzgl. der portalen Hypertension werden im Folgenden noch ausführlich beschrieben und diskutiert.

3. Bei den **operationsassoziierten Faktoren** spielen Operationstyp, Komplexität/Ausmaß, Dringlichkeit des Eingriffs und der Zugangsweg die wichtigsten Rollen. Aufgrund der Vielzahl der operativen Eingriffe und der in der Literatur z. T. nur sehr niedrigen Zahlen bei den selteneren Operationskategorien besteht hier noch viel Forschungsbedarf. Die aktuell erschienenen europäischen Leitlinien zu chirurgischen Eingriffen bei Leberzirrhose beschränken sich lediglich auf extrahepatische abdominelle Eingriffe (EASL 2025). Die Einteilung in hepatisch vs. extrahepatisch, abdominell vs. nicht abdominell und nach Länge, Dringlichkeit (Notfall vs. Elektiveingriff) und Zugangsweg (offen vs. minimalinvasiv) und eine Kombination dieser Faktoren sind anerkannte und in Studien häufig genutzte Kategorisierungen. Unter den Einzelkategorien sind Hernien-, kolorektale-, bariatrische, kardiovaskuläre, orthopädische und hepatische Eingriffe und Cholezystektomien am besten untersucht. Auf einige Details in diesen Kategorien wird in Abschn. 33.3 eingegangen. Grundsätzlich werden Eingriffe mit direkter Lebermanipulation oder -resektion sowie intraabdominelle Eingriffe als risikoreicher eingestuft. Ein Paradigmenwechsel fand in den letzten Jahrzehnten im Bereich minimalinvasiver Eingriffe im Kontext der Leberzirrhose statt. Früher wurde aufgrund möglicher Blutungskomplikationen ein offen chirurgisches Prozedere als Vorgehen der Wahl propagiert. Mittlerweile haben sich aber aufgrund optimierter therapeutischer Möglichkeiten und zunehmender Erfahrung in einigen Operationskategorien in der elektiven Situation der laparoskopische Zugangsweg evidenzbasiert durchgesetzt (z. B. Cholezystektomie, Hepatektomie).

4. Zu denoperationsassoziierten Faktoren gehört auch der wichtige Teilbereich der Anästhesie. Patienten mit Leberzirrhose weisen einen verzögerten Metabolismus verschiedener in der Anästhesie eingesetzter Medikamente auf, darauf sollte geachtet werden. Es ist zudem bekannt, dass der hepatische Durchfluss zu Beginn der Narkose um 35–42 % gedrosselt wird, was zur Leberhypoxie führen kann (Canillas et al. 2023). Daher ist bei der Einleitung der Anästhesie konsequent darauf zu achten, dass der mittelarterielle Druck nicht unter 65mmHg sinkt. Zudem haben ein an den Patienten angepasstes Flüssigkeits- und Gerinnungsmanagement mit intra- und postoperativ blutsparenden Maßnahmen sowie ein restriktives Volumenmanagement in der weiteren Anästhesieerhaltung hohe Priorität, da Volumenüberladungen jeglicher Art (Blutprodukte, i. v. Flüssigkeitsgabe) eine hepatische Dekompensation triggern können. Daher ist Erfahrung in der anästhesiologischen Betreuung von Patienten mit Leberzirrhose ein wichtiger Bestandteil zur Verhinderung von perioperativen Komplikationen.

▶ **Neben leberassoziierten Faktoren müssen auch patienten- und operationsbezogene Aspekte berücksichtigt werden. Eine erfahrene anästhesiologische Betreuung ist wichtig, um perioperative Komplikationen zu vermeiden.**

33.2.2 Perioperative Komplikationen

Perioperativ kann eine Vielzahl an Komplikationen auftreten (Abb. 33.2). Chirurgische Eingriffe selbst können der Auslöser von intra- und postoperative Komplikationen wie (variköse) Blutungen, Aszites, Nierenfunktionsstörungen oder eine hepatische Enzephalopathie (HE) sein. Pathophysiologisch wird dies durch eine akute Verstärkung der portalen Hypertension erklärt. Dies kann durch anästhesieassoziierte Faktoren bedingt sein, insbesondere den Einsatz von Medikamenten, die eine Verlagerung von Blut in die Splanchnikusgefäße bewirken, und/oder den verminderten hepatischen Blutfluss. Aber auch andere, vor allem technische Faktoren, können eine Rolle spielen, wie Manipulation der Gefäße mit Vasodilatation bei offen abdominellen Eingriffen, das Pneumoperitoneum bei laparoskopischen Eingriffen oder aber auch das *mesenteric traction syndrome*.

Eine intraoperativ verstärkte portale Hypertension kann sich bis in den postoperativen Verlauf auswirken. Eine intraoperativ ausgelöste HE verzögert das Aufwachen und verlängert den Intensivaufenthalt. Sie kann zusätzlich durch postoperative Darmparalyse, Infektionen sowie Analgetika und weitere Medikamente verstärkt werden. Aszites führt zu Nierenfunktionsstörungen, Infekten und Wunddehiszenzen. Die Nierenfunktion (Kreatininwert) wird bei sarkopenen Patienten oft falsch eingeschätzt und kann dann erst postoperativ in Erscheinung treten oder sich relevant verschlechtern. Infektionen, die durch die Immundysregulation bei Zirrhose häufig sind, treten perioperativnoch verstärkt auf und können ein ACLF auslösen. Besonders postoperative Wundinfektionen sind eng mit ACLF verknüpft (Chang et al. 2023). Die gestörte Gerinnung kann Blutungs- und Thrombose-

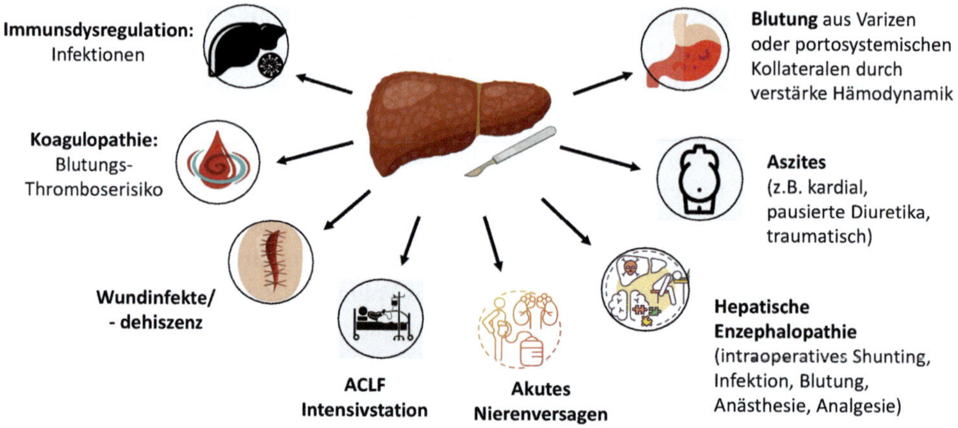

Abb. 33.2 Potenziell perioperativ auftretende Komplikationen bei Patienten mit Leberzirrhose: Infekte durch Immundysregulation, Koagulopathie, portalhypertensive Komplikationen, akut-auf-chronisches Leberversagen (ACLF), Wunddehiszenz und Nierenfunktionsstörungen

komplikationen begünstigen. Das komplexe Zusammenspiel all dieser Faktoren macht deutlich, wie wichtig die Zusammenarbeit im multidisziplinären Team (MDT), gründliche präoperative Diagnostik und ein vorausschauendes Konzept zur Behandlung portalhypertensiver Komplikationen sind.

► **Eine intraoperative Verstärkung der portalen Hypertension durch eine Umverteilung des Blutus in die Splanchnikusgefäße kann portal-hypertensive Komplikationen anstoßen, die den postoperativen Verlauf beeinträchtigen. Eine präoperative Optimierung leberassoziierter Faktoren und ein klarer vorausschauender Plan für den Umgang mit portal-hypertensiven Komplikationen mit interdisziplinärem Konzept sind bei der Betreuung dieser Patienten unverzichtbar.**

33.2.3 Präoperative Optimierung und Diagnostik

Optimierung leberassoziierter Faktoren Zur Minimierung von perioperativen Komplikationen sollte vor dem Eingriff sollte eine bestmögliche Optimierung leberassoziierter Faktoren angestrebt werden (Abb. 33.3). Die Behandlung der zugrunde liegenden Lebererkrankung, etwa durch Abstinenz bei Alkoholkrankheit oder Therapie einer viralen Hepatitis, stellt einen wichtigen Pfeiler dar (siehe Kap. 11). Der Wert solcher Maßnahmen ist auch im Kontext operativer Eingriffe gezeigt. Der Dekompensationsstatus hat hohen prognostischen Wert. Eine akute Dekompensation zum Zeitpunkt der Operation als auch Episoden einer Dekompensation in der Vergangenheit sind prognostisch ungünstig. Aszites und HE sollten leitliniengerecht optimal eingestellt sein. Neue Studien zeigen, dass frailty und Sarkopenie auch bei Patienten mit Leberzirrhose die postoperative Prognose beein-

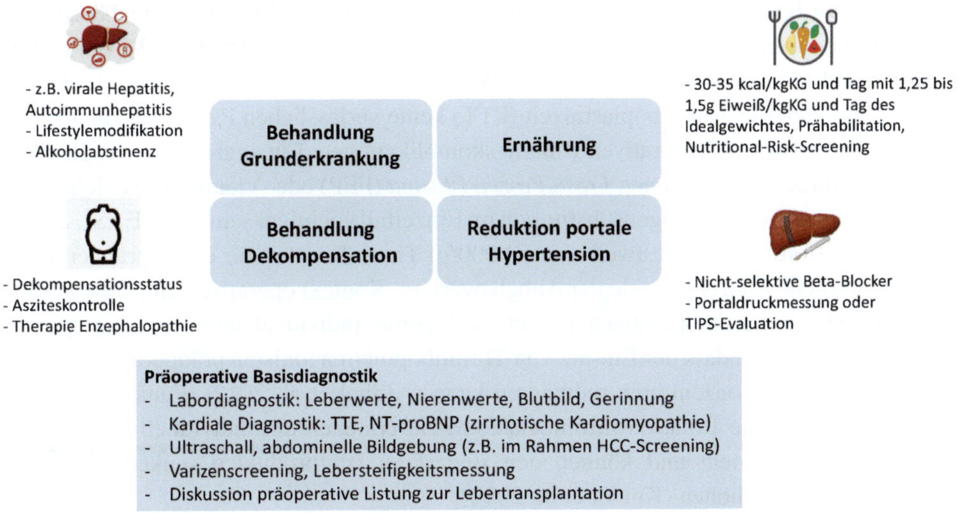

Abb. 33.3 Präoperative Optimierung der leberassoziierten Faktoren und präoperative Basisdiagnostik. HCC = hepatozelluläres Karzinom, NT-proBNP = N-terminal pro-B-type natriuretic peptide, TIPS = transjugulärer intrahepatischer portosystemischer Shunt, TTE = transthorakale Echokardiografie

flussen (Mahmud et al. 2021b). Ernährungsscreenings und entsprechende Empfehlungen sind daher wichtig (siehe Kap. 22). Wenn ein zeitlicher Spielraum besteht, sollten Prähabilitationsmaßnahmen zur Verbesserung des Allgemeinzustands und zur Förderung des Muskelaufbaus erwogen werden.

Die **Diagnostik und Behandlung der portalen Hypertension** stellt eine der wichtigsten Säulen der präoperativen Optimierung dar. Bei unklarem Ausmaß kann eine Messung des Lebervenenverschlussdrucks (HVPG) sinnvoll sein (Kap. 7). Nichtselektive Betablocker (NSBB) sollten nach aktuellen Leitlinien frühzeitig zur Reduktion einer klinisch signifikanten portalen Hypertension eingesetzt werden (De Franchis et al. 2022). Ob ein routinemäßiger präoperativer NSBB-Einsatz sinnvoll ist, ist bislang unklar, dies sollte individuell entschieden werden. Die Anlage eines präoperativen TIPS kann in einigen Fällen notwendig sein und bei extrahepatischen abdominellen Eingriffen in Betracht gezogen werden. Vor risikoreichen Eingriffen sollte geprüft werden, ob der Patient grundsätzlich für eine Lebertransplantation infrage kommt. Wird das postoperative Dekompensationsrisiko als hoch (> 15 %) eingeschätzt, können die Durchführung des Eingriffs an einem Transplantationszentrum und eine präoperative Listung erwogen werden.

► **Die optimale Einstellung leberassoziierter Faktoren ist essenziell, um intra- und postoperative Komplikationen zu minimieren. Vor jedem operativen Eingriff sollte geprüft werden, ob der Patient für eine Lebertransplantation infrage kommt. Bei höherem Mortalitätsrisiko ist eine präoperative Listung in Betracht zu ziehen.**

Präoperative Basisdiagnostik und Gerinnungsfaktoren Zum Basislabor gehören Nieren- und Leberwerte, Blutbild und erweiterte Gerinnungsparameter (Abb. 33.3). Bei Leberzirrhose sind Prothrombinzeit (PT) bzw. INR (*International Normalized Ratio*, INR) und oft auch die Partielle Thromboplastinzeit (PTT) keine verlässlichen Parameter zur Vorhersage von intra- oder postoperativen Blutungskomplikationen. Ein aggressives Ausgleichen des INR mithilfe von gefrorenen *Fresh Frozen Plasma* (FFP) oder Vitamin K ist nicht empfohlen, während eine Fibrinogensubstitution im Einzelfall wichtiger sein kann (EASL 2022).

Der oft geforderte Mindestwert von 50.000/µl Thrombozyten für einen präoperativen Ausgleich ist ein arbiträr festgelegter Anhaltswert, im Kontext operativer Eingriffe werden zum Ausgleich einer präoperativen Thrombozytopenie, individualisierte Konzepte propagiert. Studien zeigen, dass der Einsatz von Thrombopoietinagonisten präoperativ die Gabe von Thrombozytenkonzentraten reduzieren kann (Afdhal et al. 2012). Funktionelle Gerinnungstests wie die Rotationsthrombelastometrie erlauben ein individuell angepasstes Gerinnungsmanagement und können den Bedarf an Blutprodukten senken, ohne das Blutungsrisiko zu erhöhen (Kumar et al. 2020).

► **Ein Ausgleich von INR und Thrombozytopenie wird nicht grundsätzlich empfohlen. Die damit verbundene Volumenbelastung ist eher ungünstig. Eine individuelle Gabe von Fibrinogen oder Kryopräzipitaten kann sinnvoll sein. Funktionelle Gerinnungstests gewinnen als intraoperative *Point-of-Care*-Methoden an Bedeutung.**

Weiterführende apparative Diagnostik Eine transthorakale Echokardiografie ist präoperativ oft ohnehin vorgesehen. Ergänzend kann die Bestimmung von NT-proBNP (N-terminal pro-B-type natriuretic peptide) helfen, eine maskierte zirrhotische Kardiomyopathie zu erkennen. Eine abdominelle Bildgebung ist vor abdominellen Eingriffen meist vorhanden, sollte aber auch bei extraabdominellen Eingriffen erwogen werden, um portalhypertensiv bedingte Gefäßkollateralen oder Aszites nachzuweisen. Liegen keine offensichtlichen Zeichen einer klinisch signifikanten portalen Hypertension (CSPH) vor, ist ein Varizenscreening sinnvoll. Die Lebersteifigkeitsmessung (LSM) kann als nicht invasiver Test eine klinisch signifikante portale Hypertension ($\geq$ 25 kPa) andeuten und für präoperative Optimierung eingesetzt werden, jedoch fehlen bislang Daten zum Zusammenhang mit dem perioperativen Outcome. Im hepatochirurgischen Kontext kommen weitere Systeme zum Einsatz, um die Leberfunktion zu beurteilen, wie die Indozyaningrün-Plasmaverschwinderate oder der *Liver-Maximum Capacity* (LiMAx)-Test, auf die hier nicht näher eingegangen wird.

33.2.4 Scoringsysteme zur präoperativen Risikoabschätzung

Die derzeit bei Patienten mit Leberzirrhose klinisch am häufigsten bei der präoperativen Risikoabschätzung eingesetzten Scoringsysteme sind der Child-Turcotte-Pugh (CTP)-Score und der Model for End-Stage Liver Disease (MELD)-Score. Bekannterweise spiegeln diese

Scores die Einschränkung einiger wichtiger Teilfunktionen der Leber wider und werden zur Abschätzung der Gesamtprognose des Patienten mit Leberzirrhose eingesetzt (Kap. 10).

Interessanterweise wurden beide Scores ursprünglich für die Risikoabschätzung nach Eingriffen zur Reduktion der portalen Hypertension, etabliert. Die Scorelandschaft hat sich in den letzten Jahren vielversprechend weiterentwickelt, dies wird im Folgenden beschrieben. Tab. 33.1 gibt einen Überblick über gängige Scores, ihre Stärken und Limitationen.

Child-Turcotte-Pugh-Score (CTP) Die ursprüngliche Intention für die Etablierung des CTP-Scores im Jahr 1964 war die präoperative Risikoabschätzung von Eingriffen zur chirurgischen Dekompression portaler Hypertension (Child und Turcotte 1964). Bereits damals machte man sich Gedanken über die Einbeziehung des Ernährungsstatus, der in der erstenKonstellation des Scores noch enthalten war. Er wurde jedoch aufgrund der Subjektivität in der Modifikation nach Pugh durch die Prothrombinzeit ersetzt. Zur Abschätzung des Operationsrisikos wird der CTP-Score seit vielen Jahren eingesetzt (Mansour et al. 1997; Telem et al. 2010). Zusammengefasst ordnet die zahlreich bestehende Evidenz dem Patienten im Stadium CTP A ein Mortalitätsrisiko von ca. 10 % zu. Diese Patienten werden daher als Gruppe mit niedrigem Risiko angesehen, bei denen ein chirurgischer Eingriff risikoarm durchführbar ist. Hingegen sollte bei einem Mortalitätsrisiko von bis zu 82 % bei der Leberzirrhose im Stadium CTP C von jeglichen operativen Eingriffen abgesehen werden. Alle anderen Patienten mit CTP-B-Leberzirrhose werden einem mittleren Risiko zugeordnet. Einschränkend muss gesagt werden, dass diese Risikoangaben aus der Literatur sich auf die Gesamtheit aller Operationstypen beziehen. Daher sollte das Risiko immer im Hinblick auf die patienten- und operationsassoziierten Faktoren und den Operationstypen bewertet werden. Die Limitationen des CTP Scoringsystems ist die bekannt hohe Interobservervariabilität aufgrund von zwei subjektiven klinischen Parametern (Aszites und HE). Da nur drei Klassen existieren, kann sich insbesondere in der CTP-B-Klasse das Mortalitätsrisiko zwischen einzelnen Patienten erheblich unterscheiden. Eine Fehlklassifikation kann daher bei der Anwendung dieses Scores im klinischen Alltag leichter dazu führen, dass potenziell operable Patienten als inoperabel eingestuft werden.

Model for End-Stage Liver Disease (MELD) Der MELD (im deutschsprachigen Raum auch MELD-Score genannt) ist ein prospektiv evaluiertes Prognosemodell, das in Deutschland seit 2003 vor allem durch seinen Gebrauch zur Organallokation bei der Lebertransplantation bekannt ist. Ursprünglich wurde er für die Prognoseabschätzung von Patienten vor TIPS-Implantation entwickelt (Malinchoc et al. 2000). Durch die Berechnung auf Grundlage von Laborparametern, mittlerweile trotz komplizierter Formel in Onlinetools bettseitig einfach zu erheben, und seine kontinuierliche Skala ist die Objektivität höher. In der Literatur scheint er dem CTP-Score in der chirurgischen Risikoabschätzung, wenn auch nur geringfügig, überlegen zu sein, obwohl in der klinischen Praxis der CTP-Score aufgrund seiner leichteren klinischen Beurteilbarkeit häufiger Anwendung findet (Farnsworth et al. 2004; Hanje und Patel 2007). Gemäß der Datenlage sind geeignete Kandidaten für einen Nichttransplantationseingriff mit niedrigem Mortalitäts- und Dekompensations-

Tab. 33.1 Scoringsysteme, die aktuell bei der perioperativen Risikoeinschätzung bei Patienten mit Leberzirrhose Anwendung finden inklusive der Parameter, aus denen die Scores errechnet werden, den Vorteilen und Limitationen. ASA = American Society of Anesthesiologists, INR = International normalized Ratio, VOCAL = Veterans Outcomes and Costs Associated with Liver Disease

Score	Parameter	Vorteile	Limitation
Child-Turcotte-Pugh (CTP)	- Albumin - Bilirubin - INR - Aszites - Hepatische Enzephalopathie	- In multiplen Studien und Operationskategorien überprüft	- Inkludiert keine operations- oder patientenassoziierten Faktoren - Hohe Interobservervariabilität - Nur 3 Klassen - Limitierte prognostische Aussagekraft im Stadium CTP B
Model for End-Stage Liver Disease (MELD)	- Bilirubin - Kreatinin - INR - Dialyse	- In multiplen Studien und Operationskategorien überprüft - Höhere Objektivität	- Inkludiert keine operations- oder patientenassoziierten Faktoren - Inkludiert keine Parameter der portalen Hypertension - Schlechtere Differenzierung in hohen MELD-Bereichen
Mayo-Risk-Score (MRS)*	- Bilirubin - Kreatinin - INR - Alter - Ätiologie (Alkohol/cholestatisch vs. viral/andere) - ASA-Klassifikation (ASA III und IV)	- Operationsspezifisches Modell - Inkludiert patientenassoziierte Faktoren - MELD-basiert	- An retrospektiver Single-Center-Studie etabliert - Keine Differenzierung zwischen Elektiv- und Notfalleingriffen - Überschätzt zunehmend das Operationsrisiko
VOCAL-Penn Score**	- Albumin - Bilirubin - Thrombozyten - Alter - Body-Mass-Index - Metabolische Dysfunktion - ASA-Klassifikation - Dringlichkeit - 6 Operationskategorien	- Operationsspezifisches Modell - Enthält Operationsklassen, die eine große Anzahl von Eingriffen abdeckt - An multizentrischer Kohorte etabliert - Prädiktion von postoperativer Dekompensation	- An retrospektiven Daten etabliert mit fast 90 % CTP-A-Leberzirrhose und 97 % Männern - Einige Eingriffstypen nicht repräsentiert - Weitere externe Validierung notwendig

*https://www.mayoclinic.org/medical-professionals/transplant-medicine/calculators/post-operative-mortality-risk-in-patients-with-cirrhosis/itt-20434721
**https://www.vocalpennscore.com/

risiko Patienten mit einem MELD-Score von < 10 zum Operationszeitpunkt (vom Operationsrisiko in etwa entsprechend einer CTP-A-Leberzirrhose einzustufen), die Mortalität bei einem MELD-Score von > 15 wird mit bis zu 50 % angegeben und entspricht in etwa dem operativen Risiko der CTP C-C-Leberzirrhose (Abbas et al. 2017; Teh et al. 2007). Auch diese Grenzwerte aus der Literatur sind Angaben, welche die Gesamtheit verschiedener Operationsklassen betreffen. Limitationen sind die schlechte Differenzierung und Datenlage bzgl. des Operationsrisikos in höheren MELD-Bereichen und dass keine Parameter der portalen Hypertension in die Berechnung mit einfließen.

Mayo-Risk-Score (MRS) Da beim CTP- und MELD-Score im Kontext der perioperativen Risikostratifizierung als wesentliche Limitation immer wieder das Fehlen von operationsspezifischen Parametern diskutiert wurde, wurde in weiteren Bemühungen, solche Scores zu entwickeln, im Jahr 2007 der Mayo-Risk Score (MRS) etabliert. Hierzu wurden in einer retrospektiven amerikanischen Kohorte ergänzend zum MELD-Score weitere wichtige Parameter wie der ASA-Score (ASA III oder IV), das Alter und die Ätiologie der Leberzirrhose als Prädiktoren identifiziert und daraus ein Modell entwickelt, die Mortalität auf bis zu 5 Jahre nach dem Eingriff vorauszusagen (Teh et al. 2007) (https://www.mayoclinic.org/medical-professionals/transplant-medicine/calculators/post-operative-mortality-risk-in-patients-with-cirrhosis/itt-20434721). Obwohl die Studie eine große Kohorte mit einer lebergesunden Kontrollkohorte einschloss, war neben dem retrospektiven Design eine Limitation, dass vor allem größere (major) orthopädische, abdominelle und kardiochirurgische Eingriffe in die Analyse eingeflossen waren. Dadurch wurde in Validierungsversuchen mehrfach gezeigt, dass die Anwendung des MRS zu einer Überschätzung der postoperativen Mortalität führt (Kim et al. 2011; Mahmud et al. 2021a). Der MRS setzte sich außerhalb des amerikanischen Raums nicht durch und wird mittlerweile als überholt angesehen. Trotzdem stellt die Entwicklung dieses Scores einen wichtigen Beitrag zur Entwicklung von Tools dar, die weitere leberzirrhosespezifische Parameter in die präoperative Risikoabschätzung inkludieren.

VOCAL-Penn Cirrhosis Surgical Risk Score Nach einer längeren Pause seit 2007 wurde jüngstan einer bekannten großen amerikanischen multizentrischen Veteranenkohorte ein neuer prognostischer Score zur Abschätzung des postoperativen Mortalitäts- und Dekompensationsrisiko etabliert und veröffentlicht, der **V**eterans **O**utcomes and **C**osts **A**ssociated with **L**iver Disease (VOCAL)-Penn Score (Mahmud et al. 2021a). Diese retrospektive Studie identifizierte und inkludierte erstmalig neben patienten- und leberassoziierten Faktoren wie Alter, ASA-Score, metabolischer Dysfunktion und Laborwerten auch relevante operationsspezifische Parameter. Diese umfassen die Dringlichkeit des Eingriffs (Elektiv- vs. Notfalleingriff) und die Einteilung in 6 verschiedene etablierte Operationskategorien (abdominell laparoskopisch, abdominell offen, Bauchwand-, Gefäß-, orthopädische, Herz/Thorax-Eingriffe). Dem Score liegt eine mathematische Formel zugrunde und anhand eines Onlinetools lassen sich das geschätzte 30-, 90- und 180-Tages-Mortalitätsrisiko und das 90-Tages-Dekompensationsrisiko berechnen (https://www.vocalpennscore.com/). In einer internen Validierungskohorte zeigte sich der Score in der Voraussage des postoperativen Überleben allen derzeit angewandten Scores (CTP,

MELD, MRS) überlegen. Interessanterweise war ein erhöhter Body-Mass-Index (BMI) mit einem besseren Überleben vergesellschaftet. In zwei Validierungsstudien externer Kohorten schneidet der VOCAL-Penn-Score bislang gut ab. Sicherlich ist bis zu einem standardmäßigen Einsatz eine weitere Validierung in verschiedenen Gesundheitssystemen notwendig, jedoch wird sein Einsatz in den europäischen Leitlinien bereits zur Risikoabschätzung empfohlen. (EASL 2025).

Vergleichende Wichtung Child-Turcotte-Pugh (CTP)- und MELD-Score sind im Kontext der präoperativen Risikostratifizierung am besten untersucht. Obwohl dem MELD-Score in der Literatur eine etwas bessere prognostische Aussagekraft zugeschrieben wird, findet der CTP-Score häufiger Anwendung. Beide Scores sind in der klinischen Praxis bzgl. der Performanz daher in etwa als gleichwertig anzusehen. Für beide Scores lässt sich postulieren, dass sich Niedrig-(Child-A, MELD < 10) und Hochrisikokonstellationen (Child-C, MELD > 15) klinisch ausreichend sicher einordnen lassen. Im Bereich des mittleren Risikos (Child-B, MELD 11–15) scheint die Anwendung jedoch aufgrund der hohen Variabilität der Krankheitsschwere limitiert, hier sollten weitere Faktoren miteinbezogen werden. Der **Mayo-Risk-Score (MRS)** stellte erste Bemühungen dar, operationsspezifische Scores zu entwickeln, er ist aber im Hinblick auf die Fortschritte in den letzten 10 Jahren als überholt anzusehen. Das neueste Modell, der **VOCAL-Penn-Score**, inkludiert erstmalig operationsspezifische Parameter und scheint vielversprechend. Weitere Validierung ist notwendig, aber in den europäischen Leitlinien wird er bereits im Kontext präoperativer Risikostratifizierung empfohlen.

Weitere Modelle, die im Kontext chirurgischer Eingriffe etabliert bzw. angewendet wurden, aber bislang nicht validiert sind, wie der CLIF-C-AD-Score (CLIF-C: Chronic Liver Failure Consortium, AD: akute Dekompensation; deutsche Kohorte) und der ADOPT-LC)-Score (Adequate Operative Treatment for Liver Cirrhosis; japanische Kohorte), sollten weiter evaluiert werden (Chang et al. 2021; Sato et al. 2017). Alle diese Scoring-System können in unserem Zeitalter, wo viele Faktoren in die präoperative Beurteilung miteinfließen, objektiverbare Hilfestellung leisten, jedoch ersetzen sie natürlich nicht den klinischen Eindruck und Beurteilung des Patienten.

► **Scoringsysteme wie CTP, MELD oder VOCAL-Penn sollen nicht die klinische Beurteilung des Patienten ersetzen, sondern eine Unterstützung bei der perioperativen Risikoabschätzung bieten.**

33.3 Häufige operative Szenarien

Grundsätzlich sind in der Literatur chirurgische Eingriffe auch ohne die Beachtung der Leberfunktion in der Allgemeinbevölkerung in Niedrig-, Mittel- und Hochrisikoeingriffe unterteilt worden (Tab. 33.2). Obwohl eine Vielzahl von Eingriffen, v. a. aus kleineren

Tab. 33.2 Einteilung chirurgischer Eingriffe in der Allgemeinbevölkerung in Eingriffe mit niedrigem (< 1 %), mittlerem (1–5 %) und hohem (> 5 %) postoperativen Mortalitätsrisiko, unabhängig von der Schwere der Leberdysfunktion

Risikoeinschätzung (postoperative Mortalität in %)	Eingrifftyp
Niedriges Risiko (< 1 %)	Zahneingriffe Oberflächliche Eingriffe Laparoskopische Cholezystektomie Bariatrische Eingriffe
Mittleres Risiko (1–5 %)	Hernieneingriffe* Gastrektomie Offene Cholezystektomie Orthopädische Eingriffe*
Hohes Risiko (> 5 %)	Duodenal-pankreatische Eingriffe Hepatische Eingriffe* Ösophagektomie Kolorektale Eingriffe (Größere) offen-abdominelle Eingriffe Kardiovaskuläre Eingriffe Intrathorakale Eingriffe Neurochirurgie

*Bei Leberzirrhose: In Abhängigkeit von der Leberfunktion werden laparoskopische, Hernien- und orthopädische Eingriffe in der low-risk-vs.-high-risk-Kategorisierung der low-risk Kategorie zugeordnet

Fachbereichen, nicht repräsentiert ist, ist es zur Entscheidungsfindung bzgl. des Operationsrisikos neben den patienten- und leberassoziierten Faktoren hilfreich, die grundsätzlichen Risikoeinschätzungen der häufigsten Eingriffstypen zu kennen. Zudem wird im Folgenden stichpunktartig auf einzelne Operationstypen in Bezug zur Leberzirrhose eingegangen.

Notfalleingriffe Die Mortalität ist 4- bis 10-fach gegenüber dem elektiven Eingriff erhöht, auch postoperative Komplikationen treten erwarteterweise häufiger auf (Newman et al. 2020). Der Notfalleingriff als Prädiktor für das postoperative Outcome ist bislang nur im VOCAL-Penn-Score inkludiert.

Bauchwandchirurgie (Hernienoperationen) Elektive Eingriffe erscheinen relativ sicher. Patienten mit portaler Hypertension haben jedoch ein erhöhtes Risiko (5,1 % vs. 0,1 %) (Cho et al. 2012). Notfalleingriffe bei Hernien sind deutlich riskanter. Studien legen nahe, dass bis zu einem MELD von 21 eine elektive Versorgung erwogen werden kann (Mahmud et al. 2022). Präoperative Maßnahmen zur Kontrolle der portalen Hypertension können hilfreich sein.

Cholezystektomie Laparoskopische Verfahren sind bei CTP-A- und -B-Patienten und elektivem Eingriff mit einer Mortalität < 1 % sicher und komplikationsärmer als offene Eingriffe (Laurence et al. 2012). Bei Transplantationskandidaten sollte der Eingriff wenn möglich bis zur Transplantation aufgeschoben werden.

Kolorektale Eingriffe Diese Eingriffe sind als Hochrisikoeingriffe klassifiziert und immer noch mit hoher Morbidität und Mortalität assoziiert. Daten zu minimalinvasiven Alternativen sind begrenzt, aber scheinen mit weniger Komplikationen behaftet. Eingriffe sollten an erfahrenen Zentren erfolgen.

Bariatrische Eingriffe Wenn die Indikation besteht, ist eine Sleeve-Gastrektomie das Verfahren der Wahl; die Anlage eines Magenbypasses ist signifikant mit akuter Dekompensation assoziiert, hiervon wird abgeraten (Patton et al. 2021). Eine CSPH sollte ausgeschlossen oder behandelt werden. Patienten mit CTP A gelten als grundsätzlich operabel.

Kardiovaskuläre Eingriffe Diese Art von Eingriffen ist bei Patienten mit Leberzirrhose mit dem höchsten Operationsrisiko behaftet. Aszites gilt als ungünstiger Faktor. Interventionelle Ansätze wie TAVI oder Verfahren der endovaskulären Aortenreparatur (EVAR) sind vorzuziehen, da kein Mortalitätsunterschied bei Patienten mit und ohne Leberzirrhose belegt ist (Lee et al. 2021). Bei katheterbasierten kardialen Interventionen ist der radiale Zugangsweg aufgrund geringerer Blutungskomplikationen der Zugangsweg der Wahl.

Hepatektomien Häufigste Indikation ist das hepatozelluläre Karzinom. Entscheidend sind das Ausmaß der Resektion und die portale Hypertension. CTP-A-Patienten gelten als operabel. Eine CSPH galt bislang als Kontraindikation, aber neuere Daten suggerieren, dass Patienten durch präoperative Konditionierung funktionell operabel werden können. Der laparoskopische Ansatz ist mit einer reduzierten postoperativen Mortalität vergesellschaftet.

▶ **Chirurgische Eingriffe lassen sich in niedrige, mittlere und hohe Risiken einteilen** (Tab. 33.2). **Die Kenntnis operationsspezifischer Besonderheiten erleichtert das perioperative Risikoassessment.**

33.4 Chirurgische Eingriffe und ACLF

Das ACLF ist eine gefürchtete schwerwiegende Komplikation der Leberzirrhose (Kap. 28). Operative Eingriffe können zur Auslösung beitragen. Eine retrospektive Kohorte zeigte, dass etwa 25 % der Patienten postoperativ ein ACLF entwickeln, was mit einer Übersterblichkeit dieser Patienten assoziiert war (Klein et al. 2020). Ältere Patienten mit bakteriellen Infektionen, schlechterer Leberfunktion oder bereits bestehendem ACLF sind besonders gefährdet. Eine weitere Studie bestätigte die 25-%-Rate auch für elektive Eingriffe. Postoperative Wundinfektionen korrelieren eng mit ACLF, insbesondere tiefe Wundinfektionen. In diesen Patienten verbesserte eine rasche Antibiotikagabe mit Ansprechen auf das erste antibiotische Therapieregime das Überleben (Chang et al. 2023). An den beteiligten Organversagen von ACLF ist das Nierenversagen am häufigsten und vor allem in der frühen postoperativen Phase bedeutsam. Der CLIF-C-AD-Score könnte helfen, Hochrisikopatienten zu identifizieren (Chang et al. 2021). Die Limitation der bislang vorliegenden Daten ist die monozentrische, retrospektive Auswertung. Es bedarf hier weiterer prospektiver, multizentrischer Studien.

33.5 Präoperative Reduktion der portalen Hypertension

Die portale Hypertension ist ein Schlüsselfaktor für die Komplikationen der Leberzirrhose und beeinflusst auch das postoperative Überleben (del Olmo et al. 2003; Friedman 2010). Eine multizentrische prospektive Studie belegte, dass bei extrahepatischen Eingriffen ein präoperativ erhöhter HVPG (> 16 mmHg) mit einer deutlich erhöhten 1-Jahres-Mortalität einhergeht. Ab 20 mmHg steigt das Risiko noch deutlicher an (Reverter et al. 2019).

Eine präoperative Senkung des Pfortaderdrucks scheint daher naheliegend. Daten zum präoperativen NSBB-Einsatz fehlen jedoch weitgehend. Die NSBB-Gabe sollte genau überprüft werden. Bei Patienten, die bereits NSBB erhalten, sollte die Therapie intraoperativ möglichst nicht abgesetzt werden. Studien zum präoperativ angelegten TIPS zeigen Hinweise auf verbessertes Überleben und weniger postoperative Komplikationen oder ACLF (Chang et al. 2022; Piecha et al. 2024; Praktiknjo und Trebicka 2024). In diesen Studien wurde der TIPS jedoch meist aus anderen Indikationen als gezielt präoperativ angelegt. Weitere randomisierte Studien sind erforderlich. jedoch wird in den europäischen Leitlinien bereits empfohlen, dass bei extrahepatischen abdominellen Eingriffen die Anlage eines TIPS zur präoperativen Optimierung bei ausgewählten Patienten in Betracht gezogen werden kann.

▶ **Eine präoperative Reduktion der portalen Hypertension durch TIPS könnte grenzwertig operable Patienten mit Leberzirrhose und klinisch signifikanter portaler Hypertension ins Operabilitätsfenster rücken. Dies ist bislang off-label und bedarf weiterer Forschung.**

33.6 Fazit

Die Frage des Operationsrisikos bei Patienten mit Zirrhose gewinnt zunehmend an klinischer Relevanz. Einerseits haben in diesem interdisziplinären Feld erhebliche Fortschritte stattgefunden, andererseits besteht angesichts der zahlreichen unterschiedlichen Szenarien weiterhin ein hoher Forschungsbedarf. Eine mögliche Entscheidungshilfe für elektive Eingriffe ist in Abb. 33.4 dargestellt. Dort wird veranschaulicht, wie mithilfe verschiedener Scoringsysteme (CTP-Score, MELD-, VOCAL-Penn-Score) unter Einbezug der portalen Hypertension und unter Berücksichtigung spezifischer Operationskategorien bestimmt werden kann, für welche Patienten ein chirurgischer Eingriff vertretbar erscheint und in welchen Fällen ein palliatives Vorgehen eher angezeigt ist. Insbesondere im mittleren Risikobereich ist die Spannbreite groß und erfordert eine interdisziplinäre Abwägung im MDT. Wird ein operatives Vorgehen befürwortet, sollte wo möglich eine umfassende präoperative Optimierung der patienten- und leberassoziierten Faktoren erfolgen.

Obwohl aktuelle Scoringsysteme wertvolle Orientierungshilfen bieten, bleibt die individuelle klinische Einschätzung und Kenntnis des Patienten für die Entscheidungsfindungunerlässlich. Zur Einschätzung der portalen Hypertension wurde früher bei der Risikobeurteilung vor allem von Surrogatparametern, wie Aszites oder Ösophagusvarizen Gebrauch gemacht. Heute stehen jedoch präzisere Methoden zur Verfügung

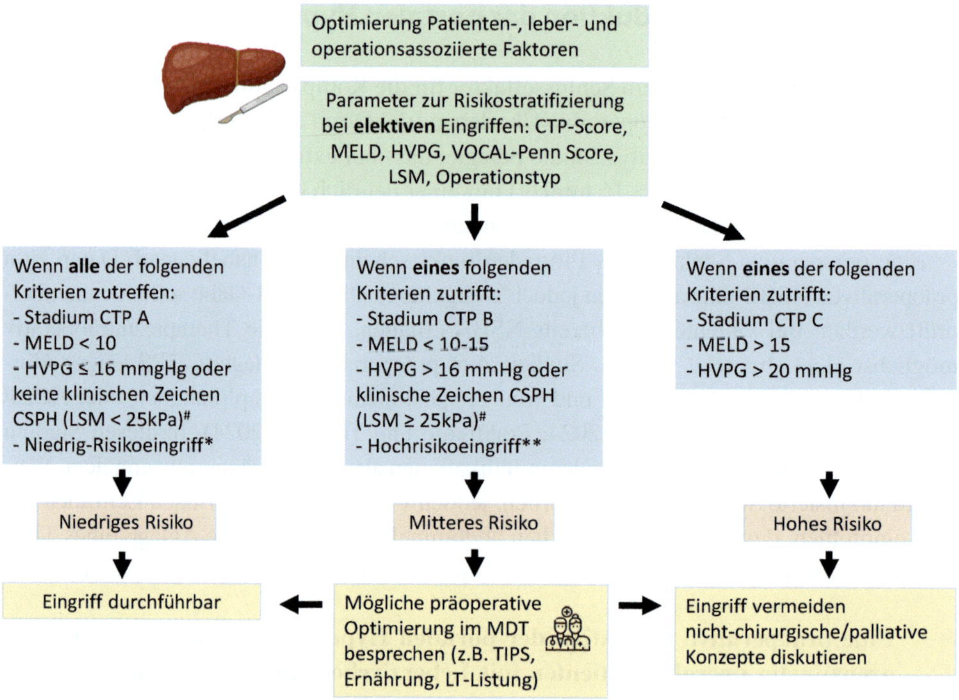

Abb. 33.4 Vereinfachte Entscheidungshilfe, die unter Zuhilfenahme von aktuell angewandten Scoringsystemen, Parametern der portalen Hypertension und den Eingriffstypen bei der präoperativen Risikostratifizierung Patienten in 3 Risikokategorien einteilt (niedriges, mittleres oder hohes Risiko), mit entsprechenden Handlungsempfehlungen. CSPH = klinisch signifikante portale Hypertension, CTP = Child-Turcotte-Pugh, HVPG = hepatic venous pressure gradient (Lebervenendruckgradient), LSM = Lebersteifigkeitsmessung, LT = Lebertransplantation, MDT = Multidisziplinäres Team, MELD = Model of end-stage liver disease, TIPS = transjugulärer intrahepatischer portosystemischer Shunt, VOCAL = Veterans Outcomes and Costs Associated with Liver Disease
#Wo vorhanden und sinnvoll, LSM im Kontext der Operabilität nicht validiert
*Niedrigrisikoeingriffe: laparoskopische, Hernien- und orthopädische Eingriffe
**Hochrisikoeingriffe: kardiovaskuläre, thorakale und offen abdominelle Eingriffe

(u. a. HVPG: *hepatic venous pressure gradient* (Lebervenenverschlussdruckmessung), Lebersteifigkeitsmessung), die teils bereits prospektiv im Kontext operativer Eingriffe untersucht wurden und, wo vorhanden, zur Einschätzung des Operationsrisikos genutzt werden sollten. Die präoperative Reduktion der portalen Hypertension scheint nicht nur für die Rekompensation der Patienten, sondern auch zur Minimierung intra- und postoperativer Komplikationen essenziell zu sein. Eine potenzielle Ausweitung der TIPS-Indikation im präoperativen Setting sollte weiter überprüft werden, da dadurch für zuvor als inoperabel geltende Patienten einem vertretbaren Operationsrisiko zugeführt werden könnten.

Literatur

Abbas N, Makker J, Abbas H, Balar B (2017) Perioperative care of patients with liver cirrhosis: a review. Health Serv Insights 10:117863291769127. https://doi.org/10.1177/1178632917691270

Afdhal NH, Giannini EG, Tayyab G, Mohsin A, Lee J-W, Andriulli A, Jeffers L, McHutchison J, Chen P-J, Han K-H, Campbell F, Hyde D, Brainsky A, Theodore D (2012) Eltrombopag before procedures in patients with cirrhosis and thrombocytopenia. N Engl J Med 367:716–724. https://doi.org/10.1056/NEJMoa1110709

Canillas L, Pelegrina A, Álvarez J, Colominas-González E, Salar A, Aguilera L, Burdio F, Montes A, Grau S, Grande L, Carrión JA (2023) Clinical guideline on perioperative management of patients with advanced chronic liver disease. Life 13:132. https://doi.org/10.3390/life13010132

Chang J, Bamarni A, Böhling N, Zhou X, Klein L-M, Meinke J, Duerr GD, Lingohr P, Wehner S, Brol MJ, Rockstroh JK, Kalff JC, Manekeller S, Meyer C, Spengler U, Jansen C, Arroyo V, Strassburg CP, Trebicka J, Praktiknjo M (2021) Elective surgery but not transjugular intrahepatic portosystemic shunt precipitates acute-on-chronic liver failure. Hepatol Commun 5:1265–1277. https://doi.org/10.1002/hep4.1712

Chang J, Höfer P, Böhling N, Lingohr P, Manekeller S, Kalff JC, Dohmen J, Kaczmarek DJ, Jansen C, Meyer C, Strassburg CP, Trebicka J, Praktiknjo M (2022) Pre-operative TIPS may reduce post-operative ACLF occurrence. JHEP Rep 100442. https://doi.org/10.1016/j.jhepr.2022.100442

Chang J, Hoffstall S, Gödiker J, Lehmann J, Schwind L, Lingohr P, Manekeller S, Wehner S, Strassburg CP, Chang P, Praktiknjo M (2023) Surgical site infections are independently associated with the development of postoperative acute-on-chronic liver failure in liver cirrhosis. Liver Transpl 29:928–939. https://doi.org/10.1097/LVT.0000000000000135

Child CG, Turcotte JG (1964) Surgery and portal hypertension. Major Probl Clin Surg 1:1–85

Cho SW, Bhayani N, Newell P, Cassera MA, Hammill CW, Wolf RF, Hansen PD (2012) Umbilical hernia repair in patients with signs of portal hypertension: surgical outcome and predictors of mortality. Arch Surg 147:864–869. https://doi.org/10.1001/archsurg.2012.1663

Csikesz NG, Nguyen LN, Tseng JF, Shah SA (2009) Nationwide volume and mortality after elective surgery in cirrhotic patients. J Am Coll Surg 208:96–103. https://doi.org/10.1016/j.jamcollsurg.2008.09.006

De Franchis R, Bosch J, Garcia-Tsao G, Reiberger T, Ripoll C, Abraldes JG, Albillos A, Baiges A, Bajaj J, Bañares R, Barrufet M, Benajiba L, Berzigotti A, Bureau C, Calvaruso V, Cardenas A, D'Amico G, De Gottardi A, Dell'Era A, Escorsell A, Fallowfield J, Ferral H, Francque S, Gaba R, Garcia-Pagàn JC, Genescà J, Rodrigues SG, Gracia-Sancho J, Han G, Hernandez-Gea V, Jia J, Kiladjian JJ, Krag A, Laleman W, La Mura V, Lens S, Luo X, Mandorfer M, Murad SD, Paradis V, Patch D, Piano S, Pinzani M, Plessier A, Primignani M, Procopet B, Rautou PE, Rudler M, Sarin SK, Schepis F, Senzolo M, Shah V, Shukla A, Tandon P, Tellez L, Thabut D, Thiele M, Trebicka J, Tripathi D, Tsochatzis E, Turco L, Turon F, Valla D, Villanueva C, Wanless I, Yoshiji H (2022) Baveno VII – renewing consensus in portal hypertension. J Hepatol 76:959–974. https://doi.org/10.1016/j.jhep.2021.12.022

EASL Clinical Practice Guidelines on prevention and management of bleeding and thrombosis in patients with cirrhosis (2022). J Hepatol 76(5):1151–1184. https://doi.org/10.1016/j.jhep.2021.09.003

EASL Clinical Practice Guidelines on extrahepatic abdominal surgery in patients with cirrhosis and advanced chronic liver disease (2025). J Hepatol 83:768–789. https://doi.org/10.1016/j.jhep.2025.04.008

Farnsworth N, Fagan SP, Berger DH, Awad SS (2004) Child-Turcotte-Pugh versus MELD score as a predictor of outcome after elective and emergent surgery in cirrhotic patients. Am J Surg 188:580–583. https://doi.org/10.1016/j.amjsurg.2004.07.034

Friedman LS (2010) Surgery in the patient with liver disease. Trans Am Clin Climatol Assoc 121:192–204. discussion 205

Hanje AJ, Patel T (2007) Preoperative evaluation of patients with liver disease. Nat Clin Pract Gastroenterol Hepatol 4:266–276. https://doi.org/10.1038/ncpgasthep0794

Kim SY, Yim HJ, Park SM, Kim JH, Jung SW, Kim JH, Seo YS, Yeon JE, Lee HS, Lee SW, Um SH, Byun KS, Choi JH, Ryu HS (2011) Validation of a Mayo post-operative mortality risk prediction model in Korean cirrhotic patients: post-operative mortality in cirrhotics. Liver Int 31:222–228. https://doi.org/10.1111/j.1478-3231.2010.02419.x

Klein LM, Chang J, Gu W, Manekeller S, Jansen C, Lingohr P, Praktiknjo M, Kalf JC, Schulz M, Spengler U, Strassburg C, Cárdenas A, Arroyo V, Trebicka J (2020) The development and outcome of acute-on-chronic liver failure after surgical interventions. Liver Transpl 26:227–237. https://doi.org/10.1002/lt.25675

Kumar M, Ahmad J, Maiwall R, Choudhury A, Bajpai M, Mitra LG, Saluja V, Mohan Agarwal P, Bihari C, Shasthry SM, Jindal A, Bhardwaj A, Kumar G, Sarin SK (2020) Thromboelastography-guided blood component use in patients with cirrhosis with nonvariceal bleeding: a randomized controlled trial. Hepatology 71:235–246. https://doi.org/10.1002/hep.30794

Laurence JM, Tran PD, Richardson AJ, Pleass HCC, Lam VWT (2012) Laparoscopic or open cholecystectomy in cirrhosis: a systematic review of outcomes and meta-analysis of randomized trials. HPB (Oxford) 14:153–161. https://doi.org/10.1111/j.1477-2574.2011.00425.x

Lee DU, Han J, Fan GH, Hastie DJ, Kwon J, Lee KJ, Addonizio EA, Karagozian R (2021) The clinical impact of chronic liver disease in patients undergoing transcatheter and surgical aortic valve replacement: systematic analysis of the 2011–2017 US hospital database. Catheter Cardiovasc Interv 98:E1044–E1057. https://doi.org/10.1002/ccd.29952

Mahmud N, Fricker Z, Hubbard RA, Ioannou GN, Lewis JD, Taddei TH, Rothstein KD, Serper M, Goldberg DS, Kaplan DE (2021a) Risk prediction models for post-operative mortality in patients with cirrhosis. Hepatology 73:204–218. https://doi.org/10.1002/hep.31558

Mahmud N, Kaplan DE, Taddei TH, Goldberg DS (2021b) Frailty is a risk factor for postoperative mortality in patients with cirrhosis undergoing diverse major surgeries. Liver Transpl 27:699–710. https://doi.org/10.1002/lt.25953

Mahmud N, Goldberg DS, Abu-Gazala S, Lewis JD, Kaplan DE (2022) Modeling optimal clinical thresholds for elective abdominal hernia repair in patients with cirrhosis. JAMA Netw Open 5:e2231601. https://doi.org/10.1001/jamanetworkopen.2022.31601

Malinchoc M, Kamath PS, Gordon FD, Peine CJ, Rank J, ter Borg PC (2000) A model to predict poor survival in patients undergoing transjugular intrahepatic portosystemic shunts. Hepatology 31:864–871. https://doi.org/10.1053/he.2000.5852

Mansour A, Watson W, Shayani V, Pickleman J (1997) Abdominal operations in patients with cirrhosis: still a major surgical challenge. Surgery 122:730–735; discussion 735–736. https://doi.org/10.1016/s0039-6060(97)90080-5

Newman KL, Johnson KM, Cornia PB, Wu P, Itani K, Ioannou GN (2020) Perioperative evaluation and management of patients with cirrhosis: risk assessment, surgical outcomes, and future directions. Clin Gastroenterol Hepatol 18:2398–2414.e3. https://doi.org/10.1016/j.cgh.2019.07.051

del Olmo JA, Flor-Lorente B, Flor-Civera B, Rodriguez F, Serra MA, Escudero A, Lledó S, Rodrigo JM (2003) Risk factors for nonhepatic surgery in patients with cirrhosis. World J Surg 27:647–652. https://doi.org/10.1007/s00268-003-6794-1

Patton H, Heimbach J, McCullough A (2021) AGA clinical practice update on bariatric surgery in cirrhosis: expert review. Clin Gastroenterol Hepatol 19:436–445. https://doi.org/10.1016/j.cgh.2020.10.034

Piecha F, Vonderlin J, Frühhaber F, Graß J-K, Ozga A-K, Harberts A, Benten D, Hübener P, Reeh M, Riedel C, Bannas P, Izbicki JR, Adam G, Huber S, Lohse AW, Kluwe J (2024) Preoperative TIPS and in-hospital mortality in patients with cirrhosis undergoing surgery. JHEP Rep 6:100914. https://doi.org/10.1016/j.jhepr.2023.100914

Praktiknjo M, Trebicka J (2024) Operating under pressure: is there a place for preoperative TIPS? JHEP Rep 6:101034. https://doi.org/10.1016/j.jhepr.2024.101034

Reddy SK, Marsh JW, Varley PR, Mock BK, Chopra KB, Geller DA, Tsung A (2012) Underlying steatohepatitis, but not simple hepatic steatosis, increases morbidity after liver resection: a case-control study. Hepatology 56:2221–2230. https://doi.org/10.1002/hep.25935

Reverter E, Cirera I, Albillos A, Debernardi-Venon W, Abraldes JG, Llop E, Flores A, Martínez-Palli G, Blasi A, Martínez J, Turon F, García-Valdecasas JC, Berzigotti A, de Lacy AM, Fuster J, Hernández-Gea V, Bosch J, García-Pagán JC (2019) The prognostic role of hepatic venous pressure gradient in cirrhotic patients undergoing elective extrahepatic surgery. J Hepatol 71:942–950. https://doi.org/10.1016/j.jhep.2019.07.007

Sato M, Tateishi R, Yasunaga H, Horiguchi H, Matsui H, Yoshida H, Fushimi K, Koike K (2017) The ADOPT-LC score: a novel predictive index of in-hospital mortality of cirrhotic patients following surgical procedures, based on a national survey. Hepatol Res 47. https://doi.org/10.1111/hepr.12719

Teh SH, Nagorney DM, Stevens SR, Offord KP, Therneau TM, Plevak DJ, Talwalkar JA, Kim WR, Kamath PS (2007) Risk factors for mortality after surgery in patients with cirrhosis. Gastroenterology 132:1261–1269. https://doi.org/10.1053/j.gastro.2007.01.040

Telem DA, Schiano T, Goldstone R, Han DK, Buch KE, Chin EH, Nguyen SQ, Divino CM (2010) Factors that predict outcome of abdominal operations in patients with advanced cirrhosis. Clin Gastroenterol Hepatol 8:451–457, quiz e58. https://doi.org/10.1016/j.cgh.2009.12.015

Intensivmedizinische Therapie bei Patienten mit Leberzirrhose

34

Peter Hübener

34.1 Einleitung

Patienten, die an Komplikationen der Leberzirrhose wie einem akut-auf-chronischen Leberversagen (ACLF) leiden, stellen insgesamt einen kleinen Teil aller Intensivpatienten dar. Sie weisen jedoch mit einer stadienabhängigen Kurzzeitsterblichkeit von 40 bis > 80 % eine außerordentlich ungünstige Prognose auf (Cardoso et al. 2019) (Abb. 34.1) und stellen Intensivmediziner vor besondere Herausforderungen.

Bei der Akutdekompensation der Leberzirrhose und beim ACLF stehen einerseits Störungen der vielfältigen Leberfunktionen und andererseits die zirrhose-bedingten systemischen hämodynamischen Veränderungen im Vordergrund. Hierzu zählen die portale Hypertension, eine ausgeprägte systemische Vasodilatation sowie kompensatorische Reflex-Vasokonstriktionen beispielsweise der renalen Blutstrombahn (Engelmann et al. 2021). Diese chronische Vasodilatation erhöht die Anfälligkeit gegenüber zusätzlichen hämodynamischen Belastungen, etwa im Rahmen von Sepsis, nicht-infektiöser Inflammation oder Blutungen. Diese Faktoren begünstigen wiederum weitere Vasodilatation und eine Gewebehypoperfusion mit Funktionseinschränkung bis hin zum irreversiblen Parenchymverlust in unterschiedlichen Organsystemen.

Neben den in vorangegangenen Kapiteln beschriebenen Strategien zur Identifikation und Behandlung potenzieller ACLF-Auslöser (Kap. 28) sind bei der intensivmedizinischen Behandlung von Patienten mit Leberzirrhose krankheitsspezifische Aspekte zu berücksichtigen, die in Abb. 34.2 zusammenfassend schematisch dargestellt sind und Gegenstand dieses Kapitels sein sollen.

P. Hübener (✉)
I. Medizinische Klinik und Poliklinik (Gastroenterologie mit Sektionen Infektiologie und Tropenmedizin), Universitätsklinikum Hamburg-Eppendorf, Hamburg, Deutschland
E-Mail: p.huebener@uke.de

T. Bruns et al. (Hrsg.), *Komplikationen der Leberzirrhose*,
https://doi.org/10.1007/978-3-662-70167-6_34

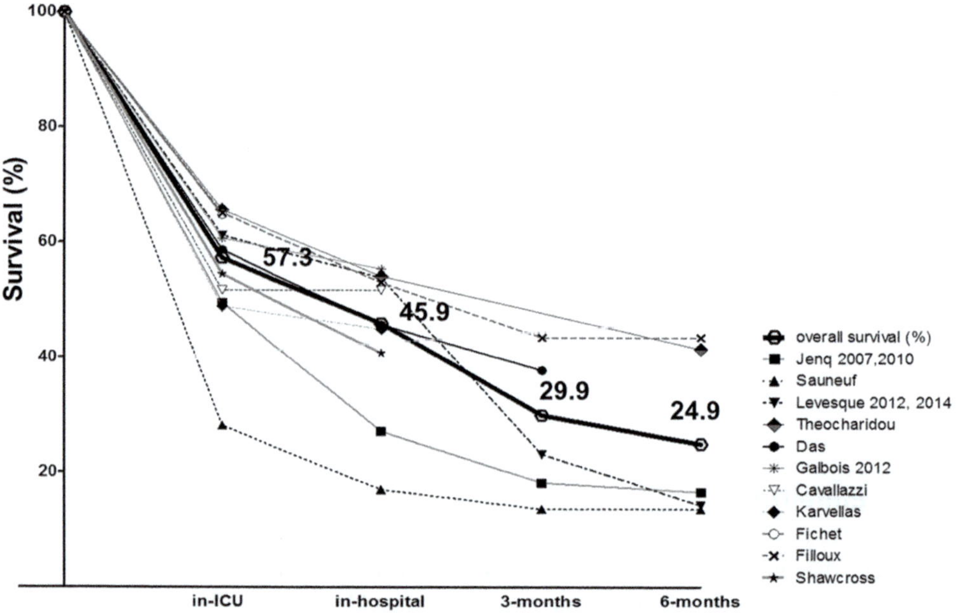

Abb. 34.1 Überlebensraten aus einer Meta-Analyse von 13 Studien mit insgesamt n = 2523 Patienten mit Leberzirrhose, die auf Intensivstationen hospitalisiert wurden. (Quelle: Weil et al. 2017, http://creativecommons.org/licenses/by/4.0/)

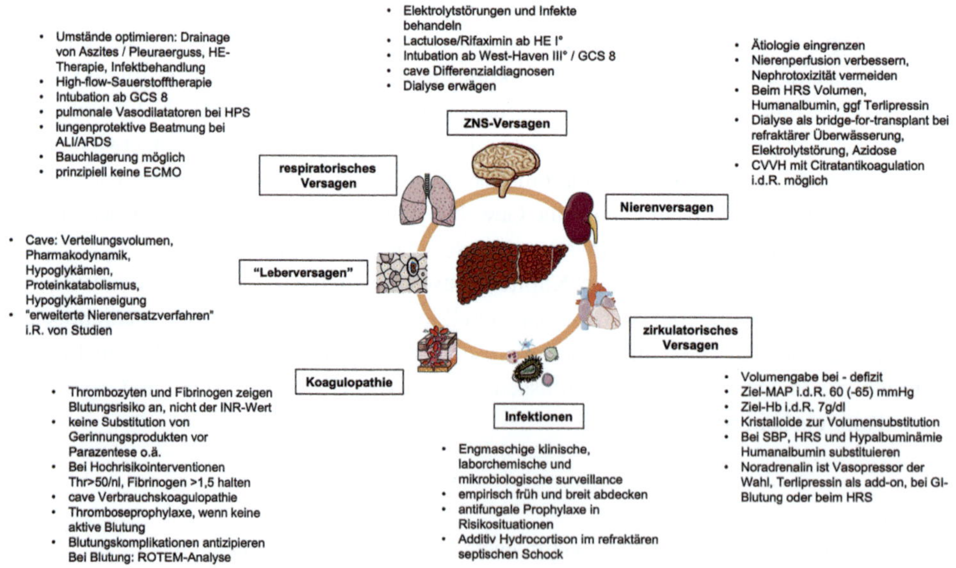

Abb. 34.2 Hauptkomplikationen von intensivmedizinisch behandelten Patienten mit ACLF auf der Intensivstation. (Abbildung erstellt mit SMART Servier Medical Art, Änderungen an der Abbildung wurden vorgenommen, CC BY 4.0, https://creativecommons.org/licenses/by/4.0/)

34.2 Infektionen

Das Risiko für Infektionen ist bei elektiv und insbesondere bei nicht-elektiv aufgenommenen Patienten mit Leberzirrhose als sehr hoch anzusehen (Kap. 26).

▶ **Infektionen sind häufige Auslöser von Akutdekompensation und ACLF, und tragen zur Initiierung und Aufrechterhaltung von portaler Hypertension, systemischer Inflammation und Organversagen bei.**

Da etablierte Sepsis-Scores bei Patienten mit Leberzirrhose auf der Intensivstation eine geringere Aussagekraft haben als bei Lebergesunden, sollte bei jeder klinischen Verschlechterung bei Zirrhosepatienten umgehend nach Infektionsherden gesucht werden. Eine frühzeitige, auch wiederholte Diagnostik sowie eine niedrigschwellige Einleitung antiinfektiver Maßnahmen sind angezeigt.

Bei der initial kalkulierten antiinfektiven Therapie für die meist nosokomial erworbenen Infektionen müssen der vermutete Infektfokus, lokale Erregerspektren, die hohe Prävalenz multiresistenter Erreger sowie individuelle Patientenfaktoren berücksichtigt werden (Piano et al. 2019). Verschiedene Fachgesellschaften haben Empfehlungen für die empirische Therapie bei Patienten mit Leberzirrhose veröffentlicht, die im Vergleich zu Lebergesunden oft breiter angelegt sind. Eine konsequente Adhärenz an diese Empfehlungen kann das Überleben von Betroffenen verbessern (Jalan et al. 2014).

Es ist jedoch gleichsam wichtig, einen übermäßig großzügigen Einsatz von Breitband- und Reserveantibiotika kritisch zu hinterfragen, da dieser Resistenzentwicklungen begünstigt. Ein therapeutisches Drug-Monitoring von Beta-Lactam-Antibiotika kann aufgrund schwankender Verteilungsvolumina und der gestörten Entgiftungs- sowie Ausscheidungsfunktionen von Leber und Nieren sinnvoll sein. Bei fehlendem Ansprechen auf antibakterielle Therapien sollte gezielt nach Pilzinfektionen gesucht werden, z. B. durch kulturelle Erregeranzucht, (1,3)-β-D-Glucan, Galactomannan, gezielte Gewerbebiopsie oder Bildgebungen. Der Stellenwert einer empirischen oder kalkulierten antifungalen Therapie ist umstritten.

In Hochrisikosituationen, etwa bei langem Intensivaufenthalt, Steroidtherapie oder Dialyse (siehe Abb. 34.3), kann indes eine prophylaktische Gabe von Echinocandinen, insbesondere vor einer kurzfristig geplanten Lebertransplantation, erwogen werden.

<table>
<tr><th>MRE-Infektionen</th><th>Fungale Infektionen</th></tr>
<tr><td colspan="2">bekannte Kolonisation mit MRE / Candida</td></tr>
<tr><td colspan="2">rezente Antibiotikatherapie, v.a. Breitspektrumantibiose</td></tr>
<tr><td>nosokomiale Infektion, insbesondere nach ICU-Aufenthalt</td><td>zentraler Venenkatheter, parenterale Ernährung</td></tr>
<tr><td>Infektfokus Harnwege oder Lunge</td><td>abdominelle Operation</td></tr>
<tr><td>hohe lokale MRE-Prävalenz
MRGN: Südeuropa, Asien - v.a. Indien
MRSA/VRE: USA, Südamerika</td><td>protrahierte Steroidtherapie</td></tr>
<tr><td>invasive Prozeduren</td><td>Dialysebehandlung</td></tr>
<tr><td>Infektion bei ACLF (versus bei AD)</td><td>Alkoholhepatitis</td></tr>
</table>

Abb. 34.3 Risikofaktoren für multiresistente Erreger und fungale Infektionen bei Patienten mit ACLF. *MRE* = multiresistente Erreger, *ICU* = intensive care unit, Intensivstation. *MRGN*: multiresistente gram-negative Erreger, *MRSA* = methicillin-resistenter Staphylokokkus aureus, *VRE* = vancomycin-resistente Enterokokken. *AD* = akute Dekompensation

34.3 Kreislaufmanagement

Ausgeprägte Volumenverschiebungen sowie die in diesem Kollektiv hochprävalente zirrhotische Kardiomyopathie limitieren die physiologischen kardiovaskulären Kompensationsmöglichkeiten betroffener Patienten und führen häufig zum fulminanten zirkulatorischen Kollaps. Ein der klinischen Dringlichkeit und Invasivität der Maßnahmen angemessenes, häufig invasives Monitoring ist hier angezeigt. Die komplexen Wechselwirkungen zwischen Portalsystem, pulmonaler Strombahn (portopulmonale Hypertonie, hepatopulmonales Syndrom, hypervolämes Lungenödem) und der ebenfalls schwankenden systemischen Inflammation mit Volumenverschiebungen verstärken dabei die funktionell relevanten Mikrozirkulationsstörungen.

Ein individuelles Festlegen von Blutdruckzielwerten anhand klinischer Zeichen der Gewebehypoperfusion (z. B. Rekapillarisierungszeit, Urinproduktion, Vigilanz) ist sinnvoll. Orientierend gelten ein Hb-Wert von etwa 7 g/dl und ein mittlerer arterieller Blutdruck (MAP) von ca. 65 mmHg als ausreichend. Höhere Zielwerte zeigten sich in Untersuchungen zum septischen Schock bei Leberzirrhose nicht überlegen, führten aber zu mehr Nebenwirkungen (Maiwall et al. 2023).

Zur Stabilisierung des Kreislaufs werden primär kristalloide Infusionslösungen eingesetzt. Beim hepatorenalen Syndrom und bei spontan-bakterieller Peritonitis ist eine

Albumingabe indiziert. Bei Hypoalbuminämie kann Albumin im hypotensiven ACLF auch primär als Volumenersatz eingesetzt werden. Bei Sepsis-induzierter Hypotonie stabilisierte Albumin gegenüber Plasmalyte hämodynamisch schneller, ging aber mit mehr Organkomplikationen (insbesondere pulmonaler Art) einher, ohne die 28-Tages-Mortalität zu verbessern.

Bei volumenrefraktärer Hypotension ist Noradrenalin der Vasopressor der Wahl. Terlipressin kann zusätzlich zu Noradrenalin bei refraktärer Hypotension oder als Monotherapie bei geringem Vasopressorbedarf eingesetzt werden. Bei sehr hohem MELD-Score (ACLF-Grad 3 und/oder MELD-Score > 39), kardiozirkulatorischer Kompromittierung und/oder Volumenüberlastung sollte Terlipressin jedoch nicht oder nur mit großer Vorsicht verwendet werden, da hierbei vermehrt pulmonale Komplikationen und Infektionen beobachtet wurden. Beim refraktären Schock sind 200 mg Hydrocortison pro Tag angezeigt, da meist eine relative Nebenniereninsuffizienz vorliegt (Kap. 23).

34.4 Prophylaxe und Therapie von Blutungskomplikationen

Ein erhöhter INR-Wert kennzeichnet eine eingeschränkte Leberfunktion und fließt in den MELD-Score ein, korreliert aber aufgrund der gleichzeitigen Reduktion antikoagulatorischer Faktoren bei Patienten mit Leberzirrhose nur unzureichend mit dem spontanen oder interventionsbedingten Blutungsrisiko. Aussagekräftiger sind eine Hypofibrinogenämie, Thrombopenie sowie eine Verlängerung der aPTT (Drolz et al. 2016). Andere Daten weisen auf Infektionen und Nierenversagen als Treiber von Blutungskomplikationen hin, sodass auch die Hämostase eine komplexe und in der Routinediagnostik nur unzureichend abgebildete Stellgröße darstellt (siehe auch Kap. 24).

Die Prophylaxe tiefer Venenthrombosen ist bei Patienten mit Leberzirrhose in Abwesenheit von Kontraindikationen sinnvoll. Fachgesellschaften raten von einer präemptiven Gabe von Gerinnungsprodukten zur Vermeidung von Blutungen ab, da diese (besonders bei Verwendung von Fresh Frozen Plasma) die portale Hypertension erhöht, ohne die Thrombingeneration messbar zu verbessern (Northup et al. 2021).

Bei Interventionen mit niedrigem Blutungsrisiko (z. B. Parazentese, Thorakozentese) ist kein laborchemisches Gerinnungsassessment erforderlich. Stärker risikobehaftete Prozeduren erfordern eine restriktive Indikationsstellung, den Einsatz ultraschallgesteuerter Punktionstechniken und, wo möglich, lokale Hämostasemaßnahmen. Eine erhöhte klinische Wachsamkeit für Hämorrhagien sowie die rechtzeitige Bereitstellung von Blutprodukten sind sinnvoll. Tritt eine Blutung auf oder wird ein interventionsbedingtes hohes Blutungsrisiko erwartet, können rotationselastometrische Verfahren den effektiven Einsatz von Gerinnungsprodukten steuern. Ohne Thrombelastometrie gelten ein Fibrinogenwert > 1,5 mg/dl und Thrombozytenzahlen > 50/nl als Orientierungswerte (MacDonald et al. 2020) für die Therapie von Blutungen.

Für die Therapie der Ösophagusvarizenblutung einschließlich rescue- und early-TIPS-Anlage sei auf die Kap. 15 und 31 dieses Buches verwiesen.

34.5 Hepatische Enzephalopathie (HE)

Die Indikation für Lactulose und Rifaximin sollte bereits bei subtilen Hinweisen auf Wesensveränderungen oder psychomotorischeVerlangsamung großzügig gestellt werden. Dennoch ist in diesem Kontext eine erhöhte Wachsamkeit für alternative Ursachen neurologischer Auffälligkeiten unbedingt geboten (z. B. Elektrolytverschiebungen, Intoxikationen, Infektionen, intrakranielle Blutungen). Sedativa sollten, wenn möglich, vermieden werden. Benzodiazepine sind problematisch, da sie bei Lebererkrankungen kumulieren und verstärkt sedieren können. Für kurzfristige Sedierungen kommen u. a. Propofol oder Dexmedetomidin in Betracht, etwa im Rahmen kurzer Interventionen.

34.6 Beatmung

Beim ACLF stellen die höhergradige HE (ab West-Haven-Grad III, analog Glasgow-Coma Scale ≤ 8 Punkte) sowie Oxygenierungsstörungen die Hauptindikationen zur Intubation und invasiven Beatmung dar. Beim ACLF ist die Intubation mit einer besonders schlechten Prognose assoziiert und begünstigt die Entstehung weiterer Komplikationen wie Barotrauma, ventilator-assoziierte Pneumonie und Zwerchfellatrophie. Daher sollten alle behebbaren Ursachen von Lungenfunktionsstörungen zunächst therapiert werden, z. B. Entlastung von Pleuraergüssen und Aszites, Intensivierung der HE-Therapie oder gezielte Behandlung einer Pneumonie.

Nichtinvasive Beatmungsverfahren (NIV, High-Flow-Sauerstoff) können eine Intubation häufig verhindern, erfordern bei HE jedoch ein sehr engmaschiges Monitoring. Schweres Lungenversagen ist an sich keine Kontraindikation für eine kinetische Therapie beim ACLF. Der Einsatz einer extrakorporalen Membranoxygenierung (ECMO) ist jedoch in der Regel nicht sinnvoll.

34.7 Ernährung und Metabolismus

Ein gesteigerter Energiebedarf bei Infektionen und die Vermeidung von Proteinkatabolismus und Mangelzuständen von Makro- und Mikronährstoffen stellen die Rationale für eine frühe enterale Ernährung bei Intensivpatienten dar. Ein strukturiertes Assessment des Ernährungsstatus bei Aufnahme und der möglichst rasche Beginn einer enteralen Ernährung werden bei Patienten mit Leberzirrhose in intensivmedizinischer Behandlung empfohlen.

Eine Proteinrestriktion sollte vermieden werden, der Gesamtenergiebedarf sollte mit ca. 30–35 kcal/kg/d und einem Proteinanteil von 1,2–1,5 g Protein/kg/Tag veranschlagt werden, wobei bei der Auswahl der Ernährungsformulationen Kofaktoren wie Nierenversagen, Elektrolytstörungen, Darmparalyse etc. berücksichtigt werden müssen. Bei protrahierten Nüchternheitsphasen kann eine überbrückende intravenöse Glukosetherapie erwogen werden, ansonsten ist eine enterale Route für Sondennahrung oder entsprechende Kost zu bevorzugen.

Ein Ziel-Blutzuckerspiegel von 110–180 mg/dl ist dabei aufgrund seltenerer Hypoglykämien eher geeignet als eine zu enge Blutzuckereinstellung. Eine weiche Magensonde ist auch bei bekannten Ösophagusvarizen in der Regel unproblematisch, mit Ausnahme der ersten Tage nach einer Ligaturtherapie. Bei Alkoholanamnese, Diuretikatherapie und langer Nüchternheit ist die Gefahr eines *Refeeding*-Syndroms zu beachten, das durch Hypophosphatämie, Hypokaliämie und Hypomagnesiämie gekennzeichnet ist und konsequent therapiert werden muss, da hier schwere Komplikationen bis hin zu letalen Verläufen zu befürchten sind.

34.8 Dialyse und erweiterte Nierenersatzverfahren

Wie auch bei anderen Grunderkrankungen kann die akute Nierenschädigung (AKI) Ausdruck von primärer Nierenerkrankung, Hypovolämie, Sepsis, Harnverhalt, Nephrotoxizität (Medikamente, Gallensäuren) oder kardiozirkulatorischem Versagen sein und sollte entsprechend differenzialdiagnostisch eingegrenzt werden.

Das AKI im Sinne eines genuinen hepatorenalen Syndroms (HRS-AKI) zeigt häufig eine schlechte Prognose an (Kap. 18). Die Gewährleistung einer adäquaten Nierenperfusion, ggf. unter Einsatz von Humanalbumin und Noradrenalin oder Terlipressin stellt die Therapie der Wahl dar. Die Einleitung einer Nierenersatztherapie (*renal replacement therapy*, RRT) folgt wie bei anderen Nierenfunktionsstörungen im Wesentlichen klinischen und laborchemischen Kriterien, wenngleich eine RRT beim HRS-AKI in Abwesenheit einer Lebertransplantationsoption nicht mit einem generellen Überlebensvorteil assoziiert ist. Eine RRT stellt somit vorrangig im Sinne einer überbrückenden Therapie bis zur Lebertransplantation eine sinnvolle Therapieoption dar.

In Abwesenheit kontrollierter Studien bei Patienten mit ACLF erscheint ein kontinuierliches Nierenersatzverfahren bei hämodynamischer Instabilität vorteilhaft gegenüber der intermittierenden Dialyse, und kann unter entsprechendem Monitoring in der Regel gut mittels regionaler Antikoagulationsverfahren (z. B. Calciumcitrat) erfolgen.

Der Stellenwert sogenannter extrakorporaler Leberunterstützungsverfahren beim ACLF wird kontrovers diskutiert und ist derzeit nicht abschließend geklärt (Kap. 32). Grundsätzlich sollen Leberunterstützungsverfahren auf unterschiedliche Weise und in unterschiedlichem Ausmaß die synthetischen, entgiftenden und metabolischen Funktionen der Leber unterstützen oder ersetzen, wobei die sog. „biologischen", das heißt zellbasierten Verfahren aktuell keine Anwendung mehr finden. Albuminbasierte Dialyseverfahren erlauben den Austausch auch lipophiler und albumingebundener Substanzen.

Für eine Reihe dieser Verfahren (MARS, Prometheus, ADVOS) besteht Evidenz für objektivierbare Verbesserungen von Serumbilirubin, Kreatinin oder auch der hepatischen Enzephalopathie, indes existiert bislang keine klare Evidenz für einen eindeutigen Überlebensvorteil der Verfahren gegenüber kontinuierlicher venovenöser Hämodialyse

(CVVHD), wobei größere prospektive Untersuchungen mit gut definierten Patientenkollektiven aktuell ausstehen.

Neben der Unklarheit, welche Patientengruppen von derartigen Verfahren möglicherweise besonders profitieren können, bestehen Auswirkungen auf beispielsweise die Pharmakokinetik von Antibiotika, deren klinische Relevanz derzeit ebenfalls nicht gänzlich überblickt werden können. Somit sollten diese Verfahren gegenwärtig vorrangig im Rahmen von Studien zur Anwendung kommen. Ob ein therapeutischer Plasmaaustausch (*therapeutic plasma exchange,* TPE) beim ACLF in Analogie zum akuten Leberversagen das transplantationsfreie Überleben verbessern kann, ist gegenwärtig Gegenstand wissenschaftlicher Untersuchungen.

34.9 Lebertransplantation (LT)

Die Frage nach einer „rescue"-LT beim ACLF steht im Fokus intensiver Forschung. Retrospektive Fallserien zeigen, dass eine Lebertransplantation für sorgfältig ausgewählte Patienten mit ACLF die Prognose deutlich verbessern kann (Artru et al. 2017). Daher sollte diese Option frühzeitig erwogen und mit einem Transplantationszentrum besprochen werden. Viele Patienten mit ACLF bewegen sich jedoch klinisch an der Grenze zur Transplantabilität, und das Zeitfenster für eine LT ist häufig klein. Die hohe Mortalität auf der Warteliste, mögliche Vorteile einer raschen LT, Fragen der Priorisierung und die Verwendung marginaler oder von Lebendspender-Organen sowie ethische Aspekte müssen einbezogen werden. Studien zeigen, dass insbesondere ein Alter > 60 Jahre, ein Diabetes mellitus und ein sehr schlechter klinischer Zustand unmittelbar vor LT (z. B. erhöhte Laktatkonzentrationen, schwere Oxygenierungsstörung, Leukozytenzahl < 10/µl) mit einer hohen Post-Transplant-Mortalität einhergehen (Sundaram et al. 2020; Artzner et al. 2020). Die Stabilisierung von Organfunktionen vor LT kann das Post-Transplant-Überleben möglicherweise verbessern.

34.10 Prognoseabschätzung und *"futility of care"*

Vor dem Hintergrund der zur Verfügung stehenden Therapieoptionen ist eine wiederholte Bestimmung der prognoseanzeigenden Scores sinnvoll. Beim ACLF ist der CLIF-C ACLF Score anderen Leber-Scores (MELD, MELD-Na) in der Vorhersagekraft der 28-Tages Mortalität überlegen (EASL 2023). In einer retrospektiven Studie aus Großbritannien war ein CLIF-C ACLF Score > 70 nach 48 h Intensivtherapie mit einer 100 %-igen Mortalität assoziiert (Engelmann et al. 2018). Andere Arbeiten schlagen vor, ein persistierendes Vier- oder Mehrorganversagen oder einen CLIF-C ACLF Score > 64 nach 3–7 Tagen Intensivbehandlung in Abwesenheit einer Transplantationsoption als infaust zu werten (Hernaez et al. 2017). Einzelne Fallserien berichten jedoch von kurzem Überleben auch bei sehr schweren Verläufen (McPhail et al. 2016).

▶ **Angesichts der Tragweite einer Therapieeinstellung sollten Prognosescores jedoch nur ein Faktor unter vielen sein. Alter, Komorbiditäten, der funktionelle Status vor dem ACLF, das Ausmaß der Organschäden und der mutmaßliche Patientenwille sind ebenso bedeutend.**

Eine individualisierte, wiederholt durchgeführte interdisziplinäre Prognoseabschätzung (Abb. 34.4) kann dabei helfen, gemeinsam mit den Betroffenen, ihren Angehörigen und dem Behandlungsteam richtungsweisende Entscheidungen zu treffen.

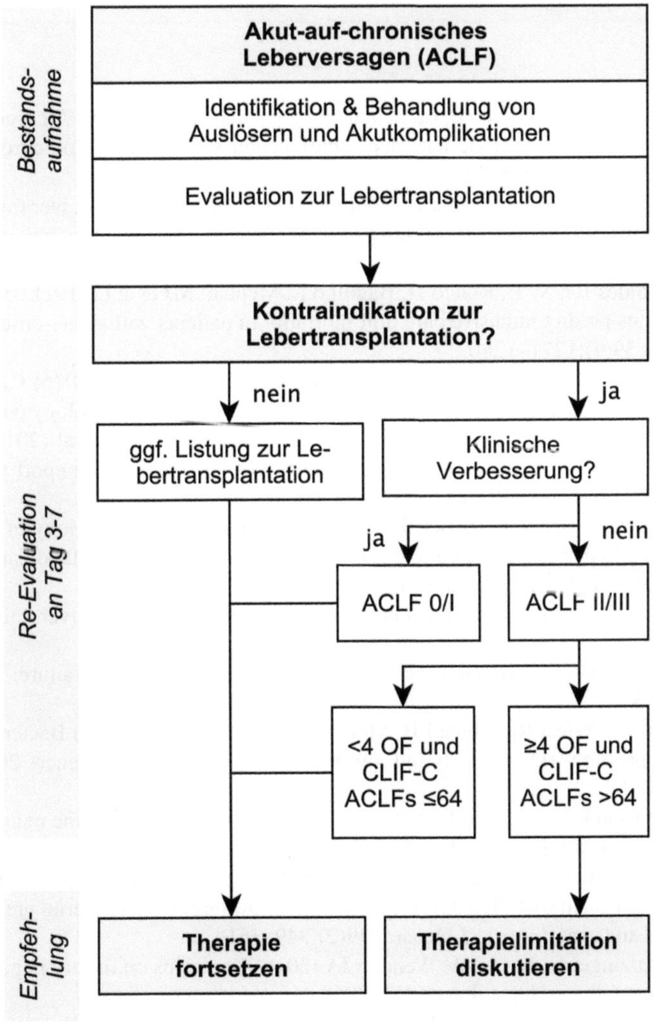

Abb. 34.4 Exemplarisches Flussdiagramm zur Therapie von Patienten mit ACLF auf der Intensivstation

34.11 Fazit

Die intensivmedizinische Therapie von Patienten mit Leberzirrhose erfordert ein multiprofessionelles Team aus Hepatologen, Intensivmedizinern, Pflegekräften und weiteren Spezialisten, um eine bestmögliche Versorgung sicherzustellen. Insbesondere die Möglichkeit einer Lebertransplantation sollte frühzeitig im Prozess geprüft und mit einem entsprechenden Zentrum diskutiert werden, da in Abwesenheit einer Transplantationsoption und persistierend hochgradigem ACLF eine Übertherapie vermieden werden sollte.

Literatur

Artru F, Louvet A, Ruiz I, Levesque E, Labreuche J, Ursic-Bedoya J et al (2017) Liver transplantation in the most severely ill cirrhotic patients: a multicenter study in acute-on-chronic liver failure grade 3. J Hepatol 67(4):708–715

Artzner T, Michard B, Weiss E, Barbier L, Noorah Z, Merle JC et al (2020) Liver transplantation for critically ill cirrhotic patients: stratifying utility based on pretransplant factors. Am J Transplant 20(9):2437–2448

Cardoso FS, Abraldes JG, Sy E, Ronco JJ, Bagulho L, Mcphail MJ et al (2019) Lactate and number of organ failures predict intensive care unit mortality in patients with acute-on-chronic liver failure. Liver Int 39(7):1271–1280

Drolz A, Horvatits T, Roedl K, Rutter K, Staufer K, Kneidinger N et al (2016) Coagulation parameters and major bleeding in critically ill patients with cirrhosis. Hepatology 64(2):556–568

Engelmann C, Thomsen KL, Zakeri N, Sheikh M, Agarwal B, Jalan R et al (2018) Validation of CLIF-C ACLF score to define a threshold for futility of intensive care support for patients with acute-on-chronic liver failure. Crit Care 22(1):254

Engelmann C, Clària J, Szabo G, Bosch J, Bernardi M (2021) Pathophysiology of decompensated cirrhosis: portal hypertension, circulatory dysfunction, inflammation, metabolism and mitochondrial dysfunction. J Hepatol 75(Suppl 1):S49–S66

EASL (2023) EASL Clinical Practice Guidelines on acute-on-chronic liver failure. J Hepatol 79(2):461–491.

Hernaez R, Solà E, Moreau R, Ginès P (2017) Acute-on-chronic liver failure: an update. Gut 66(3):541–553

Jalan R, Fernandez J, Wiest R, Schnabl B, Moreau R, Angeli P et al (2014) Bacterial infections in cirrhosis: a position statement based on the EASL special conference 2013. J Hepatol 60(6):1310–1324

MacDonald AJ, Olson J, Karvellas CJ (2020) Critical care considerations in the management of acute-on-chronic liver failure. Curr Opin Crit Care 26(2):171–179

Maiwall R, Rao Pasupuleti SS, Hidam AK, Kumar A, Tevethia HV, Vijayaraghavan R et al (2023) A randomised-controlled trial (TARGET-C) of high vs. low target mean arterial pressure in patients with cirrhosis and septic shock. J Hepatol 79(2):349–361

McPhail MJW, Auzinger G, Bernal W, Wendon JA (2016) Decisions on futility in patients with cirrhosis and organ failure. Hepatology 64(3):986

Northup PG, Garcia-Pagan JC, Garcia-Tsao G, Intagliata NM, Superina RA, Roberts LN et al (2021) Vascular liver disorders, portal vein thrombosis, and procedural bleeding in patients with liver disease: 2020 practice guidance by the American Association for the Study of Liver Diseases. Hepatology 73(1):366–413

Piano S, Singh V, Caraceni P, Maiwall R, Alessandria C, Fernandez J et al (2019) Epidemiology and effects of bacterial infections in patients with cirrhosis worldwide. Gastroenterology 156(5):1368–1380.e10

Sundaram V, Mahmud N, Perricone G, Katarey D, Wong RJ, Karvellas CJ et al (2020) Longterm outcomes of patients undergoing liver transplantation for acute-on-chronic liver failure. Liver Transpl 26(12):1594–1602

Weil D, Levesque E, McPhail M, Cavallazzi R, Theocharidou E et al (2017) Prognosis of cirrhotic patients admitted to intensive care unit: a meta-analysis. Ann Intensive Care 7:33.

Supportive Therapiekonzepte und Palliativmedizin

35

Lea Marie Bartsch und Benjamin Maasoumy

35.1 Herausforderungen bei der palliativen Behandlung bei Patienten mit fortgeschrittener Leberzirrhose

Palliative Therapiekonzepte werden vielfach im Umfeld von Tumorerkrankungen diskutiert, um die Symptome der Patienten zu lindern. Supportive und palliative Therapiekonzepte sind jedoch auch bei anderen chronischen Erkrankungen wichtig, werden aber häufig unterschätzt. Patienten mit einer dekompensierten Leberzirrhose weisen eine hohe Symptomlast auf. Im dekompensierten Stadium können gravierende, potenziell lebensbedrohliche und zugleich physisch und psychisch belastende zirrhosespezifische Komplikationen wie Aszites, Ösophagusvarizenblutungen, eine spontan-bakterielle Peritonitis, ein hepatorenales Syndrom, ein hepatopulmonales Syndrom oder eine hepatische Enzephalopathie auftreten. Daneben bestehen häufig auch andere, weniger spezifische Symptome wie Fatigue, Schmerzen, Dyspnoe, Übelkeit und Pruritus. Es konnte gezeigt werden, dass Patienten mit einer fortgeschrittenen Leberzirrhose eine außerordentlich hohe Symptomlast haben, die sich mit dem Fortschreiten der Lebererkrankung aggraviert (Martin et al. 2010). Insbesondere ist das Ausmaß von Schmerzen vergleichbar mit dem von Tumorpatienten.

Die Autoren bedanken sich bei Jim Mauz, Laura Buttler und Vaira Schöpe für die Unterstützung bei der Erstellung der Abbildungen (Biorender).

L. M. Bartsch · B. Maasoumy (✉)
Klinik für Gastroenterologie, Hepatologie, Infektiologie und Endokrinologie, Medizinische Hochschule Hannover, Hannover, Deutschland
E-Mail: Bartsch.LeaMarie@mh-hannover.de; Maasoumy.Benjamin@mh-hannover.de

T. Bruns et al. (Hrsg.), *Komplikationen der Leberzirrhose*,
https://doi.org/10.1007/978-3-662-70167-6_35

> **In Anbetracht der hohen Symptomlast sollten palliative, symptomorientierte Behandlungsmaßnahmen in jedem Stadium der dekompensierten Leberzirrhose geprüft werden.**

Die Behandlung der Grunderkrankung ist, falls möglich, sinnvoll und verspricht eine Verbesserung der Prognose mit Reduktion von Komplikationen und Symptomen. Gerade in sehr fortgeschrittenen Stadien sind Rekompensation und hepatische Regeneration allerdings regelmäßig nicht mehr vollständig möglich. Eine Lebertransplantation kann für Patienten eine potenziell kurative Therapiestrategie sein, allerdings gibt es ein gravierendes Missverhältnis zwischen den verfügbaren Organen und den Patienten, die auf ein neues Organ warten. Im Jahr 2021 sind 13,1 % der Patienten, die für eine Lebertransplantation gelistet waren, verstorben und nur 59 % der gelisteten Patienten haben nach 3 Jahren ein Organ erhalten (Kwong et al. 2023). Weiterhin kommen nicht alle Patienten für eine Organtransplantation infrage, zum Beispiel aufgrund eines schlechten Allgemeinzustandes, mangelhafter Compliance oder relevanter Komorbiditäten. Somit stellen für einen großen Anteil der Patienten supportive und palliative Konzepte die einzige Behandlungsmöglichkeit dar und nehmen dementsprechend eine besonders hohe Bedeutung ein.

Eine besondere Herausforderung sind die akuten, teils rapiden Verschlechterungen des Allgemeinzustandes bei Patienten mit einer chronischen Leberzirrhose. Anhand von Scores kann die Letalität der Patienten und die Notwendigkeit palliativer Therapiekonzepte abgeschätzt werden. Bei einem akut-auf-chronischen Leberversagen (ACLF) Grad 1 konnte in der CANONIC-Kohorte eine Heilungsrate von 55 % ermittelt werden, wohingegen bei einem ACLF Grad 3 eine Heilungsrate von 15 % festgestellt wurde. Die Letalität der Patienten war abhängig von Anzahl und Ausmaß des Organversagens (CLIF-OF-Score), vom Patientenalter und von der Konzentration der zirkulierenden Leukozyten. Eine Letalität von 100 % wurde bei Patienten mit $\geq$ 4 Organversagen und/oder einem CLIF-ACLF-Score von $\geq$ 64 beobachtet. Zusammenfassend könnte in diesen Situationen der ACLF/CLIF-Score für den Beginn einer rein palliativen Therapie herangezogen werden. Neben den Scores müssen der mutmaßliche Patientenwille, die Komorbiditäten sowie die Reversibilität der Organausfälle in den ärztlichen Entscheidungsprozess einbezogen werden.

Ziele der palliativen Medizin im Rahmen der fortgeschrittenen Leberzirrhose sind es, die Lebensqualität der Patienten zu verbessern, den emotionalen Stress des Patienten und der Angehörigen zu reduzieren sowie die physischen Symptome zu behandeln. Es geht darum, die Bedürfnisse des Patienten zu kommunizieren und in das Langzeitbehandlungskonzept des Patienten zu integrieren (Advanced Care Planning). Diverse Studien haben gezeigt, dass die Patienten von palliativen Therapiekonzepten parallel zu kurativen Therapiekonzepten profitieren, dies gilt auch für Patienten, die noch für eine Lebertransplantation gelistet sind. Obwohl die Symptomlast der Patienten gravierend und die Letalität höher ist, werden palliative Therapiekonzepte später implementiert als bei anderen terminalen Erkrankungen (Ufere et al. 2019). Hierbei wird häufig auch die Unterstützung der Angehörigen vernachlässigt, die sich erwiesenermaßen regelmäßig aufgrund der Symptomvielfalt und -schwere der Patienten überfordert fühlen. Besondere Bedeutung haben hierbei unter anderem Enzephalopathie und psychiatrische Begleiterkrankungen (u. a. Suchterkrankung und Depression), aber auch die generelle Unsicherheit in Bezug auf die Stabilität der aktuellen Gesundheitssituation. Das Bewusstsein für den enormen supportiven Bedarf und die Bedeutung der palliativen Therapie steigt aktuell, sodass einige Studien sich bereits mit der Verbesserung der Versorgung beschäftigen.

Es gibt jedoch einige Herausforderungen, die den spezifischen Fokus auf palliative Therapiekonzepte bei Patienten mit fortgeschrittener Leberzirrhose erschweren können:

- Die Entwicklung der Symptome und eine Zustandsverschlechterung können sich sehr plötzlich entwickeln.
- Die Möglichkeit einer lebensrettenden Lebertransplantation kann die Bereitschaft für den Beginn einer palliativen Therapie bei den Patienten und Angehörigen erschweren.
- Bei dem behandelnden medizinischen Personal besteht ebenfalls weiterhin ein zurückhaltendes Verhalten zum Start der palliativen Therapie; dies wird häufig erst begonnen, wenn der Patient von der Transplantationsliste genommen wurde.
- Es gibt bisher keine Indikatoren oder klinischen Trigger, die das Hinzuziehen eines palliativen Teams anzeigen, sodass diese Entscheidung im Einzelfall vom Behandlungsteam gefällt werden muss.

Vergleichsweise wenige Studien haben die tatsächliche Symptomlast und Belastung der Patienten mit einer fortgeschrittenen Leberzirrhose analysiert. Der hohe Bedarf an physischer und psychosozialer Unterstützung bei diesen Patienten wurde insbesondere im Vergleich zu anderen chronischen Erkrankungen herausgearbeitet (Kimbell und Murray 2015). Hierbei zeigt sich, dass vor allem Fatigue, abdominelle Distension (Aszites), periphere Ödeme, Schlafstörungen, Schmerzen und Muskelkrämpfe den Patienten Beschwerden bereiten. Eine Untersuchung an 156 Patienten hat Angststörungen und Depressionen bei einem großen Anteil der Patienten mit fortgeschrittener Leberzirrhose festgestellt. Im Folgenden sollen die relevantesten Symptome (Abb. 35.1) und das potenzielle Management praxisnah erörtert werden.

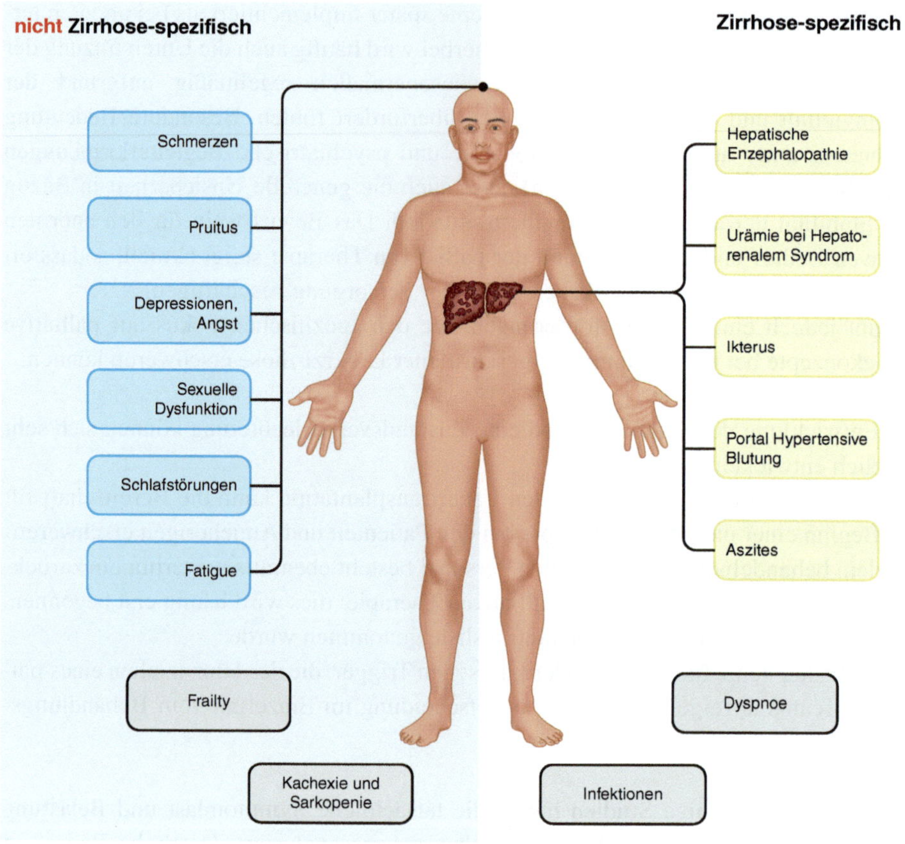

Abb. 35.1 Symptomlast bei Patienten mit fortgeschrittener Leberzirrhose

35.2 Abdominelle Distension und Aszites

Die Entwicklung von Aszites ist eine der häufigsten Dekompensationen einer fortgeschrittenen Leberzirrhose. Aszites führt häufig zu Folgesymptomen wie Bauchschmerzen, Ventilationsstörungen und Appetitlosigkeit und kann schwerwiegende Komplikationen wie eine spontan-bakterielle Peritonitis begünstigen. Das Auftreten von Aszites führt zu einer gravierenden Reduktion des 5-Jahres-Überlebens von 80 % auf 30 %. Weitere Faktoren, die die Mortalität und Morbidität der Patienten mit Aszites erhöhen, sind eine begleitende Hyponatriämie, Hypotonie, eine eingeschränkte Nierenfunktion und eine niedrige renale Natriumexkretion.

Therapeutisch kommt zu Beginn eine diuretische Therapie zur langsamen Gewichtsreduktion infrage. Aufgrund der Pathophysiologie wird insbesondere Spironolacton empfohlen. Eine weitere therapeutische Möglichkeit stellt die Anlage eines transjugulären intrahepatischen portosystemischen Shunts (TIPS) zur effektiven Senkung des portosystemischen Gradienten dar. Ein TIPS führt zu einer besseren Symptomkontrolle des Aszites und verbessert das Überleben. Dies gilt allerdings nicht in sehr fortgeschrittenen Stadien, sodass eine TIPS-Anlage in einem früheren Fenster der Erkrankung erfolgen sollte (Kap. 31). Im palliativen Setting könnte insbesondere bei hoher Symptomlast ein TIPS auch bei relativen Kontraindikationen großzügiger in Erwägung gezogen werden. Gleichzeitig sollte die Überlebensprognose allerdings auch 6 Monate überschreiten.

Letztlich ist die wiederholte Parazentese für viele terminale, palliative Patienten die geeignetere Option. Die rezidivierende Einmalpunktion kann für die Patienten jedoch erheblich belastend sein, und beim Ablassen größerer Mengen an Aszites (> 5 l) sollte Albumin supplementiert werden, um weitere Komplikationen zu verhindern. Für eine Aszitespunktion muss ein Patient häufig in einem Krankenhaus vorstellig werden; eher selten wird diese in ambulanter Umgebung durchgeführt. Alternativ kommt eine dauerhafte Anlage eines getunnelten Peritonealkatheters infrage, mit dem man eine tägliche oder umtägige Parazentese von Aszites in der häuslichen Umgebung durchführen kann. Untersuchungen haben die Sicherheit dieses Verfahrens für Patienten bestätigt (Macken et al. 2019). Diese Option ist für die Patienten häufig angenehmer. Das häufige Auftreten von Peritonitiden ist zu beachten. Auch wenn dies in strukturierten Analysen nicht zwingend häufiger auftrat als in einem ähnlichen Patientenkollektiv, das mit wiederholter Parazentese behandelt wurde, bedingt es die regelmäßige Notwendigkeit der Explantation (Schutte et al. 2024). Diese kann zwar sehr unkompliziert in Lokalanästhesie vorgenommen werden, führt aber zu einer erneuten ärztlichen Vorstellung. Die Infektion selbst stellt zudem ein relevantes Risiko für signifikante Folgekomplikationen dar. Das Auftreten von katheterassoziierten Infektionen scheint allerdings gemäß vorläufiger Studiendaten bei einer neuen Generation von Kathetern mit antibakterieller Silberbeschichtung signifikant geringer zu sein (Schutte et al. 2024).

Eine weitere Alternative zur Reduktion der Parazenteserate bei Patienten mit fortgeschrittener Leberzirrhose stellt ein automatisches Pumpensystem dar, welches den Aszites über ein Kathetersystem in die Harnblase abpumpt (Bellot et al. 2013). Aufgrund der Gesamtkosten sollte die Überlebensprognose der Patienten 12 Monate übersteigen. Für palliative Patienten stellt das invasive operative Einsetzen der Pumpe eine Belastung dar und bei über einem Drittel der Patienten kommt es zu schwerwiegenden Komplikationen (Bellot et al. 2013). Allerdings reduzierte das Pumpensystem im Median 85 % der monatlichen Parazentesen, erhöht die Lebensqualität und verbessert den Ernährungszustand der Patienten. Im Falle einer Infektion oder Komplikation ist hier zur Explantation jedoch ein erneuter operativer Eingriff notwendig.

Leider ist das Pumpensystem seit 2024 in Europa nicht mehr kommerziell verfügbar. Bei beiden Verfahren der täglichen Drainage besteht das Risiko von Nierenfunktionsverschlechterungen und einem Verlust von Natrium. Letzterer bedingt eine echte Hyponatriämie, sodass im Einzelfall hier die Supplementation von Kochsalz erwogen werden kann. Sowohl Nierenfunktionsverschlechterung als auch Hyponatriämie waren in einer Analyse mit der Menge des täglich drainierten Aszites assoziiert. Zur Reduktion des Risikos sollte diese daher nicht 1,5 l/Tag überschreiten (Tergast et al. 2023).

35.3 Dyspnoe

Dyspnoe ist ein häufiges Symptom bei Patienten mit fortgeschrittener Leberzirrhose. Ursächlich können ein hepatopulmonales Syndrom, eine portopulmonale Hypertonie, Veränderungen des Lungengewebes oder eine extrapulmonale Beeinträchtigung der Ventilation, zum Beispiel durch Aszites oder einen hepatischen Hydrothorax, sein.

Ein hepatischer Hydrothorax tritt bei bis zu 15 % der Patienten mit Leberzirrhose auf. Eine symptomatische Therapie kann mittels Punktion und diuretischer Medikation erfolgen. Ähnlich wie bei der Behandlung von ASZITES kann in einem palliativen Therapiekonzept ein getunnelter Katheter verwendet werden, um die Belastung durch rezidivierende Punktionen zu reduzieren.

Dyspnoe aufgrund eines schweren hepatopulmonalen Syndroms kann mittels supplementärer Langzeitsauerstofftherapie bei schwerem HPS (hepatopulmonalen Syndrom) therapiert werden (Kap. 21). Eine medikamentöse Therapieoption ist aktuell leider nicht verfügbar. Das Auftreten erhöht die Morbidität und Mortalität der Patienten

35.4 Hepatische Enzephalopathie

Die reversible neuropsychiatrische Dysfunktion einer hepatischen Enzephalopathie (HE), die mit einer verschlechterten Leberfunktion einhergeht, ist neben der Belastung für die betroffene Person eine besondere Herausforderung für die betreuenden Personen und Angehörigen und beeinträchtigt die weitere Therapieentscheidungsfähigkeit des Patienten. Eine manifeste HE tritt kumulativ bei 30–45 % der Patienten mit Leberzirrhose auf und es besteht eine Korrelation mit der erhöhten Letalität der Patienten; diese liegt bei 85 % innerhalb von 5 Jahren. Eine frühzeitige Testung der Patienten auf eine HE ist sinnvoll. Auch in palliativer Intention sind bei der Therapie zunächst die Diagnostik und Therapie möglicher Auslöser wichtig, um weitere Komplikationen wie Dehydratation, unzureichende und unregelmäßige Nahrungsaufnahme oder Stürze zu verhindern. Das Auftreten einer HE muss umgehend eine gründliche Evaluation der häuslichen Versorgung nach sich ziehen. Es sollte möglichst eine sichere Umgebung für den Patienten geschaffen werden (Rogal et al. 2022).

Die grundlegenden Therapiekonzepte sind darüber hinaus zunächst identisch mit dem in Kap. 19 beschriebenen Vorgehen. Zu den Grundmaßnahmen gehört eine regelmäßige und ausreichende Kalorien- und Eiweißzufuhr. Medikamentöse Ansätze umfassen die Beeinflussung der Ammoniakaufnahme bzw. -elimination, zum Beispiel mittels Lactulose. Teilweise können bei einer akuten HE abführende Maßnahmen mittels Polyethylenglykol sinnvoll sein. Auch eine Sekundärprophylaxe mit Lactulose und Rifaximin ist in palliativer Intention unverändert sinnvoll zur Reduktion der Symptomlast. Frühzeitig und gerade bei rezidivierenden oder gar refraktären Verläufen sollte in der palliativen Behandlungssituation allerdings die Möglichkeit des Verschlusses portosystemischer Kollateralen erwogen werden. Die potenziellen Nachteile einer Verschlechterung der portalen Hypertension kann man im palliativen Setting eher in Kauf nehmen, wenn bei hohem Leidensdruck die HE im Vordergrund steht. In einigen Studien wurde sogar ein Überlebensvorteil durch die Embolisation größerer portosystemischer Shunts bei rezidivierender HE beschrieben (An et al. 2014).

35.5 Ösophagusvarizenblutungen

72 % der Patienten mit einer fortgeschrittenen Leberzirrhose (Child-Pugh B und C) weisen Ösophagusvarizen auf. Die Blutung aus den Varizen stellt eine potenziell lebensbedrohliche Komplikation der fortgeschrittenen Leberzirrhose dar (Jepsen et al. 2010). In der primären und sekundären Prophylaxe werden nichtselektive Betablocker und/oder eine Ligaturtherapie grundsätzlich empfohlen. Der Einsatz von nichtselektiven Betablockern ist im fortgeschrittenen Erkrankungsstadium aufgrund der häufig bestehenden systemischen arteriellen Hypotonie allerdings häufig schwierig bis unmöglich. Bei einem mittleren arteriellen Blutdruck (MAP) < 65 mmHg ist eine Therapie mit nichtselektiven Betablockern möglicherweise häufiger von Nierenfunktionsverschlechterungen begleitet, insbesondere bei begleitender spontan-bakterieller Peritonitis (Tergast et al. 2019). Außerdem sind mögliche Nebenwirkungen wie Müdigkeit und sexuelle Dysfunktion in der Therapieentscheidung zu berücksichtigen. Welche Maßnahmen im Rahmen eines akuten Blutungsereignisses gewünscht sind, sollte unbedingt vor einem Ereignis besprochen und möglichst schriftlich festgehalten werden. Sollte in der Akutsituation keine Intervention mehr gewünscht sein, sollten Notfallmedikamente wie subkutane und rektale Opioide und Benzodiazepine verfügbar sein.

35.6 Schmerzen

Schmerzen sind bei Patienten mit Leberzirrhose ein sehr häufiges, aber oft vernachlässigtes Symptom. Zunächst sollte geprüft werden, ob die eigentliche Schmerzursache primär zu beheben ist. Die Ursachen sind allerdings vielfältig. Eine Assoziation zur Grunderkrankung (z. B. Leberkapselschmerz), zirrhosespezifische Komplikationen (z. B. Aszites), das Überwiegen proinflammatorischer Zytokine und auch der Einfluss von Komorbiditäten sind zu berücksichtigen und nicht immer sind diese einer direkten therapeutischen Intervention zugänglich (Rogal et al. 2022).

Zur symptomatischen Schmerzbehandlung stehen diverse pharmakologische und nicht pharmakologische Maßnahmen zur Verfügung. Die prinzipielle Herangehensweise unterscheidet sich nicht von der Schmerzbehandlung anderer Patienten. Es ergeben sich jedoch einige Besonderheiten aufgrund der Leber- und ggf. auch Niereninsuffizienz. Die subjektiven Wünsche des Patienten sollten dabei unbedingt in das jeweilige Schmerzkonzept integriert werden, insbesondere bei der Anwendung sedierender Analgesie.

Grundsätzlich empfiehlt sich ein Vorgehen nach dem WHO-Stufenschema. Eine suffiziente, medikamentöse Schmerztherapie ist aufgrund der hepatischen Metabolisierung vieler Schmerzmedikamente sowie der Hypalbuminämie eine Herausforderung (McGill et al. 2022). Ferner sind potenzielle Nebenwirkungen zu beachten, welche verschiedene Komplikationen der Leberzirrhose präzipitieren oder aggravieren können.

NSAR Bei der Auswahl der Nichtopioidanalgetika besteht das Problem der renalen Schädigung. Der Einsatz von klassischen, unselektiven Inhibitoren der Cyclooxygenase (COX), den nichtsteroidalen Antirheumatika (NSAR), geht v. a. über die Hemmung der COX-1 mit einem erhöhten Risiko für ein akutes Nierenversagen einher, da es zu einer Einschränkung der Nierendurchblutung infolge Konstriktion des *Vas afferens* kommt. Bei Patienten mit fortgeschrittener Leberzirrhose ist die renale Durchblutung ohnehin eingeschränkt und eine weitere Reduktion trägt zu einer Verschlechterung der Hyponatriämie, des Aszites und der Ödembildung bei. Der Einsatz bei dekompensierter Leberzirrhose wird daher insbesondere bei bereits bestehender Nierenfunktionseinschränkung und/oder Aszites nicht empfohlen.

Metamizol In Deutschland wird häufig auf Metamizol zurückgegriffen, welches zwar kein klassisches NSAR ist, allerdings ebenfalls zu einer gewissen Hemmung von COX-1 und COX-2 führt. Die klinische Relevanz hiervon war jedoch lange kaum untersucht. In einer kürzlichen retrospektiven Studie an 523 Patienten wurde der Einsatz von Metamizol bei Leberzirrhose analysiert (Schulte et al. 2022). Metamizol wurde bei 21 % der Patienten angewendet und war mit dem Auftreten eines akuten Nierenversagens assoziiert. Im Vergleich zur mit Opioiden behandelten Gruppe war die Häufigkeit eines akuten Nierenversagens höher (49 % vs. 79 %). Außerdem gab es in der jüngeren Vergangenheit Berichte über eine akute Leberschädigung im Sinne einer medikamentös-toxischen Hepatitis mit autoimmunen Charakteristika (AIH-like DILI) im Zusammenhang mit Metamizol. Unklar ist jedoch die tatsächliche Häufigkeit dieses Phänomens. Zusammenfassend sollte Metamizol bei Patienten mit dekompensierter Leberzirrhose eher zurückhaltend angewendet werden.

COX-2-Inhibitoren Da insbesondere eine COX-1-Inhibition mit dem Risiko einer Nierenfunktionseinschränkung einhergeht, wären hochselektive COX-2-Inhibitoren als Alternative zu diskutieren. Hier gibt es bislang nur begrenzte Erfahrungen bei Patienten mit dekompensierter Leberzirrhose. Die vorliegenden Studiendaten legen allerdings ein besseres Risikoprofil nahe (Clària et al. 2005).

Paracetamol Eine weitere Alternative ist Paracetamol, das ein vergleichsweise sehr gutes Nebenwirkungsprofil aufweist. Bedenken bestehen häufig aufgrund der Hepatotoxizität. Diese ist jedoch strikt dosisabhängig und erst bei Erschöpfung der üblichen Elimination über Glucuronidierung zu befürchten, da dann ein hoher Anteil über das Cytochromsystem mit Bildung des toxischen N-Acetylimidochinon abgebaut wird. Bei Lebergesunden liegt die toxische Grenzschwelle bei etwa 150 mg/kg Körpergewicht. Bei niedriger Dosis besteht keine relevante Hepatotoxizität. Sichere Erkenntnisse zur toxischen Grenzdosis bei eingeschränkter Leberfunktion liegen nicht vor. Einige Daten legen nahe, dass die Metabolisierung verzögert ist und die Glutathionreserven bei fortgeschrittener Zirrhose eingeschränkt sind. Daher erscheint es naheliegend, dass eine niedrigere toxische Grenze vor allem bei wiederholter Gabe anzunehmen ist. Die täglich repetitive Gabe von 3 g Paracetamol bei Patienten mit Leberzirrhose war in einer kleinen Studie pharmakokinetisch unbedenklich. Die amerikanische Leitlinie empfiehlt Paracetamol als Mittel der 1. Wahl bei dekompensierter Leberzirrhose und bewertet es als sicher, sofern eine Dosierung von 2 g/Tag nicht überschritten wird (Rakoski et al. 2018).

Opioide Bei unzureichender analgetischer Wirkung unter Nichtopioiden sollte ein Opioid ergänzt werden. Auch der Einsatz von Opioiden wird bei dekompensierter Leberzirrhose kontrovers diskutiert, da das Risiko für opioidassoziierte Nebenwirkungen höher einzuschätzen ist als bei Patienten ohne Leberzirrhose (Rogal et al. 2022). Insbesondere bei primär palliativem Therapieziel müssen die potenziellen Nebenwirkungen jedoch für eine ausreichende Analgesie in Kauf genommen werden. Allgemein besteht beim Einsatz ein erhöhtes Risiko für das Auftreten einer HE. Problematisch ist hier unter anderem die sedierende Wirkung, aber auch die Neigung zur Obstipation. Aufgrund der eingeschränkten hepatischen Metabolisierung sowie oft bestehender Nierenfunktionseinschränkung liegen zu vielen Präparaten kaum systematische pharmakokinetische Daten vor. Eine vorsichtige Eindosierung erscheint vor allem bei chronischer Anwendung sinnvoll. In der Akutbehandlung ist das Vorgehen etwas unproblematischer, allerdings müssen aufgrund der veränderten Halbwertszeiten die Start- und Enddosierungen sowie die Verabreichungsintervalle angepasst werden. Insgesamt sollten retardierte Medikamente vermieden und die Abstände verlängert werden. Substanzen mit hohem First-Pass-Effekt sollten generell zurückhaltend angewendet werden. Dies gilt zum Beispiel für Tramadol (ca. 30 % First-Pass-Elimination beim Lebergesunden), welches entsprechend vorsichtig zu dosieren ist. Günstiger erscheinen die stark wirksamen Opioide Oxycodon, Fentanyl und Hydromorphon. Auch hier sollte die Dosierung vorsichtig erfolgen (Rogal et al. 2022).

▶ **Leberzirrhosepatienten weisen unter einer Opiattherapie mehr Nebenwirkungen auf. Das Risiko für das Auftreten einer HE ist erhöht.**

Koanalgetika Bei neuropathischen oder chronischen Schmerzen kann auch der Einsatz von Koanalgetika in Erwägung gezogen werden. Einige Antikonvulsiva wie Gabapentin und Pregabalin werden nicht über die Leber metabolisiert und stellen eine gute Alternative dar. Bedeutend sind jedoch neurologisch-psychiatrische Nebenwirkungen. Bei begleitender Niereninsuffizienz muss eine Dosisanpassung erfolgen. Trizyklische Antidepressiva wie Nortriptylin und Desipramin können bei fortgeschrittener Leberzirrhose grundsätzlich angewendet werden. Auch hier kann die eingeschränkte hepatische Metabolisierung zu hohen Plasmakonzentrationen und somit vermehrten Nebenwirkungen führen. Sedation und anticholinerge Wirkungen sind besonders zu beachten. Auch bei der Anwendung von selektiven Serotonin- und Serotonin-Noradrenalin-Wiederaufnahmeinhibitoren (SSRI/SNRI) ist grundsätzlich erhöhte Vorsicht geboten (Rogal et al. 2022).

Topische Therapie und nichtmedikamentöse Ansätze In Anbetracht der komplexen systemischen medikamentösen Therapie erscheinen lokalisierte Schmerzkonzepte, zum Beispiel Lidocainpflaster oder lokale NSAR-Auftragungen, sinnvoll. Hier sind weniger systemische Nebenwirkungen zu erwarten. Zusätzlich kann trotz begrenzter Datenlage auf nichtpharmakologische Alternativen wie Akupunktur oder Massagen zurückgegriffen werden.

Abb. 35.2 gibt einen Behandlungsvorschlag für die Analgesie bei dekompensierter Leberzirrhose in Anlehnung an das WHO-Stufenschema. Tab. 35.1 bietet einen Überblick über ausgewählte Medikamente

Tab. 35.1 Ausgewählte medikamentöse Behandlungsoptionen für die Schmerztherapie bei Leberzirrhose. COX = Cyclooxygenase, HE = hepatische Enzephalopathie, NSAID = NSAID/NSAR = nichtsteroidale Antirheumatika, SNRI = selektive Serotonin-Noradrenalin-Wiederaufnahmeinhibitoren, SSRI = selektive Serotoninwiederaufnahmeinhibitoren, UAW = unerwünschte Arzneimittelwirkungen. Mod. nach Kimbell et al. (2015)

Medikament	Nebenwirkungen, Vorsichtsmaßnahmen
Klassische NSAR	Nicht empfohlen, v. a. wegen der Gefahr der Nierenschädigung
Metamizol	Bei dekompensierter Leberzirrhose mit höherer Rate an Nierenversagen und höherer Letalität assoziiert
Paracetamol	Gilt generell als sicher bei niedriger Dosis (maximal 2 g täglich); bei zu hoher Dosis droht Leberversagen
Selektive COX2-Inhibitoren	Begrenzte Erfahrungen bei Patienten mit Leberzirrhose
Tramadol	Cave: 30 % First-pass, Gefahr der Überdosierung UAW: HE, Sucht, Atemdepression, Obstipation
Hydromorphin, Oxycodon	Bei begleitender Niereninsuffizienz kann die Elimination verzögert werden. UAW: HE, Toleranzentwicklung, Atemdepression, Verstopfung/Obstipation
Lidocainpflaster	Hautreaktionen (Erythem), Petechien, Ödeme, Pruritus, Übelkeit, Erbrechen
Topische NSAID	Nicht ausreichend bei Patienten mit Leberzirrhose untersucht
Capsaicincreme	Hautreaktionen (Brennen, Schmerz, Erythem), Gliederschmerzen, Bluthochdruck
Gabapentinoide	Ataxie, Sedierung, Myoklonus/Asterixis, Dosisanpassung bei Niereninsuffizienz, Entzugssyndrom, möglicherweise erhöhte Virusinfektionen
Trizyklische Antidepressiva	Cave: Erhöhte Wirkspiegel bei eingeschränkter hepatischer Metabolisierung. Anticholinerge Effekte, Orthostase, Schläfrigkeit, Gewichtszunahme, sexuelle Dysfunktion
SSRI und SNRI	Übelkeit, Erbrechen, sexuelle Dysfunktion, erhöhtes Risiko für das Auftreten von gastrointestinalen Blutungen

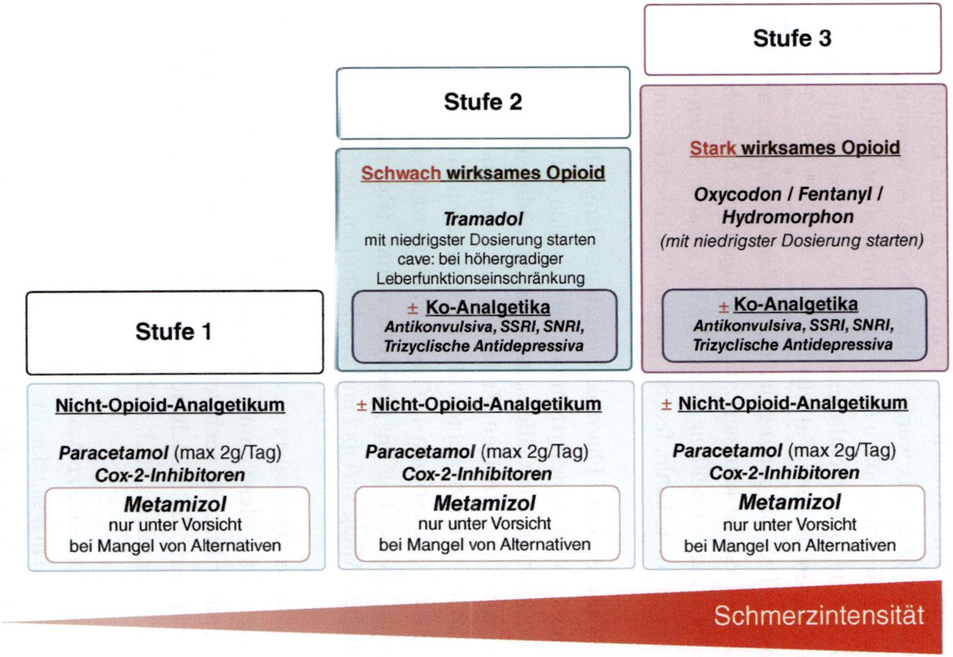

Abb. 35.2 Behandlungsvorschlag für die Schmerztherapie bei Patienten mit dekompensierter Leberzirrhose in Anlehnung an das WHO-Stufenschema. COX = Cyclooxygenase, SNRI = selektive Serotonin-Noradrenalin-Wiederaufnahmeinhibitoren, SSRI = selektive Serotoninwiederaufnahmeinhibitoren

35.7 Pruritus

Pruritus tritt häufig bei fortgeschrittener Leberzirrhose, insbesondere bei cholestatischen Lebererkrankungen, auf. Pruritus kann lokalisiert, vor allem an den Extremitäten (Fußsohlen, Handinnenflächen), oder generalisiert auftreten (Beuers et al. 2014). Der Leidensdruck kann erheblich sein. Die Pathophysiologie ist weiterhin nicht vollständig verstanden. Die Stärke der Symptome korreliert nicht unbedingt mit dem Grad der Leberzirrhose oder der Ausprägung der Cholestase (Rogal et al. 2022). Erhöhte Gallensäuren oder deren Metabolite könnten eine Rolle spielen, da sie in vitro zu einer Degranulation von Mastzellen führen können. Andererseits wurde Juckreiz bei der Anwendung von Substanzen, die die Gallensäuren im Serum erhöhen (z. B. Bulevirtid), nicht beobachtet. Mögliche andere Faktoren sind erhöhte Spiegel endogener Opioide, die über den μ-Opioidrezeptor zu Juckreiz beitragen könnten (Beuers et al. 2014).

Neben der optimalen Therapie der zugrunde liegenden Erkrankung und dem Ausschluss einer dermatologischen Ursache kommen zunächst allgemeine Maßnahmen wie feuchtigkeitsspendende Cremes, die Vermeidung heißer Bäder, scharfer Seifen oder Detergenzien, mechanischer Reizungen sowie kühle, feuchte Luft und lockere Kleidung infrage.

Colestyramin und Colesevelam Pharmakologisch galt lange das Austauschharz Colestyramin als Mittel der 1. Wahl. Colestyramin unterbricht den enterohepatischen Kreislauf und somit die Rückresorption von Gallensäuren. Es ist mäßig verträglich, mit häufigem Auftreten von Obstipation und Übelkeit. Zudem ist auf einen ausreichenden Abstand zur Einnahme anderer Arzneimittel zu achten, da deren Resorption erheblich beeinträchtigt werden kann. Als Anfangsdosis sollten 4 g/Tag gewählt werden; diese kann nach Wirkung und Verträglichkeit auf bis zu 16 g/Tag gesteigert werden (Rogal et al. 2022). Die Wirksamkeit ist im klinischen Alltag variabel und durch Studien nur eingeschränkt belegt.

Bemerkenswert ist, dass eine neuere Studie mit Colesevelam, das eine höhere Gallensäurebindungskapazität als Colestyramin aufweist, keine Überlegenheit bei cholestatischem Juckreiz gegenüber Placebo nachweisen konnte, obwohl es zu einem suffizienten Abfall der Gallensäuren kam. In den Behandlungsempfehlungen rückt Colestyramin daher zunehmend zurück (Chazouilleres et al. 2022).

Rifampicin Eine gute Alternative zu Austauscherharzen stellt das Antibiotikum Rifampicin in einer Dosis von 300–600 mg/Tag dar. In einer Metaanalyse aus 5 randomisierten Studien war die Effektivität bei 77 % gegenüber 20 % in der Placebogruppe. Der genaue Wirkmechanismus ist nicht geklärt. Diskutiert werden Enzyminduktionen des Cytochrom-p450-Systems oder eine Inhibition von Autotaxin, welches spezifische neuronale Aktivatoren bildet, die unmittelbar zur Juckreizentwicklung beitragen. Einschränkungen gibt es aufgrund der Hepatotoxizität sowie gastrointestinaler Nebenwirkungen.

Naltrexon Der Opioidantagonist Naltrexon weist ebenfalls antipruritische Effekte auf. Es kann jedoch im palliativen Setting aufgrund der Komedikation mit Opiaten häufig nicht eingesetzt werden.

Sertralin Eine weitere Therapiealternative ist der selektive Serotoninwiederaufnahmeinhibitor (SSRI) Sertralin. Auf Basis von retrospektiven Beobachtungen wurden prospektive Studien durchgeführt, die einen positiven Effekt auf den Juckreiz beobachteten. Wahrscheinlich sind hierfür direkte zentralnervöse Wirkungen ausschlaggebend. Interessanterweise waren die Effekte hierbei unabhängig von einer antidepressiven Wirkung.

Als weitere Alternative kann **Dronabinol** versucht werden. Die Datenlage ist hier aber begrenzt.

PPAR-Agonisten In der jüngeren Vergangenheit haben sich Fibrate als Vertreter von PPAR-Agonisten (PPAR: Peroxisom-Proliferator-aktivierte Rezeptoren) als antipruritische Therapie durchgesetzt. In der BEZURSO-Studie konnte bei Patienten mit primär biliärer Cholangitis (PBC) ein deutlicher antipruritischer Effekt von Bezafibrat mit einer Reduktion der Symptomlast um 75 % gezeigt werden. Auch in der FITCH-Studie bei Patienten mit PBC und primär sklerosierender Cholangitis (PSC) war die Behandlung gleichermaßen effektiv. Fibrate gelten daher heute bei vielen als Therapie der 1. Wahl. Kontrollierte Daten zur Anwendung von Bezafibrat oder Fenofibrat in der dekompensierten Leberzirrhose liegen nicht vor. Gefürchtet ist die Hepatotoxizität mit Transaminasenanstieg. Der Einsatz ist off label und bei Lebererkrankungen nach Fachinformationen formal kontraindiziert. Weitere PPAR-Agonisten zeigen vielversprechendes Potenzial bei Juckreiz im Rahmen der PBC (Hirschfield et al. 2024; Kowdley et al. 2024), wurden jedoch nicht in der dekompensierten Lebererkrankung untersucht.

IBAT-Inhibitoren Eine weitere spannende nicht zugelassene Substanzgruppe sind die IBAT-Inhibitoren (IBAT: *Ileal bile acid transporter*), welche den intestinalen Gallensäuretransporter hemmen. Diese wurden bei einigen spezifischen cholestatischen Erkrankungen bereits erfolgreich gegen Juckreiz eingesetzt. Auch hier fehlen Sicherheitsdaten zur Anwendung bei dekompensierter Leberzirrhose.

Abb. 35.3 gibt einen Überblick über den vorgeschlagenen Behandlungspfad bei der medikamentösen Behandlung des Juckreizes bei cholestatischen Lebererkrankungen.

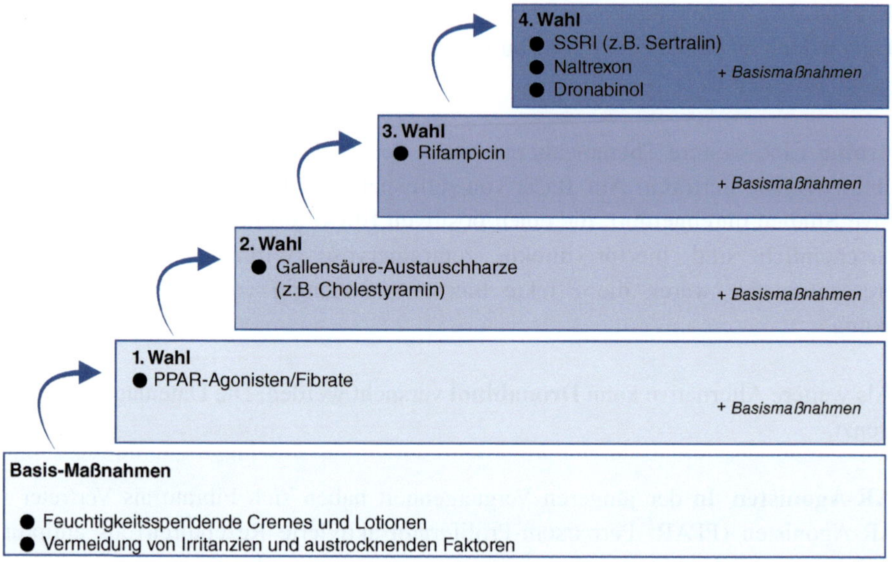

Abb. 35.3 Stufentherapie des Juckreizes bei cholestatischen Lebererkrankungen ohne Berücksichtigung des Zulassungsstatus. SSRI = selektive Serotoninwiederaufnahmeinhibitoren, PPAR = Peroxisom-Proliferator-aktivierte Rezeptoren

35.8 Muskelkrämpfe

Mehr als die Hälfte der Patienten mit Leberzirrhose leiden unter Muskelkrämpfen, die häufig nachts auftreten. Dies kann als sehr belastend wahrgenommen werden und reduziert die Lebensqualität signifikant. Die Ursachen sind im Einzelfall oft nicht eindeutig bestimmbar. Unabhängige Risikofaktoren für die Entwicklung von Muskelkrämpfen sind unter anderem Aszites, niedriger systemischer Blutdruck und hohe Reninaktivität im Plasma, also Indikatoren für eine fortgeschrittene Leberzirrhose mit entsprechenden hämodynamischen Auswirkungen der portalen Hypertension und der systemischen Inflammation. Ferner wird eine Assoziation zu Elektrolytstörungen (u. a. Hypokaliämie, Hypomagnesiämie) diskutiert. Die amerikanische Leitlinie empfiehlt zunächst den Ausgleich von vorhandenen Elektrolytstörungen, auch in Anbetracht der einfachen Durchführung und des niedrigen Risikos (Rogal et al. 2022).

Muskelrelaxanzien Die Datenlage zur medikamentösen Therapie ist begrenzt. Das Muskelrelaxans Baclofen (15–30 mg/Tag) wird in der europäischen und amerikanischen Leitlinie als geeignete Therapieoption empfohlen (Rogal et al. 2022). Eine randomisierte, placebokontrollierte Studie mit 100 Patienten zeigte eine komplette Symptomkontrolle bei 72 % der behandelten Patienten. Positive Effekte wurden auch für die Muskelrelaxanzien Methocarbamol und Orphenadrin beschrieben (Rogal et al. 2022).

Taurin Eine einfachere Möglichkeit ist die orale Substitution der Aminosäure Taurin (2–3 g/Tag), welche unter anderem zur Membranstabilisation beiträgt (Fürst und Stehle 2004). Bei Patienten mit Leberzirrhose sind niedrigere Spiegel von Taurin mit dem Auftreten von Muskelkrämpfen assoziiert worden. Mehrere kleinere Studien haben eine Wirksamkeit von Taurin nahegelegt (Rogal et al. 2022). Eine prospektive randomisierte, placebokontrollierte Studie mit 49 Patienten dokumentierte eine signifikante Reduktion der Schwere sowie Anzahl der nächtlichen Muskelkrämpfe von 13,2 auf 6,8 bei guter Verträglichkeit. Weitere mögliche individuelle Therapieversuche können mit Vitamin E (600 mg/Tag) oder Zinksulfat (660 mg/Tag) unternommen werden (Chandok et al. 2011; Kugelmas 2000). Auch hier sind die verfügbaren Daten sehr begrenzt, wobei positive Effekte zumindest in kleineren Studien beobachtet wurden.

Gurkenwasser Eine einfache, kürzlich postulierte akute Behandlungsmöglichkeit beim Auftreten von Krämpfen ist die Einnahme von Essiggurkenwasser. Der Wirkmechanismus liegt wahrscheinlich in der Aktivierung eines nervalen Reflexes aufgrund der Säuredetektion im Oropharynx und lässt sich auch bei Menschen ohne Leberzirrhose zum Beispiel bei Krämpfen nach sportlicher Aktivität nachweisen. In einer randomisierten, kontrollierten Studie wurden 82 Patienten mit Leberzirrhose untersucht. Beim Auftreten von Krämpfen tranken die Probanden 1 Esslöffel Leitungswasser oder Essiggurkenwasser. Die Intensität der Krämpfe nahm im Behandlungsarm wesentlich ab (Tapper et al. 2022). Einem Therapieversuch in der klinischen Praxis steht aufgrund des niedrigen Risikos und der günstigen Kosten nichts entgegen.

35.9 Kachexie, Sarkopenie und Übelkeit

Kachexie und Sarkopenie treten bei 40–60 % der Patienten mit fortgeschrittener Leberzirrhose auf. Die Sarkopenie ist zudem ein Risikofaktor für das Auftreten einer HE und reduziert das Überleben der Patienten. Ein normaler Body-Mass-Index (BMI) schließt eine Sarkopenie nicht aus, insbesondere bei Vorliegen von Aszites. Mithilfe einer Bioimpedanzmessung (BIA) lässt sich eine Sarkopenie nichtinvasiv abschätzen. Alternativ können CT (Computertomografie) oder Ultraschall zur Bestimmung der Muskelmasse bzw. der Dicke des *M. psoas* herangezogen werden (Kap. 22).

Bei Patienten mit einer fortgeschrittenen Leberzirrhose sollte unbedingt eine Ernährungsberatung erfolgen. Eine ausreichende Eiweißzufuhr (1,2–1,5 g/kg/Tag) und eine ausreichende Energiezufuhr (30–35 kcal/kg/Tag) sind anzustreben. Eine Supplementierung von Vitaminen und Spurenelementen sollte ebenfalls erfolgen.

Komplizierend besteht bei einem Großteil der Patienten mit fortgeschrittener Leberzirrhose Übelkeit, zum Teil auch mit regelmäßigem Erbrechen. Potenzielle Ursachen hierfür sind die Begleitmedikation, Aszites und/oder Elektrolytstörungen (Rogal et al. 2022). Im palliativen Setting kann eine parenterale Ernährung mit den Patienten und Angehörigen diskutiert werden. Zur Prävention einer Sarkopenie sind eine regelmäßige Nahrungsauf-

Tab. 35.2 Ausgewählte medikamentöse Behandlungsoptionen für Übelkeit und Erbrechen. Mod. nach Kimbell et al. (2015)

Medikament	Nebenwirkungen, Vorsichtsmaßnahmen
Ondansetron	QTc-Verlängerung, Kopfschmerzen, Verstopfung
Metoclopramid	QTc-Verlängerung, Schläfrigkeit, Müdigkeit, Unruhe, dystonische Reaktion (altersabhängig, aber kann schwerwiegend sein), Arrhythmie, Hypotonie, Vorsicht bei Niereninsuffizienz
Haloperidol	Erhöhte Sterblichkeit bei älteren Erwachsenen mit Demenz, extrapyramidale Symptome (z. B. Dystonie, Akathisie und tardive Dyskinesie), Aspirationsrisiko, Zytopenien, Hyperprolaktinämie, malignes neuroleptisches Syndrom, metabolische Störungen, QTc-Verlängerung, Krampfanfälle, sexuelle Dysfunktion
Cannabinoide	Psychose, Enzephalopathie, Aszites, Hyperemesis

nahme und insbesondere eine Spätmahlzeit sinnvoll. Eine Kochsalzrestriktion führt häufig zur reduzierten Nahrungsaufnahme und fördert den katabolen Stoffwechsel, weshalb sie nicht generell empfohlen werden sollte.

Zur Kontrolle von Übelkeit und Erbrechen sollte die Komedikation kritisch geprüft und andere potenzielle Trigger wie Elektrolytstörungen oder Aszites zunächst adäquat behandelt werden. Ergänzend kann eine medikamentöse Symptomkontrolle versucht werden. Als Therapie der 1. Wahl gilt hier der Serotonin-5-HT3-Antagonist Ondansetron. Bis zu 8 mg/Tag können eingesetzt werden, wobei auf Verlängerung der QT-Zeit zu achten ist (Rogal et al. 2022). Außerdem kann Ondansentron zu Obstipation beitragen, was sich unter anderem negativ auf eine HE auswirken kann (Montagnese et al. 2022). Als Alternative bietet sich bei Gastroparese das Prokinetikum Metoclopramid an. Hier sind extrapyramidale Nebenwirkungen und die hepatische Metabolisierung zu beachten (Rogal et al. 2022). Weiterhin kann auch Dronabinol verwendet werden, das appetitanregend ist und als Antiemetikum in palliativen Situationen grundsätzlich etabliert ist. Die amerikanische Leitlinie ermahnt jedoch zum vorsichtigen Einsatz aufgrund der begrenzten Datenlage bei Leberzirrhose (Rogal et al. 2022) (Tab. 35.2).

35.10 Fatigue

Das chronische Erschöpfungssyndrom (Fatigue)ist ähnlich wie bei anderen schweren chronischen Erkrankungen auch bei Patienten mit Leberzirrhose hochprävalent. Mehr als die Hälfte der Patienten ist betroffen. Die Abgrenzung zur hepatischen Enzephalopathie ist schwierig bzw. es können Überschneidungen bestehen. Neben der gestörten Entgiftungsfunktion können auch chronische Inflammation, Hypotonie, die hyperdyname Kreislaufsituation sowie eine parallel bestehende Sarkopenie gerade in fortgeschrittenen Stadien zur Ermüdungssymptomatik beitragen. Die therapeutischen Optionen sind leider sehr begrenzt. Im Vordergrund stehen nichtmedikamentöse Behandlungsversuche mittels Verhaltens- und Bewegungstherapie (Rogal et al. 2022).

35.11 Schlafstörungen

Auch Schlafstörungen gehören zu den sehr häufigen Symptomen bei Lebererkrankungen und gehen mit einer erheblichen Einschränkung der Lebensqualität einher. Dabei können Schlaflosigkeit in der Nacht, vermehrtes Schlafbedürfnis am Tag sowie Einschränkungen der Schlafqualität einzeln oder in Kombination bestehen. Für einige Lebererkrankungen, zum Beispiel die chronische Hepatitis C, wurde ein direkter negativer Einfluss auf die Schlafqualität und den Tag-Nacht-Rhythmus beschrieben. Außerdem können spezifische Komplikationen bzw. bereits diskutierte Symptome der fortgeschrittenen Leberzirrhose wie Muskelkrämpfe, Aszites und nächtlicher Juckreiz Schlafstörungen begünstigen. Eine enge Assoziation besteht auch zur HE und erhöhten Ammoniakspiegeln (Montagnese et al. 2010).

Besondere Bedeutung in der Pathophysiologie scheint Melatonin zu haben, welches zentral für den normalen zirkadianen Rhythmus ist. Melatonin wird in der Leber verstoffwechselt. Bei eingeschränkter Leberfunktion wurden ein verzögerter Abbau und konsekutiv erhöhte Serumspiegel am Tag beobachtet. Gleichzeitig scheint auch der Regelkreislauf gestört, da unter Lichteinfluss eine insuffiziente Suppression des Melatoninspiegels bei Patienten mit Leberzirrhose dokumentiert wurde (Montagnese et al. 2010).

Zur Behandlung stehen verhaltenstherapeutische Ansätze zur Verfügung, die bei anderen Grunderkrankungen etabliert sind (Rogal et al. 2022). Außerdem sind mögliche Auslöser, zum Beispiel eine HE, bestmöglich zu adressieren. Als medikamentöse Therapie kann der Einsatz von Melatonin (3 mg zur Nacht) versucht werden. Eine randomisierte Studie mit 60 Patienten stellte eine Verbesserung der Schlafqualität fest. Es wurden jedoch keine Patienten mit Child-C-Zirrhose und nur wenige mit Child-B-Zirrhose eingeschlossen. Auch die nächtliche Einnahme von Zolpidem wurde in einer kleinen Studie mit einer Verbesserung des Schlafverhaltens bei Child-A- und -B-Patienten assoziiert. Auf Benzodiazepine sollte allerdings, wenn möglich, aufgrund der Nebenwirkungen und möglicher Verschlechterung einer HE weitestgehend verzichtet werden. Die amerikanische Leitlinie empfiehlt diese nur unter besonderen Umständen, wie zum Beispiel zur Anxiolyse in der terminalen Phase (Rogal et al. 2022).

35.12 Sexuelle Dysfunktion

Im klinischen Alltag wird dieses Symptom häufig zwischen Arzt und Patient kaum thematisiert. Sowohl für Männer als auch für Frauen mit Leberzirrhose stellt es allerdings eine häufige und belastende Einschränkung dar (Rogal et al. 2022). Sowohl Pathophysiologie als auch Therapie bei Leberzirrhose sind vergleichsweise schlecht untersucht. Die Behandlung mit nichtselektiven Betablockern könnte sich negativ auswirken, obwohl dies in einer kleineren prospektiven Kohortenstudie mit Patienten mit Leberzirrhose nicht bestätigt wurde. Bedeutendere Risikofaktoren waren hier metabolische Komorbiditäten wie Diabetes, Tabak- und Alkoholkonsum sowie die Schwere der Leberzirrhose.

Bedeutend ist zudem die Störung der hormonellen Achse von Hypothalamus, Hypophyse und Gonaden. Bei Männern wirkt sich das Überwiegen von Östrogenen und der Mangel an Testosteron negativ auf die erektile Funktion und die Libido aus. Eine Behandlung mit Phosphodiesterasehemmern erscheint grundsätzlich vielversprechend. Tadalafil (10 mg/Tag) führte bei männlichen Patienten mit Leberzirrhose in einer prospektiven Studie zu einer signifikanten Verbesserung der sexuellen Funktion. Insgesamt berichteten 44 % der Probanden gar keine Probleme mit erektiler Dysfunktion unter Behandlung. Bei fortgeschrittener, dekompensierter Leberzirrhose ist allerdings die Hypotonie ein limitierender Faktor. Außerdem muss die hepatische Verstoffwechselung über das Cytochromsystem beachtet werden. Daher sollte nur die niedrigste verfügbare Dosierung mit Vorsicht eingesetzt werden (Rogal et al. 2022).

35.13 Fazit

Bei fortgeschrittener Leberzirrhose besteht ein hoher Bedarf an palliativer und supportiver Therapie. Frühzeitig sollte dabei ein *Advanced Care Planning* in das Behandlungskonzept integriert werden, um Präferenzen und Entscheidungen für die Versorgung am Lebensende nach den Werten und Wünschen des Patienten festzulegen. Ebenso ist es wichtig, vorrangige Symptome systematisch zu erfassen und deren subjektive Bedeutung einzubeziehen. Idealerweise verständigen sich Patient, Angehörige und Behandlungsteam frühzeitig auf gemeinsame Ziele und Handlungsstrategien für akute Dekompensationen oder chronische Verschlechterungen. Faktoren wie hepatische Enzephalopathie, fehlende soziale Unterstützung und Substanzmissbrauch erschweren jedoch häufig Kommunikation und Versorgungsplanung (Miyazaki et al. 2010; Bajaj et al. 2011; Walling et al. 2015).

Eine frühzeitige Implementierung des *Advanced Care Planning* entlastet Patienten und Angehörige, da bei veränderten Krankheitsverläufen auf festgelegte Grundlagen zurückgegriffen werden kann (Bernacki und Block 2014; Curtis et al. 2002; Knauft et al. 2005). Spätestens im Rahmen der Transplantationsevaluation sollte ein palliativer Behandlungsansatz diskutiert werden. In der Praxis wird er jedoch oft erst nach Abmeldung von der Transplantationsliste in Betracht gezogen, wodurch belastende Symptome lange unzureichend berücksichtigt bleiben. Eine Hospizversorgung kann sinnvoll sein, wenn die Lebenserwartung <6 Monate liegt oder bei Werten ab einem MELD von 21 bzw. einem Child-Pugh-Score von 12, sofern sie den individuellen Wünschen des Patienten und seiner Grunderkrankung entspricht.

Die noch begrenzte Evidenzlage, eingeschränkte Therapiemöglichkeiten sowie Komplikationen verdeutlichen den hohen Forschungs- und Optimierungsbedarf bei der palliativen Versorgung von Patienten mit Leberzirrhose.

Literatur

An J, Kim KW, Han S, Lee J, Lim YS (2014) Improvement in survival associated with embolisation of spontaneous portosystemic shunt in patients with recurrent hepatic encephalopathy. Aliment Pharmacol Ther 39(12):1418–1426. https://doi.org/10.1111/APT.12771

Bajaj JS, Wade JB, Gibson DP et al (2011) The multi-dimensional burden of cirrhosis and hepatic encephalopathy on patients and caregivers. Am J Gastroenterol 106(9):1646–1653. https://doi.org/10.1038/AJG.2011.157

Bellot P, Welker MW, Soriano G et al (2013) Automated low flow pump system for the treatment of refractory ascites: a multi-center safety and efficacy study. J Hepatol 58(5):922–927. https://doi.org/10.1016/J.JHEP.2012.12.020

Bernacki RE, Block SD (2014) Communication about serious illness care goals: a review and synthesis of best practices. JAMA Intern Med 174(12):1994–2003. https://doi.org/10.1001/JAMAINTERNMED.2014.5271

Beuers U, Kremer AE, Bolier R, Elferink RPJO (2014) Pruritus in cholestasis: facts and fiction. Hepatology 60(1):399–407. https://doi.org/10.1002/HEP.26909

Chandok N, Tan P, Uhanova J, Shankar N, Marotta P (2011) A pilot study of vitamin E for the treatment of cirrhotic muscle cramps. Liver Int 31(4):586–587. https://doi.org/10.1111/J.1478-3231.2011.02464.X

Chazouilleres O, Beuers U, Bergquist A et al (2022) EASL clinical practice guidelines on sclerosing cholangitis. J Hepatol 77(3):761–806. https://doi.org/10.1016/J.JHEP.2022.05.011/ASSET/8892416C-372A-47D4-9FAD-4C8CE9EB987E/MAIN.ASSETS/FX3.JPG

Clària J, Kent JD, López-Parra M et al (2005) Effects of celecoxib and naproxen on renal function in nonazotemic patients with cirrhosis and ascites. Hepatology 41(3):579–587. https://doi.org/10.1002/HEP.20595

Curtis JR, Wenrich MD, Carline JD, Shannon SE, Ambrozy DM, Ramsey PG (2002) Patients' perspectives on physician skill in end-of-life care: differences between patients with COPD, cancer, and AIDS. Chest 122(1):356–362. https://doi.org/10.1378/CHEST.122.1.356

Fürst P, Stehle P (2004) What are the essential elements needed for the determination of amino acid requirements in humans? J Nutr 134(6 Suppl). https://doi.org/10.1093/JN/134.6.1558S

Hirschfield GM, Bowlus CL, Mayo MJ et al (2024) A phase 3 trial of seladelpar in primary biliary cholangitis. N Engl J Med 390(9):783–794. https://doi.org/10.1056/NEJMOA2312100/SUPPL_FILE/NEJMOA2312100_DATA-SHARING.PDF

Jepsen P, Ott P, Andersen PK, Sørensen HT, Vilstrup H (2010) Clinical course of alcoholic liver cirrhosis: a Danish population-based cohort study. Hepatology 51(5):1675–1682. https://doi.org/10.1002/HEP.23500

Kimbell B, Murray SA (2015) What is the patient experience in advanced liver disease? A scoping review of the literature. BMJ Support Palliat Care 5(5):471–480. https://doi.org/10.1136/BMJSPCARE-2012-000435

Knauft E, Nielsen EL, Engelberg RA, Patrick DL, Curtis JR (2005) Barriers and facilitators to end-of-life care communication for patients with COPD. Chest 127(6):2188–2196. https://doi.org/10.1378/CHEST.127.6.2188

Kowdley KV, Bowlus CL, Levy C et al (2024) Efficacy and safety of elafibranor in primary biliary cholangitis. N Engl J Med 390(9):795–805. https://doi.org/10.1056/NEJMOA2306185/SUPPL_FILE/NEJMOA2306185_DATA-SHARING.PDF

Kugelmas M (2000) Preliminary observation: oral zinc sulfate replacement is effective in treating muscle cramps in cirrhotic patients. J Am Coll Nutr 19(1):13–15. https://doi.org/10.1080/07315724.2000.10718908

Kwong AJ, Ebel NH, Kim WR et al (2023) OPTN/SRTR 2021 annual data report: liver. Am J Transplant 23(2):S178–S263. https://doi.org/10.1016/J.AJT.2023.02.006

Macken L, Hashim A, Mason L, Verma S (2019) Permanent indwelling peritoneal catheters for palliation of refractory ascites in end-stage liver disease: a systematic review. Liver Int 39(9):1594–1607. https://doi.org/10.1111/LIV.14162

Martin SC, Stone AM, Scott AM, Brashers DE (2010) Medical, personal, and social forms of uncertainty across the transplantation trajectory. Qual Health Res 20(2):182–196. https://doi.org/10.1177/1049732309356284

McGill MR, James LP, McCullough SS et al (2022) Short-term safety of repeated acetaminophen use in patients with compensated cirrhosis. Hepatol Commun 6(2):361–373. https://doi.org/10.1002/HEP4.1810

Miyazaki ET, Santos RD, Miyazaki MC et al (2010) Patients on the waiting list for liver transplantation: caregiver burden and stress. Liver Transpl 16(10):1164–1168. https://doi.org/10.1002/LT.22130

Montagnese S, Middleton B, Mani AR, Skene DJ, Morgan MY (2010) On the origin and the consequences of circadian abnormalities in patients with cirrhosis. Am J Gastroenterol 105(8):1773–1781. https://doi.org/10.1038/AJG.2010.86

Montagnese S, Rautou PE, Romero-Gómez M et al (2022) EASL clinical practice guidelines on the management of hepatic encephalopathy. J Hepatol 77(3):807–824. https://doi.org/10.1016/J.JHEP.2022.06.001

Rakoski M, Goyal P, Spencer-Safier M, Weissman J, Mohr G, Volk M (2018) Pain management in patients with cirrhosis. Clin Liver Dis (Hoboken) 11(6):135. https://doi.org/10.1002/CLD.711

Rogal SS, Hansen L, Patel A et al (2022) AASLD practice guidance: palliative care and symptom-based management in decompensated cirrhosis. Hepatology 76(3):819. https://doi.org/10.1002/HEP.32378

Schulte B, Tergast TL, Griemsmann M et al (2022) Metamizole-associated risks in decompensated hepatic cirrhosis. Dtsch Arztebl Int 119(41):687–693. https://doi.org/10.3238/arztebl.m2022.0280

Schutte SL, Tiede A, Benjamin Mauz J et al (2024) FRI-042 comparison of clinical outcomes among patients with refractory ascites and implantation of either Alfapump, tunneled peritoneal drainage system or transjugular intrahepatic portosystemic shunt. J Hepatol 80:S204. https://doi.org/10.1016/s0168-8278(24)00839-0

Tapper EB, Salim N, Baki J et al (2022) Pickle juice intervention for cirrhotic cramps reduction: the PICCLES randomized controlled trial. Am J Gastroenterol 117(6):895–901. https://doi.org/10.14309/ajg.0000000000001781

Tergast TL, Kimmann M, Laser H et al (2019) Systemic arterial blood pressure determines the therapeutic window of non-selective beta blockers in decompensated cirrhosis. Aliment Pharmacol Ther 50(6):696–706. https://doi.org/10.1111/APT.15439

Tergast TL, Griemsmann M, Stockhoff L et al (2023) Daily low-volume paracentesis and clinical complications in patients with refractory ascites. JAMA Netw Open 6(7):E2322048. https://doi.org/10.1001/JAMANETWORKOPEN.2023.22048

Ufere NN, O'Riordan DL, Bischoff KE et al (2019) Outcomes of palliative care consultations for hospitalized patients with liver disease. J Pain Symptom Manage 58(5):766–773. https://doi.org/10.1016/J.JPAINSYMMAN.2019.07.011

Walling AM, Schreibeis-Baum H, Pimstone N et al (2015) Proactive case finding to improve concurrently curative and palliative care in patients with end-stage liver disease. J Palliat Med 18(4):378–381. https://doi.org/10.1089/JPM.2014.0265

Experimentelle Therapieoptionen bei fortgeschrittener Zirrhose und ACLF

36

Jonathan Frederik Brozat und Cornelius Engelmann

36.1 Einleitung

Die Behandlung von Patienten mit fortgeschrittener Leberzirrhose, insbesondere im Stadium des akut-auf-chronischen Leberersagens (ACLF), ist aufgrund der Schwere der Erkrankung, der Multiorganbeteiligung und der Heterogenität des Krankheitsbildes außerordentlich komplex. Das Fehlen effizienter, nachhaltig wirksamer krankheitsmodifizierender Therapieoptionen erklärt, warum bislang keine signifikante Verbesserung der Prognose erreicht werden konnte.

Hinzu kommt, dass die Übertragung vermeintlich vielversprechender präklinischer Ansätze in die klinische Praxis wiederholt gescheitert ist, was die herausfordernde Natur des Translationsprozesses bei komplexen Erkrankungen verdeutlicht. Diese Diskrepanz zwischen theoretisch möglichen therapeutischen Innovationen und ihrer praktischen Umsetzbarkeit unterstreicht die Notwendigkeit, neue Wege in der Erforschung experimenteller Ansätze zu beschreiten. Vor diesem Hintergrund werden in diesem Kapitel aktuelle experimentelle Therapieoptionen vorgestellt, die sich sowohl in frühen klinischen Evaluationsphasen als auch noch im präklinischen Stadium befinden.

J. F. Brozat · C. Engelmann (✉)
Medizinische Klinik mit Schwerpunkt Hepatologie und Gastroenterologie, Charité – Universitätsmedizin Berlin, Campus Charité Mitte (CCM) und Campus Virchow-Klinikum (CVK), Berlin, Deutschland
E-Mail: jonathan-frederik.brozat@charite.de; cornelius.engelmann@charite.de

T. Bruns et al. (Hrsg.), *Komplikationen der Leberzirrhose*,
https://doi.org/10.1007/978-3-662-70167-6_36

36.2 Prinzipien der Translation neuer Therapien

Neben dem grundlegenden Verständnis der zugrunde liegenden Krankheitsmechanismen ist die Kenntnis über die notwendigen Schritte zur Entwicklung neuer therapeutischer Substanzen Voraussetzung für die sorgfältige Planung und erfolgreiche Umsetzung von Studien. Folgende Etappen müssen im Rahmen der Therapieentwicklung und Translation in der Regel durchlaufen werden:

1. **Neue therapeutische Targets:** Zunächst müssen in experimentellen, mechanistischen Studien neue Angriffspunkte für Therapien identifiziert werden.
2. **Entwicklung von Substanzen:** Anschließend erfolgt die Entwicklung einer Substanz oder eines Moleküls, die das zuvor identifizierte Target adressiert und potenziell einen therapeutischen Effekt erzielen kann. Hierfür stehen unterschiedliche Substanzklassen zur Verfügung, von kleinen synthetisch hergestellten Molekülen (small molecules) über Antikörper und siRNA (small interfering RNA) bis hin zur Substitution von Hormonen.
3. **Präklinische Sicherheits- und Wirksamkeitsbewertung:** Der kritische Schritt vor klinischen Studien ist die Auswahl einer geeigneten Substanz und die Generierung von Daten zur Sicherheit und Wirksamkeit in präklinischen Studien. Die Qualität des Tiermodells ist dabei entscheidend. Komplexe Erkrankungen wie die dekompensierte Leberzirrhose und das ACLF lassen sich meist nicht durch ein einziges Tiermodell abbilden, sodass die Etablierung mehrerer Modelle notwendig ist.
4. **Klinische Studien:** Die letzte Etappe umfasst die klinischen Studienphasen (I–IV). Nach einer erfolgreichen Phase-III-Studie folgt meist die Zulassung des Therapeutikums. Für das Gelingen ist die Wahl eines adäquaten Patientenkollektivs und präziser Ein- und Ausschlusskriterien entscheidend. Die klinische und ätiologische Heterogenität der dekompensierten Leberzirrhose und des ACLF birgt das Risiko, dass gezielte Therapien in der Breite keine positiven Ergebnisse erzielen. Potenzielle Effekte in Subgruppen könnten unentdeckt bleiben, weshalb ein genaues Verständnis der Zusammenhänge zwischen klinischen Phänotypen und Pathomechanismen unerlässlich ist.
5. **Drug Repurposing:** Die Entwicklung neuer Substanzen ist teuer und risikoreich, da viele Substanzen nie zur Anwendung kommen. Für akademische Forschungsgruppen fehlen oft die Infrastruktur und Finanzierung. Sogenanntes Drug Repurposing, d. h. die Wiederverwendung bereits entwickelter Substanzen für neue Indikationen, bietet hier eine attraktive Alternative. Über Strategien wie Signature Matching oder Computational Molecular Docking können Moleküle auf Basis zu erwartender Effektivität für neue Indikationen präklinisch oder klinisch getestet werden (Pushpakom et al. 2019).

36.3 Modulation der Gut-Liver-Achse

36.3.1 Nichtselektive Betablocker

Ein Beispiel für die Erweiterung des Anwendungsbereiches pharmakologischer Substanzen ist die Modulation der portalen Hypertension durch nichtselektive Betablocker (NSBB). NSBB werden seit Langem in der primären und sekundären Prophylaxe von Varizenblutungen eingesetzt. Neuere Studien legen jedoch nahe, dass NSBB neben der Reduktion der portalen Hypertension auch die bakterielle Translokation verringern, die systemische Inflammation reduzieren und dadurch beim ACLF zu einem Überlebensvorteil führen können (Mookerjee et al. 2016). Allerdings ist das therapeutische Fenster der NSBB bei Leberzirrhose recht schmal, sodass bei weit fortgeschrittenen Stadien, z. B. Patienten mit refraktärem Aszites und hepatorenalem Syndrom, ein erhöhtes Risiko für Komplikationen besteht.

36.3.2 Rifaximin und Statine

Auch Rifaximin und Statine stellen Medikamente dar, deren ursprüngliche Anwendungsbereiche nicht bei der Leberzirrhose lagen. Rifaximin wirkt ohne signifikante orale Bioverfügbarkeit im Darm, indem es die bakterielle Proteinsynthese hemmt. Nach initialer Zulassung zur Behandlung von *Escherichia-coli*-bedingten Reisediarrhöen wird Rifaximin mittlerweile erfolgreich als Prophylaxe von HE-Episoden eingesetzt. Zudem wird der Substanz trotz teils widersprüchlicher Studienlage ein positiver Einfluss auf die portale Hypertension und die systemische Inflammation zugesprochen. Neuere Studien, die Rifaximin zusätzlich zur Standardtherapie der alkoholassoziierten Steatohepatitis (ASH) einsetzten, fanden ein reduziertes Risiko für bakterielle Infektionen und leberassoziierte Komplikationen (Jimenez et al. 2022). Eine kürzlich veröffentlichte placebokontrollierte Phase-II-Studie zeigte sogar Hinweise auf einen Schutz vor Leberfibrosierung bei alkoholkranken Patienten ohne vorherige hepatische Dekompensation (Israelsen et al. 2023).

Statine galten bei Patienten mit Lebererkrankungen lange als kontraindiziert. Neuere Kohortendaten belegen jedoch eine sichere Anwendung und präventive, kumulative sowie dosisabhängige Vorteile bei der Verhinderung neuer Lebererkrankungen (Vell et al. 2023). Präklinische Studien zeigten antifibrotische Effekte mit verbesserter portaler Hypertension und im Mausmodell konnten Statine den Progress der Dekompensation zum ACLF hemmen. Erste Ergebnisse der LIVERHOPE-Studie (Phase II Safety Trial) ergaben für die Kombination aus niedrig dosiertem Simvastatin (20 mg/Tag) und Rifaximin ein adäquates Sicherheitsprofil (Pose et al. 2020). Eine Phase-III-Studie ist in Vorbereitung (NCT03780673).

36.3.3 Fäkaler Mikrobiotatransfer

Der fäkale Mikrobiotatransfer (FMT), bei der gesunder Spenderstuhl Patienten mit schweren Lebererkrankungen oral, endoskopisch oder mittels Klysma verabreicht wird, wurde in letzter Zeit intensiv untersucht. Die Sicherheit und Wirksamkeit der FMT ist bereits für die Behandlung der rezidivierenden *Clostridioides-difficile*-Infektion belegt.

Ziele des FMT sind die Korrektur der intestinalen Dysbiose und die Stabilisierung der intestinalen Barriere (Abb. 36.1). Gerade bei fortgeschrittener Leberzirrhose begünstigt die Dysbiose zusammen mit anderen Faktoren die intestinale bakterielle Translokation und induziert eine systemische Inflammation. In Mausmodellen der akuten Alkoholhepatitis konnte gezeigt werden, dass hochsuszeptible Tiere niedrige Mengen an *Bacteroides* spp. aufwiesen. Die Korrektur der Dysbiose führte zu größerer Widerstandsfähigkeit gegenüber Alkohol, geringerer Zytokinausschüttung und verbesserter Darmepithelintegrität (Ferrere et al. 2017).

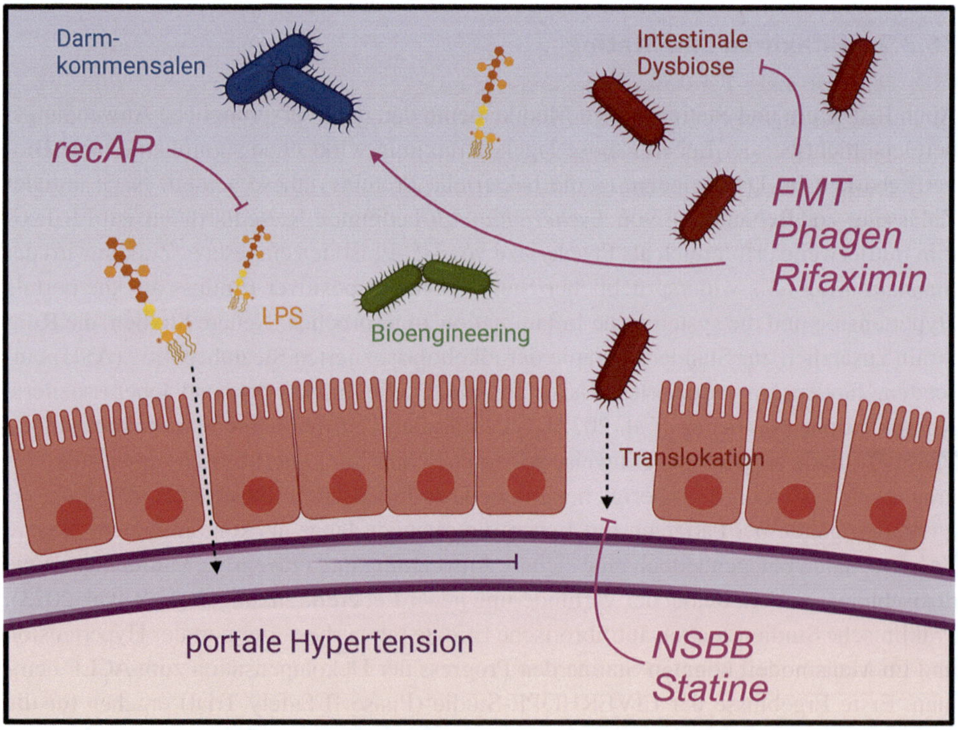

Abb. 36.1 Experimentelle Therapieverfahren zur Beeinflussung der Darm-Leber-Achse und der funktionellen Dysbiose. FMT = fäkaler Mikrobiotatransfer, LPS = Lipopolysaccharide, NSBB = non-selektive Betablocker, recAP = rekombinante alkalische Phosphatase. Erstellt mit Biorender®, mod. nach Morrison et al. 2023

Erste humane Studien mit antibiotischer Vortherapie und anschließendem FMT zeigten eine Prävention sowohl von Hospitalisierungen als auch der Entstehung zirrhose-assoziierter Komplikationen (Bajaj et al. 2014; Allegretti et al. 2019; Bajaj et al. 2019a). Im Langzeitverlauf über 12 Monate etablierte sich ein stabiles Mikrobiom mit Vermehrung von *Burkholderiaceae* und Reduktion von *Acidaminococcaceae* (Bajaj et al. 2019b). Indische Open-label-Pilotstudien bei Patienten mit Alkoholhepatitis und ACLF belegen eine deutliche Verbesserung der mittelfristigen Überlebensraten (28- und 90-Tages-Überleben) sowie eine Reduktion infektiöser Komplikationen und systemischer Inflammation nach FMT (Sharma et al. 2022).

36.3.4 Bakteriophagen

Das intestinale Mikrobiom kann auch gezielter beeinflusst werden. Einzelne Bakterienstämme können den Verlauf von Lebererkrankungen kausal beeinflussen. Zytolysin-positive Enterokokken erhöhten im Mausmodell signifikant die Suszeptibilität gegenüber chronischem Alkoholkonsum. Die gezielte Elimination dieser Enterokokken durch Bakteriophagen reduzierte den alkoholassoziierten Leberschaden und die Inflammationsreaktion deutlich (Duan et al. 2019). Bisher liegen allerdings keine Studien am Menschen vor.

36.4 Immunmodulation

Unter der Vorstellung, dass sowohl die ungerichtete Hyperinflammation als auch die Immunparalyse zentrale pathophysiologische Rollen im Progress der Leberzirrhose von der Dekompensation bis zum Organversagen spielen, existieren multiple translationale Ansätze zur Modulation der Immundysfunktion. Aufgrund der Komplexität der Interaktion verschiedenster zellulärer und molekularer Gegenspieler kann und soll hier nur ein Überblick über die pathophysiologischen Erkenntnisse und immunologischen Translationsversuche gegeben werden (Abb. 36.2).

36.4.1 Toll-like-Rezeptoren

Die PAMP-abhängige (PAMP: Pathogen-associated-molecular-pattern) Aktivierung von Pattern-Recognition-Rezeptoren (PRR) wie Toll-like-Rezeptoren (TLR) ist die Folge der im Rahmen der Zirrhose verstärkten bakteriellen Dislokation. TLR-Subtypen, insbesondere TLR4, befinden sich auf multiplen epithelialen Zellen, Hepatozyten, einwandernden Monozyten und insbesondere den leberresidenten Kupffer-Zellen. Mehrere Studien belegen eine vermehrte Expression von TLR4 im Lebergewebe beim ACLF, welches ein Hinweis auf eine erhöhte Sensitivität auf z. B. portalvenöse PAMPs wie bakterielle Lipo-

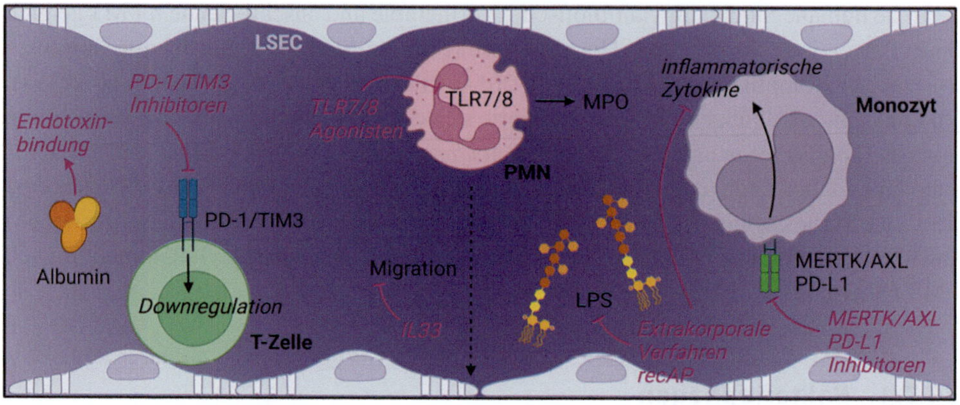

Abb. 36.2 Ansätze zur Beeinflussung der portalvenösen PAMP-Exposition und Inflammation. AXL = Anexelekto, IL-33 = Interleukin 33, LPS = Lipopolysaccharide, LSEC = Liver sinusoidal endothelial cells, MERTK = Proto-Onkogen-Tyrosin-Proteinkinase MER, MPO = Myeloperoxidase, PD-1 = Programmed Cell Death Protein 1, PD-L1 = Programmed Death-Ligand 1, PMN = polymorphnukleärer neutrophiler Granulozyt, recAP = rekombinante alkalische Phosphatase, TIM3 = T-cell immunoglobulin and mucin domain-containing protein 3, TLR = Toll-like-Rezeptor. (Erstellt mit Biorender®, mod. nach Morrison et al. 2023)

polysaccharide (LPS) sein kann. Die Rezeptoraktivierung kann in einer Spirale der Hyperinflammation bis zum direkten hepatozellulären Schaden münden. TLR4-Inhibitoren wie der small molecule TLR4-Antagonist (TAK-242) konnten im Tiermodell des ACLF die Letalität senken sowie die Nierenschädigung und die Konzentration zirkulierender Zytokine nachweislich reduzieren (Engelmann et al. 2020a).

In einer Phase-III-Studie bei Sepsispatienten ohne Lebererkrankung zeigte TAK-242 jedoch keinen Nutzen (Rice et al. 2010). Obwohl eine geplante Studie bei alkoholassoziierter Hepatitis abgebrochen wurde, ist der kombinierte Einsatz von TAK-242 und G-CSF (granulozytenkoloniestimulierendem Faktor) Gegenstand einer in Vorbereitung befindlichen Phase-II-Studie.

Weitere Strategien befassen sich mit der Reaktivierung dysfunktionaler neutrophiler Granulozyten, die bei Patienten mit dekompensierter Leberzirrhose ein vermindertes Potenzial zur myeloperoxidasevermittelten Bakterienabtötung aufweisen (Boussif et al. 2016). Ex-vivo konnte durch TLR7/8-Agonisten die verminderte PMN-Aktivität (PMN: polymorphnukleärer neutrophiler Granulozyt) deutlich gesteigert werden (Rolas et al. 2018).

36.4.2 Rekombinante alkalische Phosphatase

Alkalische Phosphatase (AP) hat neben ihrer Funktion als Marker für Gallengangschädigungen auch immunmodulatorische Eigenschaften. Über Dephosphorylierung kann AP LPS inaktivieren. In einem Mausmodell des sepsisbedingten Nierenversagens verhinderte rekombinante AP (recAP) Todesfälle und Nierenschäden, beim Menschen konnten diese Effekte jedoch nicht im gleichen Maße reproduziert werden (Pickkers et al. 2018).

Im Tiermodell des LPS-induzierten ACLF nach Gallengangligatur reduzierte recAP die TLR4-Expression und verbesserte Inflammation und Gewebeschaden (Engelmann et al. 2020b). Trotz widersprüchlicher Ergebnisse bekräftigen diese Daten die Bedeutung der PAMP-PRR-Interaktion bei der dekompensierten Leberzirrhose und ACLF.

36.4.3 Interleukin-1β

Durch die zentrale Funktion von Interleukin-1β (IL-1β) als Induktor von Inflammationsreaktionen ist die Gabe von Interleukin-1-Rezeptorantagonisten (bspw. Anakinra) wichtiger Bestandteil der Therapie von rheumatologischen Krankheitsbildern. Präklinische Daten weisen auf die Beteiligung von IL-1(β) nach TLR4-Stimulation im ACLF hin. In Mausmodellen des alkoholassoziierten ACLF konnte der IL-1-Rezeptorantagonist Anakinra die neutrophile Infiltration der Leber reduzieren und die hepatozytäre Proliferation steigern.

Bei Patienten mit schwerer alkoholassoziierter Steatohepatitis (ASH) ließen sich diese Effekte jedoch nicht reproduzieren (Szabo et al. 2022). Eine weitere Phase-II-Studie mit Anakinra für Patienten mit schwerer ASH musste wegen geringerer 90-Tages-Überlebensraten im Behandlungsarm abgebrochen werden (Tu et al. 2023). Auch die kürzlich publizierte Phase-II-Studie bei schwerer alkoholassoziierter Hepatitis verlief negativ bezüglich des histologischen Endpunktes (Vergis et al. 2024).

36.4.4 PD-L1

Neben Neutrophilen spielen auch zirkulierende und transmigrierende Monozyten für den Progress der intrahepatischen Inflammation eine große Rolle. Die Fähigkeit mononukleärer Zellen, Inflammation zu regulieren, trägt wesentlich zur Aktivierung umliegender Fibroblasten und auch von Kupffer-Zellen bei. Bei dekompensierter Zirrhose und ACLF zeigen Monozyten eine vermehrte Expression des Programmed Death Ligand 1 (PD-L1), was mit einem immunparetischen Phänotyp assoziiert ist. Durch die Gabe eines PD-L1-Antikörpers konnte die Funktion der Monozyten signifikant gesteigert werden (Pose et al. 2021).

36.4.5 Weitere Targets

Darüber hinaus wird momentan die Funktion weiterer Schlüsselrezeptoren der TLR-Signaltransduktion, die ebenfalls zu einer Immunoplegie führen (MerTK, AXL) oder die Autotaxin-LPA-Achse beeinflussen, hinsichtlich ihrer Rolle bei der immunsuppressiven Reprogrammierung von Monozyten untersucht. Da es sich hierbei lediglich um In-vitro-Daten handelt, ist das Potenzial dieser Signalwege, als therapeutisches Target zu fungieren, noch schwer abzuschätzen.

36.5 Zelltod und Gewebeschaden

Neben der Modulation der zellulären und humoralen Immunantwort als Behandlungsstrategie werden auch Möglichkeiten der direkten Einflussnahme auf den hepatozytären Organschaden exploriert. Die verschiedenen Targets stellen Schlüsselmoleküle der Nekroseinduktion, Apoptose sowie der Nekroptose dar. Letztere stellt einen immunogenen Weg des Zelluntergangs dar, der im Gegensatz zur Apoptose über Receptor-interacting serine/threonine-protein kinases (RIPK) und die phosphorylierte Mixed lineage kinase domain-like protein (Phospho MLK) reguliert wird (Abb. 36.3).

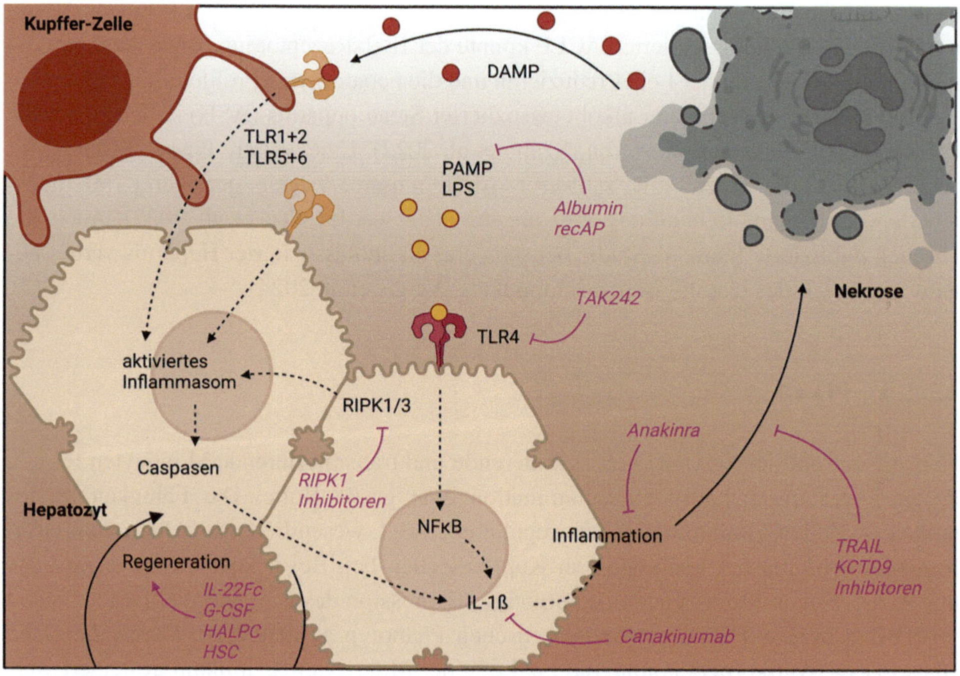

Abb. 36.3 Experimentelle Therapieansätze zur Regulation der systemischen Inflammation und hepatozellulären Regeneration. DAMP = Damage-associated molecular pattern, G-CSF = Granulocyte-Colony stimulating Factor, HALPC = Human allogeneic liver-derived progenitor cells, HSC = hematopoietic stem cells, IL-1β = Interleukin 1β, IL-22Fc = rekombinantes Interleukin 22, KCTD9 = Potassium channel tetramerization domain containing 9, NFκB = Nuclear factor „kappa-light-chain-enhancer" of activated B cells, LPS = Lipopolysaccharide, PAMP = Pathogen-associated molecular pattern, RIPK = Receptor-interacting serine/threonine-protein kinase, TAK-242 = Small molecule TLR4 antagonist, TLR = Toll-like receptor, TRAIL = Tumor necrosis factor related apoptosis inducing ligand. Erstellt mit Biorender®, mod. nach Morrison et al. 2023

36.5.1 RIPK1/3

Patienten mit ACLF weisen deutlich erhöhte zirkulierende Biomarker für die Nekroptose, wie RIPK 1 und 3, auf. Im Mausmodell des ACLF konnte nachgewiesen werden, dass die Inhibition von RIPK-1 durch Necrostatin-1 und RIPA56 (einen RIPK-Inhibitor) das Ausmaß des Zelltodes in den Leber- und Nierenzellen minimiert und somit die Rolle der RIPK-1 vermittelten Zelltodmechanismen unterstreicht. Dieser Effekt wurde gleichermaßen für die prophylaktische und die therapeutische Applikation der Substanzen beobachtet (Kondo et al. 2021).

36.5.2 IL-22-Fc

Die differenzielle Aktivierung der STAT1- und STAT3-Signalkaskade (STAT: Signal Transducer and Activator of Transcription) hat einen entscheidenden Einfluss auf das Verhältnis zwischen Zelluntergang und Regeneration. In Mausmodellen des ACLF konnte eine Interferon-(IFN-)γ-assoziierte, signifikante Dysbalance zwischen beiden Faktoren beobachtet werden: STAT1-Signalwege wurden aktiviert, STAT3-Wege inaktiviert, was in der Förderung der p21-abhängigen Seneszenz von Leberzellen mündete (Xiang et al. 2020).

Ein potenter Aktivator des proregenerativen STAT3-Signaltransduktionsweges ist Interleukin 22 (IL-22), das über eine STAT3-Aktivierung proregenerativ und hepatoprotektiv wirken kann. Die Gabe eines rekombinanten IL-22-Moleküls (IL22-Fc) führte im Mausmodell in der Tat zur vermehrten hepatozellulären Regeneration. Zwar konnte in einer humanen Phase-IIb-Studie durch die Behandlung einer mittelgradigen bis schweren alkoholassoziierten Hepatitis mit IL-22 eine Verbesserung des MELD-Scores (Model for End-Stage Liver Disease) erreicht werden (Arab et al. 2020), diese Berichte zeigen jedoch ein gegensätzliches Bild gegenüber der proinflammatorischen Rolle von IL-22 und dem IL-22-Binding Protein, die in anderen Studien zum ACLF gezeigt werden konnte (Schwarzkopf et al. 2019).

36.5.3 Weitere Ansätze

Ähnlich wie im Bereich der Immunmodulation existieren auch verschiedene Ansätze über humorale Faktoren, die parenchymatöse Regeneration zu fördern und das Ausmaß des Zelltods zu reduzieren, die jedoch bisher nur in vitro untersucht worden sind. Hierzu zählt die Modulation von NK-Zell-Rezeptoren wie TRAIL, NKG2D und KCTD9 im viral verursachten Leberschaden, wodurch eine Reduktion der hepatozytären Apoptose und der Zytokinproduktion erreicht werden konnte. Inwieweit direkte Interaktionen zwischen NK-Zellen und Hepatozyten oder eher humorale Faktoren eine Rolle spielen, ist bisher nicht geklärt.

36.6 Extrakorporale Verfahren

36.6.1 Plasmapherese

Therapeutischer Plasmaaustausch (TPE) wird regelmäßig bei immunvermittelten Erkrankungen eingesetzt. Da das ACLF als hyperinflammatorische Erkrankung gilt, wurde versucht, über TPE proinflammatorische Mediatoren aus dem Blut zu entfernen. Beim akuten Leberversagen zeigte Hochvolumenplasmaaustausch hier Überlebensvorteile.

Beim ACLF hingegen liegen bisher nur wenige, meist retrospektive Daten aus Hepatitis B-Virus (HBV)-assoziiertem ACLF vor, die schwer vergleichbar sind, da sowohl verwendete Lösungen als auch Protokolle zum Teil erheblich divergieren. Seit 2018 wird eine multizentrische Phase-III-Studie mit 5 %-Albumin als TPE-Lösung durchgeführt (APACHE, NCT 03702920).

Praxistipp

Die Plasmapherese wird bei einem ACLF aktuell nicht empfohlen. ◀

36.6.2 Extrakorporale Detoxifikation und Immunmodulation

Aufgrund der hohen Mortalität des ACLF wurden diverse extrakorporale Unterstützungssysteme untersucht, die auf Albumindetoxifikation (Prometheus®, CytoSorb®, Jafron HA) oder Albumindialyse (MARS, Molecular Adsorbent Recirculating System ®) basieren. Auch Kombinationen mit Nierenersatzverfahren (ADVOS®, ADVanced Organ Support; Prometheus) kamen zum Einsatz. Obwohl diese Verfahren meist als sicher gelten, fehlt es an überzeugenden Evidenzen für einen Überlebensvorteil (Kap. 32).

Große RCT (randomisiert kontrollierte Studien) für Prometheus® und MARS zeigten keinen Nutzen. Auch die Zytokinabsorption mittels CytoSorb® oder Jafron HA ist bislang nicht evidenzbasiert. Zudem besteht die Gefahr der unselektiven Entfernung nicht nur schädlicher, sondern auch nützlicher Mediatoren und antiinfektiver Substanzen.

Ein neueres Verfahren, DIALIVE, nutzt die Endotoxinentfernung kombiniert mit Albuminaustausch und zeigte im Tiermodell und in einer Phase-II-Studie beim ACLF vielversprechende Ergebnisse (Agarwal et al. 2023).

36.7 Zelluläre Therapieansätze

36.7.1 Stammzellen und G-CSF

Die Aktivierung von Zelltodmechanismen und der Zelluntergang an sich induzieren in der Leber eine regenerative Antwort, welche in Abhängigkeit von der chronischen Vorschädigung unterschiedlich stark ausfallen kann. Bei leichtem bis mäßigem Gewebeschaden kommt es hauptsächlich zur Proliferation von Hepatozyten, bei schweren Nekrosen vor allem zur Aktivierung von Progenitorzellen. Ziel ist es, untergegangenes Gewebe zu ersetzen und die lokale Immunantwort zu regulieren. Allerdings ist dieser Prozess bei Vorliegen einer Leberzirrhose bzw. im ACLF deutlich gestört.

In der Vergangenheit gab es zahlreiche Versuche, die regenerative Antwort der Leber medikamentös und/oder über zellbasierte Verfahren zu unterstützen. Pluripotente Stammzellen fungieren als Vorläufer für Endothelzellen und Sternzellen und unterstützen die proliferative Aktivität von Hepatozyten. Zudem können sie die Aktivität von T-Zellen (Ly6C high) regulieren und die Zahl aktivierter CD8+-T-Zellen, NK-Zellen und B-Zellen reduzieren. Die Applikation von CD133- und CD34-positiven (hämatopoetischen) Stammzellen bei Patienten mit Hepatitis B-assoziiertem ACLF führte zu einer Verbesserung der biochemischen Leberfunktionsparameter und zu einer verbesserten Überlebensrate (Lin et al. 2017).

Nachteil dieser Verfahren ist, dass die Anwendung eine gut etablierte Infrastruktur voraussetzt und mit einem hohen finanziellen Aufwand verbunden ist. Es wurde daher nach einer einfach anzuwendenden Alternative gesucht.

Granulozytenkoloniestimulierender Faktor (G-CSF) mobilisiert neben Neutrophilen auch hämatopoetische Stammzellen. Nach ersten positiven Ergebnissen aus monozentrischen Studien zur Anwendung bei der dekompensierten Leberzirrhose, Alkoholhepatitis und ACLF konnte die zuletzt publizierte erste europäische multizentrische Studie diese nicht bestätigen (Engelmann et al. 2021).

In 2 Metaanalysen wurden heterogene Ergebnisse zwischen asiatischen und europäischen Studien gezeigt und tierexperimentelle Daten deuten an, dass G-CSF bei Infektionen oder hohen Endotoxinspiegeln eine Hyperinflammation auslösen kann. G-CSF bleibt somit eine Substanz, die nicht außerhalb klinischer Studien angewendet werden sollte.

36.7.2 Leberprogenitorzellen

Ein weiterer zelltherapeutischer Ansatz stellt die Injektion von allogenen Leberprogenitorzellen (HALPC) dar, die aus der Leber von Gesunden isoliert wurden. HALPC haben in präklinischen Studien gezeigt, dass sie immunmodulatorische und antifibrotische Eigenschaften aufweisen und ihren Weg nach Injektion „zurück“ in die Leber finden.

In einer Phase-II-Studie wurden 24 Patienten mit akut dekompensierter Leberzirrhose oder ACLF Grad 1 oder 2 nichtrandomisiert mit unterschiedlichen Dosierungen und Behandlungszyklen einer HALPC-Suspension i. v. behandelt. Nach anfänglichen Blutungskomplikationen in der Hochdosisgruppe zeigten sich in den Gruppen mit niedriger Dosierung keine mit der Behandlung assoziierten schweren Reaktionen. Insgesamt 4 Patienten starben und 7 Patienten wurden innerhalb von 3 Monaten transplantiert, was ein Gesamtüberleben von 83 % ergab (Nevens et al. 2021). Eine Phase-III-Studie liegt derzeit nicht vor.

36.8 Kombinierte Ansätze

Zahlreiche Tierexperimente haben gezeigt, dass G-CSF prinzipiell in der Lage ist, eine proregenerative Reaktion zu induzieren und über eine Polarisierung von Makrophagen das Ausmaß des Organschadens beim alkoholinduzierten Leberversagen zu begrenzen. Die Hyperinflammation unter G-CSF-Gabe ließ sich in präklinischen Studien durch Kombination mit einem TLR4-Inhibitor (TAK-242) unterdrücken. Dadurch konnte die proregenerative Wirkung von G-CSF genutzt werden, ohne eine überschießende Inflammation auszulösen.

Im Tiermodell führte die Kombination von G-CSF und TAK-242 zu weniger Organschaden, reduzierten Zytokinspiegeln und erhöhter hepatozytärer Proliferation (Engelmann et al. 2022). Eine klinische Phase-II-Studie für Patienten mit schwerer therapierefraktärer Alkoholhepatitis und ACLF ist in Vorbereitung.

36.9 Fazit und Ausblick

Die bisherigen Studien weisen darauf hin, dass die systemische Inflammationsreaktion mit Immundysfunktion sowie der Organschaden einschließlich Regenerationsstörungen vielversprechende therapeutische Ziele bei dekompensierter Leberzirrhose und ACLF sind (Tab. 36.1). Trotz zahlreicher neuer pathophysiologischer Erkenntnisse liefern klinische Studien oft widersprüchliche oder in Bezug auf klinische Endpunkte unzureichende Ergebnisse.

Mögliche Gründe dafür sind unzureichende Tiermodelle, die die Komplexität der Erkrankung nicht hinreichend nachbilden, sowie die multifaktorielle Natur der dekompensierten Zirrhose. Es ist unwahrscheinlich, dass eine einzelne zielgerichtete Therapie für alle Patienten gleichermaßen wirksam ist. Kombinationstherapien bieten die Chance, positive Effekte zu potenzieren und Nebenwirkungen zu reduzieren. Zudem könnte eine sequenzielle Gabe verschiedener Substanzen in Abhängigkeit von Erkrankungsstadien oder Phasen sinnvoll sein.

Die grundlegende Voraussetzung für den Erfolg neuer Therapien ist das Verständnis der klinischen Ausprägungen der Erkrankung und deren Korrelation mit zugrunde liegenden Pathomechanismen. Auf diese Weise lassen sich Subgruppen von Patienten identifizieren, die von einer bestimmten Therapie besonders profitieren. Personalisierte, an Biomarkern ausgerichtete Behandlungskonzepte werden mit hoher Wahrscheinlichkeit der Schlüssel sein, um bei chronischen Lebererkrankungen im fortgeschrittenen Stadium wirksame Therapieoptionen des Organversagens zu etablieren.

Tab. 36.1 Überblick über experimentelle Therapieverfahren bei dekompensierter Zirrhose und ACLF

Therapeutisches Target	Therapie	Wirkmechanismus	Translationsphase	Ätiologie
Gut-Liver-Achse				
Bakterielle Translokation	NSBB	Reduktion der Translokation	Observationsstudien	Dekompensierte Zirrhose, ACLF
	Rifaximin/Statine	Reduktion der Translokation	Phase-III-Studie	Dekompensierte Zirrhose
Dysbiose	FMT	Korrektur der intestinalen Dysbiose	Klinische Studien	ASH, ACLF
	Bakteriophagen	Gezielte Reduktion schädlicher Bakterienstämme	Tiermodell	ASH
Immunmodulation und Organschaden				
LPS-TLR4	TLR4-Antagonist (TAK-242)	Reduktion der Inflammation	Phase-II-Studie	ASH, ACLF
TLR7/TLR8	TLR7/TLR8-Agonisten (CL097, R848)	Steigerung der PMN-Reaktivität, MPO-Release	In vitro	Dekompensierte Zirrhose
Rekombinante AP	recAP	LPS-Inaktivierung	Tiermodell	ACLF
Interleukin	IL1-/IL1β-Inhibitoren (Anakinra, Canakinumab)	Reduktion der Inflammation	Phase-II-Studie	ASH
PD-1/PD-L1	PD-1/PD-L1-Inhibitoren	Reduktion der Immunoplegie	Tiermodell	Dekompensierte Zirrhose
MERTK AXL	MERTK-Inhibitor (UNC569) AXL-Inhibitor (Bemcentinib)	Erhöhte Zytokinproduktion, Reduktion der Immunoplegie	In vitro	Dekompensierte Zirrhose, ACLF
RIPK1/RIPK3	RIPK1-Inhibitoren (NEC-1)	Reduktion der Nekroptose	Tiermodell	ACLF
IL22-Fc	IL22-Fc	Proregenerative STAT3-Aktivierung	Phase-II-Studie	ASH
TRAIL NKG2D	TRAIL-Inhibitor NKG2D-Inhibitor	Reduktion der hepatozytären Apoptose, Zytokinproduktion	In vitro	HBV-ACLF

(Fortsetzung)

Tab. 36.1 (Fortsetzung)

Therapeutisches Target	Therapie	Wirkmechanismus	Translationsphase	Ätiologie
Extrakorporale Verfahren				
PAMPs/DAMPs	TPE	Elimination von DAMPs und Endotoxinen	Phase-III-Studie	Dekompensierte Zirrhose, ACLF
	Prometheus®, MARS®	Elimination von DAMPS und Endotoxinen	Phase-III-Studie	Dekompensierte Zirrhose, ACLF
	DIALIVE®	Elimination von DAMPs und Endotoxinen, Albumininfusion	Phase-II-Studie	Dekompensierte Zirrhose, ACLF
PAMPs/DAMPs und Immunmodulation	CytoSorb®, Jafron	Elimination von PAMPs und Endotoxinen, Immunmodulation	Klinische Studien	Dekompensierte Zirrhose, ACLF
Zelluläre und regenerative Therapieansätze				
Stammzellen	CD133+, CD34+ HSC	Parenchymatöse Regeneration	Phase-II-Studie	Virale Zirrhose, ACLF
	G-CSF	Mobilisierung von HSC	Phase-II-Studie	Dekompensierte Zirrhose, ACLF
Leberprogenitorzellen	HALPC	Immunmodulation, parenchymatöse Regeneration	Phase-III-Studie	Dekompensierte Zirrhose, ACLF
Kombinierte Ansätze				
Immunmodulation und Regeneration	G-CSF + TAK-242	Mobilisierung von HSC, Reduktion der Inflammation	Phase-II-Studie	ASH, ACLF

ACLF = Acute-on-Chronic Liver Failure, ASH = Alkoholassoziierte Steatohepatitis, AXL = Anexelekto (Tyrosinkinaserezeptor), CD = Cluster of Differentiation, DAMPs = Damage-Associated Molecular Patterns, FMT = Fecal Microbiota Transplantation, G-CSF = Granulocyte-Colony Stimulating Factor, HALPC = Human Allogeneic Liver-derived Progenitor Cells, HBV = Hepatitis B Virus, HSC = Hepatic Stellate Cells, IL = Interleukin, IL-1/IL-1β = Interleukin 1/Interleukin 1 beta, LPS = Lipopolysaccharide, LPS-TLR4 = Lipopolysaccharid–Toll-like-Rezeptor-4-Achse, MARS = Molecular Adsorbent Recirculating System, MERTK = MER Tyrosine Kinase, NEC = Necrostatin, NKG2D = Natural Killer Group 2, Member D, NSBB = Non-Selective Beta-Blockers, PAMPs = Pathogen-Associated Molecular Patterns, PD-1/PD-L1 = Programmed Cell Death Protein 1/Programmed Death Ligand 1, recAP = Recombinant Alkaline Phosphatase, RIPK = Receptor-Interacting Protein Kinase, STAT3 = Signal Transducer and Activator of Transcription 3, TAK-242 = Toll-like Receptor 4 Antagonist (auch bekannt als CLI-095), TLR = Toll-like Receptor, TRAIL = TNF-related Apoptosis-Inducing Ligand

Literatur

Agarwal B, Canizares RB, Saliba F, Ballester MP, Tomescu DR, Martin D, Stadlbauer V et al (2023) Randomized, controlled clinical trial of the DIALIVE liver dialysis device versus standard of care in patients with acute-on-chronic liver failure. J Hepatol 79:79–92

Allegretti JR, Kassam Z, Carrellas M, Mullish BH, Marchesi JR, Pechlivanis A, Smith M et al (2019) Fecal microbiota transplantation in patients with primary sclerosing cholangitis: a pilot clinical trial. Am J Gastroenterol 114:1071–1079

Arab JP, Sehrawat TS, Simonetto DA, Verma VK, Feng D, Tang T, Dreyer K et al (2020) An open-label, dose-escalation study to assess the safety and efficacy of IL-22 agonist F-652 in patients with alcohol-associated hepatitis. Hepatology 72:441–453

Bajaj JS, Heuman DM, Hylemon PB, Sanyal AJ, White MB, Monteith P, Noble NA et al (2014) Altered profile of human gut microbiome is associated with cirrhosis and its complications. J Hepatol 60:940–947

Bajaj JS, Fagan A, Gavis EA, Kassam Z, Sikaroodi M, Gillevet PM (2019a) Long-term outcomes of fecal microbiota transplantation in patients with cirrhosis. Gastroenterology 156:1921–1923.e1923

Bajaj JS, Salzman NH, Acharya C, Sterling RK, White MB, Gavis EA, Fagan A et al (2019b) Fecal microbial transplant capsules are safe in hepatic encephalopathy: a phase 1, randomized, placebo-controlled trial. Hepatology 70:1690–1703

Boussif A, Rolas L, Weiss E, Bouriche H, Moreau R, Perianin A (2016) Impaired intracellular signaling, myeloperoxidase release and bactericidal activity of neutrophils from patients with alcoholic cirrhosis. J Hepatol 64:1041–1048

Duan Y, Llorente C, Lang S, Brandl K, Chu H, Jiang L, White RC et al (2019) Bacteriophage targeting of gut bacterium attenuates alcoholic liver disease. Nature 575:505–511

Engelmann C, Sheikh M, Sharma S, Kondo T, Loeffler-Wirth H, Zheng YB, Novelli S et al (2020a) Toll-like receptor 4 is a therapeutic target for prevention and treatment of liver failure. J Hepatol 73:102–112

Engelmann C, Adebayo D, Oria M, De Chiara F, Novelli S, Habtesion A, Davies N et al (2020b) Recombinant alkaline phosphatase prevents acute on chronic liver failure. Sci Rep 10:389

Engelmann C, Herber A, Franke A, Bruns T, Reuken P, Schiefke I, Zipprich A et al (2021) Granulocyte-colony stimulating factor (G-CSF) to treat acute-on-chronic liver failure: a multicenter randomized trial (GRAFT study). J Hepatol 75:1346–1354

Engelmann C, Habtesion A, Hassan M, Kerbert AJ, Hammerich L, Novelli S, Fidaleo M et al (2022) Combination of G-CSF and a TLR4 inhibitor reduce inflammation and promote regeneration in a mouse model of ACLF. J Hepatol 77:1325–1338

Ferrere G, Wrzosek L, Cailleux F, Turpin W, Puchois V, Spatz M, Ciocan D et al (2017) Fecal microbiota manipulation prevents dysbiosis and alcohol-induced liver injury in mice. J Hepatol 66:806–815

Israelsen M, Madsen BS, Torp N, Johansen S, Hansen CD, Detlefsen S, Andersen P et al (2023) Rifaximin-alpha for liver fibrosis in patients with alcohol-related liver disease (GALA-RIF): a randomised, double-blind, placebo-controlled, phase 2 trial. Lancet Gastroenterol Hepatol 8:523–532

Jimenez C, Ventura-Cots M, Sala M, Calafat M, Garcia-Retortillo M, Cirera I, Canete N et al (2022) Effect of rifaximin on infections, acute-on-chronic liver failure and mortality in alcoholic hepatitis: a pilot study (RIFA-AH). Liver Int 42:1109–1120

Kondo T, Macdonald S, Engelmann C, Habtesion A, Macnaughtan J, Mehta G, Mookerjee RP, et al. The role of RIPK1 mediated cell death in acute on chronic liver failure. Cell Death Dis 2021;13:5.

Lin BL, Chen JF, Qiu WH, Wang KW, Xie DY, Chen XY, Liu QL et al (2017) Allogeneic bone marrow-derived mesenchymal stromal cells for hepatitis B virus-related acute-on-chronic liver failure: a randomized controlled trial. Hepatology 66:209–219

Mookerjee RP, Pavesi M, Thomsen KL, Mehta G, Macnaughtan J, Bendtsen F, Coenraad M et al (2016) Treatment with non-selective beta blockers is associated with reduced severity of systemic inflammation and improved survival of patients with acute-on-chronic liver failure. J Hepatol 64:574–582

Morrison MA, Artru F, Trovato FM, Triantafyllou E, McPhail MJ (2023) Potential therapies for acute-on-chronic liver failure. Liver Int. 45:e15545

Nevens F, Gustot T, Laterre PF, Lasser LL, Haralampiev LE, Vargas V, Lyubomirova D et al (2021) A phase II study of human allogeneic liver-derived progenitor cell therapy for acute-on-chronic liver failure and acute decompensation. JHEP Rep 3:100291

Pickkers P, Mehta RL, Murray PT, Joannidis M, Molitoris BA, Kellum JA, Bachler M et al (2018) Effect of human recombinant alkaline phosphatase on 7-day creatinine clearance in patients with sepsis-associated acute kidney injury: a randomized clinical trial. JAMA 320:1998–2009

Pose E, Napoleone L, Amin A, Campion D, Jimenez C, Piano S, Roux O et al (2020) Safety of two different doses of simvastatin plus rifaximin in decompensated cirrhosis (LIVERHOPE-SAFETY): a randomised, double-blind, placebo-controlled, phase 2 trial. Lancet Gastroenterol Hepatol 5:31–41

Pose E, Coll M, Martinez-Sanchez C, Zeng Z, Surewaard BGJ, Catala C, Velasco-de Andres M et al (2021) Programmed death ligand 1 is overexpressed in liver macrophages in chronic liver diseases, and its blockade improves the antibacterial activity against infections. Hepatology 74:296–311

Pushpakom S, Iorio F, Eyers PA, Escott KJ, Hopper S, Wells A, Doig A et al (2019) Drug repurposing: progress, challenges and recommendations. Nat Rev Drug Discov 18:41–58

Rice TW, Wheeler AP, Bernard GR, Vincent JL, Angus DC, Aikawa N, Demeyer I et al (2010) A randomized, double-blind, placebo-controlled trial of TAK-242 for the treatment of severe sepsis. Crit Care Med 38:1685–1694

Rolas L, Boussif A, Weiss E, Letteron P, Haddad O, El-Benna J, Rautou PE et al (2018) NADPH oxidase depletion in neutrophils from patients with cirrhosis and restoration via toll-like receptor 7/8 activation. Gut 67:1505–1516

Schwarzkopf K, Ruschenbaum S, Barat S, Cai C, Mucke MM, Fitting D, Weigert A et al (2019) IL-22 and IL-22-binding protein are associated with development of and mortality from acute-on-chronic liver failure. Hepatol Commun 3:392–405

Sharma A, Roy A, Premkumar M, Verma N, Duseja A, Taneja S, Grover S et al (2022) Fecal microbiota transplantation in alcohol-associated acute-on-chronic liver failure: an open-label clinical trial. Hepatol Int 16:433–446

Szabo G, Mitchell M, McClain CJ, Dasarathy S, Barton B, McCullough AJ, Nagy LE et al (2022) IL-1 receptor antagonist plus pentoxifylline and zinc for severe alcohol-associated hepatitis. Hepatology 76:1058–1068

Tu W, Gawrieh S, Dasarathy S, Mitchell MC, Simonetto DA, Patidar KR, McClain CJ et al (2023) Design of a multicenter randomized clinical trial for treatment of alcohol-associated hepatitis. Contemp Clin Trials Commun 32:101074

Vell MS, Loomba R, Krishnan A, Wangensteen KJ, Trebicka J, Creasy KT, Trautwein C et al (2023) Association of statin use with risk of liver disease, hepatocellular carcinoma, and liver-related mortality. JAMA Netw Open 6:e2320222

Vergis N, Patel V, Bogdanowicz K, Czyzewska-Khan J, Keshinro R, Fiorentino F et al (2024) IL-1 signal inhibition in alcohol-related hepatitis: a randomized, double-blind, placebo-controlled trial of canakinumab. Clin Gastroenterol Hepatol S1542–3565(24):00759–00756

Xiang X, Feng D, Hwang S, Ren T, Wang X, Trojnar E, Matyas C, et al. Interleukin-22 ameliorates acute-onchronic liver failure by reprogramming impaired regeneration pathways in mice. J Hepatol 2020;72:736–745.

Stichwortverzeichnis

T. Bruns et al. (Hrsg.), *Komplikationen der Leberzirrhose*, https://doi.org/10.1007/978-3-662-70167-6

GPSR Compliance

The European Union's (EU) General Product Safety Regulation (GPSR) is a set of rules that requires consumer products to be safe and our obligations to ensure this.

If you have any concerns about our products, you can contact us on ProductSafety@springernature.com

In case Publisher is established outside the EU, the EU authorized representative is:

Springer Nature Customer Service Center GmbH
Europaplatz 3
69115 Heidelberg, Germany

Batch number: 09106994

Printed by Printforce, the Netherlands